a）24 位彩色图像示例 forestfire.bmp　　　　　　b）R 颜色通道图像

c）G 颜色通道图像　　　　　　　　　　d）B 颜色通道图像

图 3.5　高分辨率的彩色图像和单独的 R、G、B 颜色通道图像

a）24 位彩色图像 lena.bmp　　　　b）带颜色抖动的版本　　　　c）抖动版本的细节

图　　3.10

a）原始彩色图像　　　　b）Y' 分量　　　　c）U 分量　　　　d）V 分量

图 4.18　$Y'UV$ 彩色图像分解

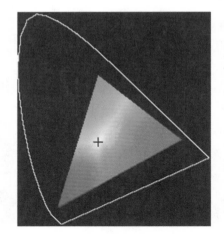

图 4.21　SMPTE 监视器色域

a）视频帧

b）场 1　　　　　　　　c）场 2　　　　　　　　d）场的差

图 5.2　隔行扫描对每一帧生成两个场

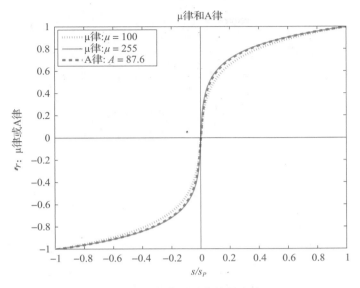

图 6.6 音频信号的非线性变换

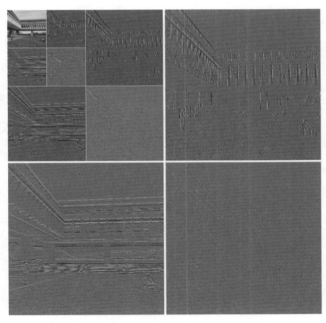

图 8.21 Haar 小波

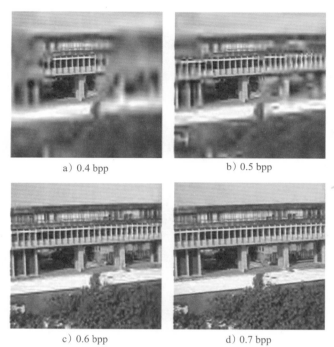

a）0.4 bpp   b）0.5 bpp

c）0.6 bpp   d）0.7 bpp

图 9.11　图像的 ROI 编码，使用圆形 ROI，具有渐增码率

a）原图   b）JPEG（左）与 JPEG2000（右）压缩质量为 0.75 bpp 时的情形

c）JPEG（左）与 JPEG2000（右）压缩质量为 0.25 bpp 时的情形

图 9.13　JPEG 与 JPEG2000 的对比

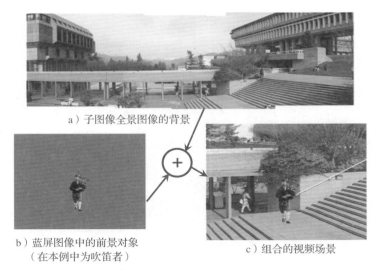

a）子图像全景图像的背景

b）蓝屏图像中的前景对象
（在本例中为吹笛者）

c）组合的视频场景

图 11.20　子图像编码。吹笛者图片由西蒙弗雷泽大学管乐团提供

运动区域：直升机

运动区域：人

运动区域：船

图 11.29　MPEG-7 视频段

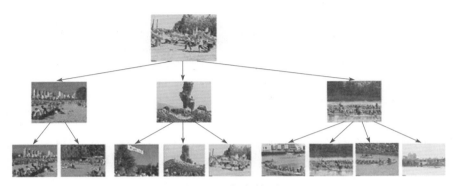

图 11.30　视频摘要

图 20.1　如何最大程度地理解一幅图像的内容信息

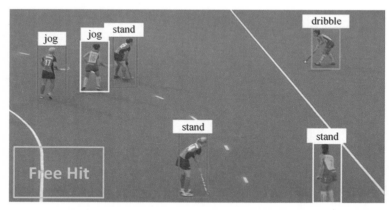

图 20.14　现实生活中人类行为的场景示例。在普通的场景中的活动描述（比如自由击打）
之上，我们可以从多个层次的细节来描述这个场景（基础活动，如站立和奔跑
等；中级社会角色，如攻方和守方等）。不同社会角色用不用颜色的框来标示。
在这个例子中，我们使用了洋红、蓝色和白色分别表示攻方、盯防人员以及和
攻方同一队伍的队员

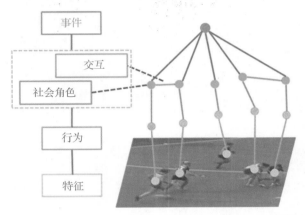

图 20.15　模型图示。不同类型通过不同颜色的线条来表示，方程的细节包含在式（20.10）中

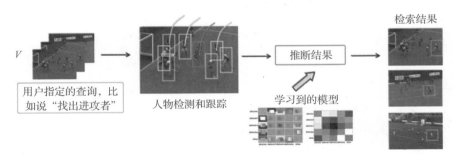

图 20.16　测试阶段概述。给定视频和查询，首先我们进行预先处理后的人物检测和
　　　　　追踪程序来提取每个人物所在位置的区域；然后将区域特征传入预测框架
　　　　　中；最后基于式（20.10）计算的推断分数，获得查询结果

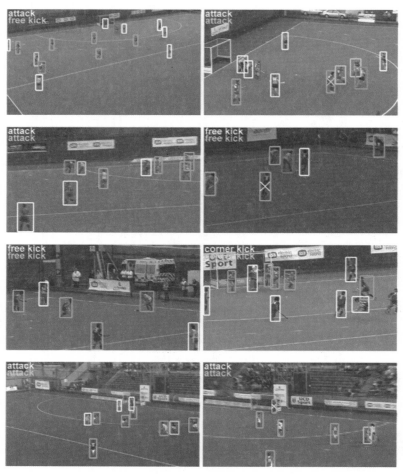

图 20.17　对于曲棍球数据库的检索结果的形象化展示。每幅图片的左上角白色字指的是真实事件标签以及推断事件标签，正确的推断用蓝色字体表示，否则用黄色字体表示。每个限位框也有不同的颜色，表示不同的社会角色。我们使用洋红色、黄色、绿色、蓝色和白色来分别表示进攻者、第一后卫、空位、盯防后卫以及其他人等社会角色。限位框中间的叉号表示错误的预测，其真实的社会角色用叉号的颜色来表示

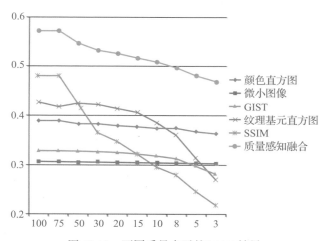

图 20.18　不同质量水平的 MAP 结果

计 算 机 科 学 丛 书

原书第2版

多媒体技术教程

[加]　李泽年　　马克·S. 德鲁　　刘江川　　著
　　　（Ze-Nian Li）　（Mark S. Drew）　（Jiangchuan Liu）
　　　　　　　　　西蒙弗雷泽大学

　　　于俊清　　胡海苗　　韦世奎　　等译
　　华中科技大学　北京航空航天大学　北京交通大学

Fundamentals of Multimedia

Second Edition

机械工业出版社
China Machine Press

图书在版编目（CIP）数据

多媒体技术教程（原书第2版）/（加）励泽年等著；于俊清等译 . —北京：机械工业出版社，2019.5（2022.8 重印）

（计算机科学丛书）

书名原文：Fundamentals of Multimedia, Second Edition

ISBN 978-7-111-62600-8

I. 多… II. ①李… ②于… III. 多媒体技术－高等学校－教材 IV. TP37

中国版本图书馆 CIP 数据核字（2019）第 081077 号

北京市版权局著作权合同登记 图字：01-2015-5948 号。

Translation from the English language edition:
Fundamentals of Multimedia, Second Edition
by Ze-Nian Li, Mark S. Drew and Jiangchuan Liu.
Copyright © Springer International Publishing Switzerland 2014.
This work is published by Springer Nature.
The registered company is Springer International Publishing AG.
All Rights Reserved.

本书由多媒体领域三位优秀学者联袂编写，内容取自课堂上讲述的实际素材，适合作为高等院校计算机科学和工程专业学生的教材。本书从多媒体数据表现、多媒体数据压缩、多媒体通信和网络、多媒体信息共享和检索四个层面对多媒体涉及的基本概念、基本原理和基本技术进行了详细介绍。作者用一种实用的方式来讲述基本概念，使学生能够运用合适的技术来解决现实多媒体世界中的问题。

出版发行：机械工业出版社（北京市西城区百万庄大街22号 邮政编码：100037）

责任编辑：唐晓琳　　　　　　　　　　　　　责任校对：李秋荣

印　　刷：北京建宏印刷有限公司　　　　　　版　次：2022年8月第1版第2次印刷

开　　本：185mm×260mm 1/16　　　　　　印　张：32.5　　插　页：4

书　　号：ISBN 978-7-111-62600-8　　　　　定　价：139.00元

客服电话：（010）88361066 88379833 68326294　　投稿热线：（010）88379604

华章网站：www.hzbook.com　　　　　　　　读者信箱：hzjsj@hzbook.com

随着计算机网络、社交媒体、多媒体获取设备尤其是智能手机的快速发展和普及，多媒体数据的生成、处理和获取变得越来越方便，多媒体应用日益广泛，多媒体数据量呈现出爆炸性增长，已经成为大数据时代的主要数据类型。同时，随着信息技术的发展，信息的传播从文字、图像、音频、视频等传统媒体形态迅速发展到相互融合的"大媒体"，多媒体技术已成为推动信息技术与应用结合的核心技术之一。近年来，作为人工智能和机器视觉领域的理论基础，多媒体技术已经成为计算机学科研究最活跃的领域之一，国内外大量学者从事该领域的研究，很多创新成果已得到广泛应用，例如：MPEG、AVS 等视频编码标准，基于机器视觉的无人驾驶，以及智能语音应答等。在研究与应用的驱动下，多媒体课程逐渐成为计算机科学与技术和软件工程一级学科的必修课程之一。

本书的三位作者长期从事多媒体领域的研究和教学工作，1996 年开始为本科生讲述多媒体课程，本书的大部分内容已经经过多年的教学实践，并在第一版的基础上补充了最新的研究成果，教材内容具有很强的针对性和实用性。本书面向大学多媒体教学的需求，介绍多媒体领域的基本知识，定位于对多媒体技术的研究和应用感兴趣的读者，如计算机科学与技术专业、网络空间安全专业和信息科学类的其他相关专业的学生。本书适合本科高年级学生阅读，也可以作为对本领域感兴趣的研究生的入门教材。

本书共 20 章，分为四部分，内容丰富、结构清晰。第 1～6 章为第一部分，介绍多媒体的概念、发展历史和现状；第 7～14 章为第二部分，介绍如何在屏幕和扬声器中播放多媒体数据，重点讨论多媒体数据的压缩方法，包括无损压缩和有损压缩的基本理论和方法、静态图像的压缩、视频压缩和音频压缩等；第 15～17 章为第三部分，介绍多媒体技术对于网络和系统的各种需求，介绍相关的网络技术和协议；第 18～20 章为第四部分，介绍构成 Web2.0 的核心技术，探讨 Web2.0 时代多媒体信息共享和检索服务，讨论社交媒体共享的特征及其影响等。

本书由华中科技大学于俊清教授组织翻译并负责主审和统稿，于俊清教授、博士研究生胡杨柳、冯娜和宋子恺负责第一部分的翻译，北京航空航天大学的胡海苗副教授负责第二部分的翻译，北京交通大学的韦世奎教授、博士研究生蒋翔、廖理心、刘婷、阮涛、符鑫和邱爽负责第三和第四部分的翻译。华中科技大学的博士研究生胡杨柳、冯娜和宋子恺以及管涛教授、何云峰副教授、赵贻竹副教授在全书统稿和校对过程作了大量繁琐和细致的工作。

本书在翻译过程中得到了中国计算机学会多媒体专业委员会、华中科技大学计算机科学与技术学院智能媒体计算与网络安全实验室老师和同学的大力支持。本书的出版得到了机械工业出版社的大力支持，在此对出版社同仁在排版和校对等环节的辛勤付出表示衷心的感谢！我们希望本书的出版对于国内多媒体领域的教学和科研起到一定的促进作用。

在翻译过程中，我们一直期望在准确反映作者原意的基础上尽量照顾到中文的表述习惯，力求在准确性和流畅性之间取得平衡。由于翻译时间仓促和译者水平有限，为了尽量保持原文的风格和科学的严谨性，部分语句可能存有直译的痕迹。如有不妥或错误之处，恳请读者谅解并指正。

译者

2019 年 7 月 25 日

多媒体课程在短短几年内便成为计算机科学和计算机工程学科的必修课程之一，尤其是现在，多媒体涉及计算机科学的众多领域。多媒体最初被认为是一个纵向应用领域，也就是说，它有一套独有的方法。然而，类似于普适计算，多媒体现在已经成为一个横向的应用领域，并且是许多学科的重要研究内容，如算法、计算机图形学、计算机网络、图像处理、计算机视觉、数据库、实时系统、操作系统、信息检索等。多媒体成为我们进行工作、思考的技术环境的重要组成部分。本书面向大学多媒体教学的需求，介绍计算机科学发展历程中与多媒体相关的部分。此版本对第 1 版进行了全面修订，增加了一些近几年产生的话题，如 3D 电视、社交网络、高效视频压缩和视频会议、无线移动网络及其相关技术。本书已全面更新，不仅介绍了本领域的最新进展，还在网络部分进行了更为深入的讲解。为此，刘江川博士加入了作者团队。虽然本书的第 1 版是由 Prentice-Hall 出版社出版的，但是对于这一版，我们选择了著名的 Springer 出版社，因为该社更加专注于计算机科学教科书丛书的出版，积累了丰富的经验，拥有众多出色的成果。目前，本书已被纳入其计算机科学教科书丛书。

如今，多媒体与计算机科学和工程中的许多问题紧密相关，我们正致力于解决这些问题。本书不是介绍简单的设计问题和工具，而是面向更高阶的读者；本书也不是一本参考书，而更像是一本传统意义上的教材。虽然我们要在书中讨论多媒体工具，但其实更多的是在讲述这些工具的工作原理。读者在学完本书之后，能够真正掌握多媒体领域内最基本的原理。

本书内容丰富，能够帮助学生利用这些知识在多媒体领域内开展有趣而奇妙的实践项目和交互式项目，甚至向他人传授相关概念。

读者对象

本书介绍多媒体领域的基本知识，定位于对多媒体技术应用感兴趣的读者，如计算机科学和工程专业的学生。本书适合本科高年级的学生，也可用于更高年级的课程。实际上，许多课程体系将本书第 1 版用于本科生教学，或作为对该领域感兴趣的研究生的入门教材。同时，任何想了解多媒体技术的人（包括业内人士）都能从本书中获益。

本书重点介绍概念，而不是应用。在多媒体课上，教师将教授概念、测试学生掌握的情况，同时也允许学生用已有的编程技巧来解决多媒体问题。本书的配套网站给出了一些多媒体应用程序代码、学生在学习此课程中开发的一些项目以及其他实用的电子资料。

本书介绍的概念相应地会体现在课程设计中。我们假设读者具备编程能力而且乐于学习和使用新的编程工具。本书的重点不在于工具讲解，而是强调学生不能只会用工具。应用本书所介绍的方法和思想，学生通过自学可以学到更多的知识。利用本书学习多媒体课程的学生，能够在本科四年级甚至更早的时候开始从事多媒体相关的工作，这并不稀奇。

本书包含了一些读者在实际应用中会遇到的问题。有的内容比较简单但比较新；有的内容比较复杂，但对于这个蓬勃发展的领域来说是不可避免的。

教学建议

从 1996 年开始，我们开始教授本科三年级的多媒体系统课程，我们使用的介绍性材料正是本书的前身。在一个学期的时间里，不可能讲完本书的所有内容，通常我们会从第三、四部分挑选一些内容，以主题的形式教授相关内容。

同时，我们用本书和相关资料上过为期一学期的研究生课程，并以此作为更高阶知识的介绍课程。本科四年级和研究生课程可以考虑教授前三部分内容，然后选取最后一部分的某些内容进行讲解，同时还可以使用本书提及的一些研究文献和相关会议内容作为拓展知识。

我们试图满足本科生和研究生的需求，主要是针对本科生，但也涵盖一些更高阶的内容。标有星号的章节在初次阅读时可以跳过。

内容概览

第一部分介绍多媒体技术相关的概念、发展历史和现状。特别要说明的是，因为要使用软件工具完成多媒体作业，所以该部分除了会对多媒体工具进行概述之外，还会讲述许多多媒体创作过程中的细节问题。数据表现对于多媒体十分重要，所以我们将重点研究用于多媒体应用的数据表现，详细讨论图形图像数据、视频数据和音频数据。由于颜色对于多媒体项目是至关重要的，所以我们还将介绍颜色对多媒体的影响和作用。

第二部分介绍如何在屏幕和扬声器中播放多媒体数据。数据压缩是使多媒体广泛应用的重要技术，因此该部分将介绍无损压缩技术和有损压缩技术的基本概念。在有损压缩技术中，JPEG 静态图像压缩标准（包括 JPEG2000）是最重要的压缩技术，我们将对其进行重点介绍。视频比图像的数据量更大，所以在视频压缩中，我们将介绍 MPEG 系列标准 MPEG-1、MPEG-2、MPEG-4、MPEG-7 以及新的视频压缩标准 H.264 和 H.265。另外，我们还将介绍基本的音频压缩技术，简要介绍 MPEG 音频，包括 MP3 和 AAC。

第三部分介绍多媒体技术对网络和系统的种种需求。接着，介绍使交互式多媒体成为可能的网络技术和协议。考虑到当前多媒体内容的分发机制，该部分将介绍移动网络的基本概念，以及此网络下的多媒体通信中存在的问题和对应的解决方案。

第四部分介绍一些构成 Web 2.0 范例的核心技术，如用户与 Web 页面的交互，包括用户创作内容而不是简单地获取和使用内容。云计算改变了服务的提供方式，许多计算密集型的多媒体处理任务（包括游戏机上的一些任务）都被移交给了远程服务器。该部分探讨 Web 2.0 时代下新一代的多媒体信息共享和检索服务，讨论社交媒体共享的特征及其影响，包括云辅助多媒体计算和内容共享。大量的多媒体内容对多媒体感知搜索机制带来了挑战，因此我们也会讨论多媒体内容检索的机制和面临的问题。

本书网站

本书配套的网站是 http://www.cs.sfu.ca/mmbook。在这里，读者可以找到本书所涉及的图片、勘误表、一些帮助读者理解概念的演示程序以及一些章节中的"进一步探索"部分提到的动态链接。由于这些 URL 链接经常更新，所以将它们放在网站上比放在课本里更为合适。

教辅资源[⊖]

访问本书网站中的内容不需要账号和密码，但是学生项目示例需要账号和密码才能访问，教师可以自行决定。对于教师，使用账号和密码登录本网站，可以获取丰富的教辅资源，包括在线幻灯片、练习及其答案、作业及其答案、考试题目（包括附加考题）及其答案。

致谢

我们对审阅本书的同事表示衷心的感谢。他们是 Shu-Ching Chen、Edward Chang、Qianping Gu、Rachelle S. Heller、Gongzhu Hu、S. N. Jayaram、Tiko Kameda、Joon-whoan Lee、Xiaobo Li、Jie Liang、Siwei Lu 和 Jacques Vaisey。

在编写本书的过程中，我们现在和过去的很多同事和学生都给出了很好的建议。我们对 Mohamed Athiq、James Au、Chad Ciavarro、Hossein Hajimirsadeghi、Hao Jiang、Mehran Khodabandeh、Steven Kilthau、Michael King、Tian Lan、Haitao Li、Cheng Lu、Xiaoqiang Ma、Hamidreza Mirzaei、Peng Peng、Haoyu Ren、Ryan Shea、Wenqi Song、Yi Sun、Dominic Szopa、Zinovi Tauber、Malte von Ruden、Jian Wang、Jie Wei、Edward Yan、Osmar Zaïane、Cong Zhang、Wenbiao Zhang、Yuan Zhao、Ziyang Zhao 和 William Zhong 表示感谢。Ye Lu 先生对本书的第 8～9 章做出了重要的贡献，我们对他表示特别感谢。对于为完善本书而努力调试课程设计项目的学生们，我们同样致以深深的谢意。

⊖ 关于本书教辅资源，需要的教师可与施普林格亚洲有限公司北京代表处联系，电话 010-82670211-895，电子邮件 parick. chen@springer. com。——编辑注

目 录
Fundamentals of Multimedia，Second Edition

多媒体概述和数据表现

作为多媒体的导论，第 1 章将会围绕"什么是多媒体"展开论述。我们介绍多媒体的组成部分，讨论目前多媒体领域最前沿的研究课题和项目。

由于多媒体是一个包含诸多实际操作的领域，第 1 章还会简单介绍一些多媒体软件工具，如视频编辑器和数字音频程序。

走进多媒体

在第 2 章，我们将初步探索多媒体，介绍多媒体研究领域一系列的任务和问题。然后，我们讨论多媒体内容的制作和呈现，并进一步用如何制作分镜动画和自定义视频切换方式加以说明。

此外，我们还将探讨当前及未来的多媒体共享和分布情况，并概述社交媒体、视频共享和电视的新形式。

最后会介绍一些流行的多媒体工具，以便快速入门。

多媒体数据表现

和许多领域一样，如何最好地表现数据也是多媒体研究中一个至关重要的问题。第 3～6 章讨论的就是这一问题，其中列举了多媒体应用中最重要的一些数据表现。由于最受关注的是图像、视频和音频，所以在第 3 章开始讨论图形和图像的数据表现。在第 5 章讨论视频中的基本概念之前，我们先在第 4 章讨论颜色使用的一些问题，因为颜色在多媒体程序中尤为重要。

音频数据属性特殊，所以第 6 章将介绍压缩音频的方法。首先讨论的是声音数字化、线性和非线性量化，包括压缩扩展技术。同时会介绍 MIDI，这是一种获取、存储和播放音符的技术。还会讨论音频的量化和传播，包括从预测值中去除信号产生更容易压缩的数据的方法。此外，还会介绍差分脉冲编码调制（DPCM）和自适应差分脉冲编码调制，并简要说明编码/解码模式。

多媒体导论

1.1 什么是多媒体

　　人们在使用"多媒体"这个术语时，往往对这个术语有不尽相同甚至截然相反的理解。娱乐产品的销售商将多媒体理解为具有上百个数字频道的交互式有线电视，或者是通过高速因特网提供的类似有线电视的服务。而硬件销售商则希望我们将多媒体理解为这样一台 PC：具有音效功能，也许还有能理解附加多媒体指令的高性能微处理器。

　　计算机科学或工程专业的学生则会从面向应用的角度理解多媒体：多媒体是由使用多模态技术（包括文本、图像、图形、动画、视频和音频等，以及交互活动）的应用程序构成的。它与早期只显示文本的计算机、印刷或手写等传统形式的媒体有很大的差别。

　　在文化领域非常流行的"融合"观点，在科学界同样广为接受。这一观点反映在多媒体领域，则是电脑、智能手机、游戏设备、数字电视和多媒体检索等多种技术的融合，也许在不久的将来，这种融合就可以进一步扩展为功能全面的多媒体产品。硬件技术的提高将不断推进这类技术的发展，而现有的成果已令人激动——在交互活动这个主题下，多媒体已成为计算机科学中最令人感兴趣的一部分。很多过去单独研究的内容，在多媒体这个新领域找到了共同点，进而促进了这种融合。图像、可视化、HCI、计算机视觉、数据压缩、图论、网络和数据库系统都将对目前多媒体的发展产生重大的影响。

1.1.1 多媒体的组成部分

　　多媒体中的文本、音频、图像、图形、动画、视频和交互活动等多模态技术在以下领域中得到广泛应用：

- 基于地理信息的实时增强现实、大型多人在线视频游戏和具有 GPS 感知功能的便携式游戏设备（如智能手机、笔记本电脑、平板电脑）。比如，在游戏中玩家加强与"传送门"的链接，然后攻击敌方。敌方玩家所用设备具有 GPS 功能，为了能跟对方进行交互，需要玩家自身移动到传送门的位置（传送门会被一些真实物体遮挡，比如公共艺术品、有趣的建筑或者公园）。
- 互动电视，观众可以通过编辑手机短信对故事的发展方向进行投票，并实时影响故事的发展。
- 具有建议下一个最佳镜头类型功能的摄像机，以更好地遵循故事板的开发技术指南。
- 一个基于 Web 的视频编辑器，使得任何人都可以在云端通过编辑、注解和合成专业的视频来生成新的视频。
- 合作教育环境，通过来回传递控制，可以让小学生们通过两个鼠标同时分享一个教育游戏。
- 在大规模视频、图片数据集内，利用目标的语义信息对数据集进行检索。

- 将人工制作的视频和自然视频合成为混合场景，将计算机图形和视频对象放到同一个场景中，以考虑对象的物理性质和光照(比如阴影等)。
- 视频会议参与者的视觉线索，比如参与者的凝视方向和注意力。
- 可编辑的多媒体组件，即允许用户自行决定哪些组件、视频或图形是可见的，并允许用户对组件进行移动或删除，并使组件具有分布式的结构。
- 创建"逆好莱坞"式的应用程序，用以重现视频产生的过程，并使用故事板来删除和简化视频的内容。

从计算机专业人员的角度来看，多媒体技术之所以有如此大的吸引力，是因为很多传统计算机科学领域中的研究内容都与它有某种联系。在当今这个数字化的时代，多媒体内容被记录、播放、演示或是被诸多的数字信息处理设备存取，这些设备从智能手机、平板电脑、笔记本电脑、个人电脑、智能电视、游戏机，到服务器、数据中心，也包含了一些分散的多媒体，比如磁带、硬盘、磁盘，或者一些目前比较流行的有线、无线网络。这些促进了各种各样的研究课题的产生：

- **多媒体处理和编码**。其中包括音频/图像/视频处理、压缩算法、多媒体内容分析、基于内容的多媒体检索、多媒体安全等。
- **多媒体系统支持和网络**。人们将这类问题理解为网络协议、Internet 和无线网络、操作系统、服务器和客户机、数据库。
- **多媒体工具、端系统和应用**。其中包括超媒体系统、用户界面、编著系统、多模态交互和集成。这些应用具备"无所不在性"——可以随时随地上网的设备、多媒体教育(包括计算机支持的学习和设计)以及虚拟环境中的应用程序。

多媒体领域的研究同样影响着计算机科学的其他分支。例如，数据挖掘是目前一个重要的研究领域，而包含多媒体数据对象的大型数据库正是该研究领域的研究课题；远程医疗应用程序(例如"远程病人诊断咨询"系统)是对现有的网络架构提出严峻考验的多媒体应用程序。同时，多媒体技术还是一个高度跨学科的研究领域，包括电子工程、物理学和心理学；音频/视频信号处理是电子工程的基本研究课题；图像和视频中的颜色在物理学中有着悠久的研究历史和坚实的理论基础；更重要的是，所有的多媒体数据都将被人类所接收，这就与医学和心理学的研究相关。

1.2 多媒体：历史和现状

为了将多媒体放置在一个正确的上下文环境中，本节简要回顾多媒体的历史，其中最近比较关注的是多媒体和超媒体之间的联系。我们也会呈现多媒体在新世纪随着新一代计算和通信平台的发展而产生的迅速演变和革新。

1.2.1 多媒体的早期历史

使用多媒体作为交流手段的想法可能源于报纸，报纸大量使用文本、图形和图片，是最早的大信息量交流媒介。在发明可以拍摄静态图像的照相机之前，这些图形、图片都是人工绘制而成的。

1826 年，Joseph Nicéphore Niépce 使用一个可滑动的木盒子照相机拍摄到了第一张自然图像[1,2]。这个图像是在涂上沥青的白蜡上曝光 8 小时后生成的。之后，Alphonse Giroux 创造了第一台双盒设计的商用照相机。这台照相机有一个装有取景镜头的外盒和一个带平面玻璃板的内盒，它可以聚焦屏幕和图像感光底片。滑动内盒可以对不同距离的物体聚焦。同样用银面的铜质湿版进行曝光的类似相机出现在 1839 年的商业介绍当中。19 世纪 70 年代，湿版摄影被更加便捷的干版摄影所取代。图 1.1(图片来自于作者收藏)展现了 19 世纪的干版照相机，利用皮腔进行对焦。19 世纪末，产生了使用胶卷的照相机，并很快成为主流，直到被数码照相机取代。

Thomas AlvaEdison 于 1877 年发明的留声机是第一个能够记录并再现声音的设备。一开始留声机将声音记录在锡箔片留声机圆筒上[3]。图 1.2 是 Edison 发明的留声机的模型(EdisonGEM，1905 年；图片来自于作者收藏)。

后来 Alexander Graham Bell 对留声机进行了很多显著的改进，包括使用涂有蜡层的纸质圆筒，在记录声音的过程中唱针以"Z 字形"从一侧向另一侧移动。Emile Berliner 将留声机的圆筒进一步改进为黑胶唱片。黑胶唱片的两面都有从边沿向中心延伸的螺旋槽，这使得用拾音器和唱针播放起来更方便。这些组成部分在 20 世纪又渐渐得到改善，最终留声机播放出来的声音已经很接近原始声音了。在 20 世纪很长一段时间内，留声机都是记录音频的主流形式。从 20 世纪 80 年代开始，由于卡式录音带的出现，留声机的使用骤然减少。之后又出现了 CD 和其他一些记录形式[4]。图 1.3 展示了音频存储介质的演变，从 Edison 的圆筒式记录开始，到平面唱片，再到磁带(双卷盘式磁带和盒式磁带)，还有现代数字 CD。

动画电影的构想形成于 19 世纪 30 年代，基于人眼对运动的快速感知。1887 年，Edison 发明了电影摄像机[5]。无声电影出现于 1910 年到 1927 年；1927 年，无声电影时代随着电影《爵士歌王》的上映而结束。

1895 年，Guglielmo Marconi 在意大利博洛尼亚进行了首次无线电信号通信。几年之后(1901 年)，他检测到了横跨大西洋的无线电信号[6]。无线电广播最初是为了电报而发明的，现在却成为主要的音频传播媒介。1909 年，Marconi 获得了诺贝尔物理学奖⊖。

图 1.1　复古干版照相机。大约 1890 年，E&H T Anthony 模型冠军

图 1.2　Edison 的留声机，GEM 模型。注意图片下方的专利板，它体现了人们很早以前就意识到专利的重要性，以及 Edison 对发明保护的重视程度。即便有警告牌，但这个留声机在一百年前依然被原持有者所更改，包括在标准 Edison 模型的基础上添加了更强劲的弹簧电机和来自 Tea Tray 公司的大花喇叭

⊖　在语音传播领域，来自加拿大魁北克省的 Reginald A. Fessenden 在几年前已超越了 Marconi，但不是所有的发明家都得到了应有的荣誉。尽管如此，Fessenden 于 1928 年得到了 250 万美元作为对其失去专利的补偿。

图 1.3　音频存储介质的演变。从左到右依次是 Edison 圆筒记录、平面唱
　　　　片、双卷盘式磁带、盒式磁带和 CD

电视是 20 世纪新的传播媒介[7]。1884 年，德国一位 23 岁的大学生 Paul Gottlieb Nipkow 申请了第一个机电电视系统专利。这种电视使用一个旋转盘，其中有一系列向中心旋转的孔。这些孔以相等的角度间隔隔开，在单次旋转中，旋转盘允许光通过每个孔并到达产生电脉冲的感光硒传感器。由于图像集中在转盘上，每个孔都捕捉到了整个图像的水平"切面"。Nipkow 的设计并不实用，直到 1907 年扩音器技术有了新的进展，尤其是阴极射线管(CRT)的产生之后，才具有实用性。20 世纪 20 年代后期电视开始商业化，基于 CRT 的电视以视频作为通用媒介，从此改变了大众传播的方式。

上文中所有提到的媒介都是采用模拟形式，信号的时变特征(可变)是输入的连续表示，即对输入音频、图像或视频信号的模拟。而在计算机和数字媒体(即，使用二进制格式表示的媒体数据表现)之间建立联系的想法，事实上是不久之前才出现的：

- **1967 年**，Nicholas Negroponte 在 MIT 组建了 Architecture Machine 研究组。
- **1969 年**，布朗大学的 Nelson 和 van Dam 实现了名为 FRESS 的早期超文本编辑器[8]。今天，布朗大学 IRIS(Institute for Research in Information and Scholarship) 研究院的 Intermedia 项目正是由这个系统发展而成的。
- **1976 年**，MIT 的 Architecture Machine 研究组提出了名为"多类媒体"的项目，这导致 1978 年第一张超媒体视频磁盘——Aspen Movie Map 的诞生。
- **1982 年**，飞利浦和索尼公司将 CD 制作商业化，使得 CD 很快取代了模拟磁带，成为流行的数字音频数据媒介标准。
- **1985 年**，Negroponte 和 Wiesner 共同创建了 MIT 媒体实验室，该实验室成为在数字视频和多媒体领域具有主导地位的研究机构。
- **1990 年**，Kristina Hooper Woolsey 开始领导 Apple 的多媒体实验室，该实验室拥有 100 多位员工，并以教育方面的应用为主要研究目标。
- **1991 年**，MPEG-1 成为数字视频的国际标准，之后在此基础上开发了一系列更新的标准，如 MPEG-2、MPEG-4 等。
- **1991 年**，PDA 的诞生开启了计算机应用的新时代，对多媒体而言更是如此。随着 1996 年无键盘 PDA 的市场化，这一发展趋势得到了进一步延续。
- **1992 年**，JPEG 成为数字图像压缩的国际标准，至今仍被广泛使用。它的进一步发展导致了 JPEG 2000 标准的诞生。
- **1992 年**，产生第一个网络上的 MBone 音频多播。
- **1995 年**，Java 语言诞生，Java 语言可以用来开发与平台无关的应用程序。
- **1996 年**，DVD 技术的产生使得一张磁盘可以收录一整部高清电影。人们预言 DVD 格式将改变整个音乐、游戏和计算机行业。
- **1998 年**，具有 32MB 闪存的手持 MP3 设备成为市场上深受消费者青睐的产品。

1.2.2 超媒体、万维网和 Internet

早期的研究为各种媒体的获取、表示、压缩和存储奠定了坚实的基础。然而多媒体不仅仅是简单地把不同的媒体放在一起，而是注重通过对不同媒体的整合使得各媒体之间、媒体与人之间都形成丰富的交互。

1945 年，作为 MIT 战后考虑事宜的一部分，针对如何安置战时雇用的科学家这一问题，Vannevar Bush 写了一篇具有里程碑意义的文章[9]，描述了一个名为"Memex"的超媒体系统。Memex 旨在成为一个普遍适用并且个性化的内存设备，它甚至包含了关联链接的概念——这就是万维网（World Wide Web，WWW）的前身。二战以后，六千名在战争中努力工作的科学家突然发现自己有时间考虑其他问题，Memex 就是实现研究自由后的成果。

20 世纪 60 年代，Ted Nelson 开始 Xanadu 项目，并且创造了"超文本"这个术语。Xanadu 是第一次尝试超文本的系统——Nelson 把它称为"富含文学记忆的神奇之所"。

我们通常把一本书看作线性媒体，需要从头到尾顺序阅读。与之相反，超文本系统是非线性读取的，可以利用指向文档中其他部分或是其他文档的链接来进行。图 1.4 说明了这种关系。

DouglasEngelbart 深受 Vannevar Bush 的《诚如所思》(As We May Think)影响，于 1968 年提出了另一个早期的超文本在线系统（On-Line System，NLS）。Engelbart 的研究团队在斯坦福研究院以"增强，而非自动化"(augmentation, not automation)为宗旨，希望通过计算机技术增强人类的能力。NLS 包括诸如发展创意概要编辑器、超链接、电话会议、文字处理和email 等一些重要观点，同时利用了鼠标定位设备、视窗软件和帮助系统[10]。

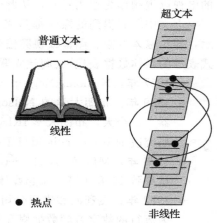

图 1.4 超文本是非线性的

Ted Nelson 再一次介绍了超媒体，不仅仅包含文本。它包含了各种各样的媒体，比如图形、图像和一些特殊的连续型媒体——声音和视频，然后再把它们关联起来。万维网（WWW 或 Web）就是超媒体应用的最好也是规模最大的例子。

令人惊讶的是，这种最主要的网络多媒体应用程序可以追根溯源到核物理学！1990年，Tim Berners-Lee 向欧洲核研究中心（European Center for Nuclear Research，CERN）提出将万维网作为他们组织和分享其工作和实验结果的一种方式。CERN 批准之后，他开始在一个 NeXTStep 工作站上开发超文本服务器、浏览器和编辑器。同样基于这个目的，他的团队发明了超文本标记语言（HTML）和超文本传输协议（HTTP）。

1. HTML

人们认识到：文档不仅要是人类可读的格式，并且不同文档的结构和元素应该是一致的。Charles Goldfarb、Edward Mosher 和 RaymondLorie 为 IBM 开发了通用标记语言（Generalized Markup Language，GML）。1986 年，ISO 发布了标准通用标记语言（Standard Generalized Markup Language，SGML）的最后一个版本。这个版本大部分是基于早期的 GML 创建的。

HTML 是在 Web 上发布超媒体信息的一种语言[11]。它的定义使用了 SGML 规范，并派生出了一组用来描述通用文档结构和格式的元素。由于 HTML 使用 ASCII 码，因此可移植到任何(甚至是非二进制兼容的)计算机硬件上，这一特性使得全球信息交换成为可能。撰写本书时，HTML 的版本为 4.01，当时，新版 HTML5 仍在开发中⊖。

HTML 使用标记来描述文档元素。标记使用类似于 `<token params>` 的格式来定义文档元素的起始点，用类似于 `</token>` 的格式来定义元素的结束点。某些元素只有内联参数，所以不需要结束标记。HTML 将文档分为 HEAD 和 BODY 两个部分，形式如下：

```
<HTML>
<HEAD>
...
</HEAD>
<BODY>
...
</BODY>
</HTML>
```

HEAD 部分描述文档的定义，这个部分将在文档显示前被解析。这个部分包括页面标题、资源链接以及作者定义的元信息。BODY 部分描述文档的结构和内容。常用的结构元素包括段落、表、表单、链接、链表和按钮等。

下面是一个 HTML 页面的简单例子：

```
<HTML>
<HEAD>
 <TITLE>
 A sample webpage.
 </TITLE>
 <META NAME = "Author" CONTENT = "Cranky Professor">
</HEAD> <BODY>
 <P>
 We can put any text we like here, since this is
 a paragraph element.
 </P>
</BODY>
</HTML>
```

HTML 还有其他更为复杂的结构而且可以和其他标准混合使用。HTML 规范经过不断发展，现在已经支持和脚本语言集成，可以在客户端对元素和属性进行动态操纵(动态 HTML)，以及可以使用级联样式表(Cascading Style Sheets，CSS)这种标记语言来显示参数并进行模块化定制。当然 HTML 具有严格的、非描述性的结构元素，也很难实现模块化。

2. XML

对于 Web 的标记语言而言，数据、结构和视图的模块化特性是很有必要的。我们希望用户或应用能够自己定义文档中的标记(结构)以及它们之间的关系，并在 XML 文件中使用这些标记来定义数据，最后在另一个文档中定义如何显示这些标记。

假设你希望根据用户的查询请求从数据库中检索股票信息。使用 XML 语言，你需要事先为股票数据创建全局文档类型定义(DTD)。然后服务器的脚本程序就可以遵循 DTD 定义的规则，利用数据库中的数据来生成满足查询条件的 XML 文档。最后，根据显示设备的不同，用户将会收到 XML 样式表，以便在不同显示设备(27 英寸的 LED 显示屏或手机屏幕)上都能得到最佳的视觉效果。

⊖　2014 年 10 月 29 日，万维网联盟宣布，经过近 8 年的艰辛努力，HTML5 标准规范最终制定完成并已公开发布。——编辑注

最初的 XML 是 1998 年 2 月由 W3C 通过的 1.0 版本。到 2008 年为止已进行了十五次修改。最初的版本仍备受推崇。第二种版本的 XML 1.1 于 2004 年产生，2006 年发布了第二版。XML 的语法和 HTML 很相似，但 XML 更为严格。所有的标记都必须小写，如果一个标记只有内联数据，那么它也必须包含结束符，例如<token params / >。XML 还使用名称空间，以便区分不同 DTD 中具有相同名字的标记。我们也可以通过 URI 来导入DTD。下面是一个 XHTML 文档的定义，我们可以看一下 XML 的文档结构：

```
<?xml version="1.0" encoding="iso-8859-1"?>
<!DOCTYPE html PUBLIC "-//W3C//DTD XHTML 1.0"
 "http://www.w3.org/TR/xhtml1/DTD/xhtml1-transition.dtd">
 <html xmlns="http://www.w3.org/1999/xhtml">
 ... [html that follows
   the above-mentioned
   XML rules]
 </html>
```

所有的 XML 文档都以<? xml version="ver"? > 开头。<!DOCTYPE ...> 是用来导入 DTD 的特殊标记。由于它实际上是 DTD 的定义，因此并不遵循 XML 规则。xmlns 为文档元素定义了唯一的名称空间。在上面的例子中，名称空间是 XHTML 规范的说明网页。

以下是其他一些和 XML 相关的规范：

- **XML 协议**。用于在进程间交换 XML 信息。它可用来替代 HTTP 协议，并将进一步扩展以支持网络上进程间的通信。
- **XML Schema**。一种结构化且功能更加强大的语言，用来定义 XML 数据类型（标记）。和 DTD 不同，XML Schema 用 XML 标记来进行类型定义。
- **XSL**。XSL 相当于 XML 的 CSS。但 XSL 更为复杂，它由三部分构成：XSL 转换（XSLT）、XML 路径语言（XPath）以及 XSL 格式对象。

由于 Web 服务器提供的信息量、发布此类信息的能力的提升以及 Wed 浏览器导航的便利性，万维网迅速普及，尤其是在 1993 年 Marc Andreessen 推出了 Mosaic 浏览器（后成为 Netscape）之后。

目前，Web 技术由万维网联盟（World Wide Web Consortium，W3C）和互联网工程任务组（Internet Engineering Task Force，IETF）一起维护和开发，以规范技术。W3C 为万维网制定了以下三个目标：对网络资源的普遍访问（任何地方的任何人）、对可用信息的有效浏览以及对已发布内容的可靠使用。

值得一提的是，Internet 是万维网和通过万维网分享的多媒体内容的基础媒介。Internet 开始于 1969 年只有两个节点的 ARPANET(Advanced Research Projects Agency Network)，逐渐发展成为全球主流的网络，通过标准的互联网协议（TCP/IP）将无数的计算机和数十亿的用户互联起来。它是随着数字多媒体一起演变的。一方面，Internet 承载了大部分的多媒体内容。它很大程度上代替光盘成为电影行业存储和发行产品的媒体。目前，电视广播行业也正在以更快的速度重塑。另一方面，Internet 最初并不是为多媒体数据而设计的，并且不太适于多媒体传输。多媒体数据目前占据了 Internet 90％的带宽，是加强现有 Internet 和发展下一代 Internet 的关键推动力，正如我们将在第 15～16 章中看到的那样。

1.2.3　新世纪的多媒体

新世纪以来，我们目睹了新一代面向多媒体处理和共享的社交、移动和云计算的快速发展。今天，互联网本身的作用已经从原来的用途演变为通信工具，可以更轻松、更快速地共享无限供应的信息，多媒体内容也越来越丰富。高分辨率视频甚至 3D/多视点视频可以由个人计算设备轻松捕捉和浏览，并且能够很方便地使用远程云资源进行存储和处理。更重要的是，用户积极参与到社交生态系统中，成为其中的一部分，而不是被动地接受媒体内容。3G/4G 无线网络和智能移动设备渗透到人们的生活中，进一步推动了这种变化。它们具有高度直观的界面和非常丰富的多媒体功能，已经与在线社交网络无缝集成，用于即时媒体内容生成和共享。

下面将列出新世纪以来多媒体发展的重要里程碑。我们都生活在互联网时代，都见证了这些翻天覆地的变化，相信大部分读者对这些事件都很熟悉。许多读者，尤其是年轻一代，应该比作者更熟悉 YouTube、Facebook 和 Twitter 这些多媒体服务。

- **2000 年**，万维网规模估计超过 10 亿页。索尼公司于 2000 年 10 月首次公布蓝光光盘原型。2003 年 4 月在日本发布了第一款原型机。
- **2001 年**，第一个点对点共享（大部分为 MP3 音乐）系统——Napster，在法院的责令下关闭服务。但接下来的几年又有许多新的点对点文件共享系统推出，比如 Gnutella、eMule 和 BitTorrent。Coolstreaming 是第一个部署在互联网上的大规模点对点流媒体系统，在 2004 年吸引了超过一百万用户。之后的几年又涌现出了一些商业点对点 TV 系统，比如 PPLive、PPStream 和 UUSee，尤其是在东亚。日本 NTT DoCoMo 在 10 月 1 日推出首款商用 3G 无线网络。然后 3G 开始在全球部署，展示出了宽带无线移动数据传输多媒体数据的潜力。
- **2003 年**，Skype 在互联网上提供免费的点对点语音通信。
- **2004 年**，Web 2.0 被公认为是软件开发人员和最终用户使用 Web 的新方式（不是新的 Web 技术规范）。其理念是希望能够促进用户协作和交互，以便在"虚拟社区"中生成内容，而不是简单地、被动地查看内容，比如社交网络、博客、维基百科等。Mark Zuckerberg 创建的 Facebook 是目前最流行的在线社交网络。由 Ludicorp 公司创建的 Flickr 是一个流行的照片代管和共享网站，该公司坐落于温哥华，由 Stewart Butterfield 和 Caterina Fake 创立。
- **2005 年**，YouTube 被创立，它是一个简单的视频分享门户网站，并于 2006 年年底被 Google 收购。Google 之后又推出了在线地图服务，包括卫星影像、实时路况以及街景视频等服务。
- **2006 年**，Twitter 被推出，并迅速在全球获得知名度，到 2012 年有 5 亿注册用户，每天发布 3.4 亿推文。2012 年，Twitter 推出了 Vine 手机应用程序，使用户能够创建和发布长达 6 秒的短视频片段。亚马逊推出了云计算平台 AWS（Amazon's Web Services），这些服务中最为众所周知的是 Amazon EC2 和 Amazon S3。Nintendo 推出了 Wii 家庭视频游戏机，其遥控器可以检测三维运动。
- **2007 年**，Apple 推出了第一代 iPhone，采用 iOS 操作系统。其触摸屏提供非常直观的操作，相关的 App Store 提供了大量移动应用程序。开放手机联盟（Open Handset Alliance）是一个集硬件、软件和电信于一身，致力于推动移动设备开放标准的联盟，随着其成立，Google 推出了 Android 手机操作系统。第一款 Android 手机于 2008 年 10 月销售。之后 Google Play 和 Android 主要应用商店也很快推出。之后的几年，使用 iOS、Android 和 Windows 系统的大触摸屏平板电脑也相继问世。

- 2009 年，LTE(Long Term Evolution，长期演进)网络首次在挪威奥斯陆和瑞典斯德哥尔摩提供服务，为发展 4G 无线网络迈出了重要一步。James Cameron 的电影《阿凡达》激发了人们对 3D 视频的兴趣。

- 2010 年，曾是 DVD 租赁服务提供商的 Netflix 将其基础架构迁移到亚马逊 AWS 云计算平台，并成为主要的在线流媒体视频提供商。电影制片厂制作的数字影片的主要副本都存储在 Amazon S3 上。根据影片的视频分辨率和音频质量，云端的机器将每部影片编码为超过 50 种不同的版本。总的来说，Netflix 总共有超过 1PB 的数据存储在亚马逊的云端。微软推出应用于其游戏机 Xbox 360 的 Kinect 感应器，这是一款具有全身 3D 运动捕捉、面部识别和语音识别功能的设备。

- 2012 年，HTML5 将先前于 1997 年被标准化的 HTML4 归入其中。HTML5 是 W3C 的"候选推荐"。它旨在为最新的多媒体格式提供支持，同时保持当前网络浏览器和设备的一致性，以及维持其在低功耗设备(如智能手机和平板电脑)上运行的能力。

- 2013 年，索尼发布了 PlayStation 4，它是一款视频游戏机，集成了 Gaikai，同时是基于云的游戏服务，提供流式视频游戏内容。4K 分辨率电视出现在了消费市场上。

1.3   多媒体软件工具概述

为了了解多媒体软件工具目前在多媒体任务处理中的现状，我们现在简要介绍一些软件类别和产品。

了解这些软件仅仅是一个开始，完成一个功能全面的多媒体项目不但需要非常出色的编程技巧，还要使用已有工具发挥网络和计算机的强大功能⊖。

在课程中，我们使用文字进行教学，但鼓励学生尝试用这些工具去制作成熟且具有创造性的多媒体作品。然而，这部分内容的目的不是教会学生如何使用这些工具，而是理解这些工具背后的基本设计原则。通过清楚了解多媒体的关键数据结构、算法和协议，学生可以更好地使用这些工具，充分挖掘它们的潜能，甚至改进工具本身或开发新工具。

下面是我们将要介绍的几类软件：

- 编曲和谱曲。
- 数字音频。
- 图形和图像编辑。
- 视频编辑。
- 动画。
- 多媒体编著。

1.3.1   编曲和谱曲

- Cakewalk Pro Audio 是一个非常简单的为音序打谱的软件。术语音序器(sequencer)来源于 MIDI 音乐语言(MIDI 中的事件，详见 6.2 节)中存储音符序列的老式设备。

- Finale 和 Sibelius 是两个作曲家级别的谱曲系统。这些程序是为追求卓越而设置的，但其学习曲线走势相当陡峭。

⊖ 可以从相关网站上了解软件工具的用途。在常见的多媒体课程中，第一项作业就是使用本节介绍的工具制作一个简单的多媒体产品。有些工具功能强大，可以用来作为课程设计的一部分。

1.3.2 数字音频

数字音频工具主要用来访问和编辑构成音频的真实采样的声音。

- **Adobe Audition**(原名为 Cool Edit)是一款非常流行的功能强大的数字音频工具集，具有可以和专业音频工作室相媲美的处理能力(对于 PC 用户而言)，包括多声道的生成、声音文件编辑和数字信号处理。
- **Sound Forge** 也是一款基于 PC 的高级程序，可以用来编辑 WAV 文件。它可以通过声卡从光驱、磁带或是麦克风采集声音，以进一步混音和编辑。它还支持添加特殊音效。
- **Pro Tools** 是一款运行在 Macintosh 或 Windows 平台上的高端集成音频产品和编辑环境。它提供了便捷的 MIDI 制作和操作功能，以及强大的音频混合、录制和编辑功能。完整的效果取决于购买的接收器。

16

1.3.3 图形和图像编辑

- **Adobe Illustrator** 是一款功能强大的用于制作和编辑向量图的工具，可以方便地导出向量图以便在 Web 上使用。
- **Adobe Photoshop** 是图形图像处理和制作的标准工具。图形、图像和文本可以分别在不同的图层上进行独立的操作，非常灵活。此外，它包含一套滤镜，可以实现非常复杂的光学效果。
- **Adobe Fireworks** 是专门用来制作网页图形的软件。它包括位图编辑器、向量图编辑器以及用于制作按钮和翻转器的 JavaScript 生成器。
- **Adobe Freehand** 是一个文本和网页图形编辑工具，它支持多种位图格式，如 GIF、PNG 和 JPEG。这些都是基于像素的格式，这种格式指定了每个像素。它同样支持基于向量的格式，这种格式只需指定线段的两个端点，而不必指定每个像素，例如 SWF(Adobe Flash)。它还支持读入 Photoshop 格式文件。

1.3.4 视频编辑

- **Adobe Premiere** 是一款简单直观的非线性视频编辑工具——可以将视频片段按任意顺序放置。视频和音频排列在不同的轨道上，就好像乐谱那样。它提供了大量的音频和视频轨道、叠加和虚拟片段。对于片段，它包含一个内置转换、过滤和运动的库，以便更高效地开发多媒体产品。

17

- **CyberLink PowerDirector** 由 CyberLink 公司出产，到目前为止是最流行的非线性视频编辑软件。它提供了丰富的音频、视频特征选择和特殊的效果，并且易于使用。它支持目前视频的所有格式，包括 AVCHD 2.0、4K Ultra HD 和 3D 视频。它支持 64 位的视频处理器、显卡加速和多 CPU。它的处理和预览比 Premiere 快得多。然而，它并不像 Premiere 那样是"可编程的"。
- **Adobe After Effects** 是一款功能强大的视频编辑工具，支持用户给已有的视频文件添加特殊效果，或对已有视频文件进行修改，如光照、阴影和运动模糊等。和 Photoshop 类似，它也是用图层来进行对象的独立编辑。
- **Final Cut Pro** 是 Apple 为 Macintosh 平台提供的视频编辑工具。它可以从大量数据源中采集视频和音频数据。它提供了一套非常完整的环境，可以实现从视频的采集到编辑、颜色修正，以及最终将结果输出到视频文件中。

1.3.5　动画

1. 多媒体 API

Java3D 是 Java 用来构建和渲染 3D 图像的 API，和 Java Media Framework 处理媒体文件类似。它提供了一套基本的对象基元(立方体、曲线等)来帮助开发人员进行场景的构建。由于它是建立在 OpenGL 或 DirectX(用户可以从中选择)之上的抽象层，因此可以支持图形加速。

DirectX 是一个支持视频、图像、音频和 3D 动画的 Windows API，是目前 Windows 多媒体应用程序(如计算机游戏)开发中应用最广泛的 API。

OpenGL 诞生于 1992 年，一直到现在还是最为流行的 3D API。OpenGL 具有高度的可移植性，可以运行在目前所有流行的操作系统上，如 UNIX、Linux、Windows 和 Macintosh。

2. 动画软件

Autodesk 3ds Max(原名为 3D Studio Max)包括一组高端的专业工具，用于完成人物动画、游戏开发和视觉效果的制作。使用这一工具建立的模型在很多游戏中得到了应用，如 Sony Playstation。

Autodesk Softimage(原名为 Softimage XSI)是一款功能强大的建模、动画和渲染软件包，用于在游戏和电影中制作动画和生成特殊效果。

Autodesk Maya 是 Softimage 的竞争对手，它包含了一个完整的建模软件包，拥有多种不同的建模和动画工具，例如构造逼真的衣物和皮毛的工具。它可以在 Windows、Mac OS 和 Linux 操作系统下运行。

3. GIF Animation Packages

为了能在 Web 应用中对小型动画进行简单有效的开发，很多共享软件和其他程序都支持 GIF 动画图像的制作。GIF 包含了多幅图像，并通过它们之间的循环构成简单的动画。

Linux 也提供了一些简单的动画工具，如 animate。

1.3.6　多媒体编著

能够提供创建完整多媒体演示功能(包括交互式用户控制)的工具，称为编著(authoring)程序。

- Adobe Flash 通过一种更类似于乐谱的方法来支持交互式电影的创作，因为并行的事件序列排列在时间线上，就好像乐谱中的音符一样。电影中的元素在 Flash 中称为符号(symbol)。符号被添加到一个名为库的中心存储库中，并可以添加到电影的时间线上。在指定的时刻需要显示这些符号时，它们就会出现在舞台(Stage)上。舞台给出了电影在某一时刻的内容，并可以通过 Flash 内置的工具进行操作和移动。Flash 电影通常用来在 Web 上显示电影或游戏。
- Adobe Director 用一种类似于电影的方法进行交互式演示的创作。这个功能强大的程序包括一种内置的脚本语言 Lingo，可以进行复杂的交互式电影制作⊖。Director

---

⊖ 所以，对于多媒体的课程设计而言，Director 是一个不错的选择，因为它具有强大的开发能力，而且无需使用令人头疼的 C++。其具有竞争性的技术与 Flash 的 Actionscripts 比较相似。

中的角色包括位图分镜、脚本、音乐、声音和调色板。Director 可以读入多种不同的位图格式。程序对交互性有良好的支持，Lingo（具有自己的调试器）则允许更多的控制行为，包括对外部设备的控制。

- Dreamweaver 是一个网页编著工具，允许用户在不学习任何 HTML 的情况下制作多媒体演示文稿。

1.4　未来的多媒体

本书强调多媒体的基础原理，重点关注构成当今多媒体系统的基础和较为成熟的技术。然而值得注意的是，多媒体研究仍然有很大的发展空间，而且正在茁壮成长。它带来了很多令人兴奋的研究课题，我们一定会在不久的将来看到一些伟大的创新显著地改变我们的生活[12]。

例如，研究者曾经对基于摄像机的目标跟踪技术很感兴趣。但是，尽管人脸识别技术（相机软件在图像和视频中合理识别人脸）无处不在，人脸检测和目标跟踪还不能解决当今遇到的问题（虽然结合多个姿势的人脸跟踪是一个很有希望的方向[13]）。实际上，研究者对于这些课题的兴趣日渐衰减，需要一些新的突破。相反，目前的重点是事件检测，比如对于安全应用来说，检测到某人不小心将包落在了机场。

镜头检测（寻找视频中发生的场景变化）以及视频分类方向在一段时间内是比较吸引研究者注意的，但由于网络上存在着大量未经专业编辑的视频，这些老的课题又遇到了一些新的挑战。

如今，3D 拍摄技术在传统的 2D 视频的基础上继续发展，已经能够在人说话期间获取其面部表情的动态特征，可以为低带宽的应用程序合成高度逼真的人脸动画。除此之外，来自多个摄像机或单个摄像机的不同光照下的多个视图可以准确地获取表示材质的形状和表面特性的数据，从而自动生成合成图形的模型。这使得可以为虚拟演员合成更为逼真的照片。针对残疾人士（尤其是对于弱视或老年人）的多媒体应用也是目前研究的热点。另一个相关的例子是 Google 眼镜，其配有光学头戴式显示器，可为用户提供类似于智能手机的交互式信息显示。它还可以无线连接 Internet，利用自然语言语音指令进行通信。所有的这些都为极具潜力的可穿戴计算设备的发展做出了贡献。

像 YouTube、Facebook、Twitter 这些在线社交媒体，虽然在过去的十年间才出现，但它们迅速地改变了信息产生和分享的方式，甚至可以说改变了我们的日常生活。社交媒体是较受关注的研究领域之一，每年大约有近十万篇相关的学术论文产生。这带来了一系列有趣的新课题。

多媒体众包（crowdsourcing for multimedia）。多媒体众包是指将大量的来自参与人员的输入用于多媒体项目，这一课题得到了广泛的关注。比如，利用人们提供的一些标签来帮助理解图像或视频的视觉内容，就像亚马逊的"Mechanical Turk"，它将诸如视频语义注释这样耗时的任务外包给了少量的报酬或仅仅为了乐趣而工作的人们。对大量人群直接进行"情感"分析，例如，要评估特定品牌的受欢迎程度，通过阅读关于该主题的几千条推文就可以证实。另一个例子是"数字时尚"（digital fashion），这个课题旨在开发出能够进行无线通信的功能增强型智能服装，以加强人们在社交环境中的人际交往。这类研究希望的是通过技术使得人们可以自动地传达某些想法和感觉，更方便地与配备类似技术的其他人进行交流。

可执行的学术论文（executable academic papers）。在科学和工程界，传播研究成果的

20

一种传统方法是在学术期刊上发表论文。可执行论文则是一种完全利用数字化进行信息广播的新方法。这个想法诞生于这样的一个事实：发表的论文中所讨论的方法的实验结果往往难以复制，因为论文使用的数据集和实验代码通常不会作为出版的一部分公开出来。可执行论文允许"读者"对数据和代码进行交互和操作，以进一步了解论文中呈现的成果。此外，这个概念还包括允许读者重新运行代码、更改参数或上传不同的实验数据。

仿真虚拟人(animated lifelike virtual agents)。比如虚拟教育者，尤其是作为有特殊需要的儿童的社交伙伴；虚拟人还能够表现出情感和个性，并且能够扮演各种各样的角色。虚拟人的目标是灵活的，而不是固定的脚本。

行为科学模型可以模拟人与人之间的交互，进而用于虚拟人物之间的自然交互。这种"增强交互"(augmented interaction)可以用来开发真实的人和虚拟人物之间的用户界面，应用于诸如增强故事叙述等任务中。

21 这些应用推动了计算机技术的发展，产生了许多新的应用，并吸引了很多从业者。多媒体研究领域的引领者提出了几个重要的挑战，这些问题都是关于多媒体研究中最前沿的技术，目前包含以下内容：

- 社交多媒体中的社交事件检测：发现人们计划和参与的社交事件，例如由人们拍摄并上传到社交媒体网站的多媒体内容所表现出的事件。
- 电视内容搜索和超链接：针对特定的主题为相关的视频片段生成对这些片段的超链接。注意，不是人工地执行搜索和跟踪超链接，而是智能地、自动地实现。
- 社交多媒体的地理坐标预测：使用包括标签、音频和用户这些所有可用的数据估计图像和视频的 GPS 坐标。
- 电影中的暴力镜头检测：自动检测电影中描写暴力的部分。同样，所有可用数据（例如文字和音频）都可以发挥作用。
- 监控视频中的隐私保护：这种方法可以隐藏私人信息（如 Google Earth 上的人脸），使视频中敏感的、隐私的元素无法被识别出来；但与此同时，视频仍然可以正常观看，同时还可以对视频执行一些计算机视觉任务，如目标跟踪。
- 语音网络搜索：通过音频在音频内容中搜索和查询相关内容。
- 语音网络中的问答：上面问题的一个变体，旨在将语音问题与一个语音答案集合进行匹配。
- 广告配乐选择：从候选音乐中选出最合适的配乐。目的在于使用额外的特征（元数据）辅助完成这项任务，比如文本、对音频和视频的描述性特征计算、网页、社交标签等。

找到这些挑战的解决方案可能会很困难，但这些挑战的解决会对 IT 行业还有我们每一个人都产生巨大影响，因为我们都生活在数字多媒体时代。我们希望这本教科书能带给你有价值的多媒体知识，同时也希望你喜欢这本书，甚至希望这本书能为你未来的职业生涯（可能是上面列出的这些研究领域或其他方面）做出贡献。

1.5　练习

1. 用自己的话解释什么是"多媒体"？多媒体是多种不同媒体的简单组合吗？
2. 说出三种较有新意的多媒体应用。并给出你认为它们有新意的理由以及它们潜在的影响力。
3. 讨论多媒体和超媒体之间的关系。

4. 用自己的话简单解释 Memex 以及它在超文本方面的作用。我们今天还应该继续使用 Memex 的应用吗？你如何在自己的实际工作中应用 Memex 的理念？

5. 讨论目前的一种采用模拟信号的媒体输入、存储或播放设备。它有必要转换为数字信号吗？模拟信号或数字信号的优缺点是什么？

6. 假设你需要在 Internet 上传输气味，我们在某处有一台气味传感器，并且希望将芳香向量（以此为例）传输到一个接收器并复制出相同的气味。试设计一个这样的系统。列出需要考虑的三个主要问题和这类传输系统的两个应用。提示：考虑医学应用。

7. 人物或物体的跟踪可以通过视觉或声音来完成。视觉系统的准确度较高，但是代价相对较为昂贵；而使用一组麦克风就可以在付出较少费用的情况下对人的方位进行精确度要求不高的定位。因此，视觉和声音方法的融合是很有意义的。上网查找是否有人应用这一理念开发了用于视频会议系统的工具。

8. 非照片逼真度图像（non-photorealistic graphics）表示那些并非用来构建使图像看起来像相机拍摄的图像的计算机图形。比如，如果在会议中跟踪嘴唇的运动，我们可以生成和脸部相应的动画。如果不希望使用自己的脸部，我们可以使用其他的脸部来代替——脸部特征模型可以将嘴唇动作正确匹配到另一个模型上。试查找谁在进行 avatar 生成的研究（avatar 是会议参与者身体动作的模拟表示）。

9. 水印技术是在数据中嵌入隐藏信息的技术。它具有法律内涵：这幅图像是否被抄袭？这幅图像是否被篡改？这是由谁、在哪里完成的？想一想在拍摄图像时隐藏在图像中的能够识别出的信息，并回答上面这些问题。（类似的问题来源于移动电话的使用，我们可以用什么来确定是谁、在哪儿、在什么时候用这部手机？）

参考文献

1. B. Newhall, *The History of Photography: From 1839 to the Present*, The Museum of Modern Art (1982)
2. T. Gustavson, G. Eastman House, *Camera: A History of Photography from Daguerreotype to Digital* (Sterling Signature, New York, 2012)
3. A. Koenigsberg, *The Patent History of the Phonograph*, (APM Press, Englewood, 1991), pp. 1877–1912
4. L.M. David Jr., *Sound Recording: The Life Story of a Technology*, (Johns Hopkins University Press, Baltimore, 2006)
5. Q.D. Bowers, K. Fuller-Seeley. *One Thousand Nights at the Movies: An Illustrated History of Motion Pictures*, (Whitman Publishing, Atlanta, 2012), pp. 1895–1915
6. T.K. Sarkar, R. Mailloux, A.O. Arthur, M. Salazar-Palma, D.L. Sengupta, *History of Wireless*, (Wiley-IEEE Press, Hoboken, 2006)
7. M. Hilmes, J. Jacobs, *The Television History Book (Television, Media and Cultural Studies)*, (British Film Institute, London, 2008)
8. N. Yankelovitch, N. Meyrowitz, A. van Dam, Reading and writing the electronic book, in *Hypermedia and Literary Studies*, ed. by P. Delany, G.P. Landow (MIT Press, Cambridge, 1991)
9. V. Bush, in *As We May Think*, (The Atlantic Monthly, Boston, 1945)
10. D. Engelbart, H. Lehtman, *Working Together*, (BYTE Magazine, Penticton, 1988), pp. 245–252
11. J. Duckett, *HTML and CSS: Design and Build Websites*, (Wiley, Hoboken, 2011)
12. K. Nahrstedt, R. Lienhart, M. Slaney, Special issue on the 20th anniversary of ACM SIGMM. ACM Trans. Multimedia Comput. Commun. Appl. (TOMCCAP), (2013)
13. A.D. Bagdanov, A.D. Bimbo, F. Dini, G. Lisanti, I. Masi, Posterity logging of face imagery for video surveillance. IEEE Multimedia **19**(4), 48–59 (2012)

走进多媒体

2.1 多媒体任务和关注点

在我们使用的软件中，多媒体内容无处不在。我们不仅对与其相关的计算机科学和工程学理论感兴趣，也对利用视频编辑器制作交互式应用（或者演示）感兴趣，比如我们先使用视频编辑器 Adobe Premiere、Cyberlink PowerDirector 和静态图像编辑器 Adobe Photoshop 来编辑视频和图片，然后利用 Flash 和 Director 这类编程工具将上一步得到的资源整合到交互式程序当中。

多媒体领域经常会有一些从计算机科学角度出发而产生的问题和思考。比如最近计算机视觉领域非常关注的一个话题——照相机智能地识别人脸，如今这个话题被当作是人工智能的一个分支：利用人工智能理解图像内容。这个基础问题已经在影响多媒体领域产品的方方面面。

计算机视觉方向的研究还鼓励照相机使用者像计算机科学家一样思考"图像中发生了什么"。一个较高级的问题是"这个图像是在哪里拍摄的"（场景识别）或者"这个图像是否包含了某个特定的物体"（目标分类）。一个依然困难的问题是"感兴趣的目标在哪儿"（目标检测）。较低级的问题可能是"每一个像素属于哪个对象"（图像分割）。因此，不久之后我们发现自己完全投身于经典计算机视觉研究的层次结构中，从高级研究层次到图像的详细描述：层次结构的顶部是场景识别，底部是图像分割。

在本书中，我们采取适当的难度级别，避开上述的复杂问题。然而，学习多媒体问题的基本原理确实富有成效，我们的目标是为读者在工作环境中提供最终解决这些难题的方法和工具。

2.2 多媒体展示

本节简要介绍在多媒体内容展示时需要牢记于心的一些准则，以及一些关于多媒体内容设计的指导方针[1,2]。

1. 图形风格

我们要仔细考虑展示中的配色方案和文字的视觉效果。很多展示都是针对商用投影显示器，而非近距离的屏幕。此外，还要考虑人类视觉的动态性以决定展示的尺寸。这里的大多数观点都参考自 Vetter 等人的著作[3]，如图 2.1 所示。

2. 色彩的原则和方针

某些配色方案和艺术风格与一些特定的主题或风格相匹配能产生最好的效果。例如，对于室外场景，配色方案可以较为自然和鲜艳；在室内则应朴素一些。艺术风格的例子有油画、水彩画、彩色铅笔画或粉彩画。

通常建议不要用太多的颜色，因为这会使人分心。尽量用色一致，然后用颜色的变化来表示主题的改变。

3. 字体

为了更好的视觉效果，大字体（18～36 磅）是最佳选择，每屏的行数不超过 6～8 行。

如图 2.1 所示，sans serif(无衬线)字体比 serif(有衬线)字体效果更好(serif 字体的笔画两端带短衬线)。图 2.1 对两幅屏幕投影进行了比较。

图 2.1a 中使用的颜色和字体非常合理，它使用了统一的配色方案，使用了较大的 sans serif(Arial)字体。图 2.1b 则效果不佳，因为它使用了太多的颜色，并且这些颜色搭配得不和谐，深色的 serif(Times New Roman)字体也很难辨认。另外，右下角面板的对比度不足，因为漂亮、柔和的颜色只有当背景颜色与其有明显不同时才能使用。

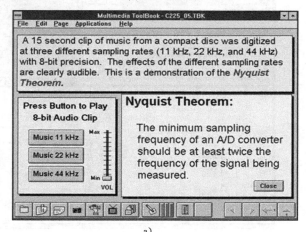

a)

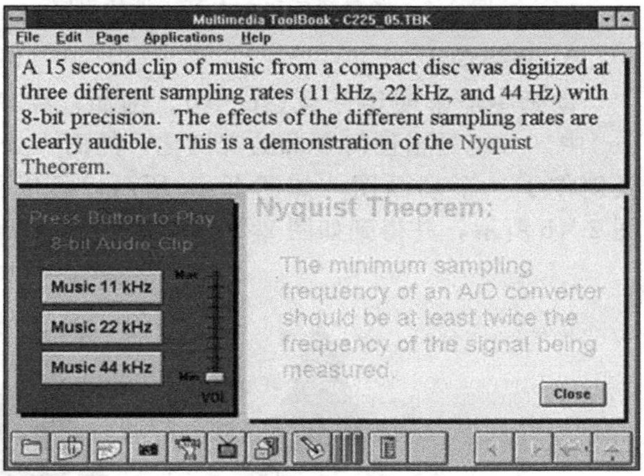

b)

图 2.1 颜色和字体(感谢 Ron Vetter)

4. 色彩对比程序

根据 Vetter 等人的研究成果，我们开发了一个 VB 程序来展示文本的颜色和背景颜色是如何影响文本可读性的[⊖]。

在屏幕上构建理想的配色方案最简单的方法是使用互补色原理来设置文字的背景颜色。对于在 0~1(或者 0~255)之间取值的颜色来说，如果文本的颜色是三元组(R、G、B)，那么比较合理的背景颜色可以用最大值减去这个颜色得到：

$$(R,G,B) \Rightarrow (1-R,1-G,1-B)$$

(2.1)

这样的话，不仅仅颜色在某种程度上是"相反"或者说"相对"的(当然这和艺术家们所指的"相反"是不同的)，而且背景和文本也如此，背景的颜色越深，则文本的颜色越浅，反之亦然。

在这个 VB 程序中，用户可以通过滑动条来控制背景颜色的变化，同时文本的颜色也将根据互补色原理做相应的改变。用户也可以通过单击背景打开色彩选择器来选择色彩。

如果你认为可以有更好的色彩搭配，那么单击文本，打开和背景无关的色彩选择器来挑选颜色(文本也可以被编辑)。稍做实验你就会发现，某些颜色的搭配确实有更好的效果——例如，粉红色背景和森林绿的前景，或者绿色背景和淡紫色前景。图 2.2 是这个程序运行的截图。

图 2.3 是一个调色板(color wheel)，在这里相对的颜色定义为($1-R$, $1-G$, $1-B$)。艺术家的调色板和这个调色板有所不同，因为艺术家的调色板更多是源于艺术感觉，而非某种算法。在传统的艺术家调色板中，黄色和品红色相对，而非图 2.3 中的蓝色；蓝色和橙色是相对的。

⊖ 参见 http://www.cs.sfu.ca/mmbook，这里给出了可执行文件和源文件。

图 2.2   考察颜色和文本可读性的程序   图 2.3   调色板

5. 分镜动画

动画中经常使用分镜(sprite)。例如,在 Adobe Director(原名为 Macromedia Director)中,分镜是指任何资源的实例化。然而,分镜动画的基本思想非常简单。假设我们已经创作了一个动画图,如图 2.4a 所示,可以很容易地得到 1 位(黑-白)的掩模 M,如图 2.4b 所示,并得到如图 2.4c 所示的分镜 S。

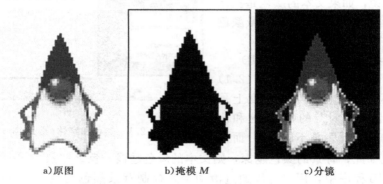

a)原图   b)掩模 M c)分镜

图 2.4   分镜动画的生成(感谢 Sun Microsystems 提供的 "Duke" 配图)

现在我们可以将这个分镜覆盖在彩色的背景 B 上,如图 2.5a 所示。我们要做的是先将 B 和 M 做 "与" 运算,然后将得到的结果和 S 做 "或" 运算,最终的结果如图 2.5e 所示。将这些简单操作的组合以一定的帧速率执行,就可以生成一个简单的二维动画。这个动画可以移动分镜,但并不改变它的外观。

6. 视频的切换

视频切换可以有效地表示与下一部分内容之间的变换。视频切换是表示 "场景变换" 的语义手法,并经常带有语义信息。常用的切换类型包括:切变、擦除、溶解、淡入和淡出。

切变,顾名思义,是指两个连续的视频帧之间的图像内容产生剧烈变化。这是最简单也是最常用的切换方式。

擦除是用另一段视频中的内容来代替可视区域的像素。如果两个视频的边界在屏幕中缓慢移动,那么第二段视频将逐渐替代第一段视频。擦除的方式有从左到右、从右到左、垂直、水平，类似于虹膜打开，或钟表指针掠过的方式等。

　　a）背景 B　　　　　　b）掩模 M　　　　　　c）B AND M

　　d）分镜 S　　　　　　e）B AND M OR S

图 2.5　分镜动画

　　溶解是用两段视频的混合来代替原图中的像素，以实现两段视频之间的渐变。淡出是使用黑（白）来代替视频，淡入则相反。大多数的溶解可以归为两类，分别对应于 Adobe Premiere 视频编辑软件中的交叉溶解和抖动溶解。

　　在第一类（交叉溶解）中，像素是渐变的。它可以被定义为

$$\boldsymbol{D} = (1 - \alpha(t)) \cdot \boldsymbol{A} + \alpha(t) \cdot \boldsymbol{B} \tag{2.2}$$

　　$\boldsymbol{A}$ 和 $\boldsymbol{B}$ 是表示视频 A 和 B 的三元颜色向量。$\alpha(t)$ 是切换函数，通常和时间 t 呈线性关系：

$$\alpha(t) = kt, kt_{\max} \equiv 1 \tag{2.3}$$

　　第二类（抖动溶解）则完全不同。根据 $\alpha(t)$，视频 A 中的像素点将突然被视频 B 所替代，这种变化是非连续的。变化的像素点的位置可以是随机的，也可以遵循一定的模式。

　　很明显，淡入、淡出是第一类溶解方式的特例（视频 A 或视频 B 为黑色或白色），而擦除是第二类溶解方式的特例（采用某种几何模式来改变像素）。

　　尽管很多数字视频编辑器都有一组预设的切换方式，我们有时还是希望能够按照自己的意图定制。假设我们希望创建一种特殊的擦除模式——使用滑入、滑出的方式实现视频的替换。常见的擦除方式没有这种效果。通常情况下，每段视频保持原位，切换线沿着"静态"的视频运动，对于从左到右的擦除而言，视区左边的部分显示左边视频的像素点，右边部分显示右边视频的像素点。

　　假设我们不希望每一个视频帧位置都固定不变，而是渐渐地移入（移出）视区：我们希望 Video$_L$ 从左边滑入，并将 Video$_R$ 推出。图 2.6 显示了这一过程。Video$_L$ 和 Video$_R$ 有各自不同的 RGB 值。注意，R 是帧中位置（x，y）和时间 t 的函数。由于这是视频而不是不同大小的图像集合，因此两段视频有相同的最大范围 $x_{\max}$。（实际上，Premiere 将所有视频都规范为相同大小，即当前选中的区域，所以无须担心大小不同。）

　　切换边界的水平位置 x_T 沿着视区从 $t = 0$ 时刻的 $x_T = 0$ 向 $t = t_{\max}$ 时刻的 $x_T = x_{\max}$ 运动。所以，对于随时间线性变化的切换来说，$x_T = \left(\dfrac{t}{t_{\max}}\right) x_{\max}$。

　　所以对于任意时刻 t，情况如图 2.7a 所示。视区有它自己的坐标系统，x 轴的范围是从 0 到 x_{max}。我们将在视区内填入像素。对于每一个 x（和 y），我们必须确定从那段视频中获得的 RGB 值以及从什么位置获得像素值——也就是左边视频坐标系统中的 x 位置。根据视频的特点，左边视频帧的图像是不断变化的。

a）Video$_L$　　　　　　　b）Video$_R$　　　　　c）Video$_L$ 滑入、Video$_R$ 滑出的过程

图　2.6

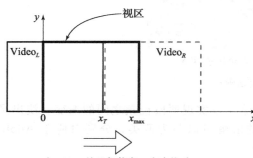 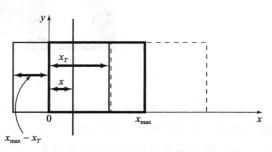

a）Video$_L$ 的几何信息，它在推动 Video$_R$　　　　b）计算 Video$_L$ 中的像素位置以复制到视区中

图　2.7

　　假设对 y 的依赖性是隐式的。在任何事件中，我们使用和源视频相同的 y 值。那么对于红色通道（蓝色通道和绿色通道也是类似的），$R=R(x, t)$。假设我们确定像素值来自于 Video$_L$，那么非运动视频中的 x 坐标 $x_L = x + (x_{max} - x_T)$，其中 x 是我们需要在视区中填充的位置，x_T 是切换边界的位置，x_{max} 是任意一帧中的最大像素的位置。

　　为了说明这一点，我们可以从图 2.7b 中看到，可以使用距离 x 与 $x_{max} - x_T$ 的和来计算 Video$_L$ 坐标系统中的位置 x_L。

　　将 $x_T = \left(\dfrac{t}{t_{max}}\right) x_{max}$ 代入，我们可以得到如图 2.8 所示的伪代码。在图 2.8 中，如果像素点来自 Video$_R$ 而非 Video$_L$，那么也很容易得到公式中相应的变化。

```
for t in 0..t_max
    for x in 0..x_max
        if ( x/x_max  <  t/t_max )
            R = R_L ( x + x_max * [1 - t/t_max], t )
        else
            R = R_R ( x - x_max * t/t_max, t )
```

图 2.8　滑动视频切换的伪代码

　　本章后面的练习包含对视频切换的建议。作为一名计算机科学家或工程师，你应该能够轻松构建自己的视频切换方式，而不是依靠菜单中的可选项目。

　　投身于多媒体领域，解决有趣的、具有挑战性的甚至前人无法解决的任务！

2.3　数据压缩

　　使用多媒体的最明显和最重要的挑战之一是数据压缩。表 2.1 显示了标准清晰度和高清广播视频的值。显然，我们需要更好和速度更快的数据压缩方法，以避免在我们试图分享数据或使用磁盘作为输入输出设备时，由于数据太大导致的存储和网络问题。

表 2.1　未被压缩的视频大小

分辨率	帧大小	帧率(帧/s)	单位时间大小		每小时大小
标清视频	640×480	30	922kB/帧	28MB/s	100GB/h
高清视频	1920×1080	30	6.2MB/帧	187MB/s	672GB/h

究竟需要压缩多少？实际上，这取决于应用程序、计算机的显示能力，以及可用流（每秒位）的带宽，并且还要查看解压缩的结果。

在常见的 JPEG 图像压缩标准中，压缩量由 Q 值控制，范围是 $0\sim100$（详见 9.1 节）。图像的"质量"在 $Q=100$ 时是最好的，在 $Q=0$ 时是最差的。

图 2.9a 显示了可以捕获全精度图像的数码相机拍摄的原始未压缩图像，完全没有数据压缩。该图像有 364 行和 485 列的像素数据（从 2424 减少 3232，以更好地观察 Q 的影响）；所以在 RGB 像素值的每一个中都具有 8 位精度，总文件大小为 $364\times485\times3=529\ 620$ 字节（不包括文件头信息，其存储行和列的尺寸）。

a）未经压缩处理的图像

b）质量因子 $Q=75$（经典默认值）时的 JPEG 压缩图像

c）$Q=25$ 时的 JPEG 压缩图像

d）$Q=5$ 时的 JPEG 压缩图像

图 2.9　JPEG 压缩

在表 2.2 中，我们使用 JPEG 压缩中不同的质量因子来得到一系列结果。事实上，我们可以大幅地缩小文件的大小，但是 Q 值越小，生成的图像越差。

表 2.2　JPEG 文件大小（字节）和百分比大小的数据 JPEG 压缩与质量因子 $Q=75,25,5$

质量因子	压缩后的文件大小	相对原始图片大小比例（%）
—	529 620	100
75	37 667	7.11
25	16 560	3.13
5	5960	1.13

如图 2.9 所示，虽然 $Q=25$ 的效果并不是那么糟糕，但如果我们坚持将质量因子降低至 $Q=5$，最终会得到不可用的图像。这个演示向我们展示了一些有趣的东西：与黑白（即

灰度)相反的颜色部分相对于高压缩比(即压缩后的数据量很少)可能没那么显著。在第 9 章中,我们将看到颜色和灰度本质上的区别。

压缩确实能缩短传输时间,但也要付出一定的代价。JPEG 压缩可以使压缩比达到 25:1,质量损失很小。对于视频压缩,第 11 章中提出的 MPEG 视频压缩标准可以产生 100:1 的压缩比,同时保持合理的质量(见图 2.9)。

但是,让我们来看看图像和视频处理在 CPU 方面的开销是多少。假设我们有一个图像,我们希望它能变暗 2 倍。以下代码片段是这个操作的伪代码:

```
for x = 1 to columns
   for y 1 to rows
       image[x,y].red    /= 2;
       image[x,y].green /= 2;
       image[x,y].blue  /= 2;
   }
}
```

在 RISC 机器上,一个循环操作相当于一个增量、一个检查和一个分支指令。除此之外,还需要三个取指、三个移位和三个存储指令,操作每个像素共需要 12 条指令,每个像素有 3 字节,所以每个字节需要 4 条指令。对于标清视频,每秒有 28MB 数据,即每秒 28MB×4=112MB 条指令。对于 187MB/s 的高清视频,每秒更是需要 748MB 条指令。

这当然是可能的。然而,JPEG 压缩每像素需要执行约 300 条指令,换句话说,每个图像字节需要 100 条指令。在标准清晰度和高清晰度下每秒分别产生 28 亿条指令和 190 亿条指令,这是一个真正的瓶颈!显然,需要提出更好的解决方案,我们将在后面的章节中讲到这些技术。

尝试与多个数据流进行交互会产生一些问题。例如,如果我们尝试在新闻采访的视频上加上一些背景信息的视频以及附加信息的数据流等信息会发生什么。将这些信息合并(整合在一起),然后压缩,这是最好的方法吗?或者在接收端合成?多媒体往往会对计算机科学本身提出新的问题。在调度和资源管理方面,多个数据流为操作系统增加了新的负担。

此外,新功能可能意味着新的需求:如果摇滚乐队需要一起排练音乐,但是成员不在同一个地方(分布式音乐问题),该如何解决,即在对各种应用程序进行压缩时我们可以接受多少延迟(时间延迟)?对于音乐排练,所有的乐队成员都必须几乎同时开始演奏!

2.4 多媒体制作

多媒体项目往往需要一组具有专业技能的人员参与。在本书中,我们更加专注于技术方面,但多媒体作品的制作通常不仅需要程序员,还需要艺术导演、图形设计师、艺术指导、制片人、项目经理、编剧、用户界面设计师、音效师、摄影师以及 3D 和 2D 动画制作人员的共同参与。

在完成作品的前 40% 时,主要的工作一般只涉及程序员;当完成 65%~70% 时,应该能够得到作品的 alpha 版本(早期版本,不包含计划内的所有功能和特征)。一般来说,设计过程由故事板、流程图、原型设计、用户测试以及并行的媒体宣传等阶段构成。编程和调试阶段将与市场营销互相协调进行,之后便是产品的分销阶段。

故事板通过一系列的草图描述了多媒体作品的基本设想。这和视频中的"关键帧"类似,故事将从这些"停止点"展开。流程图通过插入导航信息(多媒体概念结构和用户交互)来组织故事板。安排导航信息最为可靠的方法是选择传统的数据结构。层次化的系统是一种最为简单的组织策略。

　　与其他演示不同，多媒体制作必须认真思考如何在新产品中组织不同"空间"之间的运动。例如，假设我们正行驶在非洲野生动物园，但我们也需要将标本带回博物馆进行仔细检查，那么如何才能有效地从一个场景转到另一个场景？流程图有助于设计出解决方案。

　　流程图阶段之后是详细功能的开发。这是指对演示中的每个场景进行逐帧的走查，包括所有屏幕操作和用户交互。例如，在鼠标掠过某个角色时，它会做出反应，或者用户单击鼠标时，角色会做出某种动作。

　　设计阶段的最后部分是构建原型和测试。一些多媒体设计师在这个阶段已经开始使用专业的多媒体制作工具，尽管这个中间的原型并不会用于最终的产品中或在另一个工具中使用。用户测试是最终的开发阶段前的一个极为重要的步骤。

2.5　多媒体共享和分发

　　多媒体内容制作完毕后，需要发布并在用户之间共享。近年来，传统的存储、分发媒体（如光学磁盘）已经在很大程度上被 USB 闪存驱动器或固态硬盘（SSD）所取代，或者被更快捷的互联网所取代。

　　以互联网上最流行的视频分享网站 YouTube 为例，用户可以轻松创建 Google 账户和频道（因为 YouTube 现在属于 Google），然后上传视频，这些视频将共享给所有用户或所选择的用户。YouTube 进一步启用用于对视频分类的标题和标签，并将类似的视频链接在一起（显示为相关视频的列表）。图 2.10 显示了从本地计算机上传视频到 YouTube 的网页。视频中是 1905 Edison Fireside 鹅型留声机，正在播放圆筒唱片，可以在 YouTube 的主页搜索我们提供的标题和标签"Edison Phonograph Multimedia Textbook"得到。

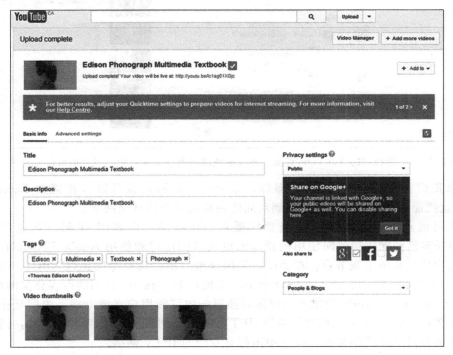

图 2.10　上传 YouTube 视频的网页。视频标题为"Edison Phonograph Multimedia Textbook"，
　　　　　开放给所有用户（隐私设置：Public），可以在 YouTube 网页搜索该标题或标签。注意，
　　　　　视频缩略图是由 YouTube 自动生成的

　　图 2.11 显示了这个视频的 YouTube 页面。它还提供了 YouTube 推荐具有相似标题和标签的视频列表。理想情况下，我们期待它与其他有关 Edison 的留声机或多媒体教材的视频相关联。图 2.11 所示的结果不完全是我们所期望的，但它们确实有一定的联系。注意，这里只有标题和标签的文本用于关联视频，而不是视频内容本身。事实上，多媒体内容检索和推荐仍然相当困难，我们在第 20 章将回顾一些基本技术。

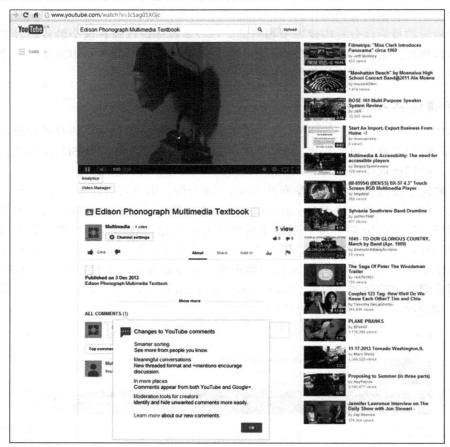

图 2.11　上传视频的 YouTube 页面。相关视频的列表显示在右侧，用户也可以发表评论

　　就像我们将在第 18 章试验的那样，这个视频的链接也可以放在诸如 Facebook 或 Twitter 这类能使之在短时间内传递到对此感兴趣的用户的社交网络上。

　　互联网也正在改变着传统的电视广播业。在英国，自 2007 年起，英国广播公司（BBC）的播客已经能成功地向使用机顶盒的电视订阅用户和使用 Adobe Flashplayer 的公共网络用户播放高清电视节目。在美国，美国全国广播公司财经频道（CNBC）、彭博电视（Bloomberg Television）、真人秀（Showtime）都使用 BitGravity 公司的内容分发网络（Content Distribution Network）提供的流媒体直播服务向订阅用户直播电视。中国是迄今为止用户数最多（1260 万）的互联网协议电视（IPTV）市场，可能是最具活力的市场，因为在中国，相关的技术互相竞争激烈，并且中国拥有专门的 IPTV 网络。

　　用户的观看习惯也在改变。有公信力的内容是任何 IPTV 推广的核心基础，如今仍然如此；同时，IPTV 服务也正变得高度个性化、集成化、便携化和按需化。大多数服务提供商在基本视频产品基础上向给用户提供更丰富的用户体验的方向发展，比如支持跨电视、PC、平板电脑和智能手机的多屏幕观看。同时，3D、多视角、多视频流的播放技术能够把来自同一事件的多个视频流传送给用户，使其能够通过切换摄像机来切换观看视角。这是服务提供商对全球家庭现状的真实感知：家庭除了使用传统的机顶盒/电视机以外，同时在积极地使用流媒体高清视频服务。

　　然而，多媒体内容分发的挑战是巨大的[4]。为了把以 MPEG-4(1.5Mbps)标准编码的电视视频传送给 1 亿观众，需要 1.5Tbps 的传输量。为了说明问题，以两个大型网络视频直播场景为例：一个是 2006 年 3 月 CBS 播放的 NCAA 锦标赛，该锦标赛最高峰时有 268 000 人同时观看；另一个是 2012 年 7 月伦敦夏季奥运会开幕式，最高广播观众达 2710 万，其中 920 万来自 BBC 的手机网站，230 万来自平板电脑。即便是使用 400kbps 的低带宽互联网视频播放流量，CBS/NCAA 广播也需要超过 100Gbps 的服务器存储和网络带宽；而在伦敦奥运会最繁忙的一天，英国广播公司的网站需要交付 2.8PB，高峰流量为 700Gbps。这些场景很难靠单服务器来处理。在后面的第 16 章和第 19 章，我们会看到一些有效的解决方案来应对这些挑战，如点对点(P2P)技术、内容分发网络(CDN)以及云计算。

36
≀
38

2.6　多媒体编辑和编著工具

　　本书重点关注多媒体的原理，即真正了解多媒体这一主题所需的基础内容。然而，我们需要某种载体来体现对这一内容的理解，C++ 程序或 Java 都不是最佳的选择。大多数多媒体导论课程都要求你至少能够完成一些多媒体作品(参见练习10)，所以我们需要一个"助推器"来帮助你学习"其他的软件工具"，本节就将介绍这个"助推器"。

　　我们将介绍一些流行的编著工具。因为创建多媒体应用的第一个步骤是创建有趣的视频片段，所以我们将首先了解一下视频编辑工具。尽管这并不是真正的编著工具，但由于视频创作的重要性，我们将对这类程序做一下简单介绍。

　　我们将要介绍的工具包括：
- Premiere。
- Director。
- Flash。

这些工具常常用于开发多媒体内容，当然这里并没有列出所有可用的工具。

2.6.1　Adobe Premiere

Premiere 的基础知识

　　Adobe Premiere 是一款非常简单的视频编辑程序，用户可以通过组合和合并多媒体组件的方式来快速地创建简单的数字视频。它使用乐谱创作模式，在该模式下，所有的组件都被水平排放在时间轴窗口中。

　　通过"File→New Project"命令可以打开一个窗口，窗口中包含一系列预置信息——包括帧的分辨率、压缩方法和帧率。此外还有很多预置的选项，大多数遵循 DV-NTSC 或 DV-PAL 视频标准、HDV、MPEG2 等，取决于具体的安装。

　　首先可以导入资源，如 AVI(Audio Video Interleave，音频视频交叉)视频文件和 WAV 声音文件，并将它们从 Project 窗口中拖曳到轨道 1 或 2 上。(事实上，你最多可以使用 99 条视频轨道和 99 条音频轨道！)

　　Video 1 实际上包含三条轨道：Video 1A(视频 1A)、Video 1B(视频 1B)和 Transition(切换)。Transition 可以仅仅应用于 Video 1。切换方式可以由 Transition 窗口拖曳到 Transition 轨道上，例如，用 Video 1B 渐渐替换 Video 1A(溶解)，棋盘中随机像素点的

39

突然替换(抖动溶解),或一段视频滑入替代另一段视频(擦除)。程序中有许多可选的切换方式,你也可以使用 Premiere 的 Transition Factory 来设计独创的切换方式。

可以通过将 WAV 声音文件拖拉到时间轴窗口中的 Audio 1、Audio 2 或者任何其他的声音轨道来导入 WAV 声音文件。你可以通过右键单击菜单来编辑声音轨道的属性。

图 2.12 显示了一个典型的 Adobe Premiere 界面。时间轴窗口顶部的黄色标尺表述了当前工作的时间轴——可以通过拖曳该标尺到达合适的时间位置。底部的 1 Second 下拉框表示目前的视频帧率为每秒一帧。

图 2.12　Adobe Premiere 界面

要对视频进行"编译",使用"Seguence→Render Work Area"并将项目保存为.ppj文件,若要保存,则点击"File→Export→Movie"。保存文件时你需要做一些选择,包括如何以及用何种格式来保存视频。图 2.13 显示了项目的选项。包含编解码方式的对话框是由编解码生产商提供的,我们可以单击 Configure 按钮来得到。压缩编解码(压缩-解压缩协议)通常位于视频采集卡的硬件上。如果你选择了需要硬件支持的编解码算法,那么别人的系统就可能无法播放你的数字视频,一切工作都是徒劳。

40

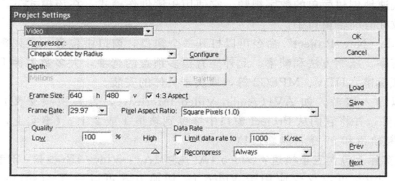

a) Adobe Premiere 在项目设置中的输出选项

图　2.13

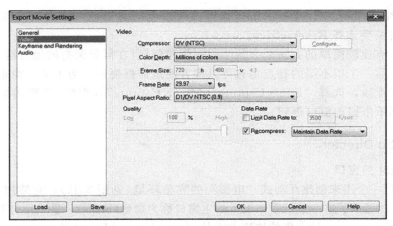

b) Adobe Premiere 子菜单中的压缩选项

图 2.13 （续）

也可以将图像插入到轨道中。我们可以选择切换方式让图像在最终的视频窗口中渐渐出现或渐渐消失。为了实现这一目的，我们需要建立一个"掩模"图像，如图 2.14 所示。这里我们导入了 Adobe Photoshop 的层次图像，它具有在 Photoshop 中创建的 Alpha 通道。

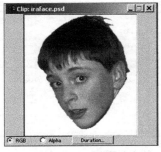 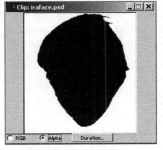

a) RGB 通道：在白色背景上的颜色   b) Alpha 通道：在白色背景上的黑色

图 2.14 Adobe Premiere 预览剪辑查看器，其中 Adobe Photoshop 图像具有 Alpha 通道层

接着，在 Premiere 中，我们单击视频轨道中的图像，并使用"Clip→Video Options→Transparency"来设置 Alpha 通道的键（它将触发透明性）。也可以使用"Clip→Video Options→Motion"来实现图像在视频帧中的飞入飞出。

在 Photoshop 中，我们通过以下步骤设置 Alpha 通道：

1）使用你喜欢的图像，如.JPG 文件。

2）用单色作为背景，如白色。

3）选择"Image→Mode→RGB Color"。

4）选择背景区域（你希望在 Premiere 中保持不透明的区域），可以使用魔术棒工具来完成。

5）选择"Select→Save Selection..."。

6）确定"Channel＝New"。按下"OK"。

7）选择"Window→Show Channels"。双击新的通道，并将其重命名为 Alpha。将其颜色设置为(0，0，0)。

8）将其保存为 PSD 文件。

如果在 Photoshop 中创建的 Alpha 通道具有白色的背景色,那么当你在 Premiere 中选择 Alpha 时需要选择 Reverse Key。

Premiere 有比较简单的方法来为数字视频创建标题(在需要荣誉的地方给予荣誉)。

Premiere 另一个很不错的特点是它可以很方便地捕捉视频。为了从录像带或摄像机中得到一段数字视频,选择"File→Capture→Movie Capture"(视频/音频捕捉选项的菜单可以通过右键单击捕捉窗口得到)。

2.6.2 Adobe Director

1. Director 的窗口

Director 是一个用来创建互动式"电影"的完整环境(见图 2.15)。它使用了电影模式,程序中的窗口就显示了这一点。动作发生的主窗口称为舞台(Stage)。显式地打开舞台将自动关闭其他所有窗口——一种有用的快捷方式是 Shift+Keypad-Enter(数字键盘边上的回车键,并非通常意义上的回车键),这将清除舞台窗口之外的所有窗口,并开始电影的播放。

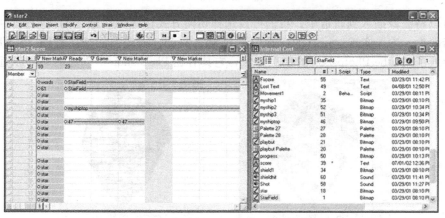

图 2.15 Director 的主界面

另外两个主要的窗口是 Cast 和 Score。Cast 中包含影片会用到的资源,如位图、声音、向量图、Flash 电影、数字视频和脚本。Cast 中的成员可以直接创建或从其他位置导入。通常,你可以创建多个 Cast,以便更好地组织电影的不同部分。可以从 Cast 窗口中拖曳 Cast 成员,将其放在舞台上。因为一个 Cast 成员要用到多个实例,所以每个实例称为一个分镜。一般而言,Cast 成员是原始媒体,而分镜则是控制在舞台和影片中 Cast 成员在何时、何地以及如何出现的对象。

向分镜中添加预定义或专门的"行为"(例如,让分镜跟踪鼠标)可以使其具有交互行为。行为位于 Director 的内部脚本语言中,这种语言称为 Lingo。Director 是一种标准的事件驱动程序,可以方便地进行对象定位并向对象添加事件程序。Imaging Lingo 是 Lingo 中一个非常有用的部分,它可以直接操作 Director 内部的图像。也就是说,我们可以在代码中执行图像处理,从而实现基于代码的视觉效果。

有许多预定义的事件集,其中包含鼠标事件以及网络事件等(后者的一个例子是测试 Cast 成员是否被成功下载)。可行的控制方式是不断循环部分演示直到视频下载完成为止,然后继续或跳转到另一帧。位图可以用来作为按钮,最常见的用途是在单击按钮后跳转至另外一帧。

　　Score 窗口由一组水平线(一条线对应一个分镜)和垂直的帧组成。因此，Score 窗口看起来和音乐的乐谱比较相似，也是按时间顺序从左至右排列，但是它更像 MIDI 文件中的事件链表(详见第 6 章)。

　　预定义和用户定义的行为类型均在 Lingo 中。调色板库提供了对所有预定义行为脚本的访问方式。你可以向一个分镜中添加行为或向整个帧中添加行为。

　　如果行为中包含参数，那么就会出现一个对话框。例如，对于网页浏览行为，我们需要指定要跳转的帧。你可以将同样的行为附加给许多分镜或帧，并为每个实例指定不同的参数。大多数行为都能响应简单的事件，如在分镜上的单击或是在"播放头"进入一帧时触发的事件。大多数的基本功能(如声音的播放)都被封装在程序包中。开发自定义的 Lingo 脚本则能提供更多的灵活性。我们可以在 Inspector 窗口(包括 Behavior Inspector 和 Property Inspector)中修改行为。

43

2. 动画

　　传统的动画的实现方式是按时间先后显示稍有不同的图像。在 Director 中，这一方法意味着在不同的帧中使用不同的 Cast 成员。为了便于控制这个过程，Director 允许将多个成员合并为一个单独的分镜(如果要在乐谱上显示，选择所有需要合并的图像，使用 Cast To Time 菜单项使它们显示在当前的乐谱位置上)。一个有用的特点是，通过扩展这类动画乐谱上的时间可以减缓每一幅图像的播放时间，这样整个动画就可以按照规定的时间长度来完成播放。

　　另一种相对简单的动画方法是使用 Director 的渐变(tweening)功能。这里，你需要在舞台上移动某幅图像并保持原图不变。"渐变"是初级动画人员的工作，他们主要负责在高级动画人员创作的关键帧之间进行内容填充——这在 Director 中是自动完成的。

　　为了实现这种动画，在舞台上确定渐变帧的路径。你也可以确定一些关键帧以及关键帧之间的曲线变化。你还需要确定在运动的开头和结尾处的图像如何加速和减速("缓入"和"缓出")。图 2.16 显示了渐变的分镜。

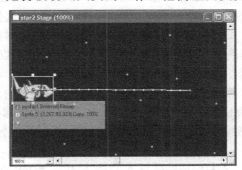

图 2.16　渐变的分镜

　　另一类广泛使用的简单动画形式称为调色板动画(详见 3.1.7 节)。如果图像是 8 位的，那么在颜色查找表中循环搜索或系统地对查找表的条目进行替换可以得到非常有趣(或奇异)的效果。

　　Score 窗口的重要特性包括通道、帧和播放头。播放头表示我们在乐谱中的位置，单击乐谱中的任意位置将对播放头重新定位。通道是乐谱中的行，可以包括可见媒体的分镜实例。这些编号的通道又称为分镜通道。

　　在 Score 窗口的顶端是用来控制调色板、速度、切换和声音的特效通道。图 2.17

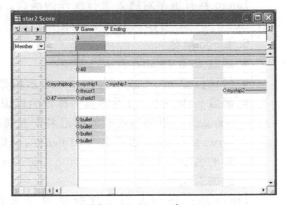

图 2.17　Score 窗口

显示了 Score 窗口中的这些通道。在分镜和特效通道中，帧被水平编号。和传统电影一样，帧是影片中的一个独立单元。我们可以通过修改每秒的帧数来控制影片的播放速率。

3. 控制

你可以在任意帧中加入命名标记。最简单的控制事件就是跳转至特定的标记。在 Director 中，每个标记是一个场景的开始。触发帧浏览的事件是 "Go To Frame" "Go To Marker" 或者 "Hold on Current Frame"，后者将使影片停止在当前帧的位置。帧的行为将在 Score 窗口的脚本通道中显示。

按钮就是附加了行为的位图。你通常需要两幅位图，分别刻画按钮按下和放开时的状态。内建的 on mouseUp 事件则产生跳转。

4. Lingo 脚本

Director 使用四种类型的脚本：行为、Cast 成员的附加脚本、电影脚本和父脚本。行为、电影脚本和父脚本在 Cast 窗口中都作为 Cast 成员出现。

"行为"是附加到分镜或帧上的 Lingo 脚本。根据用户是否单击按钮，你可以使用脚本来确定分镜是否移动。一个非常有用的特点是脚本可以根据多媒体资源的下载程度来控制其播放的开始时间。如果希望添加行为，可直接将其从一个 Cast 拖曳到 Score 或 Stage 中的一个分镜或一帧上。

我们也使用电影脚本，它对于整个影片都是可用的。电影脚本可以控制电影开始、结束或暂停时的事件响应，还可以对诸如按键或鼠标单击这样的事件进行响应。父脚本可以用来为一个对象创建多个实例，而无须向 Score 中添加 Cast 成员。

用户自定义的 Lingo 脚本可以用来创建动画或对典型事件（如用户利用键盘和鼠标产生的动作）进行响应。脚本同样可以用来流化网上视频、浏览网页以及格式化文本等。

Lingo 脚本还可以在 Score 的基础上对行为做进一步的拓展。采用链表这种最基础的数据结构来存储拓展的数据，在链表上可以进行数组操作，还可以进行数学运算和字符串操作。链表具有两种类型：线性和属性。

线性链表就是 LISP 中的链表，例如{12，32，43}。属性链表是一个关联链表，这种链表也和 LISP 中的链表类似：每个元素都包含两个用冒号隔开的值。每个属性前都有一个数字符号。例如，下面的语句产生了两个规定分镜坐标的属性链表：

```
sprite1Location = [#left:100, #top:150, #right:300, #bottom:350]
sprite2Location = [#left:400, #top:550, #right:500, #bottom:750]
```

Lingo 具有很多对链表进行操作的函数。例如 append 可以在链表的结尾增加一个元素，deleteOne 可以从链表中删除一个值。

5. Lingo 规范

● 函数 the frame 表示当前帧。

● 特殊标记 next 或 previous 表示相邻的标记（不是相邻的帧）。

● 函数 maker(- 1)返回前一标记的标识符。如果当前帧被标记并且有标记名，那么 maker(0)返回当前帧的标记名；否则，它返回前一标记的名称。

● movie "Jaws"表示名为"Jaws"的全局电影的起始帧。通常它是另一个 Director 电影的名字。引用 frame 100 of movie"Jaws"指向这部电影。这些细节详见在线帮助的 Lingo 部分。

Lingo 是一种标准的事件驱动程序语言。事件处理程序附加到特定的事件，如 mouseDown 消息。脚本中包括事件处理程序。你可以通过将脚本附加到对象来实现事件处理程序和对象的绑定。

6. 3D 分镜

Director 新增的一项功能是在舞台中创建、导入和操纵 3D 对象。例如，可以将一个简单的 3D 对象——3D 文本加入到 Director 中。

7. 属性和参数

为 Lingo 行为定义行为参数可以增加创建时的灵活性。参数可以通过在行为创建时提供输入来改变行为。如果没有定义参数，那么就会使用默认值。

8. Director 对象

Director 主要有两类对象：一类在 Lingo 中创建，另一类是在 Score 中创建的。父脚本可以用来在 Lingo 中创建新对象。通过在属性查看器中改变脚本的类型，我们可以将行为转化为一段父脚本。父脚本与其他行为不同，当在 Lingo 脚本中创建父脚本时，参数将传递给对象。

父脚本只能在 Lingo 中创建和修改，而 Score 中的对象只能被操纵。最常用的对象是 Score 中的分镜。分镜只能和引用它们的 Lingo 脚本在同一段时间内使用。可以使用 Sprite 关键字加上分镜通道号来指定引用分镜的通道。

2.6.3　Adobe Flash

Flash 是用来创作交互式电影的一个简单的编著工具。Flash 采用乐谱模式进行电影的创作和窗口的组织。在本节中，我们将简单介绍 Flash 并提供一些有关其使用的例子。 <kbd>47</kbd>

1. 窗口

电影是由一个或多个场景构成的，每一个场景都是电影中的一个独立部分。利用 "Insert > Scene" 命令可以在当前的电影中创建一个新的场景。

在 Flash 中，构成电影的组件(图像和声音)称为符号(symbol)，我们可以通过把符号放置到舞台上来将其添加到电影中。舞台是位于屏幕中央窗口中的一个始终可见的白色矩形。Flash 中另外三个重要的窗口是时间轴(Timeline)、库(Library)和工具(Tools)。

2. 库窗口

库窗口中显示当前场景中的所有符号，并可以用 "Window > Library" 命令来切换这些符号。可以通过双击库窗口中符号的名字来编辑，使其出现在舞台中。如果需要添加符号，只需将其从库中拖曳到舞台中。

3. 时间轴窗口

时间轴窗口控制场景的层次和时间轴。时间轴窗口的左边部分由舞台中的一层或多层组成，以便对舞台内容进行组织。库中的符号可以被拖曳到舞台中的某个特定层上。例如，一个简单的电影可以有背景和前景两个层次。当选中背景层时，库中的背景图形可以被拖曳到舞台中。

对于层而言，另一个有用的功能是锁定或隐藏层。点击层名称旁边的圆形按钮，可以在层的隐藏/锁定状态间切换。当在另一个层中定位或编辑一个符号时，隐藏层非常有用。完成层的构建之后，可以锁定该层以免其中的符号被意外修改。

时间轴窗口右侧由场景中每一层使用的水平栏组成，和乐谱很相似。它表示影片经过的时间。时间轴由不同层的关键帧组成。启动一个动画或一个新符号的出现，这样的事件必须在关键帧中设置。点击时间轴会改变当前编辑的影片的时间。 <kbd>48</kbd>

4. 工具窗口

工具窗口主要用来进行图像的创建和操作，它主要由四部分构成：工具(Tools)、视图

（Views）、色彩（Colors）和选项（Options）。工具中包括选择工具——用于对现有的图片进行分割，此外还有一些简单的绘图工具，如铅笔和油漆桶。视图包括缩放工具和指针工具，可以用这些工具在舞台中浏览。色彩工具则用于选取前景和背景色，并标记出需要操作的颜色。选项工具则用于在选中某种工具时提供附加选项。图2.18显示了基本的Flash界面。

图 2.18　Adobe Flash

5. 符号

符号可以由其他符号组成，或通过绘制和导入得到。Flash可以向符号库中导入多种音频、图像或视频格式。符号可以有以下三种行为：按钮、图形或电影。符号（例如一个按钮）可以使用工具窗口来绘制。

6. 按钮

为了创建一个简单的按钮，可以利用按钮行为创建一个新符号。时间轴窗口应该具有四个关键帧：up、down、over和hit。这些关键帧显示当特定动作发生时按钮的不同外观。只有up关键帧是必需的，它也是默认的，其他关键帧都是可选的。可以按如下方法绘制按钮：选择工具窗口中的矩形工具，然后将一个矩形拖曳到舞台中。

为了使按钮的外观能够在事件触发时发生改变，我们可以通过单击相应的关键帧来创建按钮图像。在至少定义一个关键帧之后，我们就完成了一个基本的按钮，尽管此时尚未添加任何动作。动作将在下面的"动作脚本"部分加以讨论。

利用其他符号来创建符号和创建场景类似，也就是将所需的符号拖曳到舞台中。这将实现通过简单符号来创建复杂符号。

7. Flash 动画

可以通过在符号的关键帧之间生成细微的差别来获得动画。在第一个关键帧中，我们可以把要产生的动画符号从库中拖曳到舞台上。然后插入另一个关键帧，使符号发生变化。这个过程可以不断重复。尽管这个过程比较耗时，但比其他动画技术具有更多的灵活性。Flash同样支持以其他更简单的方式创建特定的动画。渐变可以生成简单的动画，这种方式可以自动完成关键帧之间的变化处理。

8. 渐变

渐变有两种形式：形状渐变和运动渐变。形状渐变可以用来创建一个形状，该形状会随着时间改变为其他形状。运动渐变则允许你在舞台中的不同关键帧中的不同位置放置一个符号。Flash 自动地在起始点和结束点之间填充关键帧。更高级的渐变可以对路径和加速度进行控制。运动渐变和形状渐变结合在一起可以获得其他的效果。

掩模动画涉及对掩模层的操作，掩模层是一个选择性地覆盖其他层的一部分的图层。例如，为了获得爆炸效果，可以使用掩模来覆盖爆炸中心外的其他所有区域。形状渐变可以扩大掩模，这样就可以看到整个爆炸效果了。图 2.19 显示了加入渐变效果前后的场景。

图 2.19　字母渐变前后

9. 动作脚本

动作脚本（ActionScripts）可以用于触发事件，如移动到不同的关键帧或是让影片停止播放等。动作脚本可以附加到关键帧或附加到关键帧的符号上。右键单击符号并在列表中按下 Actions 可以修改符号的动作。类似地，通过右键单击关键帧并在弹出部分按下 Actions，就可以将动作应用到关键帧上。此时将会出现"Frame Actions"（帧动作）窗口，左边是所有可用动作的列表，右边是当前已被应用的动作标记。动作脚本可以分为6 类：基本动作、动作、运算符、函数、属性和对象。图 2.20 显示了帧的动作窗口。

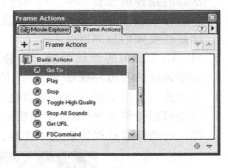

图 2.20　动作脚本窗口

基本动作（Basic Actions）可以用于为影片添加一些简单的动作。常见的动作包括：

- Go To，使影片前进到规定的关键帧处，并可以停止。停止动作通常用来让用户停止交互式电影的播放。
- Play，如果影片停止，继续播放影片。
- Stop，如果影片正在播放，则停止播放影片。
- Tell Target，向 Flash 中的不同符号和关键帧发送消息。它通常用来开始或停止不同符号或关键帧上的动作。

动作（Actions）类型中包含很多程序结构，如 Loops 和 Goto 语句，此外还包括其他动作，与常用的事件驱动的高级编程语言（如 Visual Basic）非常类似。运算符（Operators）类型则包括常量的比较和赋值运算，使你可以在动作脚本中对变量进行运算。

函数（Functions）类型包括 Flash 中那些并非 Flash 对象专有的内置函数。属性（Properties）部分则包括了 Flash 预定义的所有全局变量。例如，定义 _currentframe 来表示当前帧。对象（Objects）部分列出所有的对象，如影片片段或字符串以及它们相关的函数。

按钮需要动作脚本（事件过程），这样按下按钮才会有某种效果。将一个动作（如重放Flash 影片）直接附加给按钮是很简单的。

2.7　练习

1. 多媒体还擅长表达哪类附加信息？

   （a）有什么内容是口头文本可以表达而书面文本不能表达的？

   （b）在什么情况下书面文本比口头文本更为理想？

2. 在你的实验室中找到并学习 Autodesk 3ds Max(前身是 3D Studio Max)，阅读在线教程，掌握软件的 3D 建模技术。学习如何使用它进行纹理贴图和动画制作。最后制作一个 3D 模型。

3. 用 Adobe Dreamweaver 设计一个交互式网页。HTML 4 中提供了类似于 Adobe Photoshop 中的层的功能。每一层表示一个 HTML 对象，如文本、图像或一个简单的 HTML 网页（Adobe HTML 5 Pack 是对 Dreamweaver 的扩展）。在 Dreamweaver 中，每一层都有一个与该层相关的符号。所以选中符号就可以选中整个层，然后就可以进一步处理。在 Flash 中，你可以添加按钮和行为以便进行浏览和控制。你还可以使用时间轴行为来创建动画。

4. 假设我们希望创建一个简单动画，如图 2.21 所示。注意，这幅图像是某动画在某一时刻的静态画面，并非动画表示鱼的移动过程，在鱼的移动过程中它是重复的。说明为了实现这个目的我们需要做什么，并给出解决这个问题的伪代码。假设我们已经有了一组表示鱼的路径的坐标(x, y)，我们可以调用一个过程来将图像定位在路径位置上，并且运动是在视频的顶部发生。

图 2.21　分镜，逐渐占用更多的空间

5. 对于图 2.8 中的滑动切换，解释我们如何得到非运动的右边的视频 R_R 中 x 的表达式。

52

6. 假设我们希望实现一种视频切换方式：第二段视频将第一段视频覆盖，并通过一个扩散的圆圈慢慢显现（类似于相机的光圈），如图 2.22 所示。写出公式，从两段视频中获得正确的像素点以实现这种功能。只需写出红色通道的答案即可。

a) 虹膜慢慢打开　　　　　　b) 一段时间后

图 2.22　虹膜擦除

7. 现在假设我们希望实现一种视频切换方式，第二段视频仍将第一段视频覆盖，并通过一条运动的半径慢慢显现（如钟表的指针），如图 2.23 所示。写出公式，从两段视频中获得正确的像素点以实现这种功能。只需写出红色通道的答案即可。

a) 钟表掠过　　　　　　b) 一段时间后

图 2.23　钟表擦除

8. 假设你希望实现一种波动的效果，如图 2.24 所示。用与 x 有一定偏移量的值来代替 x 处的值就可以得到这种效果。假设图像的大小为 160×120 像素。

图 2.24　视频中的滤镜

(a) 使用浮点运算在像素点 x 的值上增加一个正弦分量，使得 x 的 RGB 值等于原图中另一个像素点的值。x 的最大切换值是 16。

(b) 在 Premiere 以及其他软件包中，只提供了整数运算。像正弦这样的函数都需要重新定义，它只接受整数形式的参数并且返回整数形式的值。sin 函数的参数值必须是 $0 \sim 1024$，而其值域为 $-512 \sim 512$，即 sin(0) 返回 0，sin(256) 返回 512，sin(512) 返回 0，sin(768) 返回 -512，sin(1024) 返回 0。对于 (a) 问题，使用整数运算重写表达式。

(c) 如果要使用波动与时间相关，如何修改答案？

9. 如何创建图 2.3 所示的图像？编写一个小程序用以创建这样的图像。提示：将 R、G、B 分别放置在圆的内接等边三角形的顶点上。最好能对输出对象的行和列进行检查，而非简单地将结果按照 (x, y) 的位置进行匹配。

10. 为了学习如何使用现有的软件对图像、视频和音乐进行操作，制作一段时长 1 分钟的数字视频。通过这个练习，你将熟悉如何使用基于 PC 或苹果的设备以及如何使用视频编辑器（如 Adobe Premiere）、图像编辑器（如 Photoshop）、用于制作 MIDI 的音乐符号程序、Adobe Audition 等数字音频处理软件和其他多媒体软件。

(a) 捕获（或寻找）至少三个视频文件。你可以使用摄像机，或从网上下载，或使用静态图像相机、手机等的视频设置（对于有趣的传统视频，可利用旧的模拟摄像机或 VCR，通过 Premiere 或同等产品的视频捕捉来制作自己的视频——这是具有挑战性和富有乐趣的）。

(b) 尝试将其中一个视频上传到 YouTube。检查上传视频消耗的时间，并讨论其与视频的质量和大小的关系。这个时间比视频的总播放时间长或短吗？

(c) 使用音乐操纵软件撰写（或编辑）一个小型 MIDI 文件。

(d) 创建或寻找至少一个 WAV 文件（或 MP3），也可以自己创作或从网上下载，通过诸如 Audition、Audacity 等软件对这些数字音频文件进行编辑。

(e) 使用 Photoshop 创建标题和结尾。这个很容易实现，但是，你不能在没有使用过 Photoshop 的情况下说你了解多媒体知识。

　　在 Photoshop 中需要了解的一个有用功能是如何创建 Alpha 通道：

- 使用一幅你喜欢的图像，如 JPG。
- 设置背景颜色为白色。
- 确保是在 Image ＞ Mode ＞ RGB Color 中选择的。
- 选择背景区域（你希望在 Premiere 中保持不透明）：MagicWandTool。
- Select ＞ Save Selection ＞ Channel＝New；OK。
- Window ＞ ShowChannels；双击新的通道并将其重命名为 Alpha；设置颜色值（0，0，0）。
- 将文件另存为 .PSD 格式。

　　如果在 Photoshop 中创建的 Alpha 通道的背景颜色为白色，当你选择 Transparency ＞ Alpha 时，需要在 Premiere 中选择 ReverseKey。

(f) 将上面的各步结果组合起来，创作一段 60 秒左右的影片，包括标题、创作人员、配乐和至少三处切换。对你来说，你的视频情节应该很有趣！

(g) 试验不同的压缩方法，最终版本最好使用 MPEG。我们非常有兴趣了解教科书中的概念如何转化为实际视频的制作。Adobe Premiere 可以使用 DivX 编解码器生成电影，输出电影实际上可以在机器上播放，但尝试各种编解码器不是更有趣吗？

(h) 以上部分构成了实验的基本部分。你可以进一步地改进你的作品，不过千万不要因此而废寝忘食啊！

参考文献

1. A.C. Luther, Authoring Interactive Multimedia (The IBM Tools Series). AP Professional (1994)
2. D.E. Wolfgram, *in Creating Multimedia Presentations* (QUE, Indianapolis, 1994)
3. R. Vetter, C. Ward, S. Shapiro, Using color and text in multimedia projections. IEEE Multimed. **2**(4), 46–54 (1995)
4. J. Liu, S.G. Rao, B. Li, H. Zhang, Opportunities and challenges of peer-to-peer internet video broadcast. Proc. IEEE **96**(1), 11–24 (2008)

图形和图像的数据表现

本章介绍图像及其数据表现形式。我们将依次介绍 1 位图像、8 位灰度图像，以及绘制它们的方法，最后介绍 24 位彩色图和 8 位彩色图。此外还会讨论一些用于存储这种图像的文件格式的细节。

本章内容涉及如下主题：

● 图形/图像的数据类型。

● 常用的文件格式。

3.1 图形/图像的数据类型

多媒体的文件格式数量处于不断增长之中[1]。比如，表 3.1 列举了 Adobe Premiere 中可以使用的文件格式。本章将介绍一部分常见的文件格式，并阐述它们的工作方式。我们将重点关注 GIF 和 JPG 文件格式，GIF 文件格式比较简单且包含了一些基本的特征，JPG 则是最重要的一种文件格式。

表 3.1　Adobe Premiere 文件格式

图像	声音	视频
BMP	AIFF	AVI，MOV
GIF，JPG	AAC，AC3	DV，FLV
EPS，PNG	MP3，MPG	MPG
PICT，PSD	M4A，MOV	WMA，WMV
TIF，TGA	WMA	SWF，M4V，MP4，MXF

接下来，我们将大致了解一下文件格式的特性。

3.1.1　1 位图像

图像由像素(pixel)组成，像素是数字图像中的图片元素。一幅 1 位图像仅仅由"开"位和"关"位组成，这就是最简单的图像格式。图像的每个像素由内存空间中的一个位来存储(0 或 1)。因此，这样一幅图像称为二值图像。

二值图像又被称为 1 位单色(monochrome)图像，因为它不包含其他颜色。图 3.1 显示了一幅 1 位单色图像(多媒体科学家称之为"Lena"，这是一幅标准图像，用来说明许多算法)。一幅分辨率为 640×480 的单色图像需要 38.4KB(即 640×480/8)的存储空

图 3.1　1 位单色 Lena 图像

间。1 位单色图像适用于仅含有简单图形和文本的图片。此外，传真机也使用 1 位图像。尽管现在存储性能已大幅提升，可以存储携带更多信息的图像，但 1 位图像仍然非

常重要。

3.1.2　8位灰度图像

8位图像是指图像的每个像素有一个0～255之间的灰度值(gray value)，每个像素由一个字节表示。例如，一个暗的像素的灰度值可能为10，而一个亮的像素的灰度值可能为230。

8位图像可以看作由像素值组成的二维数组。这样一个二维数组称为一幅位图(bitmap)，作为图形或图像的数据表现，它与图形或图像在视频内存中的存储方法相似。

图像分辨率(image resolution)指的是数字图像中的像素数目(分辨率越高则图像质量越好)。对一幅图像而言，较高的分辨率可能是1600×1200，而稍低的分辨率可能是640×480。注意，这里使用4：3的屏幕长宽比，我们不一定要使用这个比例，但是这个比例看起来更自然，因此早期的电视和笔记本电脑屏幕都是4：3(见第5章)。后来的显示设备大多使用16：9的长宽比以更好地与高清视频相匹配。

我们称存储二维数组的硬件设备为帧缓存(frame buffer)，帧缓存封装在被称为"视频"卡(实际上是图形卡)的相对昂贵的特殊硬件中。视频卡的分辨率不必达到图像要求的分辨率，但是如果视频卡没有足够的存储空间，数据为了显示就不得不在RAM中置换。

我们可以把8位图像看作一组1位位平面(bitplane)，其中每个平面由图像的1位表示组成，如果图像的像素在某个位的值不为0，则这个值被置为1。

图3.2显示了位平面的概念。每个位平面的每个像素具有值0或1。所有的位平面的对应像素的位组成一个字节，用来存储0～255之间(8位情形下)的某个值。对于最低有效位，在二进制的最终数字和中，该位的值变为0或1。位置算法隐含着对于下一个(即第二个)位，该位的0或1对最终和的贡献是0或2。接下去的位代表0或4、0或8等，直到最高有效位贡献值为0或128。视频卡能够以视频速率刷新位平面的数据，但是不像RAM那样能很好地保存数据。在北美，光栅场以每秒60个周期的速度刷新，在欧洲刷新速率为50。

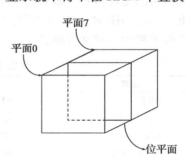

图3.2　8位灰度图像的位平面

每个像素通常用一个字节存储(值从0～255)，所以一幅640×480的灰度图像需要300KB的存储空间(640×480＝307 200)。图3.3再次显示了Lena图像，这次是一幅灰度图。

如果我们想打印(print)这样一幅图，可能会遇到一些困难。假设我们有一个600dpi的激光打印机。这样的设备通常只能打印一个点或者不打印一个点。然而，将一幅600×600的图像打印在一平方英寸的空间

图3.3　Lena灰度图

内，最终的效果并不是很好。此时采用抖动(dithering，也称为抖色)方法。它的基本策略是以亮度分辨率换取空间分辨率。(文献[2]详细介绍抖动)。

抖动

在 1 位打印机上打印时，抖动用于计算较大的点图案，这样，0 到 255 之间的值可以对应于正确表示明暗像素值的图案。主要的策略是用较大的图案（例如 2×2 或 4×4）替换像素值，这样打印的点的数量就接近于用网版打印（halftone printing）的不同大小的圆盘字图案。网板打印是一种用于报纸印刷的模拟过程，使用较小或较大的黑油墨实心圆来表示阴影。

如果我们用 $n\times n$ 的开关 1 位点矩阵来代替，就能表现 n^2+1 级亮度分辨率。比如，矩阵中任意三点被打印成黑色可算作一个亮度级。点模式用试探法创建。比如，用一个 2×2 的"抖动矩阵"：

$$\begin{bmatrix} 0 & 2 \\ 3 & 1 \end{bmatrix}$$

我们可以先用除数是 $\dfrac{256}{5}$ 的整数除法把 $0\sim 255$ 间的图像的值映射到一个新的范围 $0\sim 4$。接下来，如果像素值是 0，那么在打印机的一个 2×2 输出区域不进行打印；但如果像素值是 4，则在 4 个点都填涂。所以规则如下：

如果像素亮度比抖动矩阵的某个元素的编号大，则在该元素填涂，即用一个 $n\times n$ 的点矩阵替代每个像素。

然而，我们注意到上述这种打印方式的亮度级数量还是太小。如果我们通过增加抖动矩阵的大小来增加亮度级数量，那么也会增加输出图像的大小。这就降低了图像在任何局部的清晰度，同时降低了图像的空间分辨率。

注意，对于一个经过抖动方法处理的图像，其尺寸可能太大，比如使用 4×4 矩阵替代每个像素点，会使图像变为原来的 16 倍。利用"有序抖动"的方法可以解决这个问题。假设我们用一个更大的 4×4 的抖动矩阵，如

$$\begin{bmatrix} 0 & 8 & 2 & 10 \\ 12 & 4 & 14 & 6 \\ 3 & 11 & 1 & 9 \\ 15 & 7 & 13 & 5 \end{bmatrix}$$

然后假设我们把这个抖动矩阵在同一时刻移动到图像在水平和垂直方向的四个像素上（这里的图像值已经被降低到 $0\sim 16$ 这个区间中），如果某个像素的亮度值大于覆盖它的矩阵元素的编号，则填涂在打印机的相应元素输出位。图 3.4a 展示了 Lena 的灰度图。有序抖动版本在图 3.4b 中显示。其中，Lena 右眼的详细情况在 3.4c 中显示。

a）8 位灰度图像 lenagray.bmp　　b）该图像的抖动版本　　c）抖动版本的细节

图 3.4　灰度图像的抖动

一个使用 $n \times n$ 抖动矩阵的用于有序抖动的算法如下：

算法 3.1   有序抖动

```
begin
    for x＝0 to x_max                //列
        for y＝0 to y_max            //行
            i＝x mod n
            j＝y mod n
            // I(x, y)是输入，O(x, y)是输出，D 是抖动矩阵
            if I(x, y)＞D(i, j)
                O(x, y)＝1;
            else
                O(x, y)＝0;
end
```

61

Foley 等[2]对有序抖动进行了更详细的讨论。

3.1.3   图像数据类型

本节介绍图形和图像文件格式的一些最常见的数据类型：24 位色和 8 位色。然后我们将讨论文件格式。一些文件格式只能用于特殊的硬件和操作系统平台（如 Linux 中的 X-windows），而另一些是平台无关（platform-independent）或者跨平台（cross-platform）的文件格式。即使有些格式不是跨平台的，但转换程序能识别这些格式并将其转换成其他格式。

由于图像文件需要较大的存储空间，因此大多数图像格式都结合了某种压缩技术。压缩技术可划分为无损（lossless）压缩和有损（lossy）压缩。我们将在第 7～14 章学习各种图像、视频和音频压缩技术。

3.1.4   24 位彩色图像

在一个 24 位彩色图像中，每个像素用三个字节表示，通常表示为 RGB。因为每个值的范围是 0～255，这种格式支持 $256 \times 256 \times 256$（总共 16 777 216）种可能的颜色组合。然而，这种灵活性会导致存储问题。例如，一幅 640×480 的 24 位彩色图像如果不经压缩，需要 921.6KB 的存储空间。

需要注意的一个重点是：许多 24 位彩色图像通常存储为 32 位图像，每个像素多余的数据字节存储一个 α(alpha)值来表示特殊信息。（详见文献[2]，使用 α 通道在图形图像中合成一些重叠物体，简单地用作一个透明标签）。

图 3.5 显示了图像 forestfire.bmp，一幅用 Microsoft Windows BMP 格式（本章后面部分讨论）显示的 24 位图像。这幅图像的 R、G、B 通道的灰度图分别如图中显示。每个颜色通道的 0～255 的字节值表示亮度，我们就能够用每种颜色分别显示灰度图。

3.1.5   高位深度图像

在图像格式中，为了最大程度地忠于实际情况，一些格式是不压缩的。例如，在医学

领域，患者的肝脏图像需要能够精确地展示各种细节信息。

a）24位彩色图像示例forestfire.bmp

b）R颜色通道图像

c）G颜色通道图像

d）B颜色通道图像

图 3.5　高分辨率的彩色图像和单独的 R、G、B 颜色通道图像（见彩插）

　　在一些特殊的场景中，需要识别更多的图像信息。这些信息通常通过特殊的摄像头获得，可以查看超过三种颜色（即 RGB）。比如，利用使用不可见光（如红外线、紫外线）的安全摄像机获取皮肤的医学图像，通过利用额外的颜色信息，这些图像可以更好地诊断皮肤疾病，如皮肤癌。另外，卫星影像使用高位深度图像，获取的信息用于指示庄稼生长的类型。将相机送入高空或太空可以帮助人们获取更多的信息，但可能我们现在还无法充分利用这些信息。

　　这类图像称为多光谱（超过三种颜色）或高光谱（许多图像平面，比如卫星影像的 224 色）。

　　在本章中，我们主要介绍灰度图和 RGB 彩色图。

3.1.6　8 位彩色图像

　　如果空间相关（实际基本如此），通过量化颜色信息就可以得到足够精确的彩色图像。许多系统只能利用 8 位颜色信息（也称作 256 色）来生成屏幕图像，即使有些系统具备能真正使用 24 位颜色信息的硬件设备，但由于向后兼容的特性，我们必须理解 8 位彩色图像文件。我们将会发现有些技巧只适用于这类图像。

　　8 位彩色图像文件使用了查找表（lookup table）来存储颜色信息。基本上，图像存储的不是颜色而仅仅是字节的集合，每个字节是指向一个表的索引。该表表项具有三字节值，指明了像素（带有查找表索引）的 24 位颜色。从某种程度上讲，它有点像小孩的按序号画图的绘画册，数字 1 可能代表橙色，数字 2 代表绿色等——真正的颜色集不一定是这个模式。

62
～
63

　　在一幅图中使用哪些颜色是具有最佳表现力和最有意义的？如果一幅图像描绘的是日落场景，那么合理的做法是精确地表现红色、存储少量的绿色。

　　假设一幅 24 位图像中所有的颜色都放在一个 $256 \times 256 \times 256$ 的格子集里，同时还要在格子中存储每种颜色对应的像素数目。比如，如果 23 个像素具有 RGB 值（45，200，91），那么把 23 存储在一个三维数组中，元素下标值为［45，200，91］。这种数据结构称为**颜色直方图**（color histogram）。（详见文献［3，4］）。颜色直方图是在图像处理中进行图像转换和操作的有用工具。

图 3.6 显示了 forestfire.bmp 中像素的 RGB 值的三维直方图。直方图有 16×16×16 个小格，并用亮度和伪彩色的形式显示了每个小格中的像素数目。我们能够看到一些颜色信息的重要聚类，对应 forestfire 图像的红色、绿色、黄色等。这样的聚类方法让我们能够选出最重要的 256 种颜色。

基本上，三维直方图小格中的大数据量能够由分割-合并（split-and-merge）算法解决，以便选取最好的 256 种颜色。图 3.7 显示了作为结果的 GIF 格式（本章后面部分讨论）的 8 位图像。注意，很难区分图 3.5a 显示的 24 位图像和图 3.7 显示的 8 位图像的差别。不过这并不符合所有情况，比如在医学图像上：对用于激光外科手术的大脑图像，你是否满足于图像仅仅是"合理精确"呢？可能不会吧，这就是为什么要在医学应用中考虑使用 64 位图像的原因。

请注意，8 位图像比 24 位图像大大节省空间，一幅 640×480 的 8 位彩色图像只需要 300KB 的容量，而在没有任何压缩的情况下，一幅彩色图像需要 921.6KB 的空间。

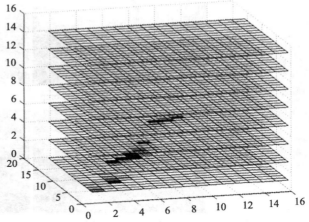

图 3.6 在 forestfire.bmp 中的 RGB 色彩的三维直方图

图 3.7 8 位彩色图像的例子

3.1.7 颜色查找表

回顾一下，在 8 位彩色图像中，仅仅是为每个像素存储下标或编号值。那么，如果一个像素存储的值是 25，就表示颜色查找表（LookingUp Table，LUT）中的第 25 行。因为图像使用二维数组值显示，故它们通常按照行-列顺序存储为一长串的值。对一幅 8 位图像而言，图像文件可以在文件头信息中存储每个下标对应的 8 位 RGB 值。图 3.8 显示了这种方法。颜色查找表通常称为调色板（palette）。

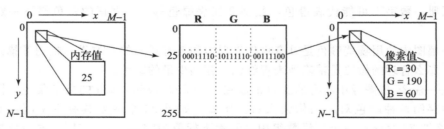

图 3.8 8 位彩色图像的颜色查找表

一个颜色选择器（color picker）由比较大的颜色块（或者说是断断续续的颜色空间）的数组组成，这样鼠标点击就能选中指定的颜色。实际上，一个颜色选择器显示其下标值为0～255的颜色板颜色。图 3.9 为颜色选择器的示意图。如果用户选择了下标值为 2 的颜色块，那么该颜色为青色，RGB 值为（0，255，255）。

通过修改颜色表就可能制作简单的动画，这称为色彩循环（color cycling）或调色板动画（palette animation）。因为颜色表更新非常快，这样会获得简单但令人满意的效果，比如带颜色的文字跑马灯。因为更改小面板数据较为简单，这个技巧可能只适用于 8 位彩色图像。

抖动技术同样可以用来进行彩色打印。每个颜色通道用 1 位，同时用 RGB 点把颜色隔开。或者，如果打印机或者屏幕只能打印有限数量的颜色，比如用 8

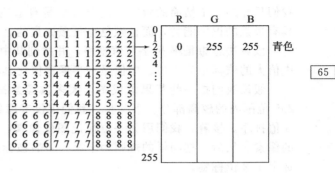

图 3.9　8 位颜色的颜色选择器：颜色选择器的每一块对应颜色查找表的行

位而不是 24 位，那么即使在颜色查找表中无法找到的颜色也是可以打印的。通过平均相邻像素点的亮度，显示的颜色分辨率可以明显增加而不用降低空间分辨率。这样我们就能通过采用空间混色来欺骗眼睛，让它感觉能看到不可获得的颜色。图 3.10a 显示了一幅 24 位彩色 Lena 图像；图 3.10b 显示了同一幅图通过抖动技术减少到 5 位的情况；图 3.10c 显示了左眼的细节。

a）24 位彩色图像 lena.bmp　　　　b）带颜色抖动的版本　　　　c）抖动版本的细节

图 3.10　（见彩插）

怎样设计颜色查找表

在 3.1.6 节中，我们简单讨论了聚类（clustering）的思想，用于从一幅 24 位彩色图像中产生最重要的 256 种颜色。然而一般来说，聚类是昂贵又费时的办法，但我们的确需要设计颜色查找表，那么应该怎么做呢？

最直接的办法是在每一维把 RGB 立方体分成大小相等的块，然后将每个结果立方体中央的颜色作为颜色查找表的表项，只需要把 RGB 从 0～255 区间变为合适的区间就可以产生 8 位编号。

比起 B，人们对 R、G 更敏感，所以我们可以分别将 R 值和 G 值的范围从 0～255 缩小到 3 位（0～7），而 B 值的范围缩小到 2 位（0～3），总共 8 位。为了缩小 R 值和 G 值区间，我们只需要用 $32\left(\dfrac{256}{8}\right)$ 除 R 或是 G 字节值，并截取结果的小数部分。这样图像中每个像素用 8 位下标代替，而颜色查找表提供了 24 位颜色。

　　然而，应用这种简单方案的后果是图像中会出现边缘效果。这是因为 RGB 中的轻微变化会导致移动到一个新的编号，从而产生边缘，这看起来很不舒服。

　　解决这种色彩减退问题的一个简单方法是采用中值区分算法（median-cutalgorithm），一些其他方法也具有同样或更好的效果。这种方法是从计算机图形学[5]衍生而来的，这里我们只介绍一个精简的版本。这个方法是自适应分区方案的一种，它试图表达最多的位、具有最强的识别能力，而且颜色也是最聚集的。

　　该算法思想是将 R 字节值排序，并找到其中值。然后，比中值小的值标记为 0 位，比中值大的值标记为 1 位。中值是一半像素值比其小、一半像素值比其大的点。

　　假设我们把一些苹果画成图，大多数像素都是红色的，那么 R 的中值可能落在 0～255 范围内的较高部分。下一步，我们仅仅考虑第一步后被标记为 0 的像素，并将它们的 G 值排序。接着，我们用另一位标记图像像素，0 标记比中值小的像素，1 标记比中值大的像素。然后，把同样的规则用于第一步后被标记为 1 的像素，这样我们给所有的像素点加上了 2 位标签。

　　继续在 B 分量上执行上述步骤，我们就得到了 3 位的方案。重复前面所有步骤，得到 6 位方案，再重复 R、G 步骤，得到了 8 位方案。这些位形成了像素的 8 位颜色下标值，相应的 24 位颜色是最终小颜色立方体的中心。

　　可以看到，事实上这种方案关注那些最需要与大量颜色位区别的位。利用显示 0～255 数目的直方图，我们可以很容易找到中值。图 3.11 显示了图 forestfire.bmp 的 R 字节值的直方图以及这些值的中值，用竖线表示。

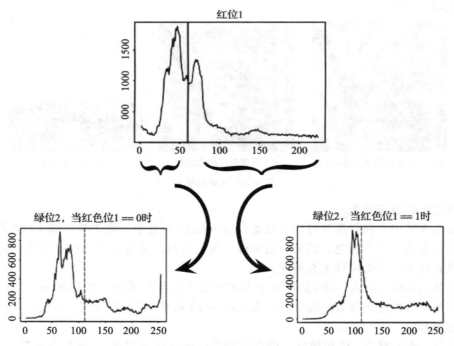

图 3.11　24 位彩色图像 forestfire.bmp 的 R 字节值直方图将每个像素标为 0 或 1。对于正在构造的颜色表下标的第二位，我们认为 R 值比 R 的中值小，将这些像素标记 0 或者是 1 取决于它们的 G 值是比 G 的中值小或者大。继续直到覆盖 8 位的 RGB，最终给出颜色查找表的 8 位下标

　　用相应的颜色查找表中的 24 位颜色替代每个像素得到的 24 位彩色图像仅是原图的一

个近似。不过，上述算法的意义是在最需要的地方（最需要注意的小的色差）赋予了最大的识别能力。还需要提到的是，有一些方法可用来把近似误差平均到每个像素上，这具有平滑 8 位近似图像的效果。

中值区分算法的更精确的版本如下所示：

1）找出最小的方形区域，它包含图像中的所有颜色。

2）沿方形区域的长边排序它所包含的颜色。

3）在排序链表的中间处把该方形区域划分为两个区域。

4）重复上面步骤 2 和 3，直到初始的颜色空间被分割成 256 个区域为止。

5）对每个方形区域，把该方形区域中 R、G、B 的平均值作为其代表（中心）颜色。 68

6）根据一个像素的 RGB 值与每个方形区域的中心值的欧氏距离，给每个像素分配一个代表颜色。在指向代表颜色的查找表中（其中，每种代表颜色是 24 位的，R、G、B 均为 8 位）用编号替代像素。

这样，我们就有了一个 256 行的表，每行含有 3 个 8 位值。行的下标是查找表的编号，这些下标正是存储在新的量化颜色（调色板）图像中的像素值。

3.2　常见的文件格式

下面介绍一些流行的文件格式。其中最简单的一种是 8 位 GIF 格式，我们学习它是因为它容易理解，而且它与万维网和 HTML 标记语言有着历史渊源，它是能被网络浏览器识别的第一种图像类型。然而，目前最重要和常用的文件格式是 JPEG，我们将在第 9 章中详细介绍它。

3.2.1　GIF

图形交换格式（Graphics Interchange Format，GIF）是由 UNISYS 公司和 Compuserve 公司开发的，最初通过调制解调器在电话线上传送图形图像。GIF 标准采用了 Lempel-Ziv-Welch 算法（一种压缩格式，详见第 7 章），但对图像扫描线数据包稍加修改，以有效地使用像素的行分组。

GIF 标准仅适用于 8 位（256）彩色图像。因为这能够生成可接受的颜色，它最适合用于具有少量独特色彩的图像（如图形和绘画）。

GIF 图像格式具有一些有趣的特点，尽管它在很多地方已经被取代了。该标准支持隔行扫描——通过套色（four-pass）显示方法处理，相隔的像素可以连续显示。

事实上，GIF 有两个版本，最初的规范是 GIF87a。后一个版本 GIF89a 通过数据中的图形控制扩展（Graphics Control Extension）块支持简单的动画。它对延时、透明索引等提供了简单的控制。像 Corel Draw 这样的软件支持对 GIF 图像的访问和修改。

GIF87 文件格式的一些细节是有意义的，因为许多这样的格式与其有共同之处；不过与这个"简单"标准相比，已经变得复杂很多。对于标准规范而言，常用的文件格式如图 3.12 所示。其中签名是 6 个字节：GIF87a；屏幕描述符是 7 字节标志位。一个 GIF87 文件可以包含不止一种图像定义，通常与屏幕中不同的部分匹配。因此每个图像可以有自己的颜色查找表，即局部色图（Local Color Map），用于把 8 位映射成 24 位 RGB 值。然而，局部色图不是必需的，可以定义一个全局的色图替代它。

屏幕描述符包含了属于文件中每个图像的属性。根据 GIF87 标准，如图 3.13 所示。屏幕宽度在前两个字节中给出。因为一些机器可能会转换 MSB/LSB（最高有效字节/最低 69

有效字节)顺序,这个顺序就被指定了。屏幕高度在后两个字节给出。如果没有给出全局色图,则将第 5 个字节的"m"置 0。颜色分辨率"cr"为 3 位,范围从 0～7。因为这是一个老的标准,通常在一些低端硬件上操作,"cr"需要很高的颜色分辨率。

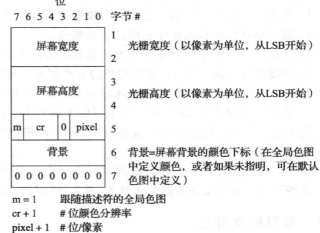

图 3.12　GIF 文件格式　　　　　　　　图 3.13　GIF 屏幕描述符

下一位显示为 0,在该标准中没有用到。"pixel"为另外 3 位,指明图像文件中每个像素的位数。但是通常"cr"等于"pixel",故"pixel"不是必需的。第 6 字节给出背景颜色在颜色表中的下标,第 7 字节填 0。在现在的用法中,使用小的颜色分辨率比较好,因为我们可能会对非常低端的设备感兴趣,比如支持上网功能的手表。

可以用一个简单的方法建立色图(color map),如图 3.14 所示。然而,正如屏幕描述符指出的,表的真实长度等于 $2^{pixel+1}$。

文件中的每幅图像都有自己的图像描述符,在图 3.15 中定义。有趣的是,标准的定制者们为了将来的扩展,忽略了一幅图像末尾和另一幅图像开始的一些字节,用逗号来识别。这样,在将来需要扩展时,就非常容易做到向后兼容。

图 3.14　GIF 色图　　　　　　　　　　图 3.15　GIF 图像描述符

如果设置了局部图像描述符中的隔行位，则图像的行以套色顺序显示，如图 3.16 所示。这里，第一个通道显示第 0 行和第 8 行，第二个通道显示第 4 行和第 12 行，以此类推。这样，当一个 Web 浏览器显示图像时，就能让图像概略迅速显示，进而再详细展示细节。下面的 JPEG 标准具有相似的显示方式，这种方式称为渐进式方式。

真实光栅数据（actual raster data）本身在存储前先用 LZW 压缩方案（详见第 7 章）压缩。

为了将来的使用，GIF87 标准也设定了扩展块该怎样定义。即使在 GIF87 中，也可以实现简单的动画，但是没有定义图像间的延迟。多幅图像之间只能被覆盖，而不会清屏。

图像的行数	通道1	通道2	通道3	通道4	结果
0					
1	*1a*				*1a*
2				*4a*	*4a*
3			*3a*		*3a*
4				*4b*	*4b*
5		*2a*			*2a*
6				*4c*	*4c*
7			*3b*		*3b*
8				*4d*	*4d*
9	*1b*				*1b*
10				*4e*	*4e*
11			*3c*		*3c*
12				*4f*	*4f*
⋮		*2b*			*2b*

图 3.16　GIF 套色隔行显示的行顺序

GIF89 引进了许多扩展块定义，特别是那些和动画相关的定义，如透明和图像间延迟。GIF89 中引入的一个相当有用的特性是排序颜色表。最重要的颜色率先出现，这样，如果解码器只能使用较少的颜色，则最重要的颜色就会被选中。也就是说，仅使用颜色查找表中的一部分，邻近的颜色尽可能映射到可利用的颜色。

通过看一个 GIF 图像，就可了解文件头是怎样工作的。图 3.7 是一幅 8 位彩色 GIF 图像。为了了解文件头，我们可以使用 UNIX/Linux/Max OS 操作系统中比较常用的命令：od(octal dump)。在 UNIX⊖下，我们使用命令：

```
od -c forestfire.gif | head -2
```

这样，我们就可以看到前 32 个字节被解释为如下字符：

```
G  I  F  8  7  a  \208 \2  \188 \1  \247 \0  \0  \6  \3  \5
J \132 \24  |   )  \7 \198 \195 \   \128 U  \27 \196 \166 & T
```

为了解释文件头的剩余部分（GIF87a 之后的部分），我们使用十六进制：

```
od -x forestfire.gif | head -2
```

得到结果：

```
4749 4638 3761 d002 bc01 f700 0006 0305
ae84 187c 2907 c6c3 5c80 551b c4a6 2654
```

其中，签名后的 d002 和 bc01 是屏幕宽度和高度。它们以低位字节在前的顺序表示，所以对这个文件，屏幕宽度用十六进制表示是 $0+13\times16+2\times16^2=720$，屏幕高度是 $11\times16+12+1\times16^2=444$。f7（十进制的 247）为屏幕描述符的第 5 个字节，之后是背景色索引 00 和分隔符 00。标识符 f7 以位形式表示为 1,111,0,111。换句话说，采用全局色图、8 位颜色分辨率、0 分隔符、8 位像素数据。

3.2.2　JPEG

目前最重要的图像压缩标准是 JPEG[6]。该标准由国际标准化组织（International Or-

⊖　CentOS 版本；老版本使用的语法稍有不同。

ganization for Standardization，ISO)的一个工作组制定，该工作组的一个非正式称呼为联合图像专家组(Joint Photographic Experts Group)，JPEG 也因此得名。我们将在第 9 章详细学习 JPEG，不过这里先介绍它的一些主要特点。

JPEG 利用了人类视觉系统一些特定的局限，从而获得很高的压缩率。眼-脑系统看不到一些极其精准的细节。如果一些像素发生了许多变化，我们称图像的那个部分具有高空间频率，即在$(x，y)$空间发生了许多变化。和灰度图相比，这个局限对于彩色图更为明显。因此，JPEG 中的颜色信息被大量丢掉并且图像中的小块用空间频率域$(u，v)$来表现，而不是$(x，y)$，即从低到高对 x 和 y 的改变速度进行估计。通过将这些速度的系数或权值进行分组，可以形成一个新的"图像"。

人们偏好缓慢变化的权值。这里有一个简单的方法：值被大的整数除并截尾，这样小的值就变成了零，然后采用能够有效表示一长串 0 的方案。瞧！图像就被极大地压缩了。

因为在除和截断步骤中扔掉了许多信息，所以这种压缩方案是有损的(尽管也有无损的方式)。而且，因为让用户直接选择使用多大的分母，也就是决定了将丢失多少信息，JPEG 允许用户设定需要的质量等级，或者说是压缩率(输入除以输出)。

作为例子，图 3.17 展示了 forestfire 图像，质量因数 $Q=10$(通常默认的质量因数为 $Q=75$)。

这幅图仅是原图大小的 1.5%。在压缩时，一幅 $Q=75$ 的 JPEG 图像的大小为原图的 5.6%，而这幅图的 GIF 版本大小压缩到原图的 23.0%。

图 3.17　用户指定的低质量的 JPEG 图像

3.2.3　PNG

随着因特网的流行，研究人员花费大量的精力研究更多与系统无关的图像格式。这就是便携式网络图形(Portable Network Graphics，PNG)。这个标准有望取代 GIF 标准并做了重要扩展。提出一个新标准的原因部分在于 UNISYS 和 Compuserve 在 LZW 压缩方法上的专利。(有趣的是，该专利仅仅有压缩，而没有解压缩，这也是为什么 UNIX 的 gunzip 功能可以将 LZW 压缩文件解压缩的原因)。

PNG 的独特和优势之处是最多可支持 48 位的色彩信息——这是非常大的进步。文件可能还包含用于正确显示彩色图像的伽马(gamma)校正信息(见 4.1.6 节)以及用于透明控制的 Alpha 通道信息(最多 16 位)。与 GIF 图像中基于行隔行扫描的逐行显示不同，PNG 在 7 个通道上对图像的每 8×8 块在二维空间内逐步显示一些像素。相对于 GIF，它能更好地支持有损和无损压缩。多数网页浏览器和图像软件都支持 PNG。

3.2.4　TIFF

标记图像文件格式(Tagged Image File Format，TIFF)是另一种常用的文件格式。它由 Aldus 公司在 20 世纪 80 年代开发，后来受到 Microsoft 的支持。它支持附带额外信息(称为标记)，这提供了极大的灵活性。最重要的标记就是格式表示(format signifier)，即在存储图像时用了哪些压缩类型等。比如，TIFF 可以存储不同的图像类型，包括 1 位、灰度、8 位、24 位 RGB 等。TIFF 最初是无损格式。但是新的标记能让你选择使用 JPEG、JBIG，甚至 JPEG 2000 格式压缩。因为 TIFF 不像 JPEG 那样是用户可控的，所以它不具有后者的主要优点。TIFF 文件普遍用于存储未压缩的数据。TIFF 文件分为几部分，每部分可以存储位图图像、向量式或基于图元的图像（见下面的补充说明）或其他类型的数据。每部分的数据类型都在它的标签中指定。

3.2.5　Windows BMP

位图（BitMap，BMP）是 Microsoft Windows 主要的系统标准图形文件格式。它使用光栅图形技术。BMP 支持很多像素格式，包括索引颜色（每像素 8 位）和 16、24、32 位彩色图像。它利用行程编码（Run-Length Encoding，RLE）压缩（详见第 7 章），并且可以有效地压缩 24 位彩色图像（利用 24 位 RLE 算法）。位图图像也可以不压缩存储。需要指明的是，16 位和 32 位彩色图像（带有 α 通道）总是不压缩的。

3.2.6　Windows WMF

Windows 元文件（Windows MetaFile，WMF）是用于 Microsoft Windows 操作环境的本地向量文件格式。WMF 文件实际上由一系列图形设备接口（Graphics Device Interface，GDI）函数调用组成，它对 Windows 环境而言也是本地的。当"播放"一个 WMF 文件时（通常使用 Windows 的 `PlayMetaFile()` 函数），以便呈现出所描述的图形。WMF 文件表面上是设备无关和大小无限制的。增强型图元文件格式和扩展（Enhanced Metafile Format Plus Extensions，EMF＋）格式是与设备无关的。

3.2.7　Netpbm Format

PPM（Portable PixelMap）、PGM（Portable GrayMap）和 PBM（Portable BitMap）属于开源项目 Netpbm Format。这些格式在 Linux/UNIX 环境中很常见。它们也称为 PNM 或 PAM（Portable AnyMap）。这些都是 ASCII 文件或原始二进制文件，并且带有 ASCII 头。它们很简单且可以方便地用于跨平台应用。很多软件都支持它们，比如 X-windows 的 xv、Linux 系统上的 GIMP，也可以用于 Mac OS 以及 Windows。

3.2.8　EXIF

可交换图像文件（Exchangeable Image File，EXIF）是用于数码相机的图像格式。它使记录的图像元数据（曝光、光源/闪光、白平衡、场景类型等）按照图像标准交换。一系列标签（比 TIFF 标签多很多）使高质量的打印更容易，因为关于相机和照片拍摄场景的信息很容易保存并使用，比如打印机的色彩校正算法。在大多数数码相机中 EXIF 格式附加在 JPEG 软件中。它还包括音频的文件格式规范，附加在数字图像中。

3.2.9　PS 和 PDF

PostScript 是一种用于排版的重要语言，许多高端的打印机有内置的 PostScript 解释器，PostScript 是基于向量的（而不是基于像素的）图片语言，其页元素本质上用向量定义。有了以这种方式定义的字体，PostScript 包含文本，也包含向量/结构化图形，位映射图像也可以包含在输出图像中。封装的 PostScript 文件加上一些信息就可以将 PostScript 文件包含在另一个文档中。

　　一些流行的图形程序(如 Illustrator 和 FreeHand)都会用到 PostScript，然而 PostScript 页描述语言本身并没有提供压缩。实际上，PostScript 文件就是用 ASCII 保存的。因此，文件通常都很大，从理论上说，这种文件通常只有在利用 UNIX 的工具(如 compress 或者是 gzip)压缩之后才能够使用。

　　因此，另一种文本＋图的语言已经开始取代 PostScript，Adobe System 公司在它的便携式文档格式(Portable Document Format，PDF)中包含了 LZW(见第 7 章)压缩。其结果是，不包含图像的 PDF 文件拥有几乎相同的压缩比(2∶1 或者 3∶1)，就像用其他基于 LZW 压缩工具的文件一样，比如 UNIX 的 compress 或 gzip、基于 PC 的 winzip (pkzip 的变体)或 WinRAR。对于包含图像的文件，PDF 通过对图像内容使用单独的 JPEG 压缩(与创建原始图和压缩版本的工具有关)，可以获得更高的压缩比。Adobe Acrobat PDF 阅读器也可以用于阅读构建为超链接元素的文档，这种文档提供可点击的内容和方便的树状结构的总结的链接图表。

　　对计算机科学与工程的学生来说，了解 PostScript 这个名字出现的原因是很有意思的，因为这个语言基于堆栈结构的后缀表示法，即运算符在操作数之后的形式。基于图元的图像在 PostScript 上的特征意味着带有清晰线条的图表应该可以在任何输出设备上输出，更重要的是可以产生任何缩放级别的输出(低分辨率的打印机也应该产生低分辨率的输出)。PostScript 引擎输出设备(比如屏幕)使行程命令尽可能整洁。比如，我们运行命令 100 200 moveto，PostScript 翻译程序会把 x 和 y 的位置放入堆栈；如果我们继续输入 250 75 lineto 和 stroke，会把一行写入下一个点。

3.2.10　PTM

　　多项式纹理映射(Polynomial Texture Mapping，PTM)是一项存储相机场景表示的技术，其中包含了一系列在不同光照下拍摄的照片的信息，每个都有相同的光谱，并放不同的场景位置[7]。

　　假设我们已经得到了通过定位相机拍摄的一个场景的 n 幅图像，但是光照方向 $e^i = (u^i,\ v^i,\ w^i)^T$ 不同用。比如，可以使用 40 或 50 个半球形灯架，每个放在穹顶顶端。PTM 的一部分目的是为了发现被拍摄对象的表面性质，这已经用在了拍摄博物馆文物与绘画方面。PTM 的主要任务是插入照明方向，以便生成之前没有看到的新图像。通过将多重插值系数修改为整数的方法来保持 PTM 图像集合的文件大小在较小的水平。

　　图 3.18a 展示了输入图像的标准集合，这里显示了 50 个输入图像⊖。图 3.18b 展示了插值图像，其中不包含光照方向[8]：其中光照系数为 $\theta = 42.6°$，$\phi = -175.4°$，这里 θ 代表数码相机与拍摄物体的极角，ϕ 代表垂直于该轴平面的 x，y 角。

　　PTM 的工作原理是：假定一个生成亮度的多项式模型 $L = R + G + B$(或 R、G、B 分别计算)，并通过亮度方向 e^i(其中 $i = 1,\ \cdots,\ n$)来计算回归模型 L^{i}[7]。径向基函数(RBF)多余的插值用于非光滑现象插值，比如阴影和镜面反射[8]。

⊖　感谢 Tom Malzbender 和 Hewlett-Packard 的数据集。

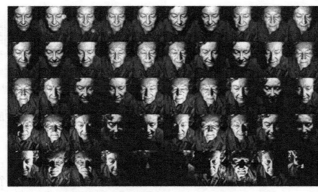

a) 50 幅输入图像，光照角度逐渐变化 e^i，$i=1, 2, 3, \cdots, 50$　　b) 光照为 e 的插值图像

图　3.18

3.3　练习

1. 简要解释为什么我们需要少于 24 位的颜色，而且这样为什么会带来麻烦？一般而言，我们需要怎么做才能把 24 位颜色值转换为 8 位颜色值？

2. 假设我们需要量化 8 位的灰度图像到仅仅 2 位精度。最简单的办法是什么？原图像中字节值的哪个范围映射到哪个量化值？

3. 假设我们有 5 位灰度图像。我们需要多大的抖动矩阵来在 1 位打印机上显示这幅图？

4. 假设对一幅彩色图像的每一个像素，我们有 24 位可以利用。然而我们发现，比起蓝色（B）来，人们对红色和绿色更为敏感，实际上，人们对红色（R）和绿色（G）的敏感度是蓝色的 1.5 倍。我们怎样才能更好地使用可以利用的位？

5. 在你的工作中，你决定通过用更多的磁盘空间来存储公司的灰度图像，以给你的老板留下深刻的印象。你喜欢用 RGB，每个像素 48 位，而不是每个像素使用 8 位。那么，你怎样用新的格式存储原来的灰度图像以使它们在视觉上看起来和原来一样呢？

6. 如图 3.19a 所示的 8 位灰度图，从左至右从 0 到 255 线性阴影，如图 3.19b 所示。这幅图像的大小是 100×100。对于最重要的位平面，请画一幅图像显示 1 和 0，这里有多少 1？对于次重要的位平面，请画一幅图像显示 1 和 0，这里有多少 1？

78

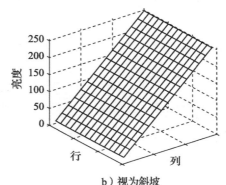

a）0~255的灰度图　　　　　　b）视为斜坡

图　3.19

7. 对于颜色查找表的问题，在一幅图像上试试中值区分算法。简要解释该算法：若用在一幅红苹果图像上，在红色中，为什么把更多的颜色等级放在那些需要 24 位彩色图像

的地方？

8. 关于无序抖动，一本标准的图形教材[2]讲到：“甚至可以用更大的模式，但是空间分辨率与亮度分辨率的折中受到我们视觉敏锐程度（普通光中大约 $1'$ 的弧）的限制。”

   （a）这句话是什么意思？

   （b）如果拿着一张纸站在一英尺开外的地方，点之间的大致线性距离是多少？（提示：$1'$ 的弧是 $1°$ 角的 $\frac{1}{60}$。一个圆上的弧长等于角（用弧度）乘以半径。）我们能够看到用 300dpi 打印机打印出的点的间隙吗？

9. 写一个算法（伪代码）来计算 RGB 数据的颜色直方图。

10. 详细描述怎样使用单一的图像和一些颜色查找表来实现简单的动画——一个旋转色轮，其中一个序列的四个快照会重复出现，轮子每次旋转 $90°$。

参考文献

1. J. Miano *Compressed Image File Formats: JPEG, PNG, GIF, XBM, BMP* (Addison Wesley Professional, Boston, 1999)
2. J.F. Hughes, A. van Dam, M. McGuire, D.F. Sklar, J.D. Foley, S.K. Feiner, K. Akeley, *Computer Graphics: Principles and Practice*, 3nd Edn. (Addison-Wesley, Boston, 2013)
3. M. Sonka, V. Hlavac, R. Boyle, *Image processing, Analysis, and Machine Vision*, 4th Edn. (PWS Publishing, Boston, 2014)
4. L.G. Shapiro, G.C. Stockman, *Computer Vision*, (Prentice-Hall, New Jersey, 2001)
5. P. Heckbert, *Color image quantization for frame buffer display in Computer Graphics*. ACM Trans. on Graphics (1982), pp 297–307
6. W.B. Pennebaker, J.L. Mitchell, *The JPEG Still Image Data Compression Standard* (Van Nostrand Reinhold, New York, 1992)
7. T. Malzbender, D. Gelb, H. Wolters, *Polynomial Texture Maps*. ACM Trans. on Graphics (2001), pp 519–528
8. M.S. Drew, Y. Hel-Or, T. Malzbender, N. Hajari, Robust estimation of surface properties and interpolation of shadow/specularity components. Image Vis. Comput. **30**(4–5), 317–331 (2012)

图像和视频中的颜色

彩色图像和视频在网络和多媒体产品中随处可见。我们逐渐意识到人眼看到的颜色与屏幕上显示的颜色存在差异。最新版本的 HTML 试图通过颜色科学家制定的"sRGB"标准来解决这个问题。

为了了解简单而又奇妙的色彩世界，在本章中，我们将介绍如下主题：

- 颜色科学。
- 图像中的颜色模型。
- 视频中的颜色模型。

4.1 颜色科学

4.1.1 光和光谱

回想一下高中的知识，光是一种电磁波，光的颜色由波长决定。激光由单波长组成，比如红宝石激光器产生明亮的猩红光束。所以，如果要用图表示光的强度和波长之间的关系，我们将在适当的红色波长处看到一个尖峰而没有其他波长的贡献。

相比之下，大多数光源由许多不同波长的光组合而成。然而人类不可能看到所有的光，仅能看到落在"可见光波长"范围内的部分。短波长产生蓝色感觉，长波长产生红色感觉。

我们用一个叫作分光光度计的仪器来测量可见光，该仪器会反射衍射光栅（表面有刻纹）发出的光，衍射光栅就像棱镜一样使不同波长的光分开。图 4.1 展示了一个现象：白光含有彩虹所有的颜色。如果透过棱镜看，你会注意到它会产生彩虹的效果，这是由于自然界的散射现象造成的。在肥皂泡表面能看到相似的现象。

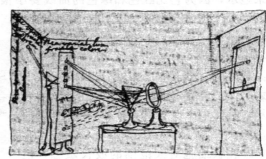

图 4.1　Isaac Newton 先生的实验（经牛津大学 New College 的 Warden 和 Fellows 的同意）

可见光是波长在 $400 \sim 700\text{nm}$（这里 nm 表示纳米，即 10^{-9}m）的电磁波。图 4.2 显示了在晴朗的天气下典型的户外光在每个波长间隔的相对能量。这种曲线称为光谱能量分布（SPD）或光谱，它显示了每个波长的光的能量（电磁信号）的相对数量。波长符号是 λ，所以这种曲线表示为 $E(\lambda)$。在实际应用中，通常用以下的方法测量：把一个小的波长范

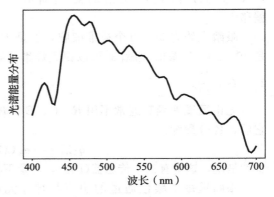

图 4.2　日光光谱能量分布

围(如 5nm 或 10nm)内的电压数加起来，通常这样的图由每 10nm 取得的函数值连接起来的线段组成，这也意味着这样的轮廓可以用向量存储。尽管在实际情况中，积分用求和来计算，但在下面的方程中，我们把 $E(\lambda)$ 看作连续函数。

4.1.2　人的视觉

　　眼睛就像一个照相机一样，晶状体把图像聚焦在视网膜上(但此时图像的上下和左右都是颠倒的)。视网膜由一组柱状细胞和三种视锥细胞组成，这些细胞都是因为其形状而得名。当光线亮度较低的时候柱状细胞发挥作用，制造出灰度阴影图像("在晚上，所有的猫都是灰的")。在光线亮度高的时候，每个视锥细胞都产生一个信号，因为它们的色素不同，所以三种视锥细胞对红(R)、绿(G)、蓝(B)光线最敏感。

　　更高的光线亮度级将使更多的神经元激发起来，但是按照这个思路思考，大脑中究竟发生了什么？这是一个仍在讨论的问题。然而，大脑似乎利用了 $R\text{-}G$、$G\text{-}B$、$B\text{-}R$ 之间的差异，当然也将 R、G、B 结合进高的光线亮度级的消色差通道(如果是这样，我们可以说大脑的代数学得还不错)。

4.1.3　眼睛的光谱灵敏度

　　眼睛对可见光谱中间部分的光最为敏感，就像如图 4.2 所示的光源光谱能量分布轮廓。对接收器，我们显示了相对灵敏度是波长的函数。蓝色接收器的灵敏度没有按照比例来显示，因为它比红色和绿色的曲线要小很多。蓝色在演化曲线中相对较晚才加入(而且不管哪个国家，蓝色是人类最钟爱的颜色——也许就是这个原因吧。蓝色真是有点让人惊奇!)。图 4.3 用虚线显示了灵敏度的总和，该虚线意义很重要，称之为发光效率函数。它通常由 $V(\lambda)$ 表示，是红色、绿色和蓝色的响应曲线的总和[1,2]。

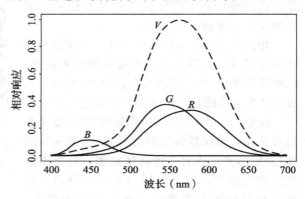

　　柱状细胞对大范围的波长敏感，但是产生的信号只对黑白色敏感。柱状细胞的灵敏度曲线看起来和发光效率函数 $V(\lambda)$ 类似，但是向光谱的红端略有偏移[1]。

图 4.3　R、G、B 视锥细胞和发光效率曲线 $V(\lambda)$

　　眼睛大约有 600 万个视锥细胞，但是 R、G、B 视锥细胞所占的比例是不同的，大约是 40∶20∶1(参阅文献[3]可以得到详细的解释)。所以由视锥细胞产生的消色差通道类似 $2R+G+\dfrac{B}{20}$。

　　光谱灵敏度函数通常不用 R、G、B 字母表示，所以这里我们用向量函数 $\boldsymbol{q}(\lambda)$ 来表示它们，各分量为：

$$\boldsymbol{q}(\lambda) = (q_R(\lambda), q_G(\lambda), q_B(\lambda))^{\mathrm{T}} \tag{4.1}$$

也就是说，这里有三个传感器(因此，向量下标 $k=1$，2，3)，每个传感器都是波长的函数。

　　眼睛里每个颜色通道的响应与神经元激发的数量成正比。对红色通道来说，落入图 4.3 所示的红色视锥函数的非零区域的光线都将产生响应。所以红色通道的总响应是落入视网膜的红色视锥细胞敏感的光线的和，权值由波长的灵敏度决定。再一次把这些灵敏度看作连续函数，我们就能用积分的形式把这个思想简明地表达出来：

$$R = \int E(\lambda) q_R(\lambda) \mathrm{d}\lambda$$
$$G = \int E(\lambda) q_G(\lambda) \mathrm{d}\lambda \qquad (4.2)$$
$$B = \int E(\lambda) q_B(\lambda) \mathrm{d}\lambda$$

因为被传递的信号由三个数字组成，颜色形成了三维向量空间。

4.1.4 图像的形成

式(4.2)实际上只有在我们看一个自己发光的物体（如灯光）时才成立。在大多数情况下，我们假设光是从物体表面反射得到的。物体表面在不同的波长处所反射的光的能量是不同的，深色表面反射的能量少于浅色表面。图 4.4 展示了从橙色运动鞋和褪色的蓝色牛仔裤的表面反射的光谱[4]。反射函数用 $S(\lambda)$ 表示。

成像的情形如下所示：具有光谱能量分布 $E(\lambda)$ 的光源发出的光照射到一个具有表面光谱反射函数 $S(\lambda)$ 的表面后被反射，然后被眼睛的视锥函数 $q(\lambda)$ 过滤。基本过程如图 4.5 所示。函数 $C(\lambda)$ 称为颜色信号，是光源 $E(\lambda)$ 与反射函数 $S(\lambda)$ 的乘积：$C(\lambda) = E(\lambda)S(\lambda)$。

类似于式(4.2)的成像模型的方程为：

$$R = \int E(\lambda) S(\lambda) q_R(\lambda) \mathrm{d}\lambda$$
$$G = \int E(\lambda) S(\lambda) q_G(\lambda) \mathrm{d}\lambda \qquad (4.3)$$
$$B = \int E(\lambda) S(\lambda) q_B(\lambda) \mathrm{d}\lambda$$

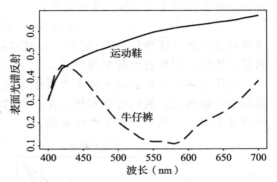

图 4.4 物体的表面光谱反射函数 $S(\lambda)$

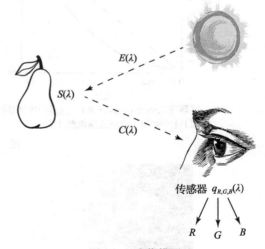

图 4.5 成像模型

4.1.5 相机系统

现在，人类发明了以相似方式工作的相机系统。好的相机在每个像素位置（与视网膜的位置对应）产生三个信号。模拟信号转变为数字（截取为整数），并被保存起来。如果使用 8 位固定表示，R、G、B 的最大值是 255，最小值为 0。

然而，进入计算机用户的眼睛的光是屏幕产生的——屏幕本质上是一个自发光的光源。因此，我们需要知道进入眼睛的光线 $E(\lambda)$。

4.1.6 伽马校正

现代显示器试图模仿传统阴极射线管(Cathode Ray Tube，CRT)显示器，因为标准是建立在这些显示器上的。因此，了解 CRT 的特点是很有必要的。图像文件中的 RGB 数值被转换回模拟信号并驱动 CRT 中的电子枪。电子的发射与驱动电压成正比，并且我们希望 CRT 系统产生的光线与电压线性相关。但情况并非如此。CRT 产生的光线实际上与电压的指数大致成正比，这个指数称为"伽马"，符号是 γ。

因此，如果图像在红色通道的值为 R，则屏幕发射的光线与 R^γ 成正比，光谱能量分布等于屏幕上的红色荧光颜料的分布，即红色通道电子枪的目标。γ 值大约在 2.2 左右。

因为电视接收器的工作机制和传统的标准计算机 CRT 显示器相似，电视系统在传输电视电压信号之前通过实施反变换来修正这种情况。通常是对需要"伽马校正"的信号在发射前将其指数变为 $1/\gamma$。这样就有：

$$R \to R' = R^{1/\gamma} \Rightarrow (R')^\gamma \to R \qquad (4.4)$$

这样可以获得"线性信号"。同时，相机存储伽马校正值 R'，因此在屏幕上进行指数为 γ 的幂运算时，图像会看起来很合适。

电压通常规范化到最大值 1 来看伽马变换对信号的影响。图 4.6a 显示了没有应用伽马校正的输出光。我们可以看到，深一点的颜色显示得太深。图 4.7a 也显示了这种情况，该图显示了一个从左到右的线性坡道。

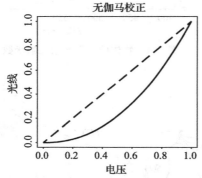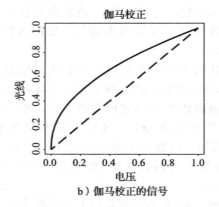

a）屏幕发出的光在标准CRT（通过现代屏幕模
拟）上的效果（电压范围规范化为0～1）

b）伽马校正的信号

图   4.6

a）0～255 的斜坡显示，没有伽马校正

b）使用了伽马校正的图像

图   4.7

图 4.6b 显示了应用指数定律 $R^{1/\gamma}$ 的预校正信号的效果，通常规范化电压在 0～1 区间。我们看到，在图 4.6b 中首先实施了校正，接着是图 4.6a 中 CRT 屏幕系统的影响，

如此则产生了线性信号。图 4.7b 显示了综合效果。这里，斜坡用 16 步表示，范围从灰度级 0 到灰度级 255。

我们从更精确的 γ 定义发现：简单的指数定律会在 0 电压处导致导数趋于无穷大，这会造成很难设计一个完成伽马校正的模拟线路。实践中，采用更通用的变换，比如 $R\rightarrow R'=a\times R^{1/\gamma}+b$，在原点处有特别处理：

$$V_{\text{out}} = \begin{cases} 4.5\times V_{\text{in}} & V_{\text{in}} < 0.018 \\ 1.099\times(V_{\text{in}}^{0.45}-0.099) & V_{\text{in}} \geqslant 0.018 \end{cases} \tag{4.5}$$

这称为相机变换函数，上面这个定律被美国电影电视工程师学会（SMPTE）推荐为 SMPTE-170M 标准。

为什么 γ 值是 2.2 呢？实际上，这个值并不能产生最终指数为 1.0 的指数定律。这个数的历史源于电视机发明时美国国家电视系统委员会（NTSC）的决定。对彩色接收器，指数定律实际上更接近 2.8。然而，如果我们对这个指数定律仅仅补偿 2.2，我们得到 1.25 的整体结果而不是 1.0。其想法是：在昏暗的条件下观察，这样一个整体的转换会产生更令人满意的图像，虽然带有颜色错误——深的颜色变得更深，眼-脑系统也改变了对浅色和深色的相对对比度[5]。

随着基于 CRT 显示器的计算机系统的出现，情况就变得更加有趣。相机可能插入也可能没有插入伽马校正；软件可能用某个伽马值来写入图像文件；软件可能通过某个（其他）伽马值解码；图像存储在帧缓存中，通常在帧缓存中为伽马值提供一个查找表。毕竟，如果我们用计算机图形学来生成图像，即使没有使用伽马值，但是仍然需要用伽马值对显示进行预补偿。

那么，定义一个考虑了所有这些变换的全局"系统"伽马值是有意义的。遗憾的是，我们必须经常对全局伽马值进行猜测。Adobe Photoshop 允许我们尝试不同的伽马值。在发布万维网时，了解 Macintosh 的人知道在它的图形卡里面加入伽马值为 1.8 的伽马校正是很重要的。SGI 机希望伽马值为 1.4，而大多数 PC 机没有做额外的伽马校正，并且可能显示的伽马值为 2.5。因此，对于最常见的机器，用 Macintosh 和 PC 机的平均值（大约 2.1）来对图像进行伽马校正是有意义的。

然而，大多数从业者使用的值可能是 2.4，这个值也被 sRGB 组织采纳。sRGB 是一个包含了典型的光线亮度级和屏幕条件的标准模型，是适用于万维网应用和未来 HTML 标准的 RGB 新标准：（或多或少）与设备无关的因特网颜色空间。

与伽马校正相关的一个问题是：在一个图像的像素值中，如何决定何种亮度级由位模式实现。眼睛对亮度级比率最敏感，而不是绝对亮度。这意味着光线越亮，亮度级的改变也必须越大，才能感知到这种改变。如果我们能精确控制表现亮度的位，那么用算法对亮度进行编码以使可利用的位能最大限度地使用是很有意义的。那么，我们应该包括使用 $1/\gamma$ 指数定律变换的那个编码，如式（4.4）所示，或者执行这样的逆函数（见文献[6]，564 页）的查找表。然而，最有可能的是，我们遇到的图像或者视频没有位级的非线性编码，而是由便携式相机产生，或是用于广播电视。这些图像将根据式（4.4）进行伽马校正。国际照明协会（CIE）发起的基于色差度量（见 4.1.14 节）的 CIELAB 提供了考虑了人类亮度感觉的非线性方面的精细算法。

4.1.7 颜色匹配函数

事实上，许多颜色应用程序涉及制定和重新创建符合特定要求的颜色。例如，假设你希望在屏幕上复制一个特殊的阴影或染色布的特殊深浅。多年来，甚至在图 4.3 的眼睛灵敏度曲线产生之前，一门包含于心理学中的技术把基本的 RGB 光线的组合与某种色调匹配起来。三种基本光线可以组成特殊集合，这个集合称为原色集。为了与给定的色调匹配，要求一组观察者利用空间分别调节三原色的亮度，直到产生的光点与要求的颜色最为接近为止。图 4.8 展示了基本的情形。执行这样一个实验的装置称为色度计。

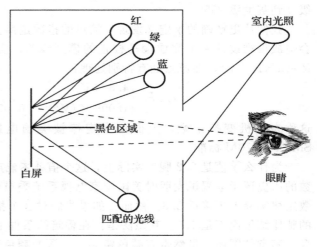

图 4.8　色度计实验

颜色的国际标准组织——国际照明协会(CIE)在 1931 年用一组称为颜色匹配函数的曲线集中了所有这些数据。CIE 使用的原色在 440nm、545nm 和 580nm 处具有峰值。假设你对匹配已知波长的激光(即单色光)而非一个布样感兴趣，那么颜色匹配实验由需要用在光的每个单独的窄带波长的原色的比例来描述，则一般光由单波长结果的线性组合匹配。

图 4.9 显示了 CIE 的颜色匹配曲线，用 $\bar{r}(\lambda)$、$\bar{g}(\lambda)$、$\bar{b}(\lambda)$ 表示，实际上，这个曲线是远离图 4.3 眼睛灵敏度的线性矩阵乘积。

为什么曲线的某些部分是负的呢？这说明一些颜色不能由原色的线性组合来产生。对这样的颜色，一种或多种原色的光线必须从图 4.8 黑色部分的一端到另一端，这样它们照亮了被匹配的样例而不是白屏。因此，从某种意义上说，这些颜色被负光匹配。

4.1.8　CIE 色度图

以前，工程师们发现，图 4.9 所示的 CIE 颜色匹配曲线有负的圆形突出部分，这让人感到不快。因此，设计了一套虚拟原色以使颜色匹配函数只有正值。图 4.10 显示了结果曲线，它们通常称为颜色匹配函数。它们是从 $\bar{r}$、$\bar{g}$、$\bar{b}$ 曲线进行线性(3×3 矩阵)变换而得到的，用符号 $\bar{x}(\lambda)$、$\bar{y}(\lambda)$、$\bar{z}(\lambda)$ 表示。变换矩阵是根据以下条件得出的：中间的标准颜色匹配函数 $\bar{y}(\lambda)$ 与图 4.3 所示的发光效率曲线 $V(\lambda)$ 完全相等。

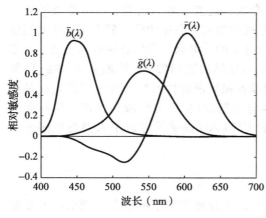

图 4.9　CIE 颜色匹配函数 $\bar{r}(\lambda)$、$\bar{g}(\lambda)$、$\bar{b}(\lambda)$

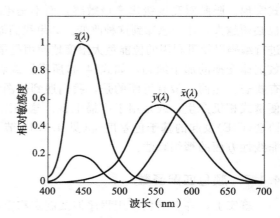

图 4.10　CIE 标准颜色匹配函数 $\bar{x}(\lambda)$、$\bar{y}(\lambda)$、$\bar{z}(\lambda)$

对于一个光谱能量分布 $E(\lambda)$ 来说，表现颜色特征所需的基本色度信息是三色值 X、Y、Z 的集合，其定义与式(4.1)类似，如下所示：

$$X = \int E(\lambda)\bar{x}(\lambda)\mathrm{d}\lambda$$

$$Y = \int E(\lambda)\bar{y}(\lambda)\mathrm{d}\lambda \qquad (4.6)$$

$$Z = \int E(\lambda)\bar{z}(\lambda)\mathrm{d}\lambda$$

中间值 Y 称为亮度。所有的颜色信息和变换都与这几个特殊值有关，它们包含了关于人类视觉系统的丰富信息。然而，显示三维数据十分困难，因此，CIE 设计了基于图 4.10 的曲线所描绘的 (X, Y, Z) 三元组的值的二维图。对每个可见的波长，这三条曲线值给出的 X、Y、Z 的值组成了人类所能看到的部分。然而，从式(4.6)中观察到，增加亮度（增大灯泡的瓦特数）会为三色值增加一个标量倍数。因此，通过某种方法得到向量 (X, Y, Z) 的量级来设计一个二维图是有意义的。在 CIE 系统中，这通过除以 $X+Y+Z$ 来实现：

$$x = \frac{X}{X+Y+Z}$$

$$y = \frac{Y}{X+Y+Z} \qquad (4.7)$$

$$z = \frac{Z}{X+Y+Z}$$

这充分地说明 (x, y, z) 外的其他值是多余的，因此有

$$x+y+z = \frac{X+Y+Z}{X+Y+Z} \equiv 1 \qquad (4.8)$$

所以，

$$z = 1-x-y \qquad (4.9)$$

值 x、y 称为色度。

我们将每个三色向量 (X, Y, Z) 投影到点 $(1, 0, 0)$、$(0, 1, 0)$、$(0, 0, 1)$ 形成的平面上。通常，这个平面被视为投影到 $z=0$ 平面，作为顶点 (x, y) 值为 $(0, 0)$、$(1, 0)$、$(0, 1)$ 的三角形内部点的集合。

图 4.11 显示了单色光的点的轨迹，画在这个 CIE "色度图"上，沿着"马脚"底部的直线与可见光谱（400nm 和 700nm，从蓝色经绿色到红色）极限处的点相交。这条直线称作紫色线。"马脚"本身称为光谱轨迹，它显示了在每个可见波长处的单色光的 (x, y) 色度值。

颜色匹配曲线的作用是把相同的值（每条曲线下的区域对每个 $\bar{x}(\lambda)$、$\bar{y}(\lambda)$、$\bar{z}(\lambda)$ 是相同的）加起来。因此，对于一个所有光谱能量分布值都为 1 的白色光源（等能量白色光），其色度值是 $\left(\dfrac{1}{3}, \dfrac{1}{3}\right)$。图 4.11 显示了图中间的白点。最后，因为我们必须有 x，$y \leqslant 1$ 和 $x+y \leqslant 1$，所以所有可能的色度值都必须位于图 4.11 的虚对角线之下。

注意，可以选择不同的"白色"光谱作为标准光源。CIE 定义了这样一些光源，比如光源 A、光源 C 以及标准日光 D65 和 D100。它们都可显示为 CIE 图上略有不同的白点，D65 的色度等于 $(0.312\,713, 0.329\,016)$，而光源 C 的色度值为 $(0.310\,063, 0.316\,158)$。图 4.12 显示了这些标准光源的光谱能量分布曲线。光源 A 具有白炽光的特征，有钨丝灯

的典型光谱能量分布，并且非常红。光源 C 是早期表现日光的尝试，而 D65 和 D100 分别是中间范围和通常使用的带蓝色的日光。图 4.12 也显示了标准荧光光源尖钉似的光谱能量分布，这种光源称作 F2[2]。

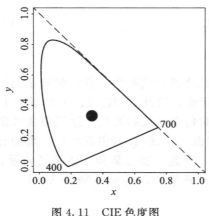
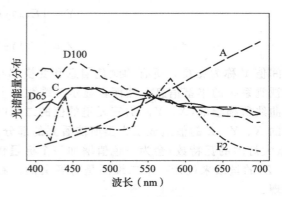

图 4.11　CIE 色度图　　　　　图 4.12　标准光源的光谱能量分布

在光谱轨迹上具有色度的颜色表现出"纯"色。它们是最"饱和"的，想一想蘸有墨水的纸变得越来越饱和。相比而言，靠近白点的颜色更加不饱和。

对于两种光的混合，结果色度位于两种光的色度的连线上，这是色度图的一个非常有用的性质。为严谨起见，我们没有说对所有颜色都是这样，仅仅是对光有上述结论。原因是我们至今还坚持使用颜色混合的加法模型。这个模型对于光效果很好，也适用于另一种特殊的情况，即显示器颜色。然而，下面我们将看到上述结论对于打印机颜色是不成立的（见 4.2.7 节）。

对于 CIE 图中的任何色度，主波长是光谱轨迹与连接白点和指定颜色的直线延长线的交点。（对于与紫色线相交的颜色，一个主波长的补定义为反向通过白点的延长线。）另一个有用的定义是给定颜色的补色是通过白点的线上的所有颜色。最后，"色纯度"是从白点到给定颜色的距离与主波长的比值，用百分数表示。

4.1.9　彩色显示器规格

如果 RGB 电子枪都在其最高能量状态被激活，彩色显示器在一定程度上由要求的白点色度确定。事实上，我们可能使用伽马校正值 R'、G'、B'。如果把电压规范化到 0~1，那么我们希望显示器能在 $R' = G' = B' = 1$ 时显示要求的白点（省略了从文件中的值到电压值的转换，仅仅陈述了像素颜色值规范化到最大值 1）。

显示器屏幕内的荧光涂料具有自己的色度，乍一看，我们似乎不能控制显示器的白点，然而通过设定每个电子枪的增益控制，使它们达到出现白点所要求的最大电压，可以修正这个问题。

目前已经有了一些显示器规范。我们仍在使用的标准显示器规范是由固定的、制造商制定的显示器荧光层的色度和所需的标准白点组成。表 4.1 显示了三个常用规范中的相应值。NTSC 是北美和日本标准规范；SMPTE 是它的更新版本，其中光源 C 改成光源 D65，而荧光层色度于现代机器更加温和。数字视频使用的规范和北美的规范类似。EBU 系统
从欧洲广播联盟派生而来，并用于 PAL 和 SECAM 系统中。

表 4.1　显示器规范的色度和白点

系统	红		绿		蓝		白点	
	x_r	y_r	x_g	y_g	x_b	y_b	x_w	y_w
NTSC	0.67	0.33	0.21	0.71	0.14	0.08	0.3101	0.3162
SMPTE	0.630	0.340	0.310	0.595	0.155	0.070	0.3127	0.3290
EBU	0.64	0.33	0.29	0.60	0.15	0.06	0.3127	0.3290

4.1.10　超色域的颜色

　　现在我们暂时不考虑伽马校正，则有关显示器颜色的一个重要问题是，怎样产生与设备无关的颜色，这需要考虑与设备相关的颜色值 RGB 指定 (x, y) 色度值。

　　对于每一对 (x, y)，我们都希望找到 RGB 三元组给出具体的 (x, y, z)，因此，利用 $z = 1 - x - y$ 得到光源的 z 值，并求得了制造商指定色度的 RGB，因为如果没有绿色或者蓝色值（即文件值为 0），我们只能看红色光源的色度，通过下面公式组合成 R、G、B 的非零值：

$$\begin{bmatrix} x_r & x_g & x_b \\ y_r & y_g & y_b \\ z_r & z_g & z_b \end{bmatrix} \begin{bmatrix} R \\ G \\ B \end{bmatrix} = \begin{bmatrix} x \\ y \\ z \end{bmatrix} \tag{4.10}$$

　　如果 (x, y) 是指定的而非从上式推导得到的，我们就要把光源 (x, y, z) 值的矩阵转置，得到正确的 RGB 值，以获得需要的色度。

　　但是，如果 RGB 数值中的某个值为负会怎样呢？这个问题会出现在当人们能够感知到的颜色在所使用的设备上不能被表现的情况下。这时，我们说该颜色是"超色域"的，因为所有能显示的颜色集合组成了该设备的色域范围。

　　处理该问题的一个办法是仅使用最接近的色域内的可用颜色。另一种常用的方法是选择最接近的补色。

　　对一个 CRT 显示器，每种可以显示的颜色都位于一个三角形中。这是从"格拉斯曼定律"得出的，它描述了人类的视觉，说明"颜色匹配是线性的"。这意味着由三原色组成的光线的线性集合仅是用来使组合乘上那些原色的权值的线性集合。也就是说，如果用从三个光源发出的三条光线的线性组合来组成颜色，我们仅能从这些光线的凸集来创造颜色（我们将在接下来看到，对于打印机，这种凸面不再成立）。

　　图 4.13 显示了 CIE 图中的 NTSC 系统的三角形色域。假设这个小三角形表现一个要求的颜色，则在 NTSC 显示器色域边界上的点是连接要求颜色与白点的线（a）与三角形边界（b）的最近的线的交点。

4.1.11　白点校正

　　我们至今所做的工作中的一个不足之处是我们

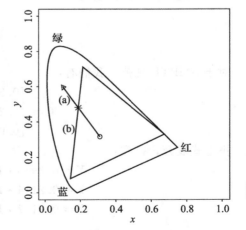

图 4.13　用色域内颜色近似色域外颜色。三角形显示的色域外颜色用从那个颜色到白点的线（a）与设备色域的边界（b）的交点近似

94

要把三色值 XYZ 映射到设备的 RGB 值，而不是仅处理色度 xyz。区别在于 XYZ 值包含

颜色的量级。我们也要在 R、G、B 都达到最大值时得到白点。

但是，表 4.1 会产生错误的值。考虑 SMPTE 规范，设 $R=G=B=1$，则 X 的值等于 x 值的和，或为 $0.630+0.310+0.155=1.095$。相似地，Y 与 Z 的值结果为 1.005 和 0.9。用 $(X+Y+Z)$ 来除，得到色度 $(0.365, 0.335)$ 而非要求值 $(0.3127, 0.3290)$。

要修正这两个缺陷，要先把 Y 的白点量级设为 1：

$$Y(白点) = 1 \tag{4.11}$$

现在我们需要找到三个修正因子的集合，这样，如果用三个电子枪所得到的增益乘上这些值，就可以得到 $R=G=B=1$ 处的白点的 XYZ 值。假设式 (4.10) 中的光源色度 x_r，x_g，…的矩阵称为 M，把修正表示为对称矩阵 $D = \mathrm{diag}(d_1, d_2, d_3)$，得到

$$XYZ_{\text{white}} \equiv M D (1,1,1)^{\mathrm{T}} \tag{4.12}$$

95 这里 $()^{\mathrm{T}}$ 意为转置。

对于 SMPTE 规范，有 $(x, y, z) = (0.3127, 0.3290, 0.3582)$，或者除以中间值，$XYZ_{\text{white}} = (0.95045, 1, 1.08892)$。我们注意到 D 乘以 $(1, 1, 1)^{\mathrm{T}}$ 得到 $(d_1, d_2, d_3)^{\mathrm{T}}$，最后用一个指定的 $(d_1, d_2, d_3)^{\mathrm{T}}$：

$$\begin{bmatrix} X \\ Y \\ Z \end{bmatrix}_{\text{white}} = \begin{bmatrix} 0.630 & 0.310 & 0.155 \\ 0.340 & 0.595 & 0.070 \\ 0.03 & 0.095 & 0.775 \end{bmatrix} \begin{bmatrix} d_1 \\ d_2 \\ d_3 \end{bmatrix} \tag{4.13}$$

利用上面新得到的值 XYZ_{white}，将结果转置，得到：

$$(d_1, d_2, d_3) = (0.6247, 1.1783, 1.2364) \tag{4.14}$$

4.1.12 XYZ 到 RGB 的转换

现在，从 XYZ 到 RGB 的 3×3 的变换矩阵为

$$T = M D \tag{4.15}$$

对于不是白点的点，也有：

$$\begin{bmatrix} X \\ Y \\ Z \end{bmatrix} = T \begin{bmatrix} R \\ G \\ B \end{bmatrix} \tag{4.16}$$

对于 SMPTE 规范，我们有：

$$T = \begin{bmatrix} 0.3935 & 0.3653 & 0.1916 \\ 0.2124 & 0.9011 & 0.0866 \\ 0.0187 & 0.1119 & 0.9582 \end{bmatrix} \tag{4.17}$$

把上式展开，得到：

$$\begin{aligned} X &= 0.3935 \cdot R + 0.3653 \cdot G + 0.1916 \cdot B \\ Y &= 0.2114 \cdot R + 0.7011 \cdot G + 0.0866 \cdot B \\ Z &= 0.0187 \cdot R + 0.1119 \cdot G + 0.9582 \cdot B \end{aligned} \tag{4.18}$$

4.1.13 带伽马校正的转换

在上面的计算中，假设我们处理的是线性信号。然而，我们很有可能遇到非线性的伽马校正的 R'、G'、B'，而不是线性的 R、G、B。

将 XYZ 变换为 RGB 的最好办法是先计算式 (4.16) 的转置式所需要的线性 RGB 值，然后通过伽马校正生成非线性信号。

然而，情况通常并不是这样。相反，对于 Y 值的等式是适用的，但也是用于非线性信号的。实际上，对于靠近白点的颜色，这并不意味着有许多错误，对于精度的仅有让步是将从 R'、G'、B' 创造出的新的 Y 值命名为 Y'。Y' 的重要性在于它对正在讨论的像素亮度的描述符进行了编码⊖。最常用的变换方程是那些用于原始 NTSC 系统的基于光源 C 白点的方程，即使它们过时了。根据上面列出的方程，再结合表 4.1 中的值，我们得到下面的变换：

$$X = 0.607 \cdot R + 0.174 \cdot G + 0.200 \cdot B$$
$$Y = 0.299 \cdot R + 0.587 \cdot G + 0.114 \cdot B$$
$$Z = 0.000 \cdot R + 0.066 \cdot G + 1.116 \cdot B \tag{4.19}$$

这样，对非线性信号的编码从对非线性信号的亮度关联的编码开始：

$$Y' = 0.299 \cdot R' + 0.587 \cdot G' + 0.114 \cdot B' \tag{4.20}$$

（4.3 节更详细地讨论了非线性信号的编码。）

4.1.14 L* a* b* (CIELAB)颜色模型

上面关于如何最好地利用可用位的讨论（见 4.1.7 节）涉及人类视觉对光线变化感知的问题。从心理学角度来看，这个课题是韦伯定律的一个例子，即数量越大，为了感知区别就必须有更多的变化。比如，当你抱起一个 4 岁的妹妹和一个 5 岁的弟弟，分辨他们的体重相对容易（抛开他们的其他属性）。

然而，分辨两个重物就变得困难。再看一个例子，要看出明亮光线中的变化，它们之间的变化必须比昏暗光线中得到同样效果的变化大许多。这个现象的一个规则如下：感知到的同样变化必定是相对的。如果变化的比率相同，不管是昏暗的光线还是明亮的光线，感知到的变化也是相同的。经过研究，从这个思想派生出一个用来感知相等的空间单位的算法雏形。

然而，对于人类视觉，CIE 得到了该规则的更复杂的版本，称为 CIELAB 空间。在该空间中被量化的仍然是感知到的颜色和亮度的差异值。这是很有意义的，因为颜色的差异对于比较源颜色和目标颜色作用很大。举个例子，你可能对一批已染色的布是否与原始样品的颜色相同很感兴趣。图 4.14 显示了衡量颜色变化的坐标空间的三维立体剖面图。

CIELAB（也称为 L* a* b*）使用了 $\frac{1}{3}$ 指数定律而不是一个算法。CIELAB 使用三个值，它们大致与亮度以及组合起来制造色彩和色调的一对值对应。对于该色彩空间中的两种颜色的差异，可以用欧氏距离来定义：

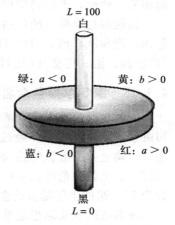

图 4.14 CIELAB 模型

$$\Delta E = \sqrt{(L_1^* - L_2^*)^2 + (a_1^* - a_2^*)^2 + (b_1^* - b_2^*)^2} \tag{4.21}$$

其中

$$L^* = 116 \left(\frac{Y}{Y_n}\right)^{\left(\frac{1}{3}\right)} - 16$$

⊖ 在 Color FAQ 文件[7]中，Y' 称为 "luma"。

$$a^* = 500\left[\left(\frac{X}{X_n}\right)^{\left(\frac{1}{3}\right)} - \left(\frac{Y}{Y_n}\right)^{\left(\frac{1}{3}\right)}\right]$$

$$b^* = 200\left[\left(\frac{Y}{Y_n}\right)^{\left(\frac{1}{3}\right)} - \left(\frac{Z}{Y_n}\right)^{\left(\frac{1}{3}\right)}\right] \tag{4.22}$$

X_n、Y_n、Z_n 是白点的 XYZ 值，相关定义为

$$色度 = c^* = \sqrt{(a^*)^2 + (b^*)^2}$$

$$色调角 = h^* = \arctan\frac{b^*}{a^*} \tag{4.23}$$

a^* 的最大值和最小值与红色和绿色大致相等；b^* 的变化范围是黄色到蓝色。色度是色彩的规模，在每个 L^* 亮度级，更加多彩（更饱和）的颜色占据了 CIELAB 固体的外面部分，更褪色（不饱和）的颜色靠近中央的无色轴。色调角或多或少表达了大部分人提到的"颜色"的意思，例如，你可以把它描述成红色或是橙色等。

这种色差模型是研究的一个热门领域，并且有许多其他基于人类感知的公式（另一个与 CIELAB 类似的竞争者称为 CIELUV——两者都是在 1976 年发明的）。人们对这个领域产生兴趣，一部分原因是这种颜色度量影响到我们怎样在不同的设备和网络界线上对光线和视觉的差别建模[8]。一些高端产品（包括 Adobe Photoshop）使用了 CIELAB 模型。

4.1.15　其他颜色坐标系统

还有其他一些坐标系用于描述人类能感知的颜色，但是在该不该使用伽马校正时有一些混淆。这里，我们描述的是与设备无关的颜色，即基于 XYZ 并且和人类所见到的事物相关。然而，人们通常把 RGB 和 R'、G'、B' 混用。

其他颜色坐标系统包括 CMY（见 4.2.4 节）、HSL（即色调、饱和度、亮度）、HSV（即色调、饱和度、值）、HSI（即色调、饱和度、强度）、HCI（即色调、色度、亮度）、HVC（即色调、值、色度）以及 HSD（即色调、饱和度、暗度）。

4.1.16　蒙赛尔颜色命名系统

如何为颜色准确地命名也是需要重视的一个问题。一个经典的标准系统是在 20 世纪初由蒙赛尔设计的，并经过了多次修改[9]（最后一个版本称为 Munsell renotation）。其思想是，建立一个近似的感知规范系统，用三个坐标轴来讨论和制定颜色。这些坐标轴是值（黑白）、色调和色度。值被分成 9 阶，色调围绕一个圆有 40 阶，色度（饱和度）的最大阶数为 16。圆的半径随值的变化而变化。

该系统的主要思想是希望对任何用户（包括艺术家）使用统一的颜色规范。因此，蒙赛尔公司出售所有这些颜色的涂料的书籍，这些涂料由专有的涂料配方组成。这是目前最常用的规范。

4.2　图像中的颜色模型

现在，我们已经介绍了颜色以及与图像颜色的显示有关的一些问题。但是颜色模型和坐标系统怎样真正地用于存储、显示和打印图像呢？

4.2.1　显示器的颜色模型

从第 3 章可知，我们通常以 RGB 形式存储颜色的信息。然而，前面的 4.1 节中介绍过，这样一个坐标系统实际上是与设备相关的。

对于足够精确的颜色，我们希望每个颜色通道使用 8 位。实际上，由于伽马校正导致的轮廓结合，我们不得不对每个通道使用大约 12 位来避免深色图像区域的混淆现象，因为伽马校正会导致可利用的整数级更少（见练习 9）。

对于计算机图形产生的颜色，我们把与亮度成比例的整数存储在帧缓存里面。帧缓存与 CRT 之间需要设置一个伽马校正查找表。如果在存入帧缓存之前，伽马校正用在还没有被量化成整数的浮点数上，则每个通道只能够使用 8 位，并且仍能避免轮廓结合的现象。

4.2.2 多传感器相机

使用超过 3 个传感器（即超过 3 个颜色滤波器）的相机可以得到更准确的颜色。其中一个方式是使用旋转滤波器，它是在一系列快速镜头的光路上放置一个不同颜色的滤波器。在纽约艺术博物馆的艺术品成像工作上，他们使用了 6 通道相机[10]去拍摄一些重要艺术品的相片，这样的图样更接近全光谱。这项工作使用了一个或一组内置于摄像机（"艺术光谱成像"）中的改变颜色过滤检测板阵列。这项工作还包括移除通常放置在相机中的近红外滤光片，以增强相机对红外线的灵敏度[17]。

4.2.3 相机相关的颜色

一个像素的 R、G、B 值取决于用于成像的相机传感器。这里，我们讨论另外两个经常使用的相机相关的颜色空间：HSV 和 sRGB。

首先，回忆一下 4.1.14 节中 CIELAB 定义的相机无关的（即面向人类感知的）颜色坐标系。那里提出的 L^*、a^*（红-绿）、b^*（黄-蓝）轴系与人类视觉系统的亮度 L^*、色调 h^* 感知相关，是一个与颜色无关的概念，并且色度 c^* 表示颜色的纯度（即生动程度）。

100

1. HSV

沿着这个方向，为了将感知概念融入相机相关的颜色，HSV 颜色系统试着做出类似的效果。虽然有很多常用的其他变种，HSV 是目前为止最常使用的。H 代表色调；S 代表颜色的饱和度，是由色度除以亮度定义的，饱和度越低的颜色越接近灰色；V 代表值，即人类感知到的亮度。HSV 颜色模型广泛应用在图像处理和软件编辑中。

RGB 数据可以通过下面的公式转换到 HSV 颜色空间：假设 R、G、B 的范围是从 0~255，

$$M = \max\{R, G, B\}$$
$$m = \min\{R, G, B\}$$
$$V = M$$

$$S = \begin{cases} 0 & V = 0 \\ \dfrac{V-m}{V} & V > 0 \end{cases} \tag{4.24}$$

$$H = \begin{cases} 0 & S = 0 \\ \dfrac{60(G-B)}{M-m} & (M = R \text{ 且 } G \geqslant B) \\ \dfrac{60(G-B)}{(M-m)} + 360 & (M = R \text{ 且 } G < B) \\ \dfrac{60(B-R)}{(M-m)} + 120 & M = G \\ \dfrac{60(R-G)}{(M-m)} + 240 & M = B \end{cases}$$

其中 M 和 m 代表了 (R, G, B) 中的最大值和最小值。

2. sRGB

为了实现人类色彩感知和设备相关颜色的平衡，使用 sRGB 作为与显示屏相关的颜色空间。sRGB 特别适用于网页的色彩空间，除非特别声明，网页的编码/传输值的色彩空间默认为 sRGB。

sRGB 由微软的 Hewlett-Packardand 发明，之后被国际电工委员会（IEC）作为标准[12]。sRGB 先设定特定的标准观察条件，典型用于电脑显示器（详见文献[13，14]）。同时，它定义了一个从标准伽马校正图像到与光照强度线性相关的图像的转换，如下所示（(R, G, B) 中的每个颜色通道范围标准化为 $[0, 1]$ 的范围）：对于 $I=R, G, B$，我们使用：

$$\begin{cases} I = I'/12.92 & I' < 0.04045 \\ I = \left(\dfrac{I' + 0.055}{1.055}\right)^{2.4} & 其他 \end{cases} \tag{4.25}$$

考虑到整个曲线形状，γ 值近似为 2.2。

同时，sRGB 标准定义了一个从线性 sRGB 值到以人类为中心的 CIEXYZ 三色色彩空间值的颜色矩阵转换：

$$\begin{bmatrix} X \\ Y \\ Z \end{bmatrix} = \begin{bmatrix} 0.4124 & 0.3576 & 0.1805 \\ 0.2126 & 0.7152 & 0.0722 \\ 0.0193 & 0.1192 & 0.9505 \end{bmatrix} \begin{bmatrix} R \\ G \\ B \end{bmatrix} \tag{4.26}$$

根据这个定义，当白色 $(R, G, B) = (1, 1, 1)$ 时，XYZ 三倍于标准光 D65（除以 100）：$(X, Y, Z) = (0.9505, 1.0000, 1.0890)$。

4.2.4 减色法：CMY 颜色模型

到目前为止，我们已经有效地处理了"加性颜色"，也就是说，当两条光线照射到一个目标上时，它们的颜色会加起来：当 CRT 屏幕上的两个光源被打开，它们的颜色也会相加。例如，红色光源＋绿色光源会产生黄色光。

但是对于沉积到纸上的墨水，则会发生相反的情况，黄墨水从白色光源中减去蓝色，反射出红色和绿色，这就是为什么它看起来是黄色的原因！

所以，不用红色、绿色、蓝色这几种原色，我们需要－红色、－绿色和－蓝色的原色，即需要减去 R、G、B。这些减性原色是青色（C）、洋红色（M）和黄色（Y）。图 4.15 显示了系统 RGB 和 CMY 是怎样联系的。在加性（RGB）系统中，黑色是没有光，$RGB = (0, 0, 0)$。在减性 CMY 系统中，黑色是使用墨水的 $C = M = Y = 1$ 减去所有光线产生的。

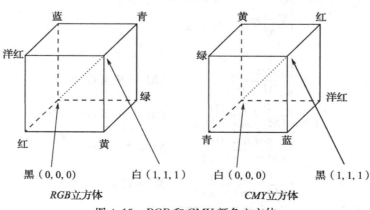

图 4.15 RGB 和 CMY 颜色立方体

4.2.5　从 *RGB* 到 *CMY* 的转换

考虑到墨水在减性系统中的作用,我们能创建的最简单模型是把墨水以何种密度放在纸上,以产生特定的 *RGB* 颜色,如下所示:

$$\begin{bmatrix} C \\ M \\ Y \end{bmatrix} = \begin{bmatrix} 1 \\ 1 \\ 1 \end{bmatrix} - \begin{bmatrix} R \\ G \\ B \end{bmatrix} \qquad (4.27)$$

其逆变换是

$$\begin{bmatrix} R \\ G \\ B \end{bmatrix} = \begin{bmatrix} 1 \\ 1 \\ 1 \end{bmatrix} - \begin{bmatrix} C \\ M \\ Y \end{bmatrix} \qquad (4.28)$$

4.2.6　消除不足颜色:CMYK 系统

通常认为 C、M 和 Y 混合起来是黑色。然而,它们更常被混合成土褐色(我们从幼儿园开始就知道这个结论)。真正“黑色”的黑墨水实际上比用混合彩色墨水制作而成的黑墨水更便宜,所以,一个简单的产生准确的打印机颜色的方法是:计算三色混合中为黑色的部分,从颜色比例中去除它,用真正的黑色加回来,这称为“消除不足颜色”。

K 代表了黑色的数量,新的墨水规范是:

$$K = \min\{C, M, Y\}$$

$$\begin{bmatrix} C \\ M \\ Y \end{bmatrix} \Rightarrow \begin{bmatrix} C-K \\ M-K \\ Y-K \end{bmatrix} \qquad (4.29)$$

图 4.16 描述了组合原色产生的颜色组合,有两种情况:加性颜色,通常使用 RGB 来组成颜色;减性颜色,通常使用 CMY 和 CMYK 来组成颜色。

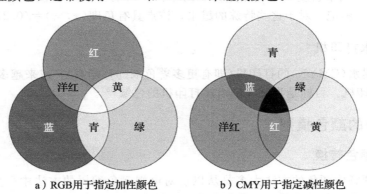

a) RGB用于指定加性颜色　　　　b) CMY用于指定减性颜色

图 4.16　加性和减性颜色

4.2.7　打印机色域

在打印过程中,打印机把透明的墨水层次放置到底层(通常是白色)上。如果希望青色墨水与缺红色的颜色真正相等,那么我们的目标是产生能够完全吸收红色光但能完全通过绿色和蓝色光的墨水,遗憾的是,这种“块染色”仅是近似值。在实际中,传输曲线对 C、M 和 Y 墨水有交叠。这导致了颜色通道间的“色度亮度干扰”和预测打印时可利用颜色的困扰。

图 4.17a 显示了块染色的典型传输曲线，图 4.17b 显示了使用这种墨水的彩色打印机的结果色域。我们看到，色域比 NTSC 显示器的小，并与之交叠。

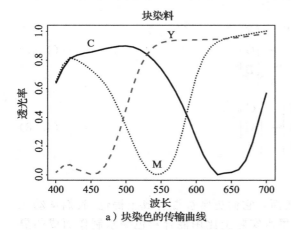
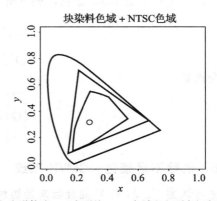

a）块染色的传输曲线   b）光谱轨迹、三角形的NTSC色域和六顶点打印机色域

图   4.17

这种色域起源于用于打印机墨水的模型。传输与光学密度相关，即 $D = -\log T$，这里 T 是图 4.17a 中的一条曲线。颜色是由墨水的 D 的线性组合构成的，而 D 是三种权值分别为 $w_i (i=1, 2, 3)$ 的密度的线性组合，w_i 的范围从 0 到没有模糊的最大允许值之间。因此，总的透光率 T 是三个带权密度的指数的乘积——光线通过透明染料的夹层时会有指数衰减。从纸面（或是通过一小块胶片）反射的光为 $TE = e^{-D}E$，这里 E 是照明光。用式(4.6)可生成图 4.17b 中的打印机色域。

打印机色域的中心是白-黑轴，六个边界顶点对应 C、M、Y 和满密度的三个组合 CM、CY、MY。墨水密度较小的部分在图的中间。所有墨水满密度对应图中心的黑/白点，该点用"o"标记。对于这些特殊的墨水，该点具有色度 $(x, y) = (0.276, 0.308)$。

4.2.8   多墨水打印机

超过四种墨水（CMYK）的打印机（即有更多着色剂的打印系统）越来越多。一个例子是 CMYKRGB 打印机。目标是为了大幅增加打印机的色域[15]。

4.3   视频中的颜色模型

4.3.1   视频颜色转换

处理数字视频中颜色的方法大多是从以前对电视颜色编码的方法中衍生来的。通常，在某些方法中，亮度与单个信号中的颜色信息相结合。比如，与式(4.19)类似的矩阵变换方法 YIQ，用于北美和日本之间的电视信号传输。

在欧洲，视频磁带使用 PAL 或 SECAM 编码，这两种编码都是以使用 YUV 的矩阵变换的电视为基础。

最后，数字视频大多使用 YCbCr 矩阵变换，它与 YUV ⊖最相似。

⊖ 亮度-色度颜色模型（YIQ、YUV、YCbCr）是有效的。因此它们经常用于图像压缩标准，如 JPEG 和
    JPEG2000。

4.3.2 YUV 颜色模型

最初，YUV 编码用于 PAL 模拟视频中。现在 YUV 的一个版本用于数字视频的 CI-DR 601 标准中。

首先，它对与式（4.20）中 Y' 相等的亮度信号（伽马校正信号）编码（回想一下，Y' 通常称为 "luma"）。luma Y' 与 CIE 经伽马校正的亮度值 Y 相似，但不完全相等。在多媒体中，用户经常模糊这个区别，简单地把两者都看成亮度。

除了大小或亮度，我们还需要一个丰富多彩的尺度，为此提出了色度，其是指某种颜色与同一亮度下的白色之间的差别。这可用色差 U、V 来表示：

$$U = B' - Y'$$
$$V = R' - Y' \tag{4.30}$$

从式（4.20）、式（4.30）可得：

$$\begin{bmatrix} Y' \\ U \\ V \end{bmatrix} = \begin{bmatrix} 0.299 & 0.587 & 0.114 \\ -0.299 & -0.587 & 0.886 \\ 0.701 & -0.587 & -0.114 \end{bmatrix} \begin{bmatrix} R' \\ G' \\ B' \end{bmatrix} \tag{4.31}$$

倒过来，通过转置式（4.31），可以从 (Y', U, V) 得到 (R', G', B')。

注意，对于 $R' = G' = B'$ 的灰度像素，亮度 Y' 等于相同灰度值的 R'，因为式（4.20）中系数和为 $0.299 + 0.587 + 0.114 = 1.0$。对于灰度（"黑和白"）图像，色度 (U, V) 是 0，因为式（4.31）中后两行系数和为 0。因此，黑白电视能仅使用彩色电视信号的 Y' 信号[⊖]进行显示。为了向后兼容，彩色电视通过识别信号 Y' 来使用不带颜色信息的老的黑白信号。

最后，在实际实现时，为了更方便拥有最大值和最小值，需要对 U 和 V 重新调节。对模拟视频来说，每个 U 或 V 都被限制在 Y' 的最大值和 ± 0.5 倍范围内[16]。注意，真实电压是在另一个没有规范化的范围内——对于模拟电压，Y' 通常是在 $0 \sim 700\text{mV}$ 的范围内，所以重新调整后的 U 和 V（在那个上下文中称为 P_B 和 P_R）范围为 $\pm 350\text{mV}$。

106

这种缩放反映了分量视频的处理过程——三个分离的信号。然而，在处理复合视频时，我们想用 U 和 V 一次组合成单独的色度信号，事实证明，在 $-\frac{1}{3}$ 到 $+\frac{4}{3}$ 范围内包含复合信号量级 $Y' \pm \sqrt{U^2 + V^2}$ 是很方便的，这样它将保持在记录设备的幅度限制范围内。为达到这个目的，U 和 V 重新调整为：

$$U = 0.492\,111(B' - Y')$$
$$V = 0.877\,283(R' - Y') \tag{4.32}$$

（乘数有时四舍五入为三位有效数字），这样就可以将 (R', G', B') 转换成 (Y', U, V)，如下式：

$$\begin{bmatrix} Y' \\ U \\ V \end{bmatrix} = \begin{bmatrix} 0.299 & 0.587 & 0.114 \\ -0.147\,13 & -0.288\,86 & 0.436 \\ 0.615 & -0.514\,99 & -0.100\,01 \end{bmatrix} \begin{bmatrix} R' \\ G' \\ B' \end{bmatrix} \tag{4.33}$$

反过来，通过转置式（4.33）中的矩阵，可以从 (Y', U, V) 得到 (R', G', B')，如下式：

$$\begin{bmatrix} R' \\ G' \\ B' \end{bmatrix} = \begin{bmatrix} 1.0000 & 0.0000 & 1.139\,83 \\ 1.0000 & -0.394\,65 & -0.580\,59 \\ 1.0000 & 2.032\,11 & 0.0000 \end{bmatrix} \begin{bmatrix} Y' \\ U \\ V \end{bmatrix} \tag{4.34}$$

⊖ 注意，有的作者只是简单地使用 Y，而不是 Y'。

色度信号由 U 和 V 组成为复合信号：

$$C = U \cdot \cos(wt) + V \cdot \sin(wt) \tag{4.35}$$

这里 w 代表 NTSC 颜色频率。

从式(4.33)我们注意到，0 并非 U 和 V 的最小值。根据真实的正的颜色，在 RGB 立方体中，U 大致从蓝($U>0$)到黄($U<0$)，V 大致从红($V>0$)到蓝绿($V<0$)。

图 4.18 显示了一幅典型彩色图像分解为 Y'、U 和 V 分量的结果。因为 U 和 V 都会为负，所以这幅图实际上是真实信号经移动、重新调整后的版本。

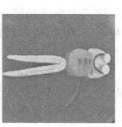

a) 原始彩色图像   b) Y'分量   c) U分量   d) V分量

图 4.18　$Y'UV$ 彩色图像分解（见彩插）

由于眼睛对于黑白变换最为敏感，对于空间频率(例如，与看细的彩色线条相比，眼睛对细的灰度线条的格子看得更加清楚)，在模拟 PAL 信号中仅分配了 1.3MHz 的带宽给 U 和 V，而将 5.5MHz 的带宽留给 Y' 信号。实际上，为彩色电视传输的颜色信号是非常斑驳的，但是我们没有察觉到低质量的颜色信息。

4.3.3　YIQ 颜色模型

NTSC 彩色电视广播中采用 YIQ(实际上是 $Y'IQ$)。灰度像素产生零(I, Q)色度信号。这些名字的原始含义来源于模拟信号的组合，I 表示同相色度，Q 表示积分色度，这些名字现在可以忽略了。

我们认为，虽然 U 和 V 的定义更简单，但不能捕获到人类视觉灵敏度从最多到最少的层次。虽然它们很好地定义了色差，但不能完全与人类感知的颜色灵敏度相符。NTSC 用 I 和 Q 来代替。

YIQ 是 YUV 的一个版本，使用相同的 Y'，但是 U 和 V 旋转了 33°：

$$I = 0.492\,111(R'-Y')\cos33° - 0.877\,283(B'-Y')\sin33°$$
$$Q = 0.492\,111(R'-Y')\sin33° + 0.877\,283(B'-Y')\cos33° \tag{4.36}$$

于是产生如下的矩阵变换：

$$\begin{bmatrix} Y' \\ I \\ Q \end{bmatrix} = \begin{bmatrix} 0.299 & 0.587 & 0.114 \\ 0.595\,879 & -0.274\,133 & -0.321\,746 \\ 0.211\,205 & -0.523\,083 & 0.311\,878 \end{bmatrix} \begin{bmatrix} R' \\ G' \\ B' \end{bmatrix} \tag{4.37}$$

I 大约在橙-蓝方向，Q 大致与紫-绿方向对应。

为了从 (Y', I, Q) 得到 (R', G', B')，对式(4.37)转置：

$$\begin{bmatrix} R' \\ G' \\ B' \end{bmatrix} = \begin{bmatrix} 1.0000 & 0.956\,30 & 0.621\,03 \\ 1.0000 & -0.272\,56 & -0.646\,71 \\ 1.0000 & -1.104\,74 & 1.701\,16 \end{bmatrix} \begin{bmatrix} Y' \\ I \\ Q \end{bmatrix} \tag{4.38}$$

图 4.19 显示了上面提到的彩色图像分解为 YIQ 分量的效果。这里只显示 I 和 Q 分量，因为原始图像和 Y' 分量与图 4.18 中的相同。

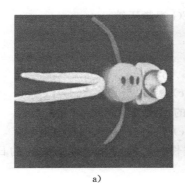 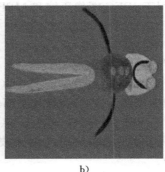

a)　　　　　　　　　　　　　b)

图 4.19　彩色图像的 I 和 Q 分量

　　对于这幅典型的图像，大多数能量都在 Y' 分量中捕获。然而，在这种情况下，YIQ 分解对于形成图像的层次序列更有帮助：对于 8 位 Y' 分量，均方根（RMS）的值为 146（255 为最大可能值）。U、V 的均方根的值为 19 和 21。

　　另一方面，对于 YIQ 分解，I 和 Q 分量均方根的值为 20 和 5，更好地区分了颜色的优先次序。

4.3.4　YCbCr 颜色模型

　　分量（三路信号，量化）数字视频的国际标准是官方推荐的 ITU-R BT.601-4（也称为 "Rec.601"）。这个标准使用另一个颜色空间 YC_bC_r，经常简写为 YCbCr，YCbCr 变换与 YUV 变换紧密相关。YUV 通过调整，C_b 成为 U，但是系数为 0.5 乘以 B'。在一些软件系统中，也移动 C_b 和 C_r，使其值在 0~1 之间。这就产生出下面的等式：

$$C_b = \left(\frac{B' - Y'}{1.772}\right) + 0.5$$

$$C_r = \left(\frac{R' - Y'}{1.402}\right) + 0.5 \tag{4.39}$$

将其展开，我们有：

$$\begin{bmatrix} Y' \\ C_b \\ C_r \end{bmatrix} = \begin{bmatrix} 0.299 & 0.587 & 0.114 \\ -0.168\,736 & -0.331\,264 & 0.5 \\ 0.5 & -0.418\,688 & -0.081\,312 \end{bmatrix} \begin{bmatrix} R' \\ G' \\ B' \end{bmatrix} + \begin{bmatrix} 0 \\ 0.5 \\ 0.5 \end{bmatrix} \tag{4.40}$$

　　然而，在实践中，Rec.601 指定 8 位编码，Y' 的最大值仅为 219，最小值为 $+16$。小于 16 和大于 235 的值（表示为头上空间与脚下空间）被保留起来用于其他用途。Cb 和 Cr 的变化范围为 ±112，偏移值为 $+128$（换句话说，最大值为 240，最小值为 16）。如果 R'、G'、B' 是 [0，$+1$] 间的浮点数，我们通过变换[16] 得到 [0，255] 的 Y'、C_b 和 C_r：

$$\begin{bmatrix} Y' \\ C_b \\ C_r \end{bmatrix} = \begin{bmatrix} 65.481 & 128.533 & 24.966 \\ -37.797 & -74.203 & 112 \\ 112 & -93.786 & -18.214 \end{bmatrix} \begin{bmatrix} R' \\ G' \\ B' \end{bmatrix} + \begin{bmatrix} 16 \\ 128 \\ 128 \end{bmatrix} \tag{4.41}$$

实际上，输出范围也被限制在 [1，254]，因为 Rec.601 同步信号通过编码 0~255 给出。

　　式（4.41）的逆变换如下所示[16]：

$$\begin{bmatrix} R' \\ G' \\ B' \end{bmatrix} = \begin{bmatrix} 0.004\,566\,21 & 0.0000 & 0.006\,258\,93 \\ 0.004\,566\,21 & -0.001\,536\,32 & -0.003\,188\,11 \\ 0.004\,566\,21 & 0.007\,910\,71 & 0.0000 \end{bmatrix} \begin{bmatrix} Y' - 16 \\ C_b - 128 \\ C_r - 128 \end{bmatrix} \tag{4.42}$$

109

YCbCr 变换用于 JPEG 图像压缩和 MPEG 视频压缩。

4.4　练习

1. 解释如下与颜色相关的术语：

    (a) 波长　　　　　(b) 颜色等级　　　　　(c) 亮度　　　　　(d) 白度

    把下面的(更加模糊地陈述的)特性与上面的术语对应起来。

    (a) 亮度　　　　　(b) 色调　　　　　(c) 饱和度　　　　　(d) 色度

2. 什么颜色是户外颜色？即，你认为哪个波长的峰值能量最对应红色的日落？对于蓝色天空的光线呢？

3. LAB 色域涵盖了可见光谱中所有的颜色。

    (a) 这句话是什么意思？LAB 与颜色如何联系？简要描述即可。

    (b) LAB 色域、CMYK 色域和显示器色域的大致相关性是多少？

4. 证明 $(X，Y，Z)$ 空间中的直线投影到 $(x，y)$ 色度空间中的直线。即，让 $C_1 = (X_1，Y_1，Z_1)$ 和 $C_2 = (X_2，Y_2，Z_2)$ 表示不同的颜色，$C_3 = (X_3，Y_3，Z_3)$ 落在 C_1 和 C_2 连接线上：$C_3 = \alpha C_1 + (1-\alpha)C_2$。那么证明对于某些 β，$(x_3，y_3) = \beta(x_1，y_1) + (1-\beta)(x_2，y_2)$。

5. 图 4.11 中色度的马脚曲线来源于哪里？我们能够计算它吗？对找到"光谱轨迹"的问题写一段简短的伪代码来解决。

    提示：图 4.20a 显示了图 4.10 的颜色匹配函数，它是用三维空间中的点集来画的。图 4.20b 显示了这些点映射到另一个三维点集。

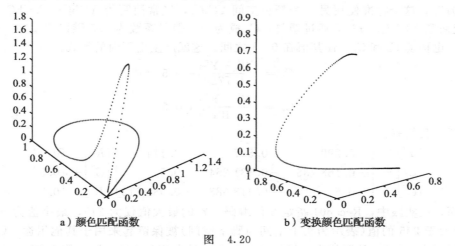

a) 颜色匹配函数　　　　　　　　　　b) 变换颜色匹配函数

图　4.20

提示：试着编程解决这个问题，这样有助于你更明白地解答。

6. 假设我们使用一个新的颜色匹配函数集合 $\overline{x}^{new}(\lambda)$、$\overline{y}^{new}(\lambda)$、$\overline{z}^{new}(\lambda)$，其值为：

λ(nm)	$\overline{x}^{new}(\lambda)$	$\overline{y}^{new}(\lambda)$	$\overline{z}^{new}(\lambda)$
450	0.2	0.1	0.5
500	0.1	0.4	0.3
600	0.1	0.4	0.2
700	0.6	0.1	0.0

在这个系统中，等能量白光 $E(\lambda)$ 的色度值 $(x，y)$ 是什么？这里，对所有波长 λ，$E(\lambda) \equiv 1$。

请解释。

7. 重新推导式(4.18),但是这次使用 NTSC 标准——如果使用式(4.18)中的有效位数,你将会以式(4.19)变换结束。

8. (a) 假设图像没有用可携式摄像机进行伽马校正。一般来说,它在屏幕上显示的效果如何?

    (b) 如果对于存储的图像像素,人为增加输出伽马值(我们可以借助 Photoshop 做到这一点),将会发生什么?对图像会产生什么影响?

9. 假设图像文件的值在每个颜色通道都是 0～255。如果对于红色通道,我们定义 $\overline{R}=R/255$,希望通过传入一个新的值 $\overline{R'}\approx\overline{R}^{1/2.0}$ 到显示设备来执行伽马校正。通常用整数来操作。假设我们通过创造 0～255 间新的整数值来近似计算:

$$(\text{int})(255\cdot(\overline{R}^{1/2.0}))$$

    (a) (粗略地)评论一下这种操作对实际上可使用的显示级别有何影响? 提示:用某种语言编写代码将有助于你更好地理解这种机制,并且能让你容易地数出输出级别。

    (b) 0～255 级别的哪一端更多地受到伽马校正的影响,是低端(靠近 0)还是高端(靠近 255)? 为什么? 每一端受到多大影响?

10. 在许多计算机图形学应用中,伽马校正仅在颜色查找表中使用。给出使用伽马校正的颜色查找表的头五项内容。提示:编写代码将省去你使用计算器的麻烦。

11. 设计一个程序来生成图 4.21,显示符合 SMPTE 规范的显示器的色域。

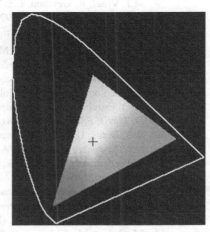

图 4.21 SMPTE 监视器色域(见彩插)

12. 色调是与亮度和加入多少纯白无关的颜色。我们能够简单定义色调为 R∶G∶B 的比例集合。

    (a) 假设一种颜色(即,一种 RGB)除以 2.0,这样,RGB 三元组是它以前值的 0.5 倍。使用数字值解释:

       i. 如果伽马校正在除以 2.0 之后颜色被存储之前使用,如果显示设备发出的光线的 R∶G∶B 比例相同,那么更深的 RGB 是否具有与原来相同的色调?(我们不讨论改变我们感知的任何心理学影响,这里仅关心机器本身。)

      ii. 如果不采用伽马校正,当显示时,上面第二个 RGB 是否与第一个 RGB 有相同的色调? 还有如果是存储的而不是显示的光,那么是否与原来颜色有相同的色调?

    (b) 如果不采用伽马校正,对于什么颜色三元组,显示的色调和原来存储的颜色相同?

13. 我们希望制作一个令人满意的易读图形。假设我们把背景颜色设为粉红,那么前端文字应该使用什么颜色才能够最易读? 证明你的答案。

14. 为了使最后的打印变得简单,我们买了一个装有 CMY 传感器(与 RGB 传感器相反)的相机(CMY 相机是实际可用的)。

    (a) 大致画出反映这种相机的灵敏度与频率的光谱曲线。

    (b) CMY 相机的输出能够用来生成普通的 RGB 图片吗? 为什么?

15. 彩色喷墨打印机使用 CMYK 模型。当青色墨水喷洒在一张白纸上时：

　　（a）为什么在日光下看起来是青色的？

　　（b）在蓝色光线下它看起来像什么颜色？说明原因。

参考文献

1. D.H. Pritchard, U.S. color television fundamentals—a review. IEEE Trans. Consum. Electron. **23**(4), 467–478 (1977)
2. G. Wyszecki, W.S. Stiles, *Color Science: Concepts and Methods, Quantitative Data and Formulas*, 2nd edn. (Wiley, New York, 2000)
3. R.W.G. Hunt, in *2nd Color Imaging Conference Transforms and Transportability of Color*. Color reproduction and color vision modeling. Society for Imaging Science and Technology (IS&T)/Society for Information Display (SID) Joint Conference (1993), pp. 1–5
4. M.J. Vrhel, R. Gershon, L.S. Iwan, Measurement and analysis of object reflectance spectra. Color Res. Appl. **19**, 4–9 (1994)
5. R.W.G. Hunt, *The Reproduction of Color*, 6th edn. (Fountain Press, England, 2004)
6. J.F. Hughes, A. van Dam, M. McGuire, D.F. Sklar, J.D. Foley, S.K. Feiner, K. Akeley, *Computer Graphics: Principles and Practice*, 3rd edn. (Addison-Wesley, Boston, 2013)
7. C. Poynton, Color FAQ—frequently asked questions color (2006), http://www.poynton.com/notes/colour_and_gamma/ColorFAQ.html
8. M.D. Fairchild, *Color Appearance Models*, 3rd edn. (Addison-Wesley, Reading, 2013)
9. D. Travis, *Effective Color Displays* (Academic Press, London, 1991)
10. R.S. Berns, L.A. Taplin, Practical spectral imaging using a color-filter array digital camera, http://www.art-si.org/PDFs/Acquisition/TR_Practical_Spectral_Imaging.pdf
11. C. Fredembach, S. Susstrunk, in *16th Color Imaging Conference*. Colouring the near infrared (2008), pp. 176–182
12. International Electrotechnical Commission, *IEC 61966-2-1: Multimedia Systems and Equipment—Colour Measurement and Management* (Part 2–1: Colour management—Default RGB colour space—sRGB). (IEC, Geneva, 2007)
13. M. Stokes, M. Anderson, S. Chandrasekar, R. Motta, A standard default color space for the internet: sRGB. (1996), http://www.color.org/sRGB.html
14. Microsoft Corporation, Colorspace interchange using srgb. (2001), http://www.microsoft.com/whdc/device/display/color/sRGB.mspx
15. P. Urban, in *11th Congress of the International Colour Association*, Ink limitation for spectral or color constant printing (2009)
16. C.A. Poynton, C.A. Poynton, *A Technical Introduction to Digital Video* (Wiley, New York, 1996)

113

114

第 5 章

Fundamentals of Multimedia，Second Edition

视频中的基本概念

在本章中，我们将介绍与视频有关的基本概念。数字视频压缩将在第 10～12 章中探讨。

我们首先介绍视频的以下方面，以及它们如何影响多媒体应用：

- 模拟视频。
- 数字视频。
- 视频显示接口。
- 3D 视频。

视频由多种信号源产生，我们从信号源本身开始介绍。模拟视频表示为连续(随时间变化)的信号，5.1 节讨论模拟视频的产生和测量方法。数字视频由数字图像序列表示，广泛地使用在当今多媒体应用中。5.2 节着重介绍数字视频，包括 HDTV、UHDTV 和 3D TV。

5.1 模拟视频

过去十年中，大多数电视节目都是通过模拟信号传输的。当电信号被接收时，我们可以假设视频亮度是电压的一个单调函数。由于伽马校正的作用，这个单调函数可能是非线性的(见 4.1.6 节)。

模拟信号 $f(t)$ 负责对时变的图像进行采样。所谓*逐行扫描*(progressive scanning)就是按照一定的时间间隔逐行扫描完整的图像(帧)。高分辨率的电脑显示器所使用的时间间隔为 1/72 秒。

在电视、某些显示器和多媒体标准中，通常普遍采用另外一种方案：*隔行扫描*(interlacedscanning)。隔行扫描先扫描奇数行，然后扫描偶数行。这样就产生“奇数场”和“偶数场”，两个场组成一个帧。

实际上，奇数扫描从第一行开始到奇数场最后一行的中间部位结束，而偶数扫描从第一行的中线位置开始。图 5.1 显示了这种方案。第一条实线(奇数行扫描)由 P 到 Q，然后是 R 到 S 等，最后到 T 结束；接下来偶数场从 U 开始并在 V 结束。扫描行在微小的电压下不是水平的，而是随时间推移向下缓慢移动电子束。

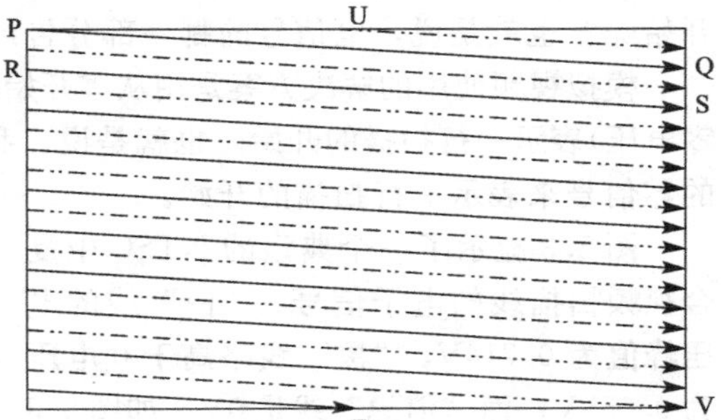

图 5.1 隔行扫描

在标准确定后，很难快速地传送一帧图像信息(避免图像闪动)，隔行扫描的出现就是为了解决这个问题。我们的眼睛看到双倍扫描图像时，可以减少对闪动的感知。

隔行扫描时，奇数行和偶数行交替显示。这种交替在一般情况下不易察觉，但当屏幕上出现快速动作时，可能会产生运动模糊现象。例如图 5.2 中显示的视频，移动的直升机比静止的背景更加模糊。

a）视频帧

b）场1　　　　　　　c）场2　　　　　　　d）场的差

图 5.2　隔行扫描对每一帧生成两个场（见彩插）

有时候需要使用改变帧速率、缩放视频或者从隔行扫描的源视频中生成静止图像的方法来避免模糊，同时还要采用各种方案以去除交错模式。最简单的去除交错的方法就是摒弃一个场并复制另一个场的扫描行，这会完全丢失一个场的信息。采用其他更复杂的方法可以保留两个场的信息。

阴极射线管（Cathode Ray Tube，CRT）显示器由类似荧光灯的东西构成，并且必须每秒闪烁 50～70 次以保证图像平滑。在欧洲，这种设计与电力系统 50Hz 的频率密切相关，他们以每秒 25 帧（即 25fps）的频率进行视频的数字化；在北美，电力系统了采用 60Hz 的频率，所以帧速率要求为 30fps。

图 5.1 中从 Q 到 P 的跳变称作水平回扫（horizontal retrace），这发生在电子束是空的时候。从 T 到 U 或者从 V 到 P 称作垂直回扫（vertical retrace）。

由于电压是一维的（它仅随时间变化而变化），那么我们如何知道新的视频帧什么时候开始呢？也就是说，电信号的哪一部分告诉我们必须在屏幕左边开始重新扫描？

模拟视频使用的解决方案是用从零开始的一个微小电压偏移表示“黑”，另一个电压（如零电压）表示一行扫描的开始。也就是说，我们可以用“比黑色更黑”（blacker-than-black）的零信号来表示一行扫描的开始。

图 5.3 显示了一个典型的 NTSC 中复合视频扫描线的电子信号。“白”线的电压峰值为 0.714V；“黑”线略高于 0 电压为 0.055V；而“消隐”线是 0V。如图 5.3 所示，信号中消隐脉冲的时间用于同步，同步信号约为 -0.286V。事实上，可靠的同步是非常重要的，以至于特殊信号使用自身 30% 的数据来控制同步。

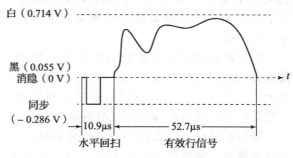

图 5.3　NTSC 扫描线的电子信号

垂直回扫和同步的思想与水平回扫类似，但它在每个场中只发生一次。Tekalp[1]提出了很多关于模拟（和数字）视频细节的讨论。手册[2]中深入讨论了关于视频处理的一些基本问题。

5.1.1　NTSC 视频

NTSC TV 标准主要在北美地区和日本使用。它采用 4∶3 的画面比例（也就是一幅图像的宽高比）、30fps 的帧率和每帧 525 个扫描行。

更精确的计算是，NTSC 的帧率为每秒 29.97 帧，即每帧 33.37 毫秒。NTSC 遵循隔行扫描方案，每个帧分成两场，每场 262.5 行。因此，水平扫描频率为 $525 \times 29.97 \approx 15\ 734$ 行/秒，每行的扫描时间为 $1/15\ 734$ 秒 ≈ 63.6 微秒。其中水平回扫占 10.9 微秒，余下 52.7 微秒用于有效行信号（如图 5.3 所示），这段时间用于显示图像数据。

图 5.4 显示了在 NTSC 视频光栅中"垂直回扫与同步"和"水平回扫与同步"的效果。在每场开头用于保留控制信息的 20 行中放置消隐信息。这样，每帧中有效视频行（active video line）的数量只有 485。同样，左侧近 1/6 的光栅在水平回扫和同步中是空白的，非空白的像素称为有效像素（active pixel）。

像素通常落于扫描行之间。因此，即使采用非隔行扫描，NTSC 电视也只能显示 340（可视）行，约占 485 条有效视频行的 70%。隔行扫描只能达到 50% 左右。

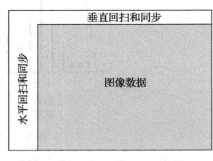

图 5.4　视频光栅，包括回扫和同步数据

在消隐区域的图像数据不能编码，但这个区域可以放置其他信息，例如 V-chip 信息、立体声音频信道数据和多种语言的字幕等。

NTSC 视频是没有固定水平分辨率的模拟信号。因此，我们必须预先决定对信号采样的次数。每个样本点对应一个像素输出。像素时钟（pixel clock）将视频的水平行划分成样本点。像素时钟频率越高，每行所产生的样本就越多。　　　118

不同的视频格式每行的样本点数量不同，如表 5.1 所示。激光磁盘和 Hi-8 有相同的分辨率（相比之下，1/4 英寸的数字视频 MiniDV 磁带有 480 行，每行有 720 个样本点）。

NTSC 采用 YIQ 颜色模型。我们采用正交调制技术整合（频谱重叠的部分）I（同相）信号和 Q（正交）信号为单一的色度信号 C[1,3]：

$$C = I\cos(F_{sc}t) + Q\sin(F_{sc}t) \qquad (5.1)$$

这种调制的色度信号又称色度副载波（color subcarrier），其幅值为 $\sqrt{I^2+Q^2}$，相为 $\tan^{-1}\left(\dfrac{Q}{I}\right)$。$C$ 的频率为 $F_{sc} \approx 3.58\mathrm{MHz}$。

表 5.1　各种模拟信号格式中的每行样本点

格式	每行样本点
VHS	240
S-VHS	400～425
Beta-SP	500
Standard 8mm	300
Hi-8mm	425

如式（5.1）所示，时域上 I 和 Q 信号要和与频率 F_{sc} 有关的余弦函数和正弦函数相乘。该式相当于在频域上用两个脉冲函数 F_{sc} 和 $-F_{sc}$ 对傅里叶变换进行卷积运算。其结果是，一份 I 和 Q 的频谱分别集中在 F_{sc} 和 $-F_{sc}$ 处⊖。

NTSC 复合信号是亮度信号 Y 和色度信号 C 的复合信号，定义如下：

　　⊖　负频率（$-F_{sc}$）是傅里叶变换所需要的数学概念。在物理频谱中，只使用正频率。

$$\text{复合信号} = Y + C = Y + I\cos(F_{sc}t) + Q\sin(F_{sc}t) \tag{5.2}$$

NTSC 根据人对颜色细节(色彩变化的高频部分)不敏感的特性,给 Y 分配 4.2MHz 的带宽,而 I 只有 1.6MHz,Q 只有 0.6MHz。如图 5.5 所示,图像载波在总带宽为 6MHz 的 NTSC 视频通道的带宽为 1.25MHz。色度信号是通过 $F_{sc} \approx 3.58$MHz 的频率携带到信道高端,因此集中在 $1.25 + 3.58 = 4.83$MHz 处。由于 Y 的高频部分的幅值明显小于与之对应低频部分的幅值,这就在很大程度上降低了 Y(亮度)和 C(色度)之间的干扰。

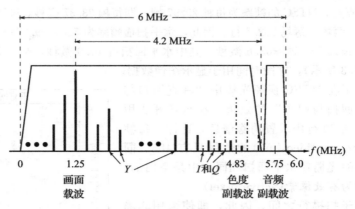

图 5.5   NTSC 频谱中交错的 Y 和 C 信号

此外,正如 Blinn[3] 所解释的,要格外注意避免将离散的 Y 和 C 频谱交错起来,从而进一步减少它们之间的干扰。如图 5.5 所示的交错过程,其中 Y 的频率分量(来自傅里叶变换)用实线表示,I 和 Q 用虚线表示。其结果是,Y 的 4.2MHz 带宽与 I 的 1.6MHz 带宽和 Q 的 0.6MHz 带宽交叉重叠在一起。

在接收端对复合信号解码的第一步是分离 Y 和 C。一般来说,低通滤波器可以用于提取 Y 分量,它位于信道的低频端。质量更高的电视机也采用基于 Y 和 C 交错原理的梳状滤波器[3]。

分离 Y 分量之后,通过解调色度信号 C 分别提取 I 和 Q 分量。

提取 I:

1) 信号 C 乘以 $2\cos(F_{sc}t)$

$$
\begin{aligned}
C \cdot 2\cos(F_{sc}t) &= I \cdot 2\cos^2(F_{sc}t) + Q \cdot 2\sin(F_{sc}t)\cos(F_{sc}t) \\
&= I \cdot (1 + \cos(2F_{sc}t)) + Q \cdot 2\sin(F_{sc}t)\cos(F_{sc}t) \\
&= I + I \cdot \cos(2F_{sc}t) + Q \cdot \sin(2F_{sc}t)
\end{aligned}
$$

2) 用低通滤波器获得 I 分量,并摒弃两个高频项($2F_{sc}$)。同样,先用 C 乘以 $2\sin(F_{sc}t)$,再用低通滤波器可得到 Q 分量。

NTSC 的 6MHz 带宽是很紧张的。其音频副载波频率为 4.5MHz,将音频带宽的中心移至 $1.25 + 4.5 = 5.75$MHz 处(如图 5.5 所示)。事实上,这很接近色度副载波频率,这就是产生音频和色度信号间的潜在干扰的一个原因。基于这个主要原因,NTSC 彩色电视将帧率降至 $30 \times \dfrac{1000}{1001} \approx 29.97$fps[4]。其结果是,采用的 NTSC 色度副载波频率略有降低,为

$$f_{sc} = 30 \times \frac{1000}{1001} \times 525 \times 227.5 \approx 3.579\,545\text{MHz}$$

其中,227.5 是 NTSC 广播电视中采用的每个扫描行的颜色样本点数量。

5.1.2　PAL 视频

PAL(Phase Alternating Line，逐行倒相制)是由德国科学家发明的 TV 标准。它采用每帧 625 个扫描行、每秒 25 帧(或 40 毫秒/帧)、4∶3 的画面比例和隔行扫描。它的广播电视信号也用于复合视频。PAL 视频广泛用于西欧、中国、印度和许多其他国家。因为它有比 NTSC 更高的分辨率(625 而非 525 个扫描行)，所以图像的视觉效果更好。

PAL 采用 YUV 颜色模型，信道宽度为 8MHz，给 Y 分配 5.5MHz 带宽，分别给 U 和 V 分配 1.8MHz 带宽。色度副载波频率为 $f_{SC} \approx 4.43MHz$。为了提高图像质量，色度信号在连续的扫描行中使用交叠符号(例如 $+U$ 和 $-U$)，因此得名"逐行倒相 $^{\ominus}$"。这有利于接收器使用(行速率)梳状滤波器以平均化连续扫描行中的信号，这样不需要利用色度信号(始终携带相反的信号)分离 Y 和 C 分量，就可以获取更高质量的 Y 信号。

5.1.3　SECAM 视频

SECAM(Systeme Electronique Couleur Avec Memoire，顺序传送彩色与记忆制)是由法国科学家发明的世界第三大广播电视标准。SECAM 也使用每帧 625 个扫描行，即每秒 25 帧，以及 4∶3 的画面比例和隔行扫描。原设计要求较高的扫描行数(800 以上)，但最终的版本定为 625。

SECAM 和 PAL 相似，只在颜色编码方案上有轻微的差别。在 SECAM 中，U 和 V 信号分别在 4.25MHz 和 4.4MHz 处使用单独的色度副载波调制。它们交替传送，也就是在每一行中，U 信号和 V 信号只有一个被发送。

表 5.2 对比了三种主要的模拟广播电视系统。

表 5.2　模拟广播电视系统的对比

电视制式	帧率(fps)	扫描行数	信道总宽度(MHz)	带宽分配(MHz)		
				Y	I 或 U	Q 或 V
NTSC	29.97	525	6.0	4.2	1.6	0.6
PAL	25	625	8.0	5.5	1.8	1.8
SECAM	25	625	8.0	6.0	2.0	2.0

5.2　数字视频

用数字表示视频有很多优点，包括：

- 将视频存储在数字设备或内存中，以便于进一步处理(去噪、剪切和粘贴等)并集成到各种各样的多媒体应用程序中。
- 直接访问，使非线性视频编辑更加简单。
- 重复记录，但不降低图像质量。
- 易于加密，对信道噪声的容忍度更高。

在索尼或松下早期的录像机中，数字信号以复合视频的形式存在。现代化的数字视频通常采用分量视频，RGB 信号会首先被转换到某种颜色分量空间(通常是 YCbCr[5])。

$\ominus$　根据 Blinn 的文献[3]，NTSC 为每个扫描行选择半整数(227.5)的彩色样本。因此，它的色度信号也会在连续的扫描行上切换。

5.2.1 色度的二次采样

由于人对彩色没有像对黑白一样有高的分辨能力，所以我们可以消减色度信号。我们使用一些有趣但不一定正式的名称来标示不同的方案。首先，用数字表示每 4 个原始像素中有多少像素值会被实际发送，因此色度二次采样方案"4:4:4"表明没有使用色度二次采样，传送每个像素的 Y、Cb 和 Cr 值，Y、Cb 和 Cr 的值都是 4。

方案"4:2:2"表示对 Cb 和 Cr 进行因子为 2 的水平采样。也就是将 Y 中水平方向上的 4 个像素标记为 0~3 且全部发送，同时每隔一个的 Cb 和 Cr 也一起发送出去，例如(Cb0，Y0)(Cr0，Y1)(Cb2，Y2)(Cr2，Y3)(Cb4，Y4)等。

方案"4:1:1"的水平二次采样因子为 4。方案"4:2:0"在水平和垂直两个方向都进行二次采样，因子为 2。理论上，平均色度像素位于行和列之间，如图 5.6 所示。我们可以看到方案 4:2:0 实际上是另一种 4:1:1 模式，其中每 4 个像素发送 4、1、1 个值。因此，标记方案并不是一个非常可靠的助记方法。

方案 4:2:0 配合其他方案广泛应用到 JPEG 和 MPEG 中(见第二部分相关章节)。

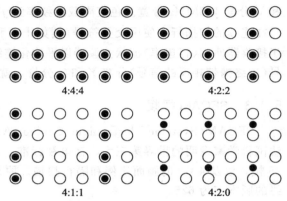

○ 仅有Y值的像素
● 仅有Cr和Cb值的像素
◉ 有Y、Cr和Cb值的像素

图 5.6　色度的二次采样

5.2.2 数字视频的 CCIR 和 ITU-R 标准

CCIR 是国际无线电咨询委员会(Consultative Committee for International Radio)的缩写。它制定的重要标准之一是分量数字视频的 CCIR-601 标准。该标准已成为国际专业视频应用的 ITU-R Rec.601 标准。它已经被多个数字视频格式采用，包括热门的 DV 视频。

NTSC 版本中有 525 个扫描行，每行有 858 个像素(720 个可见的，不处于消隐期)。因为 NTSC 版采用 4:2:2 方案，每一个像素用两个字节表示(8 位表示 Y，8 位交替表示 Cr 和 Cb)。Rec.601(NTSC)的数据速率(包括消隐和同步，但不包括音频)约为 216Mbps(每秒兆位)。

$$525 \times 858 \times 30 \times 2\ \text{字节} \times 8\ \text{位} / \text{字节} \approx 216\text{Mbps}$$

在消隐过程中，数字视频系统可以利用额外的数据容量进行音频信号传送、翻译外文或纠正信息。

表 5.3 显示了一些数字视频规范，其中所有规范的画面比例为 4：3。Rec.601 标准采用隔行扫描，每场只有垂直分辨率的一半(例如，NYSC 有 240 行)。

表 5.3　ITU-R 数字视频规范

	Rec. 601 525/60 NTSC	Rec. 601 625/50 PAL/SECAM	CIF	QCIF
亮度分辨率	720×480	720×576	352×288	176×144
色度分辨率	360×480	360×576	176×144	88×72
色度二次采样	4:2:2	4:2:2	4:2:0	4:2:0

（续）

	Rec. 601 525/60 NTSC	Rec. 601 625/50 PAL/SECAM	CIF	QCIF
画面比例	4∶3	4∶3	4∶3	4∶3
场/秒	60	50	30	30
是否隔行扫描	是	是	否	否

CIF 代表通用中间格式（Common Intermediate Format），由国际电报电话咨询委员会（CCITT）指定，现在被国际电信联盟取代，该组织同时监管隶属于同一个联合国机构的电信标准化部门（ITU-T）和无线电通信部门（ITU-R）。CIF 的思想和 VHS 质量大致相同，其格式规范主要应用于低比特率的场景。CIF 采用逐行（非隔行扫描）扫描。QCIF 代表 Quarter-CIF，主要应用于比特率更低的场景。所有的 CIF 或 QCIF 分辨率都可以被 8 整除，并且除了分辨率为 88 的都可以被 16 整除。这便于对 H.261 和 H.263 中基于块的视频编码，这部分内容将在第 10 章讨论。

CIF 是 NTSC 和 PAL 的折中方案，既采用 NTSC 的帧速率，又采用 PAL 中一半数量的活动扫描。当在电视中播放时，基于 NTSC 的电视节目会首先转换扫描行数，而基于 PAL 的电视节目则需要改变帧率大小。

5.2.3　高清电视

宽屏电影不同于常规电影，坐在屏幕附近的观众会有一定程度上的参与，这在传统电影中是感受不到的。显然，更宽的视野，尤其是周边视觉的参与，让人身临其境。高清电视（HDTV）的主旨不是在每个单元区域增加清晰度，而是增加可视域，尤其是宽度。

第一代 HDTV 是基于 20 世纪 70 年代后期由索尼和 NHK 在日本研发的模拟技术，并于 1984 年在日本成功播出洛杉矶奥运会。MUSE（MUltiple sub-Nyquist Sampling Encoding）是一种改进的 NHK HDTV，采用混合模拟/数字技术，并在 20 世纪 90 年代得到应用。它有 1125 个扫描行，隔行扫描（每秒 60 场），画面比例为 16∶9。它使用卫星广播——该方式很适合日本，用一个或两个卫星就可以覆盖整个日本。直播卫星（The Direct Broadcast Satellite，DBS）信道带宽为 24MHz。

总之，陆地广播、卫星广播、光缆和宽带网络是传送 HDTV 和传统 TV 节目的一些可行方法。因为无压缩的 HDTV 要求带宽为 20MHz 以上，这并不适合当前 6 或 8MHz 的信道带宽，所以多种压缩技术应运而生。我们可以预见，即使在压缩之后，高质量的 HDTV 信号也要通过多个信道传送。

1987 年，FCC 决定 HDTV 标准必须与现有的 NTSC 标准兼容并限制在现有的 VHF 和 UHF 波段内。到 1988 年年底，北美提出一系列关于模拟或混合模拟/数字的方案。

1990 年，FCC 提出另一种方案，它更适合于全分辨率 HDTV。他们决定，HDTV 可以同时用现有的 NTSC 广播，并最终取代它。数字 HDTV 迅速在北美盛行。

借鉴数字 HDTV 的各种提案，1993 年，FCC 做出了一个重要决定。由 General Instruments、MIT、Zenithand、AT&T 等机构，Thomson、Philips、Sarnoff 等人联合组建 "grand alliance"，并提出四个主要提案。后来发展成为 ATSC（Advanced Television Systems Committee），负责制定 HDTV 广播标准。1995 年，美国 FCC 咨询委员建议 Advanced Television Service 采用 ATSC 数字电视标准。

表 5.4 列出了该标准支持的视频扫描格式（对 50Hz 系统，60P 变成 50P，30P 变成

25P 等)。在表中，I 代表隔行扫描，P 代表逐行(非隔行)扫描。帧率支持整数速率和 NT-SC 速率，即 60fps 或 59.94fps，30fps 或 29.97fps，24fps 或 23.98fps。

表 5.4 由 ATSC 支持的高级数字电视格式

每行有效像素数	有效行数	宽高比	图像速率
1920	1080	16∶9	60P 60I 30P 24P
1280	720	16∶9	60P 30P 24P
720	480	16∶9 或 4∶3	60P 60I 30P 24P
640	480	4∶3	60P 60I 30P 24P

对视频而言，选择 MPEG-2 作为压缩标准。正如第 11 章中将要讲到的，它使用 MPEG-2 的 Main Profile 的 Main 等级到 High 等级。音频采用 AC-3 标准。它支持 5.1 信道杜比环绕立体声，即五个环绕声道加低音炮声道。2008 年，ATSC 改用 H.264 视频压缩标准。

传统 TV 和 HDTV[4,6]之间的显著区别就是后者有更大的宽高比 16∶9 而不是 4∶3(HDTV 实际比现有电视宽 1/3)。HDTV 的另一个特征是朝着逐行(非隔行)扫描的方向发展，理由是隔行扫描给运动物体引入锯齿边，并沿着水平边缘闪烁。

使用模拟电视的用户将依然可以通过 8-VSB(8-level Vestigial Sideband)解调器接收信号，其提供的服务包括：

- **标清电视(SDTV)**——NTSC 电视或更高。
- **增强清晰度电视(EDTV)**——480 个有效行或更多，即表 5.4 的第三行和第四行。
- **高清电视(HDTV)**——720 个有效行或更多。到目前为止，最流行的选择是 720P(1280×720，逐行扫描，30fps)、1080I(1920×1080，隔行扫描，30fps)和 1080P(1920×1080，逐行扫描，30 或 60fps)。

5.2.4 超高清电视

超高清电视(UHDTV)是新一代 HDTV。2012 年宣布的标准支持 4K UHDTV：2160P(3840×2160，逐行扫描)和 8K UHDTV：4230P(7680×4320，逐行扫描)。画面比例为 16∶9，可达 12 位，色度二次采样方案为 4∶2∶0 或 4∶2∶2。支持的帧率已逐渐提高到 120fps。UHDTV 将提供更高的图像质量，堪比 IMAX 电影，但同时也要求更高的带宽和比特率。

2013 年年初，ATSC 倡议支持 4K UHDTV(2160P)，帧率为 60fps。

5.3 视频显示接口

现在我们讨论一些输出设备的视频信号传送接口(如机顶盒、视频播放器、视频卡等)，它们用于显示视频(如电视、显示器、投影仪等)。目前已有多种视频显示接口，支持不同格式的视频信号(模拟或数字，隔行扫描或逐行扫描)、不同的帧率和不同的分辨率[7]。我们将从模拟接口开始讨论，包括分量视频、复合视频和 S-Video，然后再讨论数字接口，包括 DVI、HDMI 和 DisplayPort。

5.3.1 模拟显示接口

模拟视频信号传送接口分成三种：分量视频、复合视频和 S-Video。图 5.7 显示了典型的连接器。

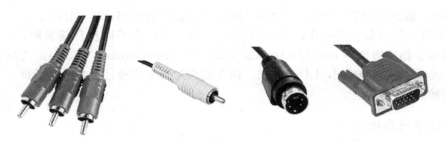

图 5.7 典型的模拟显示接口连接器。从左到右：分量视频、复合视频、S-Video 和 VGA

1. 分量视频

高端视频系统（例如视频工作室）分别使用三路视频信号来表示红、绿、蓝三个图层。这类视频称为分量视频。这种系统有三根线和连接器，将照相机或其他设备同电视或显示器连接起来。

颜色信号并不局限于 RGB 分色。正如第 4 章中所讲的，可以通过 RGB 信号亮度–色度转换形成三种信号，例如，YIQ 或 YUV。

对于分色系统来说，由于在这三种不同的信道之间没有任何色度、亮度的干扰（不同于复合视频和 S-Video），所以分量视频的颜色再现能力最好。然而，分量视频要求更高的带宽以及三个分量之间良好的同步机制。

2. 复合视频

在复合视频中，颜色（色度）和强度（亮度）信号混合成一个载波。色度是两个颜色分量的复合（I 和 Q，或 U 和 V）。复合视频用于彩色电视广播，并与黑白电视向下兼容。

在 NTSC 电视中，例如[3]，I 和 Q 组成一个色度信号，然后色度副载波将色度信号放到与亮度信号共享信道的高频段。色度和亮度分量可以在接收端进行分离，并且这两种信号可以进一步恢复。

连接到 TV 或 VCR 时，复合视频只使用一条连接线（和一个连接器，例如共轴电缆两端的 BNC 连接器或普通电线两端的 RCA 插头），视频颜色信号是混合的，而不是分开发送。音频信号可以附加到这样的信号上传送。由于颜色信息是混合的，且颜色和强度都封装在一个信号中，所以无法避免亮度和色度之间的干扰。

3. S-Video

作为折中，S-Video（Separated Video 或 Super-Video，如 S-VHS）使用两条线：一条用于亮度，另一条用于复合色度信号。从而减少了颜色信息和关键灰度信息之间的干扰。

由于黑白信息对视觉感知很重要，因此会把亮度当作自身信号的一部分。正如前几章中指出的，人对灰度（黑–白）的空间分辨率更加敏感，RGB 图像的彩色部分则稍差。因此，颜色信息传输精度低于强度信息。由于我们只能看到大的颜色块，就可以发送较少的颜色细节信息。

4. 视频图形列阵（VGA）

视频图形列阵（Video Graphics Array，VGA）是一种视频显示接口，由 IBM 在 1987 年连同其 PS/2 个人电脑一起推出。它以不同的形式被广泛应用于计算机行业，统称为 VGA。

VGA 分辨率最初为 640×480，采用 15 引脚超小型 VGA 连接器。后来从 640×400 像素、频率为 70Hz（信号带宽为 24MHz）扩展到 1280×1024 像素（SXGA）、频率为 85Hz

(160MHz)，最高可达 2048×1536 像素(QXGA)、频率为 85Hz(388MHz)。

VGA 视频信号基于模拟分量 RGBHV(红、绿、蓝，水平同步和垂直同步)。它也携带由视频电子标准协会(Video Electronics Standards Association，VESA)定义的显示数据信道(Display Data Channel，DDC)数据。由于是模拟视频信号，它会受到干扰，尤其是用长电缆传输时。

5.3.2　数字显示接口

由于数字视频处理和直接接收数字信号的显示器的兴起，对传输数字视频信号的视频显示接口的需求越来越大。1980 年出现了这类接口(如彩色图形适配器(Color Graphics Adapter，CGA)与超小型连接器)，并迅速发展。如今，广泛使用的数字视频接口包括 DVI、HDMI 和 DisplayPort，如图 5.8 所示。

图 5.8　不同数字显示接口的连接器。从左向右：DVI、HDMI、DisplayPort

1. 数字视频接口(DVI)

数字视频接口(Digital Visual Interface，DVI)由数字显示工作组(Digital Display Working Group，DDWG)提出，用于传送数字视频信号，特别是从计算机的视频卡到显示器。它携带未压缩的数字视频，并可以配置为支持多种模式，包括 DVI-D(仅数字)、DVI-A(仅模拟)或者 DVH(数字和模拟)。它对模拟连接的支持使得 DVI 和 VGA 向后兼容(尽管在两个接口间需要适配器)。

DVI 数字视频传送格式基于 PanelLink——一种采用转换最小化差分信号(Transition Minimized Differential Signaling，TMDS)的高速串行链路技术。通过源 DVI(如视频卡)可以读取显示器的扩展显示识别数据(Extended Display Identification Data，EDID)，其中包括显示器识别、颜色特征(如作为 γ 级)以及支持的视频模式表。当源和显示器连接时，源首先通过读取显示器的 EDID 块来查询显示器的功能，然后选择一个首选模式或原始分辨率。

在单链路模式中，DVI 的最大化像素时钟频率为 165MHz，在 60Hz 刷新率下支持的最大分辨率为 275 万像素。这允许在刷新率为 60Hz，屏幕分辨率为 1920×1080 的条件下，最大画面比例为 16：9。DVI 规范还支持双重链路，以达到更高的分辨率，即 2560×1600，刷新率为 60Hz。

2. 高清多媒体接口(HDMI)

高清多媒体接口(High-Definition Multimedia Interface，HDMI)是一种新的音频/视频接口，与 DVI 向后兼容。它由消费电子行业提出，自 2002 年以来广泛用于消费市场。HDMI 规范定义了协议、信号、电气接口和器械需求。它在 TMDS 和 VESA/DDC 链路方面表现的电气特性与 DVI 相同。因此，对基本视频来说，适配器可以无损转换视频信号。而 HDMI 与 DVI 的不同点体现在以下方面：

1) HDMI 不携带模拟信号，因此与 VGA 不兼容。

2) RGB 颜色范围(0～255)限制了 DVI。HDMI 支持 RGB 和 YCbCr 4:4:4 或 4:2:2。后者在除了计算机图形以外的应用领域更常见。

3) HDMI 除了支持数字视频，还支持数字音频。

HDMI 1.0 的最大像素时钟频率为 165MHz，足以支持 60Hz 下的 1080P 和 WUXGA (1920×1200)。HDMI 1.3 提高到 340MHz，允许在单一的数字链路上有更高的分辨率 (如 WQXGA，2560×1600)。最新的 HDMI 2.0 于 2013 年发布，在 60fps 下支持 4K 分辨率。

128
～
129

3. DisplayPort

DisplayPort 是 2006 年 VESA 提出的数字显示接口，它是第一个使用分组数据传送的显示接口，如互联网或以太网(见第 15 章)。具体来说，基于微数据包，可将时钟信号嵌入数据流中。因此，与先前的技术相比，DisplayPort 使用更少的引脚实现更高的分辨率。数据包的使用也使得 DisplayPort 具有可扩展性，例如可以随时间推移加入新的特征，而不需要明显改变物理接口本身。

DisplayPort 可以单独或同时传输音频和视频。每个彩色信道的视频信号路径有 6～16 位，音频路径可达 8 个信道共 24 位、192kHz 无压缩的 PCM 音频或携带压缩音频。专用双向信道携带设备管理和控制数据。

VEST 设计 DisplayPort 来代替 VGA 和 DVI。它有更高的视频带宽，足够同时使用四个 1080P 60Hz 的显示器或 60Hz 下的 4K 视频。通过使用有源适配器实现与 VGA 和 DVI 的向后兼容。与 HDMI 相比，DisplayPort 的带宽略高，可以容纳多个音频和视频流以分离设备。此外，VESA 规范是免费的，而 HDMI 向制造商收取年费。这些特点使 DisplayPort 在消费市场上比 HDMI 更具有竞争力。

5.4 3D 视频和电视

3D 图像和电影已经存在了几十年。然而，3D 技术的快速发展和 2009 年电影《阿凡达》的成功上线才推动 3D 视频达到顶峰。它越来越多地出现在电影院、广播电视(例如体育赛事)、个人电脑和各种手持设备中。

3D 视频的主要优点是能带来真实的体验。

我们将从 3D 视觉和 3D 感知的基础开始介绍，着重介绍立体视觉(或立体观测)，因为大多数现代化 3D 视频和 3D TV 都是基于立体视觉。

5.4.1 3D 感知线索

人的视觉系统可以利用多线索实现 3D 感知。这些线索相结合以产生最优(或近似最优)的深度估计。当多个线索一致时，能增强 3D 感知。当它们彼此冲突时，会阻碍 3D 感知。

130

1. 单眼线索

单眼线索(monocular cue)不需要涉及双眼，包括：

- 阴影——对阴影和亮点的深度感知。
- 视角缩放——用距离和无穷远聚集平行线。
- 相对大小——远距离的对象与相同尺寸的近距离的对象相比要小。
- 纹理梯度——距离下降时纹理的变化。
- 模糊梯度——对象出现在眼睛聚焦的距离处会变得更清晰，而更近或更远会逐渐变模糊。

- 烟雾——由于大气中光的散射，一定距离的对象会有较低的对比度和颜色饱和度。
- 遮挡——远距离的对象被近距离对象遮挡。
- 运动视差——包括由对象运动和头部运动引起的，例如近距离的对象看起来移动得更快。

在上述单眼线索中，遮挡和运动视差的影响更大。

2. 双眼线索

人的视觉系统利用更高效的双目视觉，即立体视觉，也就是立体观测。我们的左眼和右眼间有一小段距离，平均约为 2.5 英寸或 65mm。这就是所谓的瞳孔距离（interocular distance）。因此，左眼和右眼有轻微的视觉差异，即对象的图像是水平移动的。移动的量或视差取决于对象与双眼的距离，即它的深度，从而为 3D 感知提供双眼线索。水平位移也称为水平视差（horizontal parallax）。左右图像融合成单视觉并在大脑中呈现，产生 3D 感知。

现有的 3D 视频和 TV 系统大多基于立体视觉，因为它被认为是最有效的线索。

5.4.2　3D 相机模型

1. 简单的立体相机模型

我们可以设计一个简单的（人造的）立体相机系统，其中左、右相机是相同的（相同的镜头、相同的焦距等）；相机的光轴是平行的，指向 Z 方向，即场景深度。相机在世界坐标系统（而不是基于相机轴的局部坐标系统）中的坐标为 $\left(\frac{-b}{2}, 0, 0\right)$ 和 $\left(\frac{b}{2}, 0, 0\right)$，其中 b 是相机距离或基线长度。在 3D 空间中给定坐标 $P(X, Y, Z)$，x_l 和 x_r 是相机左右图像平面投影的 x 坐标，可以导出：

$$d = f\frac{b}{Z} \tag{5.3}$$

其中 f 是焦距，$d = x_l - x_r$ 是视差或水平视差。

这表明视差 d 与深度 Z 在点 P 成反比。即，离相机近的对象会产生较大的视差值，而远的对象会产生较小的视差值。当一个点趋向无穷大时，$d \to 0$。

几乎所有业余和专业的立体相机都采用上述简单立体相机模型。主要的原因是制造简单方便。此外，根据式（5.3），场景中同一深度的对象会有相同的视差。这使我们能够用深度平面的堆积或等价的视差平面堆积来描绘 3D 空间，方便用于相机校准、视频处理和分析。

2. toed-in 立体相机模型

人的眼睛与上述简单相机模型的运作是不同的。当人聚焦在一定距离的某个对象时，我们的眼睛会围着垂直轴相反的方向旋转以获得（或保持）双目视觉。其结果是，在焦点的对象位置以及在与观察者有上述相同距离的位置上视差 $d = 0$。当对象远于焦点的对象（所谓的正视差）时 $d > 0$，当对象近于焦点的对象（负视差）时 $d < 0$。

toed-in 立体相机可以模仿人的眼睛，相机轴通常会相交而不是平行。

这种模式的缺点之一是在一个场景中同一个深度的对象（即相同的 Z）不再产生相同的视差。也就是说，"视差平面"弯曲了。即使深度 Z 相同，视觉两边的对象看起来比视觉中心的对象远。

5.4.3 基于立体视觉的 3D 电影和电视

1. 采用彩色眼镜的 3D 电影

早期，大多数影院通过互补色的眼镜提供 3D 体验，通常红色在左面，青色在右面。这种技术称作立体 3D(anaglyph 3D)。在制备立体镜像时，过滤左面的图像消除蓝色和绿色，过滤右面的图像消除红色。它们被投射到同一个屏幕上，具有良好的准线和适当的视差。当立体图像通过彩色眼镜之后，会融合在一起并在观众的大脑中重现彩色 3D 图像。

制作立体 3D 电影并不是很难，然而由于颜色过滤的影响，颜色的质量不一定是最好的。立体 3D 仍广泛应用于科学可视化和各种计算机应用。

2. 采用圆形偏光眼镜的 3D 电影

如今，3D 影院的主流技术是 RealD 影院系统。看电影的人需要佩戴偏光眼镜才能看到 3D 电影。总的说来，左右图像的光被分化成不同的方向，并被投影和叠加到同一个屏幕上。观众佩戴的左右偏光眼镜对光进行相应偏振，当一个偏振图像被阻隔时，允许另一个偏振图像通过。为了节约成本，大多数影院使用一种专门的投影仪。它有一个 Z 屏幕的偏振开关，在投射到屏幕之前从左向右交替偏振图像的光，帧率为 144fps。

使用圆形(与线性相反)偏光眼镜时，可以通过调整头的倾斜角度使用户更自由地环顾四周，同时不会失去 3D 感知。

3. 带快门眼镜的 3D 电视

用于家庭娱乐的 3D 电视大多数需要使用快门眼镜。给用户佩戴的眼镜加压时，眼镜的液晶层变得不透明(与快门行为类似)。眼镜主动(如通过红外线)与电视同步，随时间交替显示左右镜像(左右都为 120Hz)。

具有快门眼镜的 3D 视觉很容易在台式电脑或装有特殊设计的硬件和软件的笔记本上实现，例如 NVIDIA GeForce 3D Vision Kit。

5.4.4 视觉辐辏调节冲突

当前 3D 视频的立体技术依然有很多缺点。报道称大量观众看 3D 电影和电视时有不舒适的感觉。与真实世界相比，3D 对象显得较暗、较小和扁平。另外，它们还会导致眼睛疲劳和紧张，令观众头晕、头痛甚至恶心。

除了保持左右图像不失真、同步和分离等较突出的技术挑战外，一个更基本的问题是视觉辐辏调节冲突[8,9]。

"调节"是指眼睛的物理行为，当某个对象的距离改变时，要求维持清晰的(聚焦的)对象图像。如图 5.9a 所示，人眼的调节和辐辏协调。当我们把注意力集中到感兴趣的对象上时，眼睛也会汇聚到同一点上。因此，焦距＝聚散度距离。当然系统是动态的：我们可以根据需要改变关注的焦点，并相应地调整辐辏和调节。

但看 3D 电影或看 3D 显示设备时，情况却有所不同。我们很自然地会在一个固定的距离看屏幕。当大脑处理和融合左右图像时，我们应该减弱调节辐辏，这就是视觉辐辏调节冲突。当对象应该在屏幕后面(正视差)时，如图 5.9b 所示，焦距＜聚散度距离；反之亦然。

大多数人似乎都有能力这么做，但它会加重认知负荷。这就解释了为什么我们会很快感觉到眼睛疲劳等。著名的电影编辑和声音设计师沃尔特·默奇在与电影评论家罗杰·艾伯特的一次对话中说道："3D 最大的问题就是聚焦问题······3D 电影要求我们在一定的距离处聚焦并在另一个距离处融合，在之前 6 亿年的发展中从未提出过这个问题，所有有眼睛的生物总是在同一点聚焦和融合。"

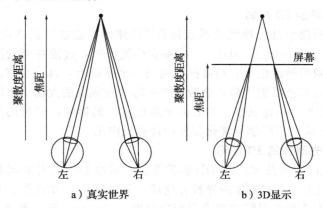

图 5.9　视觉辐辏调节冲突

电影业已经提出很多技术来解决这场冲突[10]。例如，一个常见的做法是避免剪辑中出现深度不连续。在剪辑中，应努力保持感兴趣的对象在屏幕大致的深度，当有运动引起深度变化时，要维持该水平上的平均深度。

134

5.4.5　自由立体(无眼镜)显示设备

用眼镜观看 3D 视频/电视/电影会引起人的不适，尤其对那些已经戴着眼镜的人。眼镜中的滤光片会降低亮度和对比度，从而不可避免地使图像变暗，更不用说颜色失真了。图 5.10 显示了两种流行的无眼镜设备，即自由立体显示设备(autostereoscopic display device)。

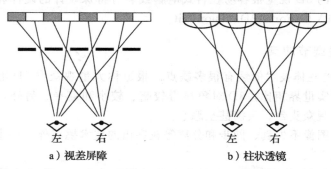

图 5.10　自由立体显示设备

图 5.10a 描述了视差屏障(parallax barrier)技术，它将不透明材料层放到常规显示设备之前，如 LCD，结果是每只眼睛只能看到显示器的一半。通过调整立体的左右图像，实现左右眼的图像分离。

很多商业产品都采用了视差屏障技术，例如便携式 Nintendo 3DS 游戏机、富士 3D 相机 FinePix Real 3D W3 和一些智能手机。

通过使用多个立体图像来提供更大的视角，从而能从多个位置、让多个用户使用设备。例如，东芝的无眼镜 3D 电视。

图 5.10b 描述了柱状透镜(lenticular len)技术。它用放大镜柱代替屏障放到显示器前以给左右眼调整合适的光线。相同的技术也被应用于镜头打印(lenticular printing)，用来

产生各种 3D 图像和动画。

透镜是一种整体成像技术,由 Gabriel Lippmann 于 1908 年提出[11]。如图 5.10 所示,使用球形凸透镜阵列代替柱状透镜,可以产生大量不同的微镜像。这些是计算机从 3D 场景中产生的 2D 视角,一个微透镜代表一个视角。这项技术实现了从任意方向进行多视角透视。基于 4D 光场技术[12]的 Lytro 相机是对这项技术的一次尝试。

135

5.4.6 3D 内容创建过程中的视差处理

创建 3D 视频内容是对技术、感知和艺术的一个重大挑战。在后期制作中,处理视差值能创造更好的 3D 感知。下面,我们重点介绍多种处理视差的方法,这些方法会改变几何形状。这里的视差是以像素度量的图像视差。

Lang 等人在 SIGGRAPH 2010 论文中提出非线性视差映射[13],以下是基本概念:

- **视差范围**——当我们看(聚焦)屏幕时,屏幕附近有一个舒适区(comfort zone)。在此区域中两只眼睛会以相同的视角看到对象,并产生可接受的视差范围,使它们在 3D 中容易被感知。在创建 3D 视频内容时,一种常见的做法就是将原始的视差映射到(往往抑制)舒适区中大多数观众可接受的范围内。引用文献[13]:"对一个长 30 英寸的电影屏幕,假设视频宽度为 2048 像素,则视差的实用价值在 +30(显示在屏幕后)到 −100(显示在屏幕前)像素之间。"

- **视差灵敏度**——深度相近时,我们的视觉系统有更好的辨别能力。随着观看距离的增加,视差灵敏度迅速下降——与距离的平方成反比。这证明了非线性视差映射[13]在较大的观看距离的情况下更容易产生视差压缩。由于对象周围的视差范围被更好地保存,缓解了前景对象扁平化问题。

- **视差梯度**——度量立体图像中一定距离内的视差变化率。例如,在 3D 世界正面的两个点,由于深度相同,左右图像会产生(近似)相同的视差;视差梯度为(近似)0。另一方面,斜面上的两个点由于不同的深度会产生不同的视差值,因此会产生非 0 的视差梯度。Burt 和 Julesz[14]指出人的视觉在双目融合视差梯度上是有限的。超过这个限度,几乎是不可能将其融合成单一视觉,因此,要在视差梯度编辑中避免这个问题。

- **视差速度**——当连续的场景显示出较小的视差变化时,我们可以快速处理立体信息。当调节和辐辏出现较大变化(即视差变化)时,我们就会放慢速度。这是由于视差时间调制频率的限制。如前面所讨论的,当聚焦在屏幕上观看 3D 视频时,辐辏的快速变化是导致视觉疲劳的主要原因,因而必须限制辐辏的快速变化。只要速度变化缓慢,我们可以容忍一些收敛(即视差)变化。

此外还有一些技术问题:

- 大多数立体相机采用简单相机模型,模型中相机的光轴是平行的。对远的对象会产生近似 0 的视差,而对近的对象会产生非常大的视差。这与 toed-in 相机有很大不同,toed-in 相机能更好地模拟人类视觉系统。在这种情况下,转换图像视差值对 3D 视频后期制作阶段很有必要。文献[10,15]中介绍了多种技术,如能人为调节屏幕距离的悬浮窗口(floating window)技术。

136

- 如上所述,观众的平均瞳孔距离约为 2.5 英寸。因此,例如在 toed-in 相机模型中,非常远的对象(接近无穷大)的投影镜像在屏幕上的左右图像应该相距约 2.5 英寸,以便生成所需的正视差。不同屏幕大小和分辨率对图像视差的要求是非常不同的。

因此，常见的做法是针对不同的目的（大型电影屏幕与小型 PC 或智能手机屏幕，高分辨率与低分辨率），生产具有不同视差值的 3D 内容。

多媒体和电影行业对将大量 2D 内容转换成 3D 表现出了极大的兴趣。Zhang 等人[16]针对手动和（半）自动转换这些视频和电影的问题做了很好的调查研究。

5.5   练习

1. NTSC 视频每帧有 525 行，每行 $63.6\mu s$，垂直回扫每场 20 行，水平回扫 $10.9\mu s$。
   (a) 如何计算出 $63.6\mu s$？
   (b) 水平回扫和垂直回扫哪个耗费的时间更多？多用多长时间？
2. 欧洲的 PAL 和北美洲的 NTSC 哪种制式的闪烁更小？证明你的结论。
3. 有时，电视信号由少于电视传输所要求的所有部分组成。
   (a) 室内广播电视需要多少种信号？分别是什么信号？
   (b) S-Video 需要多少种信号？分别是什么信号？
   (c) 用于标准模拟电视接收的广播有多少信号？那一类视频叫什么？
4. 在解调过程中，如何从 NTSC 的色度信号 C（式(5.1)）中提取 Q 信号？
5. 一种说法是：从 VHS 和损失来看，录像带的老的 Betamax 格式是一种较好的格式。请评价这种说法。
6. 在工作站屏幕上播放 NTSC 的帧时一般不会出现闪烁，可能的原因是什么？
7. 数字视频采用色度二次采样，目的是什么？为什么是可行的？
8. 普通 TV 和 HDTV/UHDTV 最显著的区别是什么？HDTV/UHDTV 发展的主要动力是什么？
9. 隔行扫描视频的优点是什么？它存在哪些问题？
10. 解决隔行扫描视频问题的一种方法是去交错处理。为什么不能通过重叠两场来获取一幅去交错处理的图像？请提出一些简单的、可以同时保留两场信息的去交错处理算法。
11. 假设位的深度为 12 位、120fps、4:2:2 的色度二次采样方案，无压缩的 4K UHDTV 和 8K UHDTV 视频的比特率分别是多少？
12. 假设用 teod-in 立体相机模型，瞳孔距离为 I，屏幕距离 D(m)。
    (a) 如果点 P 要在屏幕上生成和 I 相等的正视差，需要距离多远？
    (b) 如果点 P 要在屏幕上生成和 $-I$ 相等的负视差，需要距离多远？

参考文献

1. A.M. Tekalp, *Digital Video Processing* (Prentice Hall PTR, Upper Saddle River, 1995)
2. A. Bovik (ed.), *Handbook of Image and Video Processing*, 2nd edn. (Academic Press, New York, 2010)
3. J.F. Blinn, NTSC: Nice Technology, Super Color. IEEE Comput. Graphics Appl. **13**(2), 17–23 (1993)
4. C.A. Poynton, *A Technical Introduction to Digital Video* (Wiley, New York, 1996)
5. J.F. Blinn, The world of digital video. IEEE Comput. Graphics Appl. **12**(5), 106–112 (1992)
6. C.A. Poynton, *Digital Video and HDTV Algorithms and InterfacesDigital Video and HDTV Algorithms and Interfaces* (Morgan Kaufmann, San Francisco, 2002)
7. R. L. Myers, *Display Interfaces: Fundamentals and Standards* (Wiley, New York, 2002)
8. D.M. Hoffman, A.R. Girshick, K. Akeley, M.S. Banks, Vergence-accommodation conflicts hinder visual performance and cause visual fatigue. J. Vis. **8**(3) (2008)

9. T. Shibata, J. Kim, D.M. Hoffman, M.S. Banks, The zone of comfort: predicting visual discomfort with stereo displays. J. Vis. **11**(8) (2011)
10. B. Mendiburu, *3D Movie Making: Stereoscopic Digital Cinema from Script to Screen* (Elsevier Science, Burlington, 2009)
11. G. Lippmann, La Photographie Integrale. Comptes Rendus Academie des Sciences **146**, 446–451 (1908)
12. M. Levoy, P. Hanrahan, Light field rendering, in *Proceedings of International Conference on Computer Graphics and Interactive Techniques (SIGGRAPH)*, 1996
13. M. Lang, A. Hornung, O. Wang, S. Poulakos, A. Smolic, M. Gross, Nonlinear disparity mapping for stereoscopic 3D. ACM Trans. Graph. **29**(4) (2010)
14. P. Burt, B. Julesz, A disparity gradient limit for binocular fusion. Science **208**(4444), 615–617 (1980)
15. R. Ronfard, G. Taubin (eds.), *Image and Geometry Processing for 3-D Cinematography: An Introduction* (Springer, Berlin Heidelberg, 2010)
16. L. Zhang, C. Vazquez, S. Knorr, 3D-TV content creation: automatic 2D-to-3D video conversion. IEEE Trans. Broadcast. **57**(2), 372–383 (2011)

138

数字音频基础

音频信息在多媒体数据中非常重要，从某种角度来讲，它是最简单的一种多媒体数据。音频信息和图像信息之间存在一些不容忽视的显著差异。例如，在视频流中，为了加快视频的播放速度，我们可以酌情丢弃一些视频帧，但是在音频信息中，我们却不可以这么做，因为这样做会丢失整个声音信息的语义。在本章中，我们介绍多媒体中声音的一些基本概念，在第 13、14 章中将会介绍声音压缩的一些细节问题。声音信息的数字化会涉及信号处理中采样和量化的一些知识，在本章中会首先介绍这些概念。

我们首先讨论声音信息的组成，然后讨论一下 MIDI，它用于采集、存储和播放数字音频。我们还讨论传输过程中涉及的音频量化的一些细节，同时简单介绍在存储和传输过程中对数字音频的处理。首先讨论如何从预测值中减去信号，得到接近零的值，从而更容易处理。

6.1　声音数字化

6.1.1　什么是声音

类似于光，声音是一种波动现象，但与光不同的是，声波是一种宏观现象，一些物理器件的作用导致了空气分子的压缩和膨胀，进而产生声波。例如，音频系统里面的扩音器前后振动产生径向的压力波，这种波就是我们所听到的声音。（举个例子，我们把 Slinky 沿着它的径向前后振动，就能得到一个径向波，相反如果垂直于它的径向上下振动，就能得到一个横向波。）

没有空气就没有声音，例如在太空就听不到声音。因为声波是压力波，取连续值，这与在有限范围取离散值的数字信号是完全不同的。因此，如果我们想要将声波作为数字信号来处理，我们首先需要将音频信号数字化。

虽然声波是径向波，它也具有一般的波的属性和行为，例如反射、折射（进入另一种具有不同密度的介质时产生的角度变化）和衍射（绕过特定的障碍物）。这些特点有助于我们制造环绕声场。

在三维空间的任意一点，声波都带有可测量的压力值，因此我们使用压力传感器将压力转换成电压差，从而通过检测某个区域的压力值来探测声音。

一般来说，如果我们愿意使用足够的正弦函数，就可以把信号分解成一系列正弦函数的和。图 6.1 显示了经过加权的一些正弦函数是如何叠加成复杂的信号的。

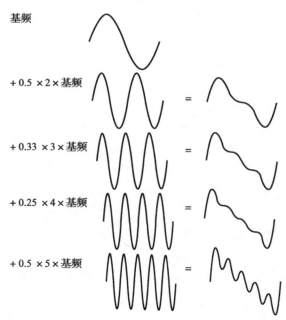

图 6.1　通过叠加正弦函数合成复杂的信号

基频

+ 0.5 × 2 × 基频　=

+ 0.33 × 3 × 基频　=

+ 0.25 × 4 × 基频　=

+ 0.5 × 5 × 基频

这里频率是绝对的衡量标准,音高则是一种感觉上的、主观上的声音质量。一般而言,音高是相对的。音高和频率是通过将音符 A 设置在中央 C 上并恰好为 440Hz 而连接起来的。这个音符上的一个八度音程与两倍的频率相关并引导我们到另一个 A 音符。因此,在钢琴的中间的 A("A4"或"A440")设为 440Hz,下一个 A 就是 880Hz,高了一个八度,以此类推。

对于给定基频 f 的声音,我们将谐音定义为任何音乐频率是基频整数倍的音调比如,$2f$,$3f$,$4f\cdots$)。例如,如果基频(也称为第一谐波)$f = 100$Hz,二次谐波的频率是 200Hz,三次谐波的频率是 300Hz,等等。谐波可以线性组合形成新的信号。因为所有的谐波在基频处都是周期性的频率,所以它们的线性组合也在基频处是周期性的。图 6.1 显示了这些谐波组合的波形。

现在,如果我们允许任何(整数和非整数)高于基频的倍数,同时允许泛音,将得到更复杂和有趣的声音。总之,基频和泛音是声音的一部分。上面讨论的谐音可看作谐音部分。

6.1.2　数字化

图 6.2 显示了声音的一维性质。压力值随着时间变化不断增加或减小[1],由此振动的幅值随着时间不断变化。因为这里只有一个独立的时间变量,所以我们称它为一维信号,这和图像和视频不同(图像的值依赖于两个变量 x 和 y,视频值依赖于三个变量 x、y、t)。幅值是连续值。我们感兴趣的是如何在计算机的存储器中处理语音数据,所以我们必须将麦克风产生的模拟信号(即连续的电压值)数字化。数字化意味着将连续值转换成一系列的离散值(考虑到效率,主要转换成整数)。

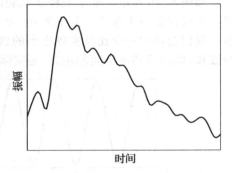

图 6.2　一段模拟信号:连续测量的压力波

图 6.2 是二维的,要将所示的信号全部数字化,我们就要在每一维(时间维和幅值)上采样。采样是指在一个空间中按照一定的取值间隔对我们感兴趣的一个量进行测量。按照均匀的时间间隔在时间轴上进行的离散化过程简称"采样",采样的速度称为采样率。图 6.3a 显示的就是这种类型的数字化。

140
~
141

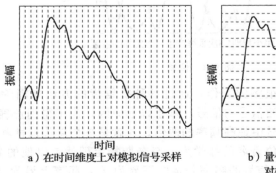

a)在时间维度上对模拟信号采样

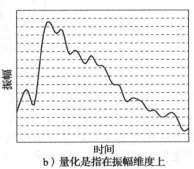

b)量化是指在振幅维度上对模拟信号进行采样

图 6.3　采样和量化

对于音频信号,采样率一般从 8kHz(每秒钟 8000 个采样点)到 48kHz。人能够听见 20Hz~20kHz 的声音。高于 20kHz 的声音称为超声。人发出的声音最高能够达到 4kHz,

我们的采样率的下限最少应该是这个频率的 2 倍（参见后面对奈奎斯特采样率的讨论）。现在我们能够得到的采样率大概是 8～40kHz。

如图 6.3b 所示，在振幅维（或者说电压轴）的采样称为量化（quantization）。虽然我们只讨论等采样间隔下的均匀采样，但非均匀采样也是可能的。非均匀采样一般不用在时间维，但是可以用于量化（参见下面的 μ 律法则）。典型的均匀量化率是 8 位和 16 位。8 位量化把纵轴分成 256 个区间，16 位量化把纵轴分成 65 536 个区间。

要决定怎样把音频数字化，我们需要问答以下问题：

1）什么是采样率？

2）怎样精细地进行数据量化？量化是均匀的吗？

3）音频数据是怎样的格式（即是什么样的文件格式）？

6.1.3 奈奎斯特理论

我们知道，每个声音都是由正弦波叠加的结果。作为一个简单的例子，图 6.4a 显示了一个正弦函数，它是单一的、单纯的并具有周期性（只有电子乐器能够产生如此单调的声音）。

如图 6.4b 所示，如果采样频率和语音的真实频率一致，我们会检测到一个错误的信号，它仅仅是一个常数，频率为 0。如果使用语音频率的 1.5 倍频率来采样，如图 6.4c 所示，我们会得到一个比真实频率小的假频（alias），该频率只有真实频率的一半（采样信号的波长（即波峰到波峰间的距离）是实际信号的 2 倍）。

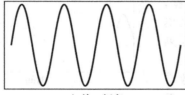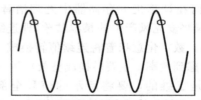

　　a）单一频率　　　　　　　　　b）在相同频率下采样产生一个常数

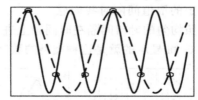

c）每个周期1.5次采样产生可以感知的假频

图 6.4　假频

在计算机制图中，人们做了很多的工作，通过各种抗锯齿的方法来消除这种假频现象。假频是指人为的但不属于原始信号的信号。基于以上原因，为了得到正确的采样，我们需要使用的采样频率至少是信号中最高频率的两倍。这就是奈奎斯特采样率。

奈奎斯特是贝尔实验室的一位著名的数学家，奈奎斯特定理就是以他的名字命名的。更一般地，对于一个限带信号（即信号的频率分量的下界为 f_1，频率上界为 f_2），那么采样频率至少是 $2(f_2 - f_1)$。

假设我们有一个固定的采样率，因为不可能恢复出高于采样频率一半的频率，很多的系统都带有抗锯齿的滤波器，用来限制采样器的输入频率等于或低于 $\frac{1}{2}$ 的采样频率。容易混淆的是，习惯上人们把奈奎斯特采样频率的一半称作奈奎斯特频率。因此，对于固定的采样频率而言，奈奎斯特频率就是该采样频率的一半。信号中最高可能的频率成分等于采样本身的频率。

注意，信号的真实频率和它的假频对称分布在频率轴上，在与所使用的采样频率有关的奈奎斯特频率两侧。因此，采样频率所对应的奈奎斯特频率通常称为"折线"频率。也就是说，如果采样频率小于真实信号频率的两倍，但是大于真实信号频率，则假频等于采样频率减去真实频率。例如，真实频率是 5.5kHz，采样频率是 8kHz，那么假频为 2.5kHz：

$$f_{\text{alias}} = f_{\text{sampling}} - f_{\text{true}}, \quad \text{for} \quad f_{\text{true}} < f_{\text{sampling}} < 2 \times f_{\text{true}} \tag{6.1}$$

同时，任何一个频率的两倍都可以作为原频率的采样点。事实上，将真实频率加减采样频率的整数倍后，就得到一个可能的假频。而用采样频率采样时，这样的假频能给出同样一组采样。

因此，再次强调，如果采样频率不仅小于真实频率的两倍，而且小于真实频率，那么假频等于 n 倍的采样频率减去真实频率，其中 n 是大于真实频率的、n 倍于采样频率的最小整数，我们求采样频率的倍频中比真实频率大的最小频率，用它减去真实频率，得到的差就是假频。例如，在真实频率介于 1.0 和 1.5 倍的采样频率之间时，假频就等于真实频率减去采样频率。

一般来讲，一组拥有相同采样点的正弦信号的表现频率是该组信号中最低的频率。图 6.5 表示了输入（真实）频率与表现频率的关系。

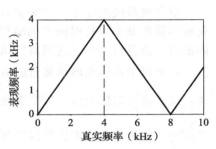

图 6.5　用 8000Hz 采样产生的正弦频率的折叠效应，折叠频率是 4000Hz，用虚线表示

6.1.4　信噪比

在模拟系统中，随机的波动会在信号里产生噪声，测量电压会因此变得不准确。正确信号的能量和噪声能量的比例称为信噪比（SNR）。信噪比是信号质量的衡量标准之一。

信噪比的常用单位是分贝（dB），1dB 等于 $\frac{1}{10}$ 贝尔（bel）。信噪比是用电压平方比取以 10 为底的对数来定义的：

$$\text{SNR} = 10\log_{10} \frac{V_{\text{signal}}^2}{V_{\text{noise}}^2} = 20\log_{10} \frac{V_{\text{signal}}}{V_{\text{noise}}} \tag{6.2}$$

信号的能量和电压的平方成正比。例如，如果信号的电压是噪声电压的 10 倍，那么信噪比 SNR＝20 $\log_{10}$(10)＝20dB。

从能量的角度说，如果 10 把小提琴演奏所产生的能量是 1 把小提琴演奏所产生能量的 10 倍，那么用 dB 作单位，就得到能量比是 10dB，或者说是 1bel。注意，dB 始终是用比例来定义的。在日常环境中描述声音强度，使用我们刚刚可以听到的 1kHz 的声音作分母。我们把周围环境中的声音和我们能够听到的最轻的声音求能量比，然后得到 dB 值，用它来衡量声音的强度。表 6.1 给出了不同声音的近似强度。

6.1.5 信号量化噪声比

在数字信号中，我们存储的是离散值。对于一个数字音频信号来说，每个采样的精度取决于每个采样的位数，通常是 8 位或者 16 位。

除了原始的模拟信号中存在的噪声外，离散化会带来其他一些误差。比如，若电压值的范围是 0~1，但是我们只能用 8 位来存储，所以只能将原本连续的电压值离散成 256 个不同的电压值。

取整的过程必然会带来误差。尽管这不是真正的噪声，但还是称之为量化噪声（或量化误差）。称之为噪声是因为这种误差是在不同的采样点之间随机出现的。

量化质量使用信号量化噪声比（SQNR）来描述。量化噪声是指某个采样时间点的模拟值和最近的量化值之间的差。误差最大可以达到离散间距的一半。

表 6.1	常见声音的强度(dB)
听力阈值	0
树叶摇动	10
很安静的房间	20
一般房间	40
交谈	60
繁华街道	70
吵闹的收音机	80
火车穿过车站	90
打铆机	100
不舒服的阈值	120
痛苦的阈值	140
伤及鼓膜	160

如果每个采样点的量化精度是 N 位，数字信号的取值范围是到 -2^{N-1} 到 $2^{N-1}-1$。因此，如果实际的模拟信号的范围是 $-V_{max}$ 到 $+V_{max}$，那么每个量化级代表的电压是 $\frac{2V_{max}}{2^N}$ 或者 $\frac{V_{max}}{2^{N-1}}$。信号量化噪声比可以只考虑峰值情况，取 V_{signal} 为 2^{N-1}，同时分母 V_{quan_noise} 取最大值为 $\frac{1}{2}$。上面两者的比值就是信号量化噪声比[⊖]的简单的定义：

$$SQNR = 20\log_{10} \frac{V_{signal}}{V_{quan\_noise}} = 20\log_{10} \frac{2^{N-1}}{\frac{1}{2}} = 20 \times N \times \log 2 = 6.02N(dB) \quad (6.3)$$

换句话说，采样点中每个位增加 6dB 的分辨率，因此 16 位能够达到的 SQNR 为 96dB。

刚才我们研究的是最坏的情况。另一方面，如果假设输入信号是正弦信号，那么量化误差在统计上是无关的，在 0~1/2 量化间隔之间它的幅值呈均匀分布。可以证明，SQNR 的表达式[2]是：

$$SQNR = 6.02N + 1.76(dB) \quad (6.4)$$

从公式中可以看出，N 越大，SQNR 越大。这说明对模拟信号的逼近越精确，系统能够提供的音质越好。

我们可以模拟量化样本，例如，从正弦概率函数绘制值，并验证式(6.4)。用信号的均方根（RMS）和量化噪声的均方根来定义 SQNR，以下 MATLAB 代码段实现式(6.4)：

```
% sqnr_sinusoid.m
%
% Simulation to verify SQNR for sinusoidal
%  probability density function.
b = 8; % 8-bit quantized signals
q = 1/10000; % make sampled signal with interval size 1/10001
```

⊖ 这个比值实际上就是信号量化噪声比峰值(Peak Signal-to-Quantization-Noise Ratio, PSQNR)。

```
seq = [0 : q : 1];
x = sin(2*pi*seq); % analog signal --> 10001 samples
% Now quantize:
x8bit = round(2^(b-1)*x) / 2^(b-1); % in [-128,128]/128=[-1,+1]
quanterror = x - x8bit;
%
SQNR = 20*log10( sqrt(mean(x.^2))/sqrt(mean(quanterror.^2)) ) %
% 50.0189dB
SQNRtheory = 6.02*b + 1.76 % 1.76=20*log10(sqrt(3/2))
% 49.9200dB
```

[146]

更进一步，对于式(6.4)，如果我们希望这样做，实际上可以分析证明：如果误差在 $[-0.5, 0.5]$ 范围内遵循均匀随机概率分布，那么它的均方根是 $\sqrt{\int_{-0.5}^{0.5} x^2 \, dx} = \frac{1}{\sqrt{12}}$。现在假设信号是正弦函数，那么 $\sin(2\pi x) = \sin(\theta)$。这必须乘以标量值 D 来限制正弦曲线幅值的范围，即，最大值减最小值：$D = [(2^{N-1}-1)-(-2^{N-1})] \cong 2^N$。正弦曲线乘以因子 $\frac{D}{2}$。

那么信号的均方根为 $\sqrt{\frac{1}{(2\pi)} \int_0^{2\pi} (\frac{D}{2}\sin\theta)^2 \, d\theta} = \frac{D}{(2\sqrt{2})}$。信号的均方根比上量化噪声的均方根，我们得到 $20 \log_{10} \left[\frac{\sqrt{12}D}{2\sqrt{2}} \right] = 20 \log_{10}(D) + 20 \log_{10}\left(\sqrt{\frac{3}{2}}\right) = 20 \log_{10}(2^N) + 20 \log_{10}\left(\sqrt{\frac{3}{2}}\right)$，得到的就是式(6.4)。

一般而言，数字音频采样的精度是每个采样 8 位(相当于电话的音质)或每个采样 16 位(相当于 CD 的音质)。实际上，用 12 位左右就能很好地再现原声音了。

6.1.6　线性量化和非线性量化

前面提到过，采样通常存储为均匀分布的离散值，我们称之为线性格式(linear format)。但因为可用的位数有限，我们自然会想到应该更加关注人的听觉范围内的声音，所以可以设置一套非线性量化体制使得人有更好的听觉享受。

我们量化的是声音的幅度或幅值，即信号的声音大小。第 4 章讨论了韦伯定律，它指出声音的一个特性，即声音自身的强度越大，就越需要更大的振幅来让我们感受到声音的变化。一般来说，韦伯定律指出，产生同样的感知所需要的增幅是和原来的绝对值成比例的：

$$\Delta \text{Response} \propto \Delta \text{Stimulus}/\text{Stimulus} \tag{6.5}$$

举个例子，如果我们能够感受到从 10 磅到 11 磅的变化，那么从 20 磅开始，需要增加到 22 磅，我们才能感受到同样的强度变化。

加入一个固定系数 k，我们就有微分方程：

$$dr = k\left(\frac{1}{s}\right)ds \tag{6.6}$$

其中 s 是激励，r 是响应值。积分后，我们求得解为：

$$r = k\ln s + C \tag{6.7}$$

其中 C 为积分常数。解也可以写成：

$$r = k\ln\left(\frac{s}{s_0}\right) \tag{6.8}$$

[147]　其中 s_0 是产生响应的最小激励值(当 $s=s_0$ 时,$r=0$)。

利用这一感知特性的非均匀量化方案使用了对数。因为根据式(6.8)绘制的对数曲线显示,如果我们沿着 s 轴均匀增加 s 值,在 r 轴得到的不是均匀增加的响应值。

相反,我们希望在 r 轴获得均匀的增加值。因此在非线性量化中,首先把模拟信号值由原始的 s 空间映射到 r 空间,然后再均匀量化 r 空间的值。这样,在信号值的低端,r 轴上的一个间隔在 s 轴能覆盖很大的范围,在信号值的高端,s 轴的一个间隔能够覆盖 r 轴上很大范围。

这个用于音频的定律称为 μ 律(μ-law)编码(为了书写方便,我们也称之为 μ 律)。欧洲的电话系统中也使用了相似的技术,称为 A 律(A-law)。

这些编码算法的方程如下所示。

μ 律:

$$r = \frac{\text{sign}(s)}{\ln(1+\mu)}\ln\left\{1+\mu\left|\frac{s}{s_P}\right|\right\}, \quad \left|\frac{s}{s_P}\right| \leqslant 1 \tag{6.9}$$

A 律:

$$r = \begin{cases} \dfrac{A}{1+\ln A}\left(\dfrac{s}{s_P}\right), & \left|\dfrac{s}{s_P}\right| \leqslant \dfrac{1}{A} \\[3mm] \dfrac{\text{sign}(s)}{1+\ln A}\left[1+\ln A\left|\dfrac{s}{s_P}\right|\right], & \dfrac{1}{A} \leqslant \left|\dfrac{s}{s_P}\right| \leqslant 1 \end{cases}$$

$$\text{其中 sign}(s) = \begin{cases} 1, & s > 0 \\ -1, & \text{其他} \end{cases} \tag{6.10}$$

图 6.6 给出了这些函数的曲线。μ 律编码器中一般设 $\mu=100$ 或者 $\mu=255$。A 律编码器中一般设 $A=87.6$。

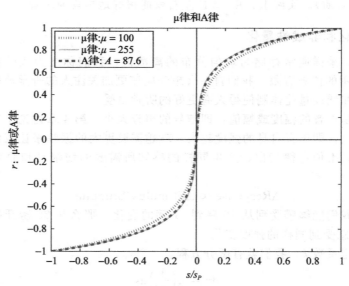

图 6.6　音频信号的非线性变换(见彩插)

[148]

公式中的 s_P 是信号的峰值,s 是信号的当前值,也就是说 $\dfrac{s}{s_P}$ 的值域是 $-1\sim1$。

上述定律的主要思想是:首先将 $\dfrac{s}{s_P}$ 转换为 r 值,再将 r 值均匀量化,然后就可以存储或输出信号。由于人的感知的不一致性，这样就可以将大部分的位用于存储信号中的改变容易被人感知的信息。

为了说明这个问题，考虑图 6.6 中，$\left|\dfrac{s}{s_P}\right|$ 在 1.0 附近发生了小的变化，与此对应的曲线非常平坦。显然，s 值在平坦区域产生的变化要远大于在原点附近量化后 r 值产生的变化。也正是在很安静的环境中，我们能够感受到声音的细微变化。μ 律关注的正是这个范围的声音变化。

编码时首先作 μ 律转换，然后对转换结果作均匀量化，产生的结果对于输入来说是非线性特变换。其中的对数函数对于振幅小的声音更加敏感。如果我们用固定数目的位来编码声音，音量低的声音产生的量化误差会小于音量高的声音。因此 μ 律使得信噪比在输入信号范围内分布更加均匀。

这项技术是基于人类的感知的，也是最简单的"感知编码"。有趣的是，一份有说服力的统计表明，人类喜欢的音域也主要是在低音区域。所以我们应该把更多的位用在声音最频繁出现的区域，那里的概率密度最高。所以这种编码技术也是基于统计结果的。

总的说来，首先对模拟信号进行对数转换（电信业的说法为"压缩"），然后对其进行采样，再通过模/数转换器将采样结果数字化。输入信号的振幅越大，压缩率越高。模/数转换器对"压缩"后的信号作均匀量化。编码完毕后，如果我们要播放声音，那么就需要模拟信号，此时就要将编码后的值转换回去，首先使用数/模转换器，得到模拟信号后，通过一个"扩展"电路作反对数转换。这个转换过程称为压缩扩展。如今，在数字处理领域仍然使用压缩扩展技术。

音频处理中的 μ 律用来对声音进行非均匀的量化。总的说来，我们愿意把更多的位用在人们感觉最灵敏的声音区域。在理想的情况下，应该根据人对不同刺激信号所做出的响应曲线来划分位。这样，我们可以把位划分给那些用较小的激励就能产生较大响应的信号段。

压缩扩展技术体现了给信号划分位的一种思想：将位用在需要的地方以使结果能够获得更好的分辨率。这一点和以前的均匀量化的思想是不同的，体现了非均匀量化的思想。μ 律（或者 A 律）编码就是这种想法的一个应用。

如果确实不引入太多的错误，通过将传输信号转换为较小的位深可以获得位的保存。一旦电话信号被数字化，原始的连续域 μ 律变换可以在传输期间大大减少位的使用，并且在接收端扩展时仍然产生可接受的语音。μ 律通常在开始时使用 16 位的位深，在传输时使用 8 位，然后在接收器处扩展回 16 位。

假设我们使用式（6.9）的 μ 律，并且 $\mu = 255$。信号 s 被归一化到范围 $[-1, 1]$。如果输入是从 -2^{15} 到 $2^{15} - 1$，除以 2^{15} 进行归一化。然后应用 μ 律将 s 转换成 r；接下来使用 $\hat{r} =$ sign$(s) *$ floor$(128 * r)$ 将位深降到 8 位。

现在发送 8 位信号 $\hat{r}$。

然后在接收端，我们将 $\hat{r}$ 除以 2^7 来归一化，然后应用式（6.9）的反函数，其如下所示：

$$\hat{s} = \text{sign}(s)\left(\frac{(\mu+1)^{|\hat{r}|} - 1}{\mu}\right) \tag{6.11}$$

最后，我们使用 $\tilde{s} = \text{ceil}(2^{15} * \hat{s})$ 扩展回 16 位。下面给出这些操作的 MATLAB 函数。

149

```
function x_out = mu_law_8bitsf(x)
% signal x  is 16-bit
mu=255;
xnormd = x/2^15;
y=sign(x)*( (log(1+mu*abs(xnormd)))/log(1+mu) );

y8bit = floor(128*y);
 % TRANSMIT
y8bitnormd = y8bit/2^7;
x_hat = sign(x)*( ( (mu+1)^abs(y8bitnormd)-1)/mu);

% scale to 16 bits:
x_out = ceil(2^15*x_hat);
```

如图 6.7 中的实线所示，对于 2^{16} 输入值，压缩输出值以较粗的线画的阶梯表示。事实上，我们看到在接近 0 处压缩输出是最准确的。

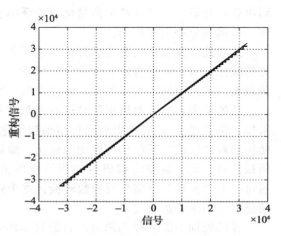

图 6.7   通过压缩扩展进行非线性量化

6.1.7   音频滤波

在进行采样和模/数转换前，常常需要对音频信号做滤波以消除不需要的频率。保留哪些频率要取决于具体应用。对于语音信号，一般都保留 50Hz～10kHz 的频率。其他频率成分通过带通滤波器（band-pass filter)过滤掉（带通滤波器能够过滤掉高端信号和低端信号，也称为带限滤波器）。

一段音乐信号通常是从 20Hz～20kHz（20Hz 是由烦躁的大象发出的低沉的声音，20kHz 是我们能听到的最大尖叫声），所以音乐的带通滤波器将筛掉除此之外的频率。

尽管我们已经将类似噪声的高频信号过滤掉了，在经过数/模转换后，那些高频信号会再次出现。这是因为我们在采样和量化时，将原来的连续平滑的信号转换成阶梯函数。从理论上讲，这种离散的信号包含各种可能的频率成分。因此，在解码器端，经过数/模转换后需要使用一个低通滤波器，其作用和在编码器端过滤高频信号的带通滤波器一样。

6.1.8   音频质量与数据率

如果在量化过程中使用的位越多，那么未压缩数据的数据率就会越大。传输数字信息时，立体声所需的码率（每秒的位数）是普通的单声道所需码率的两倍。表 6.2 显示了音频质量和数据率以及带宽之间的关系。

表 6.2   音频采样系统中的码率和带宽

质量	采样频率(kHz)	每个样本的位数	单声道/立体声	码率(未压缩)(kB/s)	信号带宽(Hz)
电话	8	8	单声道	8	200～3400
AM 广播	11.025	8	单声道	11.0	100～5500
FM 广播	22.05	16	立体声	88.2	20～11 000
CD	44.1	16	立体声	176.4	5～20 000
DVD 音频	192(最大)	24(最大)	最多 6 个通道	1200.0(最大)	0～96 000(最大)

在模拟信号系统中，术语带宽（bandwidth）指一个器件的响应能力或者传输能力。如果用 x 轴表示频率，y 轴表示传输函数，那么带宽函数一般都是常数函数。半能量带宽（Half-Power BandWidth，HPBW）指含有最大能量一半的一段频率范围。因为 $10 \log_{10}(0.5) \approx -3.0$，所以也用 -3dB 带宽来表示 HPBW。

所以在模拟设备中，带宽使用的是频率的单位赫兹（Hz），赫兹的物理意义是指每秒的周期数（例如，每秒心跳数）。另一方面，对数字设备，在某个固定带宽下能传输的数据量用码率（每秒通过的位（bps）或者每段时间的字节数）来表示。

相反，在计算机网络中，带宽是指网络或传输链路可以提供的数据速率（bps）。我们将在后面的第三部分详细研究这个问题。

电话学中使用 μ 律编码（经常简写成 μ 律）或在欧洲使用 A 律。其他的格式使用线性量化。使用式（6.9）中的 μ 律，可以把数字电话信号的动态范围从 8 位扩展到 12 位或 13 位——动态范围是指最高与最低非零值的比率，对于 n 位系统，用 dB 来表示值 2^n，或简单地表示为位数，可以把数字信号的码字长度从 8 位扩展到 12 位或 13 位。

音频中大部分使用的标准采样频率为 5.0125kHz、11.025kHz、22.05kHz 和 44.1kHz，并且大多数声卡都支持这些频率。

有时记住表 6.2 中用每分钟字节数表示的数据率很有用。例如，未经压缩的 CD 品质的立体声数字音频信号的数据率为 10.6MB/分，取整可以写成 10MB/分。

6.1.9 合成的声音

数字化的声音首先要转换成模拟信号，然后才能播放。对于如何存储采样音频，有两种不同处理方法。第一种是调频（FM），第二种是波形表法（Wave Table）。

在第一种方法中，我们通过在一个载波正弦信号中加入一个涉及调频信号的项使载波的频率发生改变。如果我们使用余弦函数来载波，在余弦函数的参数中加入第二个余弦函数，这样就是在求一个余弦值的余弦，结果会得到一个合成后的声音。用一个随时间变化的振幅函数来增强整个信号，用另外一个随时间变化的函数来增强参数中的余弦信号，从而构成和声。最后在每个余弦函数的参数中加入一个常数，这样就得到了一个非常复杂的函数。

151 ~ 152

例如，图 6.8a 显示了函数 $\cos(2\pi t)$ 的图像，图 6.8b 是 $\cos(4\pi t)$ 的图像。图 6.8c 比较有趣，它显示了一个余弦函数的余弦的图像。图 6.8d 中显示了一段调频信号，载波频率是 2，调制频率是 4。很显然，如果考察一个更加复杂的信号，例如下面的公式所描述的信号[3]：

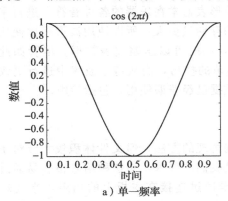

a）单一频率

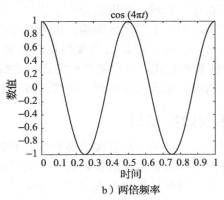

b）两倍频率

图 6.8 调频

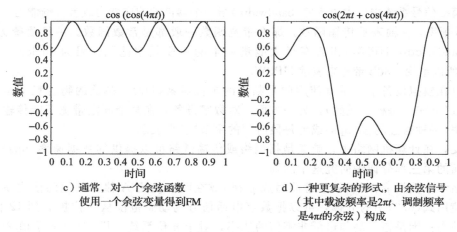

c）通常，对一个余弦函数
使用一个余弦变量得到FM

d）一种更复杂的形式，由余弦信号
（其中载波频率是$2\pi t$、调制频率
是$4\pi t$的余弦）构成

图 6.8 （续）

$$x(t) = A(t)\cos\left[w_c\pi t + I(t)\cos(w_m\pi t + \phi_m) + \phi_c\right] \tag{6.12}$$

我们可以合成任何复杂的信号。

这个FM合成方程式表示，我们生成了一个信号，它的基本载波频率是w_c，调制频率是w_m。在图6.8d中，$w_c=2$，$w_m=4$。相位常数ϕ_m以及ϕ_c会产生一些时间偏移，从而生成更加有趣的声音。公式中和时间相关的函数$A(t)$称为包络，它描述声音在各个时间段的峰值，可以用来产生声音的渐进增强或者渐进减弱的效果。例如，吉他的琴弦有激发阶段、衰减阶段、持续阶段和释放阶段。如下面图6.10所示。

参数中和时间相关的函数$I(t)$用来改变声音中的调制频率，使听者产生和声的感觉。如果$I(t)$比较小，我们主要听到的是低频的声音。当$I(t)$较大的时候，我们就能够听到较高频的声音。FM合成用于低端声卡，但为了向后兼容性，也在其他声卡中提供。

由数字信号合成声音的一种更精确的方式是波形表合成（wave-table synthesis）。在波形表合成中，数字采样存储的是来自真实乐器的声音。因为波形表存储在声卡的存储器中，可以通过软件来管理，所以可以对声音进行混音、编辑和增强等处理。在声音再现方面，波形表比调频有着更好的效果。为了节约内存空间，还可以应用一些专门的技术，比如采样轮循、移调、数学插补以及多项式数字滤波[4,5]。

例如，如果一首歌的音调对于你的嗓音来说太高了，那么改变这首歌的音调会非常有用。可以通过数学方法将波形表作一个移位，从而产生较低的声音。然而，这种扩展应用只能应用在这些领域，否则就会产生错误。波形表通常在乐器的各种音符上进行采样，所以改变音调不会产生很大的影响。因为数据的存储量更大，所以使用波形表比使用调频开销更大。另一方面，存储已经变得便宜得多，同时可以压缩波表数据。尽管如此，使用FM合成的紧凑公式可以很容易地完成一些简单的技巧，而从特定波表中进行更改则要复杂得多。然而，随着廉价存储的出现，波形数据已经普遍使用，包括铃声。

6.2 乐器数字接口

波形表文件提供了对真实乐器声音的准确再现的方法，但文件体积较大。对于简单音乐，一些调频合成器生成的音频信号就能满足我们的要求，而这种信号很容易通过声卡生成。基本上，每台计算机都配备了声卡，声卡通过连接在主板上的扬声器来处理输出声音，通过麦克风或者连接到计算机的线路输入（line-in）来录制声音，同时还能处理存储在内存中的声音数据。

一个多媒体项目中,我们想对一些声音做使用声卡的默认处理,那么我们可以使用一种简单的脚本语言和硬件设置方案——MIDI。

153
～
154

6.2.1　MIDI 概述

MIDI 是 Musical Instrument Digital Interface(乐器数字接口)的缩写,起源于 20 世纪 80 年代初。它规定了一个被电子音乐工业界广泛采纳的协议,该协议实现了计算机、合成器、键盘和其他音乐设备之间的互相通信。合成器采用前文介绍的两种合成方法之一来产生合成音乐,它集成在声卡中。大多数合成器都支持 MIDI 标准,因此由一个合成器创建的音频文件,能够被另一个合成器播放和操作,并且播放效果非常相近。计算机中需要配有专门的 MIDI 接口,大多数声卡都集成成这一接口。同时声卡还必须配备模/数和数/模转换器。

MIDI 是一种脚本语言,它对代表某种声音的产生的"事件"进行编码。因此,MIDI 文件通常非常小。举例来说,一个 MIDI 事件可能包含表示单个音符的音高、音量以及播放的乐器声音。

MIDI 的作用主要是 MIDI 能够产生音符(和一些其他功能),这对于创作、编辑和交流以音符形式封装的音乐创意来说相当有用。这和采样是截然不同的概念,采样捕获的是实际声音的细节。相反,MIDI 针对的是音乐,音乐是能够随后按照"用户"的意愿改变的。MIDI 与音乐作曲(音符)程序密切相关,因此对于音乐教育来说,MIDI 是一个非常有用的工具。

基于 MIDI 音乐通信的一个强大的功能是能够用一台 MIDI 乐器来控制其他的 MIDI 乐器。它们之间有这样一种主从关系:作为从设备的其他乐器在某种程度上必须和主乐器演奏相同的音乐,由此能够产生很有趣的音乐。MIDI 乐器可能具备多种音乐功能,有些功能优秀,有些较差。例如,假设有一个键盘,它能够很好地模仿一种传统乐器,但其内置的合成器生成的实际声音效果却比较差。因此我们可以采用"菊花链",将其和不同的能够生成出色声音的合成器连接起来,这样便有可能得到一个整体良好的组合。由于 MIDI 附带一个内置的时间码,因此可以用主设备的时钟来同步所有从设备的时间码,从而实现更准确的同步。

我们可以使用所谓的"音序器-采样器"来重新排序和处理数字音频样本集和 MIDI 序列。比如,在数字音频工作站中,运行 ProTools,可以实现顺序的或同时的多轨录音。例如,可以同时录制 8 个语音轨和 8 个乐器轨。

1. MIDI 概念

- 在音序器中,音乐以音轨的形式来组织。每个音轨在录制或回放时都能打开或关闭。通常,一种特定的乐器和一个 MIDI 通道相关联的。MIDI 通道是用来分隔消息的。MIDI 有 16 个通道,编号从 0 到 15。消息的最后 4 位(最低有效位)用来存储通道编号。每个通道与一种特定的乐器相关联,例如通道 1 是钢琴,通道 10 是鼓。不过,如果有需要的话,你可以在中途切换乐器,并将另一种乐器与任意通道相关联。

155

- 除了通道消息(含有通道编号)之外,还有其他几种类型的消息被发送出去,例如用于通知所有乐器更改基调或节拍的通用消息,这些消息称为系统消息。也有可能需要向某一乐器的通道发送特定消息,使其在不指定通道的情况下发送多个音符。稍后我们会详细介绍这些消息。

- 一个合成乐器收到 MIDI 消息后，通常会简单地忽略任何非自身通道的"播放声音"消息。如果有几条属于它自身通道的消息，比如在一架钢琴上同时弹奏几个音符，那么只要乐器是多声部的，它就会响应，即乐器会同时演奏多个音符。

2. MIDI 术语

- 合成器（synthesizer）过去是（现在也应该是）指一个独立的声音生成器。它能够改变音调、音量和音色（音调是乐器演奏的音符，例如 C 调、G 调。以 Hz 为单位的频率是一个绝对的音乐声音，而音调是相对的。例如，调整你的吉他使其本身听起来不错，但不会与另一个吉他有绝对相同的音符）。它也能改变其他的音乐特性，如起音和延迟时间。一个好的合成器（音乐家使用的）通常配有一个微处理器、键盘、控制面板以及内存等。不过，PC 机的声卡中也集成了廉价的合成器。产生声音的单元称为音调模块或声音模块。

- 音序器（sequencer）起初是指一种用来以 MIDI 数据形式存储或编辑一系列音乐事件的专用硬件设备。现在，它更多是指计算机上的音乐编辑软件。

- MIDI 键盘不产生声音，而是产生被称作 MIDI 消息的 MIDI 指令序列。（MIDI 键盘也可以包含有一个用于生成声音的合成器。）MIDI 消息非常类似于汇编代码，通常只包含很少的字节。一段 3 分钟长的音乐，如果以 MIDI 消息序列的形式存储，你可能只需要 3KB 的存储空间。相比之下，波形表文件（WAV）需要大约 10MB 的空间来存储 1 分钟的音乐。在 MIDI 中，人们习惯把键盘称为键盘控制器。

- 术语声部（voice）和音色（timbre）很容易混淆。后者是用来描述我们正在试图模拟哪种乐器（如钢琴、小提琴）的 MIDI 术语。它是声音的特征。如果一个乐器（或声卡）是多音色的，那么它能够同时播放许多不同的声音（如钢琴、铜管乐器、鼓）。

- 另一方面，术语声部，尽管有时被音乐家用来表示音色的意思，但在 MIDI 中，它用来指声音模块同一时间能生成的每种不同的音色和音调。合成器可以有多个声部（通常有16、32、64、256 个等）。每个声部独立工作，且能同时生成不同音色和音调的声音。

- 术语复音（polyphony）指同一时间能产生的声部数目。一个典型的声音模块能够产生 64 声部复音（即一次产生 64 个不同的音符），同时又是"16 部多音色"的（即能够产生类似于 16 种不同乐器同时演奏的声音）。

3. MIDI 细节

不同的音色是通过编配程序（patch）来生成的。编配程序是一组控制设置，这些设置定义了一种特定的音色。编配程序通常存储在数据库里，称为音色库（banks）。一些真正的发烧友拥有专门的编配程序编辑软件。

关于哪种乐器（编配程序）和哪一个通道相对应，有一个被广泛认可的标准映射机制，称为通用 MIDI（General MIDI）。在通用 MIDI 中，有 128 个与标准乐器相对应的编配程序，通道 10 保留给打击乐器。

对于大多数乐器，一个典型的消息可能是 Note On（意为，例如按下了一个键），其中包含通道编号、音调、强度（即音量）。对于打击乐器来说，音调数据是指用哪一种鼓。因此一个 Note On 消息包含一个状态字节（哪个通道、哪种音调），后面是两个数据字节。Note On 消息之后会紧跟一个 Note Off 消息（按键释放）。该消息也包含有一个音调数据（要关闭哪一个音符），为了保持一致性，它还包含一个强度数据（通常设置为 0，或被忽略）。

MIDI 状态字节中的数据取值从 128 到 255，而每个数据字节中的数据取值则从 0 到 127。实际的 MIDI 字节是 8 位再加上一个起始位和一个停止位，即一个 10 位长的"字节"。起始位和停止位均设为 0。图 6.9 显示了一个 MIDI 数据流。

图 6.9 10 位字节流:对于典型的 MIDI 消息,流中的信息是{状态字节,数据字节,数据字节}={Note On,Note Number,Note Velocity}

MIDI 设备通常是可编程的,这意味着它带有可以改变低音和高音响应的过滤器,并且能够改变描述声音幅度随时间变化的"包络线"。图 6.10 显示了一个数字乐器对 Note On/Note Off 消息的响应模型。

MIDI 音序器(编辑器)允许你能使用标准音符来进行编辑,如果需要,也可以直接编辑数据。MIDI 文件也可以存储波形表数据。波形表文件(WAV 文件)的优点是它能更精确地存储乐器的真实声音。采样器用于采样音频数据,例如,"电子鼓"总是存储了真实的鼓的波形表数据。这样,我们可以在一条音轨上使用 MIDI 音乐编辑器,同时在另一条音轨上加上诸如人声等数字音频信号。

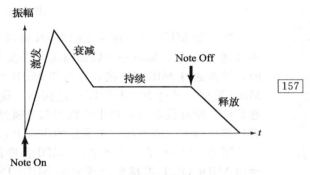

图 6.10 一个音符的振幅-时间图

MIDI 让计算机科学或工程专业的学生很感兴趣的一点是:它提供了一个完整的消息协议,该协议支持任何想做的事情,比如用于控制剧院中的灯光。我们将在下文中看到 MIDI 有一条程序员可以自定义的消息,该消息可以发送任何类型或任何长度的字节。

音序器使用了几种技术来利用已有的音乐产生更多的音乐。例如,可以在一段音乐的几个小节间循环。音量随着时间变得更加容易控制,这一操作称为时变振幅调制。更有趣的是,音序器也可以实现时间扩展或者压缩而不会使音高发生变化。

尽管我们可以改变一个采样乐器的音调,但是如果音调变动太大,所得到的声音就会变得刺耳。为了解决这个问题,采样器使用了多采样机制。声音在录制时会经过多个带通滤波器,滤波后得到的声音被分配给不同的键盘按键。这样便使得音调变化带来的频率变换更加可靠,因为每个音符发生了较少的变化。

MIDI 机器控制(MIDI Machine Control,MMC)是 MIDI 规范的一个子集,用于控制录音设备,例如多轨录音机。它最常见的用途是用来控制远程设备"播放"。例如,如果一个 MIDI 设备的计时器不准确,那么主设备可以在恰当的时间激活它。一般来说,MIDI 可以用于控制和同步乐器合成器和录音设备,甚至可以用来控制灯光。

6.2.2 MIDI 硬件

MIDI 硬件设置中含有一个 31.25kbs 的串口连接,其中使用了 10 位的字节,每个字节中包含一个起始位和一个停止位(值均为 0)。通常,MIDI 设备可能是输入设备,可能是输出设备，不可能两者皆是。

图 6.11 是一个常用的合成器。调制轮用来增加颤音。弯音轮用来改变频率，类似于轻轻地按在吉他的琴弦上。通常还有一些其他的控制装置，如脚踏板、滑动条等。

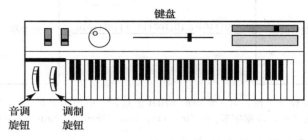

图 6.11   MIDI 合成器

物理的 MIDI 端口包括标记为 IN 端口、OUT 端口的 5 针连接器，也可以含有第三个连接器 THRU。最后一个数据通道只是复制进入 IN 通道中的数据。MIDI 通信是半双工的。设备通过 MIDI IN 接收所有的 MIDI 数据，通过 MIDI OUT 传输它自身生成的所有 MIDI 数据。通过 MIDI THRU 连接器，设备回传其从 MIDI IN 中接收到的数据（仅是这些数据，所有设备自身产生的数据都是通过 MIDI OUT 发送了）。这些端口都在声卡上或者外部接口上，或者在一个单独的声卡上，或者使用一个专门的连接串口的接口。

图 6.12 展示了一个典型的 MIDI 音序器设置。键盘的 MIDI OUT 连接到合成器的 MIDI IN 端口，然后将合成器的 THRU 连接到另外的声音模块上。在录音过程中，配有键盘的合成器给音序器发送消息，音序器记录这些消息。播放时，音序器将消息发送给所有播放音乐的声音模块和合成器。

MIDI 消息传输

31.25kbs 的数据率实际上是很有限的。要开始播放一个音符，则需要发送一个 3 字节的消息（1 字节等于 10 位）。如果我正在用全部十根手指弹奏和弦，那么单个撞击和弦将有 10 个音符，每个音符 30 位，需要传输 300 位。该和弦在 32.25kbs 的传输速率下将需要 0.01 秒传输时间，每个音符约 0.001 秒，并且这些还未算上为了关闭这 10 个音符我们需要发送的额外消息。此外，在合成器中使用弯音轮和调制轮同样会生成许多消息，这些消息也都需花费时间来传输。因此，可能存在由慢位传输速率产生的可听时滞。

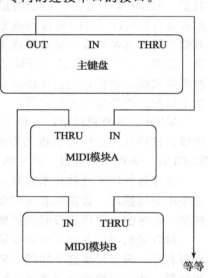

图 6.12   典型的 MIDI 设置

可以使用一个技巧来解决这个问题，该技巧称为运行状态（Running Status）：如果前一消息的命令并未改变，MIDI 允许仅仅发送数据部分。因此对于具有相同命令的下一条消息，MIDI 将只使用两个字节，而不是三个字节——命令、数据、数据。

6.2.3   MIDI 消息的结构

如图 6.13 所示，MIDI 消息可以分为两种类型——通道消息和系统消息。如图所示，这两种消息还可以被进一步划分。我们将下文中详细介绍每种类型的消息。

1. 通道消息

一条通道消息最多 3 个字节。第 1 个字节是状态字节(操作码),其中最高有效位设置为 1。四个低位标识该消息归属于 16 个通道中的哪一个,剩下的 3 位用来存储信息。对于数据字节,其最高有效位设置为 0。

图 6.13　MIDI 消息分类

(1) 声部消息

这种通道消息用来控制一个声部(即发送一个播放或关闭音符的信息),并对按键事件进行编码。声部消息也用来指定控制器效果,如延时、抖音、颤音和弯音轮变换。表 6.3 列出了这些操作。

表 6.3　MIDI 声部消息

声部消息	状态字节	数据字节 1	数据字节 2
Note Off	&H8n	键号	Note Off 速度
Note On	&H9n	键号	Note On 速度
Polyphonic Key Pressure	&HAn	键号	数量
Control Change	&HBn	控制器号	控制器值
Program Change	&HCn	程序号	空
Channel Pressure	&HDn	压力值	空
Pitch Bend	&HEn	MSB	LSB

注:&H 表示十六进制。状态字节中的 n 是十六进制值,表示通道号。除控制器号取值范围是 0 到 120 之外,其他所有的值的取值范围是 0 到 127。

Note On 和 Note Off 消息中的速度(velocity)表示的是按键的快慢程度。一般来讲,高速度值意味着合成器会产生更加响亮或清脆的音符。Note On 消息使得一个音符出现,并且合成器也会试图让该音符听起来像真实的乐器演奏的一样。Pressure 消息可以用来改变音符播放时的声音。Channel Pressure 消息是某一特定通道(乐器)对应的按键的压力值,在该通道上播放的音符都会有同样的效果。其他的压力消息(比如 Polyphonic Key Pressure 消息(也称为 Key Pressure))指定了多个键同时弹奏时的音量大小,并且一段和弦中每个音符都可以设置为不同的值。Pressure 也称为触后(aftertouch)。

Control Change 指令用来设置不同的控制器(衰减器、颤音等)。不同的产品也许会使用不同数量的控制器来实现其功能。不过,控制器 1 通常定义为调制轮(用于产生颤音效果)。

举例来说,一条 Note On 消息后紧跟有两个字节,一个字节用来指定音符,另一个字节用来设定速度。因此,要在通道 13 上以最大速度播放 80 号音符,则 MIDI 设备将发送 3 个十六进制值:&H9C&H50 &H7F。(十六进制数字值范围是 0～15,用它来表示通道 1～通道 16,"&HC"表示通道 13)。音符被编号,中音 C 的编号为 60。

为了同时(有效地)播放两个音符,我们首先要给两个通道均发送一个 Program Change 消息。回忆一下,给某个通道发送 Program Change 消息,意味着要为该通道加载一个特定的编配程序。这样就将两种音色与两个不同的通道分别关联起来。然后顺序发送两条 Note On 消息,打开这两个通道。或者,也可以给某一通道发送 Note On 消息,然后在给该通道发送第一个音符的 Note off 消息之前,发送另一条 Note On 消息(此时用另一个音高)给该通道。这样,我们就能在一个乐器上同时有效地弹奏两个音符。

160
～
161

回忆一下，运行状态（Running Status）机制允许在发送一个状态字节（比如 Note On）后紧接着发送一串数据字节流。所有的数据字节都与同一状态字节相关联。例如，通道 1 上的 Note On 消息（"&H90"），如表 6.3 所示，其后会紧跟着两个数据字节。但是有了运行状态机制后，对于下一个 Note On 数据流，我们不再需要发送另外一个 Note On，而仅需要继续发送数据字节对即可。同样，事实上运行状态机制还有一个技巧：如果速度数据字节值为 0，那么 Note On 会被解释为 Note Off 消息。因此在发送一个 "&H90" 之后可以紧接着发送多个 Note On 和 Note Off 数据集。譬如，要在通道 1 上弹奏一个中央 C，可以这样发送一对 Note On 和 Note off：&H90 &H3C &H7F；&H3C &H00。（中央 C 的编号为 60＝"&H3C"。）

Polyphonic Pressure 指在多个乐器上同时弹奏不同的音符的力度。Channel Pressure 则设定了单个乐器上单个音符的力度大小。

（2）通道模式消息

通道模式消息是一种特殊的 Control Change 消息，因此所有的模式消息的操作码都是 B（所以消息为 "&HBn" 或 "1011nnnn"）。但通道模式消息的第一个数据字节的取值范围是从 121 到 127（&H79～7F）。

通道模式消息决定了一个乐器怎样处理 MIDI 消息。例如，响应所有的消息，只响应对应通道的消息，完全不响应，或者取决于乐器的本地设定。

回想一下，状态字节为 "&HBn"，其中 n 是通道编号。数据字节的意义见表 6.4。Local Control Off（本地控制关闭）表示断开键盘和合成器（其他用于控制声音的外部设备）的连接。All Notes Off（所有音符关闭）是一个方便的命令，特别是在声音中出现了错误的时候，我们就需要它了。Omni 的意思是设备响应所有通道的消息。通常的模式是 OMNI OFF，即设备只关注和自身通道一致的消息，而不响应任何其他无关通道的消息。Poly 意味着一个设备可以按要求同时播放多个音符。常用的模式是 POLY ON。

表 6.4   MIDI 模式消息

数据字节 1	描述	数据字节 2 的含义
&H79	Reset all controllers	空；设置为 0
&H7A	Local control	0＝off；127＝on
&H7B	All notes off	空；设置为 0
&H7C	Omni mode off	空；设置为 0
&H7D	Omni mode on	空；设置为 0
&H7E	Mono mode on(Poly mode off)	通道控制编号
&H7F	Poly mode on(Mono mode off)	空；设置为 0

在 POLY OFF 模式（即单音模式）下，表示单音通道号的参数可以设置成 0，此时接收器能够播放的声部数目取决于其自身的默认设置，该参数也可以设置为特定的通道编号。OMIN ON/OFF 和 Mono/Poly 有四种组合方式，每种组合方式表示不同的意义。常见的组合是 OMIN OFF、POLY ON。

2. 系统消息

系统消息中不含通道编号，表明命令不是针对某一个特定的通道，例如同步时钟信号、录制的 MIDI 序列前的定位信息以及目标设备的详细配置信息。所有系统消息的操作码以 "&HF" 开头。按照不同的功能。系统消息可以分为三类。

（1）系统通用消息

表 6.5 列出了所有系统通用消息，这些消息与定位或定时相关。Song Position 是通过节拍来设置的。这些消息决定了在收到一条"播放"的实时消息（见下文）后要播放什么内容。

（2）系统实时消息

表 6.6 列出了系统实时消息，它们主要用来进行同步。

表 6.5　MIDI 系统通用消息		
系统通用消息	状态字节	数据字节数
MIDI timing code(MIDI 定时码)	&HF1	1
Song position pointer(乐曲位置指针)	&HF2	2
Song select(乐曲选择)	&HF3	1
Tune request(调谐请求)	&HF6	空
EOX(终止符)	&HF7	空

表 6.6　系统实时消息	
系统实时消息	状态字节
Timing clock(定时时钟)	&HF8
Start sequence(开始序列)	&HFA
Continue sequence(继续序列)	&HFB
Stop sequence(停止序列)	&HFC
Active sensing(活动检测)	&HFE
System reset(系统复位)	&HFF

163

（3）系统专用消息

最后一种系统消息——系统专用消息，使得制造商可以扩展 MIDI 标准。在初始代码后，制造商可以插入任何应用于自己产品的特定消息流。如表 6.5 所示，一条系统专用消息通过终止符“&HF7”来结束。不过，终止符是可选的，数据流可以简单地通过发送下一条消息的状态字节来结束。

6.2.4　通用 MIDI

为了使 MIDI 音乐在不同的机器上具有相似的播放效果，我们应该给同一乐器使用相同的 patch 编号。例如，patch 1 应该始终用于钢琴，而不是短号。为此，通用 MIDI[5] 规定了乐器和 patch 编号之间的分配方案。标准打击乐映射规定了 47 种打击乐音色。乐谱上出现的特定的“音符”，表明此时应该发出哪种打击乐音。本书的网站上提供了通用 MIDI 乐器路径映射表和打击乐映射表。

通用 MIDI 还有一些性能要求，比如 MIDI 设备必须支持所有 16 个通道，必须是多音色的（即每个通道可以播放不同的乐器/程序），支持复音（即每个通道能够播放多个声部），并且必须同时支持 24 个及以上动态分配的声部。

通用 MIDI Level2

GM-2 是对通用 MIDI 的扩展，于 1999 年发布并在 2003 年更新。同时发布的还有标准 MIDI 文件（Standard MIDI File，SMF）格式。一个非常有用的扩展是支持了诸如卡拉 OK 歌词等额外的文字信息，这些信息能在音序器上显示。

6.2.5　MIDI 到 WAV 的转换

一些程序（如早期版本的 Adobe Premiere）不支持 MIDI 文件格式，而要求文件必须是 WAV 格式。多种共享软件能够在这两种文件格式之间实现恰当的近似转换。这些程序基本上都包含查找表文件，将 MIDI 消息转换成预定义的或偏移的 WAV 输出，不过这种转换并不总是能够成功。

6.3　音频的量化和传输

为了传输音频，必须将采样的音频信息数字化。现在我们来详细讨论数字化的过程。信息一旦量化后，就能够传输和存储。我们将详细介绍几个例子来帮助我们理解所讨论的内容。

164

6.3.1　音频的编码

数据的量化和变换统称为数据编码（coding）。对于音频信号来说，除了使用扩展压缩

音频信号的 μ 律外，还使用一个简单的算法来消除信号中的时间冗余。将当前时刻的信号和前一时刻的信号求差，能够有效降低传输的数据量。最重要的是，这样做差值将集中分布在一个更小的范围内。通过降低数据的方差，可以使无损压缩方法变得更加高效，从而生成一些压缩率很高的位流。我们将在第 7 章介绍这些压缩方法。

通常，音频信号处理使用脉冲编码调制（Pulse Code Modulation，PCM）来生成量化采样输出。PCM 的差分版本称为差分脉冲编码调制（DPCM）（此外还有一个简单但很高效的变体——增量调制（DM））。其自适应版本称为自适应差分脉冲编码调制（ADPCM）。此后人们还提出考虑了语音特性的一些其他版本。我们将在第 13 章介绍用于音频信号的更复杂的模型。

6.3.2 脉冲编码调制

1. PCM 概述

音频信号是模拟信号，声波通过空气传播到我们的耳膜，我们才能听到声音。我们知道，从模拟信号生成数字信号的最基本的技术是采样和量化。采样一般都是均匀采样，即我们选择一个采样率，然后在每一个采样周期中生成一个采样值。

在幅值方向，我们采用量化的方法来完成数字化，即在幅值方向上选取一些离散点，然后将每个间隔内的所有值映射到一个代表输出层上。间隔的边界集合有时称为决策边界（decision boundary）。那些代表值称为重构层（reconstruction level）。

映射到同一个输出层的量化器输入间隔的边界构成了编码器映射（coder mapping，），而作为量化器输出值的那些代表值则构成了解码器映射（decoder mapping）。由于是在做量化，我们需要为采样值确定一个量化精度。最后，我们可能想要对数据进行压缩，压缩可以通过给出现频率最高的信号值分配较少的位数的方式来实现。

每种压缩方案都要经历 3 个阶段：

1) **变换**（transformation）。将输入数据转换为一种更容易或压缩效果更好的表示。例如，在预测编码中（将在后面的章节中讨论），我们根据已有的信号值来预测到下一个信号值，然后传输预测误差。

2) **失真**（loss）。我们需要引入信息失真的概念。失真主要在量化这一步产生。量化过程中，我们只能使用有限的重构层，其数量比原始信号值的数量小很多。因此，量化过程中必然会损失一部分信息。

3) **编码**（coding）。我们为每个输出层或符号分配一个码字（从而形成二进制比特流）。码字可以是定长的，也可以是变长的，例如赫夫曼编码就是变长码字（将在第 7 章介绍）。

对于音频信号，我们首先研究的是 PCM。在 PCM 的基础上，我们想到了无损预测编码（Lossless Predictive Coding，LPC）以及 DPCM 方案，这两种方法使用的都是差分编码。最后，我们也会介绍自适应版本（ADPCM）以达到更好的压缩率。

PCM 是采样和量化的一种标准方法。之所以称为脉冲，是因为从工程师的角度看，生成的数字信号可以被认为是一串无限窄的垂直"脉冲"。举一个 PCM 的例子，CD 文件上中音频采样的采样率为 44.1Hz，每个采样点为 16 位。对于立体声，有两个通道，总的数据率约为 1400kbs。

2. 语音压缩中的 PCM

在 6.1.6 节中，我们讨论了压缩扩展（companding），它是一种应用于电话系统中的、对语音信号进行压缩和扩展的技术。在该应用中，首先使用 μ 律（在欧洲是 A 律）对语音信号进行对数转换。然后是 PCM，使用均匀量化。其结果是我们更加关注语音中的低音变化，而忽略了高音部分的细微变化。

假设语音的频率范围是 50Hz～10kHz，则奈奎斯特采样率是 20kHz。如果使用没有压缩扩展的均匀量化，每个样本点最少需要 12 位。因此，对于单声道传输，比特率将是 240kbps。如果使用压缩扩展，我们可以在获得同样的感知效果下将每个样本点的大小减少到 8 位，从而将比特率降低到 160kbs。不过，在标准的电话系统中，认为我们能够发出的最高频率为 4kHz。因此，采样率为 8kHz，压缩扩展的比特率仅为 64kbps。

为了能够正确得到这种相对简单的语音压缩形式，我们还必须解决两个小问题。首先，由于我们只考虑了最高频率为 4kHz 的声音，那么所有其他频率的信号都会被认为是噪声。因此，我们应该过滤掉输入模拟信号中的高频部分。这是通过一个带限滤波器实现的，该滤波器阻挡了高频以及极低频的信号。未去除（即"通过"）的频带正是我们想要保留的。这种滤波器也称为带通滤波器。

其次，一旦我们得到一个脉冲信号，如图 6.14a 所示，我们仍必须执行数/模转换，重构输出模拟信号。但是我们得到的信号实际上是阶梯形信号（如图 6.14b 所示）。这种离散信号不仅包含原始信号的频率分量，而且因为信号中存在不平滑的拐角，根据傅里叶分析理论，这个信号也包含无限多的高频信号。我们知道这些高频信号是后来引入的，所以我们在数/模转换器的输出端安装一个低通滤波器，只允许低于原始信号频率最大值的信号通过。图 6.15 显示了编码和解码电话信号的完整方案。由于低通滤波器的作用，输出信号变得平滑，如图 6.14c 所示。为了简单起见，图 6.14 没有显示压缩扩展的效果。

166

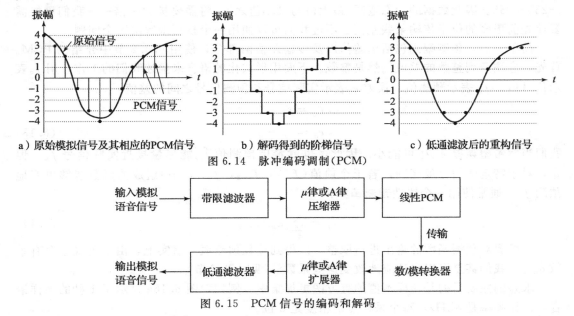

a）原始模拟信号及其相应的PCM信号   b）解码得到的阶梯信号   c）低通滤波后的重构信号

图 6.14 脉冲编码调制（PCM）

图 6.15 PCM 信号的编码和解码

167

A 律或 μ 律 PCM 编码被国际电报电话咨询委员会（Telephone Consultative Committee，CCITT）的标准 G.711 采用，用于数字电话。该 CCITT 标准现在已被纳入国际电信联盟（International Telecommunication Union，ITU）的新标准中。

6.3.3 音频的差分编码

通常我们并不采用简单的 PCM 来存储音频，而是采用差分编码的方式。最起码，差分值通常较小，可以使用较少的位数来存储。

求取差分值的一个优点是差分信号的直方图相较于原始信号的直方图更加集中。例如，考虑一种极端的情况，按照固定斜率递增的信号的直方图是均匀的，然而该信号的导数（即采样点之间的差值）直方图仅在原始信号的斜率值处有一个峰值。

通常，如果一个和时间相关的信号随时间具有一定时间冗余，那么把当前样本和前一样本相减产生的差分信号，将会在直方图上产生一些峰值，并且在 0 值附近具有最大值。因此，如果我们给差分值分配码字，可以给出现频率高的值分配较短的码字，给出现频率低的值分配较长的码字。

下面我们将首先介绍无损编码。量化必然会丢失信息。但如果我们不采用量化，通过求取差值仍然能够实现压缩，这是因为相较于原始信号，差分值的变化范围更小。第 7 章将介绍更复杂的无损压缩技术，不过这里先看一个简单的版本。如果使用量化，预测编码便转变成 DPCM，这是一种有损编码。我们也会介绍那种方法。

6.3.4　无损预测编码

预测编码仅仅意味着传输差异值。我们预测下一个样本值和当前样本值相等，然后不发送具体的样本值，而是发送采样值和预测值的误差。也就是说，如果我们预测到下一个采样值等于前一个采样值，那么误差就是前一样本和下一样本之间的差值。我们也可以使用更加复杂的预测方案。

但是，注意一个问题。假设我们的整数样本值的范围是 0～255，那么差分值的范围是 −255～255。因此数据的动态范围（最大值与最小值之比）将需要扩大一倍——我们可能需要比先前更多的位来传输某些差值。不过我们可以使用一个技巧来解决这个问题。

168

简单一点，预测编码包括求差值以及传输差值两部分，使用 6.3.2 节中介绍的 PCM。首先，应注意到整数的差值仍然是整数。下面用形式化的语言来描述我们的工作。用 f_n 表示信号值。$\hat{f}_n$ 表示预测值。误差 e_n 表示实际信号和预测信号之间的差值：

$$\hat{f}_n = f_{n-1}$$
$$e_n = f_n - \hat{f}_n \tag{6.13}$$

我们当然希望误差 e_n 尽可能小。因此，也就希望预测值 $\hat{f}_n$ 能尽量接近实际信号 f_n。但是，对于特定的信号值序列，若干个前值（f_{n-1}，f_{n-2}，f_{n-3}，…）组成的函数能够更好地预测 f_n。通常使用一个线性预测函数：

$$\hat{f}_n = \sum_{k=1}^{2\sim 4} a_{n-k} f_{n-k} \tag{6.14}$$

一般要对预测函数的输出进行取整，以得到整数预测值。事实上，由于公式中含有系数 a_{n-k}，我们甚至可以自适应地改变这些系数值（见 6.3.7 节）。

求差的主要目的是让样本值的直方图更加集中。例如，图 6.16a 显示了 1 秒的采样语音，采样频率是 8kHz，每个采样点的精度是 8 位。

如图 6.16b 所示，这些采样值集中分布在 0 的周围。图 6.16c 显示了对应的语音信号差分值的直方图。和原始采样值相比，差分值在 0 周围的聚集度更高。因此，按照较短码字分配给出现频率高的值的原则，我们将最短的码字赋给 0 以节约空间。对差值使用这种编码方法比对原始采样值使用这种编码方法的效果要好很多。如果使用更复杂的预测函数，其编码效果也会比简单地用前一信号值作为预测值更好。

现在，我们仍然有一个问题没有解决。由于某些原因，如果一个差分值集合中包含一些特别大的差分值，我们该怎么处理？为了解决这个问题，我们需要在差分值列表中添加定义两个新的码字 Shift-UP 和 Shift-Down，用 SU 以及 SD 来指代它们。它们在编码中会取两个特殊值。

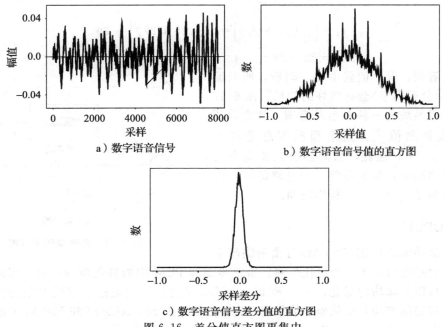

a）数字语音信号

b）数字语音信号值的直方图

c）数字语音信号差分值的直方图

图 6.16　差分使直方图更集中

假设样本的取值范围为 0～255，则差分值的取值范围为 −255～255。定义 SU 和 SD 表示增加或减少 32。这样，我们可以为一组有限的信号差分值 −15～16 定义码字。差分值原始取值范围是 −255～255，在 −15～16 范围内的信号差分值就可以按照前面讨论的方法编码，如果一个信号差分值不在这个范围内，那么可以用一系列的递增/递减再加上一个 −15～16 范围内的值进行转换。例如，100 将以 SU、SU、SU、4 的形式传输，发送的是 SU 和 4 的码字。

无损预测编码是无损的。也就是说，解码后获得信号应该和原始信号一致。用一定的篇幅来讨论这个内容对我们理解本书会更有帮助，因此我们在这里将进行详细讨论（我们不使用非常复杂的方案，但是我们会实现一个完整的计算过程）。举一个简单的例子，假设我们通过下面的公式来定义预测值 $\hat{f}_n$：

$$\hat{f}_n = \left\lfloor \frac{1}{2}(f_{n-1} + f_{n-2}) \right\rfloor$$

$$e_n = f_n - \hat{f}_n \tag{6.15}$$

我们实际传输的是误差值 e_n（或者说是表示它的码字）。

我们来看一个具体的例子。假设我们要编码的序列是 f_1，f_2，f_3，f_4，$f_5 = 21$，22，27，25，22。为了进行编码预测，我们将引入一个额外的信号值 f_0，其值设为和 f_1 相等。首先传输的值是无需进行编码的初始值。事实上，每种编码方案都有头信息的额外开销。

然后，开始传输的第一个误差 $e_1 = 0$。接下来，

$$\hat{f}_2 = 21, e_2 = 22 - 21 = 1$$

$$\hat{f}_3 = \left\lfloor \frac{1}{2}(f_2 + f_1) \right\rfloor = \left\lfloor \frac{1}{2}(22 + 21) \right\rfloor = 21$$

$$e_3 = 27 - 21 = 6$$

$$\hat{f}_4 = \left\lfloor \frac{1}{2}(f_3 + f_2) \right\rfloor = \left\lfloor \frac{1}{2}(27 + 22) \right\rfloor = 24$$

$$e_4 = 25 - 24 = 1 \tag{6.16}$$

$$\hat{f}_5 = \left\lfloor \frac{1}{2}(f_4 + f_3) \right\rfloor = \left\lfloor \frac{1}{2}(25 + 27) \right\rfloor = 26$$

$$e_5 = 22 - 26 = -4$$

我们可以看到，误差值集中在 0 附近，所以编码（给位串分配码字）会有较好的效果。图 6.17 是这种编码系统的一种典型示意图。注意，预测器生成预测值 $\hat{f}_n$。这个预测值总是基于 f_{n-1}，f_{n-2}，…，因此，预测器必须要配有内存。在预测期中，至少需要一个电路能够将前一个信号值 f_{n-1} 延时一个操作周期。

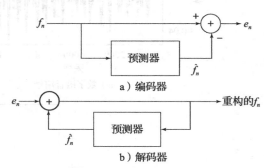

图 6.17 预测编码示意图

6.3.5 DPCM

差分脉冲编码调制（DPCM）与预测编码非常类似，只是它包含了一个量化步骤。量化步骤和 PCM 中的量化步骤相同，可以是均匀量化，也可以是非均匀量化。有一种 Lloyd-Max 量化法，它通过求解误差项的最小方差值，求得最好的非均匀量化坐标值集合，这种方法是用 StuartLloyd 和 Joel Max 命名的。

我们在这里约定一些记号。我们记原始信号为 f_n，预测信号为 $\hat{f}_n$，量化后重构得到的信号为 $\tilde{f}_n$。DPCM 的操作流程是，首先生成预测值，然后通过实际信号值减去预测值生成误差值 e_n。接着将误差值量化，得到量化后的误差值 $\tilde{e}_n$。可以用如下的方程来描述 DPCM：

$$\hat{f}_n = \text{function\_of}(\tilde{f}_{n-1}, \tilde{f}_{n-2}, \tilde{f}_{n-3}, \cdots)$$

$$e_n = f_n - \hat{f}_n$$

$$\tilde{e}_n = Q[e_n] \tag{6.17}$$

$$\text{传输} \text{codeword}(\tilde{e}_n)$$

$$\text{重建：} \tilde{f}_n = \hat{f}_n + \tilde{e}_n$$

我们使用熵编码（例如我们将在第 7 章中讨论的赫夫曼编码）来生成量化后的误差值 $\tilde{e}_n$ 的码字。

注意，预测总是基于量化重构后的信号值的。这么做的原因是，编码阶段使用的所有信息在解码阶段同样能够得到。一般来说，如果我们在预测器中错误的使用了实际信号 f_n，而不是预测信号 $\tilde{f}_n$，量化误差往往会累积起来，使得最后误差不再集中在 0 附近分布。

编码器/解码器主要用来生成重建的量化信号值 $\tilde{f}_n = \hat{f}_n + \tilde{e}_n$。我们使用平均方差 $\left[\sum_{n=1}^{N} (\tilde{f}_n - f_n)^2 \right]/N$ 来衡量信号的"失真率"，我们也经常看到失真率和信号值位数的关系图。相较于均匀量化器，Lloyd-Max 量化器产生的失真更少，效果要更好。

对于一些信号，我们需要选择量化步长的大小，使得它们能够和信号值的上下界相匹配。如果我们遵循这一做法，即使采用的是均匀量化，也能获得更好的效果。对于语音信号，我们可以通过计算一组信号值的平均值和方差，然后再调整量化步长来得到合适的步长。也就是说，从时刻 i 开始，我们取一段语音，其中含有 N 个采样值 f_n。我们要使得下面公式表示的量化误差最小：

$$\min \sum_{n=i}^{i+N-1} (f_n - Q[f_n])^2 \tag{6.18}$$

由于信号的差分值非常集中，我们可以使用 Laplacian 概率分布函数来对描述它们。Laplacian 的分布也非常集中在 0 周围[6]，概率分布函数形式为 $l(x) = \left(\dfrac{1}{\sqrt{2\sigma^2}}\right) \exp\left(\dfrac{-\sqrt{2}|x|}{\sigma}\right)$，其中 σ^2 为方差。因此，通常我们假设信号差分值 d_n 服从这样的分布，然后给非均匀量化器分配步长。选择的步长要能使下面的公式取最小值：

$$\min \sum_{n=i}^{i+N-1} (d_n - Q[d_n])^2 l(d_n) \tag{6.19}$$

〔172〕

这是一个最小二乘问题，可以用 Lloyd-Max 量化器进行迭代求解。

　　图 6.18 是 DPCM 编码器/解码器的示意图。示意图中有几个有趣但常见的特征很容易被忽视。首先，应注意到预测器使用的是重构的、量化的信号值 $\tilde{f}_n$，而不是实际的信号值 f_n。也就是说，编码器的预测模块中实现了解码器的功能。量化器可以是均匀的也可以是非均匀的。

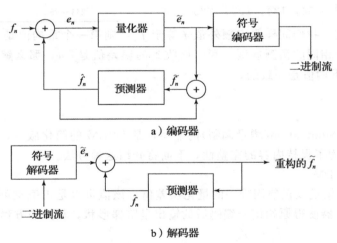

图 6.18　DPCM 示意图

　　示意图中标有"符号编码器"的框一般指赫夫曼编码器，我们将在第 7 章详细介绍这一步骤。生成预测值 $\hat{f}_n$ 时，我们需要使用一些之前的预测值 $\tilde{f}$，因此需要缓存这些值。值得注意的是，量化噪声 $f_n - \tilde{f}_n$ 和误差项因量化产生的偏差 $e_n - \tilde{e}_n$ 是相等的。

　　使用真实数据有助于我们更好地理解编码过程。假设我们使用下面的预测器：

$$\hat{f}_n = \text{trunc}\left[\frac{(\tilde{f}_{n-1} + \tilde{f}_{n-2})}{2}\right] \tag{6.20}$$

因此 $e_n = f_n - \tilde{f}_n$ 是一个整数

使用下面的公式来进行量化：

$$\tilde{e}_n = Q[e_n] = 16 * \text{trunc}\left[\frac{(255 + e_n)}{16}\right] - 256 + 8 \tag{6.21}$$

$$\widetilde{f}_n = \hat{f}_n + \widetilde{e}_n$$

首先，我们应注意到误差的范围是 $-255 \sim 255$，也就是说，误差项可能有 511 种取值。量化器简单将误差范围划分成 32 块，每块包含 16 个取值。同时，每一块的代表重构值设为其相应的 16 个取值的中间值。

表 6.7 给出了输入信号值对应的输出值：4 位编码以阶梯函数的形式被映射到 32 个重构值。（注意，最后一个区间只包含 15 个值，而不是 16 个值。）

举一个信号流的例子。考虑如下的信号值集合：

f_1	f_2	f_3	f_4	f_5
130	150	140	200	230

我们在数据流中前置一个额外的值 f，f 复制了第一个值 f_1，即 $f = 130$。量化误差的初始值 $\widetilde{e}_1 \equiv 0$，这样我们的第一个重构值是准确的：$\widetilde{f}_1 = 130$。后续值的计算如下（方框中的是前置值）：

$$\hat{f} = \boxed{130}, \ 130, \ 142, \ 144, \ 167$$
$$e = \boxed{0}, \ 20, \ -2, \ 56, \ 63$$
$$\widetilde{e} = \boxed{0}, \ 24, \ -8, \ 56, \ 56$$
$$\widetilde{f} = \boxed{130}, \ 154, \ 134, \ 200, \ 223$$

表 6.7 DPCM 量化器的重构级别

e_n 的范围	量化值
$-255 \sim -240$	-248
$-239 \sim -224$	-232
$\vdots$	$\vdots$
$-31 \sim -16$	-24
$-15 \sim 0$	-8
$1 \sim 16$	8
$17 \sim 32$	24
$\vdots$	$\vdots$
$225 \sim 240$	232
$241 \sim 255$	48

在解码的时候，我们同样假定额外值 $\widetilde{f}$ 等于 $\widetilde{f}_1$，则第一个重构值是 $\widetilde{f}_1$。只要我们使用和编码阶段完全相同的预测规则，我们接收到的误差值是 $\widetilde{e}n$，那么解码得到的重构值 $\widetilde{f}_n$ 和编码阶段的重构值是一致的。

6.3.6   DM

DM 是 Delta Modulation(增量调制)的缩写，是 DPCM 的简化版本，常用作一个快速的模/数转换器。为了保持内容的完整性，下面将介绍这种方法。

1. 均匀 Delta DM

DM 的主要思想是仅仅使用唯一的量化误差值，该值可以是正值也可以是负值。这种只使用 1 位的编码器使得原始信号编码后的输出呈阶梯形状。相关的方程组如下：

$$\hat{f}_n = \widetilde{f}_{n-1}$$
$$e_n = f_n - \hat{f}_n = f_n - \widetilde{f}_{n-1}$$
$$\widetilde{e}_n = \begin{cases} +k, & e_n > 0, \quad \text{其中 } k \text{ 是常数} \\ -k, & e_n \leqslant 0 \end{cases} \qquad (6.22)$$
$$\widetilde{f}_n = \hat{f}_n + \widetilde{e}_n$$

注意，这里的预测只涉及一个时延。

同样，我们考虑真实的数据。假设信号值如下：

f_1	f_2	f_3	f_4
10	11	13	15

我们同样设初始的重构值 $\widetilde{f}_1 = f_1 = 10$。

假设步长值 $k = 4$，那么就能得到下面的值：

$$\hat{f}_2 = 10, \ e_2 = 11 - 10 = 1, \quad \widetilde{e}_2 = 4, \quad \widetilde{f}_2 = 10 + 4 = 14$$

$$\hat{f}_3 = 14,\ e_3 = 13 - 14 = -1,\ \tilde{e}_3 = -4,\ \tilde{f}_3 = 14 - 4 = 10$$
$$\hat{f}_4 = 10,\ e_4 = 15 - 10 = 5,\ \tilde{e}_4 = 4,\ \tilde{f}_4 = 10 + 4 = 14$$

我们发现重构值 10、14、10、14 与原始值 10、11、13、15 的偏离并不大。

然而，不难发现，在信号基本上维持常数值而很少变动时，使用 DM 会有很好的效果，但当信号变化剧烈时，其效果就不理想了。解决这个问题的一种方法是将采样频率提高到奈奎斯特采样率的数倍，这样 DM 就成为一种简单但有效的模/数转换器。

2. 自适应 DM

然而，如果实际信号波形非常陡峭，那么阶梯状的逼近就不会有很好的效果。处理陡峭波形的一种简单方法是自适应地改变步长 k，即根据信号的当前特点来设定步长值 k。

6.3.7 ADPCM

自适应 DPCM 的思想是调整编码器使其更好地适应输入值。一个 DPCM 编码器由两部分组成：量化器和预测器。在上文提到的自适应 DM 中，我们调整量化器的步长大小以适应输入。在 DPCM 中，我们可以自适应地调整量化器，包括调整步长以及在非均匀量化中调整判别边界。

我们可以通过两种方式来实现这一目标：使用输入信号的特点（称之为前向自适应量化）或使用量化输出信号的特点。如果量化误差太大，我们需要修改非均匀 Lloyd-Max 量化器（这称为后向自适应量化）。

我们也可以使用前向或后向自适应来调整预测器。一般称自适应变化预测器系数的编码方式为自适应预测编码（Adaptive Predictive Coding，APC）。这种方法的具体实现非常有趣。前面讲过，预测器通常是已有的重构量化值 $\tilde{f}_n$ 的线性函数。我们称一个预测器使用的以前的预测值数目为预测器的阶（order）。例如，如果我们使用 M 个以前的值，那么在预测器中需要 M 个系数 a_i，$i = 1, \cdots, M$。

$$\hat{f}_n = \sum_{i=1}^{M} a_i\, \tilde{f}_{n-i} \tag{6.23}$$

从公式中我们可以看出，预测系数 a_i 与以前量化的值相乘。如果我们要修改这组系数，就会遇到一个难题，我们需要求解一组复杂的方程。假设使用最小二乘法来解决这个极小值问题，希望能够找到 a_i 的最优解：

$$\min \sum_{n=1}^{N} (f_n - \hat{f}_n)^2 \tag{6.24}$$

在公式里，我们需要为当前语音段中的大量样本 f_n 求和。因为 $\hat{f}_n$ 是量化值，我们有一个难题需要解决。此外，我们还需要改变量化细度，以适应信号不断变化的特点，这让问题变得更加复杂。

相反，我们通常转而求解一个更简单的问题。我们在预测过程中不使用重构值 $\tilde{f}_n$，而是原始信号值 f_n。这使得问题更容易解决，因为如果带入系数 a_i，我们希望求解的问题变成：

$$\min \sum_{n=1}^{N} \left(f_n - \sum_{i=1}^{M} a_i f_{n-i}\right)^2 \tag{6.25}$$

注意其中 a_i 的取值，将其中一部分设置为 0，可以得到一个易解的有 M 个方程组成的线性系统。（该方程组称为 Wiener-Hopf 方程。）

这样，我们就找到了一种自适应改变预测器的简单方法。对于语音信号，通常考虑信号值块，就像图像编码一样，并自适应地改变预测器、量化器或两者。如果采样频率为

8kHz，常用的语音块大小为 128 个样本点（即 16 毫秒的语音）。图 6.19 显示了 ADPCM
编码器和解码器的示意图[7]。

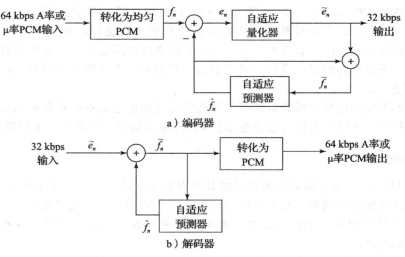

图 6.19   ADPCM 示意图

6.4 练习

1. 我们希望为医生开发一项新的互联网服务。医疗超声波的频率范围为 2～10MHz，那么
   我们应该选择多大的采样率？
2. 我的旧 Soundblaster 声卡是一块 8 位卡。
   (a) 这里的 8 位是指什么是 8 位的？
   (b) 它能实现的最佳 SQNR(Signal to Quantization Noise Ratio，信号量化噪声比)是多少？
3. 如果一个大号的声音比一个歌手的声音高 20db，那么大号音与歌手声音的强度之比是多少？
4. 如果一套耳塞能把噪声降低 30db，那么它将降低了多少强度（能量）？
5. 众所周知，由于音频放大器的频率响应函数，音频输出在听觉所及频率范围的两端的
   信息损失是不可避免的。
   (a) 如果对于中音频率，输入电压是 1V，那么对 18kHz 的频率，在损失 −3dB 以后输
       出电压是多少？
   (b) 为了补偿这些损失，听众可以调整均衡器在不同频率上的增益（从而可以调整输
       出）。如果损耗仍然为 −3dB，均衡器在 18kHz 的增益为 6dB，那么输出电压是多
       少？（提示：假设 $\log_{10} 2 = 0.3$。）
6. 假设采样频率是真实频率的 1.5 倍，那么假频是多少？
7. 在一个拥挤的房间里，即使总体的噪声水平很高，我们仍然可以分辨并且听懂周围人
   的声音。这就是所谓的"鸡尾酒派对效应"。具体的原理是我们的听觉系统能够根据进
   入左耳和右耳的两个声音信号之间的相位差来定位声源（"双耳听觉"）。单声道时，如
   果噪声水平很高，我们将无法很好地听到周围人的谈话。
   说说你认为卡拉 OK 系统是如何工作的？
   提示：在商业音乐录音的混音中，每种乐器的左右声道的"pan"参数不同。也就是
   说，对于一种乐器，它的左声道或右声道被标定了。请问如何记录演唱者的声道时间

才能更加容易地去除演唱者的声音(通常的做法)?

8. 一个信号 V 的动态范围是其最大值与最小值的比率,用分贝表示。信号预期的动态范围在某种程度上是对信号质量的表述。它也决定了为了将量化噪声降低到一个可接受的水平每个采样所需的位数。例如,我们可能希望量化噪声在幅度上比 V_{min} 至少低一个数量级。假设信号的动态范围为 60dB。我们使用 10 位能够满足要求吗? 16 位呢?

9. 假设电话系统中语音的动态范围即 $\dfrac{V^{max}}{V_{min}}$ 的比值,约为 256。使用均匀量化,我们需要使用多少位来编码语音,才能使量化噪声在幅度上比最小的可检测的电话声音低一个数量级?

10. 感知不均匀性(perceptual nonuniformity)是描述人类感知的非线性特点的一个通用术语。例如,当音频信号的某一参数变化时,人察觉到的差异并不一定和变化量成比例。

    (a) 简要描述至少两种人类听觉感知中感知不均匀性的例子。

    (b) A 律(或 μ 律)试图逼近的是哪一种感知不均匀? 它为什么能够改进量化?

11. 在决定一个模拟值应该映射到哪一个量化级别时,假设我们总是错误地使用量化间隔中 0.75 点处而不是中间点作为决策点。在此基础之上,我们粗略地计算 SQNR。请问这个错误对 SQNR 有什么影响?

12. 说明以下数字采样间隔的奈奎斯特频率。结果用赫兹表示。

    (a) 1ms　　　　　　(b) 0.005s　　　　　　(c) 1h

13. 绘制一幅示意图,显示一个频率为 5.5kHz 的正弦信号,并以 8kHz 频率对其采样(在图中只要绘制 9 个采样点)。绘制一条 2.5kHz 的假频,并且在图中应该可以看出在 8 个采样间隔中,真实信号的 5.5 个周期刚好和假频信号的 2.5 个周期一致。

    178

14. 在一部旧的西部电影中,我们注意到尽管公共马车是向前行驶的,它的车轮看起来却在以每帧 5° 的速率向后倒退。请问产生该现象的原因是什么? 真实情况应该是怎样的?

15. 假设一个信号含有 1kHz、10kHz 以及 21kHz 的成分,并以 12kHz 的速率对其进行采样(然后采样信号通过一个抗混叠滤波器从而将输出限制在 6kHz 内)。输出信号中包含有哪些频率成分?

    提示:大部分输出都有混叠。

16. MIDI 中的 Pitch Bend 操作码后紧跟有两个数据字节,这两个字节指定了如何更改控制。这一数据量对应的精度有多少位? 为什么?

17. (a) 单个 MIDI 消息能否产生多个音符声音?

    (b) 在一个特定乐器上能一次发出多个音符的声音吗? 如果可以,在 MIDI 中怎样实现?

    (c) Program Change MIDI 消息是通道消息吗? 这个消息是做什么的? 根据 Program Change 消息,通用 MIDI 中一共有多少个不同的乐器? 为什么?

    (d) 一般来说,MIDI 消息主要分为哪两种主要类型? 在数据方面,这两种消息之间的主要区别是什么? 请列出这两种分类中的不同子类型。

18. "中央 C 上方的 A" 音符(其频率为 440Hz)在通用 MIDI 中是音符 69。如果要在通道 1 上以最大音量播放一个音符,该音符的频率是"中央 C 上方的 A"音符的两倍(即,高一个八度),应该发送什么 MIDI 字节(以十六进制的形式)?(不包括起始位和停止位。)

    信息:钢琴上的八度是 12 个步长,即 12 个音符。

19. 使用文字而不是十六进制值给出一个 MIDI 声部消息的例子。

    描述上面这则消息的"汇编"语句部分。

"Program Change" 消息的作用是什么？假设 "Program Change" 是十六进进 &HC1。指令 &HC103 的作用是什么？

20. 我们突然发明了一种新音乐："18 音调音乐"。这种音乐需要有一个带 180 个键的键盘。为了播放这种音乐，我们应该怎样修改 MIDI 标准？

21. 在 PCM 中，若采样频率为 8kHz，那延迟是多少？一般来说，延迟是因采样、处理和分析而导致的算法所需要的时间消耗。

22. （a）假设我们使用了如下的预测器：

$$\hat{f}_n = \mathrm{trunc}\Big(\frac{1}{2}(\tilde{f}_{n-1} + \tilde{f}_{n-2})\Big)$$

$$e_n = f_n - \hat{f}_n \tag{6.26}$$

并且，我们使用式（6.21）中定义的量化器。如果输入信号值如下：

20 38 56 74 92 110 128 146 164 182 200 218 236 254

DPCM 编码器（不含熵编码）的输出如下：

20 44 56 74 89 105 121 153 161 181 195 212 243 251

图 6.20a 显示了量化重构信号是如何跟踪输入信号的。

（b）现在，假设在编码的时候，我们无意中错误地使用了式（6.15）中定义的无损编码的预测器，使用了原始信号 f_n 而不是量化信号 $\tilde{f}_n$。则解码后我们得到的重构信号值如下：

20 44 56 74 89 105 121 137 153 169 185 201 217 233

可以看出误差在逐渐加剧。

图 6.20b 显示了这一结果：重建信号越来越差。

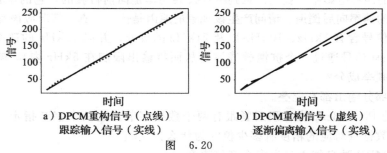

a) DPCM重构信号（点线）跟踪输入信号（实线）　　b) DPCM重构信号（虚线）逐渐偏离输入信号（实线）

图　6.20

参考文献

1. B. Truax, *Handbook for Acoustic Ecology*, 2nd edn. (Cambridge Street Publishing, 1999)
2. K.C. Pohlmann, *Principles of Digital Audio*, 6th edn. (McGraw-Hill, New York, 2010)
3. J.H. McClellan, R.W. Schafer, M.A. Yoder, *DSP First: A Multimedia Approach*. (Prentice-Hall PTR, Upper Saddle River, 1998)
4. J. Heckroth, Tutorial on MIDI and music synthesis. The MIDI Manufacturers Association, POB 3173, La Habra, CA 90632–3173, (1995).
5. P.K. Andleigh, K. Thakrar, *Multimedia Systems Design*. (Prentice-Hall PTR, Upper Saddle River, 1995)
6. K. Sayood, *Introduction to Data Compression*, 4th edn. (Morgan Kaufmann, San Francisco, 2012)
7. R.L. Freeman, *Reference Manual for Telecommunications Engineering*, 3rd edn. (Wiley, New York, 2001)

多媒体数据压缩

数据压缩是实现现代多媒体系统的重要技术，主要包含无损压缩和有损压缩，以及一些用于动态图像（视频）的数据压缩方式。无损压缩是指在解压缩或重构时不会造成原始数据失真。例如，对以往画作进行保存时，我们希望尽量保留原始信息，就可以采用无损压缩。Winzip 是广泛使用的无损压缩工具。有损压缩主要关注离散余弦变换和离散小波变换，有损压缩应用于 JPEG 静态图像压缩标准，以及 JPEG2000。例如，对于家庭影院中的视频数据，如果 PC 不能处理这么多数据，我们就可以利用有损压缩方法选择性地丢失一些信息。现在几乎所有的视频以及网上大量的 JPEG 格式的图像都是以有损方式压缩的。用于动态图像（视频）的数据压缩主要用于压缩视频和音频。

本部分将对这些方法进行详细介绍。第 7 章首先介绍无损压缩，第 8 章和第 9 章介绍有损压缩，其余部分将讨论能够用于动态图像（视频）的数据压缩方法。其中，第 10 章介绍基本的视频压缩方法；第 11 章研究 MPEG 标准的思想，以 MPEG-1、MPEG-2、MPEG-4 和 MPEG-7 为主；第 12 章介绍最新的视频压缩标准 H.264 和 H.265；在第 13 章中讨论基础的音频压缩技术。在第 14 章中讨论 MPEG 音频，包括 MP3 和 AAC。

无损压缩算法

7.1 简介

多媒体技术的出现已经使数字图书馆(digital library)得以成为现实。如今,图书馆、博物馆、电影工作室以及政府部门都在尝试着将越来越多的数据和档案文件转换成数字形式。在这些数据中,有些数据(例如,珍贵书籍和画作)需要进行无损保存。

假设我们需要对美国国会图书馆约 1.2 亿个馆藏物品的编号目录进行编码(书籍类的馆藏物品仅有两千万件),为什么不直接将每个物品转换成一个 27 位的数字,并对每个物品赋予一个唯一的二进制编码呢($2^{27}>120\ 000\ 000$)?不这样做的主要原因是该方法需要太多的位数。现在许多编码技术能够有效减少存储上述信息所需的总位数,这种处理过程通常被称为压缩(compression)[1,2]。

在第 6 章中,我们对音频压缩方法已经有了初步的认识。对音频压缩而言,我们必须首先考虑将模拟信号转换为数字信号的复杂性,而在这里,我们的讨论将直接从数字信号开始。举个例子,尽管我们知道图像采集时使用的是模拟信号,但是由数字摄像机产生的文件的确是数字化的。长期以来,人们一直在研究一个更普遍的问题,即如何对一组任意的符号(而不仅仅是字节值)进行编码。

回到上述国会图书馆的问题,我们知道编号目录的某些部分比其他部分出现的频率更高,因此,在编码时给这些出现频率较高的部分赋予较少的位数会更加经济。这种编码方法就是所谓的变长编码(Variable-Length Coding,VLC),即在编码时给出现频率较高的符号赋予较少的位数,反之亦然。这样,我们就能以更少的位数表示全部馆藏物品。

在本章中,我们将学习一些有关信息论的基本知识和几种应用广泛的无损压缩技术。图 7.1 描述了一个通用的数据压缩方案,其中压缩由编码器实现,解压缩由解码器实现。

图 7.1 一个通用的数据压缩方案

我们把编码器的输出称作编码(code)或码字(codeword)。中间媒介可以是数据存储器或是通信/计算机网络。如果压缩和解压缩过程没有任何信息丢失,则这种压缩方法就是无损的(lossless),否则就是有损的(lossy)。有损压缩方法将在接下来的几章中介绍,有损方法通常用于图像、视频和音频压缩。在本章中,我们将重点介绍无损压缩。

如果压缩前表示某信息所需要的总位数是 B_0,而压缩后所需要的总位数为 B_1,我们可以定义压缩率(compression ratio)为:

$$压缩率 = \frac{B_0}{B_1} \tag{7.1}$$

一般而言,我们期望任何一个多媒体数字信号编解码器(编码/解码方案)的压缩率都远大于 1.0。只要这种方案在计算上是可行的，那么压缩率越高，意味着无损压缩方案越好。

7.2 信息论基础

根据贝尔实验室的著名科学家 Shannon 的研究[3,4]，一个具有符号集 $S = \{s_1, s_2, \cdots, s_n\}$ 的信息源（source）的熵（entropy）η 定义为

$$\eta = H(S) = \sum_{i=1}^{n} p_i \log_2 \frac{1}{p_i} \tag{7.2}$$

$$= -\sum_{i=1}^{n} p_i \log_2 p_i \tag{7.3}$$

其中 p_i 是 S 中符号 s_i 出现的概率。

$\log_2 \frac{1}{p_i}$ 表明了包含在 s_i 中的信息量（即由 Shannon 定义的自信息量[3]），它与对 s_i 进行编码所需的位数[⊖]相等。例如，如果在一份稿件中出现字符 n 的概率为 $\frac{1}{32}$，则与接收该字符相关的信息量是 5 位。换言之，要对字符串 nnn 进行编码，需要使用 15 位。这就是文本压缩能够减少数据量的基础，因为它将使字符串编码方案与 ASCII 码表示有所不同，ASCII 码中每个字符至少使用 7 位来表示。

什么是熵？科学地讲，熵是对一个系统无序性（disorder）的度量（即熵越大，表示该系统越无序）。通常，我们通过增加系统的负（negative）熵来使该系统更加有序。举一个例子，假设我们对一叠卡片进行排序（考虑采用冒泡排序，尽管这不一定是你通常给卡片排序的方式），对于每一次交换或不交换的决策，都将为卡片系统增加 1 位的信息量，并且为这叠卡片传送 1 位的负熵。

现在，假设我们希望通过网络来传送（communicate）上述交换决策。如果必须做出两次连续的交换决策，那么可能会产生 4 种结果。如果每种结果都具有相等的 $\frac{1}{4}$ 的概率，那么需要发送的平均位数就是 $4 \times \left(\frac{1}{4}\right) \times \log_2 \left[\frac{1}{\left(\frac{1}{4}\right)}\right] = 2$ 位（这个结果不足为奇）。我们将只需要传输 2 位就可以传送（传输）两个决策的结果。

但是，如果某种结果的概率高于其他的结果，那么我们发送的平均位数将有所不同。（这种情况可能发生在卡片部分有序的时候，这时不交换的概率要高于交换的概率。）假设四个状态中某个状态的概率为 $\frac{1}{2}$，其他三个状态的发生概率为 $\frac{1}{6}$。为了对平均发送位数模型进行拓展，我们需要借助于 2 的非整数次幂来表示概率。那么，我们可以使用对数来计算传送信息内容需要的位数。根据式（7.3），我们需要传送 $\left(\frac{1}{2}\right) \times \log_2(2) + 3 \times \frac{1}{6} \times \log_2(6) = 1.7925$ 位，比 2 位要少。这反映出如果我们能够在对四个状态进行编码（encode）时，使出现概率最高的一个状态用较少的位数来传送，那么我们将可以较好地减少平均传送的

⊖ 因为我们在上面的定义中选择 2 作为对数的底，所以信息的单位是位，这对于数字计算机中的二进制编码自然是最合理的，如果对数的底数是 10，则单位是哈特利（hartley），如果底数为 e，则单位是奈特（nat）。

位数。

熵定义旨在从数据流中找出经常出现的符号作为压缩位流中的候选短(short)码字。正如前面所描述的，我们使用变长编码方案进行熵编码，即给频繁出现的符号分配能够快速传输的码字，而给不经常出现的符号分配较长的码字。例如，在英语中 E 频繁出现，所以我们应该给 E 赋予比其他字母(如 Q)更短的码字。

根据式(7.3)，如果接收数据流中的某个符号出现频率低，则它出现的概率 p_i 就较低 $\left(例如 \frac{1}{100}\right)$，而它的自信息量 $\left(即 \log_2 \frac{1}{p_i} = \log_2 100\right)$ 就很大，这反映出对它编码时需要使用较长的位串。式(7.3)中对数之前的概率 p_i 表明在一个较长的流中，符号出现的平均频率与它们出现的概率相等。这种加权应该在看到特定符号时乘以"低频"元素给出的长或短的信息内容。

由式(7.3)可以看出该计算方法存在一个问题，即当一个符号的出现概率为 0 时，无法将其计入熵中，因为 0 没有对数。

再来看一个例子。如果信息源 S 是一个灰度数字图像，则 s_i 是一个取值范围为 0～ (2^k-1) 的灰度亮度值，其中 k 表示未压缩图像中每个像素的位数。通常用 8 位(一个字节)来表示一个像素，所以取值范围为[0，255]。直方图(第 3 章中讨论)是用于计算图像中灰度为 i 的像素的概率 p_i 的有效方法。

图 7.2a 给出了一幅图像的直方图，其灰度呈均匀分布，也就是说，对于任意的 i，$p_i = \frac{1}{256}$。因此这幅图像的熵为：

$$\eta = \sum_{i=0}^{255} \frac{1}{256} \cdot \log_2 256 = 256 \cdot \frac{1}{256} \cdot \log_2 256 = 8 \tag{7.4}$$

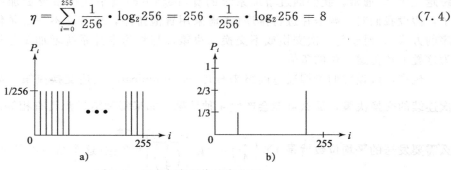

图 7.2　两个灰度图像的直方图

在式(7.3)中可以看到，熵 η 是项 $\log_2 \frac{1}{p_i}$ 的加权和，因此，它代表了源 S 中每个符号所包含的平均信息量。对于一个无记忆的源[⊖]S，熵 η 代表了表示 S 中每个符号所需的最小平均位数。换句话说，它指明了对 S 中每个符号进行编码所需的平均位数的下界。

如果我们使用 $\bar{l}$ 来表示编码器生成的码字的平均长度(单位为位)，那么香农定理说明了熵是我们能够取得的最优值(在某种条件下)：

$$\eta \leqslant \bar{l} \tag{7.5}$$

编码方案旨在尽可能地接近这个理论的下界。

在上面均匀分布的例子中可以看到一个有趣的结果：$\eta = 8$，即表示每个灰度亮度所需的最小平均位数是 8。也就是说，这幅图像不可能再被压缩。在生成图像的上下文中，对

⊖　信息源具有独立的分布，意味着当前符号的值并不依赖于前面出现的符号的值。

应着"最坏的情况",即相邻两个像素没有任何的相似性。

图 7.2b 给出了另一幅图像的直方图,其中 $\frac{1}{3}$ 的像素是比较暗的,而 $\frac{2}{3}$ 的像素比较亮。这幅图像的熵为:

$$\eta = \frac{1}{3} \cdot \log_2 3 + \frac{2}{3} \cdot \log_2 \frac{3}{2}$$
$$= 0.33 \times 1.59 + 0.67 \times 0.59 = 0.52 + 0.40 = 0.92$$

一般而言,如果概率分布比较平稳则熵较大,如果分布有尖峰则熵较小。

7.3 游程编码

对于有记忆的信息源,游程编码(Run-Length Coding,RLC)利用了信息源中的记忆。这是数据压缩中最简单的一种形式。其基本思想是,如果在我们要压缩的信息源中,同一个符号常常形成连续的片段出现,那么我们可以对这个符号以及这个片段的长度进行编码,而不是对每个符号单独编码。

举例来说,考虑一个具有单调区间的二值图像(黑白图像)。利用游程编码算法可以对这个信息源进行高效地编码。事实上,因为只有两个符号,所以我们并不需要在每一个行程的开始对任何符号编码。假设每个行程总是开始于一个特殊的颜色(黑或白),然后只需对每个行程的长度编码即可。

上面描述的是一维游程编码算法,它的二维变体常常用于二值图像编码,是利用图像中前一行的已编码的行程信息对当前行的行程进行编码。完整的算法描述可参阅文献[5]。

7.4 变长编码

由于熵可以表示信息源 S 的信息内容,所以出现了一系列通常称作熵编码(entropy coding)的编码方法。前面介绍过,变长编码(VLC)是目前最著名的熵编码之一。在本节中,我们将学习香农-凡诺算法、赫夫曼编码和自适应赫夫曼编码。

7.4.1 香农-凡诺算法

香农-凡诺算法由贝尔实验室的 Shannon 和 MIT 的 Robert Fano 独立开发[6]。在举例说明之前,我们假设对单词 HELLO 中出现的几个字符进行编码。每个字符出现的频率计数如下:

[189]

符号	H	E	L	O
数目	1	1	2	1

香农-凡诺算法的编码步骤可以按照下面自顶向下(top-down)的方式进行描述:

1) 根据每个符号出现的频率对符号进行排序。

2) 递归地将这些符号分成两部分,每一部分中的符号频率的总和相近,直到所有的部分都只含有一个符号为止。

实现上述过程时,很自然地想到建立一棵二叉树(binary tree)。根据惯例,我们给二叉树中的左支赋予 0,给右支赋予 1。

开始时,这些符号被排列为 LHEO。如图 7.3 所示,第一次划分产生两部分:出现次数为 2 的 L,记为 L:(2);出现总次数为 3 的 H、E 和 O,记为 H,E,O:(3)。第二次划分产生 H:(1)和 E,O:(2)。最后一次划分产生 E:(1)和 O:(1)。

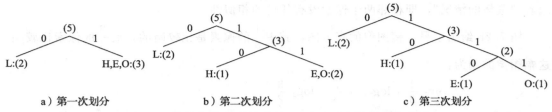

a）第一次划分   b）第二次划分   c）第三次划分

图 7.3   使用香农-凡诺算法对 HELLO 进行编码的编码树

表 7.1 总结了上述结果，给出了每个符号出现次数、信息内容 $\left(\log_2 \frac{1}{p_i}\right)$、结果码字和用来对 HELLO 中每个符号进行编码所需的位数。表的最后一行给出了所需的总位数。

表 7.1   在 HELLO 上应用香农-凡诺算法的一个结果

信号	数量	$\log_2 \frac{1}{p_i}$	编码	使用的位数
L	2	1.32	0	2
H	1	2.32	10	2
E	1	2.32	110	3
O	1	2.32	111	3
总位数：				10

在这个例子中，我们再来回顾一下前面讨论的熵的概念：

$$\eta = p_L \cdot \log_2 \frac{1}{p_L} + p_H \cdot \log_2 \frac{1}{p_H} + p_E \cdot \log_2 \frac{1}{p_E} + p_O \cdot \log_2 \frac{1}{p_O}$$
$$= 0.4 \times 1.32 + 0.2 \times 2.32 + 0.2 \times 2.32 + 0.2 \times 2.32 = 1.92$$

这表明对单词 HELLO 中每个字符进行编码所需的最小平均位数为 1.92。在这个例子中，香农-凡诺算法对每个符号进行编码的平均值为 $\frac{10}{5} = 2$ 位，这与下界十分接近。显然，这个结果令人满意。

应当指出，香农-凡诺算法的结果并不唯一。例如，第一次划分时，所有的符号也可以划分为 L，H：(3) 和 E，O：(2) 两部分。这时编码结果如图 7.4 所示。表 7.2 中的码字也会有所变化。另外，当有误差出现的时候，这两组码字可能会呈现不同的行为。但是巧合的是，对单词 HELLO 编码所需的总位数仍然是 10。

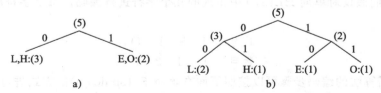

a)   b)

图 7.4   使用香农-凡诺算法对 HELLO 进行编码的另一种编码树

表 7.2   在 HELLO 上应用香农-凡诺算法的另一个结果

信号	数量	$\log_2 \frac{1}{p_i}$	编码	使用的位数
L	2	1.32	00	4
H	1	2.32	01	2
E	1	2.32	10	2
O	1	2.32	11	2
总位数：				10

190
～
191

香农-凡诺算法在数据压缩时会有令人满意的结果，但它很快就被赫夫曼算法超越并取代了。

7.4.2　赫夫曼编码

赫夫曼编码方法最早出现在 Huffman 于 1952 年发表的论文[7]中，这种方法引发了许多相关研究，并且已经获得了很多重要的和商业性的应用，比如传真机、JPEG 和 MPEG。

与自顶向下的香农-凡诺算法不同，赫夫曼编码的算法采用了自底向上（bottom-up）的描述方式。仍然以单词 HELLO 为例，与之前的算法类似，也需要创建一棵二叉编码树，同时赫夫曼编码也要用到一种简单的列表数据结构。

算法 7.1　赫夫曼编码

1) 初始化：根据符号出现的次数对列表中所有的符号进行排序。
2) 重复下面步骤直到列表中只剩下一个符号。
  (a) 从列表中选出两个具有出现次数最少的符号。以这两个符号作为孩子节点创建一棵赫夫曼子树，并为这两个节点创建一个父亲节点。
  (b) 以孩子节点出现的次数之和作为父亲节点的出现次数，将父亲节点插入字符列表中，并保持列表有序性。
  (c) 从列表中将孩子节点删除。
3) 根据从根到叶子节点的路径为每一个叶子节点赋予一个码字。

在图 7.5 中，创建了新符号 P1、P2、P3 来表示赫夫曼树中的父亲节点。列表中的内容变化如下：

初始化后：L H E O
迭代一次(a)：L P1 H
迭代两次(b)：L P2
迭代三次(c)：P3

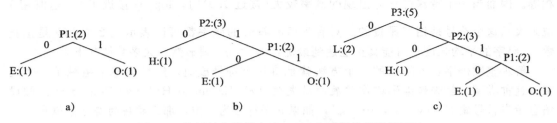

图 7.5　使用赫夫曼算法对 HELLO 进行编码的编码树

虽然赫夫曼编码的结果通常比香农-凡诺算法更好，但是在这个简单的例子中，赫夫曼编码的结果与图 7.3 的结果明显是相同的，对每个符号进行编码所需的平均位数仍然是 $2\left(即 \dfrac{(1+1+2+3+3)}{5}=2\right)$。我们再来看另一个简单的例子，考虑一个包含一组字符的文本字符串，各个字符出现的次数依次是：A：(15)、B：(7)、C：(6)、D：(6)、E：(5)。容易知道，对这个字符串编码时，香农-凡诺算法总共需要 89 位，而赫夫曼算法只需要

87 位。

如上所示，如果可以得到准确的概率（"先验统计"），则赫夫曼编码方法会产生很好的压缩结果。只要在数据压缩前将统计数字和编码树发送给解码器，则赫夫曼编码的解码将非常简单。如果数据文件足够大的话，开销是可以忽略不计的。

赫夫曼编码具有以下几个重要性质：

- **唯一前缀性质**。任何一个赫夫曼编码都不能作为另一个赫夫曼编码的前缀。比如，图 7.5c 中分配给 L 的编码 0 不是 H 的编码 10、E 的编码 110 或是 O 的编码 111 的前缀；H 的编码 10 也不是 E 的编码 110 或 O 的编码 111 的前缀。事实上，赫夫曼算法本身保证了唯一前缀的性质，因为它总是把所有的输入符号置于赫夫曼树的叶子节点上。由于唯一前缀性质，赫夫曼编码是一种前缀编码。香农-凡诺算法产生的编码也具有这样的性质。

  这种性质是必要的，因为它排除了解码时的多义性，有助于生成一个高效的解码器。在上面的例子中，如果收到了 0，则解码器可以立即产生符号 L 而无需等待后续的位。

- **最优性**。Huffman 在 1952 年的论文[7]中写道，赫夫曼编码是一种最小冗余编码（minimum-redundancy code）。在文献[2,8]中已经证明，赫夫曼编码对于任何数据模型（即一个给定的、准确的、概率分布的数据模型）都是最优的：

  - 两个频率最低的字符具有相同长度的赫夫曼编码，但是编码的最后一位不同。从上面算法中很容易看出这一点。
  - 出现频率较高的字符的码字比出现频率较低的字符的码字短。也就是说，对于符号 s_i 和 s_j，如果 $p_i \geqslant p_j$，则 $l_i \leqslant l_j$，其中 l_i 是 s_i 的码字长度。
  - 信息源 S 的平均编码长度严格小于 $\eta + 1$（参见文献[2]）。与式(7.5)联立，我们得到：

$$\eta \leqslant \bar{l} < \eta + 1 \tag{7.6}$$

1. 扩展的赫夫曼编码

到目前为止，我们讨论的赫夫曼编码都是给每一个符号赋予一个整数位长的码字。在前面我们提到，$\log_2 \dfrac{1}{p_i}$ 代表了包含在信息源 s_i 中的信息量，它与对 s_i 进行编码所需的位数相等。因而当一个特殊符号 s_i 出现的概率较大（接近 1.0）时，$\log_2 \dfrac{1}{p_i}$ 接近于 0，这时用 1 位来表示这个符号是相当昂贵的。只有当所有符号的概率都可以表示成 2^{-k} 时（k 是正整数），码字的平均长度才可能真正地达到最优，即 $\bar{l} \equiv \eta$。很显然，大多数情况下 $\bar{l} > \eta$。

解决整数码字长度问题的一个方法就是将几个符号成组，然后为整个组赋予一个码字。这种类型的赫夫曼编码称作扩展的赫夫曼编码（Extended Huffman Coding）[2]。假设信息源有符号集 $S = \{s_1, s_2, \cdots, s_n\}$，如果 k 个符号为一组，那么扩展的符号集就是

$$S^{(k)} = \{ \overbrace{s_1 s_1 \cdots s_1}^{k\text{个符号}}, s_1 s_1 \cdots s_2, \cdots, s_1 s_1 \cdots s_n, s_1 s_1 \cdots s_2 s_1, \cdots, s_n s_n \cdots s_n \}$$

注意，新符号集 $S^{(k)}$ 的大小是 n^k。如果 k 相对较大（比如 $k \geqslant 3$），而且对于大多数实际应用都有 $n \gg 1$，那么 n^k 将会是一个非常庞大的数字，这表明所需的符号表也将变得非常庞大。这个开销使得扩展的赫夫曼编码不够实用。

文献[2]中指出，如果 S 的熵是 η，那么 S 中的每个符号所需的平均位数是

$$\eta \leqslant \bar{l} < \eta + \frac{1}{k} \tag{7.7}$$

192 ～ 193

这样我们就缩小了理论上编码方法最好的上界。然而，这并没有如我们所期望的那样有优于原始的赫夫曼编码(组的大小为 1)的改进。

2. 扩展赫夫曼编码实例

下面我们给出一个扩展赫夫曼编码的实例。对一个仅有三个符号 A、B、C 的信息源 S 进行编码，A、B 和 C 出现的概率分布为 0.6、0.3 和 0.1。也就是说，符号集的大小 $n=3$。我们将求出对每个符号进行编码所需的平均位数。首先，为了作对比，我们先求出信息源的熵和用赫夫曼对每一个符号编码的位数。

通过生成赫夫曼树，可以得到赫夫曼编码：

$$A:0; B:10; C:11;$$

$$平均位数 = 0.6 \times 1 + 0.3 \times 2 + 0.1 \times 2 = 1.4 位 / 符号$$

下面，计算信息源 S 的熵

$$\eta = -\sum_i p_i \log_2 p_i = -0.6 \times \log_2 0.6 - 0.3 \times \log_2 0.3 - 0.1 \times \log_2 0.1 \approx 1.2955$$

现在我们使用扩展的编码，以两个符号为一组，即 $k=2$。我们希望将当前的每个原始源符号的位数与最佳位数进行比较。

图 7.6 展示了扩展符号集的赫夫曼树。码字的位数如下表所示：

符号组	概率	编码	位数
AA	0.36	0	1
AB	0.18	100	3
BA	0.18	101	3
CA	0.06	1100	4
AC	0.06	1101	4
BB	0.09	1110	4
BC	0.03	11110	5
CB	0.03	111110	6
CC	0.01	111111	6

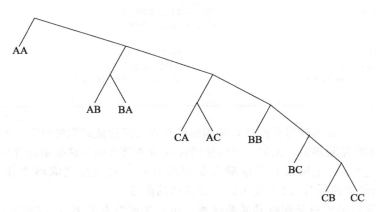

图 7.6　扩展的赫夫曼树

所以，每个符号所需的平均位数是：

$$平均位数 = 0.5 \times (0.36 + 3 \times 0.18 + 3 \times 0.18 + 4 \times 0.06 + 4 \times 0.06 + 4 \times 0.09$$
$$+ 5 \times 0.03 + 6 \times 0.03 + 6 \times 0.01) = 1.3350$$

（最前面乘以 0.5 是因为每个叶子节点给出了两个符号的编码，而我们想要求的是每个符号的平均编码位数。）

　　非扩展的赫夫曼编码得到的结果是 1.4 位，理论上的最优值下界是 1.2955。

　　由此我们发现，扩展的赫夫曼编码确实更加接近式(7.7)给出的下界，在实际应用中可以适当提高压缩率。

7.4.3　自适应赫夫曼编码

　　赫夫曼算法需要有关信息源的先验统计知识，而这样的信息通常很难获得。在多媒体应用中，数据在到达之前是未知的，例如直播（或流式）的音频和视频。即使能够获得这些统计数字，符号表的传输也会产生很大的开销。

　　对于赫夫曼算法的非扩展版本，前面的讨论假定了一种 0 阶模型，即符号/字符都是相互独立的，不包含任何上下文信息。而包含上下文信息的方法称为 k 阶模型，即每次向前（或向后）考察 k 个符号。例如，1 阶模型除了包含"q"和"u"各自的概率外，还包含如"qu"的概率之类的统计数字。然而，这也表明当 $k \geqslant 1$ 时，k 阶模型需要存储和发送更多的统计数据。

　　解决上述问题的方案就是使用自适应压缩算法（adaptive compression algorithm），在这种算法中，统计数字是随着数据流的到达而动态地收集和更新的。概率不再是基于先验知识而是基于到目前为止实际收到的数据。之所以说这种新的编码方法是"自适应的"，是因为随着接收到的符号的概率分布的改变，符号将会被赋予新的（更长或更短的）码字。这种方法在内容（某一场景的音乐或色彩）和统计数字快速变化的多媒体数据中尤为适用。

　　我们在这一节介绍自适应的赫夫曼编码（Adaptive Huffman Coding）算法。其中的许多思想也适用于其他的自适应压缩算法。

程序 7.1　自适应的赫夫曼编码的过程

```
ENCODER                        DECODER
-------                        -------

Initial_code();                Initial_code();
while not EOF                  while not EOF
 {                                {
    get(c);                          decode(c);
    encode(c);                       output(c);
    update_tree(c);                  update_tree(c);
 }                                }
```

● `Initial_code` 为符号分配初始的编解码双方已经达成共识的码字，但是不包含任何有关频率的先验知识。比如，可以使用传统的 ACSII 码为这些字符符号编码。

● `update_tree` 是构造自适应赫夫曼树的过程。它主要完成两个任务：增加符号（包括任何新的符号）的出现次数并更新树的配置。

　　■ 赫夫曼树必须总是保持其兄弟性质，也就是说所有的节点（内部节点或叶子节点）都是按照计数递增的顺序增加的。所有的节点按从左到右、自下而上的顺序编号。（如图 7.7 所示，第一个节点是 1. A：（1），第二个节点是 2. B：（1），以此类推，其中括号里的数字是出现次数。）如果违反了兄弟性质，则将触发一个交换过程对节点进行重新排列。

■ 当必须进行交换时，具有计数 N 的最远的节点将会与计数刚刚增加到 $N+1$ 的节点交换。注意，如果计数为 N 的节点不是叶子节点，而是某个子树的根节点，则该节点的整个子树将随其一同交换。

● 编码器和解码器必须使用完全相同的 `Initial_code` 和 `update_tree` 例程。

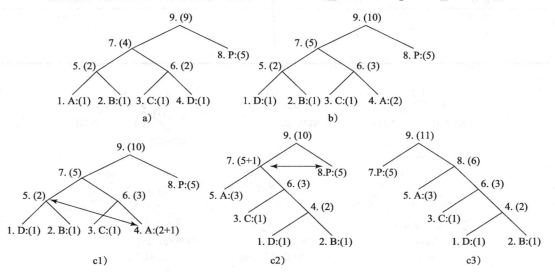

图 7.7 更新自适应赫夫曼树的节点交换过程

197

图 7.7a 描述了一颗已接收到一些符号的赫夫曼树。图 7.7b 给出了又收到一个 A（即第二个 A）后的更新树。这使得 A 的计数增加到 $N+1=2$ 并且触发了一次交换。这时，计数为 $N=1$ 的最远节点是 D：(1)。因此，A：(2) 和 D：(1) 交换。

很明显，经过 A：(2) 和 B：(1)、C：(1)、D：(1) 依次交换也可以得到同样的结果，但要经过三次交换。因此采用"具有计数 N 的最远的节点"交换的原则可以帮助我们有效避免这些不必要的步骤。

收到第 3 个 A 后赫夫曼树的更新要更复杂一些，图 7.7c1 到图 7.7c3 给出了交换的三个步骤。因为 A：(2) 会变成 A：(3)（暂时记为 A：(2+1)），所以有必要将 A：(2+1) 与第 5 个节点交换。这在图 7.7c1 中用箭头标出。

由于第 5 个节点不是叶子节点，所以带有节点 1.D：(1)、2.B：(1) 和 5.(2) 的子树将作为一个整体与 A：(3) 交换。图 7.7c2 给出了第一次交换后的赫夫曼树。现在第 7 个节点的计数将变成 (5+1)，这将触发与第 8 个节点的一次交换。图 7.7c3 给出了第二次交换后的赫夫曼树。

上面的例子给出了保持自适应赫夫曼树的兄弟性质的一个更新过程——树的更新有时候需要多次交换才能完成。这时，应当采用"自底向上"的方式，从最底层需要交换的节点开始，通过多步实现交换。换句话说，更新是顺序执行的，先按顺序对树节点进行考察，在需要交换的地方交换节点。

为了清楚地说明更多的实现细节，我们来看看另一个例子。这里，我们将不再只是说明树的更新过程，而是准确地给出传送什么位。

例 7.1 符号串 AADCCDD 的自适应赫夫曼编码

假设给编码器和解码器分配的初始编码遵循字母表中从 A 到 Z（26 个字母）的 ASCII 码顺序，如表 7.3 所示。为了改进该算法的实现，我们采用了新的规则：在第一次发送任何字符/符号前，必须先发送一个特殊的符号 NEW。NEW 的初始代码是 0。NEW 的计数总是保持为 0(计数永不增加)，在图 7.8 中记为 NEW：(0)。

表 7.3　使用自适应赫夫曼编码为 AADCCDD 分配初始码

符号	初始编码	符号	初始编码
NEW	0	C	00011
A	00001	D	00100
B	00010	……	

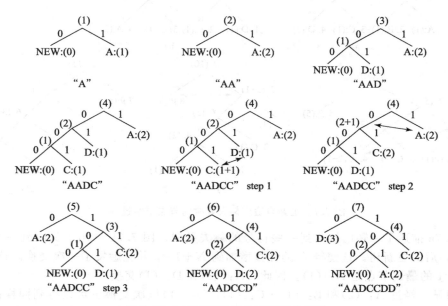

图 7.8　AADCCDD 的自适应赫夫曼树

图 7.8 给出了构建赫夫曼树的过程。初始状态没有树，给出第一个 A 后，将发送 0(表示 NEW)和初始编码 00001(表示 A)。发送完成后，创建第一棵树，记为"A"。此时，编码器和解码器都创建了相同的第一棵树，从树中可以看出第二个 A 的编码为 1，因此发送的编码为 1。

收到第二个 A 后，更新树得到 AA。收到 D 和 C 后做出同样的更新。此时产生了更多的子树，而 NEW 的编码也越来越长，从 0 到 00 到 000。

从 AADC 到 AADCC 经过了两次交换。我们通过三个步骤来清楚地说明这个更新过程。所需的交换仍用箭头标出。

- **AADCC 步骤一**。C 的频率计数从 1 增加到 1+1=2，触发 C 与 D：(1)交换。
- **AADCC 步骤二**。C 和 D 交换后，C：(2)的父节点的计数将从 2 增加到 2+1=3，触发 C 与 A：(2)的交换。
- **AADCC 步骤三**。最后 A 与 C 的父节点完成交换。

表 7.4 给出了发送给解码器的所有的符号和编码(若干 0 和 1)序列。

表 7.4　发送给解码器的符号和编码序列

符号	NEW	A	A	NEW	D	NEW	C	C	D	D
编码	0	00001	1	0	00100	00	00011	001	101	101

需要着重强调的是，某个特殊符号的编码常常会随着自适应赫夫曼编码的编码过程而改变。最近越频繁出现的符号，编码越短。例如，在 AADCCDD 之后，当字母 D 取代 A 成为出现频率最高的符号时，它的编码将从 101 变成 0。当然，这也是自适应算法的基本性质，即根据符号的新的概率分布来动态地为符号分配新的编码。

本书网站上的 "Sqeeze Page" 提供了自适应赫夫曼编码的 Java applet，可以帮助你学习这个算法。

7.5　基于字典的编码

Lempel-Ziv-Welch(LZW)算法采用了一种自适应的、基于字典的压缩技术。与变长编码方式(码字的长度不同)不同，LZW 使用定长的码字来表示通常同时出现(如英文中的单词)的符号/字符的变长字符串。和其他的自适应压缩技术一样，LZW 的编码器和解码器会在接收数据时动态地创建相同的字典。通过一个编码被一个或多个符号/字符所使用的方式可以实现数据压缩。

LZW 在实现过程中不断将越来越长的重复条目插入字典中，然后将字符串的编码发送出去而不是字符串本身(见算法 7.2)。LZW 的前身是 Jacob Ziv 在 1977 年创建的 LZ77[9] 和 Abraham Lempel 在 1978 年创建的 LZ78[10]。Terry Welch[11] 在 1984 年改进了这种算法。许多应用都采用了 LZW，如 UNIX compress、图像的 GIF 格式以及 WinZip 等。

算法 7.2　LZW 压缩

```
BEGIN
  s = next input character;
  while not EOF
    {
      c = next input character;

      if s + c exists in the dictionary
        s = s + c;
      else
        {
          output the code for s;
          add string s + c to the dictionary with a new code;
          s = c;
        }
    }
  output the code for s;
END
```

200

例 7.2　对字符串 ABABBABCABABBA 进行 LZW 压缩

我们从一个非常简单的字典(也可以称作字符串表)开始，初始时只包含三个字符和编码：

```
code      string
---------------
1         A
2         B
3         C
```

现在，如果输入字符串是 ABABBABCABABBA，则 LZW 压缩算法的工作流程如下：

```
s     c    output    code    string
----------------------------------------
                      1       A
                      2       B
                      3       C
----------------------------------------
A     B      1        4       AB
B     A      2        5       BA
A     B
AB    B      4        6       ABB
B     A
BA    B      5        7       BAB
B     C      2        8       BC
C     A      3        9       CA
A
AB    A      4        10      ABA
AB    B
ABB   A      6        11      ABBA
A     EOF    1
```

输出编码是 1 2 4 5 2 3 4 6 1。这样只需发送 9 个编码，而不是 14 个字符。如果我们假设每个字符或编码都用 1 个字节传送，那么带来的节约是很可观的（这时压缩比将是 $\frac{14}{9} = 1.56$）。（切记，在 LZW 这种自适应算法中，编码器和解码器都分别独立地创建自己的字符串表，因此没有任何传输字符串表的开销。）

显然，上例中输入字符串存在很多冗余，这些冗余正是 LZW 能够迅速实现压缩的原因。一般来说，LZW 在压缩比上的效果只有当文本长度达到百万字节时才会比较明显。

201

上述的 LZW 算法很简单，它并没有选择最优的新字符串插入字典中，因此，它的字符串表会迅速增大，如上所示。典型的用于文本数据的 LZW 实现使用 12 位的码长。因此，它的字典最多可以容纳 4096 个条目，其中前 256(0～255) 个条目是 ASCII 码。如果我们把这个考虑在内，上面的压缩比会减小到 $\frac{(14 \times 8)}{(9 \times 12)} = 1.04$。 ◀

算法 7.3　LZW 解压缩（简化版本）

```
BEGIN
   s = NIL;
   while not EOF
      {
      k = next input code;
      entry = dictionary entry for k;
      output entry;
      if (s != NIL)
         add string s + entry[0] to dictionary
         with a new code;
      s = entry;
      }
END
```

例 7.3　对字符串 ABABBABCABABBA 进行 LZW 解压缩

解码器的输入是 1 2 4 5 2 3 4 6 1。其初始字符串表与编码器的初始字符串表一致。

LZW 解码算法的工作流程如下：

```
 s     k    entry/output    code    string
------------------------------------------------
                             1       A
                             2       B
                             3       C
------------------------------------------------
NIL    1         A
 A     2         B           4       AB
 B     4         AB          5       BA
AB     5         BA          6       ABB
BA     2         B           7       BAB
 B     3         C           8       BC
 C     4         AB          9       CA
AB     6         ABB         10      ABA
ABB    1         A           11      ABBA
 A    EOF
```

显然，输出字符串是 ABABBABCABABBA，与原始字符串完全相同。 ◀ 202

LZW 算法细节

如果对 LZW 解压缩算法的简化版本进行仔细研究就会发现一个潜在问题：在自适应地更新字典时，编码器的动作有时会先于解码器发生。例如，在输入序列 ABABB 之后，编码器将输出编码 4 并为新字符串 AB 创建一个编码为 6 的字典条目。解码器收到编码 4 后，产生输出 AB，此时字典中会插入一个新字符串 BA 的编码 5。这个过程在上面的例子中会多次出现，例如编码器输出另一个编码 4 和 6 之后。从某种意义上说，这是可以预见的。因为这是一个顺序处理的过程，所以编码器的动作必须在解码器之前。在此示例中不会导致问题。

Welch[11]指出，简化的 LZW 解压缩算法将会在以下场景中产生错误。

LZW 解码器：

```
 s     c    output    code    string
------------------------------------------------
                       1       A
                       2       B
                       3       C
------------------------------------------------
 A     B      1        4       AB
 B     A      2        5       BA
 A     B
AB     B      4        6       ABB
 B     A
BA     B      5        7       BAB
 B     C      2        8       BC
 C     A      3        9       CA
 A     B
AB     B
ABB    A      6        10      ABBA
 A     B
AB     B
ABB    A
ABBA   X      10       11      ABBAX
              .
              .
              .
```

203 编码器的输出编码序列是 1 2 4 5 2 3 6 10……

简单的 LZW 解码器如下：

```
  s     k     entry/output    code    string
------------------------------------------------
                                1        A
                                2        B
                                3        C
------------------------------------------------
NIL     1          A
A       2          B              4       AB
B       4          AB             5       BA
AB      5          BA             6       ABB
BA      2          B              7       BAB
B       3          C              8       BC
C       6          ABB            9       CA
ABB     10         ???
```

"???" 表明解码器遇到了一个问题：找不到与最后一个输入编码 10 对应的字典条目。仔细分析发现，编码 10 是编码器端最新产生的，由字符、字符串和字符拼接而成。在本例中，字符是 A，字符串是 BB，也就是 A＋BB＋A。与此同时，编码器产生的输出符号序列是 A BB A BB A。

这个例子说明，只要待编码的符号序列是字符、字符串、字符、字符串、字符，等等，编码器就会产生一个新的编码来表示字符＋字符串＋字符，并且在解码器还没来得及产生这个编码的时候，就马上将其投入使用。

幸运的是，这是上述简化 LZW 解压缩算法唯一一个会出现失败的情况。而且，当这种情况发生时，变量 s＝字符＋字符串。这种算法的改进版本（见算法 7.4）能够通过检查解码器端的字典中是否有输入编码的定义来处理这种异常。如果没有定义，它会简单地认为这个编码代表符号 $s+s[0]$，也就是字符＋字符串＋字符。

算法 7.4　LZW 解压缩算法（改进版本）

```
BEGIN
   s = NIL;
   while not EOF
     {
       k = next input code;
       entry = dictionary entry for k;

       /* 异常处理程序 */
       if (entry == NULL)
          entry = s + s[0];

       output entry;
       if (s != NIL)
          add string s + entry[0] to dictionary
          with a new code;
       s = entry;
     }
END
```

具体实现时，字典的大小要受到实际条件的限制。比如对于 GIF，字典最多可以有 4096 个条目。然而，这仍然产生长度为 12 位或 11 位的 LZW 编码，比原始数据的字长（8 位 ASCII 码）要长。

在实际的应用中，码长 l 保持在 $[l_0, l_{max}]$ 范围内。对于 UNIX compress 命令来说，

$l_0 = 9$，l_{max} 的默认值是 16。字典初始大小为 2^{l_0}，当字典被填满时，码长将增加 1；这个过程可以重复进行，直到 $l = l_{max}$ 为止。

如果待压缩的数据没有任何可重复结构，那么使用字典条目中新编码的可能性就很小。有时，这会导致数据膨胀（data expansion），而非数据缩减，因为码长常常比原始数据的字长要长。为了解决这个问题，算法可以设立两种状态：压缩和透明。当检测到数据膨胀时，压缩停止，并激活透明状态。

因为字典有大小限制，所以一旦它达到 $2^{l_{max}}$ 个条目，LZW 将失去自适应性，而转变为静态的、基于字典的技术。UNIX compress 会在这一点上监控自己的性能。它会在压缩比低于某个阈值的时候将字典刷新并重新初始化。更好的字典管理方式应当是移除一些 LRU（最近最少使用）的条目。它将搜索字典中所有非其他条目的前缀的条目，因为这意味着这些编码中创建后并没有被使用。

7.6　算术编码

算术编码（arithmetic coding）是一种更现代的编码方法，在实际中比赫夫曼编码更有效。它在 20 世纪 70～80 年代[12-14]已经发展得比较成熟。最初的算术编码的思想是在 Shannon 1948 年的著作[3]中提出的。Peter Elias 第一次用递归方法实现了这个算法（没有发表，但在 Abramson 1963 年的书[15]中有所提及）。这种方法后来得到了进一步发展并在 Jelinek 1968 年的书[16]中有所描述。现代算术编码要归功于 Pasco（1976）[17]、Rissanen 和 Langdon（1979）[12]的工作。

随着多媒体标准的发展，算术编码也发展出了各种版本。例如，在 JBIG、JBIG2 和 JPEG-2000 中使用的快速二进制算术编码，在 H.264 和 H.265 中使用的上下文自适应二进制算术编码（CABAC）等。本节会介绍一些基础知识，在第 12 章中还有关于这些算法的更多内容。

204 ～ 205

通常情况下（非扩展方式中），赫夫曼编码给每个符号分配一个整数位长度的码字。如前面所述，$\log_2 \dfrac{1}{p_i}$ 代表信息源 s_i 所包含的信息量，等于表示 s_i 所需的位数。当一个符号 s_i 出现的概率较大（接近 1.0）时，$\log_2 \dfrac{1}{p_i}$ 接近于 0，这时用 1 位来表示这个符号是相当昂贵的，因为我们需要多次发送这 1 位。

尽管可以在分配码字时把符号划分成组（就像在扩展的赫夫曼编码中那样）以克服只能给单个符号分配整数位的局限，但是赫夫曼编码器和解码器所需的结果符号表会变得非常大。

算术编码把整个消息看作一个单元并实现每个输入符号的小数位数。实际上，输入数据通常被分割成块以避免错误传播。在下面的讨论中，我们将从一个简单的方法开始并引入一个终止符，随后会介绍一些实用的改进算法。

7.6.1　基本的算术编码算法

我们用一个半开区间 $[a, b)$ 表示一个消息，其中 a 和 b 都是 0 到 1 之间的实数。初始区间是 $[0, 1)$。随着消息长度的增加，区间的长度将缩小，而用来表示区间的位数将增加。假设有符号表 [A, B, C, D, E, F, $]，其中，$ 是用于表示消息结束的特殊符号，已知的概率分布如图 7.9a 所示。

算法7.5 算术编码编码器

```
BEGIN
    low = 0.0;    high = 1.0;    range = 1.0;
    initialize symbol;                // 所以 symbol != terminator

    while (symbol != terminator)
        {
            get (symbol);
            low =  low + range * Range_low(symbol);
            high = low + range * Range_high(symbol);
            range = high - low;
        }

    output a code so that low <= code < high;
END
```

206

符号	概率值	范围	低值	高值
A	0.2	[0,0.2)	0	0.2
B	0.1	[0.2,0.3)	0.2	0.3
C	0.2	[0.3,0.5)	0.3	0.5
D	0.05	[0.5,0.55)	0.5	0.55
E	0.3	[0.55,0.85)	0.55	0.85
F	0.05	[0.85,0.9)	0.85	0.9
$	0.1	[0.9,1.0)	0.9	1.0

a）符号的概率分布

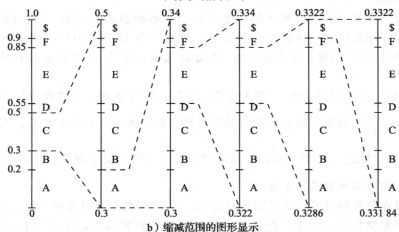

b）缩减范围的图形显示

符号	低值	高值	范围
	0	1.0	1.0
C	0.3	0.5	0.2
A	0.30	0.34	0.04
E	0.322	0.334	0.012
E	0.3286	0.3322	0.0036
$	0.331 84	0.332 20	0.000 36

c）生成的新的低值、高值和范围

图 7.9　算术编码：对符号串 CAEE $ 编码

图 7.9b 和图 7.9c 给出了对字符串 CAEE $ 进行编码的编码过程。初始时，low＝0，high＝1.0，range＝1.0。第一个符号为 C，Range_ low(C)＝0.3，Range_ high(C)＝

0.5，在符号 C 之后，low＝0＋1.0×0.3＝0.3，high＝0＋1.0×0.5＝0.5，新的 range
已经减小到 0.2。

为清楚起见，图 7.9b 扩大了每一步不断减小的区间（如虚线所示）。在第二个符号 A 之
后，low、high 和 range 的值分别为 0.30，0.34 和 0.40。这个过程重复进行，直到接收到
终止符 ＄ 为止。这时，low 和 high 分别为 0.331 84 和 0.332 20。显然，我们最后得到：

$$range = P_C \times P_A \times P_E \times P_E \times P_\$ = 0.2 \times 0.2 \times 0.3 \times 0.3 \times 0.1 = 0.000\ 36$$

编码的最后一步要求产生一个在区间[low，high)中的数字，是表示符号序列间隔的
唯一标识。尽管选择这样一个十进制的数字很容易，比如 0.331 84、0.331 85 或者上例中
的 0.332，但选择一个二进制的分数就变得困难。下面的过程能够保证，只要 low 和
high 分别是区别两端且 low＜high，就能够找到一个最短的二进制码字。

程序 7.2　为编码器产生码字

```
BEGIN
    code = 0;
    k = 1;
    while (value(code) < low)
        {
            assign 1 to the kth binary fraction bit;
            if (value(code) > high)
                replace the kth bit by 0;
            k = k + 1;
        }
END
```

对于上面的例子，low＝0.331 84，high＝0.3322。如果我们给第一个二进制分数位分
配 1，它的二进制值就是 0.1，但是十进制值 value(code)＝value(0.1)＝0.5＞high。因
而，我们为第一位分配 0，这样 value(0.0)＝0＜low，while 循环可以继续进行。

为第二位分配 1 会产生二进制编码 0.01，value(0.01)＝0.25＜high，因而可以接
受。又因为 value(0.01)＜low 也成立，所以可以继续迭代。最终，生成的二进制码字
是 0.0101 0101，也就是 $2^{-2}+2^{-4}+2^{-6}+2^{-8}=0.332\ 031\ 25$。

必须指出的是，我们很幸运找到了一个只有 8 位的码字来代表 CAEE ＄ 这个符号序
列。这个例子中，$\log_2 \frac{1}{P_C}+\log_2 \frac{1}{P_A}+\log_2 \frac{1}{P_E}+\log_2 \frac{1}{P_E}+\log_2 \frac{1}{P_\$}=\log_2 \frac{1}{range} \approx 11.44$。
这表明可以使用 12 位来对类似的符号串编码。

可以证明[2]，$\left\lceil \log_2\left(\dfrac{1}{\prod_i P_i}\right) \right\rceil$ 是上界。也就是说，在最坏的条件下，算术编码中最短的
码字长度为 k 位，并且

$$k = \left\lceil \log_2 \frac{1}{range} \right\rceil = \left\lceil \log_2\left(\frac{1}{\prod_i P_i}\right) \right\rceil \tag{7.8}$$

其中，P_i 是符号 i 的概率，range 是编码器最终产生的区间。

显然，如果消息很长，区间会迅速减小，因此，$\log_2 \dfrac{1}{range}$ 会变得非常大，$\log_2 \dfrac{1}{range}$
和 $\left\lceil \log_2 \dfrac{1}{range} \right\rceil$ 之间的差可以忽略不计。

一般来说，算术编码的性能优于赫夫曼编码，因为前者将整个消息看作一个单元，而

后者受到了必须为每个符号分配整数位的限制。例如，赫夫曼编码需要 12 位对 CAEE $ 编码，而这只是算术编码中可能遇到的最坏情况。

而且，赫夫曼编码并非总能够取得式(7.8)给出的上界。可以证明（见练习 7），如果符号表是[A，B，C]，已知概率分布是 $P_A=0.5$，$P_B=0.4$，$P_C=0.1$，那么为了发送 BBB，赫夫曼编码将需要 6 位，多于算术编码需要的 $\left\lceil \log_2\left\lceil \dfrac{1}{\prod_i P_i}\right\rceil \right\rceil = 4$ 位。

算法 7.6　算术编码的解码器

```
BEGIN
    get binary code and convert to decimal value = value(code);
    Do
        {
          find a symbol s so that
              Range_low(s) <= value < Range_high(s);
          output s;
          low = Rang_low(s);
          high = Range_high(s);
          range = high - low;
          value = [value - low] / range;
        }
    Until symbol s is a terminator
END
```

表 7.5 说明了上例的解码过程。初始时，value＝0.332 031 25。因为 Range_low(C)＝0.3≤0.332 031 25＜0.5＝Range_high(C)，所以第一个输出符号是 C。这使得 value＝$\dfrac{[0.332\,031\,25-0.3]}{0.2}$＝0.160 156 25，这个值又决定了第二个符号是 A。最后，value 为 0.953 125，落在了终止符 $ 的区间[0.9，1.0)中。

表 7.5　对 CAEE $ 进行解码

值	输出信号	低值	高值	范围
0.332 031 25	C	0.3	0.5	0.
0.160 156 25	A	0.0	0.2	0.2
0.800 781 25	E	0.55	0.85	0.3
0.835 937 5	E	0.55	0.85	0.1
0.953 125	$	0.9	1.0	0.1

在上面的讨论中，我们使用了特殊符号 $ 作为字符串的终止符号。这和图像传输中发送一个行结束(End-Of-Line，EOL)很类似。然而，对 EOL 符号本身的编码是一个有趣的问题。通常，EOL 到最后会变得相对较长。Lei 等[18]解决了部分问题，并提出了一种能够控制生成的 EOL 码字长度的算法。另外，如果传输信道/网络有噪声(有损的)，那么保留一个终止符(或 EOL)有助于解码器和编码器保持同步。

不过，如果解码器和编码器双方都知道传输序列中符号的个数，就不需要使用终止符了。

7.6.2　缩放和增量编码

上节介绍的基本算术编码算法存在以下局限，这些局限导致了该算法无法实际应用：
- 当需要编码的序列变长时，区间将会变得非常小。这些小的区间又需要更高精度的数字来编码(甚至 32 位、64 位的浮点数都是不够的)。

- 编码器只有在接收到整个序列后才能产生输出,而在接收过程中是没有任何输出的。同样地,解码器必须得到整个序列的码字才能开始解码。

我们也能够观察到[2,13]:

1) 尽管使用二进制数表示 low、high 或者小区间内的任何数字通常需要很多位,但是一般而言,这些编码最高有效位(Most Significant Bit,MSB)是相同的。例如 0.5469(low)用 0.1000 110 表示,0.5547(high)用 0.1000 111 表示。

2) 后面的区间总会落在当前区间内。因此,我们可以输出公共的 MSB,并且在后续的编码过程中不再考虑这些位。

上述两点就是缩放和增量编码的基础,它为基本编码的两个问题提供了解决方案。

1. 缩放

缩放的方法有三种,如图 7.10 所示,黑色的区块表示区间[low,high),并且 low<high。

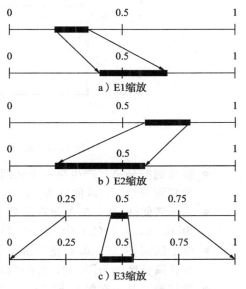

图 7.10 缩放和增量编码

- **E1 缩放**:这种方法在区间全部落在前半个单元时使用,比如图 7.10a 中,high≤0.5。给解码器发送一个"0",区间会被加倍,即 $low=2\times low$,$high=2\times high$。这里的乘法可以用左移 1 位操作来实现。

- **E2 缩放**:在区间全部落在后半个单元时使用,如图 7.10b 所示,low≥0.5。给解码器发送一个"1",结果是 $low=2\times(low-0.5)$,$high=2\times(high-0.5)$。这里同样可以用左移 1 位来实现,因为二进制位"1"被直接移除了。

- **E3 缩放**:区间跨越中点 0.5,并且 low≥0.25,high≤0.75,如图 7.10c 所示。这时的操作是 $low=2\times(low-0.25)$,$high=2\times(high-0.25)$。E3 缩放的信号更加复杂[2],我们先介绍 E1 和 E2 缩放,再来说明 E3 的信号问题。

下面的程序和例子只包含 E1 和 E2 缩放。

程序 7.3 算术编码中的 E1 和 E2 缩放

```
BEGIN
    while (high <= 0.5) OR (low >= 0.5)
    { if (high <= 0.5)          // E1 缩放
        { output '0';
          low = 2 * low;
          high = 2 * high;
        }
      else                      // E2 缩放
        { output '1';
          low = 2 * (low - 0.5);
          high = 2 * (high - 0.5);
        }
    }
END
```

例 7.4　缩放和增量算术编码

假设我们只有三个符号 A、B、C，它们的概率分别是 0.7、0.2、0.1。本例中，输入的序列是 ACB，并且假设解码器和编码器都知道序列长度为 3。编码器的工作流程如下（见图 7.11）：

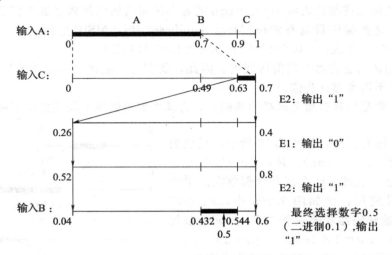

图 7.11　示例：缩放和增量算术编码（编码器）

- 接收到符号 A，产生第一个区间[0，0.7)并检查是否触发缩放。
- 接收到符号 C，区间变为[0.63，0.7)。
- 由于区间[0.63，0.7)落在了后半部分，因此触发 E2 缩放，输出"1"，且区间调整为[0.26，0.4)(2×(0.63−0.5)=0.26，2×(0.7−0.5)=0.4)。
- 由于区间[0.26，0.4)整个落在了前半部分，因此又触发了一次 E1 缩放。输出"0"并且调整区间为[0.52，0.8)(2×0.26=0.52，2×0.4=0.8)。
- 紧接着，又一次触发 E2 缩放，输出"1"且区间调整为[0.04，0.6)。这时，不需要缩放了，输入符号 B，区间缩小为[0.432，0.544)。到这里，我们就可以为这个区间生成并输出最短的码字"1"（根据上节的程序 7.2）。

最终，编码器产生的编码是 1011，对应的十进制数是 0.6875。

这里需要指出的是，如果没有缩放步骤，输入符号 C 之后的区间为[0.63，0.7)，并且有相同的码字 1011（即 0.6875）作为最短码字来表示序列 ACB。也就是说，我们已经展示出缩放过程确实产生了正确的结果！

解码器的工作流程如下所示（见图 7.12）。

一般来说，编码器产生的码字的长度 k 可能是相对较大的。解码器可以在工作过程中选用一个最大值 $l(l \leqslant k)$ 位。l 的值由最小区间的长度决定。本例中，最小区间是[0.9，1.0)，因此 $l = \lceil \log_2 \frac{1}{0.1} \rceil = 4$。如有必要，旧的位会被移除，新的位会逐一读入。这就是增量编码的实质：编码器和解码器能够在运行过程中限制位数，并且无需得到整个序列或最终的码字便可以开始工作。

- 读入前两位"10"后，已经可以完全确定是符号 A 了，输出 A。（注：10 即 0.5。）
- 读入四位"1011"后，可以确定符号 C，输出 C。（注：1011 即 0.6875。）

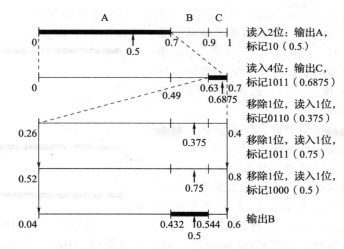

图 7.12　示例：缩放和增量算术编码(解码器)

- 因为区间[0.63，0.7)在后半部分，触发 E2 缩放：移除第一位，读入 1 位(默认是读入 0)，此时的编码变为 0110，即 0.375。
- 因为[0.26，0.4)在前半部分，触发 E1 缩放，移除一位，读入一位，变为 1100，即 0.75。
- 再次触发 E2 缩放，移除一位，读入一位，变为 1000，即 0.5。此时，不需要更多缩放过程了，最后一个符号 B 被解码，输出 B。◀

2. E3 缩放

这里举例说明 E3 缩放是如何生效的。给定一个区间[0.48，0.51)，E3 缩放会产生的区间为[0.46，0.52)，再一次进行 E3 缩放，产生的区间为[0.42，0.53)，随着这个过程继续进行下去，显然区间是逐渐扩大的。这样就解决了最开始提出的问题：表示较小的区间需要非常高的精度。在增量编码的后续步骤中，有很大的可能性选定的区间会落在前半部分或后半部分，即触发 E1 或 E2 缩放。文献[2]中已经证实：

- N 步 E3 缩放之后进行 E1 等价于一次 E1 之后进行 N 步 E2。
- N 步 E3 缩放之后进行 E2 等价于一次 E2 之后进行 N 步 E1。

因此，处理 E3 缩放信号的比较好方法是：延迟信号的发送，直到出现了 E1 或 E2。如果 N 步 E3 之后进行了一次 E1，则发送"0"，后面加上 N 个"1"；如果是 N 步 E3 之后出现了一次 E2 过程，则发送"1"，后面加上 N 个"0"。

7.6.3　算术编码的整数实现

上一节中描述的算法也可以通过整数实现[2,13,19]。在现代多媒体应用中，整数实现的应用也很普遍。这种方法是对原算法的直接扩展。基本上，将单位区间替换为[0，N]，其中 N 是一个整数(例如 255)。由于整数表示的范围一般较小，因此必须在整数实现中使用上面讨论的缩放方法。

当然，使用整数实现的主要目的是避免浮点数操作。

7.6.4　二进制算术编码

如前所述，算术编码的实现过程伴随着生成新的区间以及对区间边界的检查。当符号

213

较多时，需要进行大量运算（整数运算或浮点运算），因此速度会变慢。

正如名字显示的一样，二进制算术编码只处理两个符号，即 0 和 1。图 7.13 显示了一个简单的例子。显然，每步只会产生一个新的数值，即 0.7、0.49、0.637 和 0.5929。选择哪个区间（左边或右边）也更容易决定。

编码器和解码器包括缩放和整数实现，对非二进制符号也采用相同的处理过程。

非二进制符号可以通过二值化（binarization）转换为二进制序列以适应二进制算术编码。有许多实现二值化的方法，我们会在第 12 章介绍一种指数哥伦布（Exp-Golomb）编码方法。

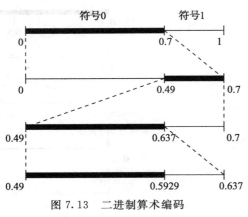

图 7.13 二进制算术编码

另外，快速二进制算术编码（Q 编码器、MQ 编码器）在 JBIG、JBIG2、JPEG2000 等多媒体标准中得以发展。更先进的版本是基于上下文的自适应二进制算术编码（CABAC），用于 H.264（M 编码器）和 H.265。

7.6.5　自适应算术编码

我们现在知道，算术编码能够以增量的方式进行，我们无需提前知道所有符号的概率分布。这使得编码过程有了自适应性，即记录当前符号的出现次数，在每个符号出现之后更新概率分布。更新后的概率分布将用于下一步的区间分割。

与自适应赫夫曼编码一样，只要编码器和解码器是同步的（采用同样的更新规则），就能完美地进行自适应过程。相比自适应赫夫曼编码，自适应算术编码有着巨大的优势，它不需要保留一个巨大的（或是潜在变大）、动态的符号表以及持续更新的自适应赫夫曼树。

下面我们给出自适应算术编码的过程，并给出例子来说明自适应方法如何应用于二进制算术编码中。

程序 7.4　自适应算术编码过程

```
ENCODER                          DECODER
-------                          -------

Initialization (reset counters)  Initialization (reset counters)
while (symbol != terminator)     while (symbol != terminator)
  {                                {
    get(symbol);                     decode(symbol);
    encode(symbol);                  output(symbol);
    update stats and interval;       update stats and interval;
  }                                }
```

例 7.5　自适应二进制算术编码

图 7.14 给出了自适应二进制算术编码的编码过程。我们给定输入到编码器的符号是 10001。同样，为了简化，假设编码器和解码器都知道序列长度。（为了更加清楚和简单，我们不再使用上面介绍的缩放步骤。）

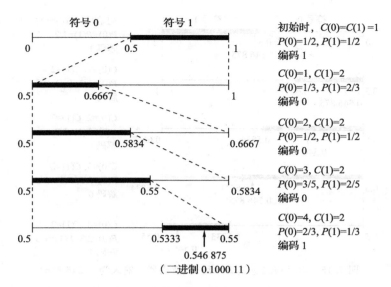

图 7.14 自适应二进制算术编码(编码器，输入字符：10001)

- 初始时，0 和 1 计数 $C(0)$ 和 $C(1)$ 都是 1。因此。初始概率分布是：$P(0) = P(1) =$ $\frac{1}{2}$。第一个二进制符号"1"被编码，如图所示，区间 $[0.5, 1)$ 被放大显示。

- 1 的计数 $C(1)$ 更新，此时 $C(1) = 2$，$C(0)$ 仍为原值 1。于是，概率变为 $P(0) = \frac{1}{3}$，$P(1) = \frac{2}{3}$。第二个符号是"0"，因此选中了区间 $[0.5, 0.6667)$。

- $C(0)$ 更新，此时，$C(0) = C(1) = 2$，于是概率分布更新为 $P(0) = P(1) = \frac{1}{2}$。

- 第三个和第四个符号的编码过程非常相似，不再赘述。

- 第五个符号是 1，最终区间是 $[0.5333, 0.55)$。根据 7.6.1 节的过程，生成最短码字为 0.1000 11，即 0.546 875。

编码器最终输出 0.546 875(二进制表示为 0.1000 11)。

图 7.15 是解码器的解码过程。它接收到的来自编码器的编码是 0.546 875(二进制 0.1000 11)。

- 和编码器一样，初始时计数为 $C(0) = C(1) = 1$。因此，初始概率为 $P(0) = P(1) =$ $\frac{1}{2}$。对第一个二进制符号"1"进行解码，于是选择区间 $[0.5, 1)$。

- 计数 $C(1)$ 更新，此时 $C(1) = 2$，$C(0)$ 仍为原值 1。于是，概率变为 $P(0) = \frac{1}{3}$，$P(1) = \frac{2}{3}$。第二个符号解码是"0"，因此选中了区间 $[0.5, 0.6667)$。

- $C(0)$ 更新，此时，$C(0) = C(1) = 2$，于是概率分布更新为 $P(0) = P(1) = \frac{1}{2}$。

- 第三个和第四个符号的解码过程也是类似的。

- 因为 0.546 875 在区间 $[0.5333, 0.55)$ 中，最后一个符号 1 解码，过程结束。

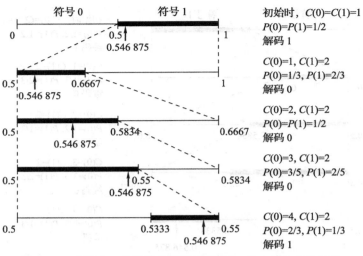

图 7.15 自适应二进制算术编码（解码器，输入为 0.546 875）

　　注意，通常编码器和解码器是增量工作的，在终止符到达之前，它们能够连续处理一个长的字符序列。 ◀

7.7 无损图像压缩

　　在多媒体数据压缩中，差分编码（differential coding）是应用最广泛的压缩技术之一，差分编码的压缩依据是数据流中连续符号之间存在冗余。回想一下，在研究如何通过预测值和误差来处理音频时，我们利用了无损的差分编码（第 6 章）。音频是一维的、随时间变化的信号。本节中，我们讨论如何将从音频处理中学到的经验应用到二维空间(x, y)索引的数字图像信号中。

7.7.1 图像的差分编码

　　我们先来研究数字图像的差分编码。从某种意义上说，我们把一维信号及其值域转换成了二维(x, y)（图像的行与列）上由数字索引的信号。在后面，我们还会对视频信号进行研究。视频信号的情况更为复杂，因为它是由空间和时间(x, y, t)索引的。

　　由于物理世界的连续性，图像中背景和前景对象的灰度（或颜色）在图像帧之间的变化是相对缓慢的。由于过去我们是在时域上处理音频信号的，所以实践者通常会把图像称作空间域（spatial domain）上的信号。一般来说，变化缓慢的成像性质会使得图像空间上的相邻像素具有相似亮度值的几率变大。给定一幅原始图像$I(x, y)$，使用简单的差分算子可以定义一个差分图像$d(x, y)$，计算如下：

$$d(x,y) = I(x,y) - I(x-1,y) \tag{7.9}$$

这是对由整数x和y定义的图像使用偏微分操作符$\dfrac{\partial}{\partial x}$的简单近似。

　　另一种方法是利用离散的 2D Laplacian 操作符来定义差分图像$d(x, y)$：

$$d(x,y) = 4I(x,y) - I(x,y-1) - I(x,y+1) - I(x-1,y) - I(x+1,y) \tag{7.10}$$

　　在这两种情况下，图 7.16d 给出了差分图像的直方图。这个直方图是由图 7.16a 中的原始图像求偏导数$d(x, y)$得到的图 7.16b 中的差分图像派生的。如图 7.16c 所示，原图的直方图要更宽一些。可以证明，原始图像I的熵大于差分图像d的熵，因为图像I的亮度值具有更均匀的分布。因此，在差分图像上使用赫夫曼编码或其他变长编码方法会使码字的位长更短，对差分图像的压缩更加有效。

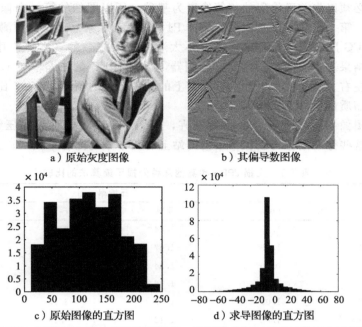

a）原始灰度图像　　　　　　　　　b）其偏导数图像

c）原始图像的直方图　　　　　　　　d）求导图像的直方图

图 7.16　原始图像和求导图像的分布，所用图片是通常采用的 Bard 图像

7.7.2　无损 JPEG

无损 JPEG 压缩是 JPEG 压缩的一个特例。由于这种方法没有任何损失，所以它与其他 JPEG 方式有极大不同。我们把无损 JPEG 放在本章讨论，更常用的有损 JPEG 方法将在第 9 章介绍。当用户在图像工具中选择了 100% 的质量因子（quality factor）时，就会调用无损压缩算法。为了保证完整性，无损 JPEG 是包含在 JPEG 压缩标准中的。

下面的预测方法应用在未处理过的原始图像中（或者原始图像的每个色带中）。它主要包括两个步骤，即形成差分预测和编码。

1）预测器将相邻的三个像素值组合成当前像素的预测值，在图 7.17 中用 X 表示。预测器可以使用表 7.6 中列出的七种方案中的任意一个。如果使用 P1，则相邻亮度值 A 将作为当前像素的预测亮度；如果采用预测器 P4，则当前像素就由 A＋B－C 产生。

C	B
A	X

图 7.17　无损 JPEG 中预测器的相邻像素。注意，在编码/解码环路的解码器端，A、B、C 在预测器使用前已经被解码

表 7.6　无损 JPEG 的预测器

预测器	预测值
P1	A
P2	B
P3	C
P4	A＋B－C
P5	$\dfrac{A+(B-C)}{2}$
P6	$\dfrac{B+(A-C)}{2}$
P7	$\dfrac{(A+B)}{2}$

219

2）编码器将预测值与位置 X 上的实际像素值比较，并使用我们在前面讨论的某种无损的压缩算法（如赫夫曼编码）对两者的差值进行编码。

由于预测必须以先前已编码的相邻像素为基础，所以图像的第一个像素 $I(0，0)$ 只能使用自身的值。第一行像素总是使用预测器 P1，第一列像素总是使用预测器 P2。

无损的 JPEG 压缩率较低，这使得它不太适用于大多数的多媒体应用。使用大约 20 幅图像得到的结果表明，无论使用何种预测器，无损 JPEG 的压缩率在 1.0～3.0 间浮动，平均值在 2.0 左右。考虑了水平和垂直维度上的相邻节点的预测器 4～7 比预测器 1～3 能提供更好的压缩质量（大约要高 0.2～0.5）。

利用测试图像 Lena、足球、F-18 和花卉，表 7.7 给出了几种无损压缩技术的压缩率之间的比较。这些标准图像可以在本书的网站上有关本章的内容中找到。

表 7.7 无损 JPEG 和其他几种无损压缩算法的比较

压缩方法	压缩率			
	Lena	足球	F-18	花卉
无损 JPEG	1.45	1.54	2.29	1.26
最优无损 JPEG	1.49	1.67	2.71	1.33
LZW 压缩	0.86	1.24	2.21	0.87
gzip(LZ77)	1.08	1.36	3.10	1.05
gzip-9(最优 LZ77)	1.08	1.36	3.13	1.05
pack(赫夫曼编码)	1.02	1.12	1.19	1.00

本章对各种无损压缩算法进行了探讨和研究。可以看到，这些算法的压缩率通常是有限制的（最大值为 2～3 左右）。然而，我们在后续几章中将要讨论的多媒体应用都需要更高的压缩率。这只能依靠有损压缩方法来实现。

7.8 练习

1. 计算一张棋盘图像的熵，图像上一半的像素是黑色的，一半的像素是白色的。
2. 假设有 8 个符号，分布如下：A：(1)，B：(1)，C：(1)，D：(2)，E：(3)，F：(5)，G：(5)，H：(10)。为它们画出一棵赫夫曼树。（因为算法过程中排序不同构成的子树也不同，答案不唯一。）
3. (a) 下面这幅只有四种灰度(0，20，50，99)的图像的熵是多少？

```
99  99  99  99  99  99  99  99
20  20  20  20  20  20  20  20
 0   0   0   0   0   0   0   0
 0   0  50  50  50  50   0   0
 0   0  50  50  50  50   0   0
 0   0  50  50  50  50   0   0
 0   0  50  50  50  50   0   0
 0   0   0   0   0   0   0   0
```

(b) 写出为四种灰度值进行赫夫曼编码的具体步骤，并给出最终的编码结果。

(c) 使用你给出的赫夫曼编码，每个符号的平均位数是多少，和熵比较结果如何？

4. 考虑符号表[A，B]，概率 $P(A)=x$，$P(B)=1-x$。

(a) 将熵看作关于 x 的函数，画出函数图像。（可能用到的数值：$\log_2 3 = 1.6$，$\log_2 7 = 2.8$。）

(b) 讨论为何当两个符号的概率为 $\dfrac{1}{2+\varepsilon}$ 和 $\dfrac{1}{2-\varepsilon}$（ε 为极小的数）时，熵比最大值要小。

(c) 推广上面的结果。证明对一个有 N 个符号的信息源，所有符号的概率都相同时熵最大。

(d) 编写一个小程序验证得到的结论。

5. 扩展的赫夫曼编码为每组符号分配一个码字。为什么每个符号的平均位数仍然不小于熵（见式(7.7)）呢？

6. (a) 我们要为一个二进制的信息源编码，也就是说，符号表仅由 0 和 1 组成。例如，传真等。假设 0 的概率是 $\dfrac{7}{8}$，1 的概率是 $\dfrac{1}{8}$，求熵的大小。（可能用到的数值：$\log_2 7 = 2.8$。）赫夫曼编码的结果是什么？每个符号所需的平均位数是多少？

(b) 现在使用扩展赫夫曼编码重新解决这个问题，组的大小 $k=2$。这时，每个符号所需的平均位数是多少？（可以用分数表示。）

7. (a) 与赫夫曼编码算法相比，算术编码有哪些优点和缺点？

(b) 假设符号表是 $[A,\ B,\ C]$，已知的概率分布是 $P_A=0.5$，$P_B=0.4$，$P_C=0.1$。为了简化起见，我们假设解码器和编码器都知道信息的长度总是 3，因此也不需要终止符号。

使用赫夫曼编码来对 BBB 进行编码，需要多少位？使用算术编码呢？

8. (a) 与普通的赫夫曼编码相比，自适应赫夫曼编码有哪些优势？

(b) 现在要使用自适应赫夫曼编码对信息源 S 进行编码，S 的符号表有四个字母（a，b，c，d）。在传输之前，定义初始代码为 a＝00，b＝01，c＝10，d＝11。如图 7.8 的例子，在每个第一次被传输的符号之前要发送符号 NEW。图 7.18 是发送完字符串 aabb 后的自适应赫夫曼树。在这之后，解码器接收到的二进制编码是 0101 0010 101。

222

请问，解码器之后接收到的字母是什么？并画出每个字母接收后的自适应赫夫曼树。

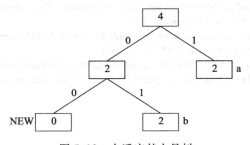

图 7.18　自适应赫夫曼树

9. 写出带缩放和增量的算术编码过程，三个符号的概率分别为 A：0.8，B：0.02，C：0.18，输入的序列是 ACBA。

10. 写出自适应算术编码的解码器和编码器工作过程，输入为 01111。

11. 比较自适应赫夫曼算法和自适应算术编码的自适应率。这些方法不能够很好地适应源统计的快速变化的原因是什么？

12. 考虑基于字典的 LZW 压缩算法。假设符号表包含符号 {0，1}。当输入为 0110 011 时，给出其对应的字典（符号集合以及编码）和算法的输出。

13. 使用你喜欢的编程语言实现赫夫曼编码、LZW 编码和算术编码算法。自己设置至少三种不同的统计数据源来测试这些算法的实现。就每种数据源的压缩率比较和评价各种算法的性能。

可选做练习：实现自适应赫夫曼编码和自适应算术编码。

参考文献

1. M. Nelson, J.L. Gailly, *The Data Compression Book*, 2nd edn. (M&T Books, New York, 1995)
2. K. Sayood, *Introduction to Data Compression*, 4th edn. (Morgan Kaufmann, San Francisco, 2012)
3. C.E. Shannon, A mathematical theory of communication. Bell Syst. Tech. J. **27**:379–423, 623–656 (1948)
4. C.E. Shannon, W. Weaver, *The Mathematical Theory of Communication*. (University of Illinois Press, Illinois, 1971)
5. R.C. Gonzalez, R.E. *Woods, Digital Image Processing*, 3rd edn. (Prentice-Hall, USA, 2007)
6. R. Fano, *Transmission of Information*, (MIT Press, Cambridge, 1961)
7. D.A. Huffman, A method for the construction of minimum-redundancy codes. Proc. IRE **40**(9), 1098–1101 (1952)
8. T.H. Cormen, C.E. Leiserson, R.L. Rivest, *Introduction to Algorithms*, 3rd edn. (The MIT Press, Cambridge, Massachusetts, 2009)
9. J. Ziv, A. Lempel, A universal algorithm for sequential data compression. IEEE Trans. Inf. Theory **23**(3), 337–343 (1977)
10. J. Ziv, A. Lempel, Compression of individual sequences via variable-rate coding. IEEE Trans. Inf. Theory **24**(5), 530–536 (1978)
11. T.A. Welch, A technique for high performance data compression. IEEE Comput. **17**(6), 8–19 (1984)
12. J. Rissanen, G.G. Langdon, Arithmetic coding. IBM J. Res. Dev. **23**(2), 149–162 (1979)
13. I.H. Witten, R.M. Neal, J.G. Cleary, Arithmetic coding for data compression. Commun. ACM **30**(6), 520–540 (1987)
14. T.C. Bell, J.G. Cleary, I.H. Witten, *Text Compression* (Prentice Hall, Englewood Cliffs, New Jersey, 1990)
15. N. Abramson, *Information Theory and Coding* (McGraw-Hill, New York, 1963)
16. F. Jelinek, *Probabilistic Information Theory* (McGraw-Hill, New York, 1968)
17. R. Pasco, Source Coding Algorithms for Data Compression. Ph.D. thesis, Department of Electrical Engineering, Stanford University, 1976
18. S.M. Lei, M.T. Sun, An entropy coding system for digital HDTV applications. IEEE Trans. Circuits Syst. Video Technol. **1**(1):147–154 (1991)
19. P. G. Howard and J. S. Vitter. Practical implementation of arithmetic coding. In J. A. Storer, editor, Image and Text Compression, pages 85–112. Kluwer Academic Publishers, 1992.

223

224

有损压缩算法

本章将讨论有损压缩。由于有损压缩会带来信息缺失，需要在误差和帧率之间进行权衡，因此首先介绍失真度量的方式（例如方差）。其次，我们会介绍不同的量化器，每一种量化器的失真程度是不一样的。针对变换编码，我们将介绍用于 JPEG 压缩（见第 9 章）的离散余弦变换和 Karhunen Loève 变换。此外，还将介绍另一种变换方案——小波编码。

Sayood 以一种易于理解的方式介绍了有损压缩[1]。基于对随机过程的研究，多种有损压缩算法得以发展。Stark 和 Woods 的著作[2]是关于有损压缩算法的优秀教科书。

8.1 简介

在第 7 章介绍过，当图像的直方图相对平坦时，采用无损压缩（如赫夫曼编码、算术编码、LZW）得到的压缩率很低，而在多媒体应用中需要较高的压缩率，因此通常采用有损压缩方法。在有损压缩中，被压缩的图像与原图像不完全相同，但在感知上与原图像近似。为了描述与原图的近似度，需要采用失真度量。

8.2 失真度量

失真度量是在某种失真标准下与原值近似程度的数学量。对于被压缩的数据，很自然地会联想到失真就是原数据和重现数据在数值上的差异。但是，若被压缩的是图像，那么这样的度量方法可能无法得到理想的结果。

例如，如果重现的图像与原图除了通过一条垂直扫描线向右移动外完全相同，一般人用肉眼很难分辨出来，可断定失真很小。然而，由于重现图像的每个像素变化很大，通过单纯数值计算得到的结果显示失真很大。问题的关键在于我们需要的是一个感知失真的度量，而不是一个数值方法。不过，对感知失真的研究已经超出本书的范围。

在众多已定义的数值化失真度量中，本书介绍了图像压缩中最常用的三种。如果关注的是像素的平均差异，常常采用均方差（Mean Square Error，MSE）的 σ^2 度量，其定义如下：

$$\sigma^2 = \frac{1}{N} \sum_{n=1}^{N} (x_n - y_n)^2 \qquad (8.1)$$

其中 x_n、y_n 和 N 分别是输入的数据序列、重现数据序列和序列长度。

如果关心的是相对于信号的误差大小，则可以采用信噪比（SNR），如第 6 章中所介绍的，信噪比就是原数据序列的均方和均方差的比值。以分贝（db）为单位，定义如下：

$$\text{SNR} = 10 \log_{10} \frac{\sigma_x^2}{\sigma_d^2} \qquad (8.2)$$

其中 σ_x^2 为原数据序列的均方，σ_d^2 为均方差。

另一个常用的失真度量是峰值信噪比（PSNR），测量的是相对于峰值 x_{peak} 的误差大小，其定义如下：

$$\mathrm{PSNR} = 10 \log_{10} \frac{x_{\mathrm{peak}}^2}{\sigma_d^2} \qquad (8.3)$$

8.3　比率失真理论

有损压缩总是牵涉的问题就是比率和失真之间的权衡。比率就是重现原信号所需的平均位数，在本书中用比率-失真函数 $R(D)$ 来表示比率和失真之间的权衡。

给定源和失真度量，如果 D 是失真容忍量，在 D 允许的失真范围内，$R(D)$ 表示源数据编码的最低比率。显然，在 $D=0$ 的情况下，就是对源数据进行无损压缩。比率-失真函数可以描述编码算法性能的基本限制，因而可用来评价不同算法的性能。

图 8.1 展示了一个典型的比率-失真函数。从中可以看出，$D=0$ 也就是没有缺损时的最小比率是源数据的熵，而在比率 $R(D) \equiv 0$ 时失真达到最大值，这时完全没有进行编码。

对于一个给定源，找到一个闭合的解析式表示比率-失真函数非常困难。Gyorgy[3]给出了不同源的比率-失真函数的解析表达式。对于无法轻易获得分析解决方案的源，其比率-失真函数可以采用 Arimoto[4] 和 Blahut[5]给出的算法得到数值解。

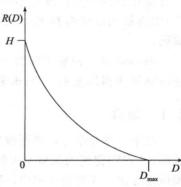

图 8.1　典型的比率-失真函数

8.4　量化

对于任何有损方法，量化都是其核心。如果没有量化，会丢失一些的信息。下面将在6.3.2 节的基础上更详细地讨论量化。

我们所要压缩的源可能包含大量不同的输出值（模拟信号的值的数量甚至达到无穷多个），为了有效地表示源数据输出，必须通过量化把不同的值的数量大大减小。

每种算法（即每个量化器）都可以由编码器端的输入范围划分和解码器端的输出值域唯一确定。量化器的输入值和输出值可以是标量也可以是向量，这样就有了标量量化器（scalar quantizer）和向量量化器（vector quantizer）之分。本节将分析均匀标量量化器和非均匀标量量化器的设计，并且简要介绍向量量化（Vector Quantization，VQ）的概念。

8.4.1　均匀标量量化

均匀标量量化器将输入值域划分成等距的区间，除去两边最外部的区间。区间的端点称为量化器的判定边界（decision boundary）。每个区间对应的输出值（或者重现值）取该区间的中点值，区间的长度称作步长（step size），记为 Δ。

均匀标量量化器分为两种：中高型（midrise）和中宽型（midtread）。中高型量化器用采用偶数输出级数，有一个包含零的区间（见图 8.2）；而中宽型量化器采用奇数输出级数，并且 0 作为它的一个输出值。由于中宽型量化器能将一系列非零的输入值转化为零的输出值，它又被称为死区量化器（dead-zone quantizer）。

当源数据以很小的正数和负数之间的波动表示零值时，中宽型量化器就很有用了。在

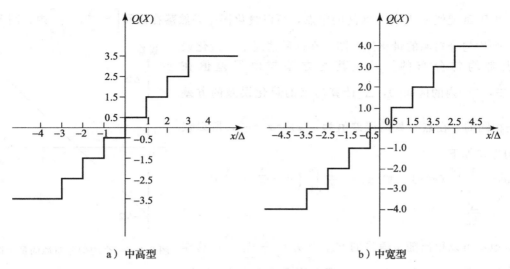

a）中高型　　　　　　　b）中宽型

图 8.2　均匀标量量化器

这种情况下，采用中宽型量化器就可以精确稳定地表示零值。在遇到 $\Delta = 1$ 的特殊情况时，量化器的输出可以由以下公式计算：

$$Q_{\text{midrise}}(x) = \lceil x \rceil - 0.5 \tag{8.4}$$

$$Q_{\text{midtread}}(x) = \lfloor x + 0.5 \rfloor \tag{8.5}$$

228

一个好的均匀量化器可以通过调节步长 Δ 与输入数据相匹配，使源输入在给定输出值数目的情况下失真达到最小。

我们来测试一个 M 级量化器的性能。判定边界集合为 $B = \{b_0,\ b_1,\ \cdots,\ b_M\}$，输出值集合为 $Y = \{y_1,\ y_2,\ \cdots,\ y_M\}$。假设输入均匀分布于区间 $[-X_{\max},\ X_{\max}]$ 上，则量化器的比率为：

$$R = \lceil \log_2 M \rceil \tag{8.6}$$

R 就是对 M 个值进行编码所需要的位数，在上述例子中表示输出值级别。

由于输入值的范围从 $-X_{\max}$ 到 $X_{\max}$，因此步长 Δ 可由下式得出：

$$\Delta = \frac{2X_{\max}}{M} \tag{8.7}$$

对有界输入，量化器引起的量化误差称作粒度失真（granular distortion）。如果量化器替代整个范围内的值，从最大值到 $+\infty$，对负值也同样如此，这类失真称为过载（overload）失真。

为了全面了解粒度失真，我们注意到中高型量化器的判别边界 b_i 为 $[(i-1)\Delta,\ i\Delta]\,(i = 1,\ \cdots,\ \frac{M}{2})$，这里只考虑 X 为正值的情况（X 为负值的情况对应另一半判定边界）。输出值 y_i 为对应区间的中点 $\frac{i\Delta - \Delta}{2}\,(i = 1,\ \cdots,\ \frac{M}{2})$，这里仍然只考虑数据为正值的情况。这样总失真就是数据为正值时失真总和的两倍，如下式所示：

$$D_{\text{gran}} = 2 \sum_{i=1}^{\frac{M}{2}} \int_{(i-1)\Delta}^{i\Delta} \left(x - \frac{2i-1}{2}\Delta \right)^2 \frac{1}{2X_{\max}} \mathrm{d}x \tag{8.8}$$

式中将结果除以 X 的范围以进行归一化处理。

由于重现值 y_i 为每个区间的中点，所以量化误差必然落在区间 $\left[-\dfrac{\Delta}{2}, \dfrac{\Delta}{2}\right]$ 内，图 8.3 为一个均匀分布源的量化误差图。在这种情况下，量化误差也是均匀分布的。因此其均方差与由误差值在 $\left[-\dfrac{\Delta}{2}, \dfrac{\Delta}{2}\right]$ 内的区间 $[0, \Delta]$ 计算出来的量化误差的方差 σ_d^2 是相同的。在点 x 处的误差值为 $e(x)=x-\dfrac{\Delta}{2}$，所以误差的方差如下：

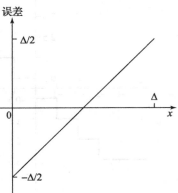

$$\sigma_d^2 = \frac{1}{\Delta}\int_0^\Delta (e(x)-\bar{e})^2\,\mathrm{d}x = \frac{1}{\Delta}\int_0^\Delta \left(x-\frac{\Delta}{2}-0\right)^2\,\mathrm{d}x$$
$$= \frac{\Delta^2}{12} \tag{8.9}$$

类似地，可以得出随机信号的方差为 $\sigma_x^2 = \dfrac{(2X_{\max})^2}{12}$，这样如果量化器是 n 位的，$M=2^n$，那么从式（8.2）可以得到：

图 8.3   一个均匀分布源的量化误差

$$\mathrm{SQNR} = 10\log_{10}\left(\frac{\sigma_x^2}{\sigma_d^2}\right) = 10\log_{10}\left(\frac{(2X_{\max})^2}{12}\cdot\frac{12}{\Delta^2}\right)$$
$$= 10\log_{10}\left(\frac{(2X_{\max})^2}{12}\cdot\frac{12}{\left(\dfrac{2X_{\max}}{M}\right)^2}\right) = 10\log_{10}M^2 = 20n\log_{10}2 \tag{8.10}$$
$$= 6.02n\,(\mathrm{dB}) \tag{8.11}$$

因此，我们重新推导出了式（6.3），这个公式在 6.1 节中的推导是简化的。从式（8.11）可以得到一个重要结论：量化器每增加 1 位信号，量化噪声比就增加 6.02dB。从 6.1.5 节我们知道，如果有信号的概率分布函数，就能得到更加准确的 SNQR 数值。在那一节中，我们将正弦函数作为信号的概率分布函数，推导出了一个很准确的 SNQR 数值（式（6.4））。对 D 更精确的估计必须采用更精确的误差的概率分布的模型。

229
〜
230

8.4.2   非均匀标量量化

如果输入源不是均匀分布的，均匀量化器就可能失去作用。在源密集分布的区域增加判定级数量可以有效地降低细粒失真。另外，还可以扩大源稀疏分布的区域而不必增加总的判定级数量，这样的非均匀量化器就有非均匀定义的判定边界。

非均匀量化有两种常用的方法：Lloyd-Max 量化器和压缩扩展量化器，这两种方法在第 6 章中有介绍。

1. Lloyd-Max 量化器[*]

对均匀量化器来说，总失真就等于粒度失真，如式（8.8）所示。如果源不是均匀分布的，就必须考虑其概率分布（概率分布函数）$f_x(x)$。现在我们需要同时求解以修正判定边界 b_i 和重现值 y_i。为此将变量 b_i 和 y_i 插入总失真度

$$D_{\mathrm{gran}} = \sum_{j=1}^M \int_{b_{j-1}}^{b_j} (x-y_j)^2\,\frac{1}{X_{\max}}f_x(x)\,\mathrm{d}x \tag{8.12}$$

接下来令式（8.12）的导数为零以使总失真最小，对 y_j 求导就得到重现值集合

$$y_j = \frac{\displaystyle\int_{b_{j-1}}^{b_j} x f_X(x)\,\mathrm{d}x}{\displaystyle\int_{b_{j-1}}^{b_j} f_X(x)\,\mathrm{d}x} \tag{8.13}$$

这就意味着最优的重现值就是 x 区间的加权中心。

对 b_j 求导并令其等于零可以得出：

$$b_j = \frac{y_{j+1} + y_j}{2} \tag{8.14}$$

这给出了两个相邻重现值的中点处的决策边界 b_j。

通过迭代法同时求解这两个方程，其结果称为 Lloyd-Max 量化器。

算法 8.1　Lloyd-Max 量化器

```
BEGIN
  Choose initial level set y₀
  i = 0
  Repeat
    Compute bᵢ using Equation 8.14
    i = i + 1
    Compute yᵢ using Equation 8.13
  Until |yᵢ − yᵢ₋₁| < ∈
END
```

从最优重现级别的初始假设开始，上述算法由当前重现级别的估计值迭代估算出最优边界，然后采用刚刚计算出的边界信息更新当前重现级别的估计值。这个过程重复进行，直到重现级别收敛为止。该算法实际的例子参见练习 3。

2. 压缩扩展量化器

在压缩扩展量化中，输入通过一个压缩函数 G 映射后由一个均匀量化器进行量化。进过变换后再用扩展函数 G^{-1} 将量化后的值映射回去。图 8.4 展示了压缩扩展过程的示意图，其中 $\hat{X}$ 是 X 的量化值。对于有上界 x_{max} 的输入源，任何非均匀量化器都可以由压缩扩展量化器来表示。常用的两个压缩扩展器（compander）是 μ 律压缩扩展器和 A 律压缩扩展器（见 6.1 节）。

图 8.4　压缩扩展量化

8.4.3　向量量化

香农关于信息论的著作中最基本的思想就是任何压缩系统对向量或成组样本进行操作的效果要比其对单独的信号或样本进行操作的效果好。将一系列连续的样本连接成一个向量，这样就可以构造输入样本向量。例如，输入向量可以是一个语音的片段、一幅图片中一组连续的像素或者任何形式的一块数据。

向量量化（VQ）的思想和标量量化的思想类似，只不过将其扩展到了多个维度。在标量量化中，用一个重现值来表示一维空间的一段区间；而在向量量化中用一个包含 n 个分量的码向量（code vector）来表示 n 维空间某个区域内的向量。这些码向量的集合构成了向量量化器中的码本（codebook）。

与一维情形不同，码向量没有固定的排列顺序，因而需要一个索引集来对码本进行索引。图 8.5 给出了向量量化的基本步骤。编码器找出与输入向量最接近的码向量后输出对应的索引。解码器使用完全相同的码本。当接收到输入向量的编码索引后就可以通过简单的表查询来确定重现向量。

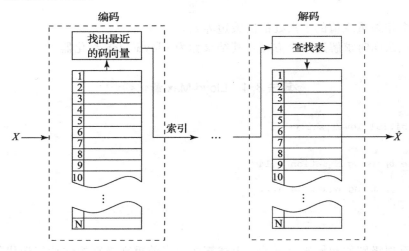

图 8.5 向量量化的基本过程

获取合适的码本和在编码器端搜索最接近的码向量会耗费大量的计算资源，但是由于完成重现只需要一个固定时间，解码器可以很快完成。基于这样的特性，VQ 非常适合在那些编码器端有大量资源而解码器端只有有限资源并且需要很短操作时间的系统上应用。大多数的多媒体应用都采用这种方式。

Gersho 和 Gray 的研究方向包括量化，特别是在向量量化方向有显著成就。他们的作品[6]除了介绍基本理论外，还给 VQ 方法进行了透彻的描述。

8.5 变换编码

从信息论的基本原理可知，向量编码比标量编码效率更高（见 7.4.2 节）。为实现这个目的，我们需要将源数据输入中的连续样本聚合成向量。

设 $X = \{x_1, x_2, \cdots, x_k\}^\mathrm{T}$ 为样本向量。不论输入数据是图片、音乐、音频、视频或者文本，相邻样本 x_i 之间都有可能有密切的内在相关性。变换编码的基本原理是：如果 Y 是对于输入向量 X 的线性变化 T 的结果，那么 Y 元素之间的相关性比 X 中的更弱，因而对 Y 编码的效率就比对 X 编码的效率高。

例如，如果一幅 RGB 图片的大部分信息都包含在一条主轴线上，旋转后的轴线方向是第一个元素，这样亮度就可以采取与颜色信息不同的压缩，这可以更接近人眼的亮度信道。

对于超过三维的情况，如果大部分信息能够用变换后的向量中的前几个分量精确描述，那么对剩余的分量可以只进行粗粒度的量化甚至将其设为 0，而信号失真很小。非相关性越大，即某一维对其他维的影响越小（正交轴越多），就越有可能对存储信息较少的轴做不同的处理，同时对量化后或截距变换后信号重现精确性影响很小。

一般而言，压缩是由对 Y 分量的量化和处理完成的，变换 T 不对数据进行压缩。本节将讨论去除输入信号相关性的方法——离散余弦变换（DCT）。此外，还将介绍一种对输入 X 的组成成分去相关性的最优方法——Karhunen-Loève 变换（KLT）。

8.5.1　离散余弦变换

离散余弦变换(DCT)是一种应用广泛的变换编码技术,它能够以数据无关的方式去除输入信号之间的相关性[7,8]。因此,它应用广泛。下面,我们将分析 DCT 的定义并讨论它的一些特性,特别是 DCT 与常见的离散傅里叶变换(DFT)的关系。

1. DCT 定义

以二维 DCT 为例,设含有 2 个整数变量 i、j 的函数 $f(i, j)$(图片中的一块)。二维 DCT 将其变换成一个新的函数 $F(u, v)$,其中 u、v 的取值范围和 i、j 相同,定义如下:

$$F(u,v) = \frac{2C(u)C(v)}{\sqrt{MN}} \sum_{i=0}^{M-1} \sum_{j=0}^{N-1} \cos \frac{(2i+1)u\pi}{2M} \cos \frac{(2j+1)v\pi}{2N} f(i,j) \tag{8.15}$$

其中 i, $u=0$, 1, $\cdots$, $M-1$, j, $v=0$, 1, $\cdots$, $N-1$。常数 $C(u)$ 和 $C(v)$ 由下式得出:

$$C(\xi) = \begin{cases} \frac{\sqrt{2}}{2}, & \xi = 0 \\ 1, & \text{其他} \end{cases} \tag{8.16}$$

在 JPEG 图像压缩标准(见第 9 章)中,一个图像块的维度定义为 $M=N=8$。因此,在这种情况下,二维 DCT 及其逆变换(IDCT)定义如下所示。

2. 二维离散余弦变换(2D DCT)

$$F(u,v) = \frac{C(u)C(v)}{4} \sum_{i=0}^{7} \sum_{j=0}^{7} \cos \frac{(2i+1)u\pi}{16} \cos \frac{(2j+1)v\pi}{16} f(i,j) \tag{8.17}$$

其中 i, j, u, $v=0$, 1, $\cdots$, 7,常数 $C(u)$ 和 $C(v)$ 由式(8.16)给出。

3. 二维逆离散余弦变换(2D IDCT)

反函数几乎是相同的,将 $f(i, j)$ 和 $F(u, v)$ 的作用对换,除了现在 $C(u)C(v)$ 必须在总和之内:

$$\widetilde{f}(i,j) = \sum_{u=0}^{7} \sum_{v=0}^{7} \frac{C(u)C(v)}{4} \cos \frac{(2i+1)u\pi}{16} \cos \frac{(2j+1)v\pi}{16} F(u,v) \tag{8.18}$$

其中 i, j, u, $v=0$, 1, $\cdots$, 7,常数 $C(u)$ 和 $C(v)$ 由式(8.16)给出。

二维变换适用于二维信号,如数字图像。如下所示,一维和二维的 DCT 和 IDCT 相似。

4. 一维离散余弦变换(1D DCT)

$$F(u) = \frac{C(u)}{2} \sum_{i=0}^{7} \cos \frac{(2i+1)u\pi}{16} f(i) \tag{8.19}$$

其中 $i=0$, 1, $\cdots$, 7。$u=0$, 1, $\cdots$, 7,常数 $C(u)$ 与式(8.16)相同。

5. 一维逆离散余弦变换(1D IDCT)

$$\widetilde{f}(i) = \sum_{u=0}^{7} \frac{C(u)}{2} \cos \frac{(2i+1)u\pi}{16} F(u) \tag{8.20}$$

其中 $i=0$, 1, $\cdots$, 7。$u=0$, 1, $\cdots$, 7,常数 $C(u)$ 与式(8.16)相同。

6. 一维 DCT

下面分析一维信号的离散余弦变换,这里介绍的大部分概念都可以轻松应用到二维 DCT。

有固定幅值的电信号称为直流(DC)信号。例如,电池带有 1.5V 或 9V 的直流电。幅值以某种频率周期性变换的信号称为交流(AC)信号。例如,家用电源是 60Hz、110V 正弦波形交流电(在其他许多国家是 50Hz、220V)。

　　事实上,大多真实信号更加复杂,例如语音信号或数字图像中的某一行灰度强度。然而,任何信号都可以看作是多个不同振幅和频率的正弦波或余弦波信号的叠加,称为傅里叶分析。引用电气工程中的 DC 和 AC 等名词来描述信号的分量,一个信号通常由一个 DC 分量和多个 AC 分量组成。

　　如果采用的是余弦函数,那么确定信号 DC 分量和 AC 分量的振幅过程就称作余弦变换。如果指数为整数,就是离散余弦变换。当 $u=0$,式(8.19)得出的是 DC 分量的系数,当 $u=1,2,\cdots,7$ 时,一次得到 7 个 AC 分量的系数。

　　式(8.20)展示了逆离散余弦变换,它使用 DC 分量和 AC 分量的系数和余弦函数来重现(重组)函数 $f(i)$,考虑到 DCT 和 IDCT 的计算过程中会产生一些损耗,此时 $f(i)$ 表示为 $\tilde{f}(i)$。

　　简单地说,DCT 的作用就是将原信号分解成 DC 分量和 AC 分量,IDCT 则重现(重组)信号。DCT 和 IDCT 都使用相同的余弦函数集合,这些函数称为基函数(basis function)。图 8.6 展示了一维 DCT 在 $u=0,1,\cdots,7$ 时的 8 个基函数。

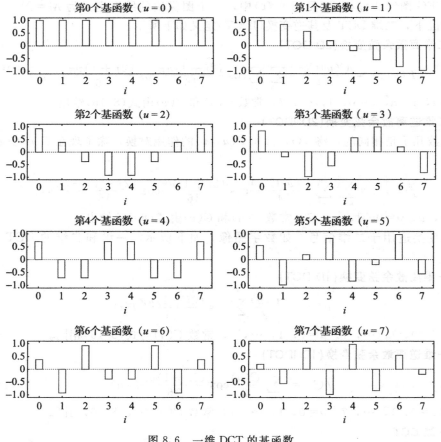

图 8.6　一维 DCT 的基函数

　　DCT 提供了一种新的在频域(frequency domain)上处理和分析信号的方法。在原有的电气和电子信号处理中,$f(i)$ 表示一个随时间 i 变化的信号(这里时间没有按惯例用 t 表示),一维 DCT 将时域(time domain)上的函数 $f(i)$ 变换为频域上的函数 $F(u)$。$F(u)$ 的系数称为频率响应并可由之得到 $f(i)$ 的频谱图。在图像处理中，图像内容 $f(i, j)$ 根据指数 i 和 j 在空间域的变化而改变。在空间频域上，二维 DCT 将时域上的函数 $f(i, j)$ 变换为频域上的函数 $F(u, v)$。为了方便讨论，我们有时以一维图片和一维 DCT 为例。

下面用几个例子来说明频率响应。

例 8.1 图 8.7 的左边部分展示了一个幅值为 100 的 DC 信号，即 $f_1(i) = 100$。由于测试的是离散余弦变换，因此输入信号是离散的，其定义域为 $[0, 7]$。

236 ～ 237

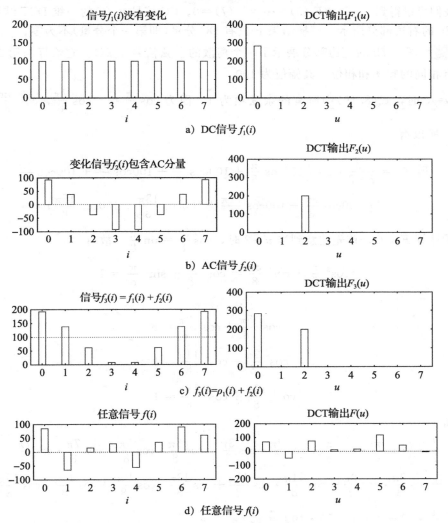

图 8.7 一维离散余弦变换的例子

当 $u = 0$ 时，不论 i 取什么值，式 (8.19) 中所有的余弦项都变成 $\cos 0$，也就是 1，这时 $C(0) = \dfrac{\sqrt{2}}{2}$，$F_1(0)$ 由下式得出：

$$F_1(0) = \frac{\sqrt{2}}{2 \cdot 2}(1 \cdot 100 + 1 \cdot 100 + 1 \cdot 100 + 1 \cdot 100 + 1 \cdot 100 + 1 \cdot 100 + 1 \cdot 100)$$

$$\approx 283$$

当 $u=1$ 时，$F_1(u)$ 如下所示，因为 $\cos\dfrac{\pi}{16}=-\cos\dfrac{15\pi}{16}$，$\cos\dfrac{3\pi}{16}=-\cos\dfrac{13\pi}{16}$，$\cdots$，且 $C(1)=1$，所以有

$$F_1(1)=\frac{1}{2}\cdot\left(\cos\frac{\pi}{16}\cdot100+\cos\frac{3\pi}{16}\cdot100+\cos\frac{5\pi}{16}\cdot100+\cos\frac{7\pi}{16}\cdot100\right.$$
$$\left.+\cos\frac{9\pi}{16}\cdot100+\cos\frac{11\pi}{16}\cdot100+\cos\frac{13\pi}{16}\cdot100+\cos\frac{15\pi}{16}\cdot100\right)=0$$

同样，我们可以得到 $F_1(2)=F_1(3)=\cdots=F_1(7)=0$。DC 信号 $f_1(i)$ 的一维 DCT 结果 $F_1(u)$ 如图 8.7a 的右边部分所示，变换结果 F 只有 DC 分量（即第一个分量）不为零。◀

例 8.2 图 8.7b 的左边部分展示了一个离散的余弦信号 $f_2(i)$。它恰好与第二个余弦基函数有相同的频率和相位，其幅值为 100。

当 $u=0$ 时，式 (8.19) 中所有的余弦项为 1。因为 $\cos\dfrac{\pi}{8}=-\cos\dfrac{7\pi}{8}$，$\cos\dfrac{3\pi}{8}=-\cos\dfrac{5\pi}{8}$，$\cdots$，所以有

$$F_2(0)=\frac{\sqrt{2}}{2\cdot2}\cdot1\cdot\left(100\cos\frac{\pi}{8}+100\cos\frac{3\pi}{8}+100\cos\frac{5\pi}{8}+100\cos\frac{7\pi}{8}\right.$$
$$\left.+100\cos\frac{9\pi}{8}+100\cos\frac{11\pi}{8}+100\cos\frac{13\pi}{8}+100\cos\frac{15\pi}{8}\right)=0$$

为了计算 $F_2(u)$，首先注意到当 $u=2$ 时，$\cos\dfrac{3\pi}{8}=\sin\dfrac{\pi}{8}$，故有

$$\cos^2\frac{\pi}{8}+\cos^2\frac{3\pi}{8}=\cos^2\frac{\pi}{8}+\sin^2\frac{\pi}{8}=1$$

同样

$$\cos^2\frac{5\pi}{8}+\cos^2\frac{7\pi}{8}=1$$
$$\cos^2\frac{9\pi}{8}+\cos^2\frac{11\pi}{8}=1$$
$$\cos^2\frac{13\pi}{8}+\cos^2\frac{15\pi}{8}=1$$

可以得到

$$F_2(2)=\frac{1}{2}\cdot\left(\cos\frac{\pi}{8}\cdot\cos\frac{\pi}{8}+\cos\frac{3\pi}{8}\cdot\cos\frac{3\pi}{8}+\cos\frac{5\pi}{8}\cdot\cos\frac{5\pi}{8}+\cos\frac{7\pi}{8}\cdot\cos\frac{7\pi}{8}\right.$$
$$\left.+\cos\frac{9\pi}{8}\cdot\cos\frac{9\pi}{8}+\cos\frac{11\pi}{8}\cdot\cos\frac{11\pi}{8}+\cos\frac{13\pi}{8}\cdot\cos\frac{13\pi}{8}+\cos\frac{15\pi}{8}\cdot\cos\frac{15\pi}{8}\right)\cdot100$$
$$=\frac{1}{2}\cdot(1+1+1+1)\cdot100=200$$

其他的推导过程不在这里详细展开，最终得到 $F_2(1)=F_2(3)=F_2(4)=\cdots=F_2(7)=0$。◀

例 8.3 图 8.7 的第三行所示的 DCT 输入信号是前面两个信号的叠加，也就是 $f_3(i)=f_1(i)+f_2(i)$，输出 $F(u)$ 的值如下：

$$F_3(0)=283$$
$$F_3(2)=200$$
$$F_3(1)=F_3(3)=F_3(3)=\cdots=F_3(7)=0$$

由以上结果得出 $F_3(u) = F_1(u) + F_2(u)$。　◀

例 8.4　图 8.7 的第四行所示是一个任意(或者说至少是相对复杂)的输入信号 $f(i)$ 及其 DCT 输出 $F(u)$：

$$f(i)(i = 0..7): 85 \quad -65 \quad 15 \quad 30 \quad -56 \quad 35 \quad 90 \quad 60$$
$$F(u)(u = 0..7): 69 \quad -49 \quad 74 \quad 11 \quad 16 \quad 117 \quad 44 \quad -5$$

在更一般的情形下，所有的 DCT 系数 $F(u)$ 都非零，有些为负值。　◀

根据以上的例子，可以总结出 DCT 的特性如下：

1) DCT 产生和空间信号 $f(i)$ 对应的频谱 $F(u)$。

具体来说，DCT 系数 $F(0)$ 就是信号 $f(i)$ 的 DC 分量。达到一个常数(对于一维 DCT 是 $\frac{1}{2} \cdot \frac{\sqrt{2}}{2} \cdot 8 = 2 \cdot \sqrt{2}$，对于二维 DCT 是 $\frac{1}{4} \cdot \frac{\sqrt{2}}{2} \cdot \frac{\sqrt{2}}{2} \cdot 64 = 8$)，$F(0)$ 等于信号的平均幅值。在图 8.7a 中，信号的平均幅度显然是 100，$F(0) = 2\sqrt{2} \times 100$；在图 8.7b 中，AC 信号的平均幅度值为 0，因而 $F(0)$ 也为 0；在图 8.7c 中，$f_3(i)$ 的平均幅度值为 100，同样 $F(0) = 2\sqrt{2} \times 100$。

另外 7 个 DCT 系数反映了信号 $f(i)$ 在不同频率上的多种变化(即 AC)分量。如果用 AC1 表示 $F(1)$，AC2 表示 $F(2)$，…，AC7 表示 $F(7)$，那么 AC1 就是第一个 AC 分量，其余弦函数在 $[0, 7]$ 内只有半个周期，AC2 有一个周期，AC3 有一个半周期，…，AC7 有三个半周期。当然，所有这些都基于以这种方式排列的余弦基函数。也就是说，第二个基函数对应 AC1，第三个基函数对应 AC2，以此类推。在图 8.7b 的例子中，由于信号 $f_2(i)$ 与第三个基函数有相同的余弦波形、频率和相位，因此它们将同时达到最大值(正)和最小值(负)。它们的乘积永远为正，并且乘积的和($F_2(2)$ 或者 AC2)是很大的。此外，由于 $f_2(i)$ 正好与其他基函数正交，因此其他所有的 AC 系数都为零。(关于正交性将在本章后面讨论。)

应当指出，DCT 系数很容易取负值。对于 DC 信号，当 $f(i)$ 的平均值小于零时，DCT 系数就会取负值。(对于一张图片，这种情形不会发生，因而其 DC 分量是非负的。)对于 AC 信号，如果 $f(i)$ 和某一基函数的频率相同，但却相差半个周期时，则 DCT 系数为负，而且绝对值也很大。

一般而言，信号更像图 8.7d 中展示的，$f(i)$ 产生许多非零的 AC 分量，其中 AC7 后面表示的是高频分量。只有当信号在 $[0, 7]$ 这个小区域内快速交替变化时，其高频分量才会有较大的(正或负)响应。

例如，如果 AC7 是一个数值较大的正数，这说明 $f(i)$ 有一个与第 8 个基函数(三个半周期)同步变化的分量。根据奈奎斯特定理，这就是采用 8 个离散值取样而不发生严重失真和信号叠加的最高信号频率。

2) DCT 是一种线性变换(linear transform)。

通常，线性变换 $\mathcal{T}$ 满足如下性质：

$$\mathcal{T}(\alpha p + \beta q) = \alpha T(p) + \beta T(q) \tag{8.21}$$

其中 α 和 β 是常数，p 和 q 是任意函数、变量或者常数。

由式(8.19)的定义，可以很容易证明 DCT 的这个性质，因为 DCT 中只使用了简单的算术运算。

7. 一维逆 DCT

下面给出图 8.7d 中例子的逆 DCT(IDCT)来结束这个例子。前面得到的 $F(u)$ 如下：

240

$$F(u)(u=0..7):69 \quad -49 \quad 74 \quad 11 \quad 16 \quad 117 \quad 44 \quad -5$$

式(8.20)给出的一维 IDCT 可以用 8 次迭代循环轻松实现。这个过程如图 8.8 所示。

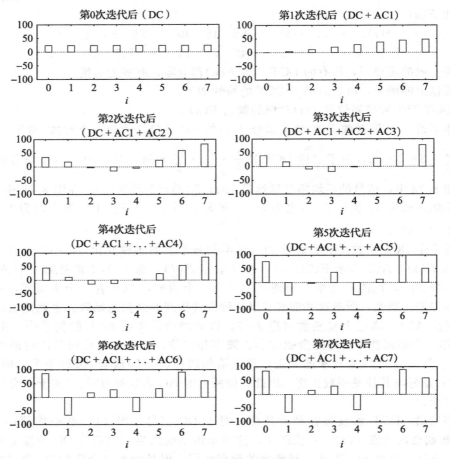

图 8.8　一维 IDCT 的示例

迭代 0：$\widetilde{f}(i)=\dfrac{C(0)}{2}\cdot\cos 0\cdot F(0)=\dfrac{\sqrt{2}}{2\cdot 2}\cdot 1\cdot 69\approx 24.3$

迭代 1：$\widetilde{f}(i)=\dfrac{C(0)}{2}\cdot\cos 0\cdot F(0)+\dfrac{C(1)}{2}\cdot\cos\dfrac{(2i+1)\pi}{16}\cdot F(1)$

$\approx 24.3+\dfrac{1}{2}\cdot(-49)\cdot\cos\dfrac{(2i+1)\pi}{16}\approx 24.3-24.5\cdot\cos\dfrac{(2i+1)\pi}{16}$

迭代 2：$\widetilde{f}(i)=\dfrac{C(0)}{2}\cdot\cos 0\cdot F(0)+\dfrac{C(1)}{2}\cdot\cos\dfrac{(2i+1)\pi}{16}\cdot F(1)$

$+\dfrac{C(2)}{2}\cdot\cos\dfrac{(2i+1)\pi}{8}\approx 24.3-24.5\cdot\cos\dfrac{(2i+1)\pi}{16}+37\cdot\cos\dfrac{(2i+1)\pi}{8}$

经过初始迭代，$\overline{f}(i)$ 为一个约等于 24.3 的常量，这是 $f(i)$ 中 DC 分量的复原。第一次迭代后，$\overline{f}(i)\approx 24.3-24.5\cdot\cos\dfrac{(2i+1)\pi}{16}$，这是 DC 分量和第一个 AC 分量的和；第二次迭代后，$\overline{f}(i)$ 就是 DC 和 AC1、AC2 的和，以此类推。如图 8.8 所示，IDCT 求乘积之和的过程最终重现(重构)了函数 $f(i)$，结果近似为

$$f(i)(i = 0..7): 85 \quad -65 \quad 15 \quad 30 \quad -56 \quad 35 \quad 90 \quad 60$$

由上面的过程可知,即使通过中间浮点数由整数的初值得到了整数的结果,信号也会被精确还原。尽管并非总是如此,但结果总是很接近的。

8. 余弦基函数

为获得更好的分解,其基函数应该是正交的(orthogonal),这样的冗余信息最少。

如果两个函数 $\beta_p(i)$ 和 $\beta_q(i)$ 正交,则满足下式:

$$\sum_i [B_p(i) \cdot B_q(i)] = 0, p \neq q \tag{8.22}$$

两个函数 $\beta_p(i)$ 和 $\beta_q(i)$ 正交且满足下式,它们就是标准正交(orthogonal)。

$$\sum_i [B_p(i) \cdot B_q(i)] = 1, p = q \tag{8.23}$$

标准正交性是我们希望得到的。有了这个特性,信号在变换过程中就不会被放大。如果变换和其逆变换(有时也称为正向变换(forward transform)和反向变换(backward transform))都采用相同的基函数,那么得到的信号将与原信号完全(大致)相同。

可以得出

$$\sum_{i=0}^{7} \left[\cos \frac{(2i+1) \cdot p\pi}{16} \cdot \cos \frac{(2i+1) \cdot q\pi}{16} \right] = 0, p \neq q$$

$$\sum_{i=0}^{7} \left[\frac{C(p)}{2} \cos \frac{(2i+1) \cdot p\pi}{16} \cdot \frac{C(q)}{2} \cos \frac{(2i+1) \cdot q\pi}{16} \right] = 1, p = q$$

由此可见,DCT 中的余弦基函数确实是正交的,合适的常数 $C(p)$ 和 $C(q)$ 还可以使它们成为标准正交函数。(现在,可以理解 DCT 和 IDCT 定义中的常数 $C(u)$ 和 $C(v)$ 为何看起来像是随意取值了。)

回想前面图 8.7b 中的 $f_2(i)$,由于具有正交性,只有 $F_2(2)$(对于 $u=2$)为非零值,而其他的 DCT 系数都为零。对某些信号在频域上的处理和分析,这一点是必要的,因为这样就可以精确地辨别出原信号的频域分量。

余弦基函数与三维笛卡儿空间中的基向量 $\vec{x}$、$\vec{y}$、$\vec{z}$(或称为三维向量空间)类似,这些向量都是标准正交的,因为

$$\vec{x} \cdot \vec{y} = (1,0,0) \cdot (0,1,0) = 0$$
$$\vec{x} \cdot \vec{z} = (1,0,0) \cdot (0,0,1) = 0$$
$$\vec{y} \cdot \vec{z} = (0,1,0) \cdot (0,0,1) = 0$$
$$\vec{x} \cdot \vec{x} = (1,0,0) \cdot (1,0,0) = 1$$
$$\vec{y} \cdot \vec{y} = (0,1,0) \cdot (0,1,0) = 1$$
$$\vec{z} \cdot \vec{z} = (0,0,1) \cdot (0,0,1) = 1$$

任意一点 $P = (x_p, y_p, z_p)$ 都可以用一个向量 $\overrightarrow{OP} = (x_p, y_p, z_p)$ 来表示,其中 O 为原点,该向量可分解为 $x_p \cdot \vec{x} + y_p \cdot \vec{y} + z_p \cdot \vec{z}$。

如果把式(8.19)中求乘积之和的运算看作离散余弦基函数(对于确定的 u)与信号 $f(i)$ 的点乘,那么 DCT 与笛卡儿投影之间的相似性就更加明显了。也就是说,要得到点 p 的 x 坐标,只需将 P 投影到 x 轴上。从数学上来说,这相当于一次点乘运算 $\vec{x} \cdot \overrightarrow{OP} = x_p$,用同样的方法可以得到 y_p 和 z_p。

现在,与图 8.7b 中的例子进行比较,对于笛卡儿空间中的点 $P = (0, 5, 0)$,只有 y

轴上的投影 $y_p=5$，在 x 轴和 z 轴上的投影都是 0。

最终，对于重构的点 P，使用 (x_p, y_p, z_p) 和 $(\vec{x}, \vec{y}, \vec{z})$ 的点乘来获得 $x_p \cdot \vec{x} + y_p \cdot \vec{y} + z_p \cdot \vec{z}$。

9. 二维基函数

对二维 DCT 函数来说，使用 8×8 图像的基，其中 u 和 v 表示空间频率，如图 8.9 所示，图中白色表示正值，黑色表示负值。对于一组特定的 u 和 v，其基函数是：

$$\cos \frac{(2i+1) \cdot u\pi}{16} \cdot \cos \frac{(2j+1) \cdot v\pi}{16} \tag{8.24}$$

其中 i 和 j 是它们行和列的索引。

例如，对于图 8.9 中的扩大块，其 $u=1$，$v=2$，其基函数为：

$$\cos \frac{(2i+1) \cdot 1\pi}{16} \cdot \cos \frac{(2j+1) \cdot 2\pi}{16}$$

为了获得 DCT 系数，只需求 64 个基函数中每一个与原图像对应的 8×8 区域块的内积即可。这里我们考虑的是空间而非时间上的原始信号。对于每个 8×8 区域块进行如上操作，得到的 64 个乘积就是一个 8×8 的空间频谱图像 $F(u, v)$。

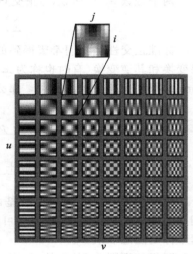

图 8.9　8×8 的二维 DCT 基图示

10. 二维分离基

考虑到计算速度，大多数软件的应用中都使用固定点的四则运算来计算 DCT。正如能够从数学上推导出快速傅里叶变换一样，也有快速 DCT。一些快速计算中将乘法转化为移位和加法后得到近似的系数。此外，还有一种更加简单的方法来生成二维 DCT 的系数，这种方法将原问题转化为两个一维 DCT。

二维 DCT 可以分为一系列的一维 DCT 步骤。首先，对每一列进行一维 DCT，计算出一个中间函数 $G(u, j)$，这样就将列的维度转变到了频域，将行索引变成频率中对应的 u。当块的大小为 8×8 时：

$$G(u,j) = \frac{1}{2} C(u) \sum_{i=0}^{7} \cos \frac{(2i+1)u\pi}{16} f(i,j) \tag{8.25}$$

然后再次计算一维 DCT，这次将列索引变成其对应的频率 v：

$$F(u,v) = \frac{1}{2} C(v) \sum_{j=0}^{7} \cos \frac{(2j+1)v\pi}{16} G(u,j) \tag{8.26}$$

因为二维 DCT 的基函数是可分离的（i 和 j 各自独立的函数相乘），所以这样的做法是可行的。可以看到，这样一个简单转化节约了很多计算步骤，所需的迭代次数从 8×8 变为了 8+8。

11. 二维 DCT 矩阵

244
〜
245

上述二维 DCT 到一维 DCT 的因式分解可以通过 2 个连续的矩阵乘法实现，即

$$F(u,v) = \boldsymbol{T} \cdot f(i,j) \cdot \boldsymbol{T}^{\mathrm{T}} \tag{8.27}$$

$\boldsymbol{T}$ 称为 DCT 矩阵。

$$T[i,j] = \begin{cases} \dfrac{1}{\sqrt{N}}, & i = 0 \\[3mm] \sqrt{\dfrac{2}{N}} \cdot \dfrac{\cos(2j+1) \cdot i\pi}{2N}, & i > 0 \end{cases} \tag{8.28}$$

其中，$i=0$，1，$\cdots$，$N-1$，$j=0$，1，$\cdots$，$N-1$ 分别为行列索引，块大小为 $N \times N$。

当 $N=8$ 时，可以得出：

$$T_8[i,j] = \begin{cases} \dfrac{1}{2\sqrt{2}}, & i = 0 \\[3mm] \dfrac{1}{2} \cdot \cos\dfrac{(2j+1) \cdot i\pi}{16}, & i > 0 \end{cases} \tag{8.29}$$

因此，

$$T_8 = \begin{bmatrix} \dfrac{1}{2\sqrt{2}} & \dfrac{1}{2\sqrt{2}} & \dfrac{1}{2\sqrt{2}} & \cdots & \dfrac{1}{2\sqrt{2}} \\[2mm] \dfrac{1}{2} \cdot \cos\dfrac{\pi}{16} & \dfrac{1}{2} \cdot \cos\dfrac{3\pi}{16} & \dfrac{1}{2} \cdot \cos\dfrac{5\pi}{16} & \cdots & \dfrac{1}{2} \cdot \cos\dfrac{15\pi}{16} \\[2mm] \dfrac{1}{2} \cdot \cos\dfrac{\pi}{8} & \dfrac{1}{2} \cdot \cos\dfrac{3\pi}{8} & \dfrac{1}{2} \cdot \cos\dfrac{5\pi}{8} & \cdots & \dfrac{1}{2} \cdot \cos\dfrac{15\pi}{8} \\[2mm] \dfrac{1}{2} \cdot \cos\dfrac{3\pi}{16} & \dfrac{1}{2} \cdot \cos\dfrac{9\pi}{16} & \dfrac{1}{2} \cdot \cos\dfrac{15\pi}{16} & \cdots & \dfrac{1}{2} \cdot \cos\dfrac{45\pi}{16} \\[2mm] \vdots & \vdots & \vdots & \ddots & \vdots \\[2mm] \dfrac{1}{2} \cdot \cos\dfrac{7\pi}{16} & \dfrac{1}{2} \cdot \cos\dfrac{21\pi}{16} & \dfrac{1}{2} \cdot \cos\dfrac{35\pi}{16} & \cdots & \dfrac{1}{2} \cdot \cos\dfrac{105\pi}{16} \end{bmatrix} \tag{8.30}$$

进一步看 DCT 矩阵，矩阵的每一行都是一个基本的一维 DCT 基函数，从 DC 变换到 AC1，AC2，$\cdots$，AC7。与图 8.6 中的函数相比，唯一的不同点在于，我们添加了一些常数，并且关注 DCT 基函数的正交。事实上，式(8.19)和式(8.29)的常数和基函数是相同的。(我们将把它作为一个练习(见练习 7)来验证 T_8 的行和列是正交向量，即，T_8 是正交矩阵。)

简言之，二维 DCT 就是使用两个矩阵乘法，如式(8.27)所示。第一个矩阵乘法应用一维 DCT 的垂直方向(列)，第二个应用一维 DCT 水平方向(行)。已经实现的便是如式(8.25)和式(8.26)所展示的两个步骤。

12. 二维 IDCT 矩阵

在这一部分，我们来学习如何通过式(8.27)的矩阵乘法从 $F(u, v)$ 来重构 $f(i, j)$。在接下来的几章中，当我们讨论图像和视频的有损压缩时，量化步骤通常用于 IDCT 之前的 DCT 系数 $F(u, v)$。

246

二维 IDCT 矩阵实现很简单：

$$f(i,j) = T^{\mathrm{T}} \cdot F(u,v) \cdot T \tag{8.31}$$

其推导过程如下：

首先，因为 $T \cdot T^{-1} = T^{-1} \cdot T = I$，$I$ 是单位矩阵，则可得出

$$f(i,j) = T^{-1} \cdot T \cdot f(i,j) \cdot T^{\mathrm{T}} \cdot (T^{\mathrm{T}})^{-1}$$

根据式(8.27)，

$$F(u,v) = T \cdot f(i,j) \cdot T^{\mathrm{T}}$$

因此

$$f(i,j) = \boldsymbol{T}^{-1} \cdot F(u,v) \cdot (\boldsymbol{T}^{\mathrm{T}})^{-1}$$

之前得出，DCT 矩阵 $\boldsymbol{T}$ 是正交阵，因此：

$$\boldsymbol{T}^{\mathrm{T}} = \boldsymbol{T}^{-1}$$

则可得出

$$f(i,j) = \boldsymbol{T}^{\mathrm{T}} \cdot F(u,v) \cdot \boldsymbol{T}$$

13. DCT 与 DFT 的比较

离散余弦变换[9]与离散傅里叶变换（DFT）是近似相等的[9]。在信号处理领域，后者可能更常用一些。由于 DCT 相对比较简单并且在多媒体方面的应用更加广泛，因此本书主要介绍了 DCT。然而，我们不应当完全忽略 DFT。

一个连续信号的连续傅里叶变换定义如下：

$$\mathcal{F}(\omega) = \int_{-\infty}^{\infty} f(t) \mathrm{e}^{-i\omega t} \, \mathrm{d}t \tag{8.32}$$

应用欧拉公式，可以得到

$$\mathrm{e}^{ix} = \cos(x) + i\sin(x) \tag{8.33}$$

可见，连续傅里叶变换由无限个正弦项和余弦项的和组成。由于计算机要求输入信号离散化，因此定义 DFT，它对输入信号 $\{f_0, f_1, \cdots, f_7\}$ 的 8 个样本进行操作，如下所示：

$$F_\omega = \sum_{x=0}^{7} f_x \mathrm{e}^{-\frac{2\pi i \omega x}{8}} \tag{8.34}$$

将正弦项和余弦项分开写，可得

$$F_\omega = \sum_{x=0}^{7} f_x \cos\left(\frac{2\pi\omega x}{8}\right) - i\sum_{x=0}^{7} f_x \sin\left(\frac{2\pi\omega x}{8}\right) \tag{8.35}$$

即使不给出 DCT 的明确定义，我们也可以猜到 DCT 可能只涉及 DFT 实部。由于 DCT 仅使用 DFT 中的余弦基函数，通过生成原始输入信号的对称副本就可以抵消 DFT 的虚部。

正弦函数是奇函数，当信号被对称地扩展后，正弦项对结果的影响就会互相抵消。由此可得，8 个输入样本的 DCT 相当于 16 个样本的 DFT 和其对称样本的叠加，如图 8.10 所示。

经过对称扩展后，DCT 处理的是三角波，而 DFT 则处理重复的斜坡函数。由于 DFT 试图模拟斜坡函数的每个样本的副本之间的人为中断，所以需要引入大量的高频分量。（更多关于 DCT 和 DFT 的讨论与比较请参考文献[9]）

表 8.1 给出的是计算得出的 DCT 系数和 DFT 系数。从中可以看出，比起 DFT，DCT 的前几个系数包含了更多的信号信息。如果只用 DCT 和 DFT 的三项来分别作为原斜坡函数的近似，可以发现用 DCT 时的近似更加接近，两者的比较见图 8.11。

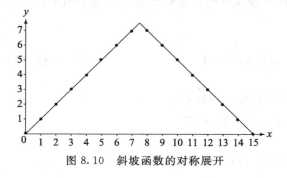

图 8.10　斜坡函数的对称展开

表 8.1　斜坡函数的 DCT 系数和 DFT 系数

斜坡函数	DCT	DFT
0	9.90	28.0
1	−6.44	−4.00
2	0.00	9.66
3	−0.67	−4.00
4	0.00	4.00
5	−0.20	−4.00
6	0.00	1.66
7	−0.51	−4.00

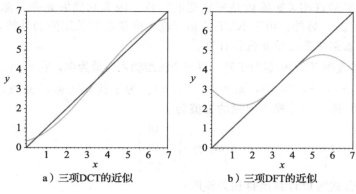

a）三项DCT的近似　　　　　　b）三项DFT的近似

图 8.11　斜坡函数的近似

*8.5.2　Karhunen-Loève 变换

Karhunen-Loève 变换（KLT）是一种可逆的线性变换，它应用了向量表述的统计学性质。Karhunen-Loève 变换主要的特性就是能够很好地去除输入的相关性，为此，它在（减去平均值的）数据附近找出一个 n 维椭球体，该椭球体的长轴方向就是数据变化较大的方向。

想象一支被踩扁的雪茄的样子。描述雪茄的数据是雪茄各点在三维空间中的坐标值，其长轴由一个统计程序找出来，作为 KLT 的第一条轴。第二条重要的轴是通过被压扁的雪茄的水平轴，它垂直于第一条轴。第三条轴垂直于前两条轴，是竖直的。KLT 进行的就是这样的分析。

为了理解 KLT 的最优性，考察输入向量 X 的自相关矩阵 R_x，其定义如下：

$$R_X = E[XX^T] \tag{8.36}$$

$$= \begin{bmatrix} R_X(1,1) & R_X(1,2) & \cdots & R_X(1,k) \\ R_X(2,1) & R_X(2,2) & \cdots & R_X(2,k) \\ \vdots & \vdots & & \vdots \\ R_X(k,1) & R_X(k,2) & \cdots & R_X(k,k) \end{bmatrix} \tag{8.37}$$

其中 $R_x(t,s) = E[X_t X_s]$ 是自相关函数。我们的目的是找到一个变换 T，使得输出 Y 的各个分量都不相关。也就是说，当 $t \neq s$ 时，$E[Y_t Y_s] = 0$。因此，Y 的自相关矩阵的形式是正对角矩阵。

任何自相关矩阵都是对称和非负定义的矩阵，因此它有 k 个正交的特征向量 u_1，u_2，…，u_k 和 k 个对应的非负实特征值 $\lambda_1 \geqslant \lambda_2 \geqslant \cdots \geqslant \lambda_k \geqslant 0$。Karhunen-Loève 变换的定义如下：

$$T = [u_1, u_2, \cdots, u_k]^T \tag{8.38}$$

这样，Y 的自相关矩阵就变为：

$$R_Y = E[YY^T] \tag{8.39}$$

$$= E[TXX^T T] \tag{8.40}$$

$$= TR_X T^T \tag{8.41}$$

$$= \begin{bmatrix} \lambda_1 & 0 & \cdots & 0 \\ 0 & \lambda_2 & \cdots & 0 \\ 0 & \vdots & \ddots & 0 \\ 0 & 0 & \cdots & \lambda_k \end{bmatrix} \tag{8.42}$$

249

　　显然，上面 Y 的自相关矩阵就是所期望的矩阵。因为它能够完全去除输入的相关性，因此 KLT 是最优的。另外，由于 KLT 依赖于输入向量自相关矩阵的计算，因而它是数据相关的，对每个数据集都要重新进行计算。

　　例 8.5　为了说明 KLT 的运行机制，以四个三维输入向量为例，它们是 $x_1 = (4, 4, 5)$，$x_2 = (3, 2, 5)$，$x_3 = (5, 7, 6)$，$x_4 = (6, 7, 7)$。为了找到所需的变换，首先必须计算出输入的自相关矩阵，四个输入向量的均值为：

$$m_x = \frac{1}{4} \begin{bmatrix} 18 \\ 20 \\ 23 \end{bmatrix}$$

使用下面的公式可以计算出自相关矩阵：

$$R_x = \frac{1}{M} \sum_{i=1}^{N} x_i x_i^{\mathrm{T}} - m_x m_x^{\mathrm{T}} \tag{8.43}$$

上式中 n 是输入向量的数目（本例中为 4）。从这个公式可以得到：

$$R_x = \begin{bmatrix} 1.25 & 2.25 & 0.88 \\ 2.25 & 4.50 & 1.50 \\ 0.88 & 1.50 & 0.69 \end{bmatrix}$$

　　我们试着对角化矩阵 R_x，这与形成特征向量-特征值分解相同（出自线性代数）。也就是说，我们想重写 R_x 为 $R_x = TDT^{-1}$，其中矩阵 $D = \mathrm{diag}(\lambda_1, \lambda_2, \lambda_3)$ 是对角线，λ 为特征值，非对角线值为 0。矩阵 T 的每一列称为特征向量。这些很容易用数学库计算出来，在 MATLAB 中，函数 eig 可以实现。

　　这里，R_x 的特征值为 $\lambda_1 = 6.1963$，$\lambda_2 = 0.2147$，$\lambda_3 = 0.0264$。显然，其中第一个分量是最重要的。特征值对应的特征向量为：

$$u_1 = \begin{bmatrix} 0.4385 \\ 0.8471 \\ 0.3003 \end{bmatrix} \quad u_2 = \begin{bmatrix} 0.4460 \\ -0.4952 \\ 0.7456 \end{bmatrix} \quad u_3 = \begin{bmatrix} -0.7803 \\ 0.1929 \\ 0.5949 \end{bmatrix}$$

　　因此，KLT 可以由下面的矩阵得到：

$$T = \begin{bmatrix} 0.4385 & 0.8471 & 0.3003 \\ 0.4460 & -0.4952 & 0.7456 \\ -0.7803 & 0.1929 & 0.5949 \end{bmatrix}$$

　　各个输入向量减去平均值向量后进行 KLT，得到结果如下：

$$y_1 = \begin{bmatrix} -1.2916 \\ -0.2870 \\ -0.2490 \end{bmatrix} \quad y_2 = \begin{bmatrix} -3.4242 \\ 0.2573 \\ 0.1453 \end{bmatrix}$$

$$y_3 = \begin{bmatrix} 1.9885 \\ -0.5809 \\ 0.1445 \end{bmatrix} \quad y_4 = \begin{bmatrix} 2.7273 \\ 0.6107 \\ -0.0408 \end{bmatrix}$$

由于 T 的各行均为正交向量，其逆变换就是其转置：$T^{-1} = T^{\mathrm{T}}$。通过逆关系，由变换系数可以得出原向量。

$$x = T^{\mathrm{T}} y + m_x \tag{8.44}$$

　　至于变换系数 y_i，前面几个分量的幅值通常都比其余的分量大得多。一般来说，经过 KLT 后，变换系数的大多数"能量"都集中到了前面几个分量里，这就叫作 KLT 的能量紧束特性。

对于一个具有 n 个分量的输入向量 x，如果对其输出向量 y 进行粗略的量化，设置其后 k 个分量的值为 0，这个向量称作结果向量 $\hat{y}$，**KLT** 能够使原向量和其重现向量之间的均方差最小。◀

8.6 小波编码

8.6.1 简介

将输入信号分解成若干分量后，我们便能够针对每个分量采用合适的编码方法，以提高压缩性能。仍以一个和时间相关的信号 $f(t)$ 为例（以连续函数作为基础进行讨论是最好的）。传统的信号分解方法是傅里叶变换，前面讨论的 DCT 是一种特殊的基于余弦的变换。如果同时基于正弦和余弦进行分析，可以将结果用一个符号 $\mathcal{F}(\omega)$ 表示，这个函数由式（8.32）得到，它的值是复数，频率 ω 是实数。进行这样的分解后，在频域上有很高的分辨率。然而由于正弦曲线理论上在时间上是无限的，这样的分解不能得到瞬时（temporal）结果。

另一种近年来常用的分解方法是小波变换（wavelet transform）。它采用一组称为小波的基函数来表示信号，可以在时域和频域上都得到很好的分辨率。

小波变换有两种类型：连续小波变换（Continuous Wavelet Transform，CWT）和离散小波变换（Discrete Wavelet Transform，DWT）。CWT 应用于在实数域上平方可积的函数 $f(x)$，也就是 $\int [f(x)]^2 \mathrm{d}x < \infty$，在数学上也可以写作 $f(x) \in \boldsymbol{L}^2(\boldsymbol{R})$。

另一种小波变换 DWT 用于处理输入信号的离散采样。DWT 和其他的离散线性变换（如 DFT 和 DCT）类似，在图像处理和压缩中非常有用。

在讨论小波理论之前，我们先介绍一个最简单的小波变换的例子，以便读者对小波变换有一个直观的印象。这种小波变换叫作 Haar 小波变换，它能得出一个 `float` 值序列的平均值和差值。

序列的多分辨率分析是指重复地计算出每一步的序列平均值和差值，将结果记录下来，对于图像而言，这就相当于产生越来越小的简化图像，每一步的图像都只有上一步的 $\frac{1}{4}$ 大小，同时还记录下其与平均值的差值。将全尺寸图像、$\frac{1}{4}$ 图像、$\frac{1}{16}$ 图像等排列起来。会形成一个金字塔，这些图像的集合与差值图像就构成了多分辨率分析。

例 8.6 一个简单的小波变换

小波变换的目的是为了更好地进行压缩，将输入信号分解为易于处理、有特殊含义或者可被忽略的分量。当然，变换后的分量必须能够近似地重现原信号。假设有如下输入序列：

$$\{x_{n,i}\} = \{10, 13, 25, 26, 29, 21, 7, 15\} \tag{8.45}$$

其中，$i \in [0..7]$ 为像素编号。n 代表当前的金字塔层级。对于这个序列来说，在顶层 $n=3$，对 $n=2,1,0$，还需再构造三个数列。在每个层级上，变换后的信号数列的前几个元素中所保留的信息较少。在金字塔的层级 $n=0$ 时，其第一个元素是数列的平均值，其他详细信息则存储在剩余的元素中。◀

定义如下的变换，它将原数列替换为其相邻两个元素的平均值 $x_{n-1,i}$ 和差值 d_{n-1}：

$$x_{n-1,i} = \frac{x_{n,2i} + x_{n,2i+1}}{2} \qquad (8.46)$$

$$d_{n-1,i} = \frac{x_{n,2i} - x_{n,2i+1}}{2} \qquad (8.47)$$

$i \in [0..3]$。注意，平均值和差值仅应用于第一个元素具有偶数下标的连续输入序列对，因此，集合 $\{x_{n-1,i}\}$ 和 $\{d_{n-1,i}\}$ 中元素的数目都正好是原数列中元素数目的一半。将数列 $\{x_{n-1,i}\}$ 和 $\{d_{n-1,i}\}$ 连接起来就可以得到一个与原数列长度相同的新数列，结果如下：

$$\{x_{n-1,i}, d_{n-1,i}\} = \{11.5, 25.5, 25, 11, -1.5, -0.5, 4, -4\} \qquad (8.48)$$

现在的层级是 $n-1=2$，该数列与输入数列有相同数目的元素，变换并没有增加数据量。因为以上数列的前一半是原数列的平均值，所以可以把它看作原信号的粗略近似。

该数列的后一半则可以看作前一半的细化或近似误差。这一细化数列中大多数的数值都比原数列的小得多。这样，大部分的能量就被有效地集中到了前面一半数列中。因此，可以用更少的位数来存储 $\{d_{n-1,i}\}$。

可以很容易地证明，用下面的关系式可以从变换后的数列重现原数列。

$$x_{n,2i} = x_{n-1,i} + d_{n-1,i}$$
$$x_{n,2i+1} = x_{n-1,i} - d_{n-1,i} \qquad (8.49)$$

上面的变换就是离散 Haar 小波变换。应用缩放函数和小波函数可以完成求平均值和差值的操作。图 8.12 展示了 Haar 小波变换中的这两个函数。

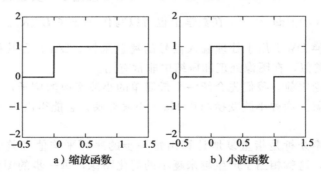

a）缩放函数   b）小波函数

图 8.12   Haar 小波变换

将同样的变换用于 $\{x_{n-1,i}\}$，可以得到下一层级的近似值 $\{x_{n-2,i}\}$ 和细化值 $\{d_{n-2,i}\}$：

$$\{x_{n-2,i}, d_{n-2,i}, d_{n-1,i}\} = \{18.5, 18, -7, 7, -1.5, -0.5, 4, -4\} \qquad (8.50)$$

以上就是多分辨率分析的基本思想。现在就可以在三个不同的尺度下来研究输入信号，按照所需的细节从一个尺度转到另一个。分析过程可以重复 n 次，直到在近似值数列中只剩下一个元素。在本例中，$n=3$，最终得到的数列为

$$\{x_{n-3,i}, d_{n-3,i}, d_{n-2,i}, d_{n-1,i}\} = \{18.25, 0.25, -7, 7, -1.5, -0.5, 4, -4\} \qquad (8.51)$$

$n=3$ 意味着得到的最终结果需要经过三次变换。

数值 18.25 是原信号的最粗略的近似，也正是原数列中所有元素的平均值。从本例中也可看出，变换计算的复杂度与输入数列的元素数目 N 成正比，即 $O(N)$。

将一维 Haar 小波变换扩展到二维很简单，只需对二维输入的行和列分别进行一维变换即可。下面将描述如何在图 8.13 所示的 8×8 输入图像上应用二维 Haar 变换。

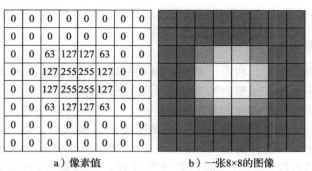

a）像素值　　　　　　b）一张8×8的图像

图 8.13　二维 Haar 小波变换的输入图像

例 8.7　二维 Haar 变换

这个二维 Haar 变换的例子不仅用来说明如何在二维输入上应用小波变换，同时也指出了变换系数的意义。不过，举这个例子的目的只是使读者对进行一般的二维小波变换时的操作有一个直观认识。后续小节将具体介绍正向和逆向二维小波变换的算法，并且会给出一个更加详细的、采用更加复杂的小波的例子。　　◀

二维 Haar 小波变换

开始，我们先对输入的每一行应用一维 Haar 小波变换，前两行和后两行都为零，对剩余的几行进行取平均和求差值运算后，得到如图 8.14 所示的中间输出结果。

接下来对中间结果的各列进行相同的一维 Haar 变换，这就完成了一个层级的二维 Haar 变换。图 8.15 给出的是得到的系数。

253
～
254

0	0	0	0	0	0	0	0
0	0	0	0	0	0	0	0
0	95	95	0	0	−32	32	0
0	191	191	0	0	−64	64	0
0	191	191	0	0	−64	64	0
0	95	95	0	0	−32	32	0
0	0	0	0	0	0	0	0
0	0	0	0	0	0	0	0

0	0	0	0	0	0	0	0
0	143	143	0	0	−48	48	0
0	143	143	0	0	−48	48	0
0	0	0	0	0	0	0	0
0	0	0	0	0	0	0	0
0	−48	−48	0	0	16	−16	0
0	48	48	0	0	−16	16	0
0	0	0	0	0	0	0	0

图 8.14　二维 Haar 小波变换的中间输出结果　　　图 8.15　第一层级二维 Haar 小波变换的输出结果

将所得结果划分为四个象限，左上象限包含的是水平方向和竖直方向上的平均系数，因此它可以看作对原图像的低通滤波，滤掉了高频边缘信息，而保留了低空间频率的平滑信息。

右上象限包含的是水平方向上的差值在竖直方向上的平均值，可以表示原图像的垂直边缘信息。同样，左下象限包含的是水平方向上的平均值在竖直方向上的差值，可以表示原图像的水平边缘。右下象限包含的是水平方向和竖直方向上的差值，这个象限的系数表示的是对角边缘。

图 8.16 以图像的形式更加清楚地表示了上面的阐述，其中亮的像素编码为正值，暗的像素编码为负值。

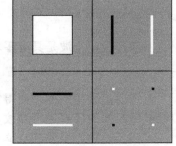

图 8.16　小波变换的一个简单的图形示例

二维 Haar 变换的逆变换首先使用式(8.49)转化出列，然后再逆转结果行。

*8.6.2　连续小波变换

使用小波变换的初衷是，利用一系列基函数把时域上的信号分解成频域和时域上变量的函数。傅里叶变换旨在仅根据空间变化而不是时变信号来确定信号的频率内容，而小波变换的目的是处理图像不同部分的频率内容。

例如，图像的一部分可能纹理显著，这是图像的高频部分，而另一部分可能很光滑，这是图像的低频部分。对这种情况，人们自然会想到把图像分成不同部分，之后连续使用傅里叶变换。把不同时段频率不同的函数分开处理，称为短时（或窗口）傅里叶变换。然而，逐渐发展起来的小波变换相对而言更加灵活。

为了深入了解连续小波变换，我们需要考虑物理学上海森堡不确定性原理。对信号处理来说，确定函数频率的准确性与其时间范围之间存在权衡。一般而言，我们很难用有效的基函数使得二者同时精确。例如，正弦波在频域上非常精确但是在宽度上却是无限的。

以下是一个快速衰减并且在频域上有限的高斯函数。

$$f(t) = \frac{1}{\sigma\sqrt{2\pi}}e^{\frac{-t^2}{2\sigma^2}} \tag{8.52}$$

参数 σ 是高斯函数的幅值。

从该函数可以派生出另一个函数，称为 $\psi(t)$，如图 8.17a 所示，它的波形类似于墨西哥帽，显然 $\psi(t)$ 在时间上是有限的。它的方程如下所示：

$$\psi(t) = \frac{1}{\sigma^3\sqrt{2\pi}}\left[e^{\frac{-t^2}{2\sigma^2}}\left(\frac{t^2}{\sigma^2}-1\right)\right] \tag{8.53}$$

我们对 $\psi(t)$ 做傅里叶变换可以得到它的频率特性，这可以用下式表示：

$$\mathcal{F}(\omega) = \omega^2 e^{-\frac{\sigma^2\omega^2}{2}} \tag{8.54}$$

图 8.17b 显示了这个函数，其候选小波（式(8.53)）在频域内确实是有限的。

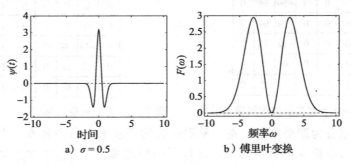

a）$\sigma = 0.5$　　　　　b）傅里叶变换

图 8.17　墨西哥帽形小波

一般来说，小波是具有零均值的函数 $\psi \in \boldsymbol{L}^2(R)$。

$$\int_{-\infty}^{+\infty}\psi(t)\,\mathrm{d}t = 0 \tag{8.55}$$

上式满足某些条件，使得它能用于多分辨率分解。这些条件可以保证在分解之后，我们能够对图像的局部进行缩放，就像能够对地图进行缩放一样。

式(8.55)称为小波的成立条件（admissibility condition）。一个总值为 0 的函数，必然在 0 轴上下波动。同样，从式(8.32)可以看出，在 $\omega = 0$ 时对 $\psi(t)$ 进行傅里叶变换后，DC

分量为 0。也可以说，$\psi(t)$ 时刻 M_0 的值为 0，第 P 个时刻的值为：

$$M_p = \int_{-\infty}^{+\infty} t^p \psi(t) \mathrm{d}t \qquad (8.56)$$

257

将 ψ 函数标准化为 $\|\psi\| = 1$，而且集中在 $t=0$ 附近。把下述母函数(mother wavelet)放大、变换之后，我们可以得到一系列小波函数。如下所示：

$$\psi_{s,u}(t) = \frac{1}{\sqrt{s}} \psi\left(\frac{t-u}{s}\right) \qquad (8.57)$$

只要 $\psi(t)$ 函数是标准化的，那么 $\psi_{s,u}(t)$ 也是标准化的。

连续小波变换(CWT) $f \in L^2(R)$ 在时间 u、缩放空间 s 上的定义如下：

$$\mathcal{W}(f,s,u) = \int_{-\infty}^{+\infty} f(t) \psi_{s,u}(t) \mathrm{d}t \qquad (8.58)$$

对一维信号的小波变换结果是关于缩放空间 s 和偏移量 u 的二维函数。

重要的是，和式(8.32)不同，傅里叶变换得出的是正弦曲线，而式(8.58)说明小波变换不一定得出正弦曲线。小波变换确定了一系列变换函数必须遵守的规则，然后可以创建各种符合规则的函数，用来满足不同的应用。

DCT 的结果可以看作是一系列基函数的作用结果，那么这里小波变换 $\mathcal{W}$ 的结果就是从母函数 $\psi(t)$ 用缩放和平移得出的基函数相互作用的和。

由于母函数 $\psi(t)$ 必须是一个振荡函数，所以它是一个波。那么为什么是小波呢? 式(8.58)中的 s 是空间频率分析参数。我们可以取某些 s 的值来看信号在这些值上的分量如何。为了使函数快速衰减，除了选择 s 的值以外，我们必须选择一个衰减性能和 s 的指数相当的母函数 $\psi(t)$。

从式(8.58)可以看出，如果 $\psi(t)$ 中接近 n 的时刻值都为 0(或者很小，近似 0)，那么 CWT 的系数 $\mathcal{W}(f, s, u)$ 在 $u=0$ 附近呈 s^{n+2} 泰勒级数(见练习 12)。这是我们期望的好的母函数中的频率局域化。

对信号的不同部分进行不同比例的小波变换之后，我们可以得到小波系数。令人激动的是，如果我们压缩小波，使它小到能包括一部分多项式最高次数为 n 的多项式 $f(t)$，此小波以及更小的小波的系数将为 0。小波应该具有达到某种顺序的消失时刻，这是表征母小波数学规律性条件的一种方法。

连续小波变换的逆变换如下：

$$f(t) = \frac{1}{C_\psi} \int_0^{+\infty} \int_{-\infty}^{+\infty} \mathcal{W}(f,s,u) \frac{1}{\sqrt{s}} \psi\left(\frac{t-u}{s}\right) \frac{1}{s^2} \mathrm{d}u \mathrm{d}s \qquad (8.59)$$

其中

$$C_\psi = \int_0^{+\infty} \frac{|\Psi(\omega)|^2}{\omega} \mathrm{d}\omega < +\infty \qquad (8.60)$$

$\Psi(\omega)$ 是 $\psi(t)$ 的傅里叶变换。式(8.60)是其成立条件的另一种表示。

但 CWT 的问题是式(8.58)的性能并不好，大部分的小波都是从简单的数值计算中得出的，而不是解析的。这样的结果是一系列无穷的缩放和平移函数，而通常对采样函数的分析都不需要这样的操作(如在图像处理中)。因此，我们把 CWT 转换到离散数域中。

258

*8.6.3　离散小波变换

离散小波也是从一个母函数中派生而来的，但是平移和缩放都是离散的。

1. 多分辨率分析和离散小波变换

连续时域上的小波和离散时域上的滤波器组（filter banks）之间的联系是多分辨率分析。我们就在这一框架内讨论 DWT。Mallat[10]中提到，可以从母函数通过缩放和平移得到一系列 ψ 的标准正交基。如下所示，其中 **Z** 表示一组整数。

$$\left\{ \psi_{j,n}(t) = \frac{1}{\sqrt{2j}}\psi\left(\frac{t - 2^j n}{2^j}\right) \right\}_{(j,n)\in z^2} \tag{8.61}$$

这叫作二元缩放和平移，效果类似于对地图以因子 2 进行缩小。（看一看余弦函数的图形，从时间 $0\sim2\pi$ 的 $\cos(t)$ 和 $\cos\left(\frac{t}{2}\right)$，当 $\cos(t)$ 过了一个周期时，$\cos\left(\frac{t}{2}\right)$ 只有半个周期。函数 $\cos(2^{-1}t)$ 是一个更宽的函数，因而有一个更大的尺度。）

注意，缩放比例的变化和总比例 2^j 总是保持一致，以此保证低分辨率的图形也有恰当的比例。通常来说，较大的 j 值对应的图像质量较低。

多分辨率分析能够针对特定场景，自适应地呈现波形中的某些细节。Mallat[11]首先提出来的八度分解（octave decomposition），把信号分解成近似和细节两部分。近似部分还要在连续较粗的尺度上继续分解成近似和细节部分。小波变换使得在分辨率为 2^{-j} 时的近似值能够计算出更粗糙的近似 $2^{-(j+1)}$。

小波能够用来表示细节部分的信息。平均信息主要由母函数的一种对偶确定，叫作缩放函数 $\phi(t)$。

小波理论的主要思想是：在分辨率为 j 的情况下，可以由一系列标号为 n 的平移组成一个基。有趣的是，形成 $j+1$ 下一级基（更粗略的级别）的平移集合都可以写成权重项乘以 j 级的基。缩放函数的平移系数必须是有限的。

第 $j+1$ 级（就是 3，或 $\frac{1}{8}$ 级）的小波基函数由缩放函数及其平移值得到，第 j 级（就是 2，或 $\frac{1}{4}$ 级）的小波基函数则由缩放函数 ϕ 的一组平移值以及母函数 ϕ 的平移值组成。缩放函数描述平滑或近似的信息，小波描述其丢掉的（即细节）信息。

对缩放函数 ϕ 的平移可以表示成上一层平移值的加权项，所以缩放函数必须满足所谓的"伸缩方程"[12]：

$$\phi(t) = \sum_{n\in Z} \sqrt{2}h_0[n]\phi(2t - n) \tag{8.62}$$

方括号里的表达式源于滤波器理论。伸缩方程是可以找到能够从自身的副本通过缩放、平移和扩张构建自身的函数。式（8.62）说明了缩放函数必须满足的条件，同时还给出了缩放向量 h_0 的定义。

不仅是缩放函数可以表示成平移之和，粗粒度级的小波基函数也可以如下表示：

$$\psi(t) = \sum_{n\in Z} \sqrt{2}h_1[n]\phi(2t - n) \tag{8.63}$$

小波基函数的系数向量 h_1 可以由缩放函数的向量 h_0（式（8.65））得出，并且小波基函数也可以从缩放函数中得出：

$$\psi(t) = \sum_{n\in Z} (-1)^n h_0[1 - n]\phi(2t - n) \tag{8.64}$$

也就是说，小波基函数和缩放函数有相同的性质。事实上，式（8.62）也使用了同样的系数，只不过用了相反的顺序和符号。

考虑性能因素，实际应用中式（8.62）和式（8.63）中项越少越好。因此，我们采用可以尽可能地减少向量 h1 和 h2 的小波。缩放函数的作用是对信号进行缩放、平滑。所以它的实际效果类似于低通滤波器，滤去高频部分。由于向量 $h_0[n]$ 描述了滤波操作在 $t=0$ 时对具有幅度单位（脉冲）的单个尖峰组成的信号的影响，因此它又叫作低通滤波脉冲响应因子。一个完整的离散信号由一组从 0 开始在时间上平移并且由离散样本的大小加权的尖峰组成。

因此，只需要离散低通滤波脉冲响应因子 $h_0[n]$ 就能描述一个 DWT。$h_0[n]$ 描述近似部分，高通滤波脉冲响应因子 $h_1[n]$ 采用小波函数描述信号细节部分，它能够从 $h_0[n]$ 推导出：

$$h_1[n] = (-1)^n h_0[1-n] \tag{8.65}$$

脉冲响应中系数的个数又称为滤波器的拍（tap）数。如果 $h_0[n]$ 有有限个非零项，那么得出的小波叫作紧致小波。通常，有些 $h_0[n]$ 还可以具有正交和规范的性质。$h_0[n]$ 和 $h_1[n]$ 又分别称为低通和高通分解滤波器。

为了重建原始信号，我们需要一个逆滤波器，也叫做合成滤波器。对于正交的小波来说，正变换和逆变换可以互换。分解滤波器和合成滤波器是相同的。

更弱的情况是没有正交性，分解和合成所用的小波称为双正交。此时分解滤波器和合成滤波器不相同，分别记为 $\tilde{h}_0[n]$ 和 $\tilde{h}_1[n]$。我们同时需要 $h_0[n]$ 和 $\tilde{h}_0[n]$ 来描述一个双正交的小波。同样，高通滤波器可以用低通滤波器来表示：

$$h_1[n] = (-1)^n \tilde{h}_0[1-n] \tag{8.66}$$
$$\tilde{h}_1[n] = (-1)^n h_0[1-n] \tag{8.67}$$

表 8.2 和表 8.3 给出了常用的正交和双正交的小波滤波器。表中的"开始索引"表示式(8.66)和式(8.67)中 n 的起始数字。

表 8.2 正交小波滤波器

小波	拍数	开始索引	系数
Harr	2	0	[0.707, 0.707]
Daubechies 4	4	0	[0.483, 0.837, 0.224, -0.129]
Daubechies 6	6	0	[0.332, 0.807, 0.460, -0.135, -0.085, 0.0352]
Daubechies 8	8	0	[0.230, 0.715, 0.631, -0.028, -0.187, 0.031, 0.033, -0.011]

表 8.3 双正交小波滤波器

小波	滤波器	拍数	开始索引	系数
Antonini 9/7	$h_0[n]$	9	-4	[0.038, -0.024, -0.111, 0.377, 0.853, 0.377, -0.111, -0.024, 0.038]
	$\tilde{h}_0[n]$	7	-3	[-0.065, -0.041, 0.418, 0.788, 0.418, -0.041, -0.065]
Villa 10/18	$h_0[n]$	10	-4	[0.029, 0.0000824, -0.158, 0.077, 0.759, 0.759, 0.077, -0.158, 0.0000824, 0.029]
	$\tilde{h}_0[n]$	18	-8	[0.000954, -0.000000273, -0.009, -0.003, 0.031, -0.014, -0.086, 0.163, 0.623, 0.623, 0.163, -0.086, -0.014, 0.031, -0.003, -0.009, -0.00000273, 0.000954]
Brislawn	$h_0[n]$	10	-4	[0.027, -0.032, -0.241, 0.054, 0.900, 0.900, 0.054, -0.241, -0.032, 0.027]
	$\tilde{h}_0[n]$	10	-4	[0.020, 0.024, -0.023, 0.146, 0.541, 0.541, 0.146, -0.023, 0.024, 0.020]

图 8.18 是一个一维二元小波变换器的示意图。这里 $x[n]$ 表示要处理的离散信号。$\boxed{\downarrow 2}$ 表示每隔一秒的采样，而 $\boxed{\uparrow 2}$ 表示恢复出采样间隔。重构变换得出 $y[n]$。

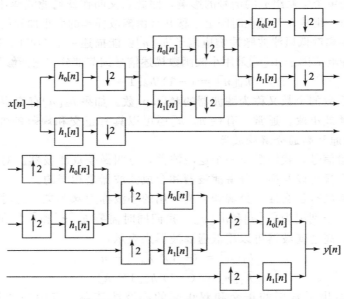

图 8.18   一维二元小波变换示意图

在分解过程中，每一步 $x[n]$ 被分解成同样长度的另一个序列，前面的部分是信号的近似，后面的部分是细节部分。对一个 N 拍滤波器，在下面的序列中，

$$\{x[n]\} \rightarrow y[n] = \left\{ \sum_j x[j]h_0[n-j]; \sum_j x[j]h_1[n-j] \right\} \qquad (8.68)$$

奇数部分被丢弃。式(8.68)中移位系数的总和叫作卷积。

2. 二维离散小波变换

把小波变换扩展到二维空间是很简单的。如果一个二维缩放函数能够分解成两个一维的缩放函数，则该二维缩放函数称为"可分解的"：

$$\phi(x,y) = \phi(x)\phi(y) \qquad (8.69)$$

为了简化，本部分只考虑可分解的小波变换。而且本部分假设图像的长和宽都是 2 的幂。

考虑一个 $N \times N$ 的图像，二维小波变换过程如下：

1) 对图像的每一行与 $h_0[n]$ 和 $h_1[n]$ 做卷积，丢弃结果中的奇数部分，把剩下的两个数列组合成一个数列。

2) 对所有行做上述变换之后，把每一列与 $h_0[n]$ 和 $h_1[n]$ 做卷积，同样丢弃奇数部分的数据，把剩下的数列合成一个数列。

上述两个步骤是 DWT 的操作之一，现在，变换后的图像有四个部分组成：LL、HL、LH、HH，如图 8.19a 所示。在一维变换中，LL 子带还可以继续进行下一步分解。这个过程可以一直持续，直到达到要求的分解，或者直到 LL 子带只有一个元素为止。二维的分解如图 8.19b 所示。

LL	HL
LH	HH

a）一级变换

LL2	HL2	HL1
LH2	HH2	
LH1		HH1

b）二级变换

图 8.19   二维离散小波变换

逆变换可以把分解的过程逆转：

1）把变换后的图像中的每一列分成低通和高通系数。在采样的间隔中插入 0。

2）将低通部分和 $h_0[n]$ 做卷积，高通部分和 $h_1[n]$ 做卷积，求其和。

3）所有的列都处理之后，将每一行都拆成低通和高通两部分，在采样间隔中插入 0。

4）将低通部分和 $h_0[n]$ 做卷积，高通部分和 $h_1[n]$ 做卷积，求其和。

如果是用双正交滤波器，那么重现过程中 $h_0[n]$ 和 $h_1[n]$ 分别被 $\tilde{h}_0[n]$ 和 $\tilde{h}_1[n]$ 取代。

例 8.8　输入图像是一个部分采样的 Lena 图像，如图 8.20 所示，大小为 16×16。采用的是表 8.3 中给出的 Antonini 9/7 滤波器。

　　a）原始128×126的图像　　　　b）部分取样的16×16图像

图 8.20　lena

在开始之前，我们要用式（8.66）和式（8.67）所示的方法，计算分解和合成高通滤波器，得到滤波器系数如下：

$$h_1[n] = [-0.065, 0.041, 0.418, -0.788, 0.418, 0.041, -0.065]$$
$$\tilde{h}_1[n] = [-0.038, -0.024, 0.111, 0.377, -0.853, 0.377, 0.111, -0.024, -0.038]$$

$$(8.70)$$

输入图像的数字表示如下：

$I_{00}(x, y)$

$$= \begin{bmatrix}
158 & 170 & 97 & 104 & 123 & 130 & 133 & 125 & 132 & 127 & 112 & 158 & 159 & 144 & 116 & 91 \\
164 & 153 & 91 & 99 & 124 & 152 & 131 & 160 & 189 & 116 & 106 & 145 & 140 & 143 & 227 & 53 \\
116 & 149 & 90 & 101 & 118 & 118 & 131 & 152 & 202 & 211 & 84 & 154 & 127 & 146 & 58 & 58 \\
95 & 145 & 88 & 105 & 188 & 123 & 117 & 182 & 185 & 204 & 203 & 154 & 153 & 229 & 46 & 147 \\
101 & 156 & 89 & 100 & 165 & 113 & 148 & 170 & 163 & 186 & 144 & 194 & 208 & 39 & 113 & 159 \\
103 & 153 & 94 & 103 & 203 & 136 & 146 & 92 & 66 & 192 & 188 & 103 & 178 & 47 & 167 & 159 \\
102 & 146 & 106 & 99 & 99 & 121 & 39 & 60 & 164 & 175 & 198 & 46 & 56 & 56 & 156 & 156 \\
99 & 146 & 95 & 97 & 144 & 61 & 103 & 107 & 108 & 111 & 192 & 62 & 65 & 128 & 153 & 154 \\
99 & 140 & 103 & 109 & 103 & 124 & 54 & 81 & 172 & 137 & 178 & 54 & 43 & 159 & 149 & 174 \\
84 & 133 & 107 & 84 & 149 & 43 & 158 & 95 & 151 & 120 & 183 & 46 & 30 & 147 & 142 & 201 \\
58 & 153 & 110 & 41 & 94 & 213 & 71 & 73 & 140 & 103 & 138 & 83 & 152 & 143 & 128 & 207 \\
56 & 141 & 108 & 58 & 92 & 51 & 55 & 61 & 88 & 166 & 58 & 103 & 146 & 150 & 116 & 211 \\
89 & 115 & 188 & 47 & 113 & 104 & 56 & 67 & 128 & 155 & 187 & 71 & 153 & 134 & 203 & 95 \\
35 & 99 & 151 & 67 & 35 & 88 & 88 & 128 & 140 & 142 & 176 & 213 & 144 & 128 & 214 & 100 \\
89 & 98 & 97 & 51 & 49 & 101 & 47 & 90 & 136 & 136 & 157 & 205 & 106 & 43 & 54 & 76 \\
44 & 105 & 69 & 69 & 68 & 53 & 110 & 127 & 134 & 146 & 159 & 184 & 109 & 121 & 72 & 113
\end{bmatrix}$$

I 表示像素值，I 的下标分别表示当前变换的级数和在本级变换中的当前步骤。我们首先将第一行分别和 $h_0[n]$、$h_1[n]$ 做卷积，丢弃结果集中的奇数部分。操作的结果如下：

$$(I_{00}(:,0)*h_0[n])\downarrow 2 = [245,156,171,183,184,173,228,160]$$

$$(I_{00}(:,0)*h_1[n])\downarrow 2 = [-30,3,0,7,-5,-16,-3,16]$$

其中冒号表示整行。读者可以自行用 MATLAB 的 conv 函数验证这个结果。

下面，我们将以上两行合在一起：

$$[245,156,171,183,184,173,228,160,-30,3,0,7,-5,-16,-3,16]$$

和一维 Haar 变换一样，现在大部分的能量都集中在结果的前半部分。继续计算剩下的行，得到如下结果：

265

$I_{11}(x,y)$

$$=\begin{bmatrix}
245 & 156 & 171 & 183 & 184 & 173 & 228 & 160 & -30 & 3 & 0 & 7 & -5 & -16 & -3 & 16 \\
239 & 141 & 181 & 197 & 242 & 158 & 202 & 229 & -17 & 5 & -20 & 3 & 26 & -27 & 27 & 141 \\
195 & 147 & 163 & 177 & 288 & 173 & 209 & 106 & -34 & 2 & 2 & 19 & -50 & -35 & -38 & -1 \\
180 & 139 & 226 & 177 & 274 & 267 & 247 & 163 & -45 & 29 & 24 & -29 & -2 & 30 & -101 & -78 \\
191 & 145 & 197 & 198 & 247 & 230 & 239 & 143 & -49 & 22 & 36 & -11 & -26 & -14 & 101 & -54 \\
192 & 145 & 237 & 184 & 135 & 253 & 169 & 192 & -47 & 38 & 36 & 4 & -58 & 66 & 94 & -4 \\
176 & 159 & 156 & 77 & 204 & 232 & 51 & 196 & -31 & 9 & -48 & 30 & 11 & 58 & 29 & 4 \\
179 & 148 & 162 & 129 & 146 & 213 & 92 & 217 & -39 & 18 & 50 & -10 & 33 & 51 & -23 & 8 \\
169 & 159 & 163 & 97 & 204 & 202 & 85 & 234 & -29 & 1 & -42 & 23 & 37 & 41 & -56 & -5 \\
155 & 153 & 149 & 159 & 176 & 204 & 65 & 236 & -32 & 32 & 85 & 39 & 38 & 44 & -54 & -31 \\
145 & 148 & 158 & 148 & 164 & 157 & 188 & 215 & -55 & 59 & -110 & 28 & 26 & 48 & -1 & -64 \\
134 & 152 & 102 & 70 & 153 & 126 & 199 & 207 & -47 & 38 & 13 & 10 & -76 & 3 & -7 & -76 \\
127 & 203 & 130 & 94 & 171 & 218 & 171 & 228 & 12 & 88 & -27 & 15 & 1 & 76 & 24 & 85 \\
70 & 188 & 63 & 144 & 191 & 257 & 215 & 232 & -5 & 24 & -28 & -9 & 19 & -46 & 36 & 91 \\
129 & 124 & 87 & 96 & 177 & 236 & 162 & 77 & -2 & 20 & -48 & 1 & 17 & -56 & 30 & -24 \\
103 & 115 & 85 & 142 & 188 & 234 & 184 & 132 & -37 & 0 & 27 & -4 & 5 & -35 & -22 & -33
\end{bmatrix}$$

下面对列进行变换，将每一列分别和 $h_0[n]$、$h_1[n]$ 做卷积，并丢弃奇数部分：

$$(I_{11}(0,:)*h_0[n])\downarrow 2 = [353,280,269,256,240,206,160,153]^{\mathrm{T}}$$

$$(I_{11}(0,:)*h_1[n])\downarrow 2 = [-12,10,-7,-4,2,-1,43,16]^{\mathrm{T}}$$

继续处理剩下的列，得到：

$I_{12}(x,y)$

$$=\begin{bmatrix}
353 & 212 & 251 & 272 & 281 & 234 & 308 & 289 & -33 & 6 & -15 & 5 & 24 & -29 & 38 & 120 \\
280 & 203 & 254 & 250 & 402 & 269 & 297 & 207 & -45 & 11 & -2 & 9 & -31 & -26 & -74 & 23 \\
269 & 202 & 312 & 280 & 316 & 353 & 337 & 227 & -70 & 43 & 56 & -23 & -41 & 21 & 82 & -81 \\
256 & 217 & 247 & 155 & 236 & 328 & 114 & 283 & -52 & 27 & -14 & 23 & -2 & 90 & 49 & 12 \\
240 & 221 & 226 & 172 & 264 & 294 & 113 & 330 & -41 & 14 & 31 & 23 & 57 & 60 & -78 & -3 \\
206 & 204 & 201 & 192 & 230 & 219 & 232 & 300 & -76 & 67 & -53 & 40 & 4 & 46 & -18 & -107 \\
160 & 275 & 150 & 135 & 244 & 294 & 267 & 331 & -2 & 90 & -17 & 10 & -24 & 49 & 29 & 89 \\
153 & 189 & 113 & 173 & 260 & 342 & 256 & 176 & -20 & 7 & -38 & -4 & 24 & -75 & 25 & -5 \\
-12 & 7 & -9 & -13 & -6 & 11 & 12 & -69 & -10 & -1 & 14 & 6 & -38 & 3 & -45 & -99 \\
10 & 3 & -31 & 16 & -1 & -51 & -10 & -30 & 2 & -12 & 0 & 24 & -32 & -45 & 109 & 42 \\
-7 & 5 & -44 & -35 & 67 & -10 & -17 & -15 & 3 & -15 & -28 & 0 & 41 & -30 & -18 & -19 \\
-4 & 9 & -1 & -37 & 41 & 6 & -33 & -2 & 1 & -67 & 31 & -7 & 2 & 4 & 8 & 0 \\
2 & -3 & 9 & -25 & 2 & -25 & 60 & -8 & -11 & -4 & -123 & -12 & -6 & -4 & 14 & -12 \\
-1 & 22 & 32 & 46 & 10 & 48 & -11 & 20 & 19 & 32 & -59 & 9 & 70 & 50 & 16 & 73 \\
43 & -18 & 32 & -40 & -13 & -23 & -37 & -61 & 8 & 22 & 2 & 13 & -12 & 43 & -8 & -45 \\
16 & 2 & -6 & -32 & -7 & 5 & -13 & -50 & 24 & 7 & -61 & 2 & 11 & -33 & 43 & 1
\end{bmatrix}$$

266

　　至此，我们完成了离散小波变换的一次变换。我们可以按照相同的过程继续对图像的左上 8×8 的部分 $I_{12}(x，y)$ 做变换。结果如下：

$$I_{22}(x,y) = \begin{bmatrix}
558 & 451 & 608 & 532 & 75 & 26 & 94 & 25 & -33 & 6 & -15 & 5 & 24 & -29 & 38 & 120 \\
463 & 511 & 627 & 566 & 66 & 68 & -43 & 68 & -45 & 11 & -2 & 9 & -31 & -26 & -74 & 23 \\
464 & 401 & 478 & 416 & 14 & 84 & -97 & -229 & -70 & 43 & 56 & -23 & -41 & 21 & 82 & -81 \\
422 & 335 & 477 & 553 & -88 & 46 & -31 & -6 & -52 & 27 & -14 & 23 & -2 & 90 & 49 & 12 \\
14 & 33 & -56 & 42 & 22 & -43 & -36 & 1 & -41 & 14 & 31 & 23 & 57 & 60 & -78 & -3 \\
-13 & 36 & 54 & 52 & 12 & -21 & 51 & 70 & -76 & 67 & -53 & 40 & 4 & 46 & -18 & -107 \\
25 & -20 & 25 & -7 & -35 & 35 & -56 & -55 & -2 & 90 & -17 & 10 & -24 & 49 & 29 & 89 \\
46 & 37 & -51 & 51 & -44 & 26 & 39 & -74 & -20 & 18 & -38 & -4 & 24 & -75 & 25 & -5 \\
-12 & 7 & -9 & -13 & -6 & 11 & 12 & -69 & -10 & -1 & 14 & 6 & -38 & 3 & -45 & -99 \\
10 & 3 & -31 & 16 & -1 & -51 & -10 & -30 & 2 & -12 & 0 & 24 & -32 & -45 & 109 & 42 \\
-7 & 5 & -44 & -35 & 67 & -10 & -17 & -15 & 3 & -15 & -28 & 0 & 41 & -30 & -18 & -19 \\
-4 & 9 & -1 & -37 & 41 & 6 & -33 & 2 & 9 & -12 & -67 & 31 & -7 & 3 & 2 & 0 \\
2 & -3 & 9 & -25 & 2 & -25 & 60 & -8 & -11 & -4 & -123 & -12 & -6 & -4 & 14 & -12 \\
-1 & 22 & 32 & 46 & 10 & 48 & -11 & 20 & 19 & 32 & -59 & 9 & 70 & 50 & 16 & 73 \\
43 & -18 & 32 & -40 & -13 & -23 & -37 & -61 & 8 & 22 & 2 & 13 & -12 & 43 & -8 & -45 \\
16 & 2 & -6 & -32 & -7 & 5 & -13 & -50 & 24 & 7 & -61 & 2 & 11 & -33 & 43 & 1
\end{bmatrix}$$

　　$I_{12}(x，y)$ 和 $I_{22}(x，y)$ 的子带分别对应图 8.19a 和图 8.19b。现在，我们可以依据一些优选的位分配算法和给定所需的位率，对不同的子带使用不同级别的量化。这就是简单小波变换压缩算法的基础。因为本部分是要说明小波变换的机理，这里就不做量化，而是通过逆变换重构输入图像。

　　我们将左上角的 8×8 块的值称为与图 8.19 对应的最内层。从最内层开始，把第一列分成低通和高通系数，低通系数是数列的前半部分，高通系数是数列的后半部分。然后通过在每个系数后附加零来对它们进行上采样，得到如下结果：

$$\vec{a} = [558,0,463,0,464,0,422,0]^{\mathrm{T}}$$
$$\vec{b} = [14,0,-13,0,25,0,46,0]^{\mathrm{T}}$$

　　因为这里用的是双正交滤波，需要把 $\vec{a}$、$\vec{b}$ 分别和 $\tilde{h}_0[n]$、$\tilde{h}_1[n]$ 做卷积。将结果相加，得到一个 8×1 的数组，如下所示：

$$[414,354,323,338,333,294,324,260]^{\mathrm{T}}$$

267

最内层的每一列都这样处理，得到的图像如下：

$$I'_{21}(x,y) = \begin{bmatrix}
414 & 337 & 382 & 403 & 70 & -16 & 48 & 12 & -33 & 6 & -15 & 5 & 24 & -29 & 38 & 120 \\
354 & 322 & 490 & 368 & 39 & 59 & 63 & 55 & -45 & 11 & -2 & 9 & -31 & -26 & -74 & 23 \\
323 & 395 & 450 & 442 & 62 & 25 & -26 & 90 & -70 & 43 & 56 & -23 & -41 & 21 & 82 & -81 \\
338 & 298 & 346 & 296 & 23 & 77 & -117 & -131 & -52 & 27 & -14 & 23 & -2 & 90 & 49 & 12 \\
333 & 286 & 364 & 298 & 4 & 67 & -75 & -176 & -41 & 14 & 31 & 23 & 57 & 60 & -78 & -3 \\
294 & 279 & 308 & 350 & -2 & 17 & 12 & -53 & -76 & 67 & -53 & 40 & 4 & 46 & -18 & -107 \\
324 & 240 & 326 & 412 & -96 & 54 & -25 & -45 & -2 & 90 & -17 & 10 & -24 & 49 & 29 & 89 \\
260 & 189 & 382 & 359 & -47 & 14 & -63 & 69 & -20 & 18 & -38 & -4 & 24 & -75 & 25 & -5 \\
-12 & 7 & -9 & -13 & -6 & 11 & 12 & -69 & -10 & -1 & 14 & 6 & -38 & 3 & -45 & -99 \\
10 & 3 & -31 & 16 & -1 & -51 & -10 & -30 & 2 & -12 & 0 & 24 & -32 & -45 & 109 & 42 \\
-7 & 5 & -44 & -35 & 67 & -10 & -17 & -15 & 3 & -15 & -28 & 0 & 41 & -30 & -18 & -19 \\
-4 & 9 & -1 & -37 & 41 & 6 & -33 & 2 & 9 & -12 & -67 & 31 & -7 & 3 & 2 & 0 \\
2 & -3 & 9 & -25 & 2 & -25 & 60 & -8 & -11 & -4 & -123 & -12 & -6 & -4 & 14 & -12 \\
-1 & 22 & 32 & 46 & 10 & 48 & -11 & 20 & 19 & 32 & -59 & 9 & 70 & 50 & 16 & 73 \\
43 & -18 & 32 & -40 & -13 & -23 & -37 & -61 & 8 & 22 & 2 & 13 & -12 & 43 & -8 & -45 \\
16 & 2 & -6 & -32 & -7 & 5 & -13 & -50 & 24 & 7 & -61 & 2 & 11 & -33 & 43 & 1
\end{bmatrix}$$

现在开始对行进行变换。对左上角的 8×8 图像，把每一行分成低通系数和高通系数，通过在每个系数后附加零来对它们进行上采样，结果和 $\tilde{h}_0[n]$、$\tilde{h}_1[n]$ 做卷积。所有的行都进行同样的处理，可得到如下结果：

$I'_{12}(x,y)$

$$
=\begin{bmatrix}
353 & 212 & 251 & 272 & 281 & 234 & 308 & 289 & -33 & 6 & -15 & 5 & 24 & -29 & 38 & 120 \\
280 & 203 & 254 & 250 & 402 & 269 & 297 & 207 & -45 & 11 & -2 & 9 & -31 & -26 & -74 & 23 \\
269 & 202 & 312 & 280 & 316 & 353 & 337 & 227 & -70 & 43 & 56 & -23 & -41 & 21 & 82 & -81 \\
256 & 217 & 247 & 155 & 236 & 328 & 114 & 283 & -52 & 27 & -14 & 23 & -2 & 90 & 49 & 12 \\
240 & 221 & 226 & 172 & 264 & 294 & 113 & 330 & -41 & 14 & 31 & 23 & 57 & 60 & -78 & -3 \\
206 & 204 & 201 & 192 & 230 & 219 & 232 & 300 & -76 & 67 & -53 & 40 & 4 & 46 & -18 & -107 \\
160 & 275 & 150 & 135 & 244 & 294 & 267 & 331 & -2 & 90 & -17 & 10 & -24 & 49 & 29 & 89 \\
153 & 189 & 113 & 173 & 260 & 342 & 256 & 176 & -20 & 18 & -38 & -4 & 24 & -75 & 25 & -5 \\
-12 & 7 & -9 & -13 & -6 & 11 & 12 & -69 & -10 & -1 & 14 & 6 & -38 & 3 & -45 & -99 \\
10 & 3 & -31 & 16 & -1 & -51 & -10 & -30 & 2 & -12 & 0 & 24 & -32 & -45 & 109 & 42 \\
-7 & 5 & -44 & -35 & 67 & -10 & -17 & -15 & 3 & -15 & -28 & 0 & 41 & -30 & -18 & -19 \\
-4 & 9 & -1 & -37 & 41 & 6 & -33 & 2 & 9 & -12 & -67 & 31 & -7 & 3 & 2 & 0 \\
2 & -3 & 9 & -25 & 2 & -25 & 60 & -8 & -11 & -4 & -123 & -12 & -6 & -4 & 14 & -12 \\
-1 & 22 & 32 & 46 & 10 & 48 & -11 & 20 & 9 & 32 & -59 & 9 & 70 & 50 & 16 & 73 \\
43 & -18 & 32 & -40 & -13 & -23 & -37 & -61 & 8 & 22 & 2 & 13 & -12 & 43 & -8 & -45 \\
16 & 2 & -6 & -32 & -7 & 5 & -13 & -50 & 24 & 7 & -61 & 2 & 11 & -33 & 43 & 1
\end{bmatrix}
$$

然后对 $I'_{12}(x,y)$ 进行重复的逆变换处理，得到 $I'_{00}(x,y)$，注意，$I'_{00}(x,y)$ 和 $I_{00}(x,y)$ 并不等同，但差别不大。

这些微小的差别是由正变换和逆变换过程中产生的四舍五入误差和计算过程中从浮点数转换成整数灰度值产生的截断误差造成的。

$I'_{00}(x,y)$

$$
=\begin{bmatrix}
158 & 170 & 97 & 103 & 122 & 129 & 132 & 125 & 132 & 126 & 111 & 157 & 159 & 144 & 116 & 91 \\
164 & 152 & 90 & 98 & 123 & 151 & 131 & 159 & 188 & 115 & 106 & 145 & 140 & 143 & 227 & 52 \\
115 & 148 & 89 & 100 & 117 & 118 & 131 & 151 & 201 & 210 & 84 & 154 & 127 & 146 & 58 & 58 \\
94 & 144 & 88 & 104 & 187 & 123 & 117 & 181 & 184 & 203 & 202 & 153 & 152 & 228 & 45 & 146 \\
100 & 155 & 88 & 99 & 164 & 112 & 147 & 169 & 163 & 186 & 143 & 193 & 207 & 38 & 112 & 158 \\
103 & 153 & 93 & 102 & 203 & 135 & 145 & 91 & 66 & 192 & 188 & 103 & 177 & 46 & 166 & 158 \\
102 & 146 & 106 & 99 & 99 & 121 & 39 & 60 & 164 & 175 & 198 & 46 & 56 & 56 & 156 & 156 \\
99 & 146 & 95 & 97 & 143 & 60 & 102 & 106 & 107 & 110 & 191 & 61 & 65 & 128 & 153 & 154 \\
98 & 139 & 102 & 109 & 103 & 123 & 53 & 80 & 171 & 136 & 177 & 53 & 43 & 158 & 148 & 173 \\
84 & 133 & 107 & 84 & 148 & 42 & 157 & 94 & 150 & 119 & 182 & 45 & 29 & 146 & 141 & 200 \\
57 & 152 & 109 & 41 & 93 & 213 & 70 & 72 & 139 & 102 & 137 & 82 & 151 & 143 & 128 & 207 \\
56 & 141 & 108 & 58 & 91 & 50 & 54 & 60 & 87 & 165 & 57 & 102 & 146 & 149 & 116 & 211 \\
89 & 114 & 187 & 46 & 113 & 104 & 55 & 66 & 127 & 154 & 186 & 71 & 153 & 134 & 203 & 94 \\
35 & 99 & 150 & 66 & 34 & 88 & 88 & 127 & 140 & 141 & 175 & 212 & 144 & 128 & 213 & 100 \\
88 & 97 & 96 & 50 & 49 & 101 & 47 & 90 & 136 & 136 & 156 & 204 & 105 & 43 & 54 & 76 \\
43 & 104 & 69 & 69 & 68 & 53 & 110 & 127 & 134 & 145 & 158 & 183 & 109 & 121 & 72 & 113
\end{bmatrix}
$$

图 8.21 是一个 Haar 小波的三级分解。

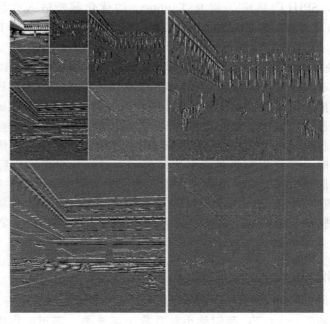

图 8.21　Haar 小波(见彩插)

269

8.7　小波包

小波包可以看作对小波的通用化。它是由 Coifman、Meyer、Quake 和 Wickerhauser[14] 首先提出的,是离散函数 R^N 的一系列标准正交基。一个完整的子带分解可以看作用深度为 log N 的分析树对输入信号进行分解。

在通常的二元小波分解中,只有低通滤波子带被递归分解,因而结果可以表示为对数树结构。然而,小波包分解可以用完整树形拓扑的任何修剪过的子树表示。因此,分解拓扑的这种表示与所有允许的子带拓扑同构[15]。任何一个子树的叶子表示一个可能的标准正交基。

小波包分解具有以下一些优点:
- 灵活性,因为在某种程度上可以从大型的准入基库中找到最优小波基。
- 在频域和空间域上都具有良好的定位性。
- 计算复杂度小,因为任意分解都可以用快速滤波器库完成,复杂度为 N log N。

小波包目前应用广泛,例如,图像压缩、信号去噪处理、指纹检测等。

8.8　小波系数的嵌入式零树

到目前为止,我们已经介绍了用于图像分解的基于小波的方案。然而,除了提到量化小系数的思想,我们还没有真正解决如何对小波变换值进行编码,即如何形成位流。这个问题的处理需要采用一种新的数据结构——嵌入式零树。

嵌入式零树小波(Embedded Zerotree Wavelet,EZW)算法是由 Shapiro[16] 提出的,它是图像编码中一种有效且计算效率高的技术。此后又有许多人对最初的 EZW 算法做了改进,其中最值得关注的是 Said 和 Pearlman 的层次树集合划分(Set Partitioning in

Hierarchical Trees，SPIHT）算法[17] 以及 Taubman 的优化截断嵌入式块编码（Embedded Block Coding with Optimized Truncation，EBCOT）算法[18]，后者被 JPEG2000 标准所采用。

EZW 算法解决两个问题：在给定的码率下获得最优的图像质量并以一种嵌入式的方式完成这项任务。嵌入码是一种将所有低率码包含在位流开始部分的编码。每个位在位流中按重要性有效地排列。嵌入码允许编码器在任意点结束编码，从而准确地满足任何目标码率。同样，解码器也可以在任意点结束解码，产生和低率编码对应的重现值。

为了达到这一目标，EZW 算法利用了低码率图像编码的一个重要优点。用常规的编码方法实现低码率时，要使用标量量化加上熵编码，这样，在量化之后最可能的符号是零。事实证明，大部分位用于编码重要图，用于标记输入样本（在二维离散小波变换中为变换系数）的量化值是零值还是非零值。EZW 算法正是利用了这一点，将对重要图的编码中的任一显著改进转化为相应的压缩效率的提高。EZW 算法由两个中心部分组成：零树数据结构和逐次逼近量化。

8.8.1 零树数据结构

我们使用一种称为零树（zerotree）的新数据结构实现对重要图的编码。对于小波系数 x 和给定的阈值 T，如果 $|x| < T$，我们称小波系数 x 不重要。零树起作用的假设是：如果在粗粒度下的一个小波系数对于给定的阈值 T 不重要，那么细粒度下相同空间位置相同方向的所有的小波系数对于 T 都可能不重要。利用本章介绍的层次小波分解，我们可以将给定尺度的每个系数与相似方向的下一个更精细尺度的一组系数相关联。

图 8.22 显示了三级小波分解的零树。粗粒度下的系数称作父节点，而对应的下一级细粒度下相同空间位置相同方向的所有系数称作子节点（children）。对某一确定的父节点，所有比其更细的粒度下的所有系数的集合称为后代（descendant）。同样，对某一确定的子节点，所有比其更粗的粒度下的所有系数的集合称为祖先（ancestor）。

对系数的扫描遵循这样的原则，即子节点不能在其父节点之前被扫描。图 8.23 描述了一个三级小波分解的扫描方式。

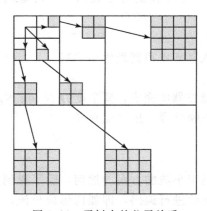

图 8.22 零树中的父子关系

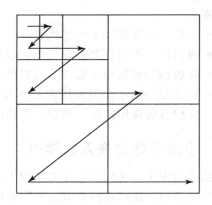

图 8.23 EZW 的扫描次序

对一个给定的阈值 T，如果系数 x 不重要，并且它的所有后代也都不重要，就称该系数是零树的一个元素。零树中的元素如果不是上一个零树根的后代，那么它就是一个零树根，可以用四个符号字母表的零树对重要图进行编码，这四个符号是：

- **零数根**。零树根用一种特殊的符号编码，这个符号表明在细粒度下该系数不重要是完全可以预知的。
- **独立零**。该系数不重要，但有重要的后代。
- **正重要性**。该系数重要，并且是正值。
- **负重要性**。该系数重要，并且是负值。

采用零树后，大大减少了对重要图的编码成本。零树的操作利用了变换系数的自相似性。采用零树最重要的理由就在于即使图像去除相关变换，出现不重要的系数也不是独立事件。

另外，零树编码技术基于这样一个经验，即预测不同尺度下的不重要性比预测重要性容易得多，这一技术主要用于减小对重要性图编码的成本，以节省出更多的位对重要系数进行编码。

8.8.2 逐次逼近量化

EZW 编码器中的嵌入式编码通过逐次逼近量化（Successive Approximation Quantization，SAQ）来实现。该方法有两个目的：一是生成嵌入式的编码，从而为小波变换图像对应的尺度空间提供从粗略到精细的多精度的对数表示；二是进一步利用零树数据结构在重要图编码上的高效率，对更多的重要图进行编码。

SAQ 方法顺序地应用一个阈值序列 $T_0, \cdots, T_{N-1}$ 来判定每个系数的重要性，阈值的选择使得 $T_i = \dfrac{T_{i-1}}{2}$。第一个阈值 T_0 应满足对所有的变换系数 x_j 都有 $|x_j| < 2T_0$。在编码和解码过程中生成主表和副表，主表中包含还没有被判定是重要性的系数的坐标，其相对顺序与初次扫描相同。

按照图 8.23 所示的扫描顺序，某一特定子带的所有系数比其下一个子带的系数优先出现在初始主表中。副表所包含的是那些被判定为重要的系数的值。对每个阈值，每个表都只扫描一次。

在主扫描过程中，系数的坐标在主表中表明它还是不重要的，这些系数会与阈值 T_i 比较以判断其重要性。如果一个系数被判断为重要的，那么它的阈值就被添加到副表中，同时小波变换数组的系数置为零，这样在以后的主扫描中对于更小的阈值仍然可以生成零树。最后得到的重要图就已经是零树编码的了。

主扫描之后是副扫描，副表中的所有系数及其幅值都要被扫描，在解码器端完成这一步后，就可以将其幅度的精度位数提高一位，其结果是系数真实幅值的不确定度区间的宽度减小一半。对副表中的每个幅值，这一改进可以用二值的字母表来编码，其中 1 表示真实值落在不确定度区间的上半部分，而 0 表示落在下半部分。用上面得到的二值字符串就可以进行熵编码。在副扫描之后，副表中的幅值就以降序排列，这样解码器也可以进行相同的排序。

两种扫描不断交替进行，不过每次主扫描之前，阈值都要减半。当满足某一条件时停止编码。

8.8.3 EZW 示例

下面的例子说明了零树编码和逐次逼近量化的概念。Shapiro[16]在其论文中给出了一个 8×8 三级小波变换的 EZW 编码的例子。与 Shapiro 所给的例子不同，我们将完成编

[273] 码和解码过程，并且给出熵编码之前的输出位流。

图 8.24 所示为我们试图采用 EZW 算法进行编码的三级小波变换的系数。我们用符号 p、n、t 和 Z 来分别表示正重要性、负重要性、零树根和孤立零值。

由于最大的系数是 57，因此我们选择初始阈值 T_0 为 32。开始，主表包含所有系数的坐标。按图 8.23 所示的顺序开始扫描，判断各个系数的重要性，以下是按扫描顺序依次访问到的系数：

57	−37	39	−20	3	7	9	10
−29	30	17	33	8	2	1	6
14	6	15	13	9	−4	2	3
10	19	−7	9	−7	14	12	−9
12	15	33	20	−2	3	1	0
0	7	2	4	4	−1	1	1
4	1	10	3	2	0	1	0
5	6	0	0	3	1	2	1

图 8.24　EZW 算法输入的三级小波变换的系数

$$\{57, -37, -29, 30, 39, -20, 17, 33, 14, 6,$$
$$10, 19, 3, 7, 8, 2, 2, 3, 12, -9, 33, 20, 2, 4\}$$

对于阈值 $T_0 = 32$，很容易看出系数 57 和 −37 是重要的。这样，输出一个 p 和一个 n 来表示它们。系数 −29 本身不重要，不过它包含了一个重要的后代，即 LH1 中的 33，因此把它编码为 z。系数 30 也是不重要的，并且它所有的后代对于当前的阈值来说都是不重要的，所以将其编码为 t。

由于前面已经判定了 30 及其后代的不重要性，因此以后的扫描将绕过它们，也不会再产生多余的符号。按这种方式进行下去，主扫描输出如下的符号：

$$D_0 : pnzt\,ptt\,ptzttttttttttt\,pttt$$

有五个系数被判定为重要的，即 57、−37、39、33 和另一个 33。显然，没有一个系数大于 $2T_0 = 64$，而第一次主扫描用的阈值是 32，因此不确定度区间就是 [32，64)，重要性系数就在这个不确定度区间的某处。

主扫描之后的副扫描指出系数落在不确定度区间的前半部分还是后半部分，从而改进[274] 这些系数的幅值。如果系数值落在区间 [32，48)，输出为 0，落在区间 [48，64) 则为 1。按照扫描的顺序，副扫描输出下面的位：

$$S_0 : 10000$$

这时主表中包含除了被判定为重要的所有系数的坐标，而副表包含的值为 $\{57, 37, 39, 33, 33\}$。副扫描结束后，重新排列副表中的数值，使得较大的系数在较小系数的前面，排列还要符合一个约束，即解码器也可以进行相同的排列。

由于副扫描将不确定度区间分成两半，解码器就能够分辨区间 [32，48) 和 [48，64) 内的数值。39 和 37 在解码器端无法区分，因而它们的次序也不会改变。因此，在重新排序过程之后，副表仍旧保持原样。

在开始第二轮的主扫描和副扫描之前，应该将小波变换数组里重要性系数的值置为 0，这样就不会影响新的零树的产生。

第二轮主扫描的新阈值为 $T_1 = 16$。使用与上面相同的过程，主扫描输出下面的符号（这里需要注意的是，这次不再扫描主表里的系数了）：

$$D_1 : zznptn\,pttzt\,ptttttttttttttt\,pttttt \tag{8.71}$$

这时的副表为 $\{57, 37, 39, 33, 33, 29, 30, 20, 17, 19, 20\}$。接下来的副扫描将当前的不确定度区间 [48，64)、[32，48) 和 [16，32) 都分成两半，副扫描输出下面的数：

$$S_1 : 10000110000$$

接下来将小波变换数组中被判定为重要的系数的值都置为 0。

随后的主扫描和副扫描的输出如下面所示：

D_2：$zzzzzzzzptpzpptnttptppttpttpttpnpttttttpttttttttttttt$

S_2：01100111001101100000110110

D_3：$zzzzzzztzpztztnttptttttptnnttttptttpptpptpttptttt$

S_3：00100010001110100110001001111101100010

D_4：$zzzzzttztztzztzzpttppptttttpttpttnpttptptttpt$

S_4：1111101001101011000001011101101100010010010101010

D_5：$zzzztztttztzzzzttpttptttttnptppptttppttp$

由于最后一次扫描的不确定度区间的长度为 1，所以最后一次副扫描就没有必要进行了。

在解码器端，假设我们只接收到第一个主扫描和副扫描的信息。将编码过程逆向执行，就可以重现变换系数，不过带有一定的损耗。由 D_0 中的符号可以获得重要性系数的位置。接着，利用对 S_0 解码的结果，可以采用不确定度区间的中点值重现这些系数的值。 275
重现结果如图 8.25 所示。

任何时候都可以中止解码过程，得到原输入系数的相对粗略的重现值。图 8.26 所示为当解码器只接收到 D_0、S_0、D_1、S_1、D_2 以及 S_2 的前 10 位时的重现结果。没有经过最后一次副扫描改进的系数与那些经过改进的系数相比，好像对它们的量化使用的是一个粗粒度的量化器。

56	−40	40	0	0	0	0	0
0	0	0	40	0	0	0	0
0	0	0	0	0	0	0	0
0	0	0	0	0	0	0	0
0	0	40	0	0	0	0	0
0	0	0	0	0	0	0	0
0	0	0	0	0	0	0	0
0	0	0	0	0	0	0	0

图 8.25　由第一个主扫描和副扫描重现的变换系数

58	−38	38	−22	0	0	12	12
−30	30	18	34	12	0	0	0
12	0	12	12	12	0	0	0
12	20	0	12	0	12	12	−12
12	12	34	22	0	0	0	0
0	0	0	0	0	0	0	0
0	0	12	0	0	0	0	0
0	0	0	0	0	0	0	0

图 8.26　由 D_0、S_0、D_1、S_1、D_2 以及 S_2 的前 10 位重现的变换系数

实际上，这些系数的重现值正是前一次扫描中不确定度区间的中点值。图中带有深色灰底的系数是那些经过改进的系数，而带有浅色灰底的是没有经过改进的系数。很难看出解码过程是在什么地方结束的，这大大消除了重现过程中所包含的视觉假象。 276

8.9　层次树的集合划分

层次树的集合划分(Set Partitioning In Hierarchical Trees，SPIHT)是 EZW 算法的一种革命性扩展。基于 EZW 的基本原理，包括对变换后系数进行部分排序，细分位的有序位平面传输和利用变换后的小波图像的自相似性，SPIHT 算法通过改变系数子集划分和细分信息传送的方法，大大地提高了处理器的性能。

SPIHT 位流的一个独特的性质就是它的紧密性。SPIHT 算法的结果位流紧凑到其通过熵编码器时，即使经过大量的计算也只能产生边际压缩增益。因此，没有熵编码器或者只有一个简单的无专利的赫夫曼编码器，也可以实现快速的 SPIHT 编码器。

SPIHT 算法的另一个特征是不用给解码器传输排序信息。解码器会重新生成编码器

的执行路径，从而恢复排序信息。这样做的一个好处是编码器和解码器的执行时间差不多，这一点是其他编码方法很难实现的。Said 和 Pearlman[17]对这种算法给出了详细的介绍。

8.10   练习

1. 假设现有一个无界的数据源，我们希望使用 M 位的中宽型均匀量化器来量化它，请给出步长为 1 时的总失真量。

2. 假设一个均匀量化器的域为$[-b_M, b_M]$，我们定义其装载分数为

$$\gamma = \frac{b_M}{\sigma}$$

其中 σ 为源的标准差。写一段用 4 位均匀量化器量化一个高斯分布源的简单程序，高斯分布的均值为 0、方差为一个单位。绘制此装载分数的 SNR 图示，并从图上估计使产生的失真为最小的最优步长值。

3. 假设输入源服从均值为 0、方差为一个单位的高斯分布，也就是其概率密度函数为

$$f_x(x) = \frac{1}{\sqrt{2\pi}}e^{-\frac{x^2}{2}} \tag{8.72}$$

我们希望找到一个 4 级 Lloyd-Max 量化器。令 $y_i = [y_i^0, \cdots, y_i^3]$，$b_i = [b_i^0, \cdots, b_i^3]$，初始重现级设置为 $y_0 = [-2, -1, 1, 2]$，源是无界的，因而其两个外边界为$+\infty$和$-\infty$。按照本章介绍的 Lloyd-Max 算法，其他边界值为重现值的中点，这样 $b_0 = [-\infty, -1.5, 0, 1.5, +\infty]$。使用式(8.13)对 $i=1$ 再进行一次迭代，利用数值积分得出 y_0^1、y_1^1、y_2^1、y_3^1，并且计算出 y_0 和 y_1 的方差。

迭代过程继续进行，直到相邻重现级的估计值的方差低于某一设定的阈值 ε。写一段程序来实现如上所述的 Lloyd-Max 量化器。

4. 如果一个二维 DCT 的块大小为 8×8，只用其 DCT 分量来产生一个草图，原始像素的哪些部分会被使用到？

5. 当块的大小为 8 时，DCT 的定义由式(8.17)给出。

　　(a) 对于灰度范围是 0～255 的 8×8 图片，DCT 系数的最大值可能是多少，这种情况发生在哪张输入图片下？（给出这张图片所有的 DCT 系数。）

　　(b) 如果对一张图片都减去一个固定值 128，再进行 DCT，会对 DCT 值 $F[2, 3]$ 有什么样的影响？

　　(c) 为什么要进行这一减法运算？这样做会影响到对图像编码所需的位数吗？

　　(d) 在 IDCT 中有没有可能将这一减法运算转化回来？如果可能的话，应怎么做？

6. 编写一个简单的程序或参考书的网站样例 DCT 程序 dct_1D.c，验证在本章例 8.2 中的一维 DCT 样例。

7. 写一个程序来验证式(8.29)和式(8.30)中定义的 DCT 矩阵 T_8 是一个正交矩阵，即所有的行和列是正交的单位向量(正交向量)。

8. 写一个程序来验证式(8.27)和式(8.31)中定义的二维 DCT 和 IDCT 矩阵是无损的，即可以任意变换 8×8 的 $f(i, j)$ 到 $F(u, v)$ 并反过来到 $f(i, j)$。（在这里，我们不关心可能的/小的浮点计算错误。）

9. 利用三维 DCT 可以在视频流中得到相似的 DCT 方案。假设视频中的色彩分量是时刻 k 在位置(i, j)的像素 f_{ijk}，如何定义三维 DCT？

10. 假设有一个光源照射下的颜色均匀的球，其阴影沿着球的表面光滑变化，如图 8.27 所示。

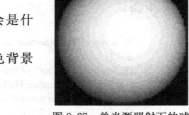

(a) 这张图片的 DCT 系数会是什么样子？

(b) 球的表面如果是棋盘状的颜色，其 DCT 系数又会是什么样子？

(c) 对于颜色均匀的球，请描述横跨球的上边缘与黑色背景接合处的块的 DCT 值。

(d) 请描述横跨球的左边缘的块的 DCT 值。

图 8.27 单光源照射下的球

11. Haar 小波的缩放函数定义如下

$$\phi(t) = \begin{cases} 1, & 0 \leqslant t \leqslant 1 \\ 0, & \text{其他} \end{cases} \tag{8.73}$$

$\boxed{278}$

其缩放向量为 $h_0[0] = h_1[1] = \dfrac{1}{\sqrt{2}}$。

(a) 请画出缩放函数，并证明其平移 $\phi(2t)$ 和 $\phi(2t-1)$ 满足式 (8.62)。由这些函数的组合，得出完整的函数 $\phi(t)$。

(b) 从式 (8.65) 推导出小波向量 $h_1[0]$、$h_1[1]$，然后由式 (8.63) 推导出 Haar 小波函数 $\psi(t)$。

12. 假设母函数 $\psi(t)$ 的削减矩 M_p 不大于 M_n，将 $f(t)$ 在 $t=0$ 处的泰勒级数展开到 f 的 n 阶导数 (也就是展开到剩余误差为 $O(n+l)$ 阶)。求将上面的泰勒级数替换到式 (8.58) 产生的积分和，并证明结果的阶数为 $O(s^{n+2})$。

13. 本书网站上的程序 `wavelet_compression.c` 实际上是一个 MATLAB 函数 (或者类似的第四代语言)。这样做的优点在于 `imread` 函数可以读入多种图像格式，`imwrite` 函数可以输出所需的类型。以所给的程序为模板，编写一个用于小波图像还原的 MATLAB 程序，有可能把小波的数量作为一个函数参数。

14. 使用 MAPLE 这样的符号操作系统对函数进行傅里叶变换将非常简单。在 MAPLE 中，只需调用 `fourier` 函数，就可以直接看到结果。举一个例子，试着输入下面的代码：

```
with('inttrans');
f := 1;
F := fourier(f,t,w);
```

结果应该是 $2\pi\delta(\omega)$。再试一个高斯型的：

```
f := exp(-t^2);
F := fourier(f,t,w);
```

这次的结果应该是 $\sqrt{\pi}e^{\left(-\frac{w^2}{4}\right)}$，可见高斯型的傅里叶变换是另一个高斯型。

15. 定义小波函数为

$$\psi(t) = \exp(-t^{\frac{1}{4}})\sin(t^4), \quad t \geqslant 0 \tag{8.74}$$

$\boxed{279}$

函数值在 0 附近波动。利用画图软件证明对于任意的 p 值，该函数的零矩 M_p 都为 0。

16. 分别实现基于 DCT 和基于小波的图像编码器。设计用户界面，使得两种编码器的压缩结果可以并排地显示出来，以便进行比较。为了进行数值上的比较，每幅压缩图片的 PSNR 也应当被显示出来。

另外再加入一个滑动条，来控制两个编码器的目标码率。若改变目标码率，各个编码器就即时地压缩输入图像，并将压缩结果立刻显示在用户界面上。

从质量上和数值上比较目标码率为 4bpp、1bpp 和 0.25bpp 时程序的压缩结果。

参考文献

1. K. Sayood, *Introduction to Data Compression*, 4th edn. (Morgan Kaufmann, San Francisco, 2012)
2. H. Stark, J.W. Woods, *Probability and Random Processes with Application to Signal Processing,* 3rd edn. (Prentice Hall, Upper Saddle River, 2002)
3. A. György. On the theoretical limits of lossy source coding, 1998. Tudományos Diákkör (TDK) Conf. (Hungarian Scientific Student's Conf.) at Technical University of Budapest
4. S. Arimoto, An algorithm for calculating the capacity of an arbitrary discrete memoryless channel. IEEE Trans. Inform. Theory **18**, 14–20 (1972)
5. R. Blahut, Computation of channel capacity and rate-distortion functions. IEEE Trans. Inform. Theory **18**, 460–473 (1972)
6. A. Gersho, R.M. Gray, *Vector Quantization and Signal Compression.* (Springer, Boston, 1991)
7. A.K. Jain, *Fundamentals of Digital Image Processing* (Prentice-Hall, Englewood Cliffs, 1988)
8. K.R. Rao, P. Yip, *Discrete Cosine Transform: Algorithms, Advantages, Applications* (Academic Press, Boston, 1990)
9. J.F. Blinn, What's the deal with the DCT? IEEE Comput. Graphics Appl. **13**(4), 78–83 (1993)
10. S. Mallat, *A Wavelet Tour of Signal Processing,* 3rd edn. (Academic Press, San Diego, 2008)
11. S. Mallat, A theory for multiresolution signal decomposition: the wavelet representation. IEEE Trans. Pattern Anal. Mach. Intell. **11**, 674–693 (1989)
12. R.C. Gonzalez, R.E. Woods, *Digital Image Processing,* 3rd edn. (Prentice-Hall, Upper Saddle River, 2007)
13. B.E. Usevitch, A tutorial on modern lossy wavelet image compression: foundations of JPEG 2000. IEEE Signal Process. Mag. **18**(5), 22–35 (2001)
14. R. Coifman, Y. Meyer, S. Quake, V. Wickerhauser, *Signal Processing and Compression with Wavelet packets.* (Yale University, Numerical Algorithms Research Group, 1990)
15. K. Ramachandran, M. Vetterli, Best wavelet packet basis in a rate-distortion sense. IEEE Trans. Image Processing **2**, 160–173 (1993)
16. J. Shapiro, Embedded image coding using zerotrees of wavelet coefficients. IEEE Trans. Signal Processing, 41(12), 3445–3462 (1993)
17. A. Said, W.A. Pearlman, A new, fast, and efficient image codec based on set partitioning in hierarchical trees. IEEE Trans. CSVT **6**(3), 243–249 (1996)
18. D. Taubman, High performance scalable image compression with EBCOT. IEEE Trans. Image Processing **9**(7), 1158–1170 (2000)

图像压缩标准

近年来，随着智能手机、网络摄像机、数码相机、扫描仪等数码产品的飞速发展促使了数字图像的爆发式增长。以数字形式有效处理和存储图像的需求促进了各种图像压缩标准的发展。一般而言，标准相较特定的程序和设备，有更强大的生命力，更值得我们深入研究。本章将介绍图像压缩领域一些现行标准以及第 7 章和第 8 章内容的实际应用。

我们将探讨在大多数图像中使用的 JPEG 标准、基于小波的 JPEG2000 标准、JPEG-LS（一种无损 JPEG）以及 JBIG（用于二值图像压缩）。

9.1 JPEG 标准

JPEG 是由联合图像专家组（Joint Photographic Experts Group，JPEG）开发的一种图像压缩标准。并于 1992 年被采纳为国际标准[1]。

JPEG 通过多步实现，每一步都对压缩有贡献。我们将一步步拆解算法，窥探其中的动机。

9.1.1 JPEG 图像压缩的主要步骤

与定义在时域上的一维音频信号不同，数字图像 $f(i, j)$ 定义在空间域上。也就是说，图像是二维变量(i, j)的函数（或者表示成(x, y)）。JPEG 算法中采用了二维 DCT，其作用是计算出空间频域上的响应函数 $F(u, v)$，其中 u 和 v 是数组下标。

JPEG 是一种有损图像压缩方法。DCT 的编码效率基于下述的三个主要特性：

特性 1。在图像区域中，有用的图像信息变化相对较慢。也就是说，在一个小区域内（如一个 8×8 的图像块）图像的亮度（intensity）值变化不明显。空间频率描述的是一个图像块内像素值变化的次数。DCT 形式化地表示了这一变化，它把对图像内容的变化度量和每一块的余弦波周期数对应起来。

特性 2。心理学实验表明，人类对高频分量损失的感知能力要远远低于低频分量。

JPEG 中应用 DCT 主要是为了减少高频内容，同时更有效地将结果编码为位串（bitstring）。我们用空间冗余（spatial redundancy）来表示图片信息的重复量。例如，如果一个像素是红色的，那么和它相邻的像素也有可能是红色的。根据上面说的特性 2，DCT 的低频分量系数很重要，因此，随着频率升高，准确表示 DCT 系数的重要性随之降低。即使我们把它设置为 0 也不会感到很多信息的丢失。

显然，一个零串可以通过零的长度表示，用这种方式我们可以实现位数压缩。我们可以用更少的数字来表示一个块中的像素，摒弃一些和位置相关的信息，进而减少空间冗余。

JPEG 适用于彩色图像和灰度图像。在彩色图像的情况下，比如 YCbCr 图像，编码器可以在各自分量上独立工作，使用相同的例程。如果源图像是其他格式，编码器首先将其他颜色空间转化为 YCbCr 空间。在第 5 章中我们讨论过，色度图像 C_r 和 C_b 是二次采样的：JPEG 采用 4：2：0 方案，利用视觉的特性 3。

特性 3。人类对灰度（黑白）的视觉敏感度（区分相近空间的准确度）要远远高于对彩色

281

的敏感度。我们难以捕捉到细微的颜色变化，比如我们会在漫画中使用斑点笔墨。这是因为我们眼睛对黑线最敏感，并且我们的大脑总是把这种颜色推广开来。普通的广播电视就是通过这一现象来传播较多的灰度信息、较少的颜色信息。

当我们浏览 JPEG 图像时，3 个被压缩的分量图片将被独立解码最后合并在一起。在颜色通道中，每个像素首先被扩大为一个 2×2 大小的块。为了满足普遍性，我们选用其中的一个分量（比如 Y 分量图像）来表述压缩算法。

图 9.1 给出了一个 JPEG 编码器的示意图。如果我们逆着箭头看，就得到了一个 JPEG 解码器。JPEG 编码器包括以下几个主要步骤：

1) 将 RGB 转化为 YCbCr 并进行二次采样。

2) 对图像块执行 DCT。

3) 进行量化。

4) 进行 Z 字形编序和游程编码。

5) 进行熵编码。

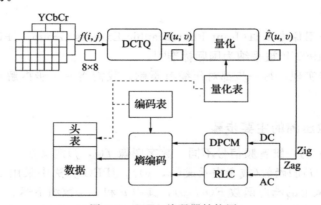

图 9.1　JPEG 编码器结构图

1. 图像块的 DCT

每幅图像划分为 8×8 的块，对每个图像块 $f(i, j)$ 进行二维 DCT（式（8.17）），得到每个块的 DCT 系数 $F(u, v)$。JPEG 中图像块大小的是由委员会经过仔细权衡决定的：大于 8 在低频处的效果更好，但是使用 8×8 图像块让 DCT 以及其逆变换 IDCT 的计算速度更快。

使用"块"这种方式，会使每个块与其相邻的块隔离开来。这就是为什么我们采用比较高的压缩率时，JPEG 图像看起来不连贯，我们甚至能看到一个个的块（事实上，消除这种现象是研究者的一个重要工作）。

要计算一个特定的 $F(u, v)$，我们选择图 8.9 的基本图像和相应的 u、v 并且利用式（8.17）推导频率响应函数 $F(u, v)$。

2. 量化

JPEG 中量化的目标是减少压缩图像所需的总位数[2]。它由每个频率除以一个整数然后取整得到：

$$\hat{F}(u,v) = \text{round}\left(\frac{F(u,v)}{Q(u,v)}\right) \tag{9.1}$$

其中，$F(u, v)$ 表示 DCT 系数，$Q(u, v)$ 是量化矩阵（quantization matrix），$\hat{F}(u, v)$ 表示量化后的 DCT 系数，JPEG 会在随后的熵编码中使用这些矩阵。

　　适用于亮度和色度图的 8×8 量化矩阵 $Q(u, v)$ 中的默认值分别见表 9.1 和表 9.2。这些值是从心理学研究结果中得来的，能够在最小化 JPEG 图像感知损失的同时最大化压缩率。下面的结论就显而易见了：

- 由于 $Q(u, v)$ 中的值都相对较大，因此 $\hat{F}(u, v)$ 值的大小和变化都远远小于 $F(u, v)$。在后面我们会看到 $\hat{F}(u, v)$ 可以用很少的位编码。量化是 JPEG 压缩中产生信息丢失的主要原因。
- 每一个量化矩阵 $Q(u, v)$ 表在右下角置较大的值。这样可以丢弃更多的高频分量，特性 1 和特性 2 都说明了这样做的好处。

表 9.1　亮度量化矩阵

16	11	10	16	24	40	51	61
12	12	14	19	26	58	60	55
14	13	16	24	40	57	69	56
14	17	22	29	51	87	80	62
18	22	37	56	68	109	103	77
24	35	55	64	81	104	113	92
49	64	78	87	103	121	120	101
72	92	95	98	112	100	103	99

表 9.2　色度量化矩阵

17	18	24	47	99	99	99	99
18	21	26	66	99	99	99	99
24	26	56	99	99	99	99	99
47	66	99	99	99	99	99	99
99	99	99	99	99	99	99	99
99	99	99	99	99	99	99	99
99	99	99	99	99	99	99	99
99	99	99	99	99	99	99	99

　　我们可以给量化矩阵 $Q(u, v)$ 乘以比例值来改变压缩率。事实上，质量因子（quality factor，qf），在 JPEG 实现时可以自主选择。通常选择 1 到 100 中的一个数。当 qf＝100 时能得到最高质量的压缩图像，而当 qf＝1 时得到最低质量的压缩图像。qf 和 scaling_factor（量化矩阵乘取得比例值）之间的关系如下：

```
// qf 为用户选择的压缩质量
// Q 为默认的量化矩阵
// Qx 为缩放后的量化矩阵
// Q1 是全1量化矩阵

if qf >= 50
    scaling_factor = (100-qf)/50;
else
    scaling_factor = (50/qf);
end
if scaling_factor != 0    // 如果qf不是100
    Qx = round( Q*scaling_factor );
else
    Qx = Q1;              // 没有量化
end
Qx = uint8(Qx);          // qf=1时最大值为255
```

　　例如，当 qf＝50 时，scaling_factor 值为 1，此时最终的量化矩阵就是默认的量化矩阵。当 qf＝10 时，scaling_factor 值为 5，此时最终的量化矩阵就是默认矩阵中每个数值乘以 5。当 qf＝100 时，最终的量化矩阵中每个元素均为 1，也就是不对源矩阵进行量化。很低的质量因子像（qf＝1）是特殊情况，scaling_factor 将会是 50，此时最终的量化矩阵将会包含很大的数。由于最终要将类型转化为 uint8 类型，因此量化矩阵中最大有效值是 255。在实际应用中，qf 的值应当不低于 10。JPEG 也允许指定定制量化表并放在表头。我们可以设定特殊的值（比如 $Q\equiv2$ 或者 $Q\equiv128$）观察 Q 值改变带来的直观影响。

　　图 9.2 和图 9.3 是对测试图像 Lena 进行 JPEG 编码和解码的结果。图中仅显示了亮度图（Y）的结果。量化后无损压缩步骤就不再赘述，因为它们对 JPEG 的图像质量没有影响。这些结果展示了对相对光滑和相对粗糙的块分别进行压缩和解压后的效果。

Lena的Y图像中的8×8块

```
200 202 189 188 189 175 175 175        515  65 -12   4   1   2  -8   5
200 203 198 188 189 182 178 175        -16   3   2   0   0 -11  -2   3
203 200 200 195 200 187 185 175        -12   6  11  -1   3   0   1  -2
200 200 200 200 197 187 187 187         -8   3  -4   2  -2  -3  -5  -2
200 205 200 200 195 188 187 175          0  -2   7  -5   4   0  -1  -4
200 200 200 200 200 190 187 175          0  -3  -1   0   4   1  -1   0
205 200 199 200 191 187 187 175          3  -2  -3   3   3  -1  -1   3
210 200 200 200 188 185 187 186         -2   5  -2   4  -2   2  -3   0
            f(i, j)                              F(u, v)

32   6  -1   0   0   0   0   0          512  66 -10   0   0   0   0   0
-1   0   0   0   0   0   0   0          -12   0   0   0   0   0   0   0
-1   0   1   0   0   0   0   0          -14   0  16   0   0   0   0   0
-1   0   0   0   0   0   0   0          -14   0   0   0   0   0   0   0
 0   0   0   0   0   0   0   0            0   0   0   0   0   0   0   0
 0   0   0   0   0   0   0   0            0   0   0   0   0   0   0   0
 0   0   0   0   0   0   0   0            0   0   0   0   0   0   0   0
 0   0   0   0   0   0   0   0            0   0   0   0   0   0   0   0
           F̂(u, v)                              F̃(u, v)

199 196 191 186 182 178 177 176          1   6  -2   2   7  -3  -2  -1
201 199 196 192 188 183 180 178         -1   4   2  -4   1  -1  -2  -3
203 203 202 200 195 189 183 180          0  -3  -2  -5   5  -2   2  -5
202 203 204 203 198 191 183 179         -2  -3  -4  -3  -1  -4   4   8
200 201 202 201 196 189 182 177          0   4  -2  -1  -1  -1   5  -2
200 200 199 197 192 186 181 177          0   0   1   3   8   4   6  -2
204 202 199 195 190 186 183 181          1  -2   0   5   1   1   4  -6
207 204 200 194 190 187 185 184          3  -4   0   6  -2  -2   2   2
          f̃(i, j)                       ε(i, j) = f(i, j) - f̃(i, j)
```

图 9.2　平滑图像块的 JPEG 压缩

　　令 $f(i, j)$ 表示从图像中截取的一个 8×8 的块，$F(u, v)$ 是 DCT 系数，$\hat{F}(u, v)$ 是量化后的 DCT 系数。令 $\tilde{F}(u, v)$ 表示去量化的 DCT 系数，可以通过量化矩阵乘以 $Q(x, y)$

得到。令 $\hat{f}(i, j)$ 为重建后的图像块。在图 9.2 和图 9.3 的最后一行的误差表明了 JPEG 压缩的质量，特别是压缩后的损失，误差的计算公式为 $\varepsilon(i, j) = f(i, j) - \hat{f}(u, v)$。

Lena的 Y 图像中另一个8×8块

70	70	100	70	87	87	150	187
85	100	96	79	87	154	87	113
100	85	116	79	87	86	196	
136	69	87	200	79	71	117	96
161	70	87	200	103	71	96	113
161	123	147	133	113	113	85	161
146	147	175	100	103	103	163	187
156	146	189	70	113	161	163	197

−80	−40	89	−73	44	32	53	−3
−135	−59	−26	6	14	−3	−13	−28
47	−76	66	−3	−108	−78	33	59
−2	10	−18	0	33	11	−21	1
−1	−9	−22	8	32	65	−36	−1
5	−20	28	−46	3	24	−30	24
6	−20	37	−28	12	−35	33	17
−5	−23	33	−30	17	−5	−4	20

$f(i, j)$　　　　　　　　　$F(u, v)$

−5	−4	9	−5	2	1	1	0
−11	−5	−2	0	1	0	0	−1
3	−6	4	0	−3	−1	0	1
0	1	−1	0	1	0	0	0
0	0	−1	0	0	1	0	0
0	−1	1	−1	0	0	0	0
0	0	0	0	0	0	0	0
0	0	0	0	0	0	0	0

−80	−44	90	−80	48	40	51	0
−132	−60	−28	0	26	0	0	−55
42	−78	64	0	−120	−57	0	56
0	17	−22	0	51	0	0	0
0	0	−37	0	0	109	0	0
0	−35	55	−64	0	0	0	0
0	0	0	0	0	0	0	0
0	0	0	0	0	0	0	0

$\hat{F}(u, v)$　　　　　　　　　$\tilde{F}(u, v)$

70	60	106	94	62	103	146	176
85	101	85	75	102	127	93	144
98	99	92	102	74	98	89	167
132	53	111	180	55	70	106	145
173	57	114	207	111	89	84	90
164	123	131	135	133	92	85	162
141	159	169	73	106	101	149	224
150	141	195	79	107	147	210	153

0	10	−6	−24	25	−16	4	11
0	−1	11	4	−15	27	−6	−31
2	−14	24	−23	−4	−11	−3	29
4	16	−24	20	24	1	11	−49
−12	13	−27	−7	−8	−18	12	23
−3	0	16	−2	−20	21	0	−1
5	−12	6	27	−3	2	14	−37
6	5	−6	9	6	14	−47	44

$\tilde{f}(i, j)$　　　　　　$\varepsilon(i, j) = f(i, j) - \tilde{f}(i, j)$

图 9.3　纹理图像块的 JPEG 压缩

　　在图 9.2 中，选择一个亮度变化平滑的图像块（图中用黑框表示）。实际上，块的左边稍亮，右边稍暗。除了 DC 和前面几个 AC 分量（用来表示空间低频分量），大部分 DCT 系数 $F(u, v)$ 的幅值都很小。这是因为块像素值包含的高频分量改变较小的缘故。

　　这里说一下整齐化的实现细节。8 位亮度值 $f(i, j)$ 的值域为 $[0, 255]$。在实现 JPEG 时，编码前每个 Y 值都先减去 128。此举是让 Y 分量成为 0 均值图像，这和色度图相类似。这样做能使存储的位数最少（例如一个值域在 $[120, 135]$ 的 8×8 的块）。0 均值后的图像不会影响输出中的 AC 系数。它只改变 DC 系数。解码时需要将 Y 值加上 128 即可恢复。

　　在图 9.3 中，我们选择了一个亮度变化剧烈的图像块。由此 AC 分量有很大的幅值（尤其是 u、v 都很大的右下角）。可以看出此时的误差 $\varepsilon(i, j)$ 大于图 9.2——如果图像变化较为剧烈，JPEG 会引起较大的损失。

3. 熵编码的准备

至此我们已经介绍了 JPEG 压缩的两个主要步骤：DCT 和量化。正如图 9.1 所示，下一步是对量化后的 DCT 系数进行熵编码（entropy coding），这一步是无损的。在熵编码之前，DC 系数和 AC 系数的处理是不同的：对 AC 分量进行游程编码，对 DC 分量采取 DPCM 编码。

4. AC 系数上的游程编码

从图 9.2 中可以看出，量化后，$\hat{F}(u, v)$ 中出现很多零。游程编码（Run-length Coding, RLC; Run-length Encoding, RLE）可以把 $\hat{F}(u, v)$ 的值变换为集合 {#-zeros-to-skip,next nonzero value} 的形式。通过 Z 字形扫描，使 RLC 更有效，可能会得到一长串的 0：用 Z 字形扫描将 $\hat{F}(u, v)$ 矩阵变换为长度为 64 的向量，如图 9.4 所示。

大部分的图像块都有较小的空间高频分量，量化后将变成 0。因此，之字扫描很有可能碰到一长串 0。例如在图 9.2 中，$\hat{F}(u, v)$ 转化为，

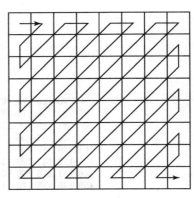

图 9.4　JPEG 中的 Z 字扫描

$$(32, 6, -1, -1, 0, -1, 0, 0, 0, -1, 0, 0, 1, 0, 0, \cdots, 0)$$

中间有 3 个零串，结尾处有一个长度为 51 的 0 串。

在 RLC 步骤里，$\hat{F}$ 的 AC 系数中的每个 0 串用（RUNLENGTH，VALUE）的数字对方式表示值，其中 RUNLENGTH 表示串里 0 的数目，VALUE 表示下一个非 0 系数。为了尽可能地减少位数，最后一个非 0 的 AC 系数之后的数字对（0，0）表示到达了块的结尾。在上面的例子中，不考虑第一个（DC）分量，我们将得到：

$$(0, 6)(0, -1)(0, -1)(1, -1)(3, -1)(2, 1)(0, 0)$$

5. DC 系数的 DPCM 编码

DC 系数与 AC 系数分开编码。每个 8×8 的图像块只有一个 DC 系数。DC 系数表示每个图像块的平均亮度，所以不同的块的 DC 系数差异较大。正如特性 1 中提到的，在临近块之间，DC 系数不会产生特别大的变化。由此，我们可以采用理想的 DPCM 编码方式对 DC 系数进行编码。

如果前五个图像块的 DC 系数分别是 150，155，149，152，144，DPCM 编码后得到 150，5，-6，3，-8（假设第 i 个块的预测器为 $d_i = DC_{i+1} - DC_i$，并且 $d_0 = DC_0$）。我们希望 DPCM 编码后的幅值较小并且变化不是很大，这将有利于后面的熵编码。

值得注意的是，AC 系数的游程编码需要对每一个块单独进行，而 JPEG 中 DC 系数的 DPCM 编码只需对整个图像执行一次。

6. 熵编码

DC 系数和 AC 系数最后都将进行熵编码。下面，我们将讨论基本的熵编码[⊖]，该方法采用赫夫曼编码，并且只支持原图中的 8 位像素（或彩色图像分量）。

下面我们将介绍两种熵编码方案：一种用于对 DC 系数的赫夫曼编码的变体；另一种用于 AC 系数，该编码方案稍有不同。

⊖　JPEG 标准允许赫夫曼编码和算术编码，两者都是熵编码方法，JPEG 还同时支持 8 位和 12 位像素大小。

7. DC 系数的赫夫曼编码

每一个 DC 系数经过 DPCM 编码后可以用（SIZE，AMPLITUDE）表示，SIZE 表示需要用多少位来表示 DC 系数，AMPLITUDE 表示实际使用的位数。

表 9.3 表示了编码不同范围的幅值所需的位数。注意，DPCM 的值可能会超过 8 位，并且 DPCM 的值有可能为负。我们用数的反码表示负数，比如二进制数 10 表示 2，那么就用 01 表示 -2；11 表示 3，00 表示 -3，以此类推。在我们提到的例子中，码字 150，5，-6，3，-8 将会表示为

表 9.3　基本熵编码细节——大小分类

0 层	1 层
1	$-1, 1$
2	$3, -2, 2, 3$
3	$-7..-4, 4..7$
4	$-15..-8, 8..15$
⋮	⋮
10	$-1023..-512, 512..1023$

$$(8,10010110),(3,101),(3,001),(2,11),(4,0111)$$

在 JPEG 中，对 SIZE 进行赫夫曼编码，因此其编码长度可变。也就是说，如果 SIZE 2 出现过于频繁，我们就可能用一位（0 或 1）来表示。通常较小的 SIZE 数值出现得比较频繁，因为它们的熵值小，所以赫夫曼编码可以提高压缩率。编码后，自定义的赫夫曼编码可以保存在 JPEG 图像的头部，否则要使用默认的赫夫曼编码表。[289]

另外，AMPLITUDE 不进行赫夫曼编码。因为它的值变化范围较大，进行赫夫曼编码效果较差。

8. AC 系数的赫夫曼编码

上面我们说到 AC 系数采用游程编码，并且用数字对（RUNLENGTH，VALUE）表示。JPEG 在实现时，和 DC 系数一样，VALUE 用 SIZE 和 AMPLITUDE 两个量表示。为了节省位数，RUNLENGTH 和 SIZE 分别用 4 位表示，最后整合为一个字节——我们称为 Symbol 1。Symbol 2 是 AMPLITUDE 值，其位数用 SIZE 表示。

```
Symbol 1: (RUNLENGTH, SIZE)
Symbol 2: (AMPLITUDE)
```

4 位的 RUNLENGTH 只能表示长度为 0～15 的零串。当 0 串的长度会超过 15 时，对 Symbol 1 使用特殊的扩展编码（15，0）。在最坏的情况下，在 Symbol 1 结束前需要 3 个连续的（15，0），其 RUNLENGTH 将是完全的实际游长。和 DC 编码类似，Symbol 1 采用赫夫曼编码，而 Symbol 2 不采用。

9.1.2　JPEG 模式

JPEG 标准支持多种模式，常用的模式有：
- 顺序模式。
- 渐进模式。
- 分级模式。
- 无损模式。[290]

1. 顺序模式

这是默认的 JPEG 模式。对每幅灰度图或彩色图像进行从左到右或者从上到下的扫描并编码。目前在我们的讨论中一直采用这种模式。Motion JPEG 视频就是对每一帧图像采用基本的顺序 JPEG 模式。

2. 渐进模式

渐进 JPEG 首先快速传送低质量的图片，接着传送高质量的图片。这种模式在 Web

浏览器中使用广泛。当网络带宽不是很高时，这种多次扫描图像的方法非常有用。在渐进模式里，前几次扫描只是传递少量的位数和粗糙的图像轮廓。随着扫描次数的增加，会接收到更多的数据，图像画质也不断提高。这种做法的好处是用户可以通过前几次扫描接收到的图像信息选择是否继续接收数据以提高画面质量。

渐进 JPEG 可以通过以下两种方式实现。主要的步骤（DCT、量化等）和顺序模式相同。

光谱选择：下列方案利用 DCT 系数的光谱（空间频谱）特性，更高等级的 AC 仅提供细节信息。

第 1 次扫描：对 DC 和前几个 AC 分量编码，例如 AC1、AC2。

第 2 次扫描：对更多的 AC 分量编码，例如 AC3、AC4、AC5。

⋮

第 k 次扫描：对最后几个 AC 分量编码，例如 AC61、AC62、AC63。

逐次逼近：和渐进编码光谱带不同，逐次逼近方法将所有的 DCT 系数同时编码，但最高有效位（MSB）最先编码。

第 1 次扫描：对前几个 MSB 编码，例如 7、6、5、4 位。

第 2 次扫描：对稍低的位编码，例如 3 位。

⋮

第 m 次扫描，对最低有效位（LSB）编码，例如 0 位。

3. 分级模式

顾名思义，分级 JPEG 对处于不同分辨率层次中的图像进行编码。低分辨率的编码图像是通过低通滤波器压缩过的图像，更高分辨率的图像提供更多的细节信息（和低分辨率图像提供的不同）。和渐进 JPEG 图像类似，分级 JPEG 可以通过多次扫描传送逐渐改善图像质量。

[291]

图 9.5 给出了一个分为三级的 JPEG 编码器和解码器（二者之间用虚线分割）。

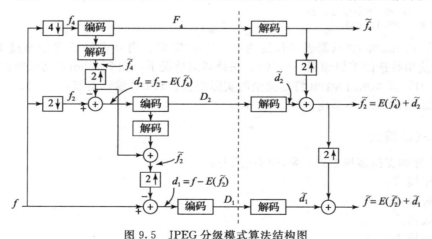

图 9.5   JPEG 分级模式算法结构图

算法 9.1   三级 JPEG 编码器

1）**降低图像分辨率**。将输入图像 f（例如 512×512）的每一维像素数折半得到 f_2（例如 256×256），从而降低输入图像分辨率，重复这一步骤得到 f_4（例如 128×128）。

2）**压缩低分辨率图像** f_4。对 f_4 采用其他的 JPEG 方法（如顺序、渐进）编码，得到 F_4。

3) 压缩差值图像 d_2。

　　(a) 对 F_4 解码得到 $\hat{f}_4$。用某种插补方法扩展 $\hat{f}_4$，得到和 f_2 同一分辨率的图像 $E(\hat{f}_4)$。

　　(b) 对差值 $d_2 = f_2 - E(\hat{f}_4)$ 用某种 JPEG 方法(如顺序、渐进)编码得到 D_2。

4) 压缩差值图像 d_1。

　　(a) 对 D_2 解码得到 $\hat{d}_2$：把它加到 $E(\hat{f}_4)$ 上得到 $\hat{f}_2 = E(\hat{f}_4) + \hat{d}_2$，这是对 f_2 压缩又解压后得到的一个版本。

　　(b) 对差值 $d_1 = f - E(\hat{f}_2)$ 用某种 JPEG 方法(如顺序、渐进)编码得到 D_1。

算法 9.2　三级 JPEG 解码器

1) 对低分辨率图像 F_4 解压缩。使用和编码器相同的 JPEG 方法解压 F_4 得到 $\hat{f}_4$。

2) 还原中间分辨率图像 $\hat{f}_2$。应用 $E(\hat{f}_4) + \hat{d}_2$ 得到 $\hat{f}_2$。

3) 还原初始分辨率图像 $\hat{f}$。应用 $E(\hat{f}_2) + \hat{d}_1$ 得到 $\hat{f}$。

　　需要指出的是，在编码器的步骤 3 中，差值 d_2 不是通过公式 $f_2 - E(f_4)$ 得到，而是通过 $f_2 - E(\hat{f}_4)$ 得到。使用 $\hat{f}_4$ 是有代价的，因为编码器中必须引入一个额外的解码步骤，如图 9.5 所示。

292

　　此举有必要么？有必要。因为解码器不可能看到原始的 f_4。在解码器的还原步骤里只能通过 $\hat{f}_4$ 得到 $\hat{f}_2 = E(\hat{f}_4) + \hat{d}_2$。因为压缩 f_4 时使用有损的 JPEG 压缩方法，$\hat{f}_4 \neq f_4$，所以编码器就必须在公式 $d_2 = f_2 - E(\hat{f}_4)$ 中使用 $\hat{f}_4$ 来避免在解码时产生不必要的错误。很多压缩方案中均使用这种解码-编码步骤。事实上，在 6.3.5 节里已经看到，之所以这么做，是因为解码器只能获得编码器中的数据而不能获得原始数据。

　　类似地，在编码器的步骤 4 中，d_1 为 f 和 $E(\hat{f}_2)$ 的差值，而不是与 $E(f_2)$ 的差值。

4. 无损模式

　　无损 JPEG 是 JPEG 的一种特殊情况，它没有图像质量上的损失。正如在第 7 章中所说，它只是采用了一种简单的微分编码方法，不涉及任何的变换编码。这种模式一般很少使用。因为其压缩率远远低于其他的有损 JPEG 模式。相反地，它能满足一些特殊需要，最新的 JPEG-LS 标准的目标就是进行无损的图像压缩(见 9.3 节)。

9.1.3　JPEG 位流概述

　　图 9.6 给出了 JPEG 图像的分层结构位流图。其中，帧(frame)就是一幅图片，扫描(scan)就是对全部像素(例如，红色分量)的一次遍历。段(segment)就是一组块，块由 8×8 的像素组成。以下是头部信息的例子：

- 帧头
  - 像素的位数。
  - 图像的宽和高。
  - 分量数目。
  - 唯一的 ID(对每一个分量而言)。
  - 水平或垂直采样因子(对每一个分量而言)。

- ■ 用到的量化表(对每一个分量而言)。
- ● **扫描头**
  - ■ 每次扫描中的分量数。
  - ■ 分量 ID(对每一个分量而言)。
  - ■ 赫夫曼/算术编码表(对每一个分量而言)。

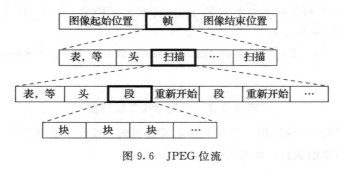

图 9.6   JPEG 位流

9.2   JPEG2000 标准

JPEG 标准无疑是迄今为止最为成功和通用的图像格式。成功的主要原因在于其在相对出色的压缩率下仍有较好的图像质量。然而,为满足下一代图像应用的需求,JPEG 委员会定义了一种新标准:JPEG2000。其核心编码系统由 ISO/IEC 15444-1 指定[3]。

新的 JPEG2000 标准[4-6]不仅在压缩率-失真间进行了更好的权衡,改善了图像质量,还新增了现有的 JPEG 标准所缺乏的一些功能。特别是,JPEG2000 标准将解决以下问题:

- ● **低位率压缩**。在中、高位率情况下,目前的 JPEG 标准在压缩率-失真方面有出色的表现。但是如果位率低于 0.25bpp,图像失真变得无法接受。当我们使用一些常用联网设备(如智能手表),这一问题就很关键了。
- ● **无损和有损压缩**。目前,还没有哪个标准能够在一个位流中同时提供很好的有损压缩和无损压缩。
- ● **大图像**。新的标准能处理分辨率超过 64K×64K 大小的图像而不会产生失真。其能处理的图像尺寸上限可达 $2^{32}-1$。
- ● **单一的解压缩体系结构**。现行的 JPEG 标准共有 44 种模式。其中很多模式都只应用于特定场合,不能被大多数的 JPEG 解码器使用。
- ● **噪声环境下的传输**。新标准改善了噪声环境下传输的错误恢复能力,例如在无线网或因特网下传输。
- ● **渐进传输**。新标准提供从低到高的码率的无缝质量传输和分辨率可扩展性。并且在压缩过程中,目标位率和重组方案的分辨率都不必考虑。
- ● **感兴趣区域编码**。新的标准允许指定感兴趣区域(ROI),该区域的编码质量优于图像的其他部分。例如,我们希望对人脸的编码质量高些,而周围家具的编码质量可以适当低些。
- ● **计算机生成的图像**。现行标准适用于处理自然图像,而在处理计算机生成的图像时效果欠佳。
- ● **复合文档**。新的标准提供了元数据的机制,可以将额外的非图像数据整合到文件里。举个常见的例子,当需要同时包含图像和文本信息时,这种方法很有用。

　　另外，JPEG2000 能处理 256 个通道的信息（如此大量的数据通常发生在卫星图像上），而现行的 JPEG 标准只能处理 3 个颜色通道。JPEG2000 旨在满足各种应用，如因特网、彩色传真、打印、扫描、数字图像、遥感、移动应用、医学图像、数字图书馆以及电子商务等。此外，它还支持远程浏览压缩图像。

　　JPEG2000 标准有两种编码模式：基于 DCT 和基于小波变换。基于 DCT 的编码模式是为了能够向后兼容现行的 JPEG 标准并实现基本的 JPEG，而所有的新功能和性能改进都是基于小波变换的。

*9.2.1　JPEG2000 图像压缩的主要步骤

　　JPEG2000 中使用的主要压缩方法是最优截断嵌入式块编码（Embedded Block Coding with Optimized Truncation，EBCOT）算法，该算法最早是 Taubman[7]提出的。除了提高压缩效率外，EBCOT 还产生了具有诸多优秀特点的位流，包括质量改进、分辨率伸缩和随机访问（random access）等。

　　EBCOT 的基本思想是首先将图像进行小波变换，生成子带 LL、LH、HL、HH，再将这些子带划分成小块，这些小块称为码块（code block）。每一个码块都是独立编码的，因而不会用到其他块的信息。

　　每一个码块产生独立、可扩展的位流。使用基于块的编码方案，EBCOT 算法改进了错误恢复。EBCOT 算法包括以下三个步骤：

　　1）块编码和位流的生成。

　　2）压缩后比例失真（PCRD）优化。

　　3）层格式化及表示。

1. 块编码和位流的生成

　　首先将二维离散小波变换生成的子带划分为 64×64（或者其他不小于 32×32 的尺寸）的小码块，然后用 EBCOT 算法为每一个码块 B_i 生成伸缩率很高的位流。B_i 对应的位流被独立地截断为预先定义好的不同长度 R_i^n 的集合，相应的失真度为 D_i^n。

　　对每一个码块 B_i（见图 9.7），令 $s_i[k] = s_i[k_1, k_2]$ 为小码块的二维序列。k_1、k_2 分别是行索引和列索引。（据此，水平高通子带 HL 必须转置，以使 k_1、k_2 的含义与其他子带一致。这样一来，便可用同样的方式处理 HL 子带和 LH、HH、LL 子带，并使用相同的上下文模型。）

295

　　这个算法使用如图 9.8 所示的无效区（dead zone）量化器，其中有两个单位长度的部分为 0。令 $\mathcal{X}[k] \in \{-1, 1\}$ 表示 $s_i[k]$ 的符号，同时令 $v_i[k]$ 表示量化的幅值。我们有：

$$v_i[k] = \frac{\|s_i[k]\|}{\delta_{\beta_i}} \tag{9.2}$$

其中，δ_{β_i} 表示包含码块 B_i 的子带 β_i 的步长。设 $v_i^p[k]$ 表示 $v_i[k]$ 的二进制表示的第 p 位（$p=0$ 对应最低有效位），P_i^{max} 表示 p 的最大值，若码块内至少有一个采样，则 $v_i^{P_i^{max}}[k] \neq 0$。

　　编码过程类似于一个位平面的编码器，最高有效位 $v_i^{P_i^{max}}[k]$ 最先编码，接着是次重要的位 $v_i^{P_i^{max}-1}[k]$，依次进行下去，直到全部位平面编码完毕。这样一来，如果位流经过截断，那么码块中的一些采样将会丢失一个或多个不重要的位，截断的效果与粗粒度的无效区量化器的处理结果类似。

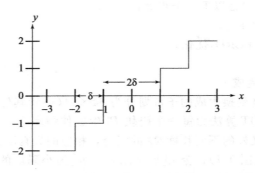

图 9.7　EBCOT 码块结构

图 9.8　无效区量化器。无效区长度为 2δ，其值量化为 0

另外，对于某个样本，利用该样本先前的编码信息与其周围采样的编码信息也很重要。在 EBCOT 中，定义一个二值状态变量 $\sigma_i[k]$，其初值为 0，当与之相关的采样的第一个非零位平面 $v_i^p[k]=1$ 编码完成时，其值由 0 变为 1。这个二值状态变量称为采样的权（significance），权为 1 的采样称为有权采样。

8.8 节介绍了一种数据结构——零树，利用它可以对小波系数的位流进行高效编码。零树结构的思想是，将重要的采样聚集在一起，这样就可以仅用一个二进制标记编码实现多个采样的处理。

EBCOT 利用了上述的样本聚集特性，但是为了提高效率，对聚类的处理仅精确到相对较大的 16×16 子块。这样一来，每个码块又被进一步划分为一系列二维子块 $B_i[j]$。对每个位平面，明确的信息首先被编码，以确认子块包含一个或多个重要采样。在该位平面的其余编码阶段中将绕过其他子块。

令 $\sigma^p(B_i[j])$ 表示位平面 p 中子块 $B_i[j]$ 的权。我们使用四叉树对权图进行编码。通过确定带有叶子节点的子块来构造树，即满足 $B_i^p[j]=B_i[j]$。高一层的节点用递归方法构造：$B_i^t[j] = \bigcup_{z \in \{0,1\}^2} B_i^{t-1}[2j+z]$，$0 \leq t \leq T$。树的根节点表示整个码块：$B_i^T[0] = \bigcup_j B_i[j]$。

从根节点 $t=T$ 开始，每次确定一层码块的权，直到叶节点 $t=0$ 为止。所得的权值交给算术编码器进行熵编码。若权值是冗余的，则忽略。若以下条件之一成立，则判定权值是冗余的：

- 父节点无权。
- 在上一位平面中，当前节点已经有权。
- 是同一有权父节点下最后访问的节点，并且其兄弟节点均无权。

EBCOT 用四种不同的编码方法来编码位平面 p 内一个采样的新增信息，四种方法分别如下所述。

(1) 零编码

用于对 $v_i^p[k]$ 编码，假定量化样点满足 $v_i[k] < 2^{p+1}$。因为采样统计可近似为马尔可夫型，即当前样本的权取决于与其相邻的 8 个点的值。这些邻点的权可以分为以下三类：

- **水平**：$h_i[k] = \sum_{z \in \{1,-1\}} \sigma_i[k_1+z, k_2]$，其中 $0 \leq h_i[k] \leq 2$。
- **垂直**：$v_i[k] = \sum_{z \in \{1,-1\}} \sigma_i[k_1, k_2+z]$，其中 $0 \leq v_i[k] \leq 2$。
- **对角线**：$d_i[k] = \sum_{z_1, z_2 \in \{1,-1\}} \sigma_i[k_1+z_1, k_2+z_2]$，其中 $0 \leq d_i[k] \leq 4$。

若邻点落在码块外部，则认为邻点无权，但是要注意子块并不是独立的。256 种可能的邻点格局可简化为 9 种不同的上下文分配，如表 9.4 所示。

表 9.4　零编码的上下文分配

标记	LL、LH 和 HL 子带			HH 子带	
	$h_i[k]$	$v_i[k]$	$d_i[k]$	$d_i[k]$	$h_i[k]+v_i[k]$
0	0	0	0	0	0
1	0	0	1	0	1
2	0	0	>1	0	>1
3	0	1	x	1	0
4	0	2	x	1	1
5	1	0	0	1	>1
6	1	0	>0	2	0
7	1	>0	x	2	>0
8	2	x	x	>2	x

(2) 游程编码

游程编码的最初目的是产生 1 位权值序列，是算术编码的准备工作。对于水平方向连续的、本身无权且邻点亦无权的采样序列，就用这种编码取代零编码。必须有以下四种情况之一发生时，才使用游程编码：

- 四个连续样本均无权。
- 采样的邻点无权。
- 采样落在同一子块内。
- 第一个采样的水平索引 k_1 是偶数。

最后两个情况仅仅是为了提高效率。当四个标记满足以上条件时，将对一个特殊位编码，来确认当前的位平面内是否有有权的采样（使用一个单独的上下文模型）。如果四个采

[298] 样中任意一个有权，则第一个样本的索引将会用 2 位来表示。

（3）符号编码

对每个采样，符号编码至多执行一次：当样本在零编码或游程编码过程中从无权变为有权后，则立即执行符号编码。因为每一个样本有 4 个水平和垂直方向的邻点，每个邻点的可能状态有 3 种：无权、正、负，因此一共有 $3^4=81$ 种不同配置。但是，当我们考虑水平和垂直方向的对称性，并且假设 $\mathcal{X}[k]$ 的条件分布在任何给定的邻点配置下与 $-\mathcal{X}[k]$ 相同，便可将上下文的情形数量减少至 5 种。如果两个水平邻点均无权，则令 $\bar{h}_i[k]$ 为 0；如果至少有一个水平邻点为正，则该值为 1；若至少有一个水平邻点为负，则该值为 -1（竖直方向上的 $\bar{v}_i[k]$ 的定义类似）。令 $\hat{\mathcal{X}}[k]$ 表示符号的预测值，采用相关上下文编码的二进制标记为 $\mathcal{X}[k]\cdot\hat{\mathcal{X}}[k]$。表 9.5 给出上下文中相关变量的取值。

表 9.5 符号编码的上下文分配

标记	$\hat{\mathcal{X}}_i[k]$	$\bar{h}_i[k]$	$\bar{v}_i[k]$
4	1	1	1
3	1	0	1
2	1	-1	1
1	-1	1	0
0	1	0	0
1	1	-1	0
2	-1	1	-1
3	-1	0	-1
4	-1	-1	-1

（4）幅值细化

幅值细化的目的是在 $v_i[k]\geqslant 2^{p+1}$ 的情况下对 $v_i^p[k]$ 的值编码。在这里仅用到 3 种上下文模型。我们引入另一个状态变量 $\tilde{\sigma}_i[k]$，当首次对 $s_i[k]$ 进行幅值细化时，$\tilde{\sigma}_i[k]$ 的值从 0 变为 1。上下文模型取决于该状态变量的值：当 $\tilde{\sigma}_i[k]=h_i[k]=v_i[k]=0$ 时，$v_i^p[k]$ 以上下文为 0 的方式编码；当 $\tilde{\sigma}_i[k]=0$ 并且 $h_i[k]+v_i[k]\neq 0$ 时，以上下文为 1 的方式编码；当 $\tilde{\sigma}_i[k]=1$ 时，以上下文为 2 的方式编码。

为了确保每个码块有一个合适的嵌入式位流，每一个位平面 p 的编码过程分为四个不同通道，从 $(\mathcal{P}_1^p)$ 到 $(\mathcal{P}_4^p)$：

（5）前向权值传播 $(\mathcal{P}_1^p)$

按照扫描线顺序遍历子块中的采样。若样本无权，或不满足邻点需求（见下文），则跳过。对于 LH、HL 和 LL 子带，邻点需求是至少有一个水平邻点有权。对 HH 子带，邻点需求是四个对角邻点中至少一点有权。对于满足邻点需求的有权采样，将适时进行零编码和游程编码，以判定采样是否首次在位平面 p 中变为有权。若是，将进行符号编码。上述过程之所以称为前向权值传播，是因为变为有权的采样将在下面发现新的有权采样的步骤中提供重要信息，而这些信息将沿扫描的方向传播。

[299]

（6）反向权值传播 $(\mathcal{P}_2^p)$

这一通道处理和 $(\mathcal{P}_1^p)$ 相同，只是它是逆向进行的。并且邻点需求有所放松，包括了在任意方向上至少有一个有权邻点即可。

（7）幅值细化 $(\mathcal{P}_3^p)$

这一通道处理对已具有权重而在前面两个通道处理中未得到处理的采样，按照上文所述幅值细化过程进行处理。

（8）规范化 $(\mathcal{P}_4^p)$

对前面三个通道处理中全部未处理的采样的值 $v_i^p[k]$ 进行符号编码和游程编码。如果某个采样有权，则立即对它的符号进行符号编码。

图 9.9 展示了每个块的嵌入式位流中编码通道的排布及四叉树的编码。$\mathcal{S}^p$ 是四叉树编码，表示位平面 p 内有权的子块。我们注意到，对任意位平面 p，$\mathcal{S}^p$ 只出现在最后一个编

码通道 $\mathcal{P}_4^p$ 前，而不是在首个编码通道 $\mathcal{P}_1^p$ 前。这表明首次在位平面 p 内获得权重的子块一直被忽略，直到最后一个编码通道才得到重视。

| $\mathcal{S}_i^{p\max}$ | $\mathcal{P}_4^{p\max}$ | $\mathcal{P}_1^{p\max-1}$ | $\mathcal{P}_2^{p\max-1}$ | $\mathcal{P}_3^{p\max-1}$ | $\mathcal{S}_i^{p\max-1}$ | $\mathcal{P}_4^{p\max-1}$ | $\cdots$ | $\mathcal{P}_1^0$ | $\mathcal{P}_2^0$ | $\mathcal{P}_3^0$ | $\mathcal{S}^0$ | $\mathcal{P}_4^0$ |

图 9.9　每个块的嵌入位流中编码扫描和四叉树代码

2. 压缩后率失真优化

压缩完所有子带采样后，将进行压缩后率失真（Post Compression Rate Distortion，PCRD）步骤。PCRD 的目的是产生各个码块独立位流的优化截断，以便在位率的约束条件下失真最小。每一个码块 B_i 的截断嵌入式位流速率为 $R_i^{n_i}$，则重组图片后的失真如下所示（假设失真是可加的）：

$$D = \sum_i D_i^{n_i} \tag{9.3}$$

其中 $D_i^{n_i}$ 表示从 B_i 得出的失真，B_i 有截断点 n_i。对每一个码块 B_i，失真可以用下式计算得到

$$D_i^n = w_{b_i}^2 \sum_{k \in B_i} (\hat{s}_i^n[k] - s_i[k])^2 \tag{9.4}$$

$s_i[k]$ 是码块 B_i 内的子带采样的二维序列，$\widetilde{s}_i^n[k]$ 是和截断点 n 相关的量化表示。值 $w_{b_i}^2$ 是包含码块 B_i 的子带 b_i 小波基函数的 L_2 范数。

截断点 n_i 的优化选择问题可以转化为有以下约束条件的最小值问题：

$$R = \sum_i R_i^{n_i} \leqslant R^{\max} \tag{9.5}$$

其中 $R^{\max}$ 表示可用的位率，对于某一个 λ，任何使得表达式

$$(D(\lambda) + \lambda R(\lambda)) = \sum_i (D_i^{n_i^\lambda} + \lambda R_i^{n_i^\lambda}) \tag{9.6}$$

有最小值的截断点集合 $\{n_i^\lambda\}$ 就是最优的。所以，找到在条件 $R(\lambda) = R^{\max}$ 下使式（9.6）有最小值的截断点集合就能产生整个最优问题的解。

因为截断点的集合是离散的，所以不太可能找到一个 λ 使得 $R(\lambda)$ 刚好等于 $R^{\max}$。但是，因为 EBCOT 算法使用相对较小的码块，这些码块都有很多的截断点，所以比较容易找到最小的 λ，使得 $R(\lambda) \leqslant R^{\max}$。

很容易看出，每个码块能单独进行最小化。令 $\mathcal{N}_i$ 表示可行的截断点集合，并且令 $j_1 < j_2 < \cdots$ 是这些可行的截断点，它们的失真率比例由下面的表达式给出：

$$S_i^{j_k} = \frac{\Delta D_i^{j_k}}{\Delta R_i^{j_k}} \tag{9.7}$$

其中 $\Delta R_i^{j_k} = R_i^{j_k} - R_i^{j_{k-1}}$，$\Delta D_i^{j_k} = D_i^{j_k} - D_i^{j_{k-1}}$。可以证明，斜率是严格递减的，因为失真率曲线是凸函数而且严格递减。λ 值的最小化问题就简化为选择一个 λ，满足：

$$n_i^\lambda = \max\{j_k \in \mathcal{N}_i \mid S_i^{j_k} > \lambda\} \tag{9.8}$$

在失真率曲线中通过二分法即可找到最优值 λ^*。该方法的详细描述可参见文献[8]。

3. 层的格式化和表示

与其他著名的只具有服务质量可扩展性的可扩展图像压缩算法（如 EZW 和 SPIHT）不同，EBCOT 同时提供了分辨率和服务质量的可扩展性。该功能通过分层的位流结构和双层的编码策略实现。

EBCOT 最终产生的位流是由一组服务质量层组成的。服务质量层 $\mathcal{Q}_1$ 包含每个码块

[301] B_i 初始的 $R_i^{n_i^1}$ 个字节，其他层 Q_q 包含了从码块 B_i 增加的 $L_i^q = R_i^{n_i^q} - R_i^{n_i^{q-1}} \geqslant 0$ 个字节。其

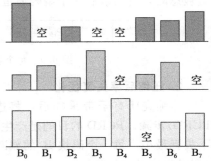

中 n_i^q 是与第 q 个质量层的率失真阈值 λ_q 相关的截断点。图 9.10 描述了分层的位流（参见文献[7]）。

除了增加的部分，还需要存储长度 L_i^q、新编码通道的个数 $N_i^q = n_i^q - n_i^{q-1}$、$B_i$ 对服务质量层 Q_q 产生第一次非空贡献的值 $p_i^{\max}$ 以及 B_i 产生第一次非空服务质量层的索引 q_i 等辅助信息。这些辅助信息在第二层编码引擎中压缩。因此，在这个双层体系结构中，第一层产生了一个嵌入的块位流，而第二层将块的贡献编码至每个质量层。

图 9.10   每层有 8 个块的 3 个质量层

各质量层的辅助信息的第二层处理是本节的重点。第二层编码引擎处理具有大量块间冗余的两个量。这两个量是 $p_i^{\max}$ 和 B_i 产生第一次非空贡献的服务质量层的索引 q_i。

对 q_i 的编码是在每一个子带中采用一个独立的嵌入式四叉树编码来实现的。在这个代表整个子带的树中，令 $B_i^0 = B_i$ 为叶子，B_i^T 为树的根。令 $q_i^t = \min\{q_i \mid B_j \subset B_i^t\}$ 为四叉树 B_i^t 中的任意码块中第一个有非空贡献的层的索引。用一个位来标记每一层 t 的每一个四叉树是否满足 $q_i^t > q$，即有没有冗余的四叉树。如果 $q_i^t < q-1$ 或者某个父四叉树 B_j^{t+1} 的 $q_j^{t+1} > q$，则四叉树是冗余的。

另一个需要考虑的冗余量是 $p_i^{\max}$。显然，$p_i^{\max}$ 只和服务质量层 Q_q 编码相关。在对 Q_q 编码之前，$p_i^{\max}$ 中的多余信息不用发送。EBCOT 采用的是叶子驱动（而不是树根驱动）的嵌入式四叉树来完成上述工作。

令 B_i^t 表示各子带码块 B_i 顶部的四叉树元素，令 $p_i^{\max,t} = \max\{p_j^{\max} \mid B_j \subset B_i^t\}$。另外，令 B_i^t 是 B_i 的祖先，而 P 是保证大于任意码块 B_i 的 $p_i^{\max}$ 的值。当码块 B_i 首次向服务质量

[302] 层 Q_q 贡献位流时，$p_i^{\max} = p_{i_0}^{\max,0}$ 的值通过下面的算法编码：

- 对于 $p = P-1, P-2, \cdots, 0$：
  - 发送二进制数位来确定 $p_{i_t}^{\max,t} < p$ 是否成立并跳过冗余位。
  - 如果 $p_i^{\max} = p$，则停止。

冗余位是由满足 $p_{i_{t+1}}^{\max,t+1} < p$ 的祖先节点，或由用于为不同码块 B_j 确定 $p_j^{\max}$ 的局部四叉树编码推导得出，其对应的条件是 $p_{i_t}^{\max,t} < p$。

9.2.2   使 EBCOT 适合 JPEG2000

JPEG2000 采用 EBCOT 算法作为主要的编码方法。不过，对 EBCOT 算法做少量修改以提高压缩率并降低计算复杂度。

为了进一步提高压缩效率，和原来在所有上下文中使用等概率状态来初始化熵编码器不同，JPEG2000 标准假设对于某些上下文分布不对称，以此来减少对典型图像的模型适应代价。同时，对原有的算法进行一些调整以进一步减少执行时间。

首先，用一个没有乘除法的低复杂度算术编码器（称为 MQ 编码器[9]）代替原算法中的一般算术编码器。而且 JPEG2000 不会对 HL 子带码块转置，而是对零编码上下文分配图上的对应条目转置。

为了确保扫描方向一致，JPEG2000 将前向权值传播通道和后向权值传播通结合为一个有邻近需求的前向权值传播通道（相当于原来的后向通道）。此外，将子块的大小从

16×16减小到4×4，消除了对子块重要性编码的需求。这样得到的小子块的最终概率分布是很不对称的，编码器几乎将所有的子块看得同样重要。

这些修改的共同作用就是使软件执行速度提高了40%，而与原算法相比，平均丢失率大约是0.15dB。

9.2.3　感兴趣区域编码

新JPEG2000标准的一个重要特性就是可以实现感兴趣区域（ROI）编码。这样，图像的特定区域可以采用比图像的其余部分或背景更高质量的编码方式，该方法称为MAX-SHIFT。MAXSHIFT是一种基于缩放的方法，可以扩展ROI中的系数，以便将它们放置在更高的位平面中。在嵌入式编码过程中，结果位被放置到图像的非ROI部分的前面。因此，如果码率降低，则ROI将在图像的其余部分之前被解码和细化。在上述机制的作用下，ROI的质量比背景更高。

需要注意的一点是，在不考虑尺度因素时，位流的全解码能够以最大的逼真度重建整幅图像，图9.11显示了当样例图像的目标码率增加时，进行ROI编码的效果。

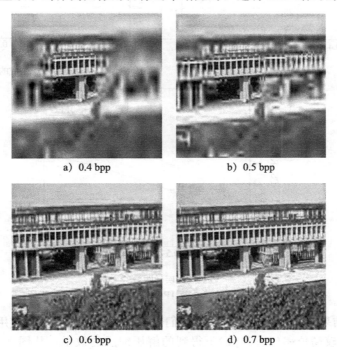

a) 0.4 bpp　　　　b) 0.5 bpp

c) 0.6 bpp　　　　d) 0.7 bpp

图 9.11　图像的 ROI 编码，使用圆形 ROI，具有渐增码率（见彩插）

9.2.4　JPEG 和 JPEG2000 的性能比较

在研究过JPEG2000的压缩算法的原理后，很自然地产生一个问题：JPEG2000的性能将在多大程度上优于以JPEG为代表的其他常用的标准？此前，已经有很多人将JPEG和其他标准进行过比较，这里我们只比较JPEG2000和JPEG。

系统性能的评价指标包含多种判断标准，如计算复杂度、压缩率、错误恢复等。鉴于我们主要关注JPEG2000标准压缩方面的性能，因此只比较压缩率（对其他判断标准感兴趣的读者可参考文献[6，10]）。

给定固定位率，我们将通过 PSNR 定量比较压缩图像的质量。对于彩色图像，通过计算所有 RGB 分量的均方差的平均值得到 PSNR。此外，我们将分别展示经过 JPEG2000 和 JPEG 压缩的图像，以做定性判断。我们比较了 3 种类型的图像，即自然图像、计算机生成图像以及医学图像，每一类采用 3 幅图片。该测试图像可以在教材网站上找到。

对于每一幅图像，我们采用 JPEG 和 JPEG2000 分别在 4 个位率下压缩，即 0.25bpp、0.5bpp、0.75bpp 和 1.0bpp。图 9.12 显示了每一类图像的平均 PSNR 与位率的关系曲线。我们可以看出，在每一类中，JPEG2000 的性能相比 JPEG 有很大程度的提高。

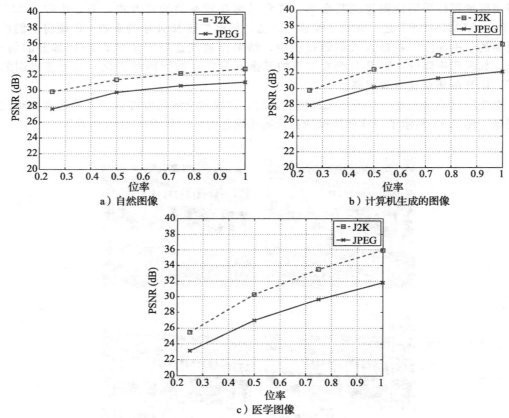

图 9.12　不同图像类型上的 JPEG 和 JPEG2000 的性能比较

为了对压缩结果有一个定性的认识，我们选择一幅图像，并显示应用两种算法在较低位率（0.25bpp）和较高位率（0.75bpp）下得到的解压缩后的效果。从图 9.13 的结果中可以看出，采用 JPEG2000 压缩的图像处理痕迹较小。

a）原图

图 9.13　JPEG 与 JPEG2000 的对比（见彩插）

b）JPEG（左）与JPEG2000（右）压缩质量为0.75 bpp时的情形

c）JPEG（左）与JPEG2000（右）压缩质量为0.25 bpp时的情形

图 9.13　（续）

9.3　JPEG-LS 标准

对于比较重要的图像（如大脑的医学图像）或者获取成本较高的图像，我们通常采用无损的方式进行压缩。除 JPEG2000 无损模式外，还有一种专为无损编码设计的标准——JPEG-LS[11]。相比 JPEG2000，JPEG-LS 的主要优势在于其算法的复杂度较低。JPEG-LS 是 ISO 对医学图像建立更好标准的努力结果。

JPEG-LS 是现有的 ISO/ITU 对连续色调图像进行无损（或接近无损）压缩的标准。JPEG-LS 的核心算法为惠普公司提出的图像的低复杂度无损压缩算法（简记为 LOCO-I）[11]。这算法的设计基础是：降低复杂性通常要比采用更复杂的压缩算法带来的压缩率的微小提升更为重要。

LOCO-I 利用了上下文建模（context modeling）的概念。上下文建模的思想在于利用输入图像中的结构信息——给定某像素周围的像素值，该像素取值的条件概率。这一附加信息叫作上下文。输入图像往往具有较明显的结构，因此，我们可以用比图像的零阶熵更少的位数压缩该图像。

下面看一个简单的例子。设二元信源满足 $P(0)=0.4$，$P(1)=0.6$，则其零阶熵 $H(S)=-0.4 \log_2(0.4)-0.6 \log_2(0.6)=0.97$。现在，假设该信源在输出一个 0 后再输出一个 0 的概率是 0.8，输出一个 1 后再输出一个 1 的概率是 0.1。

我们将先前输出的符号作为上下文，就可以将输入符号分为两个集合，分别对应上下文 0 与上下文 1。两个集合的熵分别为：

$$H(S_1)=-0.8 \log_2(0.8)-0.2 \log_2(0.2)=0.72$$
$$H(S_2)=-0.1 \log_2(0.1)-0.9 \log_2(0.9)=0.47$$

则整个信源的平均位率为 $0.4×0.72+0.6×0.47=0.57$，远小于整个信源的零阶熵。

LOCO-I 采用的上下文模型如图 9.14 所示。在进行栅格扫描时，a、b、c、d 均会在当前元素 x 前出现，故称为因果上下文。

305
〜
307

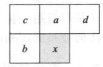

图 9.14　JPEG-LS 上下文模型

LOCO-I 分为三部分：

- **预测**。通过因果模板预测下一采样点 x' 的像素值。
- **确定上下文**。确定 x' 出现的上下文。
- **残差编码**。以 x' 的上下文为条件对预测的残差进行熵编码。

9.3.1 预测

基于局部边缘方向计算的自适应模型是一种较好的预测方法，然而，由于 JPEG-LS 追求低算法复杂度，LOCO-I 只采用一种较粗糙的固定预测模型来检测竖直方向与水平方向的边缘。该预测模型如下：

$$\widetilde{x}' = \begin{cases} \min(a,b), & c \geqslant \max(a,b) \\ \max(a,b), & c \leqslant \min(a,b) \\ a+b-c, & \text{其他} \end{cases} \tag{9.9}$$

可见，该预测函数只是在三种简单的预测函数之间切换。若当前位置的左侧存在竖直边缘，则预测函数输出 a；若当前位置的上侧存在水平边缘，则预测函数输出 b；若当前位置周围的样本点不构成明显边缘，则预测函数输出 $a+b-c$。

9.3.2 确定上下文

决定当前样本的预测误差（即残差）的上下文模型可视为一个数组，其索引为具有三个分量的向量 $\boldsymbol{Q}=(q_1, q_2, q_3)$，其中

$$q_1 = d-b$$
$$q_2 = b-c$$
$$q_3 = c-a \tag{9.10}$$

以上差值表示局部梯度，它记录局部平滑性或环绕当前样本的边界内容。由于这些差值的变化范围可能较大，致使上下文模型过于庞大，故直接使用上下文建模法不可行。为解决这一问题，需采用参数缩减法。

一个有效的办法是将这些差值量化，使之能够用有限的数值表示。使用量化边界为 $-T, \cdots, -1, 0, 1, \cdots, T$ 的量化器对 $\boldsymbol{Q}$ 的各分量进行量化，在 JPEG-LS 中，$T=4$。

上下文的大小通过用 $-\boldsymbol{Q}$ 取代第一个元素为负的上下文向量 $\boldsymbol{Q}$ 进一步缩减。因此，不同的上下文形态数共有 $\dfrac{(2T+1)^3+1}{2}=365$ 种。然后 $\boldsymbol{Q}$ 就能被映射到 $[0，364]$ 中的一个整数上了。

9.3.3 残差编码

对于任何图像，预测残差有一个有限的大小 α。对于预测值 $\widetilde{x}$，残差 ε 满足 $-\widetilde{x} \leqslant \varepsilon \leqslant \alpha - \widetilde{x}$。由于 $\widetilde{x}$ 可由解码器确定，残差 ε 的变化范围可通过对 α 取模，并映射到 $-\left\lceil \dfrac{\alpha}{2} \right\rceil$ 与 $\left\lceil \dfrac{\alpha}{2} \right\rceil - 1$ 之间的一个值而减小。

可以证明，残差服从双边几何分布（Two-Sided Geometric Distribution，TSGD）。因此，我们采用一种基于 Golomb 编码的自适应编码方案对残差进行编码，这是对于服从双边几何分布的序列的最优编码方案[12]。

9.3.4 近似无损模式

JPEG-LS 标准提供一种近似无损模式，在此模式下，解压所得样本点与原始值的差值

不大于 δ。JPEG-LS 的无损模式可视为近似无损模式在 $\delta=0$ 时的特例。近似无损压缩是通过使用间隔为 $2\delta+1$ 的均匀量化器将残差量化而实现的。残差 ε 的量化值由下式确定：

$$Q(\varepsilon) = \text{sign}(\varepsilon)\left\lceil \frac{|\varepsilon|+\delta}{2\delta+1} \right\rceil \tag{9.11}$$

由于 δ 只能取整数值且取值范围较小，上式中的除法操作可通过查表得以高效实现。在近似无损模式中，在前面描述的预测与确定上下文的步骤中只使用量化后的值。

9.4　二值图像压缩标准

随着电子文档的数量与日俱增，对压缩二值图像的高效方法的需求日益增长。所谓二值图像，即仅由黑白二色组成的图像。传真图像就是一个常见的例子。利用图像的二值性设计的算法往往比通用的图像压缩算法更加高效。早期的传真标准（如 G3 和 G4）的二值图像模型很简单——将每条扫描线视为黑像素与白像素的序列。然而，如果我们考虑相邻像素和待编码图像的本质特征，就可以设计出更加高效的算法。本节将分析 JBIG 标准与其后续标准 JBIG2，以及这两种标准的制订原因与设计原则。

309

9.4.1　JBIG 标准

JBIG 是由联合二值图像专家组（Joint Bi-level Image Processing Group）提出的二值图像编码标准。这种无损压缩标准主要用于对打印文字、手写文字、计算机生成的文字的扫描图像与传真图像进行编码。该标准的编码与解码具有渐进性，即所得的位流包含一系列分辨率逐渐提高的图像。通过对各个位面独立编码，该标准亦可用于编码灰度图像或彩色图像，然而这不是其主要用途。

JBIG 压缩标准有三种模式：渐进模式、渐进兼容序列模式、单层渐进序列模式。渐进兼容序列模式使用的位流与渐进模式的位流兼容，唯一的区别在于，在渐进兼容序列模式中，数据分为条状。

单层渐进序列模式只有一个最低的分辨率层。因此，可以在不参照其他较高分辨率层的情况下为整幅图像编码。由于渐进兼容序列模式和单层渐进序列模式都是渐进模式的特例，下面我们只讨论渐进模式。

JBIG 编码器由两部分组成：

- 分辨率缩减与差分层编码器。
- 最低分辨率层编码器。

输入图像要经过一系列分辨率缩减与差分层编码器的处理。每个编码器的功能相同，不同处仅在于输入图像的分辨率。JBIG 标准的某些实现中，会选择迭代地使用同一个物理编码器。最低分辨率的图像使用最低分辨率层编码器来进行编码。此编码器的设计比分辨率缩减和差分层编码器要简单一些，因为分辨率缩减和判断预测操作不是必需的。

9.4.2　JBIG2 标准

尽管 JBIG 标准能够进行无损与渐进（从有损到无损）两种方式的编码，此标准和原始图像相比，质量上相差很多，因为编码后的图像包含的像素数至多只有原图像的四分之一。相比之下，JBIG2 标准则专为有损、无损、渐进（从有损到无损）多种方式设计。JBIG2 的设计目标不仅在于提升现有标准的无损压缩性能，而且要能够融合有损压缩标准，在提高压缩率的前提下，尽可能避免画质下降。

310

JBIG2 的独特之处在于其渐进性体现在质量和内容两个方面。质量上的渐进性是指位流中的图像质量逐渐提高，这一点与 JBIG 标准类似。而内容上的渐进性则是指不同种类的图像可以逐渐加入。JBIG2 编码器将输入图像分为具有不同属性的多个区域，并对每个区域用不同的方式分别编码。

与其他图像压缩标准类似，JBIG2 仅给出了位流与解码器的定义。因此，解码器只要能输出正确的数据流，便可认为其符合标准，而不考虑解码器采用的具体算法。JBIG2 还有一个与众不同的特性，即能够同时表示单一文件中的多个页面，因此可利用页面间的相似性进一步提高压缩率。

例如，若某页上出现了一个字符 x，则字符 x 很可能也会出现在其他页面上。因此，若采用基于字典的编码方案，只需对字符 x 编码一次，而无须对每页上的字符 x 重复编码。这一编码技术与视频编码颇为相似，视频编码的思想是利用帧间冗余性提高压缩率。

JBIG2 通过基于模型的编码实现内容上渐进的编码并提供更好的压缩性能。基于模型的编码方案为不同的数据类型建立不同的模型，从而带来编码效率的提升。

1. 基于模型的编码

基于模型的编码思想本质上与基于上下文的编码相同。通过对基于上下文的编码的研究，我们看到，通过设计上下文模板并对每种上下文下的概率分布做出精确估计，可以改善压缩效果。与之类似，将图像内容分为若干类别并对每一类别分别建立模型，往往能更好地捕捉数据的特征，从而提高压缩率。

在 JBIG 编码方式中，自适应模板与模型模板能够获取图像的结构。这一模型具有通用性，它适用于各种各样的数据。然而，通用性意味着该模型并不能处理文字和网板数据结构上的差异，而这两种信息结构几乎构成二值图像的全部。而 JBIG2 则利用这一点，针对不同种类的数据，建立特制的模型。

JBIG2 规范要求编码器在进行编码前先将输入图像按内容种类（特别是文字与半色调区域）分为区块，然后对每一区块用符合其特征的方式单独编码。

311

2. 文字区域编码

每一个文本区域可以分成包含相连黑色像素的像素块。一个块对应着一个字符。我们并不对每个字符的每个像素进行编码，而是为每种字符选择一个代表性图像，将其编码并存放在字典中。每当遇到一个需要编码的字符，先在字典中寻找与之匹配的字符。如果找到，则记录字典中与此字符相应的项及字符在页面上出现的位置，否则直接对像素块编码并将其录入字典。这一技术在 JBIG2 规范中称为模式匹配与置换。

然而，在扫描文档中，两个同种字符不太可能每一像素都完全相同。针对此情况，JBIG2 允许编码时加入用于准确再现原字符的精化数据，精化数据使用字典中匹配字符的图像为当前字符编码。至于采用精确编码还是有损编码，编码器可自行决定。以上方法称为软模式匹配。

数值数据（如字典中匹配字符的索引与页面上字符的位置）采用逐位编码或赫夫曼编码的方式。字典中每个字符的图像采用基于 JBIG 的方法进行编码。

3. 半色调区域编码

JBIG2 标准提出两种用于半色调图像编码的方案。一种方案与 JBIG 采用的基于上下文的算术编码类似，唯一的区别在于新标准中模板像素数量至多可达 16 个，其中 4 个可具有自适应性。

第二种方案称为去网（descreening），即将半色调图像转换为灰度图像，然后对灰度值编码。此方案中，我们将二值图像区块分为 $m_b \times n_b$ 的小块。对每个大小为 $m \times n$ 的二值图像区块，所得灰度图像的宽度和高度分别为 $m_g = \left\lfloor \dfrac{(m + (m_b - 1))}{m_b} \right\rfloor$ 和 $n_g = \left\lfloor \dfrac{(n + (n_b - 1))}{n_b} \right\rfloor$。每个 $m_b \times n_b$ 二值图像块对应的灰度值即该块中像素值之和。之后，对所得灰度图像的每个位面进行基于上下文的算术编码。解码时，通过查表的方法，用整体灰度与编码中的灰度值相当的半色调图案替代灰度值，从而重建原始图像。

4. 预处理与后处理

JBIG2 允许采用有损压缩方法，然而并未指出具体的方法。从解码的角度看，解码所得图像相较于编码器的输出没有信息损失，尽管编码过程可能是有损的。编码器为提高编码效率，在对输入图像编码之前，可以对图像进行预处理。预处理过程通常会对原图做出改动，以缩减编码长度，这些改动一般对图像的外观没有影响。典型的改动包括去除噪声、对像素块进行平滑处理。

JBIG2 标准亦并未对后处理做出相关规定。后处理可以改善半色调图像的视觉效果，也可以针对激光打印机等设备对解码所得图像做出调整。

9.5　练习

1. 假设有一张电脑卡通图片和一幅照片，如果你能够用 JPEG 或者 GIF 两种图像压缩方法对这两幅图像进行压缩，你会对这两种图像分别应用哪种方法？证明你的结论。

2. 假设我们看到一幅解压缩的 512×512 像素的 JPEG 图像，但是这幅图像只对颜色部分的存储信息（而没有亮度部分）解压缩。这幅 512×512 像素的彩色图像看上去会怎么样？假设 JPEG 使用 4：2：0 方案压缩。

3. X 光图片通常是具有低对比度和低图像亮度的灰度图像，即其亮度值值域为 $[a, b]$，其中 a、b 均远小于 255（如果是一幅 8 位的图像）。可以通过图像拉伸的方式提高图像的对比度。通过应用下述公式可以将图像的亮度值从 f_0 变为 f：

$$f = \frac{255}{b - a} \times (f_0 - a)$$

方便起见，假设 $f_0(i, j)$ 和 $f(i, j)$ 均是 8×8 大小。

(a) 如果 f_0 的 DC 系数值是 m，经 f_0 拉伸得后的图像 f，它的 DC 系数是多少？

(b) 如果 f_0 的 AC 系数 $F_0(2, 1)$ 值为 n，那么拉伸后的图像 f，其 AC 系数 $F(2, 1)$ 是多少？

4. (a) JPEG 使用离散余弦变换（DCT）进行图像压缩。

    i. 图像 $f(i, j)$ 如下所示，计算 $F(0, 0)$ 的值。

    ii. 对于这个 $f(i, j)$ 来说，最大的 AC 系数 $|F(u, v)|$ 是什么？为什么？这时 $F(u, v)$ 是正数还是负数？为什么？

20	20	20	20	20	20	20	20
20	20	20	20	20	20	20	20
80	80	80	80	80	80	80	80
80	80	80	80	80	80	80	80
140	140	140	140	140	140	140	140
140	140	140	140	140	140	140	140
200	200	200	200	200	200	200	200
200	200	200	200	200	200	200	200

(b) 详细说明一个三层 JPEG 将如何对上面的图像编码，假设：

    i. 三层中的所有编/解码器都使用无损 JPEG 压缩。

    ii. 缩减操作（即通过取均值的方式）将 2×2 的像素块缩减为一个像素。

    iii. 扩充操作将一个像素复制四次。

5. 在 JPEG 中，离散余弦变换作用于图像的 8×8 块上，为了区别新的算法，我们称之为 DCT-8。一般而言，我们能够定义一个 DCT-N 来对图像中一个 $N\times N$ 的块进行 DCT，DCT-N 定义如下：

$$F_N(u,v)=\frac{2C(u)C(v)}{N}\sum_{i=0}^{N-1}\sum_{j=0}^{N-1}\cos\frac{(2i+1)u\pi}{2N}\cos\frac{(2j+1)v\pi}{2N}f(i,j)$$

$$C(\xi)=\begin{cases}\dfrac{\sqrt{2}}{2}, & \xi=0\\[2mm] 1, & \text{其他情况}\end{cases}$$

给定 $f(i,i)$，给出你得到的 $F_2(u,v)$（即给出对以下图像做 DCT-2 的结果）。

```
100 -100   100 -100   100 -100   100 -100
100 -100   100 -100   100 -100   100 -100
100 -100   100 -100   100 -100   100 -100
100 -100   100 -100   100 -100   100 -100
100 -100   100 -100   100 -100   100 -100
100 -100   100 -100   100 -100   100 -100
100 -100   100 -100   100 -100   100 -100
100 -100   100 -100   100 -100   100 -100
```

6. 根据上面定义的 DCT-N，$F_N(1)$ 和 $F_N(N-1)$ 分别是表示最低和最高空间频率的 AC 系数。

(a) 已知在图像滤波时，$F_{16}(1)$ 和 $F_8(1)$ 不能捕获相同的（最低）频率响应，解释原因。

(b) $F_{16}(15)$ 和 $F_8(7)$ 能够捕获同样的（最高）频率响应吗？

7. (a) JPEG 有多少主要模式？它们叫什么名字？

(b) 在分级模型下，简要解释在传送图像到解码端时为什么必须要在编码端有一个编码/解码循环。

(c) 为了能够快速、粗粒度地显示图像并且逐步提高图像质量，可以应用哪两种方法仅对 JPEG 文件的信息部分解码？

8. 我们能够在普通的 JPEG 图像中使用基于小波变换的压缩方法吗？如何使用？

9. 为了能让外来物种看到图像，我们决定创造一种基于 JPEG 的新的图像压缩标准。JPEG 工作流程中的哪一部分是需要改变的？

10. 与 EZW 不同，EBCOT 不会显式利用小波系数的空间关系。它使用的是 PCRD 优化方法，讨论这种方法的合理性。

11. JPEG2000 数据流的信噪比（SNR）是否可调？如果是，解释如何使用 EBCOT 算法实现调整。

12. 实现编码器和解码器的三层 JPEG 算法的代码转换、量化和分层编码。你的代码必须（至少）包含一个显示结果的图像用户界面。你不必实现熵（无损）编码，你可以选择性地包含一些公开的源代码。

参考文献

1. W.B. Pennebaker, J.L. Mitchell, *The JPEG Still Image Data Compression Standard* (Van Nostrand Reinhold, New York, 1992)
2. V. Bhaskaran, K. Konstantinides, *Image and Video Compression Standards: Algorithms and Architectures*, 2nd edn. (Kluwer Academic Publishers, Boston, 1997)
3. ISO/IEC 15444–1, *Information Technology - JPEG 2000 Image Coding System: Core Coding System.* ISO/IEC, (2004)
4. D.S. Taubman, M.W. Marcellin, *JPEG2000: Image Compression Fundamentals* (Kluwer Academic Publishers, Standards and Practice, 2002)
5. M. Rabbani, R. Joshi, An Overview of the JPEG 2000 Still Image Compression Standard. Signal Processing: Image Communication **17**, 3–48 (2002)
6. P. Schelkens, A. Skodras, T. Ebrahimi (eds.). The JPEG 2000 Suite. (Wiley, 2009)
7. D. Taubman, High performance scalable image compression with EBCOT. IEEE Trans. Image Process. **9**(7), 1158–1170 (2000)
8. K. Ramachandran, M. Vetterli, Best wavelet packet basis in a rate-distortion sense. IEEE Trans. Image Process. **2**, 160–173 (1993)
9. I. Ueno, F. Ono, T. Yanagiya, T. Kimura, M. Yoshida. Proposal of the Arithmetic Coder for JPEG2000. ISO/IEC JTC1/SC29/WG1 N1143, (1999)
10. D. Santa-Cruz, R. Grosbois, T. Ebrahimi, JPEG 2000 Performance Evaluation and Assessment. Signal Process.: Image Commun. **17**, 113–130 (2002)
11. M. Weinberger, G. Seroussi, G. Sapiro, The LOCO-I lossless image compression algorithm: Principles and standardization into JPEG-LS. Technical Report HPL-98-193R1, Hewlett-Packard Technical Report, (1998)
12. N. Merhav, G. Seroussi, M.J. Weinberger, Optimal prefix codes for sources with two-sided geometric distributions. IEEE Trans. on Inf. Theory **46**(1), 121–135 (2000)

315
∼
316

视频压缩技术基础

正如第 7 章所讨论的，未压缩的视频数据量非常庞大。一个画面大小为 352×288 的普通 CIF 视频文件，在没有压缩的情况下将占用 35Mbps 的带宽。在 HDTV 中，码率很容易超过 1Gbps。这就对视频数据的存储以及网络的通信能力提出了新的问题和挑战。

本章介绍一些基本的视频压缩技术，并结合 H.261、H.263 这两个主要针对视频会议的压缩标准来进行具体的阐述。接下来的两章会进一步介绍几种 MPEG 视频压缩标准，包括最新的 H.264 和 H.265。

Tekalp[1] 和 Poynton[2] 建立了数字视频处理的基础。他们的著作中介绍了视频处理中需要用到的数学基础。Bhaskaran 和 Konstantinides[3] 以及 Wang 等[4] 对早期的视频压缩算法有比较好的介绍。

10.1 视频压缩简介

视频是由一系列时间上有序的图像（我们叫作帧）所组成的。解决视频压缩的一个简单的方案就是基于前面的帧的预测编码。举个例子，假设我们构造一个预测器，预测器的预测结果和前一帧相同。压缩不是对图像本身进行缩减，而是按照时间顺序进行缩减，并将残差进行编码。

这能起到一定的效果。假设大多数的视频并不随时间变化，那么我们得到的直方图在 0 值处有很陡的尖峰，也就是说，根据原视频的熵可以进行很大的压缩，这正是我们所期望的。

尽管如此，事实证明在可接受的代价范围内，我们可以通过搜索图像中的适当部分并和前一帧相减来获得更好的压缩效果。毕竟，简单的缩减方案在办公家具、大学照片这样的静止背景下可能是十分有效的，但是在足球比赛中，画面上有很多快速运动的球员，当与静止的绿色球场相减的时候就会产生大量数据。

所以，在下一节中，我们将探讨如何进行更好的视频压缩。在下一帧中寻找足球运动员的位置的策略叫作运动估计（motion estimation）。为了最大程度上将球员从图像中减去而来回移动帧的位置的做法叫作运动补偿（motion compensation）。

10.2 基于运动补偿的视频压缩

前面几章所讨论的图像压缩技术（如 JPEG 和 JPEG2000）利用了空间冗余（spatial redundancy）。图像内容在整个图片上变化比较缓慢，这个现象使得空间维度上高频分量的大量压缩得以实现。

一段视频可以看作在时间（temporal）维度上顺序播放的一系列图像。由于视频的帧率通常比较高（大于等于 15 帧每秒），并且摄像头的参数（焦距、位置、视角等）变化较慢，所以连续帧的图像内容是很相似的，除非有移动较快的物体。换句话说，视频存在时间冗余（temporal redundancy）。

时间冗余通常比较显著，利用这个特征，不必将每一帧图像都作为一幅新的图像进行编码，而是将当前帧和其他帧的差值进行编码。如果帧间的时间冗余足够大，那么不同的图像只含有少量的信息和比较低的熵，这对压缩来说是非常有利的。

所有的现代视频压缩方法（包括 H.264 和 H.265）都采用了一种混合编码（hybrid coding）方法，即对帧之间的差进行预测和补偿以消除时间冗余，然后对差值图像进行变换编码来消除空间冗余。

前面提到过，一个最简单的生成差值图像的方法就是将一幅图像按照像素点减去另一幅图像。但是这种方法无法获得高压缩率。由于帧间图像的主要差别是由摄像头或物体运动造成的，所以可以通过在这些帧里探测相应像素或区域的移动并测量它们的差值来"补偿"这些运动生成器。采用该方法的视频压缩算法称为基于运动补偿（MC）的压缩算法。这些算法有三个主要步骤：

1）运动估计（运动向量查找）。

2）基于运动补偿的预测。

3）预测误差的生成——差值。

为了提高效率，我们把每幅图像分为大小为 $N \times N$ 的宏块（macroblock）。默认情况下，亮度图像的 N 值取 16。对于色度图来说，如果采用 4:2:0 的采样格式，则 N 的值为 8。运动补偿在像素级别和视频对象（video object）级别（如 MPEG-4）并不起作用，而是在图像的宏块级别起作用。318

当前帧称为目标帧（target frame）。我们要在目标帧中的宏块和参考帧（reference frame）（前向帧或后向帧）中最相似的宏块间寻找匹配。在这个意义上，目标宏块由参考宏块预测生成。

参考宏块到目标宏块的位移称作运动向量（Motion Vector，MV）。图 10.1 描述了前向预测（forward prediction）的情况，前向预测用以前的帧作为参考帧进行预测。如果参考帧用以后的帧，则称为后向预测（backward prediction）。这两个宏块间的差值就是预测误差。

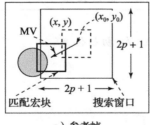

a）参考帧　　　　　　　b）目标帧

图 10.1　视频压缩中的宏块和运动向量

对于基于运动补偿的视频压缩来说，在第一帧后，只需要对运动向量和差值宏块编码，因为这些信息足以用于解码并重新生成完整的图像。

在下一节中，我们将讨论运动向量的搜索算法，接下来讨论一些常用的视频压缩标准。

10.3　搜索运动向量

前面定义的运动向量 $\mathbf{MV}(u, v)$ 的搜索是一个匹配问题，也称为相关性（correspondence）问题[5]。由于运动向量搜索的计算十分复杂，所以常限制在一个较小的相邻区域内。水平位移 i 和垂直位移 j 必须在 $[-p，p]$ 的范围内，其中 p 是一个取值较小的正整数。图 10.1 所示的搜索窗口大小为 $(2p+1)\times(2p+1)$。宏块的中心 $(x_0，y_0)$ 可以放在窗口中的任何一个单元格中。

为了方便起见，我们用目标帧中左上角的坐标值 $(x，y)$ 作为宏块的原点。设 $C(x+k，y+l)$ 为目标（当前）帧的宏块中的像素，$R(x+i+k，y+j+l)$ 为参考帧的宏块中的像素，其中 k 和 l 代表宏块中的像素的索引，i 和 j 分别为水平和垂直的位移。两个宏块的差可以用它们的平均绝对误差（Mean Absolute Difference，MAD）来测量，定义为：

$$\text{MAD}(i,j) = \frac{1}{N^2} \sum_{k=0}^{N-1} \sum_{l=0}^{N-1} |C(x+k,y+l) - R(x+i+k,y+j+l)| \qquad (10.1)$$

其中 N 为宏块的大小。

搜索的目标是找到一个向量 $(i，j)$ 作为运动向量 $\mathbf{MV}=(u，v)$，使 $\mathbf{MAD}(i，j)$ 取最小值：

$$(u,v) = [(i,j) | \text{MAD}(i.j) \text{取最小值}, i \in [-p,p], j \in [-p,p]] \qquad (10.2)$$

在前面的讨论中，我们使用了平均绝对误差。但这绝不是唯一的可选方案。实际上，一些编码器（比如 H.263）会简单地采用绝对误差和（Sum of Absolute Difference，SAD）的误差测量方法，还可以采用一些其他常用的误差测量方法，比如均方差（Mean Square Error，MSE）。

10.3.1　顺序搜索

寻找运动向量最简单的方法是顺序搜索参考帧中整个 $(2p+1)\times(2p+1)$ 大小的窗口，也称为全搜索（full search）。将该窗口中的每一个宏块逐个像素地和目标帧中的宏块进行比较，从式（10.1）得到它们各自的 MAD。MAD 最小的向量 $(i，j)$ 为目标帧中宏块的运动向量 $\mathbf{MV}(u，v)$。

程序 10.1　运动向量：顺序搜索

```
BEGIN
    min_MAD = LARGE_NUMBER;    /*初始化*/
    for i = -p to p
        for j = -p to p
            {
                cur_MAD = MAD(i, j);
                if cur_MAD < min_MAD
                    {
                        min_MAD = cur_MAD;
                        u = i;         /*获取MV的坐标*/
                        v = j;
                    }
            }
END
```

显然，顺序搜索算法的代价是相当高的。从式（10.1）可以看出，每一个像素的比较需要三个操作(相减、绝对值、相加)。因此获取一个宏块的运动向量的复杂度为$(2p+1) \cdot$ $(2p+1) \cdot N^2 \cdot 3 \Rightarrow O(p^2 N^2)$。

举一个例子，假设视频的分辨率为 720×480，帧率为 30fps。再假设 $p=15$，$N=16$，那么搜索每一个运动向量的计算量为：

$$(2p+1) \cdot N^2 \cdot 3 = 31^2 \times 16^2 \times 3$$

考虑到一个图像帧有$\dfrac{(720 \times 480)}{(N \cdot N)}$个宏块，每秒有 30 帧图像，所以每秒的计算量为：

$$\text{OPS\_per\_second} = (2p+1)^2 \cdot N^2 \cdot 3 \cdot \frac{720 \times 480}{N \cdot N} \cdot 30$$

$$= 31^2 \times 16^2 \times 3 \times \frac{720 \times 480}{16 \times 16} \times 30 \approx 29.89 \times 10^9$$

显然，这种方式使得视频的实时编码变得十分困难。

10.3.2　2D 对数搜索

对数搜索(logarithmic search)虽然不是最优方法，但通常是非常有效的一个办法，而且代价较低。用 2D 对数搜索的方法搜索运动向量的过程中需要进行多次迭代，类似折半查找过程。如图 10.2 所示，在搜索窗口中只有 9 个位置被标记为"1"，它们作为基于平均绝对误差搜索的起始位置。当 MAD 最小值的位置确定后，将新的搜索区域中心移动到该位置，搜索的步长(偏移)减半。在下一次迭代中，9 个新位置被标记为"2"，以此类推⊖。设目标帧中宏块的中心位置为(x_0, y_0)，搜索过程如下：

321

程序 10.2　运动向量：2D 对数搜索

BEGIN

　　offset $= \left\lceil \dfrac{p}{2} \right\rceil$;

　　确定参考帧中搜索窗口的 9 个宏块，

　　它们以(x_0, y_0)为中心，水平或垂直偏移；

　　WHILE last ≠ TRUE

　　　　{

　　　　　　找到一个宏块，输出 MAD 的最小值；

　　　　　　if offset = 1 then last = TRUE;

　　　　　　offset $= \lceil$ offset/2 $\rceil$;

　　　　　　根据新的偏移和中心点重新生成搜索区域；

　　　　}

END

在顺序搜索中，需要同参考帧进行$(2p+1)^2$次宏块间的比较，而在 2D 对数搜索中只需进行 9 · $(\lceil \log_2 p \rceil + 1)$次宏块间的比较。实际上，应该是 8 · $(\lceil \log_2 p \rceil + 1) + 1$ 次，因为上一次迭代所生成的最小 MAD 在下一次迭代中可以直接使用，无需再次计算。因此，计

⊖　这个过程是启发式的。它假设图像内容具有一般意义上的连贯性(单调性)——在搜索窗口中的图像不会随机变化。否则，这个过程就很难找到最好的匹配。

算复杂度降为 $O(\log p \cdot N^2)$，由于 p 通常情况下和 N 是一个数量级的，所以与 $O(p^2 N^2)$ 相比，已经得到非常明显的改善。

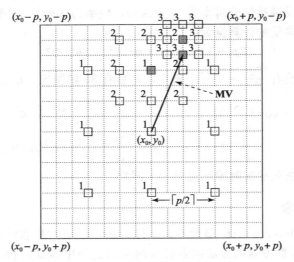

图 10.2　运动向量的 2D 对数搜索

采用上一节例子中的数据，每秒的计算量将为：

$$\text{OPS\_per\_second} = (8 \cdot (\lceil \log_2 p \rceil + 1) + 1) \cdot N^2 \cdot 3 \cdot \frac{720 \times 480}{N \cdot N} \cdot 30$$

$$= (8 \cdot (\lceil \log_2 15 \rceil + 9) \times 16^2 \times 3 \times \frac{720 \times 480}{16 \times 16} \times 30$$

$$\approx 1.25 \times 10^9$$

10.3.3　分层搜索

322
　　运动向量的搜索采用分层（多分辨率）的方法也有诸多好处，在该方法中，初始的运动向量估计是从显著降低分辨率后的图像中获得的。图 10.3 描述了一个三层的搜索算法，原始图像为第 0 层，第 1 层和第 2 层的图像是通过将上一层图像的分辨率减半而获得的。初始的搜索从第 2 层开始。由于宏块变小了，p 值也随之正比例的减少，这一层的计算量也大大缩减（减小为原来的 $\frac{1}{16}$）。

　　由于图像的分辨率低以及缺少图像细节内容，所以初始的运动向量估计值是比较粗糙的。但是这个值会一层层地进行修正，直到第 0 层。假设第 k 层运动向量的估计值为 (u^k, v^k)，那么 $k-1$ 层将以 $(2 \cdot u^k, 2 \cdot v^k)$ 为中心，在 3×3 的区域中进行搜索，从而修正运动向量的估计值。换句话说，第 $k-1$ 层对运动向量的修正必须使修正后的运动向量

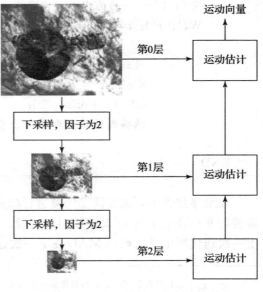

图 10.3　一个三层的运动向量搜索

(u^{k-1}, v^{k-1})满足

$$(2u^k - 1 \leqslant u^{k-1} \leqslant 2u^k + 1, 2v^k - 1 \leqslant v^{k-1} \leqslant 2v^k + 1)$$

并得到该宏块最小的 MAD。

设(x_0^k, y_0^k)代表目标帧中第 k 层某宏块的中心。目标帧的中心为(x_0^0, y_0^0)的宏块的分层运动向量搜索算法的过程如下：

[323]

程序 10.3　运动向量：分层搜索

BEGIN
　　// 在低分辨率层 k 中获取宏块的中心位置，如第 2 层
　　$x_0^k = x_0^0 / 2^k$; $y_0^k = y_0^0 / 2^k$;
　　采用顺序（或 2D 对数）搜索获得第 k 层的初始估计 $\mathbf{MV}(u^k, v^k)$;
　　WHILE last $\neq$ TRUE
　　　　{
　　　　　　在第 $k-1$ 层找到一个宏块，输出 MAD 的最小值，第 $k-1$ 层的中心点为
　　　　　　$(2(x_0^k + u^k) - 1 \leqslant x \leqslant 2(x_k^k + u^k) + 1$, $2(y_0^k + v^k) - 1 \leqslant y \leqslant 2(y_k^k + v^k) + 1$;
　　　　　　if $k = 1$ then last = TRUE;
　　　　　　$k = k - 1$;
　　　　　　根据新的中心位置和运动向量为(x_0^k, y_0^k)和(u^k, v^k)赋值;
　　　　}
END

我们使用前面的例子来计算在三层的分层搜索中每秒所需要的计算量。为了简便起见，不考虑初始化时生成多分辨率的目标帧和参考帧的计算损耗，并且假设每一层采用顺序搜索法。

同样，每秒处理的宏块数仍为$\frac{720 \times 480}{N \cdot N} \times 30$，但处理每一个宏块所需要的计算量减少为：

$$\left[\left(2\left\lceil \frac{p}{4} \right\rceil + 1 \right)^2 \left(\frac{N}{4} \right)^2 + 9\left(\frac{N}{2} \right)^2 + 9N^2 \right] \times 3$$

因此

$$\begin{aligned}
\text{OPS\_per\_second} &= \left[\left(2\left\lceil \frac{p}{4} \right\rceil + 1 \right)^2 \left(\frac{N}{4} \right)^2 + 9\left(\frac{N}{2} \right)^2 + 9N^2 \right] \times 3 \times \frac{720 \times 480}{N \cdot N} \times 30 \\
&= \left[\left(\frac{9}{4} \right)^2 + \frac{9}{4} + 9 \right] \times 16^2 \times 3 \times \frac{720 \times 480}{16 \times 16} \times 30 \\
&\approx 0.51 \times 10^9
\end{aligned}$$

表 10.1 总结了这三种运动向量搜索方法在视频分辨率为 720×480，帧率为 30，p 分别为 15 和 7 时的性能优劣。

[324]

表 10.1　运动向量搜索方法计算代价对比

搜索方法	分辨率为 720×480，帧率为 30	
	$p = 15$	$p = 7$
顺序搜索	29.89×10^9	7.00×10^9
2D 对数搜索	1.25×10^9	0.78×10^9
三层分层搜索	0.51×10^9	0.40×10^9

10.4 H.261

H.261 是一种早期的数字视频压缩标准。因为它基于运动补偿的压缩原理在后来所有的压缩标准中仍然采用，所以我们首先讨论 H.261。

国际电报电话咨询委员会(CCITT)在 1988 年提出 H.261 标准，该标准于 1990 年被国际电信联盟标准组织 ITU-T(其前身是 CCITT)所采纳[6]。

这个标准是为了在 ISDN 电话线(见 15.2.3 节)上进行可视电话、视频会议和提供其他视听服务而制定的。最初，希望它能支持多个(1~5 个)384kbps 的信道。但是，视频编码器只提供 $p \times 64$kbps 的码率(p 的取值范围为 1~30)。因此，该标准也称作 $p * 64$ 标准，读作"p 星 64"。该标准要求视频编码器的延迟必须低于 150ms，以便视频能够用于实时的双向视频会议。

H.261 属于下列 ITU 为可视电话系统推荐的一系列标准：
- H.221。支持 64~1920kbps 的视听信道的帧格式。
- H.230。视听系统中的帧控制信号。
- H.242。视听通信协议。
- H.261。速率为 $p \times 64$kbps 的用于视听服务的视频编码/解码器。
- H.320。传输率为 $p \times 64$kbps 的窄带视听终端标准。

表 10.2 列出了 H.261 支持的视频格式。H.261 中的色度二次采样采用了 4:2:0 的格式。考虑到当时网络通信的能力比较差，指定 H.261 必须支持 CCIR601 和 QCIF，而对 CIF 的支持是可选的。

表 10.2　H.261 支持的视频格式

视频格式	亮度图像分辨率	色度图像分辨率	码率(Mbps，在 30fps 并且未压缩的情况下)	H.261 支持
QCIF	176×144	88×72	9.1	必须
CIF	352×288	176×144	36.5	可选

图 10.4 描述了一个典型的 H.261 帧序列。在这里定义了两种类型的图像帧：I 帧 (intra-frame)和 P 帧(inter-frame)。

I 帧被视为独立的图像。基本上，在每一个 I 帧内应用和 JPEG 相似的方法来编码，因此称作"intra"。

P 帧不是独立的。它们采用的是前向预测的编码方法。在该方法中当前宏块是通过先前的 I 帧或者 P 帧中相似的宏块预测出来的，并对宏块间的差进行编码。因此，P 帧的编码包含时间冗余消除，而 I 帧的

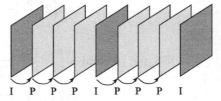

图 10.4　H.261 的帧序列

编码只能对空间冗余进行消除。注意，也可以从一个前面的 P 帧来进行预测，不是只允许从先前的 I 帧进行预测。

两个 I 帧之间的间隔是可变的，由编码器决定。通常，普通的数字视频每秒有多个 I 帧。H.261 中的运动向量总是以全部像素为单位进行测量，范围为 ±15 个像素，也就是 $p=15$。

10.4.1　I 帧编码

宏块是原图 Y 帧中 16×16 的像素块。因为采用了 4:2:0 的色度二次采样，所以在 Cb

帧和 Cr 帧中，对应为 8×8 大小的区域。因此，一个宏块由 4 个 Y 块、1 个 Cb 块、一个 Cr 块组成，每块大小都是 8×8。

对每个 8×8 的块，都要进行离散余弦变换。同 JPEG 算法（第 9 章中讨论过）一样，离散余弦变换后的 DCT 系数也要进行量化。最后，通过 Z 字扫描并进行熵编码（如图 10.5 所示）。

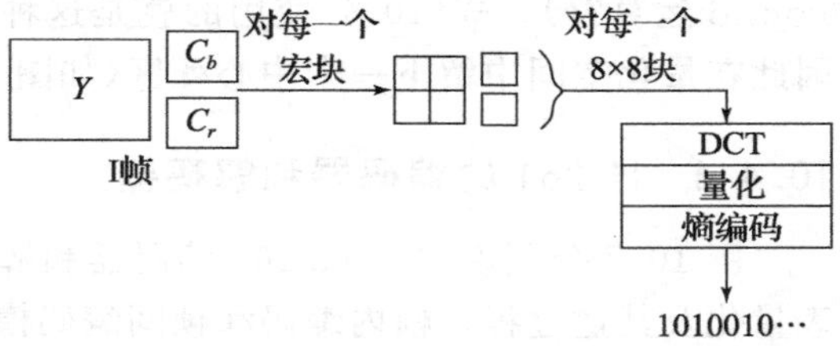

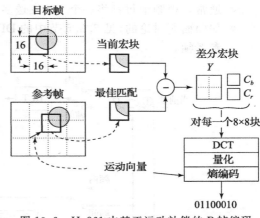

图 10.5　I 帧编码

10.4.2　P 帧编码

图 10.6 是 H.261 中基于运动补偿的 P 帧编码方案。对目标帧中的每一个宏块来说，我们通过前面讨论的 3 种方法中的任意一种进行运动向量的分配。接着，再用差值宏块测量预测误差（prediction error）。同样，宏块由 4 个 Y 块、一个 Cb 块、一个 Cr 块组成。这些块都需要进行离散余弦变换、量化、Z 字扫描和熵编码四个步骤。而且运动向量也需要编码。

有时，预测误差超过了一个我们可以接受的水平，因此找不到一个好的匹配。在这种情况下，就需要将宏块本身进行编码（当作一个 I 帧），该宏块也称为未进行运动补偿的宏块（nonmotion compensated macroblock）。

图 10.6　H.261 中基于运动补偿的 P 帧编码

P 帧编码是将宏块间的差值进行编码，而不是对目标宏块本身进行编码，因为宏块间差值的熵比目标宏块的熵要小得多，所以通过这样的方法可以得到一个比较大的压缩率。

实际上，运动向量也不是直接编码的，而是将前一个宏块的运动向量和当前宏块的运动向量的差值 **MVD** 进行熵编码：

$$MVD = MV_{Preceding} - MV_{Current} \tag{10.3}$$

10.4.3　H.261 中的量化

H.261 标准中的量化没有采用像 JPEG 和 MPEG 那样的 8×8 量化矩阵，而是对一个宏块中所有 DCT 系数均采用一个常数，称为步长（step-size）。

根据需要（例如视频的码率控制），步长可以取 2~62 中的任何一个偶数值。但是有一个例外，帧内编码中 DC 系数总是采用 8 作为步长。如果使用 DCT 和 QDCT 表示量化前后的 DCT 系数，那么帧内编码中的 DC 系数是：

$$QDCT = round\left(\frac{DCT}{step\_size}\right) = round\left(\frac{DCT}{8}\right) \tag{10.4}$$

其他的系数是：

$$QDCT = \left\lfloor\frac{DCT}{step\_size}\right\rfloor = \left\lfloor\frac{DCT}{2 \times scale}\right\rfloor \tag{10.5}$$

其中 scale 是[1，31]上的一个整数。

在 8.4.1 节中讨论过的中宽量化器中，通常采用四舍五入的方式进行量化（使用 round 运算符）。式(10.4)使用的就是这种量化器。但式(10.5)使用的是 floor 运算符，因此在量化空间中留下一个中心死区（如图 9.8 所示），其中很多值都被映射为 0。

10.4.4　H.261 的编码器和解码器

图 10.7 分别说明了 H.261 编码器和解码器工作的全过程。在这里，Q 和 Q^{-1} 分别代表量化及其逆过程。帧内编码和帧间编码模式可以通过一个多路转化器进行切换。为了避免编码误差的传播：

- 通常，视频中每秒将一个 I 帧发送多次。
- 如前面所讨论的（见 6.3.5 节中的 DPCM），解码帧（不是原始帧）在运动估计中用作参考帧。

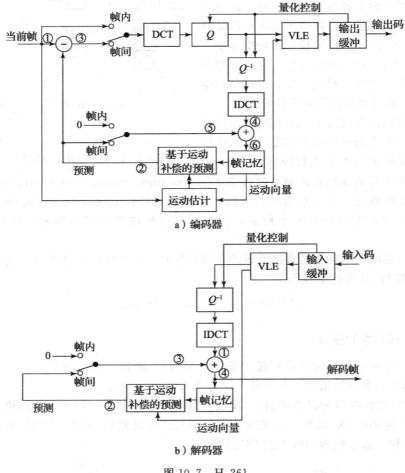

a）编码器

b）解码器

图 10.7　H.261

为了分析编码器和解码器的工作过程，我们创建一个场景，将 I，P_1，P_2 三帧先进行编码，再进行解码。在表 10.3 和表 10.4 中列出了经过观察点的数据变化情况，观察点在图 10.7 中用画圈的数字表示。我们把 I、P_1 和 P_2 当作初始数据，$\tilde{I}$、$\tilde{P}_1$ 和 $\tilde{P}_2$ 是解码后的数据（与原始数据相比是有损耗的），P_1' 和 P_2' 是帧间编码中的预测图像。

表 10.3　H.261 编码器上观察点处的数据流

当前帧	观察点					
	1	2	3	4	5	6
I	I			$\tilde{I}$	0	$\tilde{I}$
P_1	P_1	P_1'	D_1	$\tilde{D}_1$	P_1'	$\tilde{P}_1$
P_2	P_2	P_2'	D_2	$\tilde{D}_2$	P_2'	$\tilde{P}_2$

表 10.4　H.261 解码器上观察点处的数据流

当前帧	观察点			
	1	2	3	4
I	$\tilde{I}$		0	$\tilde{I}$
P_1	$\tilde{D}_1$	P_1'	P_1'	$\tilde{P}_1$
P_2	$\tilde{D}_2$	P_2'	P_2'	$\tilde{P}_2$

在编码器中，当前帧为 I 帧时，观察点 1 从 I 帧中接收宏块，在表 10.3 中用 I 表示。每一个 I 经过离散余弦变换、量化、熵编码，并将结果放入输出缓冲区中，准备发送。

同时，I 量化后的 DCT 系数被送到 Q^{-1} 和 IDCT 模块进行量化逆变换和逆离散余弦变换，把观察点 4 得到的数据记为 $\tilde{I}$。把观察点 5 的 0 输入和观察点 4 的数据相加，观察点 6 仍然得到数据 $\tilde{I}$，并保存在帧内存中，用于下一帧 P_1 的运动估计和基于运动补偿的预测。

量化控制的作用是反馈，即当输出缓冲区快要占满时，量化的步长要增加，以减少编码数据的大小。这个过程叫作编码率控制过程。

当接下来的当前帧 P_1 到达观察点 1 时，立即调用运动估计过程，在帧 $\tilde{I}$ 中为 P_1 中的每一个宏块寻找最匹配的宏块，求得运动向量。这个运动向量的估计值同时被送到基于运动补偿的预测器和可变长度编码器（VLE）。基于运动补偿的预测器给出 P_1 中最匹配的宏块，在观察点 2 用 P_1' 表示。

在观察点 3，得到预测误差，其值为 $D_1 = P_1 - P_1'$。现在，D_1 经过离散余弦变换、量化、熵编码，结果送入输出缓冲区。和之前一样，离散余弦变换的参数被送至 Q^{-1} 和 IDCT 模块进行量化逆变换和逆离散余弦变换，在观察点 4 得到 $\tilde{D}_1$。

在观察点 6，$\tilde{D}_1$ 和 P_1' 相加，得到 $\tilde{P}_1$，并存放在帧内存中，用于下一帧 P_2 的运动估计和基于运动补偿的预测。P_2 的编码过程和 P_1 的编码过程非常相似，只是当前帧变为 P_2，而 P_1 变为参考帧。

在解码器中，输入的数据首先会经过熵编码、量化逆变换和逆离散余弦变换三个过程。对于帧内编码模式，解码后的数据首先出现在观察点 1，然后在观察点 4，用 $\tilde{I}$ 表示。$\tilde{I}$ 作为第一个输出帧输出，并保存在帧内存中。

随后，P_1 作为帧间输入码进行解码，在观察点 1 得到预测误差 $\tilde{D}_1$。由于当前宏块的运动向量也进行了熵编码并被送往基于运动补偿的预测器，所以相应的预测宏块 P_1' 可以在 $\tilde{I}$ 中找到，并在观察点 2、3 得到结果。在观察点 4，P_1' 和 $\tilde{D}_1$ 相加得到 $\tilde{P}_1$。$\tilde{P}_1$ 作为解码后的帧输出，同时存放在帧内存中。P_2 的解码过程与 P_1 的解码过程类似。

10.4.5　H.261 视频位流语法概述

下面简要介绍 H.261 视频位流的语法（见图 10.8）。这是一个分层的结果，共有四层：图像层、块组层、宏块层以及块层。

328
～
330

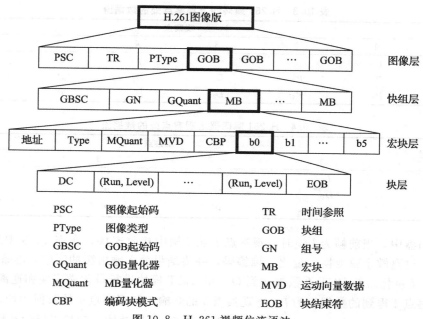

PSC	图像起始码		TR	时间参照
PType	图像类型		GOB	块组
GBSC	GOB起始码		GN	组号
GQuant	GOB量化器		MB	宏块
MQuant	MB量化器		MVD	运动向量数据
CBP	编码块模式		EOB	块结束符

图 10.8　H.261 视频位流语法

1. 图像层

图像起始码(Picture Start Code,PSC)标记了图像之间的界限。时间参照(Temporal Reference,TR)提供图像的时间戳。由于有时进行时间二次采样导致有些图像不能发送,所以 TR 在保持视频和音频同步中是非常重要的。图像类型(Picture Type,PType)指定该图像的格式,如 CIF 或 QCIF。

2. 块组层

在 H.261 标准中,图像被分割为 11×3 大小的宏块(即在亮度图像中为 176×48 像素大小)的区域,每一个区域称为块组(Group of Block,GOB)。图 10.9 描述了 CIF 和 QCIF 亮度图像中块组的排列。例如,在 CIF 图像中有 2×6 个块组,相应图像的分辨率为 352×288 像素。

每一个块组都有自己的起始码(GBSC)和组号(GN)。起始码是唯一的,不必对整个位流中的变长编码进行解码就可以识别出起始码。在网络发生错误导致一个位的数据错误或者一些数据丢失的情况下,采

GOB 0	GOB 1
GOB 2	GOB 3
GOB 4	GOB 5
GOB 6	GOB 7
GOB 8	GOB 9
GOB 10	GOB 11

CIF

QCIF

图 10.9　H.261 亮度图像块组设置

用 H.261 标准的视频可以在下一个可识别的块组到来时进行数据恢复和重新同步,从而避免错误的传播。

GQuant 表示在块组中将使用的量化器,除非被后来的宏块量化器(Macroblock Quantizer,MQuant)所取代。GQuant 和 MQuant 在式(10.5)中由 scale 表示。

3. 宏块层

每一个宏块(MB)都有自己的地址,指明它在块组中的位置。每个宏块还包括它采用的量化器(MQuant)以及六个 8×8 的图像子块(4 个 Y、1 个 Cb、1 个 Cr)。类型指明该块是帧内块还是帧间块、有无运动补偿等。运动向量数据(MVD)是通过求先前宏块和当前宏块之间的差值而得到的。此外,由于在运动估计中,某些宏块得到了精确的估计,而有

些宏块匹配较差，所以用一位掩码编码块模式（Coded Block Pattern，CBP）表示该信息，只有匹配较好的宏块才传送其 DCT 系数。

4. 块层

对于每一个 8×8 的图像子块来说，位流都是从 DC 值开始的，接着是成对的 AC 的 0 游长（Run）和紧接的非零值（Level），最后是结束符 EOB。Run 的取值范围是[0，63]，Level 反映出量化值，范围是[-127，127]，且不为 0。

10.5　H.263

H.263 是一个经过改进的视频编码标准[7]，主要用于公共电话交换网络（PSTN）上的视频会议或其他可视化服务。它旨在以尽可能低的码率（64kbps 以下）进行通信。H.263 在 1995 年被 ITU-T 所采纳。和 H.261 相似，它在帧间编码中采用预测编码来减少时间冗余信息，对剩下的信号采用变换编码来减少空间冗余信息（如帧内编码及帧间预测的差分宏块）[7]。

除了 CIF 和 QCIF 之外，H.263 还支持 sub-QCIF、4CIF 和 16CIF 格式的视频。表 10.5 总结了 H.263 支持的视频格式。如果不进行压缩并且设定 30fps 的帧率，高分辨率的视频（如 16CIF）所占用的带宽将非常大（>500Mbps）。对于压缩的视频来说，标准规定了每幅图像的最大码率（BPPmaxKb），单位是 1024b。实际上，压缩后的 H.263 视频可以达到较低的码率。

表 10.5　H.263 支持的视频格式

视频格式	亮度图像分辨率	色度图像分辨率	码率（Mbps）（30fps 且未压缩）	码率（kbps）BPPmaxKb（压缩）
Sub-QCIF	128×96	64×48	4.4	64
QCIF	176×144	88×72	9.1	64
CIF	352×288	176×144	36.5	256
4CIF	704×576	352×288	146.0	512
16CIF	1408×1152	704×576	583.9	1024

和 H.261 相同，H.263 标准同样使用块组的概念。不同的是，H.263 中得块组没有固定大小，它们总是起止于图像的左右边界。如图 10.10 所示，每个 QCIF 亮度图像由 9 个块组组成，每个块组大小为 11×1MBs（176×16 像素），而每一个 4CIF 亮度图像包括 18 个块组，每一个块组大小为 44×2MBs（704×32 像素）。

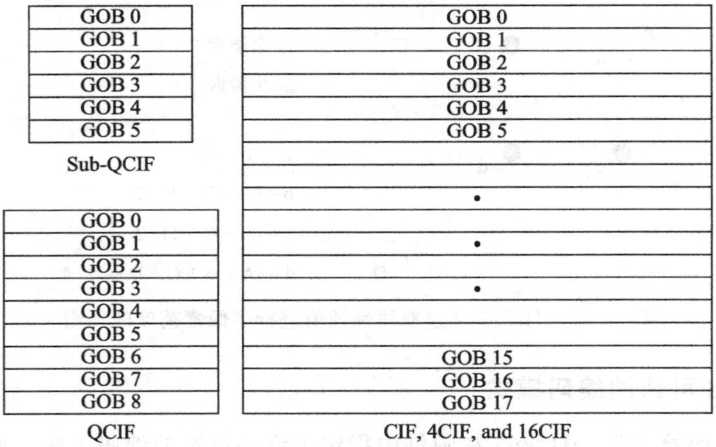

图 10.10　H.263 中亮度图像的块组设置

10.5.1　H.263 的运动补偿

H.263 的运动补偿过程和 H.261 相似。但是，运动向量（**MV**）不只是从当前宏块产生。**MV** 的水平分量和垂直分量分别由当前宏块左边、上方、右上方宏块的运动分量（**MV1**，**MV2**，**MV3**）的水平分量和垂直分量的平均值预测得出（如图 10.11a 所示）。也就是说，宏块的运动向量 **MV**(*u*, *v*) 为：

332
～
333

$$u_p = \mathrm{median}(u_1, u_2, u_3),$$
$$v_p = \mathrm{median}(v_1, v_2, v_3) \tag{10.6}$$

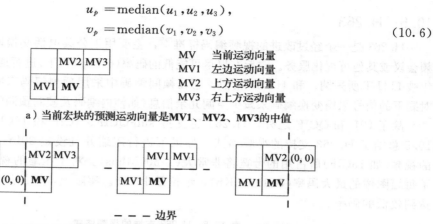

	MV	当前运动向量
MV1	左边运动向量
MV2	上方运动向量
MV3	右上方运动向量

a）当前宏块的预测运动向量是 **MV1**、**MV2**、**MV3** 的中值

－ － － 边界

b）当前宏块是在图像或块组的边界时，指定运动向量的特殊方法

图 10.11　H.263 的运动向量预测

在 H.263 中，不是对运动向量 **MV**(*u*, *v*) 进行编码，而是对误差向量（δu, δv）进行编码，其中 $\delta u = u - u_p$，$\delta v = v - v_p$。如图 10.11b 所示，如果当前宏块在图像或块组的边界时，使用(0, 0)或者 **MV1** 作为边界外宏块的运动向量。

为了改善运动补偿的效果，也就是减少预测误差，H.263 支持半像素精度（half-pixel precision）的预测，而 H.261 只支持完整像素精度的预测。**MV**(*u*, *v*) 中水平向量 *u* 和垂直向量 *v* 的默认取值范围为 [−16, 15.5]。

半像素位置的像素值是通过双线性插值（bilinear interpolation）方法得到的，如图 10.12 所示。图中 A、B、C、D 和 a、b、c、d 分别代表全像素位置和半像素位置，"/" 表示整除。

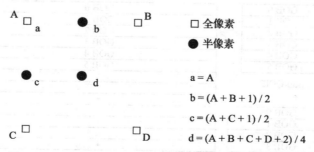

□ 全像素
● 半像素

$$a = A$$
$$b = (A + B + 1)/2$$
$$c = (A + C + 1)/2$$
$$d = (A + B + C + D + 2)/4$$

图 10.12　H.263 通过双线性插值进行半像素精度的预测

10.5.2　H.263 可选的编码模式

除了核心编码算法外，H.263 在附件中指定了许多可选的编码方法，四种常用的算法

如下所示。

1. 无限制的运动向量模式

参考的像素不再限制在图像的边界内，当运动向量指向图像边界外时，将使用边界上几何位置最靠近参考像素的像素点的值。当图像内容在边界上移动时，这种方法非常有效，物体的移动或摄像头移动经常导致这种现象。该模式对运动向量的取值范围进行了扩展。最大取值范围为 $[-31.5，31.5]$，这使得视频中快速移动物体的编码十分有效。

334

2. 基于语法的算术编码模式

与 H.261 相似，H.263 使用变长编码方法作为 DCT 系数的默认编码方法。变长编码意味着每一个符号必须编码成一个固定的整数位长度。使用算术编码，这种限制被取消，而且可以达到更高的压缩率。实验表明，在该模式下，帧间编码可以节省 4% 的码率，帧内编码可以节省 10% 左右的码率。

H.263 的语法也是一个四层的结构，每一层结合定长或变长编码算法进行编码。在基于语法的算术编码(Syntax-based Arithmetic Coding，SAC)模式中，所有可变长度的编码操作都使用算术编码方法进行。根据每一层的语法，算术编码器需要将多个分量编码成不同的位流。因为每个位流都有不同的分布，所以 H.263 为每一个分布定义了一个模型，算术编码器在空闲的时候会根据语法进行模型切换。

3. 高级预测模式

该模式下，运动补偿中宏块的大小由 16 减到 8。在亮度图中，每一个宏块(从每一个 8×8 的块)产生四个运动向量。然后，8×8 亮度预测块中的每一个像素都是由三个预测值的加权和得到的：一个是基于当前亮度块的运动向量；另外两个是当前块四个邻居块中两个块的运动向量，即一个是当前块的左邻块或右邻块，另一个是上邻块或下邻块。尽管传送四个运动向量会带来额外的开销，但是这种方式预测更加准确，因此在数据压缩方面有很好的效果。

4. PB 帧模式

和在 MPEG(在第 11 章详细讨论)中一样，我们引入了 B 帧，它是同时由先前帧和后一帧双向预测而得到的。它可以改善预测的质量，因此可以在不牺牲画质的条件下提高压缩率。在 H.263 中，一个 PB 帧是由两个编码为一个单元的图片组成：一个是 P 帧，从先前解码的 I 帧或者 P 帧(或者 PB 帧的 P 帧部分)预测得到；一个是 B 帧，同时从先前解码的 I 帧或者 P 帧以及当前正在编码的 P 帧预测得到(见图 10.13)。

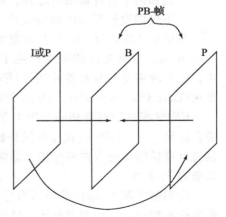

图 10.13　H.263 中的 PB 帧

PTYPE 说明了 PB 帧模式的使用。因为 P 帧和 B 帧在 PB 帧中紧密耦合，所以 B 帧中的双向运动向量不需要独立生成。相反，它们可以首先得到一个暂时的值，再通过 P 帧的前向运动向量进行修正[8]。这样可以减少 B 帧上码率的开销。PB 帧模式在视频图像变化不太大时效果较好。在视频图像变化较大的情况下，PB 帧模式不如 B 帧模式压缩效果好。在 H.263 的版本 2 中提出了一个增强型的模式。

335

10.5.3　H.263＋和 H.263＋＋

H.263 的第 2 个版本(称作 H.263＋)在 1998 年被 ITU-T 第 16 研究组采纳。它完全兼容 H.263 版本 1 中的所有设计。

提出 H.263＋的目的是拓展潜在的应用，并在定制的源的格式、不同像素尺寸比和时钟频率方面增加灵活性。H.263＋包括多种改善编码效率和错误恢复的建议[9]。同时，除了 H.263 的四种可选编码模式外，它还提供了 12 种全新的可选模式。

由于 H.263＋是在 MPEG-1 和 MPEG-2 之后开发的，所以其中吸收了许多 MPEG 标准的内容。下面我们简单介绍一下这些内容，细节的讨论在下一章进行。

- 在 H.263＋中，重新定义了无限制的运动向量模式。它采用可逆变长编码方法(Reversible Variable Length Coding，RVLC)对运动向量的差进行编码。RVLC 编码器能进行正向和逆向解码，这样就将传输误差的影响减至最小。运动向量的取值范围扩大到[−256，256]。RVLC 构造的细节可以参考文献[10，11]。

- 用一个宏块片(slice)结构代替块组，以达到最大的灵活性。一个宏块片可以包括可变数目的宏块。传输顺序可以是顺序的也可以是任意的，并且宏块片的形状也不一定是矩形的。

- H.263＋实现了时间、空间、信噪比上的可伸缩性。可伸缩性指对多种约束(如显示分辨率、带宽、硬件能力)的处理能力。用于时间可伸缩性的增强层通过在两个 P 帧之间插入 B 帧来提高预测质量。

  信噪比(SNR)可伸缩性是通过使用步长越来越小的量化器来把附加的增强层编码到位流中而实现的。因此，解码器可以根据计算和网络限制来决定需要解码的层数。空间可伸缩性的概念和信噪比可伸缩性的概念类似。在这种情况下，增强层提供增加的空间分辨率。

- H.263＋支持改善的 PB 帧模式。和版本 1 不同，B 帧中的两个运动向量不必由前一个 P 帧的运动向量得到。它们可以像 MPEG-1 和 MPEG-2 中那样独立生成。

- 解块过滤器在循环编码过程中可以减少阻塞带来的影响。这个过滤器用在四个亮度块和两个色度块的边缘处。系数的权重依赖于块量化器的步长。利用这样的技术，不仅能取得很好的预测效果，而且减少了人为的块生成。

在版本 2 后，H.263 仍然在继续发展，第三个版本 H.263 v3(也称作 H.263＋＋)在 2000 年提出。更先进的版本产生于 2005 年[7]。H.263＋＋包括 H.263 中的基线编码方法，以及增强型的参考图片选择(Enhanced Reference Picture Selection，ERPS)、数据划分块(Data Partition Slice，DPS)和附加的增强信息方面的建议。

ERPS 模式通过管理一个用于存放图像帧的多帧缓冲区来运行，可以提高编码效率和错误恢复能力。DPS 模式通过把头数据和运动向量从码率中的 DCT 系数中提取出来，并且通过可逆的编码方式来保护运动向量，来提供更强的错误恢复能力。附加的增强信息可以兼容 H.263。

我们将在第 12 章讨论更新的标准 H.264 和 H.265，许多基本思想其实也和 H.263 的最新版本相似，后面的章节还会呈现更多的细节。

10.6　练习

1. 简述 H.261 中如何处理视频中的时间冗余和空间冗余。

2. 一个 H.261 的视频有三个色彩通道 Y、Cr、Cb。需要为每一个通道计算运动向量并进行传输吗？证明你的答案。如果不是，哪一个通道用于运动补偿？

3. 我收藏了很多 JPEG 图片（在不同地方拍到的），我决定把它们放到一个大的 H.261 压缩文件中，以便整理和访问。我的理由是，只使用一个查看器就可以遍历所有文件，让我的收藏成为连贯的视频。讨论这个想法的可行性，要从可以达到的压缩率考虑。 337

4. 在基于块的视频编码中，压缩或者解压缩哪个耗费代价高？简要说明原因。

5. 回答下面关于运动向量的 2D 对数搜索问题。（见图 10.14。）

目标（当前）帧为 P 帧，宏块大小为 4×4，运动向量为 $\mathbf{MV}(\Delta x, \Delta y)$，其中 $\Delta x \in [-p, p]$，$\Delta y \in [-p, p]$。本题中，令 $p = 5$。

帧中黑色的宏块左上角坐标是 (x_t, y_t)，它包含 9 个黑色的像素，每个像素的值为 10。其余 7 个像素点是背景的一部分，统一亮度值为 100。参考帧（前一帧）有 8 个黑色像素点。

(a) 求 Δx、Δy 的最优值，宏块的平均绝对误差（MAE）是多少？

(b) 一步步地说明如何进行 2D 对数搜索，包括搜索的位置和通道以及 Δx、Δy 和 MAE 的所有中间值。

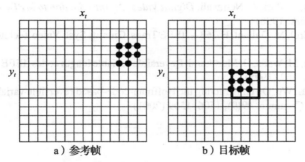

a) 参考帧   b) 目标帧

● 像素的亮度值为10

其他背景（未标记的）像素的亮度值为100

图 10.14 运动向量的 2D 对数搜索

6. 运动向量的对数搜索方法不是最优的，因为它依赖于残余帧的连续性。

(a) 解释为什么这个命题是必要的，并给出证明。

(b) 给出一个该命题不成立的情况。

(c) 分层搜索算法也不是最优的吗？

7. 一个视频序列用 H.263 编码，采用 PB 帧模式，帧大小为 4CIF，帧率为 30fps，视频长度为 90 分钟。下面是已知的压缩参数：平均每秒进行两次 I 帧编码；达到质量要求的视频的 I 帧平均压缩率为 10:1，P 帧的压缩率平均是 I 帧的两倍；B 帧压缩率是 P 帧的两倍。假设压缩参数包括所有必需的数据头，计算压缩后视频的大小。 338

8. 假设搜索窗口的大小为 $2p+1$，在 H.263 的高级预测模式下，对 QCIF 视频进行运动估计的复杂度是多少？使用：

(a) 顺序搜索。

(b) 2D 对数搜索。

(c) 分层搜索。

9. 讨论 H.263 中高级预测模式是如何达到更好的压缩效果的。

10. 在 H.263 的运动估计中，将先前三个宏块（见图 10.11a）运动向量的中值作为当前宏块的预测值，这样可能不是最好的预测。给出在当前方法上可能采取的一些改进措施。

11. H.263＋中允许在 PB 帧中为 B 帧进行独立的前向运动向量生成。和 H.263 的 PB 模式相比，它们各有什么优缺点？如果 B 帧有独立的运动向量，PB 联合编码的要点是什么？

参考文献

1. A.M. Tekalp, *Digital video processing* (Prentice Hall, Upper Saddle River, 1995)
2. C.A. Poynton, *Digital Video and HDTV Algorithms and Interfaces* (Morgan Kaufmann, San Francisco, 2002)
3. V. Bhaskaran, K. Konstantinides, *Image and Video Compression Standards: Algorithms and Architectures*, 2nd edn. (Kluwer Academic Publishers, Boston, 1997)
4. Y. Wang, J. Ostermann, Y.Q. Zhang, *Video Processing and Communications* (Prentice Hall, Upper Sadle River, 2002)
5. D. Marr, *Vision* (The MIT Press, San Francisco, 2010)
6. Video codec for audiovisual services at $p \times 64$ kbit/s. ITU-T Recommendation H.261, version 1 (1990) version 2, March (1993)
7. Video coding for low bit rate communication. ITU-T recommendation H.263, version 1 (1995), Version 2 (1998), version 3 (2000), Revised (2005)
8. B.G. Haskell, A. Puri, A. Netravali, *Digital Video: An Introduction to MPEG-2* (Chapman and Hall, New York, 1996)
9. G. Cote, B. Erol, M. Gallant, H.263+. IEEE Trans. Circuits Syst. Video Technol. **8**(7), 849–866 (1998)
10. Y. Takishima, M. Wada, H. Murakami, Reversible variable length codes. IEEE Trans. Commun. **43**(2–4), 158–162 (1995)
11. C.W. Tsai, J.L. Wu, On constructing the Huffman-code-based reversible variable-length codes. IEEE Trans. Commun. **49**(9), 1506–1509 (2001)

MPEG 视频编码：MPEG-1、MPEG-2、MPEG-4 和 MPEG-7

11.1 概述

运动图像专家组（MPEG）于 1988 年创立，主要负责为数字音频和视频的传输制定标准，其规模已从 1988 年的 25 名专家发展到现在由数百家公司和组织所组成的一个团体[1]。各个组织或公司都意识到要在 MPEG 标准族中维护自己的利益，因此，标准中仅仅定义了一个压缩位流，也就是间接定义了解码器，而压缩算法和编码器则完全依赖于各生产商。

本章将先研究 MPEG-1 和 MPEG-2 的一些重要的设计问题，然后介绍 MPEG-4 和 MPEG-7 的一些基本原理和两者之间的差异。

随着一些新的视频压缩标准（例如 H.264 和 H.265，随后会在第 12 章中介绍）的产生，本章介绍的 MPEG 标准往往会被人认为陈旧和过时。实际上并非如此：混合编码的基本技术和本章中介绍的大多数重要概念（如运动补偿过程、基于 DCT 编码和可扩展性）在新旧标准中均有出现；尽管随 MPEG-4 和 MPEG-7 标准发展出的基于可视对象的视频表示和压缩方法目前还没有被广泛应用，但是相信在未来，当计算机视觉技术发展得更成熟的时候，这些技术会得到广泛的应用和发展。

11.2 MPEG-1

MPEG-1 音频/视频数字压缩标准[2,3]是由国际标准化组织/国际电工技术学委员会（ISO/IEC）下的 MPEG 小组于 1991 年 11 月提出的，用于编码高达 1.5Mbps 的数字存储媒体运动图像及其伴音[4]。常用的数字存储媒体包括光盘（CD）和视频光盘（VCD），在 1.5Mbps 的数据传输率中，1.2Mbps 用于已编码的视频，256kbps 用于立体声。这样生成的图像质量相当于 VHS（家用视频系统）的质量，声音质量相当于 CD 音频的质量。

一般来说，MPEG-1 采用 CCIR601 数字电视格式，这种格式也称作源输入格式（Source Input Format，SIF）。MPEG-1 仅支持非隔行视频。通常来说，对于 30fps 的帧率，NTSC 制式视频的图片分辨率是 352×240；对于 25fps 的帧频率，PAL 制式视频的图片分辨率是 352×288。采用 4：2：0 进行色度二次采样。

MPEG-1 标准（也称为 ISO/IEC 11172[4]）由五部分组成：11172-1 系统、11172-2 视频、11172-3 音频、11172-4 一致性和 11172-5 软件。简单地说，在众多任务中，系统负责将输出拆成位流包、进行多路传输以及将音频流和视频流同步。为了验证一个位流或者一个解码器是否符合标准，一致性部分详细描述了用于测试此问题的设计。软件部分包括 MPEG-1 标准解码器的完整软件实现以及一个编码器的软件实现实例。

在 H.261 和 H.263 中，MPEG-1 运用了混合编码法，即图像间运动预测和残留错误的转换编码的混合。在本章中我们将对 MPEG-1 视频编码的主要特征进行分析，并在第 14 章对 MPEG 音频编码进行讨论。

11.2.1 MPEG-1 的运动补偿

上一章讨论过，H.261 中基于运动补偿的视频编码工作原理如下：在运动估计中，会为目标 P 帧的每个宏块分配一个从之前已经编码的 I 帧或者 P 帧的宏块中选出的与它最匹配的宏块，这称为预测（prediction）。当前宏块与匹配的宏块之间的差称为预测误差（prediction error）。这个预测误差将被传送到 DCT 和接下来的编码步骤当中。

因为预测是从前面的帧得来的，所以这种预测为前向预测（forward prediction）。由于在实际场景中会产生不可预测的移动和遮挡，所以目标宏块与先前帧的宏块之间或许不能达到最佳匹配。图 11.1 描述了包含了半个球的当前帧的一个宏块与先前帧的宏块不能进行很好匹配的情况。因为球的一半被另一个物体遮挡住了。但是它从下一帧可以很容易地获得匹配。

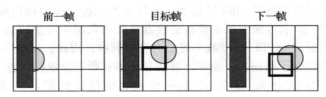

图 11.1　双向搜索的需求

MPEG 引入了第三类帧（B 帧）以及相应的双向运动补偿。图 11.2 描述了基于运动补偿的 B 帧补码原理。除了前向预测，还用到了后向预测，也就是此时用来进行匹配的宏块是从视频序列中未来的 I 帧或 P 帧中获得的。这样，B 帧的每一个宏块指定两个运动向量，一个由前向预测得来，另一个由后向预测得来。

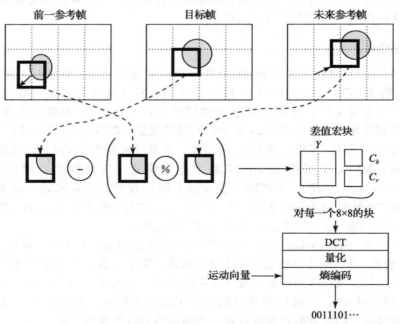

图 11.2　基于双向运动补偿的 B 帧编码

如果两个方向的匹配都成功，那么两个运动向量都将被发送，在与目标宏块进行比较产生预测误差之前，计算与目标宏块对应的匹配宏块的均值（图中用"％"表示）。如果只有一个参考帧的匹配是成功的，那么只有一个运动向量及其相应的宏块会被用于前向预测或后向预测。

图 11.3 描述了视频帧一个可能的序列。实际帧的模式是在编码时决定的，在视频头

部有详细描述。MPEG 用 M 表示一个 P 帧和它之前的 I 帧或者 P 帧之间的间隔，N 表示两个连续的 I 帧之间的间隔。在图 11.3 中，$M=3$，$N=9$。一个特例是当不使用 B 帧时，$M=1$。

342
～
343

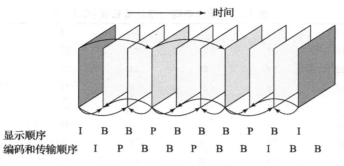

图 11.3　MPEG 帧序列

由于 MPEG 编码器和解码器不能用于没有后续 P 帧或 I 帧的 B 帧宏块，所以实际的编码和传输顺序（图 11.3 下方所示）与视频的显示顺序（图 11.3 上方所示）是不同的。因此，在实时的网络传输中，特别是在 MPEG 视频的传输中，不可避免的延迟问题以及对缓冲区的需求都是极其重要的问题。

11.2.2　与 H.261 的其他主要区别

除了引入双向运动补偿（B 帧）外，MPEG-1 与 H.261 还有以下几个不同：

● **源格式**。H.261 只支持 CIF（352×288）和 QCIF（176×144）两类源格式。MPEG-1 支持 SIF（在 NTSC 制式下为 352×240，在 PAL 制式下为 352×288）。并且只要满足表 11.1 中的约束参数集（Constrained Parameter Set，CPS），MPEG-1 还支持其他格式规范。

● **宏块片**。与 H.261 中的 GOB 不同，一张 MPEG-1 图片可以分为一个或多个宏块片（如图 11.4 所示），这比 GOB 要灵活得多。只要可以填满整个图片，它们可包含一张图片中可变数目的宏块并可以开始或结束于任何位置。每个宏块片都独立编码。比如，宏块片在量化器中可以有不同的缩放因子。这为码率控制提供了灵活性。

表 11.1　MPEG-1 的约束参数集

参数	值
图片的水平尺寸	≤768
图片的垂直尺寸	≤576
每张图片的宏块数	≤396
每秒的宏块数	≤9900
帧率	≤30fps
码率	≤1856kbps

图 11.4　MPEG-1 图片中的宏块片

此外，宏块片的内容对于错误恢复是很重要的，因为每个宏块片有唯一的宏块片起始码（slice_start_code）。MPEG 中的宏块片类似于 H.261（和 H.263）中的 GOB：它处于 MPEG 层次结构的最底层，不需要将位流中整个变长编码组解码就可以进行完全恢复。

- **量化**。MPEG-1 的量化对于帧间编码和帧内编码采用不同的量化表（见表 11.2 和表 11.3）。在一个宏块内，用于帧内编码的量化器个数是不同的（见表 11.2）。这与 H.261 是不同的。在 H.261 中，一个宏块内用于 AC 系数的量化器个数是不变的。

表 11.2　帧内编码的默认量化表(Q_1)

8	16	19	22	26	27	29	34
16	16	22	24	27	29	34	37
19	22	26	27	29	34	34	38
22	22	26	27	29	34	37	40
22	26	27	29	32	35	40	48
26	27	29	32	35	40	48	58
26	27	29	34	38	46	56	69
27	29	35	38	46	56	69	83

表 11.3　帧间编码的默认量化表(Q_2)

16	16	16	16	16	16	16	16
16	16	16	16	16	16	16	16
16	16	16	16	16	16	16	16
16	16	16	16	16	16	16	16
16	16	16	16	16	16	16	16
16	16	16	16	16	16	16	16
16	16	16	16	16	16	16	16
16	16	16	16	16	16	16	16

步长 step_size$[i,j]$ 的值由 $Q[i,j]$ 与缩放因子（scale）的乘积决定，其中 Q_1 或 Q_2 是上面的量化表之一，缩放因子是 $[1, 31]$ 内的一个整数。用 DCT 和 QDCT 表示量化前和量化后的 DCT 系数。帧内模式下的 DCT 系数为：

$$\text{QDCT}[i,j] = \text{round}\left(\frac{8 \times \text{DCT}[i,j]}{\text{step\_size}[i,j]}\right) = \text{round}\left(\frac{8 \times \text{DCT}[i,j]}{Q_1[i,j] \times 缩放因子}\right) \quad (11.1)$$

帧间模式下的 DCT 系数为：

$$\text{QDCT}[i,j] = \left\lfloor \frac{8 \times \text{DCT}[i,j]}{\text{step\_size}[i,j]} \right\rfloor = \left\lfloor \frac{8 \times \text{DCT}[i,j]}{Q_2[i,j] \times 缩放因子} \right\rfloor \quad (11.2)$$

其中 Q_1 和 Q_2 分别指表 11.2 和表 11.3。

在式（11.1）中用到了 round 操作符，因此没有留下任何无效区。然而，在式（11.2）中由于采用了 floor 操作符，在量化区域会留下一个中心无效区。

- 为了增加基于运动补偿预测的精度，减小预测误差，MPEG-1 允许运动向量具有半像素精度（$\frac{1}{2}$ 像素）。我们在 10.5.1 节中讨论的 H.263 的双线性差值技术可以用来产生在半像素位置所需的值。
- MPEG-1 支持 I 帧和 P 帧之间有较大的间距，因此运动向量搜索范围很大。与 H.261 运动向量的最大范围（±15 像素）相比，MPEG-1 支持范围为 $[-512, 511.5]$ 的半像素精度以及范围为 $[-1024, 1023]$ 的全像素精度的运动向量。然而，由于图片分辨率受到实际情况的限制，这个最大范围基本达不到。
- MPEG-1 位流允许随机访问。这已经在图片组（GOP）层实现了，早期图片组层中每一个图片组都按时间编码。除此之外，任意图片组的第一帧都是一个不依赖于其他帧的 I 帧。这样，GOP 层就可以使解码器在位流中寻找一个特定的位置并从那里开始解码。

表 11.4 列出了所有类型的 MPEG-1 帧的典型大小（单位为 kB）。可见，压缩的 P 帧大小明显小于压缩的 I 帧，因为帧间压缩采用了时间冗余。显然，B 帧比 P 帧更小，一部分原因是采用了双向预测，另一部分原因是考虑质量问题时 B 帧的优先级往往比较低。因此，这样可以得到一个较高的压缩率。

表 11.4　MPEG-1 帧的典型压缩性能

类型	大小（kB）	压缩率
I	18	7 : 1
P	6	20 : 1
B	2.5	50 : 1
平均值	4.8	27 : 1

11.2.3　MPEG-1 视频位流

图 11.5 描述了一个 MPEG-1 视频位流的六层结构。

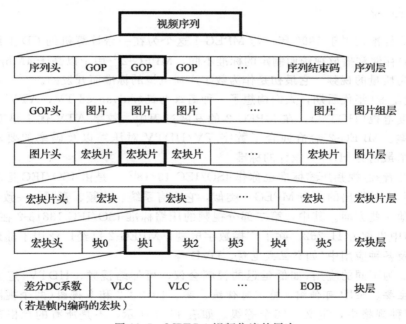

图 11.5　MPEG-1 视频位流的层次

1. 序列层

一个视频序列由一个或多个 GOP 构成。它通常以一个序列头开始。头中包含图片的信息，如图片水平尺寸（horizontal_size）和垂直尺寸（vertical_size）、像素长宽比（pixel_aspect_ratio）、帧率（frame_rate）、码率（bite_rate）、缓存大小（buffer_size）以及量化矩阵（quantization_matrix）等。各 GOP 间的可选序列头可用于指示参数的变化。

2. 图片组层

一个 GOP 包含一张或多张图片，其中的一张必为 I 图。GOP 头包含如时间码（time_code）等信息，用来标识从序列开始到现在的时-分-秒-帧。

3. 图片层

之前讨论过，三种常见的 MPEG-1 图片类型是 I 图（帧内编码）、P 图（预测编码）和 B

图(双向预测编码)。但还有一种不常见的类型——D 图(DC 编码),这种方法仅保留了 DC 系数。MPEG-1 中不允许将 D 图与其他类型的图混合,这样 D 图就行不通了。

4. 宏块片层

之前提到过,MPEG-1 引入了宏块片标识,用来进行码率控制以及在位丢失或受损后进行恢复和同步。宏块片可包含一张图片中的多个宏块。每个宏块片的长度和位置在宏块片头中指定。

5. 宏块层

每个宏块由四个 Y 块、一个 C_b 块、一个 C_r 块组成。所有的块都是 8×8。

6. 块层

如果块是帧内编码的,将先发送差分 DC 系数(如 JPEG 中 DC 的 DPCM),接着传送变长编码(VLC),作为 AC 系数。否则,DC 和 AC 系数全部都采用变长编码。

Mitchell 等[5]对于不同的 MPEG-1 层的头部详细信息进行了描述。

11.3 MPEG-2

MPEG-2 标准发展于 1990 年。与 MPEG-1 这个为在一台计算机的 CD 上以较低的码率(1.5Mbps)存储和播放视频而制定的标准不同,MPEG-2[6]用于以高于 4Mbps 的码率存储和播放更高质量的视频。它最初是作为数字广播电视的标准而开发的。

在 20 世纪 80 年代后期,人们构想了一种高级电视(Advanced TV,ATV),通过网络播放高清晰度电视(HDTV)。在 MPEG-2 的发展过程中,数字 ATV 优于早期的 HDTV 模拟解决方案。MPEG-2 恰恰迎合了数字 TV/HDTV 对压缩以及码率的要求,取代了 MPEG-3 这个最初为 HDTV 设计的标准。

MPEG-2 音频/视频压缩标准也称作 ISO/IEC 13818[7],是由 ISO/IEC 运动图像专家组在 1994 年 11 月提出的。与 MPEG-1 类似,它也有系统、视频、音频、一致性和软件部分,以及其他一些方面。其中,第二部分视频的压缩标准 ISO/IEC 13818-2 在 ITU-T(国际电信联盟)中也称为 H.262。除了广播数字电视,MPEG-2 已经广泛用于陆地、卫星和光缆网络以及各种应用中(如交互式电视、DVD 等)。

MPEG-2 为不同的应用(如低延迟的视频会议、可伸缩视频、HDTV)定义了七种规格:简单、主要、SNR 可伸缩、空间可伸缩、高、4∶2∶2 和多视图(两个视图称为立体视频)。在每种规格中,定义了四个等级。如表 11.5 所示,不是所有的规格都有四个等级。例如,简单规格就仅有一个 Main 等级;而高规格就没有 Low 等级。

表 11.5 MPEG-2 中的规格和等级

等级	简单规格	主要规格	SNR 可伸缩规格	空间可伸缩规格	高规格	4∶2∶2规格	多视图规格
High		*			*	*	
High 1440		*		*	*		
Main	*	*	*			*	*
Low	*	*					

表 11.6 列出了主要规格中的四个等级。主要规格有最大量的数据和目标应用。例如,High 等级支持的图片分辨率为 1920×1152,最大帧率为 60fps,最大像素率为 62.7×10⁶

像素/秒，编码后最大数据率为 80Mbps。Low 等级以源输入格式（SIF）视频为目标，因此，MPEG-2 兼容 MPEG-1。Main 等级用于 CCIR601 视频，而 High 1440 和 High 等级分别用于欧洲 HDTV 和北美洲 HDTV。

表 11.6　MPEG-2 中主要规格的 4 个等级

等级	最大分辨率	最大帧率 （fps）	最大像素率 （像素/秒）	编码后最大数据率 （Mbps）	应用
High	1920×1152	60	62.7×10⁶	80	电影制作
High 1440	1440×1152	60	47.0×10⁶	60	消费型 HDTV
Main	720×576	30	10.4×10⁶	15	演播室 TV
Low	352×288	30	3.0×10⁶	4	消费型磁带等

DVD 视频规范仅允许四种显示分辨率：比如，在帧率为 29.97fps 时，隔行视频的四种显示分辨率分别为 720×480、704×480、352×480 和 352×240。因此，DVD 视频标准仅使用 MPEG-2 主要规格中 Main 级别和 Low 级别的限制形式。

11.3.1　支持隔行扫描视频

MPEG-1 仅支持逐行（渐进）扫描视频。由于 MPEG-2 被数字广播电视采用，所以它必须支持隔行扫描视频，因为这是数字广播电视和 HDTV 的一个特性。

前面提到过，在隔行扫描视频中，每帧由两个域组成，这两个域分别称为顶域（top-field）和底域（bottom-field）。在帧图中，两个域的所有扫描行交错形成一帧，然后分成大小为 16×16 的宏块，并用运动补偿进行编码。另一方面，如果将每个域看作是一个独立的图片，则称为域图（field-picture）。如图 11.6a 所示，每个帧图可分为两个域图。左侧帧图的 16 条扫描行被分为右侧的两个域图，每个域图各 8 条扫描线。

348
～
349

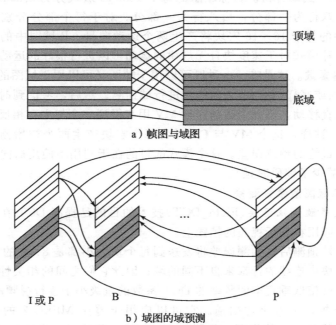

a）帧图与域图

b）域图的域预测

图 11.6　MPEG-2 中的域图和域图的域预测

我们可以看到，在显示器/TV 的显示区，域图中每个 16 列×16 行的宏块都对应于帧图中一个 16×32 的块区，而帧图中每个 16×16 的宏块都对应于域图中一个 16×8 的块区。下面的结论是为基于运动补偿的视频编码开发不同预测模式的重要因素。

1. 五种预测模式

MPEG-2 定义了帧预测（frame prediction）和域预测（field prediction）以及五种不同的预测模式，适用于对运动补偿的精度和速度有不同要求的多种应用。

1）**帧图的帧预测**。这种预测与 MPEG-1 中用于 P 帧和 B 帧的基于运动补偿的预测方法相同。帧预测仅适用于含有中慢速的物体和相机运动的视频。

2）**域图的域预测**。域图的域预测见图 11.6b。这种模式用一个域图中大小为 16×16 的宏块。对于 P 域图（图 11.6 中最右侧的图）来说，由最近两次的编码域进行预测。顶域图中的宏块由先前的 I 帧或 P 帧的顶域或者底域图进行前向预测得到。底域图中的宏块由当前帧的顶域图或者先前 I 帧或 P 帧的底域图进行预测得到。

对于 B 域图，不论前向预测还是后向预测，都依照之前和之后的 I 帧或 P 帧的域图进行。没有规则要求维护域的"奇偶性"，也就是说，顶域图和底域图既可以由参考图的顶域预测，也可以由参考图的底域预测。

3）**帧图的域预测**。这种模式将帧图的顶域和底域分开处理。相应地，目标帧图的每个 16×16 宏块可拆分成分别来自两个域的两个 16×8 部分。为这两个部分进行域预测的方式如图 11.6b 所示。除了块比较小外，唯一不同就是底域不能从当前帧的顶域预测出来，因为我们现在处理的是帧图。

例如，对于 P 帧图，底部 16×8 部分将改为依照先前的 I 帧或 P 帧进行预测。对于 P 帧图的每个 16×16 宏块将产生两个运动向量。同理，对于 B 帧图的每个宏块将产生四个运动向量。

4）**域图的 16×8 运动补偿**。目标域图的每个 16×16 宏块分为顶部和底部两个 16×8 的部分，也就是前八行为一部分，后八行为一部分。对于每个部分分别进行域预测。这样，对于 P 域图中的每个 16×16 宏块将产生两个运动向量，B 域图中的每个宏块将产生四个运动向量。这种模式对于速度快且无规律的运动可以进行很好的运动补偿。

5）**P 图的对偶素数**。这是唯一一种既可以用于帧图又可以用于域图的模式。首先，对具有相同奇偶性（顶或底）的每一个之前的域进行域预测。然后，考虑到时间的伸缩以及顶域和底域行间的垂直移动，每一个运动向量 **MV** 用来得到一个与之有相反奇偶性域的计算出的运动向量 CV。这样，这个 **MV** 与 CV 对为每个宏块产生两个初始预测。将它们的预测误差取平均作为最终的预测误差。这个模式的目的在于利用不使用后向预测的 P 图来模仿 B 图预测（因此减少了编码时延）。

2. 交替扫描和域离散余弦变换

交替扫描和域离散余弦变换（Field_DCT）技术的目的是提高 DCT 在预测误差上的有效性。这种技术只应用在隔行视频的帧图上。

在帧图中进行帧预测后，预测误差将发送到每个块大小都是 8×8 的 DCT。由于隔行视频的特性，这些块中连续的行都来自不同的域；因此它们之间的相关性比起隔行之间的相关性要小。这也就使低垂直空间频率的 DCT 系数的量级小于逐行视频的 DCT 系数。

基于之前的分析，引入交替扫描。它可以应用于遵循 MPEG-2 的每张图，而且是 MPEG-2 中 Z 字扫描的一个替代项。如图 11.7a 所示，假设对一个逐行视频做 Z 字扫描，块的左上角的 DCT 系数往往会有较大的量级。交替扫描（如图 11.7b 所示）在隔行视频中，较高垂直空间频率分量会有较大的量级并可以在序列中先对它们进行扫描。实验表明[6]，交替扫描可以使峰值信噪比（PSNR）比 Z 字扫描改善近 0.3dB，而且对于有快速运动的视频尤为有效。

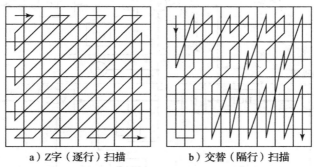

a）Z 字（逐行）扫描　　　　b）交替（隔行）扫描

图 11.7　MPEG-2 中视频的 DCT 系数的 Z 字（逐行）扫描和交替（隔行）扫描

在 MPEG-2 中，域 DCT 用于解决相同的问题。在应用 DCT 之前，帧图宏块中的行被记录下来，这样前 8 行来自于顶域，后 8 行来自于底域。这就重复储存了连续行之间的较高空间的冗余（和相关性）。这个记录在 IDCT 后还将继续保留。域 DCT 不适用于每个宏块仅有 8×8 像素的色度图像。

11.3.2　MPEG-2 的可伸缩性

和 JPEG2000 一样，可伸缩性（scalability）对于 MPEG-2 来说也是一个很关键的问题。因为 MPEG-2 适合多种应用，包括数字电视和 HDTV，视频往往以不同的形式在网络上传输。因此，实现可变码率的单一编码位流是很有必要的。

MPEG-2 的可伸缩编码（scalable coding）也称为层次（layered）编码，其中定义了一个基层和一个或多个增强层。基层可通过独立编码、传输和解码来获得基本的视频质量。增强层的编码和解码依赖于基层以及之前的增强层。一般来说，只使用一个增强层，这种情况称为两层可伸缩编码。

可伸缩编码适合具有以下特征的 MPEG-2 视频在网络上的传播。

- **不同的码率**。如果连接速度较慢，那么只发送基层的位流，否则要发送一个或多个增强层的位流来提高视频质量。
- **可变码率（VBR）信道**。当信道的码率下降时，将会少传（或不传）增强层的位流，反之亦然。
- **低质量的连接**。基层可以被很好地保护或者通过一条质量较好的信道传送。

而且，可伸缩编码也非常适用于逐行传输。首先发送基层的位流，给用户一个快速而基本的视频视图，接着逐步增加数据，改进质量。这种方法很适合传输兼容的数字电视和 HDTV。

MPEG-2 支持如下的可伸缩性：

- **SNR 可伸缩性**。增强层提供较高的 SNR。
- **空间可伸缩性**。增强层提供较高的空间分辨率。
- **时间可伸缩性**。增强层有利于提供较高的帧率。
- **混合可伸缩性**。以上三种可伸缩性任意两种的组合。
- **数据划分**。拆分量化 DCT 系数。

1. SNR 可伸缩性

图 11.8 描述了在 MPEG-2 编码器和解码器中 SNR 可伸缩性的工作原理。

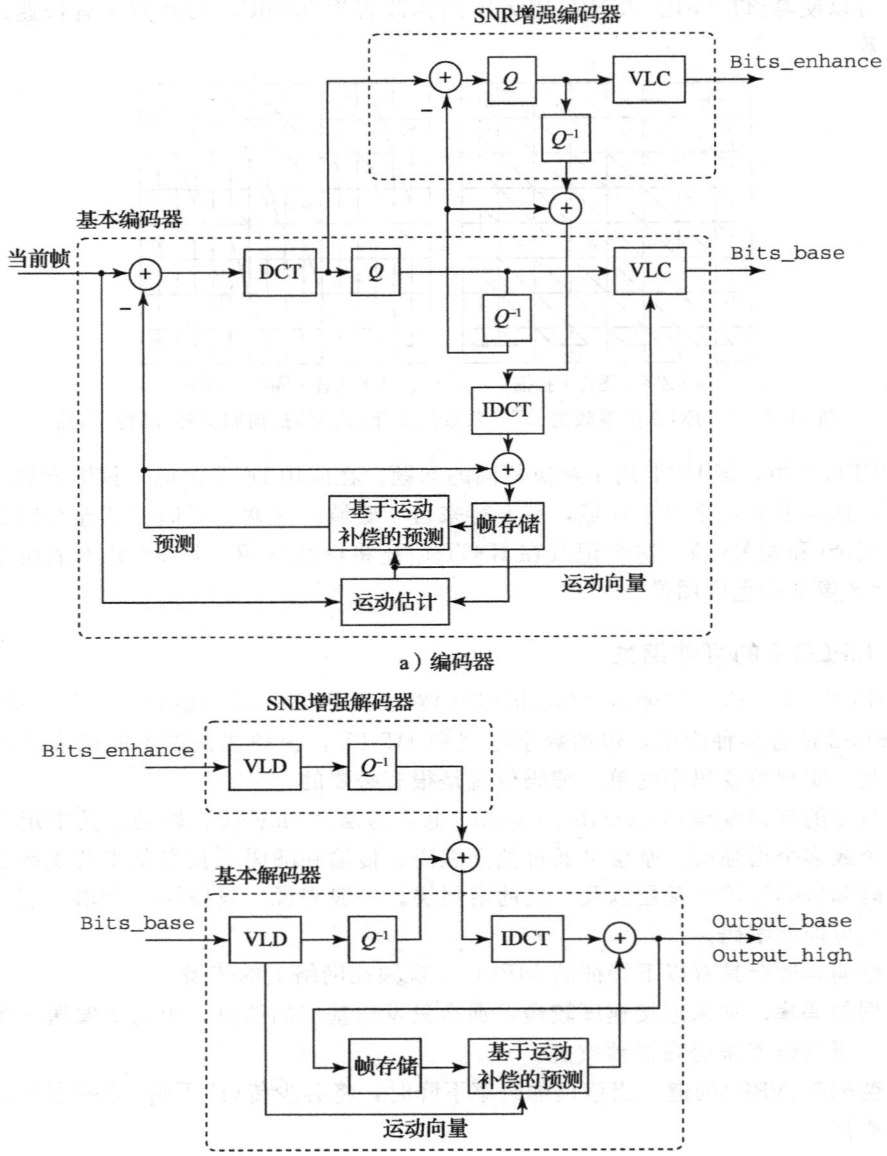

a）编码器

b）解码器

图 11.8 MPEG-2SNR 可伸缩性

MPEG-2 SNR 可伸缩编码器在两个层上产生输出位流 Bits_base 和 Bits_enhance。在基层对 DCT 系数进行较粗略的量化，这样就产生较少的位和质量较低的视频。经过变长编码后的位流称为 Bits_base。

接下来，对经过粗略量化的 DCT 系数进行逆量化（Q^{-1}）并反馈给增强层，与原来的 DCT 系数比较。对它们之间的差进行量化产生 DCT 系数修订，并对其进行变长编码，产生的位流称为 Bits_enhance。将粗略的逆量化和精化后的 DCT 系数相加，经过逆 DCT（IDCT），用于下一帧的运动补偿预测。可见，对基层进行增强/精化可以改进信噪比，这种类型的可伸缩性称为 SNR 可伸缩性。

如果由于某些原因（如网络通道故障）不能获取增强层的 Bits_enhance，那么上述可伸缩性方案仍然适用。在这种情况下，增强层的逆量化器（Q^{-1}）的输入为零。

解码器（见图 11.8b)）的操作正好与编码器的顺序相反。在将 Bits_base 与 Bits_enhance 相加恢复为 DCT 系数之前，先对它们进行变长解码（VLD）和逆量化（Q^{-1}）。接下来的步骤与基于运动补偿的视频解码器的处理步骤相同。如果同时使用两个位流（Bits_base 和 Bits_enhance），那么将输出高质量的视频（Output_high）。如果仅使用 Bits_base，那么将输出只具有基本质量的视频（Output_base）。

2. 空间可伸缩性

MPEG-2 空间可伸缩性的基层和增强层不像在 SNR 可伸缩性中联系得那么紧密，因此，这种可伸缩性比较简单。我们不会像上面那样对编码器和解码器进行详细介绍，而是利用高层次图表，仅对编码过程进行解释。

基层用来为低分辨率的图像产生位流。将它与增强层结合将产生初始分辨率的图像。如图 11.9a 所示，原始视频数据在空间上删减二分之一并发送到基层编码器。在通常的运动补偿编码、对预测误差进行 DCT、量化以及熵编码之后，输出位流为 Bits_base。

如图 11.9b 所示，由基层产生的预测宏块经过空间插值得到 16×16 的分辨率，接着将它与标准的、从增强层自身的时间预测宏块相结合，形成预测宏块，作为该层编码中的运动补偿。这里的空间插值采用前面讨论过的双线性插值技术。

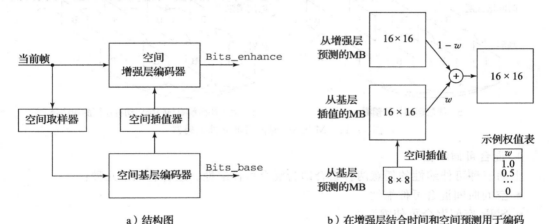

a）结构图　　　　　　　　b）在增强层结合时间和空间预测用于编码

图 11.9　MPEG-2 空间可伸缩性编码器

利用一个简单的权值表来进行宏块之间的结合，其中权值 w 的范围限制在[0，1.0]。如果 $w=0$，表明对于从基层得来的预测宏块不加考虑。如果 $w=1$，则表明预测全部是由基层得来的。通常情况下，两个预测宏块分别利用权值 w 和 $1-w$ 进行线性的结合。为了使预测误差最小，MPEG-2 的编码器内有一个从宏块权值表中选择不同 w 值的分析器。

3. 时间可伸缩性

减小帧率时，时间可伸缩编码既有基层视频又有增强层视频。每层的减小帧率通常是相同的，但也可以不同。基层和增强层的图片与输入的视频有相同的空间分辨率。当整合到一起时，将视频重新恢复为初始的帧率。

图 11.10 描述了时间可伸缩性 MPEG-2 的实现。输入视频在时间上分为两部分，每部分的帧率是原来的一半。像之前描述的那样，基层编码器对输入它的视频执行普通的单层编码过程，并产生输出位流 Bits_base。

对于增强层匹配宏块的预测可以采用下列两种方式[6]：隔层运动补偿原预测或者运动补偿预测与隔层运动补偿预测相结合。

- **隔层运动补偿预测**。图 11.10b 解释了隔层运动补偿预测的原理。增强层运动补偿 B 帧的宏块由之前或者之后基层帧预测得来（可以是 I 帧、P 帧或是 B 帧），以便利用运动补偿中可能的层间冗余。

- **运动补偿预测与隔层运动补偿预测相结合**。图 11.10c 解释了这种方式。这种方式将常见的前向预测与上述的隔层预测的优点进一步结合。增强层 B 帧的宏块是由基层的前向帧经前向预测以及基层的前向（或后向）帧经后向预测得来的。对于第一帧，增强层的 P 帧由基层的 I 帧经前向预测得到。

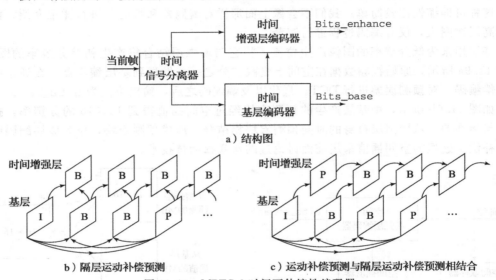

图 11.10　MPEG-2 时间可伸缩性编码器

4. 混合可伸缩性

上面三种可伸缩性的任意两种组合即为混合可伸缩性。组合有以下几种：

- 空间时间混合可伸缩性。
- SNR 空间混合可伸缩性。
- SNR 时间混合可伸缩性。

一般采用一个三层混合编码器，由基层、增强层 1 和增强层 2 组成。

以空间时间混合可伸缩性为例，基层和增强层 1 提供空间可伸缩性，而增强层 1 和增强层 2 提供时间可伸缩性，在这里增强层 1 可作为基层。

对于编码器，输入的视频数据首先在时间上分为两路数据流：一路进入增强层 2；另一路进入增强层 1 和基层（在对基层进行进一步空间抽取后）。

编码器产生三路输出位流：从基层来的 Bits_base，从增强层 1 来的在空间上增强的 Bits_enhance1，以及从增强层 2 来的在空间和时间上增强的 Bits_enhance2。

其他两种混合可伸缩性的实现与此类似，留作课后练习。

5. 数据划分

压缩的视频流可划分为两个区，基础区包含低频 DCT 系数，增强区包含高频 DCT 系数。虽然有时区也称作层（基层和增强层），但严格来说，数据划分并不产生相同类型的层次编码，因为一个视频数据流只是被划分，在产生增强区的时候并不依赖于基础区。不过，数据划分对于在嘈杂的信道上传输以及渐进传输是很有用的。

11.3.3　与 MPEG-1 的其他主要区别

- **更好地从位错误中恢复**。由于 MPEG-2 视频常常在不同网络上传输，有些网络问题噪声更大而且不可靠，因此出现位错误是不可避免的。为了解决此问题，MPEG-2 系统有两种类型的流：程序流和传送流。程序流与 MPEG-1 中的系统流类似，因此，它可以很容易地兼容 MPEG-1。

　　传送流目的是进行错误恢复以及将具有不同扫描基线的多个程序合成一个单一的流来进行异步多路技术和网络传输。与 MPEG-1 所用的较长的变长包不同，MPEG-2 的程序流用的是定长包(188 字节)。而且有一个新的头语法，可以更好地进行错误检测和修复。

- **支持 4：2：2 和 4：4：4 色度二次采样**。除了像 H.261 和 MPEG-1 那样支持 4：2：0 的色度二次采样，MPEG-2 还支持 4：2：2 和 4：4：4 的色度二次采样，以提高色彩质量。像第 5 章所讨论的那样，每个 4：2：2 的色度图片在水平方向除以 2 进行二次采样，而 4：4：4 是个特例，即没有进行色度二次采样。

- **非线性量化**。MPEG-2 中的量化与 MPEG-1 中的量化相似。它的 step_size 同样是由 $Q[i,j]$ 与缩放因子(scale)的乘积决定的，其中 Q 是帧内或帧间编码默认的量化表之一。允许的尺度类型有两种。一种是与 MPEG-1 相同的尺度，即$[1,31]$范围内的一个整数且$\text{scale}_i = i$。另一类型中存在一个非线性关系，即$\text{scale}_i \neq i$。第 i 个尺寸值可以在表 11.7 中查到。

表 11.7　MPEG-2 中可能的非线性尺度

i	1	2	3	4	5	6	7	8	9	10	11	12	13	14	15	16
scale_i	1	2	3	4	5	6	7	8	10	12	14	16	18	20	22	24
i	17	18	19	20	21	22	23	24	25	26	27	28	29	30	31	
scale_i	28	32	36	40	44	48	52	56	64	72	80	88	96	104	112	

- **更严格的宏块片结构**。MPEG-1 允许宏块片跨越宏块行边界。这样，一幅图片可以只是一个宏块片。而 MPEG-2 的宏块片必须开始和结束于相同的宏块行。换句话说，一幅图片的左边界总是开始一个新的宏块片，MPEG-2 中最长的宏块片只能包含一个宏块行。

- **更灵活的视频格式**。依据标准，MPEG-2 图片的大小可以为 16K×16K 像素。在现实中，MPEG-2 主要用来支持 DVD、ATV 以及 HDTV 定义的不同的图片分辨率。

　　与 H.261、H.263 和 MPEG-1 类似，MPEG-2 仅指定了位流语法和解码器。这为将来的改进提供了很大空间，特别是编码器端的改进。MPEG-2 视频流语法比 MPEG-1 复杂得多，具体信息可以参考文献[6,7]。

11.4　MPEG-4

11.4.1　MPEG-4 概述

　　MPEG-1 和 MPEG-2 使用了基于帧的编码技术，其中每个矩形视频帧都被分成多个宏块并将每个块压缩，这也称为基于块的编码。这种压缩技术主要关注高压缩率和较好的图像质量。MPEG-4 是一个更新的标准[8]，除了压缩外，该标准还关注用户交互，这就使大量的用户能够通过新的基础设施(如因特网、万维网以及移动/无线网络)创建和交流他们的多媒体演示和应用。MPEG-4 与之前版本的不同之处在于它采用了一种新的基于对象编码(objected-based coding)的方式,此时媒体对象成为 MPEG-4 的编码实体。媒体对象(也称为音频和视频对象)可以是自然的,也可以是合成的,也就是说,它们可以是由摄像机采集的,也可以是由计算机程序生成的。

　　基于对象编码不仅可以提供更高的压缩率,而且利于进行数字视频合成、处理、索引和检索。图 11.11 展示了对可视对象进行插入/删除、平移/旋转、缩放等简单操作,对MPEG-4 视频进行合成和处理。

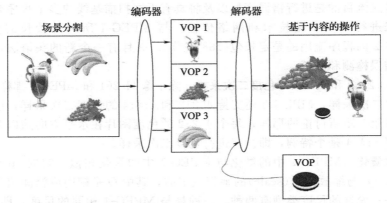

图 11.11　MEPG-4 视频的合成和操作(VOP:视频对象平面)

　　MPEG-4(版本 1)完成于 1998 年 10 月,并于 1999 年初成为国际标准,称为 ISO/IEC 14496[9];改进版本(版本 2)完成于 1999 年 12 月,并于 2000 年成为国际标准。与前一个MPEG 标准相似,它的前 5 个部分是系统、视频、音频、一致性和软件。本章将会讨论MPEG-4 第二部分(ISO/IEC 14496-2)的视频压缩问题。

　　MPEG-4 视频最初适用于低码率的通信(对移动通信是 4.8kbps~64kbps,对于其他应用最高到 2Mbps),现在它的码率已经扩大到 5kbps~10Mbps。

　　如图 11.12a 中的参考模型所示,MPEG-1 系统仅仅从它的存储区传送音频和视频数据,没有用户交互。MPEG-2 增加了交互组件(图 11.12a 中用虚线表示),因此可以提供如网络视频和交互电视等有限的用户交互。MPEG-4(如图 11.12b 所示)是一个全新的标准,可以合成媒体对象以创建所需的视听场景以及多路传播和同步媒体数据项的位流,以保证它们传输过程中的服务质量(Quality of Service,QoS),并能在接收端与视听场景进行交互。MPEG-4 为音频和视频压缩提供了高级编码模块和算法工具箱。

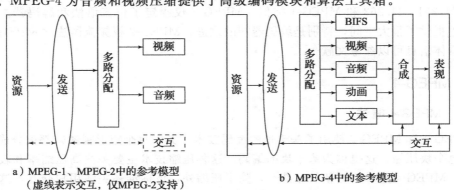

a) MPEG-1、MPEG-2中的参考模型
（虚线表示交互,仅MPEG-2支持）　　　　b) MPEG-4中的参考模型

图 11.12　MPEG 标准中交互性的比较

MPEG-4 定义了场景的二进制格式（BInary Format for Scenes，BIFS）[10]，以便于将媒体对象合成到场景中。BIFS 通常用场景图表示，其中节点描述了视听对象及其属性，而图结构可以给出场景中各对象空间和时间关系的描述。BIFS 是对虚拟现实建模语言（VRML）的增强。实际上，它强调了对象的时序和同步，这是最初的 VRML 设计所缺乏的。除了 BIFS 之外，MPEG-4（版本 2）还提供了一个编程环境 MPEG-J[11]，其中 Java 应用程序（称为 MPEGlet）可以访问 Java 包和 API 以增强终端用户的交互。

MPEG-4 的视觉位流的层次结构与 MPEG-1 和 MPEG-2 视觉位流有很大区别，因为它是面向视频对象的。图 11.13 描述了 MPEG-4 视觉位流中场景分层描述中的 5 个层次。通常，每一个视频对象序列（Video-object Sequence，VS）都拥有一个或多个视频对象（Video Object，VO），每一个 VO 都拥有一个或多个视频对象层（Video Object Layer，VOL）。按照语法，5 个层次在位流中都有唯一的开始码，以便能够随机访问。

| 视频对象序列 |
| 视频对象 |
| 视频对象层 |
| 视频对象平面组 |
| 视频对象平面 |

图 11.13　MPEG-4 视觉位流中面向视频对象的场景分层描述

1）**视频对象序列（VS）**。VS 传送完整的 MPEG-4 视觉场景，可以包含 2D 或 3D 的自然对象或合成对象。

2）**视频对象（VO）**。VO 是场景中的一个特殊对象，它可以拥有任意的（非矩形的）形状，与场景中的一个对象或背景相对应。

3）**视频对象层（VOL）**。VOL 提供了一种便捷的方式支持（多层的）可扩展的编码。一个 VO 在可扩展编码下可以拥有多重 VOL，在非扩展编码下拥有一个 VOL。作为一个特例，MPEG-4 也支持一种特殊的 VOL，它的头部较短，这能使位流与 H.263[12] 基本系统兼容。

4）**视频对象平面组（GOV）**。GOV 将视频对象平面分组，是一个可选的层。

5）**视频对象平面（VOP）**。一个 VOP 是一个 VO 在特定时刻的快照，反映了该时刻 VO 的形状、纹理和运动参数。一般来说，一个 VOP 是一个任意形状的图像。当把整个矩形的视频帧当作一个 VOP 的时候，MPEG-4 视频编码中会出现一种退化的情形。这种情况下，它等同于 MPEG-1 和 MPEG-2。MPEG-4 允许重叠的 VOP，也就是说，在一个场景中一个 VOP 可以部分覆盖另一个 VOP。

11.4.2　MPEG-4 的基于对象的视觉编码

MPEG-4 分别编码/解码每个 VOP（而不是考虑整个帧）。因此，其基于对象的视觉编码也称为基于 VOP 的编码。我们的讨论从自然对象（详见文献[13，14]）的编码开始，11.4.3 节将介绍合成对象编码。

1. 基于 VOP 的编码与基于帧的编码

MPEG-1 和 MPEG-2 不支持 VOP 的概念，因此，它们的编码方式称为基于帧的。因为每一帧都被分为许多宏块，利用这些宏块进行基于运动补偿的编码，所以这种方法也称为基于块的编码（block-based coding）。图 11.14a 显示了一段视频序列中的 3 个帧，其中一辆汽车向左运动，而一个步行者朝反方向走。图 11.14b 显示了典型的基于块的编码，其中运动向量（**MV**）由其中一个宏块获得。

MPEG-1 和 MPEG-2 视觉编码只关心压缩率，并不考虑视觉对象的存在。因此，生成的运动向量可能与对象的运动不一致，所以不利于基于对象的视频分析和索引。

图 11.14c 说明了一个可能的例子，其中两个可能的匹配都生成小的预测误差。如果

可能匹配 2 生成的预测误差比可能匹配 1 的预测误差小，尽管只有 **MV1** 与汽车的运动方向一致，基于块的编码方式将选择 **MV2** 作为宏块的运动向量。

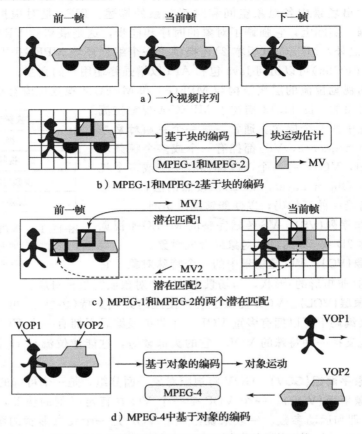

图 11.14   基于块的编码和基于对象的编码的比较

MPEG-4 中基于对象的编码方式除了改进压缩之外，还可以解决上述问题。图 11.14d 显示了每个 VOP 可以拥有任意的形状，并且在理想情况可以获取一个唯一的与对象运动一致的运动向量。

MPEG-4 基于 VOP 的编码方式也使用运动补偿技术。帧内编码的 VOP 称为 I-VOP，只使用前向预测的帧间编码的 VOP 称为 P-VOP，而使用双向预测的帧间编码 VOP 则称为 B-VOP。此时，新的难点在于 VOP 可能拥有任意的形状。因此，除了它们的纹理，它们的形状信息也必须进行编码。

注意，这里的纹理实际上指视觉内容，也就是 VOP 中各像素的灰度和色度值。MPEG-1 和 MPEG-2 不会对形状信息编码，因为所有的帧都是矩形的，但会对帧中的像素值编码。在 MPEG-1 和 MPEG-2 中，这种编码并没有被称为纹理编码。"纹理"这个术语来自计算机图形学，它表明这门学科与 MPEG-4 一道进入了视频编码的领域。

下面我们从讨论 VOP 的基于运动补偿的编码开始，接着介绍纹理编码、形状编码、静态纹理编码、子图像（sprite）编码以及全局运动补偿。

2. 运动补偿

本部分将阐述 MPEG-4 中基于 VOP 的运动补偿的问题。因为 I-VOP 编码相对简单，所以除非明确提到 I-VOP，否则我们讨论的都是 P-VOP 和 B-VOP 的编码。

与以前一样，MPEG-4 中的基于运动补偿的 VOP 编码涉及三个步骤：运动估计、基于运动补偿的预测和预测误差的编码。为便于运动补偿，每一个 VOP 都被分为许多宏块，这和前面介绍的基于帧的编码方式一样。宏块默认的是 16×16 的亮度图和 8×8 的色度图，当它们跨越一个不规则形状的 VOP 的边界时会有特别处理。

MPEG-4 为每一个 VOP 定义了一个矩形的边界框，其左边界和上边界是 VOP 的左边界和上边界，确定了 VOP 从用于视频帧的绝对坐标系统下原点(0，0)处平移后的原点位置(如图 11.15 所示)。亮度图中边界框在水平和垂直方向上都必须是 16 的倍数，因此，此框通常比常规的边界框要大一些。

完全处于 VOP 内部的宏块称为内部宏块(interior macroblock)。从图 11.15 中可以明显地看出，许多宏块跨越了 VOP 的边界，称为边界宏块(boundary macroblock)。

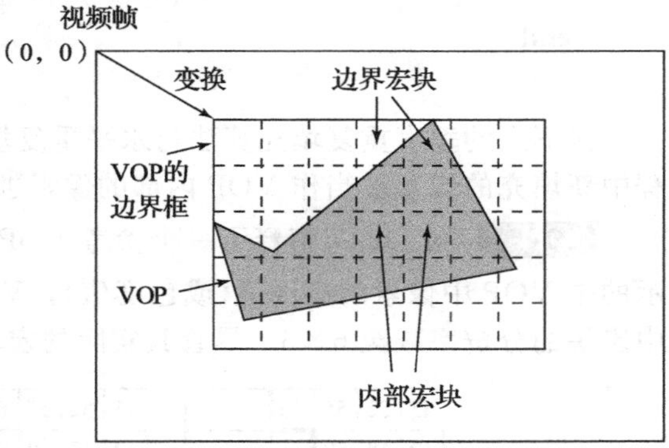

图 11.15　VOP 的边界框和边界宏块

内部宏块的运动补偿方式与 MPEG-1 和 MPEG-2 的运动补偿方式相同。但是边界宏块在运动估计将很难匹配，因为 VOP 通常形状不规则，而且它们的形状在视频中的不同时刻可能会发生变化。为便于匹配目标 VOP 的每个像素并且满足变换编码(例如 DCT)中对矩形块的强制要求，在运动估计前，将对参考 VOP 进行预处理，即填充(padding)。

只有当前(目标)VOP 内部的像素才需要进行运动补偿的匹配，而填充仅仅针对参考 VOP。

为得到更好的质量，当然还可以开发一些比填充更好的扩展方法，在 MPEG-4 中采用填充方法，很大程度上是因为该方法简单、高速。

运动补偿的前两个步骤是填充和运动向量编码。

(1) 填充

对于参考 VOP 中所有的边界宏块，首先进行水平重复填充(horizontal repetitive padding)，接着进行垂直重复填充(vertical repetitive padding)，如图 11.16 所示。在此之后，对所有 VOP 之外但与一个或多个边界宏块相邻的外部宏块(exterior macroblock)进行扩展填充(extended padding)。

图 11.16　MPEG-4 中参考 VOP 的一系列填充

水平重复填充算法扫描参考 VOP 中边界宏块的每一行，每一个边界像素将被向左或向右复制以填充宏块中 VOP 之外的中间像素值。如果这一段像素在两个边界像素之间，则采用这两个边界像素的平均值。

算法 11.1　水平重复填充

begin
　　VOP 对于参考 VOP 中边界宏块的所有行
　　　　if 行中存在边界像素
　　　　　　那么对于 VOP 外所有间隔

> if 间隔被仅一个边界像素 b 界定
> 　　为间隔的所有像素赋予值 b
> else　　//如果间隔被两个边界像素 b_1 和 b_2 界定
> 　　为间隔中所有的像素赋予值 $(b_1+b_2)/2$
>
> **end**

接下来的垂直重复填充算法与水平重复填充算法相似。它扫描每一列，在水平填充过程中新填充的像素被当作 VOP 内部的像素进行垂直填充。

例 11.1 图 11.17 解释了一个参考 VOP 的边界宏块中重复填充的例子。图 11.17a 显示的是 VOP 中像素的亮度值（或色度值），VOP 的边界用加黑的线显示。简单起见，此例中宏块的分辨率减至 6×6，尽管其实际的宏块大小是 16×16（亮度图）和 8×8（色度图）。

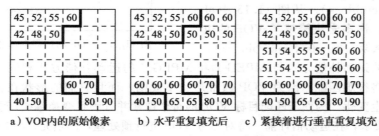

a）VOP 内的原始像素　　　b）水平重复填充后　　　c）紧接着进行垂直重复填充

图 11.17　参考 VOP 的边界宏块中重复填充的示例

1）水平重复填充（见图 11.17b）。

第 0 行。VOP 最右边的像素就是边界像素，其亮度值是 60，重复用作 VOP 外的像素值。

第 1 行。同样，VOP 最右边的像素也是边界像素，其亮度值是 50，重复用作 VOP 外的像素值。

第 2 行和第 3 行。因为没有边界像素，所以无水平填充。

第 4 行。VOP 外有两个间隔，每个间隔都是由一个边界像素界定的，它们的亮度值是 60 和 70，分别重复用作两个间隔的像素值。

第 5 行。VOP 外的一个间隔由 VOP 的一对边界像素界定。其平均亮度值是 $\frac{(50+80)}{2}=$ 65，因此将 65 重复用作两者之间像素的值。

2）垂直重复填充（见图 11.17c）。

第 0 列。由 VOP 的一对边界像素界定的一个间隔。这两个边界像素分别是 42 和 60（是由水平填充产生的），它们的平均亮度是 $\frac{(42+60)}{2}=51$，将 51 重复用作两者之间的像素的值。

第 1～5 列的填充过程和第 0 列类似。　　　　　　　　　　　　　　　◄

（2）扩展填充

全部位于 VOP 之外的宏块是外部宏块。紧邻边界宏块的外部宏块由边界宏块的边界像素值填充。我们注意到，边界宏块现在已经完全被填充了，因为它们的水平和垂直边界像素都已经赋值。如果一个外部宏块拥有多个紧邻的边界宏块，那么按照左、上、右、下的顺序为其选择边界宏块进行扩展填充。

MPEG-4 的较新版本允许利用这些边界宏块的平均值。扩展填充的过程可以重复应用到该 VOP 矩形边界框的所有外部宏块上。

（3）运动向量编码

目标 VOP 上的每一个宏块将通过如下的运动估计过程找到参考 VOP 的一个最佳匹配宏块。设 $C(x+k，y+l)$ 为目标 VOP 宏块中的像素，而 $R(x+i+k，y+j+l)$ 为参考 VOP 宏块中的像素。与式(10.1)中的 MAD 相似，为测量两个宏块的不同，定义如下所示的 SAD：

$$\text{SAD}(i,j) = \sum_{k=0}^{N-1}\sum_{l=0}^{N-1} |C(x+k,y+l) - R(x+i+k,y+j+l)| \cdot \text{Map}(x+k,y+l)$$

其中，N 表示宏块的大小。当 $C(p，q)$ 是目标 VOP 中的一个像素时，$\text{Map}(p，q)=1$，否则 $\text{Map}(p，q)=0$。产生最小 SAD 值的向量 $\mathbf{MV}(u，v)$ 作为运动向量；

$$(u,v) = \{(i,j)|\text{SAD}(i,j) \text{ 是最小值}, i \in [-p,p], j \in [-p,p] \} \tag{11.3}$$

其中 p 是 u、v 可以取的最大值。

对于运动补偿，要对运动向量 $\mathbf{MV}$ 编码。在 H.263(见图 11.11)中，并不是简单地取目标宏块的运动向量为 $\mathbf{MV}$，而是通过 3 个相邻的宏块预测得到的 $\mathbf{MV}$。进而对运动向量的预测误差进行可变长编码。

367

以下是一些高级的运动补偿技术，它们与 H.263 中采用的技术相似(见 10.5 节)。

● 可以为 VOP 的亮度分量中的每一个宏块生成 4 个运动向量(每一个向量来自一个 8×8的块)。

● 运动向量可以进行比像素级更精确的预测。在半像素预测中，运动向量的范围是 $[-2048，2047]$。MPEG-4 还允许在 VOP 亮度分量上进行 $\frac{1}{4}$ 像素预测。

● 可以使用不受限制的运动向量；$\mathbf{MV}$ 可以指向参考 VOP 边界外。当参考 VOP 之外的像素时，它的值仍是根据填充进行定义的。

3. 纹理编码

纹理指 VOP 中的灰度级（或色度）的变化及样式。MPEG-4 中的纹理编码可以基于 DCT 或是形状自适应 DCT(Shape Adaptive-DCT，SA-DCT)。

（1）基于 DCT 的纹理编码

在 I-VOP 中，VOP 各宏块像素的灰度（或色度）值使用 VLC 接着使用 DCT 直接进行编码，这与 JPEG 对静态图片的编码很相似。P-VOP 和 B-VOP 使用基于运动补偿的编码，因此预测误差将传送给 DCT 和 VLC。下面的讨论重点关注对 P-VOP 和 B-VOP 基于运动补偿的纹理编码。

对内部宏块的编码与 H.261、H.263 及 MPEG-1 和 MPEG-2 中传统的基于运动补偿的编码相似（其中亮度 VOP 为 16×16 的块，而色度 VOP 为 8×8 的块）。在进行常规的运动估计后，可获得每个宏块中 6 个 8×8 的块的预测误差。这些误差将传送到 DCT 程序以获取 6 个 8×8 的块的 DCT 系数。

对边界宏块来说，参考 VOP 之外的区域通过重复填充过程进行填充，这个过程前面已经介绍过。在运动补偿后，获取目标 VOP 内的纹理预测误差。对于目标 VOP 边界宏块中 VOP 外的部分用 0 填充，然后传给 DCT。因为在理想情况下，VOP 内部的预测误差是接近 0 的。重复填充和扩展填充都是为了运动补偿中有更好的匹配，填充 0 则是为了在纹理编码中得到更好的 DCT 结果。

DC 分量的量化步长 step_size 为 8。对于 AC 系数，可以使用如下两种方法中的一种：

- H.263 方法，其中所有的系数获得由一个参数控制的量化器，不同的宏块拥有不同的量化器。
- MPEG-2 方法，其中同一个宏块中的 DCT 系数可以有不同的量化器，由 step_size 参数进一步控制。

（2）边界宏块的 SA-DCT 编码

SA-DCT[15] 是另一种对边界宏块进行纹理编码的方法。由于该方法效率较高，因此在 MPEG-4 版本 2 中已经采用 SA-DCT 进行边界宏块的编码。

1DDCT-N 是前述的 1D DCT（见式（8.19）和式（8.20））的变体，其中变换使用可变量 N 代替固定的 $N=8$。（简单起见，本节中用 DCT-N 表示 1D DCT-N。）

式（11.4）和式（11.5）描述了 DCT-N 变换及其逆变换 IDCT-N。

一维离散余弦变换-N（DCT-N）

$$F(u) = \sqrt{\frac{2}{N}} C(u) \sum_{i=0}^{N-1} \cos \frac{(2i+1)u\pi}{2N} f(i) \qquad (11.4)$$

一维逆离散余弦变换-N（IDCT-N）

$$\tilde{f}(i) = \sum_{u=0}^{N-1} \sqrt{\frac{2}{N}} C(u) \cos \frac{(2i+1)u\pi}{2N} F(u) \qquad (11.5)$$

其中 $i = 0, 1, \cdots, N-1$，$u = 0, 1, \cdots, N-1$，并且

$$C(u) = \begin{cases} \dfrac{\sqrt{2}}{2}, & u = 0 \\ 1, & 其他 \end{cases}$$

SA-DCT 是一个 2D DCT，并作为可分的 2D 变换通过两次 DCT-N 迭代进行计算。图 11.18 说明了使用 SA-DCT 对边界宏块进行纹理编码的过程。变换应用于边界宏块的每个 8×8 块。

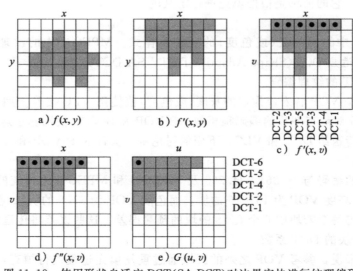

图 11.18 使用形状自适应 DCT（SA-DCT）对边界宏块进行纹理编码

图 11.18a 显示了边界宏块中的一个 8×8 块，其中宏块中的像素用 $f(x, y)$ 表示，且显示为灰色。灰色像素首先向上平移得到 $f'(x, y)$，如图 11.18b 所示。在第一次迭代中，DCT-N 应用到 $f'(x, y)$ 的第一列，其中每一列中的灰色像素决定了 N 的大小。因

此，我们分别使用 DCT-2、DCT-3、DCT-5 等。计算出的 DCT-N 系数由 $F'(x, v)$ 表示，如图 11.18c 所示，其中黑色的点表示 DCT-N 的 DC 系数。$F'(x, v)$ 接着向左平移，得到图 11.18d 中的 $F''(x, v)$。

在第二次迭代中，DCT-N 应用于 $F''(x, v)$ 每一行，得到 $G(u, v)$（如图 11.18e 所示），图中黑色的点表示 2D SA-DCT 的 DC 系数 $G(0, 0)$。

以下是一些编码时需要考虑的问题：

- $G(u, v)$ 中的 DCT 系数的总数等于边界宏块的 8×8 块中的灰色像素数，少于 8×8。因此，该方法是形状自适应的，并且计算效率更高。
- 在解码时，因为在每次 IDCT-N 迭代后数组元素都需要适当地移动回来，所以要求使用初始形状的二元掩码对用 SA-DCT 进行纹理编码的信息解码。二元掩码与下面将介绍的二元 α 图相同。

4. 形状编码

与 MPEG-1 和 MPEG-2 不一样，MPEG-4 必须对 VOP 的形状进行编码，因为形状是视觉对象一个固有的特性。

MPEG-4 支持两种形状信息：二值和灰度。二值形状信息可以用二值图的形式（也称为二元 α 图）表示，这种图与 VOP 的矩形边界框大小相同。位图信息中值 1（不透明）和值 0（透明）分别表示像素是否在 VOP 内。灰度形状信息事实上是指形状的透明度，灰度值范围为 0~255。

(1) 二值形状编码

为了更高效地对二元 α 图编码，将图分为 16×16 大小的块，这种块也称为二元 α 块（Binary Alpha Block，BAB）。如果一个 BAB 完全透明或不透明，那么很容易编码，不需要特别的形状编码技术。问题在于那些包含轮廓即 VOP 形状信息的边界 BAB。它们是二值形状编码的目标。

为了对边界 BAB 进行编码，研究人员研究和比较了各种基于轮廓和基于位图（或者基于区域）的算法，最后选出的两种算法都是基于位图的。一种是 MMR（Modified Modified READ）算法，它是传真 G3 标准[16] 中可选的增强项及 G4 标准[17] 中强制要求的压缩方式。另一种是基于上下文的算术编码（Context-based Arithmetic Encoding，CAE），它最初是为了 JBIG[18] 开发的，由于其简单且压缩率高，CAE 最终被选为 MPEG-4 的二值形状编码方案。

MMR 基本上是 READ（Relative Element Address Designate）算法的一系列简化。READ 算法的基本思想是根据前一个已编码行的像素位置对当前行进行编码。该算法先确定上一行和当前行中的 5 个像素点的位置：

- a_0：编码器和解码器所知的最后一个像素值。
- a_1：a_0 右边的过渡像素。
- a_2：a_0 右边的第二个过渡像素。
- b_1：上一个已编码行中第一个与 a_0 颜色相反的过渡像素。
- b_2：上一个已编码行中 b_1 右边的第一个过渡像素。

READ 算法通过扫描这些像素的相对位置进行工作。在任一时刻，编码器和解码器都知道 a_0、b_1 和 b_2 的位置，而 a_1 和 a_2 的位置只有编码器知道。

该算法使用了三种编码模式：

- 如果前一行和当前行的游长相似，那么 a_1 和 b_1 之间的距离应该远远小于 a_0 和 a_1 之间的距离。因此，垂直模式将当前的游程编码为 $a_1 - b_1$。

370

- 如果前一行和当前行的游长不相似，当前行的游长使用一维游程编码。这种模式称为水平模式。
- 如果 $a_0 \leqslant b_1 < b_2 < a_1$，我们可以只传送一个码字，表示采用通道模式，将 a_0 提前到 b_2 下面的位置继续进行编码过程。

对 READ 算法的实际实现可以进行一些简化。例如，如果 $\|a_1 - b_1\| < 3$，说明我们应该使用垂直模式。同时，为避免误差传播，定义一个 k 因子，这样每 k 行中必须至少有一行使用传统的游程编码。这些修改构成了 G3 标准中的修订 READ 算法。MMR 算法只是去掉了 k 因子强加的限制。

对基于上下文的算术编码，图 11.19 说明了边界 BAB 中一个像素的"上下文"。在 CAE 内模式下，当仅涉及目标 α 图（图 11.19a）时，相同 α 图下的 10 个邻近像素（编码 0～9）就形成了上下文。与这些像素相关的 10 个二进制数可以提供至多 $2^{10} = 1024$ 种可能的上下文。

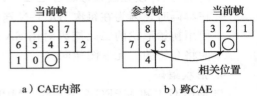

图 11.19　CAE 中的上下文用于 MPEG-4 中的二值形状编码。○表示当前像素，数字表示邻域中的其他像素

a）CAE内部　　　b）跨CAE

很显然，某些上下文（比如全为 1 或 0）出现的频率大于其他上下文。利用一些预先的统计，可以建立一个概率表表示这 1024 种上下文的出现频率。

回忆一下，算术编码（第 7 章）可以用一个数字编码概率符号的顺序。现在，每个像素可以查找这个表以获取其上下文的概率值。CAE 仅仅在 BAB 中顺序地扫描每个 16×16 像素并应用算术编码为该 BAB 计算出一个浮点数。

CAE 间模式是 CAE 内模式的自然扩展，它涉及目标 α 图和参考 α 图。对目标帧中的每一个边界宏块，首先调用运动估计（整数估计）和压缩过程找到参考帧中的匹配宏块。这确立了边界 BAB 中每个像素相应的位置。

图 11.19b 显示每个像素的上下文包括目标 α 图中 4 个相邻像素及参考 α 图中的 5 个像素。根据其上下文，为边界 BAB 中的每个像素赋予 $2^9 = 512$ 种可能性中的一个。然后，应用 CAE 算法。

16×16 二值图最初包含 256 位信息，把它压缩成一个浮点数是非常节省的。

以上的 CAE 方式是无损的。MPEG-4 组织也考察了以上形状编码的一些简单的有损版本，如在算术编码前，二元 α 图可以简单地使用因子 2 或 4 进行二次采样。其代价当然是形状的质量下降。

（2）灰度形状编码

MPEG-4 中的术语"灰度形状编码"可能会让人误解，因为真正的形状信息编码在二元 α 图中。这里的灰度用来描述形状的透明度而不是纹理。

除了 RGB 帧缓冲区的位平面外，光栅图形学为 α 图使用特别的位平面，它用于描述图形对象中的透明度。当 α 图拥有多个位平面时，即可引入多级透明度，例如 0 表示透明，255 表示不透明，0～255 间的任意数字表示其间的透明度。在 MPEG-4 中，对透明度编码使用灰度这个术语仅仅是因为表示透明度的数字介于 0～255 间，这与传统的 8 位灰度级相同。

MPEG-4 中的灰度形状编码使用与前述的纹理编码相同的技术。它使用 α 图和基于块的运动补偿，并通过 DCT 对预测误差进行编码。前面描述过，边界宏块需要进行填充，因为并非所有的像素都在 VOP 中。

透明度信息编码（灰度形状编码）是有损的，这与二值形状信息编码不同，它默认情况下是无损的。

5. 静态纹理编码

MPEG-4 对静态对象的纹理使用小波编码，这非常适合将纹理映射到 3D 表面的情况。

第 8 章中介绍过，小波编码可以将一幅图递归地分解为多重频率的子带。嵌入式零树小波（EZW）算法[19]通过削去子带中大量不重要的系数来提供更为紧凑的表示。

MPEG-4 静态纹理编码中子带编码的操作过程如下所示：

- 使用 DPCM 对最低频率的子带进行编码。每个系数的预测基于其三个邻居。
- 其余子带的编码基于多级零树小波编码方式。

多级零树对最低频率子带的每一个系数拥有一个父子关系（Parent-Child Relation, PCR）树，这样可以更好地查询所有系数的位置信息。

除了初始的系数幅度，量化的程度也对数据率有所影响。如果在量化后系数的幅度为 0，它就被当作不重要的系数。首先，使用一个大的量化器，只选择最重要的系数，然后使用算术编码方式进行编码。量化后的系数和初始的系数的差值保存在保留下的子带中，它将在下一次使用小一点的量化器的迭代中被编码。这个过程可以不断重复，因此具有很大的可扩展性。

6. 子图像编码

视频摄影常常涉及相机运动，如镜头旋转、倾斜、伸缩等，一般情况下主要是为了跟踪和检查前景（运动的）对象。在这种环境下，背景可以视为静止图像。这创建了一种新的 VO 类型——子图像，即一种可以在一幅大的图像中自由移动的图形图像。

为了从背景中分离前景对象，我们需要介绍子图像全景的概念——在一系列视频帧中用一幅静态图像描述静态背景，可以使用图像缝合和卷绕技术[20]获得。在视频序列的起始，大的子图像全景对象能够一次性编码并发送到解码器。当解码器收到分开编码的前景对象和描述相机运动的参数后，能高效地重构场景。

图 11.20a 显示了一个子图像，它是由一系列视频帧合成的全景图像。通过合并子图像背景和图 11.20b 中的吹笛者，再借助子图像编码、附加的旋转/倾斜和缩放参数，可以很容易地对新的视频场景（图 11.20c）解码。显然，前景对象可以来自原始视频场景，也可以新建以实现灵活的基于对象的 MPEG-4 视频合成。

a）子图像全景图像的背景

b）蓝屏图像中的前景对象
（在本例中为吹笛者）

c）组合的视频场景

图 11.20　子图像编码。吹笛者图片由西蒙弗雷泽大学管乐团提供（见彩插）

7. 全局运动补偿

如镜头旋转、倾斜、伸缩等常见的相机运动(因为它们应用于各个块，也称为全局运动)常常会造成连续视频帧间内容的快速变化。传统的基于块的运动补偿将产生大量重要的运动向量。而且，这些相机的运动无法全部由传统的基于块的运动补偿所使用的运动模型描述。全局运动补偿(Global Motion Compensation，GMC)旨在解决这个问题。GMC有 4 个主要的部分：

- **全局运动估计**。对于子图像，全局运动估计计算当前图像的运动。"全局"表示由于相机运动(镜头移动、伸缩等)造成的总体变化。它是通过最小化子图像 S 和全局运动补偿图像 I' 的平方差的和得到的。

$$E = \sum_{i=1}^{N}(S(x_i,y_i) - I'(x_i',y_i'))^2 \tag{11.6}$$

其基本思想是，如果背景(可能是缝合的)图像是子图像 $S(x_i,\ y_i)$，我们希望新的帧主要由通过全局相机运动修改的同样的背景形成。为进一步限制全局运动估计问题，在整个图像上的运动通过如下定义的 8 个参数的预测运动模型进行参数化：

$$x_i' = \frac{a_0 + a_1 x_i + a_2 y_i}{a_6 x_i + a_7 y_i + 1}$$

$$y_i' = \frac{a_3 + a_4 x_i + a_5 y_i}{a_6 x_i + a_7 y_i + 1} \tag{11.7}$$

这构成了一个约束最小化问题，可以通过梯度下降算法[21]解决。

- **卷绕和混合**。一旦运动参数计算出来，背景图像会与子图像卷绕到一起。卷绕后的图像坐标由式(11.7)得到。此后，卷绕的图像混合到当前子图像，从而生成新的子图像。这可以使用简单的平均或者某种形式的加权平均来完成。
- **运动轨迹编码**。我们不直接传递运动参数，而只是对参考点的位移进行编码，这称为轨迹编码[21]。将 VOP 边界框角的点选作参考点，会计算出来它们在子图像中相应的点。将这两个实体之间的差异作为差分运动向量编码并且传递。
- **选择局部运动补偿(LMC)或 GMC**。最后，必须选择 GMC 还是 LMC。我们可以将 GMC 应用于运动的背景，将 LMC 应用于前景。推断可知(跳过很多细节)，如果 $SAD_{GMC} < SAD_{LMC}$，则选择 GMC 生成预测参考 VOP。否则像以前一样使用 LMC。

11.4.3　MPEG-4 的合成对象编码

计算机图形学和动画软件中所创建的视频对象不断增多，这些对象称为合成对象，通常和游戏、电视广告、电视节目、动画和故事片中的自然对象和场景一起展示。

在本节中，我们主要讨论用于合成对象的基于二维网格的编码和基于三维模型的编码以及动画方法。Beek、Petajan 和 Ostermann[22]对这个主题进行了更详细的论述。

1. 2D 网格对象编码

2D 网格(2D mesh)是由多边形组成的二维平面区域的一小部分。这些多边形的顶点称为网格的节点。常用的网格都是三角形的网格，其中所有的多边形都是三角形。MPEG-4标准使用到了两种类型的 2D 网格：均匀网格和 Delaunay 网格[23]。这两种网格都是三角形的网格，可以用于为自然视频对象建模，也能用于为合成动画对象建模。

由于三角形结构(节点之间的边)比较简单，可以很容易地被解码器重建，所以在位流中不需要进行明确的编码。因此，2D 网格对象编码比较简洁。网格中所有坐标值都以半像素精度进行编码。

每一个 2D 网格可看作一个网格对象平面（MOP）。图 11.21 阐述了 2D MOP 的编码过程。编码可以分为几何编码（geometry coding）和运动编码（motion coding）。如图 11.21 所示，输入数据是网格中所有节点的坐标(x, y)和三角形(t_m)，输出数据是位移(dx_n, dy_n)和运动预测误差(ex_n, ey_n)，下面将分别介绍。

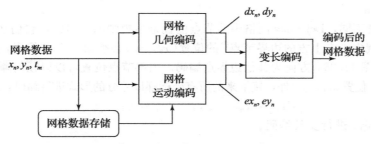

图 11.21　2D 网格对象平面（MOP）编码过程

（1）2D 网格几何编码

MPEG-4 允许 4 种不同三角形结构的均匀网格。图 11.22 是具有 4×5 网格节点的网格。每一个均匀网格可以用 5 个参数确定：前两个参数分别指定每一行和每一列的节点数；接下来的两个参数分别指定每一个矩形在水平和垂直方向上的大小；最后一个参数指定均匀网格的类型。

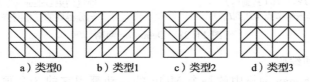

a）类型0　　b）类型1　　c）类型2　　d）类型3

图 11.22　四种均匀网格

376

均匀网格比较简单，在表现 2D 矩形对象（如整个视频帧）时效果很好。当用在任意形状的对象上时，它们被视频对象平面的边框所覆盖，影响了效率。

Delaunay 网格是能够更好地表示任意形状的二维对象的基于对象的网格。

定义 1　如果 $\mathcal{D}$ 是一个 Delaunay 三角网，那么它的任何一个三角形 $t_n=(P_i, P_j, P_k)\in\mathcal{D}$ 满足如下性质，即 t_n 的外接圆不包括其内部其他任何节点 P_l。

视频对象的 Delaunay 网格可以通过下面步骤来获得：

1）**选择网格的边界节点**。用多边形模拟对象的边界，多边形的顶点就是 Delaunay 网格的边界节点。一种可行的方法是选择曲率高的边界点作为边界节点。

2）**选择内部点**。对象边界内的特征点（如边界点或者角点）都可以作为网格的内部节点。

3）**完成 Delaunay 三角网**。一个受限的 Delaunay 三角网在边界和内部节点上起作用，多边形边界作为限制。这个三角网用线段将连续的边界节点连接起来作为边，并只在边界内部形成三角形。

（2）受限的 Delaunay 三角网

首先添加内部的边形成新的三角形。该算法会检查每一条内部边以确认它是否是局部 Delaunay。假设两个三角形 (P_i, P_j, P_k) 和 (P_j, P_k, P_l) 共用一条边，如果 (P_j, P_k, P_l) 在外接圆的内部包含 P_l 或者 (P_j, P_k, P_l) 在外接圆的内部包含 P_i，那么 $\overline{jk}$ 不是局部 Delaunay，并将被边 $\overline{il}$ 代替。

如果正好在 (P_i, P_j, P_k) 的外接圆上（因此，P_i 也刚好在 (P_j, P_k, P_l) 的外接圆上），

当且仅当 P_i 或者 P_l 在四个节点中 x 坐标最大时，将 $\overline{jk}$ 看作局部 Delaunay。

图 11.23a 和图 11.23b 说明了 Delaunay 网格节点的设置和受限 Delaunay 三角网的结果。如果节点的总数是 N，并且 $N=N_b+N_i$（其中 N_b 和 N_i 分别表示边界节点和内部节点的数量），那么在 Delaunay 网格中三角形的总数为 N_b+2N_i-2。在上面的图中，总数为 $8+2\times6-2=18$。

和均匀网格不同，Delaunay 网格中的节点位置是不规则的。因此，它们必须被编码。按照 MPEG-4 的规定，左上方的边界节点[⊖]的位置 (x_0, y_0) 必须第一个被编码，然后按顺时针或者逆时针（见图 11.23a）方向为其他边界点编码。内部节点位置可以以任何顺序进行编码。

除了第一个位置 (x_0, y_0) 外，接下来的所有坐标都以差分的形式进行编码，即对 $n\geqslant1$，有

$$dx_n = x_n - x_{n-1}, \quad dy_n = y_n - y_{n-1} \tag{11.8}$$

之后对 dx_n 和 dy_n 进行变长编码。

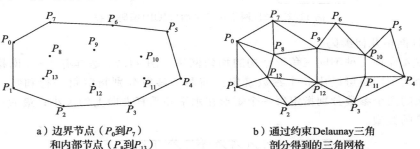

a）边界节点（P_0 到 P_7）
和内部节点（P_8 到 P_{13}）

b）通过约束 Delaunay 三角
剖分得到的三角网格

图 11.23   Delaunay 网格

（3）2D 网格运动编码

均匀网格和 Delaunay 网格中的每个 MOP 的运动都用它的 3 个顶点的运动向量来描述。一个新的网格结构只能够在帧内创建，它的三角形拓扑结构在接下来的帧中不再变化。这增强了 2D 网格运动估计的一对一映射。

对任何一个 MOP 三角形 (P_i, P_j, P_k)，如果 P_i 和 P_j 的运动向量为 $\mathbf{MV}_i$ 和 $\mathbf{MV}_j$，那么为 P_k 的运动向量进行的预测（值为 $\mathbf{Pred}_k$）可四舍五入为半像素精度：

$$\mathbf{Pred}_k = 0.5 \cdot (\mathbf{MV}_i + \mathbf{MV}_j) \tag{11.9}$$

预测误差 e_k 编码为：

$$e_k = \mathbf{MV}_k - \mathbf{Pred}_k \tag{11.10}$$

一旦对第一个 MOP 三角形 t_0 的三个运动向量进行编码，至少有一个邻居 MOP 与 t_0 共用一条边，它的第三个顶点的运动向量将被编码，以此类推。

运动向量的估计将在*初始三角形* t_0 处开始，这个三角形包含左上边界节点与其在顺时针方向相邻的边界节点。MOP 上所有的其他节点的运动向量都是根据式（11.10）进行编码的。在 2D 网格运动编码过程中为了穿越 MOP 三角形，创建了广度优先顺序。

图 11.24 说明一棵生成树如何产生并获取三角形的广度优先顺序。如图所示，初始三角形 t_0 有两

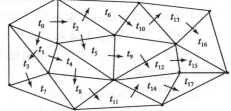

图 11.24   2D 网格运动编码中广度优先
顺序的 MOP 三角形

⊖ 左上边界节点定义为最小 $x+y$ 坐标值的节点。若有多于一个的边界节点有相同的 $x+y$，就选 y 值最小的节点。

个未访问的相邻三角形 t_1 和 t_2。在生成树中，它们作为 t_0 的子节点。

三角形 t_1 和 t_2 分别有未访问的相邻三角形（即子节点）t_3、t_4 和 t_5、t_6。在广度优先方式下，目前的顺序为 t_0、t_1、t_2、t_3、t_4、t_5。顺着生成树向下遍历，t_3 只有一个子节点 t_7，因为另外一个相邻三角形 t_1 已经被访问过；t_4 也只有子节点 t_8，以此类推。

（4）2D 对象动画

上面的网格运动编码在参考 MOP 和目标 MOP 的网格三角形之间创建了一对一的映射。它为 2D 网格中所有的节点生成运动向量。基于网格的纹理映射，通过卷绕[20] 参考 MOP 中每一个三角形的纹理到目标 MOP 相应的三角形中来产生新的变化表面的纹理。这有助于生成 2D 合成视频对象的动画。

对于三角形网格，用于卷绕的常用映射函数是仿射变换（affine transform），因为它将一条线映射到另一条线，并保证一个三角形映射为另一个三角形。下面给出两个对应三角形的六个顶点，可以得到仿射变换的参数，所以在纹理映射中变换可以应用于目标三角形中的所有点。

假设点 $\boldsymbol{P}(x, y)$ 在 2D 的平面上，指定一个线性变换，使

$$\begin{bmatrix} x' & y' \end{bmatrix} = \begin{bmatrix} x & y \end{bmatrix} \begin{bmatrix} a_{11} & a_{12} \\ a_{21} & a_{22} \end{bmatrix} \tag{11.11}$$

如果 $T(\alpha\boldsymbol{X} + \beta\boldsymbol{Y}) = \alpha T(\boldsymbol{X}) + \beta T(\boldsymbol{Y})$，其中 α、β 为标量，那么变换 T 为线性变换。上面的线性变换适合于几何操作，如旋转、缩放，但是不适用于平移，因为不可能加上一个常数向量。

定义 2　当且仅当存在向量 $\boldsymbol{C}$ 和线性变换 T 使得 $A(\boldsymbol{X}) = T(\boldsymbol{X}) + \boldsymbol{C}$ 时，变换 A 是仿射变换。

如果点 (x, y) 在图像中普遍使用到的齐次坐标系统中表示为 $[x, y, 1]$[24]，那么将 $[x, y, 1]$ 转换为 $[x', y', 1]$ 的仿射变换定义为：

$$\begin{bmatrix} x' & y' & 1 \end{bmatrix} = \begin{bmatrix} x & y & 1 \end{bmatrix} \begin{bmatrix} a_{11} & a_{12} & 0 \\ a_{21} & a_{22} & 0 \\ a_{31} & a_{32} & 1 \end{bmatrix} \tag{11.12}$$

它实现了下面的映射：

$$x' = a_{11}x + a_{21}y + a_{31} \tag{11.13}$$
$$y' = a_{12}x + a_{22}y + a_{32} \tag{11.14}$$

它最多有 6 个自由度，由参数 a_{11}、a_{21}、a_{31}、a_{12}、a_{22} 和 a_{32} 来表示。

下面的 3×3 矩阵是仿射变换的变换矩阵 (T_x, T_y)，逆时针转动 θ，缩放倍数分别为 S_x、S_y：

$$\begin{bmatrix} 1 & 0 & 0 \\ 0 & 1 & 0 \\ T_x & T_y & 1 \end{bmatrix}, \quad \begin{bmatrix} \cos\theta & \sin\theta & 0 \\ -\sin\theta & \cos\theta & 0 \\ 0 & 0 & 1 \end{bmatrix}, \quad \begin{bmatrix} S_x & 0 & 0 \\ 0 & S_y & 0 \\ 0 & 0 & 1 \end{bmatrix}$$

接下来的仿射变换是分别沿 x 轴和 y 轴进行倾斜：

$$\begin{bmatrix} 1 & 0 & 0 \\ H_x & 1 & 0 \\ 0 & 0 & 1 \end{bmatrix}, \quad \begin{bmatrix} 1 & H_y & 0 \\ 0 & 1 & 0 \\ 0 & 0 & 1 \end{bmatrix}$$

其中 H_x 和 H_y 是常数，决定倾斜的程度。

上面简单的仿射变换可以合成（通过矩阵相乘）产生复合的仿射变换。比如，旋转后进

行平移，或者进行其他任何变换后倾斜。

可以证明（参见练习 11.6），任何复合变换的产生将有完全相同的矩阵形式，并且最多有 6 个自由度，用 a_{11}、a_{21}、a_{31}、a_{12}、a_{22} 和 a_{32} 来指定。

如果目标 MOP 的三角形为

$$(\boldsymbol{P}_0, \boldsymbol{P}_1, \boldsymbol{P}_2) = ((x_0, y_0), (x_1, y_1), (x_2, y_2))$$

参考 MOP 中对应的三角形为

$$(\boldsymbol{P}'_0, \boldsymbol{P}'_1, \boldsymbol{P}'_2) = ((x'_0, y'_0), (x'_1, y'_1), (x'_2, y'_2))$$

两个三角形间的映射可以定义为下式：

$$\begin{bmatrix} x'_0 & y'_0 & 1 \\ x'_1 & y'_1 & 1 \\ x'_2 & y'_2 & 1 \end{bmatrix} = \begin{bmatrix} x_0 & y_0 & 1 \\ x_1 & y_1 & 1 \\ x_2 & y_2 & 1 \end{bmatrix} \begin{bmatrix} a_{11} & a_{12} & 0 \\ a_{21} & a_{22} & 0 \\ a_{31} & a_{32} & 1 \end{bmatrix} \tag{11.15}$$

式（11.15）包含六个线性方程（三个方程和 x 有关，三个方程和 y 有关），这 6 个方程用于求解未知的系数 a_{11}、a_{21}、a_{31}、a_{12}、a_{22} 和 a_{32}。设式（11.14）可以表示为 $\boldsymbol{X}' = \boldsymbol{X}\boldsymbol{A}$。由此可知 $\boldsymbol{A} = \boldsymbol{X}^{-1}\boldsymbol{X}'$，逆矩阵 $\boldsymbol{X}^{-1} = \dfrac{\mathrm{adj}(\boldsymbol{X})}{\det(\boldsymbol{X})}$，其中 $\mathrm{adj}(\boldsymbol{X})$ 是 $\boldsymbol{X}$ 的伴随矩阵，$\det(\boldsymbol{X})$ 是行列式。因此，

$$\begin{bmatrix} a_{11} & a_{12} & 0 \\ a_{21} & a_{22} & 0 \\ a_{31} & a_{32} & 1 \end{bmatrix} = \begin{bmatrix} x_0 & y_0 & 1 \\ x_1 & y_1 & 1 \\ x_2 & y_2 & 1 \end{bmatrix}^{-1} \begin{bmatrix} x'_0 & y'_0 & 1 \\ x'_1 & y'_1 & 1 \\ x'_2 & y'_2 & 1 \end{bmatrix}$$

$$= \frac{1}{\det(\boldsymbol{X})} \begin{bmatrix} y_1 - y_2 & y_2 - y_0 & y_0 - y_1 \\ x_2 - x_1 & x_0 - x_2 & x_1 - x_0 \\ x_1 y_2 - x_2 y_1 & x_2 y_0 - x_0 y_2 & x_0 y_1 - x_1 y_0 \end{bmatrix} \begin{bmatrix} x'_0 & y'_0 & 1 \\ x'_1 & y'_1 & 1 \\ x'_2 & y'_2 & 1 \end{bmatrix}$$

$$\tag{11.16}$$

其中 $\det(\boldsymbol{X}) = x_0(y_1 - y_2) - y_0(x_1 - x_2) + (x_1 y_2 - x_2 y_1)$。

因为网格三角形中的三个顶点都不共线，它确保 $\boldsymbol{X}$ 不是奇异的，即 $\det(\boldsymbol{X}) \neq 0$。因此式（11.16）总是有唯一解。

上面的仿射变换都是分段的，即每一个三角形有自己的仿射变换。当对象在动画序列中缓慢变化时，仿射变换的效果是非常好的。图 11.25a 显示了一个简单的单词映射到 Delaunay 网格上的情况。图 11.25b 说明在仿射变换后在动画序列中接下来的 MOP 上扭曲了的单词。

a）原始的网格   b）经过防射变换后的网格

图 11.25   2D 对象动画中基于网格的纹理映射

2. 基于模型的 3D 编码

由于人脸和身体频繁地出现于视频中，MPEG-4 为人脸对象和身体对象定义了专门的 3D 模型。这些新的视频对象应用于远程会议、人机交互、游戏以及电子商务。过去，3D

动画研究 3D 线框模型及其动画[25]，MPEG-4 比线框模型更加先进，可以在人脸对象和身体对象的表面加阴影或进行纹理映射。

（1）人脸对象编码和动画

人脸模型既可以手动创建，也可以通过计算机视觉或模式识别技术自动生成。但是，前者比较麻烦而且效果不佳，而后者在可靠性上还有所欠缺。

MPEG-4 采用由虚拟现实建模语言（Virtual Reality Modeling Language，VRML）组织[26]开发的通用默认人脸模型。可以指定脸部动画参数（Face Animation Parameter，FAP）以获取所需的动画，它与最初的"中性"的人脸不同。此外，还可以指定脸部定义参数（Face Definition Parameter，FDP）以更好地描述人脸。图 11.26 显示了 FDP 的特征点。可以被动画（FAP）影响的特征点用实心圆点表示，不受动画影响的用空心圆点表示。

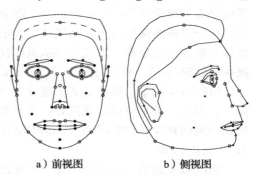

a）前视图　　　　　b）侧视图

图 11.26　人脸定义参数中的特征点（牙齿和舌头的特征点没有标出）

VRWL 组织定义了 68 种 FAP[22]，FAP1 定义了嘴型，FAP2 定义了面部表情。通过对说话者当前嘴部位置建模，嘴型 FAP 可以高度真实地为嘴唇运动编码；其他所有的 FAP 都是为了反映头、下颚、唇、眼睑、眼球、眉毛、瞳孔、下巴、脸颊、舌头、鼻子、耳朵等部位的可能的运动。

比如，表情包含中性、喜悦、悲伤、愤怒、恐惧、厌恶和惊奇。每一种表情都能通过一组特征集来表示。以悲伤为例，可以通过微闭的眼睛、松弛的嘴和上扬的眉毛表示。运动的 FAP 包括纵摇头（head_pitch）、平摇头（head_yaw）、转摇头（head_roll）、张口（open_jaw）、深颌（thrust_jaw）、移颌（shift_jaw）、伸下嘴唇（push_bottom_lip）、伸上嘴唇（push_top_lip）等。

FAP 使用预测编码进行压缩。目标帧的 FAP 预测基于前一帧中的 FAP，之后使用算术编码计算预测误差。此外，还采用 DCT 来提高压缩率，尽管这样做会增加计算代价。FAP 也需要量化，利用不同的量化步长，来探究某些 FAP（如张嘴）比其他 FAP（如伸上嘴唇）需要更低的精度。

（2）身体对象编码和动画

MPEG-4 版本 2 引入了身体对象，它是对人脸对象的自然扩展。

与 VRML 联盟中的人类动画（Humanoid Animation，H-Anim）小组合作，MPEG 采用了带默认姿态的通用虚拟人体，默认的姿态是站立、双足向前、手臂在两边、手掌向内，包含 296 个身体动画参数（Body Animation Parameter，BAP）。当应用于任何符合 MPEG-4 标准的通用主体时，它们将生成相同的动画。

大量的 BAP 描述了身体不同部分的连接角度，包括脊柱、肩、锁骨、肘、手腕、手指、臀、膝盖、踝及脚趾。这为身体生成了 186 个自由度，每只手有 25 个自由度。而且，一些身体运动可以通过多种级别来确认。例如，根据动画的复杂度，脊柱有 5 个不同级别，分别支持 9、24、42、60、72 个自由度。

对特定的身体，可以为身体维度、身体表面形状及纹理信息指定身体定义参数（Body Definition Parameter，BDP）。身体表面形状使用一个 3D 多边形网格（3D polygon mesh）表现，包括 3D 空间中一个多边形平面表面集[24]。在计算机图形学中使用 3D 网格为表面建模是很流行的。与纹理映射一起使用，它可以获得很好的(成像逼真的)表示效果。

BAP 的编码与 FAP 的编码相似，即使用量化和预测编码，并通过算术编码进一步压缩预测误差。

11.4.4 MPEG-4 部分、规范和层次

迄今为止，MPEG-4 已经有了超过 28 个部分[9]，更多部分仍在发展之中。MPEG-4 不仅定义了视觉规格(文献[2]的第二部分)和音频规格(文献[2]的第三部分)，还定义了在不同部分中的图形规格、动画规格、音乐规格、场景描述规格、对象描述子规格、传输多媒体完整性框架规格、流规格和知识产权管理及保护规格。MPEG-4 的第十部分是关于高级视频编码(AVC)的，与 ITU-T H.264 AVC 相同。

MPEG-4 的第二部分定义了超过 20 种视频规范，比如简单、高阶简单、核心、主要、简单扩展等。经常使用的规范有：简单规范(SP)和高阶简单规范(ASP)。后者被一些热门的视频编码软件(比如 DivX、NeroDigital 和 Quicktime6)所使用。开源软件 Xvid 既支持 SP 又支持 ASP。

MPEG-4 的第二部分也在每一个规范中定义了多个层次，比如在简单规范中定义层次 0~3，在高阶简单规范中定义层次 0~5。总的来说，这些规范中的低阶层次支持低位率的视频格式(CIF、QCIF)和类似于网上的视频会议的应用；高阶的层次支持更高质量的视频。

11.5 MPEG-7

随着越来越多的多媒体内容成为众多应用不可或缺的部分，有效性以及高效的信息检索成为首要考虑的问题。1996 年的 10 月，MPEG 小组继 MPEG-1、MPEG-2 和 MPEG-4 之后继续另一个主要标准 MPEG-7 的开发。

MPEG-4 与 MPEG-7 的相同之处在于它们都关注的是视听对象。MPEG-7 的一个主要目标[27-29]是满足像数字图书馆这类应用对基于视听内容的检索(或视听对象检索)的需要。当然，这不限于检索——它可以应用于任何多媒体应用，包括多媒体数据的生成(内容创建)和使用(内容消耗)。

MPEG-7 在 2001 年 9 月成为国际标准。在 ISO/IEC 15938 文档[30]中，它的官方名称为多媒体内容描述接口(Multimedia Content Description Interface)。该标准由七部分组成，即系统、描述定义语言、视频、音频、多媒体描述方案、参考软件、一致性和测试性。从 2002 年开始，第八部分到第十二部分都有更进一步的发展，这些发展主要集中在不同规范和查询格式上。

MPEG-7 支持多种多媒体应用。它的数据可以包括静态图片、图像、3D 模型、音频、语音、视频以及复合信息(这些元素如何组合)。这些 MPEG-7 数据元素可以用文本或二进制格式(或者两者兼用)来表示。第一部分(系统)定义了 MPEG-7 二进制格式(BiM)数据的语法。第二部分(描述定义语言)描述了采用 XML Schema 作为其语言的文本格式的语法。在文本格式与二进制格式表示之间定义了双向无损映射。

图 11.27 给出了一些受益于 MPEG-7 的应用。如图所示，提取特征并用于实例化 MPEG-7 描述。之后，由 MPEG-7 编码器编码并发送到存储和传输媒体。多种搜索和查询引擎处理搜索和浏览请求，这些请求构成了互联网的拉式(pull)动作，而过滤代理(filter-agent)则过滤掉大量数据，这些数据会推送到终端用户、计算机系统以及应用程序。

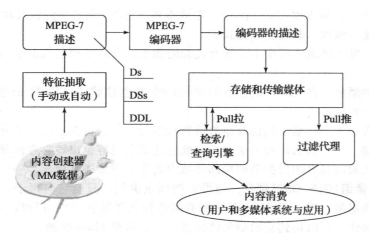

图 11.27　可能使用 MPEG-7 的应用

为了进行多媒体内容描述，MPEG-7 还开发了描述子（Descriptor，D）、描述方案（Description Scheme，DS）和描述定义语言（Description Definition Language，DDL）。下面是一些重要概念：

- **特征**：数据的特性。
- **描述子(D)**：特征的定义（语法和语义）。
- **描述方案(DS)**：描述子和描述方案间结构和关系的规范（参见文献[31]）。
- **描述**：一组实例化的描述子和描述方案，描述了内容、存储以及内容使用等的结构和概念信息。
- **描述定义语言(DDL)**：表达和组合描述方案以及描述子的语法规则（参见文献[32]）。

可见 MPEG-7 的范畴就是对用于描述的描述子、描述方案和描述定义语言进行标准化[30]，而产生和使用描述的机制和处理过程超出了 MPEG-7 的范畴。这个问题还有待解决，它有利于工业界的改革创新和公平竞争，更重要的是可以推动新技术的不断进步。

与 MPEG-1 视频中的仿真模型（SM）、MPEG-2 视频中的测试模型（TM）以及 MPEG-4（视频、音频、SNHC 和系统）中的验证模型（VM）类似，MPEG-7 把它的工作模型命名为实验模型（Experimentation Model，XM）——一个字母顺序双关语！XM 提供了用于评价描述子、描述方案和描述定义语言的多种工具的描述，以便于进行实验和验证，并可在全世界对多个独立的部分进行比较。第一组这类实验称为核心实验（core experience）。

11.5.1　描述子

MPEG-7 的描述子用于描述如颜色、纹理、形状、动作等低级特征以及如事件、抽象概念等语义对象的高级特征。像前面所说的那样，用于自动甚至半自动的特征提取方法和处理过程都不是标准中的一部分。尽管在图像、音频处理、计算机视觉以及模式识别领域做了大量工作并取得一些进展，但自动、可靠的（特别是高级别的）特征提取在近期还不太可能实现。

应该根据描述子的性能、效率以及大小的比较来选择描述子。表示基本视觉特征的低级视觉描述子[33]包括以下内容。

（1）颜色

- **颜色空间**。RGB、YCbCr、HSV（色调、饱和度、对比度）[24]、HMMD（HueMax-

MinDiff)[34]、从 RBG 的一个 3×3 矩阵推导出的 3D 颜色空间以及单色。

- **颜色量化**。线性、非线性和查找表。
- **主颜色**。每个区域或图像中少数有代表的颜色，在基于颜色相似性的图像检索中很有用处。
- **可扩展的颜色**。在 HSV 颜色空间中的一个颜色柱状图。用 Haar 变换进行编码，因此是可扩展的。
- **颜色分布**。为进行基于颜色分布的信息检索所做的颜色在空间上的分布。
- **颜色结构**。一个颜色结构元素的频率既描述颜色内容也描述它在图像中的结构。颜色结构元素由具有相同颜色的局部邻域中的几个图像样本组成。
- **帧图/图像组(GoF/GoP)颜色**。与可扩展颜色类似，只是它应用于一个视频段或一个静态图像组。对于 GoF/GoP 中所有颜色柱状图的各个柱进行取平均、取中值或取交集操作，可以得到总的颜色柱状图，然后送至 Haar 变换。

(2) 纹理

- **同质纹理**。利用可以定量表示同质纹理区域的方向和尺度调整的 Gabor 滤波器[35]。Gabor 滤波器的优点是可以在空间频率域内提供同步最佳分辨率[36]。而且，它们是符合人类视觉特征的带通滤波器。一个滤波器堆由 30 个 Gabor 滤波器组成，有 5 种不同的尺度，每一尺度有 6 种不同的方向，用来提取纹理描述子。
- **纹理浏览**。用于表示和浏览同质纹理的边的规律性、粗糙度和方向性的描述[30]。此时也要使用 Gabor 过滤器。
- **边柱状图**。表示 4 个方向(0°、45°、90°、135°)的边和一个无向边的空间分布。图像可以分为小的子图，并为每个子图生成一个有 5 个柱的边界柱状图。

(3) 形状

- **基于区域的形状**。用一组 ART(Angular Radial Transform，角度径向变换)[28]系数来描述一个对象的形状。一个对象可以由一个或多个区域组成，对象中可能会有一些洞。ART 是根据单位圆上的极坐标而定义的二维复杂转换。ART 基函数在角度维和径向维上是分开的。36 个基函数(12 个角度和 3 个径向)用来抽取形状描述子。
- **基于轮廓的形状**。利用曲率尺度空间(Curvature Scale Space，CCS)表示[37]有固定的尺度和旋转，对于非刚性运动和部分遮挡的形状具有鲁棒性。
- **三维形状**。描述三维网格模型和形状索引[38]。将整个网络的形状索引的柱状图用作描述子。

(4) 运动

- **相机运动**。固定、旋转、倾斜、转动、前后移动、跟踪、上下移动(见图 11.28 和文献[39])。
- **对象运动轨道**。关键点(x, y, z, t)的列表，可选的插值函数可用来详细描述路径上的加速情况(参见文献[39])。
- **变量对象运动**。基本模型是平移、旋转、缩放、偏移以及这几种组合的二维仿射模型。一个平面透视模型和二次模型可适用于透视失真以及更复杂的运动。

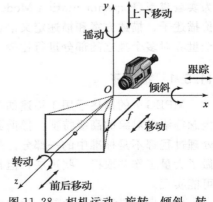

图 11.28   相机运动：旋转、倾斜、转动、前后移动、跟踪以及上下移动(摄像机有一个有效焦距 f。图中表明摄像机初始位于原点，面朝 z 轴方向)

- **运动工作**。提供对视频的强度、速度、状态等的描述。例如，"曲棍球游戏中的评分"或者"采访一个人"这样的视频。

（5）定位

- **区域定位器**。指定一个有方形或多边形的图像中区域的定位。
- **时空定位器**。描述视频序列中的时间空间区域。利用一组或多组区域描述子以及它们的运动。

（6）其他

- **面部识别**。一个标准的面部图像可表示为一个一维向量，然后投影成一个有 49 个基本向量的集合，代表所有可能的面部向量。

11.5.2 描述方案

本节给出基本元素、内容管理、内容描述、导航与访问、内容组织以及用户交互领域中 MPEG-7 描述方案的概述。

（1）基本元素

- **数据结构和数学结构**。向量、矩阵、柱状图等。
- **结构**。链接媒体文件及定位段、区域等。
- **方案工具**。包括根元素（MPEG-7XML 文档和描述的开始元素）、顶级元素（为面向特定内容的描述组织 DS）和打包工具（将一个描述的相关 DS 组件组成包）。

（2）内容管理

- **媒体描述**。仅包含一个 DS，即媒体信息 DS，它有一个媒体标识描述子和一个或多个媒体规范描述子组成，媒体规范描述子包含诸如编码方式、代码转换提示、存储和传输格式等信息。
- **创建和生成描述**。包含创建（标题、创建者、创建地点、日期等）、分类（类型、语言、所述指引等）以及相关材料等信息。
- **内容使用描述**。提供关于使用权限、使用记录、可用性以及经费（生产成本、内容使用的收入）信息的各种 DS。

（3）内容描述

- **结构化描述**。段描述方案描述内容的结构化方面。段是一个音频视频对象的一部分。段之间的关系通常用段树表示。当关系不是纯层次结构时，可使用段图表示。

  段描述方案可以用一个类对象实现。它有 5 个子类，即视听段描述方案、音频段描述方案、静态区域描述方案、移动区域描述方案以及视频段描述方案。子类描述方案可以递归地包含其子类。

  例如，一个静态区域描述方案可用于从图像的创建（标题、创建者、日期）、使用（商标）、媒体（文件格式）、文本标注、颜色柱状图以及可能的纹理描述子等方面描述图像。这个初始区域（在这种情况下是图像）可以再分解为许多区域，这些区域也可以有它们自己的描述方案。

  图 11.29 描述了一个海上救援任务的视频段，图中一个人从直升机上降落到船上。视频段中有三个运动区域，可以构建一个段图以涵盖诸如视频帧（直升飞机、人、船只）的空间关系组合和区域运动（上方、上面、紧邻、移动等）的结构化描述。

运动区域：直升机　　　　运动区域：人　　　　运动区域：船

图 11.29　MPEG-7 视频段（见彩插）

- **概念化描述**。包括内容的更高级别（非结构化）描述，例如，对篮球赛或湖人队球赛的事件描述方案（Event DS）、对 John 或人的对象描述方案、特定时间或地点的语义性质的状态描述方案以及对像"自由"或"秘密"等抽象概念的概念描述方案。与段描述方案类似，概念描述方案也可以组织成树或图。

（4）导航与访问

- **摘要**。为内容的快速浏览和导航提供视频摘要，通常只显示关键帧。支持下列描述方案：摘要描述方案、层次摘要描述方案、重要级描述方案、连续摘要描述方案。层次摘要提供了多级的关键帧层次结构，而连续摘要通常提供幻灯片放映或者视听切换，可能包含音频和文本的同步。图 11.30 描述了一个公园中"赛龙舟"的视频摘要。摘要包含三级层次结构。每个级别的每个视频段由缩略图大小的关键帧描述。

图 11.30　视频摘要（见彩插）

- **分割和分解**。这里是指视图的分割和分解。视图分割（由视图 DS 指定）描述视听数据的不同空间视图和频率视图，例如空间视图（可以是一个图像的空间段）、时间视图（如在一个视频的时间段中）、频率视图（如在一个图像的小波子带中）或者分辨率视图（如在一个指甲大小的图中）等。视频分解 DS 指定为了组织视听数据的视图而进行的不同树或图的分解，如一个空间树 DS（一个四叉树图像分解）。
- **内容的变化**。变化 DS 描述图像分辨率、帧率、颜色削减、压缩等原数据的变化。服务器利用它来实现以特定的 QoS 在网络和终端自适应传输视听数据。

（5）内容组织

- **集合**。集合结构 DS 将音频视频内容组成簇。它指定了簇元素的一般性质和簇之间的关系。

- **模型**。模型 DS 包含可能性模型 DS、分析模型 DS 以及用来抽取集合属性和特征的模型和统计的分类器 DS。

（6）用户交互

- **用户偏好**。DS 描述用户在视听内容的消费方面的偏好（如内容类型、浏览模式、个人特征）以及用户喜好是否可以被分析用户行为的代理改变。

11.5.3　描述定义语言

MPEG-7 采用最初由 W3C 开发的 XML 模式语言作为描述定义语言。由于 XML 模式语言并不是专门为视听内容设计的，所以要对它进行扩展。MPEG-7DDL 大致有以下部分。

（1）1XML 模式结构部分

- 模式：定义和声明的封皮。
- 主要结构部分，如简单和复杂的类型定义，以及属性和元素的声明。
- 次要结构部分，如属性组定义、身份限制定义、组定义，以及符号声明。
- "助手"部分，如注释、词缀以及通配符。

（2）XML 模式数据类型部分

- 原始和派生的数据类型。
- 用户派生新数据类型的机制。
- 比 XML 1.0 更好的类型检查。

（3）MPEG-7 扩展

- 数组和矩阵数据类型。
- 多种媒体类型，包括音频、视频以及音频视频表示。
- 枚举数据类型 MimeType、CountryCode、RegionCode、CurrencyCode 以及 CharacterSetCode。
- 对描述子和描述方案的知识产权管理及保护（IPMP）。

389
〜
390

11.6　练习

1. 众所周知，MPEG 视频压缩利用了 I 帧、P 帧和 B 帧。然而，早期的 H.261 标准并没有用到 B 帧。描述由于没有使用 B 帧而使视频压缩性能欠佳的情况。（答案不得与图 11.1 中的情况相同。）

2. MPEG-1 标准引入了 B 帧，使运动向量搜索范围也相应地由 H.261 中的[−15，15]增加到[−512，511.5]。为什么这是必然的？计算连续 P 帧间的 B 帧个数可以证明搜索范围的增长。

3. B 帧给编码带来了很大的好处，如在低码率的情况下增加了 SNR 而且节省带宽，那么 B 帧有哪些缺点？

4. 重新绘制图 11.8 中的 MPEG-2 两层 SNR 可伸缩性编码器和解码器，使之包含第二个增强层。

5. 绘制下列可伸缩性的 MPEG-2 编码器和解码器的块图：（a）SNR 空间混合可伸缩性，（b）SNR 时间混合可伸缩性。

6. 为什么 B 帧不能在运动补偿中作为参考帧？假设任何类型的帧都可作为参考帧。讨论在视频序列中用参考 B 帧代替 P 帧的利弊（即完全消除 P 帧）。

7. 写一段可以在 MPEG-2 中实现 SNR 可伸缩性的程序。该程序应能运行在任何宏块上、

使用任意量化步长 `step_size`，并应能输出 `Bits_base` 和 `Bits_enhance` 位流。可忽略可变长编码这个步骤。

8. 假设 MPEG-4 运动补偿是基于 VOP（视频对象平面）的。而最终，为了运动补偿，VOP 仍然被分成宏块（内部宏块、边界宏块等）。

    (a) 当前实现的潜在问题是什么？如何改进？

    (b) 有真正的基于 VOP 的运动补偿吗？与当前的实现相比如何？

9. MPEG-1、MPEG-2、MPEG-4 是著名的解码器标准。而压缩算法（编码器的细节）仍然要留待将来做改进和开发的。对于 MPEG-4 来说，视频对象分割的主要问题，（即如何获得 VOP）没有具体说明。

    (a) 提出一种你自己处理视频对象分割的方法。

    (b) 你的方法中有哪些潜在的问题？

10. 运动向量可以具有子像素精度。尤其，MPEG-4 支持亮度 VOP 中的四分之一像素精度。请提出一种能够实现这种精度的算法。

11. 编程实现计算下面 8×8 块的 SA-DCT。

$$
\begin{array}{cccccccc}
0 & 0 & 0 & 0 & 16 & 0 & 0 & 0 \\
4 & 0 & 8 & 16 & 32 & 16 & 8 & 0 \\
4 & 0 & 16 & 32 & 64 & 32 & 16 & 0 \\
0 & 0 & 32 & 64 & 128 & 64 & 32 & 0 \\
4 & 0 & 0 & 32 & 64 & 32 & 0 & 0 \\
0 & 16 & 0 & 0 & 32 & 0 & 0 & 0 \\
0 & 0 & 0 & 0 & 16 & 0 & 0 & 0 \\
0 & 0 & 0 & 0 & 0 & 0 & 0 & 0 \\
\end{array}
$$

12. 与普通 DCT 相比，SA-DCT 的计算开销有多大？假设视频对象是一个 8×8 块中间的一个 4×4 的正方形。

13. 可将仿射变换组合生成复合仿射变换。证明复合仿射变换具有形式完全相同的矩形（最后一列为 $[001]^\mathrm{T}$）且最多有 6 级自由度，用参数 a_{11}、a_{21}、a_{31}、a_{12}、a_{22}、a_{32} 表示。

14. 基于网格的运动编码应用于二维动画和面部动画时的效果很好。当它应用在人体动画时主要有哪些问题？

15. 开发 MPEG-7 的主要动机是什么？给出现实世界中得益于 MPEG-7 的三个例子。

16. "基于区域" 和 "基于轮廓" 是 MPEG-7 中两个主要的形状描述子。显然，描述区域和轮廓的形状有很多种方法。

    (a) 你更喜欢哪种形状描述子？

    (b) 与 MPEG-7 中的 ART 和 CSS 相比如何？

参考文献

1. L. Chiariglione, The development of an integrated audiovisual coding standard: MPEG. Proc. IEEE **83**, 151–157 (1995)

2. D.J. Le Gall, MPEG: a video compression standard for multimedia applications. Commun. ACM **34**(4), 46–58 (1991)

3. R. Schafer, T. Sikora, Digital video coding standards and their role in video communications. Proc. IEEE **83**(6), 907–924 (1995)

4. Information technology—Coding of moving pictures and associated audio for digital storage media at up to about 1.5 Mbit/s. Int. Standard: ISO/IEC 11172, Parts 1–5 (1992)

5. J.L. Mitchell, W.B. Pennebaker, C.E. Fogg, D.J. LeGall, *MPEG Video Compression Standard*. (Chapman & Hall, New York, 1996)
6. B.G. Haskell, A. Puri, A. Netravali, *Digital Video: an Introduction to MPEG-2*. (Chapman & Hall, New York, 1996)
7. Information technology—Generic coding of moving pictures and associated audio information. Int. Standard: ISO/IEC 13818, Parts 1–11 (2004)
8. T. Sikora, The MPEG-4 video standard verification model. IEEE Trans. Circuits Syst. Video Technol. (Special issue on MPEG-4) **7**(1), 19–31 (1997)
9. Information technology—Generic coding of audio-visual objects. Int. Standard: ISO/IEC 14496, Parts 1–28 (2012)
10. A. Puri, T. Chen (eds.), *Multimedia Systems, Standards, and Networks* (Marcel Dekker, New York, 2000)
11. G. Fernando et al., Java in MPEG-4 (MPEG-J), in *Multimedia, Systems, Standards, and Networks*, ed. by A. Puri, T. Chen (Marcel Dekker, New York, 2000), pp. 449–460
12. Video Coding for Low Bit Rate Communication, ITU-T Recommendation H.263, Version 1, 1995, Version 2, 1998, Version 3, 2000, Revised 2005
13. A. Puri et al., MPEG-4 natural video coding—Part I, in *Multimedia, Systems, Standards, and Networks*, ed. by A. Puri, T. Chen (Marcel Dekker, New York, 2000), pp. 205–244
14. T. Ebrahimi, F. Dufaux, Y. Nakaya, MPEG-4 natural video coding - Part II, in *Multimedia, Systems, Standards, and Networks*, ed. by A. Puri, T. Chen (Marcel Dekker, New York, 2000), pp. 245–269
15. P. Kauff, et al. Functional coding of video using a shape-adaptive DCT algorithm and an object-based motion prediction toolbox. IEEE Trans. Circuits Syst. Video Technol. (Special issue on MPEG-4) **7**(1), 181–196 (1997)
16. Standardization of Group 3 facsimile apparatus for document transmission. ITU-T Recommendation T.4, 1980
17. Facsimile coding schemes and coding control functions for Group 4 facsimile apparatus. ITU-T Recommendation T.6, 1984
18. Information technology—Coded representation of picture and audio information—progressive bi-Level image compression. Int. Standard: ISO/IEC 11544, also ITU-T Recommendation T.82, 1992
19. J.M. Shapiro, Embedded image coding using zerotrees of wavelet coefficients. IEEE Trans. Signal Process. **41**(12), 3445–3462 (1993)
20. G. Wolberg, *Digital Image Warping* (Computer Society Press, Los Alamitos, CA, 1990)
21. M.C. Lee, et al. A layered video object coding system using sprite and affine motion model. IEEE Trans. Circuits Syst. Video Technol. **7**(1), 130–145 (1997)
22. P. van Beek, MPEG-4 synthetic video, in *Multimedia, Systems, Standards, and Networks*, ed. by A. Puri, T. Chen (Marcel Dekker, New York, 2000), pp. 299–330
23. A.M. Tekalp, P. van Beek, C. Toklu, B. Gunsel, 2D mesh-based visual object representation for interactive synthetic/natural digital video. Proc. IEEE **86**, 1029–1051 (1998)
24. John F. Hughes, Andries van Dam, Morgan McGuire, David F. Sklar, James D. Foley, Steven K. Feiner, K. Akeley, *Computer Graphics: Principles and Practice*, 3rd ed. (Addison-Wesley, Upper Saddle River, 2013)
25. A. Watt, M. Watt, *Advanced Animation and Rendering Techniques*. (Addison-Wesley, Upper Saddle River, 1992)
26. Information technology—The Virtual Reality Modeling Language—Part 1: Functional specification and UTF-8 encoding. Int. Standard: ISO/IEC 14772–1 (1997)
27. S.F. Chang, T. Sikora, A. Puri, Overview of the MPEG-7 standard. IEEE Trans. Circuits Syst. Video Technol. (Special issue on MPEG-7) **11**(6), 688–695 (2001)
28. B.S. Manjunath, P. Salembier, T. Sikora (eds.), *Introduction to MPEG-7: Multimedia Content Description Interface*. (Wiley, Chichester, 2002)
29. H.G. Kim, N. Moreau, T. Sikora, *MPEG-7 Audio and Beyond: Audio Content Indexing and Retrieval*. (Wiley, New York, 2005)
30. Information technology—Multimedia content description interface. Int. Standard: ISO/IEC 15938, Parts 1–12 (2008)

392

31. P. Salembier, J. R. Smith, MPEG-7 multimedia description schemes. IEEE Trans. Circuits Syst. Video Technol. **11**(6), 748–759 (2001)

32. J. Hunter, F. Nack, An overview of the MPEG-7 description definition language (DDL) proposals. Signal Process. Image Commun. **16**(1–2), 271–293 (2001)

33. T. Sikora, The MPEG-7 visual standard for content description—an overview. IEEE Trans. Circuits Syst. Video Technol. (Special issue on MPEG-7) **11**(6), 696–702 (2001)

34. B.S. Manjunath, J.-R. Ohm, V.V. Vasudevan, A. Yamada, Color and texture descriptors. IEEE Trans. Circuits Syst. Video Technol. **11**, 703–715 (2001)

35. B.S. Manjunath, G.M. Haley, W.Y. Ma, in *Multiband Techniques for Texture Classification and Segmentation*, ed. by A. Bovik, Handbook of Image and Video Processing (Academic Press, San Diego, 2000), pp. 367–381

36. T.P. Weldon, W.E. Higgins, D.F. Dunn, Efficient Gabor filter design for texture segmentation. Pattern Recogn **29**(12), 2005-2015 (1996)

37. F. Mokhtarian, A.K. Mackworth, A theory of multiscale, curvature-based shape representation for planar curves. IEEE Trans. Pattern Anal. Mach. Intell. **14**(8), 789–805 (1992)

38. J.J. Koenderink, A.J. van Doorn, Surface shape and curvature scales. Image Vision Comput. **10**, 557–565 (1992)

39. S. Jeannin et al., Motion descriptor for content-based video representation. Signal Process. Image Commun. **16**(1–2), 59–85 (2000)

393
~
394

新视频编码标准：H. 264 和 H. 265

12. 1　H. 264

　　ISO/IEC MPEG 和 ITU-T VCEG（视频编码专家组）的联合视频团队（JVT）开发了 H. 264 视频压缩标准。H. 264 视频压缩标准之前称为 "H. 26L"。第一版 H. 264 的最终草案于 2003 年 5 月完成[1]。

　　H. 264 也称为 MPEG-4 第十部分或 AVC（高级视频编码）[2-4]，通常称为 H. 264/AVC （或 H. 264/MPEG-4 AVC）视频编码标准。

　　H. 264/AVC 提供更高的视频编码效率，比 MPEG-2 高出 50% 的压缩效果，并且比 H. 263+ 和 MPEG-4 高级版简档高出 30%，同时保持与压缩视频相同的质量。它涵盖了广泛的应用，从高位率到非常低的位率。H. 264 核心功能大大改善，与新的编码工具一起在压缩比、错误弹性和主观质量方面得到了显著的改进，超过了现有的 ITU-T 和 MPEG 标准。它已成为各种应用（例如蓝光光盘、HDTV 广播、互联网上的流视频、网络 Flash 和 Silverlight 等软件以及移动和便携式设备上的应用程序）的默认标准。

　　与以前的视频压缩标准相似，H. 264 规定了基于块的、支持运动补偿和变换编码的混合编码方案。同样，每个图像可以被分解为宏块（16×16 块），并且任意大小的切片可将多个宏块分组为独立单元。基础的 H. 264/AVC 编码器如图 12.1 所示。

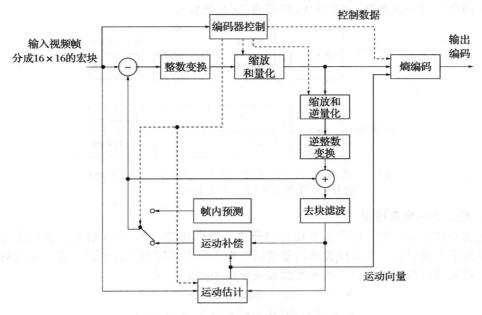

图 12.1　H. 264/AVC 的基本编码器

　　H. 264/AVC 的主要特点是：

● 4×4 块的整数变换。复杂度低，无漂移。

- 能够对从 16×16 到 4×4 的亮度图像进行可变块大小的运动补偿。
- 通过内插实现了运动向量的四分之一像素精度。
- 能够进行多参考图像的运动补偿，不仅仅是 P 帧或 B 帧的运动估计。
- 帧内定向空间预测。
- 环路去块滤波。
- 上下文自适应可变长度编码（CAVLC）和上下文自适应二进制算术编码（CABAC）。
- 对数据错误和数据丢失具有鲁棒性，能够对由不同解码器产生的视频流实现更灵活的同步和切换功能。

解码器有以下五个主要方面：

- 熵解码。
- 残差像素的逆量化和变换。
- 运动补偿或帧内预测。
- 重建。
- 重建像素上的环路去块滤波器。

12.1.1　运动补偿

与 MPEG-2 和 H.263 类似，H.264 采用混合编码技术，即把画面间运动预测和画面内空间预测组合，并对残差进行变换编码。

1. 可变块大小运动补偿

395
〜
396

如前所述，H.264 中的帧间运动估计也是基于块的。默认宏块的大小为 16×16。宏块也可以分为四个 8×8 分区。在进行运动估计时，每个宏块或每个宏块分区可以进一步分段成更小的分区，如图 12.2 所示。顶部的四个选项来自 16×16 宏块（所谓的 M 类型），底部的四个选项分别来自 8×8 分区（所谓的 8×8 类型）。

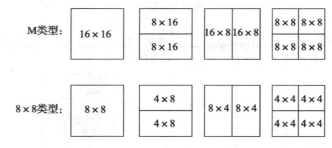

图 12.2　H.264 中用于运动估计的宏块的分割。上图为宏块的分割，下图为 8×8 分区的分割

2. 四分之一像素精度

运动补偿的精度在亮度图像中具有四分之一像素精度。图 12.3 给出了如何通过插值得到半像素和四分之一像素位置处的像素值。为了导出标记为 b 和 h 的半像素位置处的像素值，首先通过应用如下的六抽头滤波器来导出中间值 b_1 和 h_1。

$$b_1 = E - 5F + 20G + 20H - 5I + J$$
$$h_1 = A - 5C + 20G + 20M - 5R + T$$

然后通过以下公式获得 b 和 h 的值，限制在 0～255 的范围内。

$$b = (b_1 + 16) \gg 5$$

$$h = (h_1 + 16) \gg 5$$

上述等式中的特殊符号"$\gg$"表示右移。例如，$b = (b_1 + 16) \gg 5$ 等效于 $b = \text{round}\left(\dfrac{b_1}{2^5}\right) = \text{round}\left(\dfrac{b_1}{32}\right)$。然而，与循环函数调用相比，移位操作效率更高。

中间像素 j 由下列公式得到：

$$j_1 = aa_1 - 5bb_1 + 20h_1 + 20m_1 - 5cc_1 + dd_1$$

其中中间值 aa_1、bb_1、m_1、cc_1 和 dd_1 以与 h_1 类似的方式导出。然后，通过以下公式获得 j 的值，限制在 0 到 255 的范围内。

$$j = (j_1 + 512) \gg 10$$

通过对整数和半像素位置处的两个最近像素的值进行平均，获得标记为 a、c、d、n、f、i、k 和 q 的四分之一像素位置处的像素值。例如：

$$a = (G + b + 1) \gg 1$$

最后，通过对在对角线方向的半像素位置处的两个最近像素的值进行平均来获得标记为 e、g、p 和 r 的四分之一像素位置处的像素值。例如：

$$e = (b + h + 1) \gg 1$$

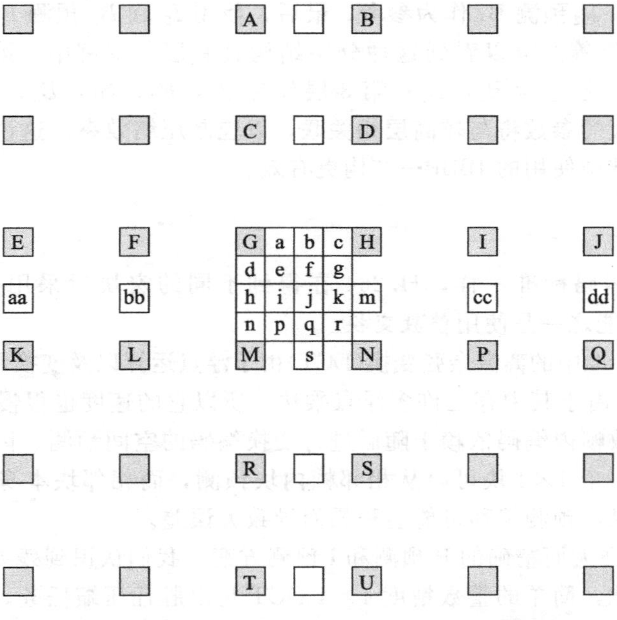

图 12.3　H. 264 中分数样本的插值。大写字母表示图像网格上的像素。
小写字母表示半像素和四分之一像素位置的像素

3. 图像组中的附加选项

如图 11.3 所示，在先前的 MPEG 标准中，图像组（GOP）以 I 帧开始和结束。在它之间有 P 帧和 B 帧。无论是 I 帧或 P 帧均可用作参考帧。通过前向预测来预测 P 帧中的宏块，并且通过前向预测和后向预测的组合来预测 B 帧中的宏块。H. 264 将会继续支持这种"经典"的 GOP 结构。此外，它将支持以下 GOP 结构。

（1）无 B 帧

由于双向预测，B 帧中宏块的预测会产生更多的延迟，并为所需的 I 帧和 P 帧提供更多的存储空间。在此，只允许使用 I 和 P 帧。虽然压缩效率相对较低，但它更适用于某些特定的应用，例如，视频会议往往需要尽量低的延迟。这与 H. 264 的基线配置文件或约束基线配置文件的目标相吻合。

（2）多个参考帧

为了找到 P 帧中每个宏块的最佳匹配，H. 264 允许最多 N 个参考帧。图 12.4 展示了 $N=4$ 的例子。P_1 的参考帧为 I_0，P_2 的参考帧为 I_0 和 P_1……对于 $P4$，参考帧为 I_0、P_1、P_2 和 P_3。这虽然提高了压缩效率，但在编码器的运动估计中仍然需要更多的计算。并且，它需要更大的缓冲区才能在编码器和解码器处存储多达 N 个帧。

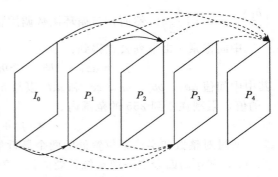

图 12.4   多参考帧的图示

（3）分层预测结构

在 H. 264 的灵活预测选项下，分层预测结构也是能够实现的。例如，我们可以有一个以 I_0 和 I_{12} 开始和结束的 GOP。这之间有 11 个连续的 B 帧（B_1 到 B_{11}）。首先，使用 I_0 和 I_{12} 预测 B_6 作为参考。接下来，使用 I_0 和 B_6 预测 B_3，使用 B_6 和 I_{12} 预测 B_9 作为参考。最后，使用 I_0 和 B_3 预测 B_1 和 B_2，使用 B_3 和 B_6 预测 B_4 和 B_5，等等。可以看到这种分层结构具有层。本例中，第 0 层包含 I_0，I_{12}；第 1 层包含 B_6；第 2 层包含 B_3，B_9；第 3 层包含 B_1，B_2，B_4，B_5，B_7，B_8，B_{10}，B_{11}。通常，量化越来越大的参数将与较高层相关联，以控制压缩效率。这说明它比在以前的视频时间预测编码标准中使用的 IBBP…结构更有效。

12. 1. 2　整数变换

与以前的视频编码标准一样，H. 264 在得到不同的宏块后采用变换编码。H. 264/AVC 中最重要的功能之一是使用整数变换。

已知视频编码标准中的离散余弦变换（DCT）由于浮点运算以及变换和逆变换中的舍入误差而导致预测偏移。由于其中存在许多浮点乘法，所以它的速度也很慢。H. 264 允许 4×4 块和各种预测；偶数帧内编码依赖于随后进行变换编码的空间预测。因此，它对预测偏移非常敏感。例如，一个 4×4 块可以从相邻帧内块预测，而相邻块本身可以从另一个相邻块预测，等等。结果，预测偏移可能会积累而导致大误差。

鉴于 H. 264 中强大而精确的 P 预测和 I 预测方案，我们认识到残差像素中的空间相关性通常非常低。因此，简单的整数精度 4×4 DCT 足以胜任压缩任务。该整数算法允许在所有处理器上进行精确的逆变换并消除以前基于变换的编解码器中的编码器/解码器不匹配问题。H. 264 也提供了具有非线性步长的量化方案，以在量化尺度的高端和低端获得准确的速率控制。

H. 264 中的 4×4 变换近似于 DCT 和 IDCT，它们仅涉及 16 位整数算术运算，可以非常有效地实现。

如第 8 章所述，二维 DCT 是可分离的：它可以由两个连续的一维转换（即首先在垂直方向上，然后是水平方向上）实现。这可以通过两个矩阵乘法来实现：$\boldsymbol{F}=\boldsymbol{T}\times\boldsymbol{f}\times\boldsymbol{T}^{\mathrm{T}}$，其中 $\boldsymbol{f}$ 是输入数据，$\boldsymbol{F}$ 是转换数据，$\boldsymbol{T}$ 是所谓的 DCT 矩阵。DCT 矩阵是正交的，即所有行都是正交的，都有规范 1。

4×4 DCT 矩阵 $\boldsymbol{T}_4$ 可以写成：

$$T_4 = \begin{bmatrix} a & a & a & a \\ b & c & -c & -b \\ a & -a & -a & a \\ c & -b & b & -c \end{bmatrix}$$

其中 $a = \dfrac{1}{2}$，$b = \sqrt{\dfrac{1}{2}} \cos \dfrac{\pi}{8}$，$c = \sqrt{\dfrac{1}{2}} \cos \dfrac{3\pi}{8}$。

400

为了得到一个接近 T_4 的缩放的 4×4 整数变换，我们可以简单地将 T_4 的元素缩放到最接近的整数[5]：

$$H = \mathrm{round}(\alpha \cdot T_4) \tag{12.1}$$

当 $\alpha = 26$，我们得到

$$H = \begin{bmatrix} 13 & 13 & 13 & 13 \\ 17 & 7 & -7 & -17 \\ 13 & -13 & -13 & 13 \\ 7 & -17 & 17 & -7 \end{bmatrix}$$

与 T_4 类似，该矩阵具有一些不错的性质：它的所有行都是正交的；因为 $4 \times 13^2 = 2 \times (17^2 + 7^2)$，它们也有同样的规范。但是，这个矩阵的动态范围增益为 52（即 4×13）。由于在 $F = H \times f \times H^T$ 中为了转换列和 f 的行，使用两次矩阵，总增益为 $52^2 = 2704$。因为 $\log_2 2704 \approx 11.4$，与 F 中需要的位数相比，F 中的系数还需要额外的 12 位，导致 16 位算术运算无法实现，需要 32 位的算术运算。

因此，在文献[5]中提出在式(12.1)中 $\alpha = 2.5$，则

$$H = \begin{bmatrix} 1 & 1 & 1 & 1 \\ 2 & 1 & -1 & -2 \\ 1 & -1 & -1 & 1 \\ 1 & -2 & 2 & -1 \end{bmatrix} \tag{12.2}$$

这个新的矩阵 H 仍然是正交的，尽管它的行不再有相同的规范。为了恢复正交属性，我们可以简单地得出以下结果：通过将 H 中的所有行元素除以 $\sqrt{\sum_j H_{ij}^2}$ 得到矩阵 $\overline{H}$，其中 H_{ij} 是 H 中第 i 行第 j 列的元素。然而，这不再是整数变换。

$$\overline{H} = \begin{bmatrix} \dfrac{1}{2} & \dfrac{1}{2} & \dfrac{1}{2} & \dfrac{1}{2} \\ \dfrac{2}{\sqrt{10}} & \dfrac{1}{\sqrt{10}} & \dfrac{-1}{\sqrt{10}} & \dfrac{-2}{\sqrt{10}} \\ \dfrac{1}{2} & \dfrac{-1}{2} & \dfrac{-1}{2} & \dfrac{1}{2} \\ \dfrac{1}{\sqrt{10}} & \dfrac{-2}{\sqrt{10}} & \dfrac{2}{\sqrt{10}} & \dfrac{-1}{\sqrt{10}} \end{bmatrix}$$

在 H. 264 实现中，这个规范化问题被推迟。它被合并到下一步的量化过程中，因为我们可以简单地在量化矩阵中调整值以实现量化和规范化的目标。

因为 H 是正交的，只要规范化问题得到关注，我们可以用 H^T 作为逆变换 H^{-1}。同样，由于稍后在去量化步骤中也可以解决这个问题，所以我们简单地介绍一个点对点(ad hoc)逆变换，H_{inv} 使用：

$$\boldsymbol{H}_{\text{inv}} = \begin{bmatrix} 1 & 1 & 1 & \dfrac{1}{2} \\ 1 & \dfrac{1}{2} & -1 & -1 \\ 1 & \dfrac{-1}{2} & -1 & 1 \\ - & -1 & 1 & \dfrac{-1}{2} \end{bmatrix} \tag{12.3}$$

$\boldsymbol{H}_{\text{inv}}$ 基本等于 $\boldsymbol{H}^{\text{T}}$，但第二和第四列缩小了 $\dfrac{1}{2}$。这是因为 $\boldsymbol{H}_{\text{inv}}$ 输入数据的动态范围大于 $\boldsymbol{H}$ 的。因此，需要对列进一步按比例缩小，否则动态范围增益会更大。

H.264 还支持 8×8 整数变换 $\boldsymbol{H}_{8\times 8}$。正如式(12.4)所示，除非另有说明，在讨论中我们将使用 $\boldsymbol{H}_{4\times 4}$ 版本。

$$\boldsymbol{H}_{8\times 8} = \begin{bmatrix} 8 & 8 & 8 & 8 & 8 & 8 & 8 & 8 \\ 12 & 10 & 6 & 3 & -3 & -6 & -10 & -12 \\ 8 & 4 & -4 & -8 & -8 & -4 & 4 & 8 \\ 10 & -3 & -12 & -6 & 6 & 12 & 3 & -10 \\ 8 & -8 & -8 & 8 & 8 & -8 & -8 & 8 \\ 6 & -12 & 3 & 10 & -10 & -3 & 12 & -6 \\ 4 & -8 & 8 & -4 & -4 & 8 & -8 & 4 \\ 3 & -6 & 10 & -12 & 12 & -10 & 6 & -3 \end{bmatrix} \tag{12.4}$$

12.1.3 量化和缩放

与以前的视频压缩标准一样，变换后使用量化，而不是设计简单的量化矩阵，H.264 具有更复杂的设计[5]，可以完成 $\boldsymbol{H}$ 的量化和缩放(规范化)。

1. 整数变换和量化

令 $\boldsymbol{f}$ 为 4×4 输入矩阵，$\hat{\boldsymbol{F}}$ 为变换后的量化输出。正整数变换、缩放和量化的实现如下:

$$\hat{\boldsymbol{F}} = \text{round}\left[\frac{(\boldsymbol{H} \times \boldsymbol{f} \times \boldsymbol{H}^{\text{T}}) \cdot \boldsymbol{M}_f}{2^{15}}\right] \tag{12.5}$$

这里，"×"表示矩阵乘法，而"·"表示逐个元素乘法。$\boldsymbol{H}$ 同式(12.2)。$\boldsymbol{M}_f$ 是源自 $\boldsymbol{m}$ 的 4×4 量化矩阵，$\boldsymbol{m}$ 为 6×3 矩阵(见表 12.1)。QP 是量化参数。

表 12.1 用于生成 $\boldsymbol{M}_f$ 的矩阵 $\boldsymbol{m}$

QP	$\boldsymbol{M}_f$ 中的位置 (0, 0), (0, 2)(2, 0), (2, 2)	$\boldsymbol{M}_f$ 中的位置 (1, 1), (1, 3), (3, 1), (3, 3)	$\boldsymbol{M}_f$ 中剩余位置
0	13 107	5243	8066
1	11 916	4660	7490
2	10 082	4194	6554
3	9362	3647	5825
4	8192	3355	5243
5	7282	2893	4559

令 $0 \leqslant \text{QP} < 6$，则:

$$M_f = \begin{bmatrix} m(\mathrm{QP},0) & m(\mathrm{QP},2) & m(\mathrm{QP},0) & m(\mathrm{QP},2) \\ m(\mathrm{QP},2) & m(\mathrm{QP},1) & m(\mathrm{QP},2) & m(\mathrm{QP},1) \\ m(\mathrm{QP},0) & m(\mathrm{QP},2) & m(\mathrm{QP},0) & m(\mathrm{QP},2) \\ m(\mathrm{QP},2) & m(\mathrm{QP},1) & m(\mathrm{QP},2) & m(\mathrm{QP},1) \end{bmatrix} \tag{12.6}$$

令 QP $\geqslant 6$，则上式中的每个 $m(\mathrm{QP}, k)$ 由 $\dfrac{m(\mathrm{QP}\%6, k)}{2^{\lfloor \frac{\mathrm{QP}}{6} \rfloor}}$ 替代。

量化是通过右移"$\gg 15$"来实现，这是另一个缩放步骤。

2. 逆整数变换和去量化

假设 $\widetilde{f}$ 是去量化然后逆变换的结果。缩放、去量化和逆整数变换根据以下方式实现：

$$\widetilde{f} = \mathrm{round}\left[\frac{(H_{\mathrm{inv}} \times (\hat{F} \cdot V_i) \times H_{\mathrm{inv}}^{\mathrm{T}})}{2^6} \right] \tag{12.7}$$

H_{inv} 等同式(12.3)。V_i 是由 v 导出的 4×4 去量化矩阵，v 是 6×3 矩阵(见表 12.2)。令 $0 \leqslant \mathrm{QP} < 6$，则

$$V_i = \begin{bmatrix} v(\mathrm{QP},0) & v(\mathrm{QP},2) & v(\mathrm{QP},0) & v(\mathrm{QP},2) \\ v(\mathrm{QP},2) & v(\mathrm{QP},1) & v(\mathrm{QP},2) & v(\mathrm{QP},1) \\ v(\mathrm{QP},0) & v(\mathrm{QP},2) & v(\mathrm{QP},0) & v(\mathrm{QP},2) \\ v(\mathrm{QP},2) & v(\mathrm{QP},1) & v(\mathrm{QP},2) & v(\mathrm{QP},1) \end{bmatrix} \tag{12.8}$$

令 QP $\geqslant 6$，则上式中的每个 $v(\mathrm{QP}, k)$ 由 $v(\mathrm{QP}\%6, k) \cdot 2^{\lfloor \frac{\mathrm{QP}}{6} \rfloor}$ 替代。

表 12.2　用于生成 V_i 的矩阵 v

QP	V_i 中的位置 (0, 0), (0, 2)(2, 0), (2, 2)	V_i 中的位置 (1, 1), (1, 3), (3, 1), (3, 3)	V_i 中剩余位置
0	10	16	13
1	11	18	14
2	13	20	16
3	14	23	18
4	16	25	20
5	18	29	23

402
∫
403

去量化也是通过右移"$\gg 6$"之后可以实现的另一个缩放步骤。

12. 1. 4　H. 264 整数变换和量化示例

本节讲述 H. 264 整数变换和量化的一些示例及其使用各种量化参数 QP 的逆。输入数据为任意值的 4×4 矩阵 f，经过变换和量化的系数存储在 $\hat{F}$ 中。M_f 和 V_i 是量化和去量化矩阵，$\widetilde{f}$ 是去量化后逆变换的输出。为了比较，我们也会计算压缩损失 $\varepsilon = f - \widetilde{f}$。

为了提高速率-失真性能，H. 264 采用死区量化(也称为中宽型量化，如第 8 章所述)。可以描述为将实数 x 转换为整数 Z 的函数，如下所示：

$$Z = \lfloor x + b \rfloor$$

其中 x 是上一节中讨论的缩放值。默认情况下，$b = 0.5$，上述函数则等于式(12.5)或式(12.7)中规定的 round 函数。为了最小化量化误差，H. 264 实际上采用自适应量化，其中死区的宽度可以由 b 控制。例如，$b = \dfrac{1}{3}$ 用于帧内编码，$b = \dfrac{1}{6}$ 用于帧间编码。简单起

见，下面例子仅使用 $b=0.5$。

图 12.5a 显示了 QP＝0 时的结果。此时，压缩损失达到最小。M_f 和 V_i 的值根据式（12.6）和式（12.8）确定。由于在量化步骤中没有缩小 F 值，重构的 $\tilde{f}$ 与 f 完全相同，即 $\tilde{f}=f$。

图 12.5b 显示了 QP＝6 时的结果。如预期的，与相应的 QP＝0 的矩阵项相比，M_f 中

72	82	85	79	1 3107	8066	1 3107	8066	507	−12	−2	2
74	75	86	82	8066	5243	8066	5243	0	−7	−14	5
84	73	78	80	1 3107	8066	1 3107	8066	2	0	−8	−11
77	81	76	84	8066	5243	8066	5243	−1	8	4	3

$$f \qquad\qquad M_f \qquad\qquad \hat{F}$$

10	13	10	13	72	82	85	79	0	0	0	0
13	16	13	16	74	75	86	82	0	0	0	0
10	13	10	13	84	73	78	80	0	0	0	0
13	16	13	16	77	81	76	84	0	0	0	0

$$V_i \qquad\qquad \tilde{f} \qquad\qquad \varepsilon=f-\tilde{f}$$

a）QP = 0

72	82	85	79	6554	4033	6554	4033	254	−6	−1	1
74	75	86	82	4033	2622	4033	2622	0	−4	−7	3
84	73	78	80	6554	4033	6554	4033	1	0	−4	−6
77	81	76	84	4033	2622	4033	2622	0	4	2	1

$$f \qquad\qquad M_f \qquad\qquad \hat{F}$$

20	26	20	26	72	82	85	79	0	0	0	0
26	32	26	32	74	75	86	82	0	0	0	0
20	26	20	26	84	74	78	80	0	−1	0	0
26	32	26	32	77	82	76	84	0	−1	0	0

$$V_i \qquad\qquad \tilde{f} \qquad\qquad \varepsilon=f-\tilde{f}$$

b）QP = 6

72	82	85	79	1638	1008	1638	1008	63	−2	0	0
74	75	86	82	1008	655	1008	655	0	−1	−2	1
84	73	78	80	1638	1008	1638	1008	0	0	−1	−1
77	81	76	84	1008	655	1008	655	0	1	0	0

$$f \qquad\qquad M_f \qquad\qquad \hat{F}$$

80	104	80	104	70	81	86	78	2	1	−1	1
104	128	104	128	73	73	85	83	1	2	1	−1
80	104	80	104	82	75	77	82	2	−2	1	−2
104	128	104	128	77	79	74	85	0	2	2	−1

$$V_i \qquad\qquad \tilde{f} \qquad\qquad \varepsilon=f-\tilde{f}$$

c）QP = 18

72	82	85	79	410	252	410	252	16	0	0	0
74	75	86	82	252	164	252	164	0	0	0	0
84	73	78	80	410	252	410	252	0	0	0	0
77	81	76	84	252	164	252	164	0	0	0	0

$$f \qquad\qquad M_f \qquad\qquad \hat{F}$$

320	416	320	416	80	80	80	80	−8	2	5	−1
416	512	416	512	80	80	80	80	−6	−5	6	2
320	416	320	416	80	80	80	80	4	−7	−2	0
416	512	416	512	80	80	80	80	−3	1	−4	4

$$V_i \qquad\qquad \tilde{f} \qquad\qquad \varepsilon=f-\tilde{f}$$

d）QP = 30

图 12.5 具有各种 QP 的 H.264 整数变换和量化示例

的值减少一半，V_i 中的值约为两倍。量化因子约为 1.25（即相当于 qstep≈1.25）。结果，$\tilde{f}\neq f$。在 ε 中可以观察到轻微的损失。

类似地，当 QP=18 时，结果如图 12.5c 所示。与 QP=6 的结果相比，M_f 和 V_i 的值分别进一步降低或增加了 4 倍。量化因子约为 5（即相当于 qstep≈5）。ε 中显示的损失增加了。

图 12.5d 展示了一个有趣的结果。当 QP=30 时，量化因子约为 20（即相当于 qstep≈20）。除了 $\hat{F}$ 中较大的量化 DC 值保持非零外，所有的 AC 系数都变成零。结果，重建的 $\tilde{f}$ 在所有条目中有 80 个。ε 中的压缩损失已不复存在。

12.1.5　帧内编码

404
～
405

与以前的视频标准（例如 MPEG-2 和 H.263+）相比，H.264 利用了更多的空间预测。使用一些相邻的重建像素（使用帧内或帧间编码的重建像素）来预测帧内编码的宏块。

与图像间运动补偿中的可变块大小类似，可以为每个帧内编码宏块选择不同的帧内预测块大小（4×4 或 16×16）。如图 12.6 所示，Intra_4×4 中的 4×4 块有 9 种预测模式。图 12.7 进一步说明了其中的 6 种。

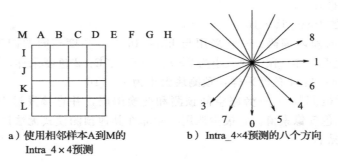

a）使用相邻样本A到M的　　　b）Intra_4×4预测的八个方向
Intra_4×4预测

图 12.6　H.264 帧内预测

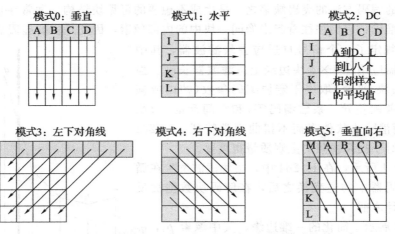

图 12.7　H.264 帧内预测中 9 个 Intra_4×4 预测模式的前 6 个

预测模式 0、1、3 和 4 是非常简单的。例如，在模式 0 中，像素 A 的值将用作第一列中（即 A 下方的列）所有像素的预测值，像素 B 的值将用作第二列中所有像素的预测值，等等。模式 2（DC）是将 8 个先前编码的相邻像素（A 至 D 和 I 至 L）的平均值用作 4×4 块中所有像素的预测值的特殊模式。

模式5(垂直向右)、模式6(水平向下)、模式7(垂直向左)和模式8(水平向上)类似。如图12.7所示,模式5中的预测以2:1的比例向下和向右(即2个像素向下,1个像素相右,或向右大约26.6度)。对于第二行和第四行的像素,这个效果很好。例如,如果4×4块的行和列的索引在0~3的范围内,则像素[1,1],[3,2]的预测值将为A的值。然而,第一行和第三行的像素将无法使用任何先前编码的相邻像素的单个值。相反,它必须从其中两个外推。例如,[0,0]和[2,1]处的像素的预测值将是M和A的值的比例组合。

对于每个预测模式,将比较预测值和实际值以产生预测误差。产生最少预测误差的模式将作为块的预测模式。然后将预测误差(残差)发送到使用4×4整数变换的变换编码。宏块中的每个4×4块可以具有不同的预测模式。复杂的帧内预测是强大的,因为当时间预测失败时它大大减少了要传输的数据量。

Intra_16×16中的16×16块只有四种预测模式。除了较大的块大小之外,模式0(垂直)、模式1(水平)和模式2(DC)与Intra_4×4非常相似。模式3(平面)是16×16块特有的,将以平面(线性)函数拟合到16×16块的上部和左侧样本作为预测。

总而言之,为帧内编码指定以下四种模式:

- 亮度宏块的Intra_4×4。
- 亮度宏块的Intra_16×16。
- 色度宏块的帧内编码——它采用与Intra_16×16亮度相同的四种预测模式。对于4:2:0色度采样,预测块大小为8×8;对于4:2:2色度采样,预测块大小为8×16;对于4:4:4色度采样,预测块大小为16×16。
- I_PCM(脉码调制)——旁路空间预测和变换编码,并直接发送PCM编码(固定长度)亮度和色度像素值。它极少调用,除非在其他预测模式无法产生任何数据压缩/缩减的情况下。

12.1.6　环路去块滤波

基于块的编码方法的突出缺陷之一是生成不想要的可见块结构。通常在块边界处的像素重建不太准确:它们往往看起来像同一块中的内部像素,因此是块的虚假显现。

H.264规定了一个信号自适应去块滤波器,其中将一组滤波器应用在4×4块边缘上。滤波器长度、强度和类型(去块/平滑)取决于宏块编码参数(帧内或帧间编码、参考帧差异、系数编码等)和空间活动(边缘检测),从而消除块状伪影而不扭曲视觉特征。H.264去块滤波器对于提高视频的主观质量很重要。

如图12.1所示,在H.264中,去块滤波发生在循环中,在编码器中的逆变换之后,在解码块数据被反馈到运动估计之前。

图12.8展示了简化的一维边缘,其中像素p_0、q_0等表示它们的价值。去块滤波的功能是基本平滑块边缘。例如,"四抽头滤波"将需要一些加权p_1、p_0、q_0和q_1值的平均值生成新的p_0或q_0。

显然,需要保护块边界上的实际边缘以防止去块

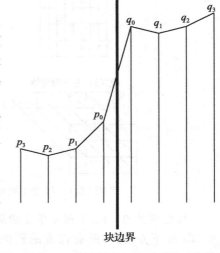

图12.8　块边界上一维边缘的去块

滤波。只有满足以下所有条件，才对 p_0 和 q_0 进行去块滤波：

$$|p_0 - q_0| < \alpha(QP)$$
$$|p_0 - p_1| < \beta(QP)$$
$$|q_0 - q_1| < \beta(QP)$$

其中 α 和 β 是阈值，它们是在标准中定义的量化参数 QP 的函数。当 QP 较小时，它们较低。这是因为当 QP 小时，具有相对显著的差异，例如 $|p_0 - q_0|$ 很可能是由一个真正的边缘造成的。

除了 p_0 和 q_0 之外，如果

$$|p_0 - p_2| < \beta(QP) \quad 或 \quad |q_0 - q_2| < \beta(QP)$$

则在 p_1 或 q_1 上的去块滤波将得以应用。

408

12. 1. 7 熵编码

H. 264 开发了一套复杂的熵编码方法。当 entropy_coding_mode＝0 时，一个简单的指数哥伦布(Exp-Golomb)码用于标题数据、运动向量和其他非残留数据，而更为复杂的上下文自适应可变长度编码(CAVLC)用于量化残差系数。当 entropy_coding_mode＝1 时，使用上下文自适应二进制算术编码(CABAC)(见 12.1.9 节)。

1. 简单的 Exp-Golomb 码

用于标题数据的简单指数哥伦布(Exp-Golomb)码是所谓的 0 阶 Exp-Golomb 码 (EG_0)。它是一个二进制码，由三部分组成：[前缀][1][后缀]。前缀是一个 l 个 0 的序列。给定要编码的无符号(正)数 N，$l=\lfloor \log_2(N+1) \rfloor$。后缀 S 是 l 位二进制数 $N+1-2^l$。

如表 12.3 所示，如果无符号 $N=4$，则 $l=\lfloor \log_2(N+1) \rfloor=2$，前缀为 00；后缀 S 是 2 位二进制数 $S=4+1-2^2=1$，即 01。因此，$N=4$ 时的 Exp-Golomb 码为 00101。

解码无符号 N 的 Exp-Golomb 码 EG_0，可以遵循以下步骤：

1) 读取连续零序列，$l=$number_of_zeros。
2) 跳过下一个 1。
3) 读取下一个 l 位并分配给 S。
4) $N=S-1+2^l$。

无符号数字用于指示宏块类型、参考帧索引等。对于有符号数字(例如运动向量差)，它们将被简单地压入以产生如第二列中列出的新的一组表条目(见表 12.3)。

表 12.3 第 0 阶 Exp-Golomb 码字(EG_0)

未标记 N	标记 N	码字
0	0	1
1	1	010
2	-1	011
3	2	00100
4	-2	00101
5	3	00110
6	-3	00111
7	4	0001000
8	-4	0001001
...	...	...

409

2. 第 k 阶 Exp-Golomb 码

一般来说，Exp-Golomb 码可以具有较高的阶数，即 k 阶 EG_k。类似地，它是一个二进制码，由三部分组成：[前缀][1][后缀]。前缀是 l 个 0 的序列。给定拟编码的无符号(正)数 N，$l=\lfloor \log_2\left(\dfrac{N}{2^k+1}\right) \rfloor$。后缀 S 是以 $l+k$ 位表示的二进制数 $N+2^k(1-2^l)$。

例如，$N=4$ 的 EG_1 码是 0110。这是因为 $l=\lfloor \log_2\left[\dfrac{4}{2^1+1}\right] \rfloor$，前缀为 0；后缀是以 $l+k=1+1=2$ 位表示的二进制数 $4+2^1(1-2^1)=2$，为 10。表 12.4 提供了一些非负数的一阶和二阶 Exp-Golomb 码的例子。

表 12.4   一阶和二阶 Exp-Golomb 码字（EG₁ 和 EG₂）

未标记 N	EG₁ 码字	EG₂ 码字	未标记 N	EG₁ 码字	EG₂ 码字
0	10	100	9	001011	01101
1	11	101	10	001100	01110
2	0100	110	11	001101	01111
3	0101	111	12	001110	0010000
4	0110	01000	13	001111	0010001
5	0111	01001	14	00010000	0010010
6	001000	01010	15	00010001	0010011
7	001001	01011	...	...	...
8	001010	01100			

解码无符号 N 的 k 阶 Exp-Golomb 码 EG_k，可以遵循以下步骤：

1）读取连续零序列，l＝number_of_zeros。

2）跳过下一个 1。

3）读取下一个 $l+k$ 位并分配给 S。

4）$N = S - 2^k(1 - 2^l)$。

410

12.1.8   上下文自适应可变长度编码

以前的视频编码标准（如 MPEG-2 和 H.263）使用固定的 VLC。上下文自适应可变长度编码（CAVLC）[6,7]为每种数据类型预定义多个 VLC 表（零运行、级别等），并且预定义的规则是基于上下文（例如，先前解码的相邻块）来预测最佳 VLC 表。

已知含有残留数据的量化频率系数的矩阵（默认为 4×4）通常是稀疏的，即包含许多零。即使它们非零，经常使用较高频率的量化系数＋1 或 −1（所谓的"trailing_1s"）。CAVLC 通过从当前块数据中仔细提取以下参数来利用这些特性：

- 非零系数总数（TotalCoeff）和尾随±1 数（Trailing_1s）。
- Trailing_1s 的符号。
- 其他非零系数（非 Trailing_1s）的级别（符号和大小）。
- 最后一个非零系数之前的零的总数。
- 在每个非零系数之前运行零（zeros_left 和 run_before）。

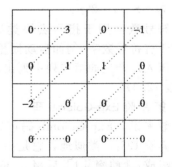

图 12.9   显示了变换和量化后剩余数据的 4×4 块的一个例子。Z 字形扫描后，一维序列为：0 3 0 −2 1 0 −1 1 0 0 0 0 0 0 0 0。表 12.5 给出了生成的 CAVLC 码的细节。以相反的顺序处理非零系数，即由 4 索引的最后一个系数（Trailing_1[4]）先检索，以此类推。

图 12.9   示例：CAVLC 编码器的 4×4 数据块

表 12.5   来自图 12.9 的数据的 CAVLC 码生成

数据	值	码
coeff_token	TotalCoeffs＝5，Trailing_1s＝3	0000100
Trailing_1[4]Sign	＋	0

（续）

数据	值	码
Trailing_1[3]Sign	—	1
Trailing_1[2]Sign	+	0
Level[1]	−2(SuffixLength=0)	0001(prefix)
Level[0]	3(SuffixLength=1)	001(prefix)0(suffix)
Total zeros	3	111
run_before[4]	zeros_left=3，run_before=0	11
run_before[3]	zeros_left=3，run_before=1	10
run_before[2]	zeros_left=2，run_before=0	1
run_before[1]	zeros_left=2，run_before=1	01
run_before[0]	zeros_left=1，run_before=1	No code required

我们将简要说明上述示例码的生成过程。

- 为 TotalCoeffs＝5 和 Trailing_1s＝3 生成码 0000100。这些码从 H.264 标准(2003)
  中的 "Table9-5-coeff_token mapping to TotalCoeff and TrailingOnes" 中查找。我
  们发现，通常，相邻块中的非零系数的数量相似，因此 coeff_token 的码是上下文
  自适应的。对于每对 TotalCoeffs 和 Trailing_1s，可以根据当前块上方和左边的块
  中的非零系数的数目，分配四个可能的值中的一个。如果相邻块具有少量非零数
  字，则将使用有利于当前块中的小的 TotalCoeff 的码分配(即给小的 TotalCoeff 分
  配非常短的码，并且给大的 TotalCoeff 分配特别长的码)，反之亦然。在本例中，
  假设两个相邻块中的非零系数的数目小于 2。
- 给标记 "＋" 分配码 0，给 "—" 分配码 1。
- 级别的 VLC 码的选择也是上下文自适应的，这取决于最近编码级别的大小。以相
  反的顺序，第一个非零系数为−2。最初，SuffixLength＝0，所以−2 的码是 0001
  (前缀)。之后，SuffixLength 增加 1，因此下一个非零 3 获取码 001(前缀)0(后
  缀)。水平的幅度趋于增加(以相反的顺序检查时)，所以 SuffixLength 自适应增加
  以适应更大的幅度。有关进一步的详细信息，读者可参考文献[4，6，7]。
- 零的总数为 3。它得到码 111。
- 表 12.5 中的最后五行记录当前块中零运行的信息。例如，对于最后一个非零系数
  1，它的左侧有 3 个零，但都不直接与其相邻。码 11 可从 H.264 标准的 "Tables9-
  10" 中查找出来。为了说明，表 12.6 提取了一部分内容。这也应该能解释接下来
  的三行码 10、1 和 01。来看最后一行，对于唯一的(最后的)非零系数仅剩下一个
  零，编码器和解码器可以明确地确定它，所以没有码需要 run_before。

表 12.6　各种 run_before 的码

run_before	zeros_left						
	1	2	3	4	5	6	＞6
0	1	1	11	11	11	11	111
1	0	01	10	10	10	000	110
2	—	00	01	01	011	001	101
3	—	—	00	001	010	011	100
4	—	—	—	000	001	010	011
5	—	—	—	—	000	101	010
...							

411
~
412

对于该示例，码的结果序列为 0000100 0 1 0 0001 001 0111 11 10 1 01。基于此，解码器能够再现块数据。

12.1.9 上下文自适应二进制算术编码

基于 VLC 的熵编码方法(包括 CAVLC)在处理概率大于 0.5 的符号时效率低下，因为通常必须为每个符号分配 1 位的最小值，这可能远大于由 $\log_2 \frac{1}{p_i}$ 测量的自身信息，其中 p_i 是符号的概率。在 H.264 主要的和较高的配置文件中，为了更好的编码效率，当 entropy_coding_mode＝1 时，上下文自适应二进制算术编码(CABAC)[8] 用于一些数据和量化的残差系数。

如图 12.10 所示，CABAC 有三个主要组成部分:

- **二值化。**所有非二进制数据首先转换为二进制位(Bin)字符串，因为 CABAC 使用二进制算术编码。有五种方案用来二值化。第一种是一元(U)方案——当 $N \geqslant 0$，它是 N 个 1 后跟终止 0。例如，5 是 111110。第二种是截断的一元(TU)方案——类似于 U，但没有终止 0。第三种是第 k 阶 Exp-Golomb 码方案。第四种是第一种和第三种方案的组合。第五种是固定长度二进制方案。

- **上下文建模。**此步骤处理上下文模型的选择和访问。常规编码模式适用于大多数符号，例如宏块类型、mvd、关于预测模式的信息、关于切片和宏块控制的信息以及残差数据。构建各种"上下文模型"，以将二进制化符号的信息组的条件概率存储为 1 或 0。概率模型是从上下文的统计信息(即最近编码的符号和信息组)中导出的。旁路编码模式不使用上下文模型，它用于加快编码过程。

- **二进制算术编码。**为提高效率，二进制算术编码方法得以开发[8]。以下是 H.264 中二进制算术编码的简要说明。如第 7 章所讲，算术编码涉及当前范围的递归细分。与其他熵编码方法相比，在计算成本方面涉及众多的乘法是它的主要缺点。二进制算术编码仅涉及两个符号，因此乘法次数大大降低。

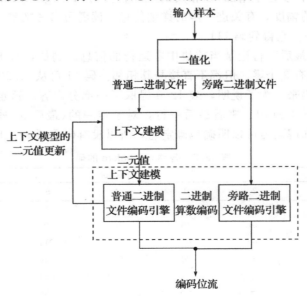

图 12.10 H.264 中 CABAC 的框图

在二进制的情况下，我们将两个符号命名为 LPS(最小可能符号)和 MPS(最大可能符号)，范围为 R，R 的下限为 L。(注意在 R 中，LPS 是上区间，MPS 是下区间)如果 LPS 的概率是 P_{LPS}，则 $P_{\text{MPS}}=1-P_{\text{LPS}}$，并且可以用以下过程来生成下一个给定新符号 S 的范围：

程序 12.1　二进制编码中的范围计算

```
BEGIN
    If S 是 MPS
        R=R×(1−P_LPS);
    Else       //S 是 LPS.
        L=L+R×(1−P_LPS);
        R=R×P_LPS;
END
```

然而，$R\times P_{\text{LPS}}$ 中的乘法计算昂贵。已经开发出各种"无增益"二进制算术编码方案，例如用于二进制图像的 Q 编码器及其改进的 QM 编码器和 JPEG2000 采用的 MQ 编码器。由 Marpe 等[8]开发的 H. 264 二进制算术编码方法是所谓的 M 编码器(Modulo Coder)。

此处，$R\times P_{\text{LPS}}$ 中的乘法由表查找代替。在常规 Bin 编码模式下，该表有 4×64 个预先计算的乘积值，以允许 R 值和 64 个 P_{LPS} 值有四个不同的值。(旁路 Bin 编码模式假定均匀概率模型，即 $P_{\text{MPS}}\approx P_{\text{LPS}}$，以简化和加快进程。)

显然，由于查找表尺寸有限，乘积值的精度有限。因此，这些无乘法的方法称为执行缩减精度算术编码。以前的研究表明，降低精度对码长的影响是最小的。

CABAC 的实现有很多细节。详尽的讨论请读者参考文献[8]。

12. 1. 10　H. 264 配置文件

如前所述，H. 264 提供多个配置文件以满足从移动设备到广播 HDTV 等各种应用的需要。图 12.11 是 H. 264 配置文件的概述[4,9]。

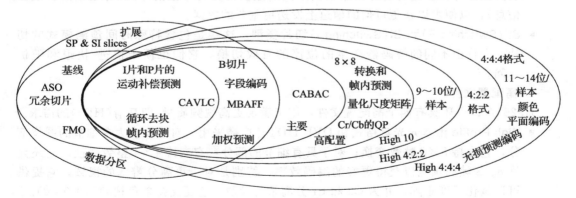

图 12. 11　H. 264 配置文件

1. 基线配置文件

H. 264 的基线配置文件适用于实时会话应用，如视频会议。它包含上述 H. 264 的所有核心编码工具和以下附加的错误恢复工具，以允许 IP 和无线网络等容易出错的运营商。

- **任意切片顺序(ASO)**。图片内切片的解码顺序可以不遵循单调递增的顺序。这允许对分组交换网络中的乱序分组进行解码，从而减少等待时间。
- **灵活的宏块顺序(FMO)**。宏块可以按任何顺序进行解码，如棋盘图案，不仅仅是光栅扫描顺序。这对于容易出错的网络是有用的，这样可以容易地使人眼看不见切片的损失导致的图像中分散宏块的丢失。该功能还可以帮助减少抖动和延迟，因为解码器可能决定不等待延迟切片，并且仍然能够产生可接受的图像。
- **冗余切片**。切片的冗余副本可以进行解码以提高错误恢复能力。

2．主要配置文件

H.264 定义的主要配置文件表示非低延迟应用，例如标准清晰度(SD)的数字广播电视和存储介质。主要配置文件包含所有基线配置文件功能(ASO、FMO 和冗余切片除外)以及以下非低延迟和更高复杂度的功能，以实现最大的压缩效率：

- **B切片**。H.264 中的双预测模式比现有标准更加灵活。双预测图像也可以用作参考帧。每个宏块的两个参考帧可以在任何时间方向上，只要它们在参考帧缓冲区中可用。因此，除了常规的前向＋后向双向预测，后向＋后向预测也是合法的，前向＋前向预测亦然。
- **上下文自适应二进制算术编码(CABAC)**。这种编码模式用二进制算术编码替代了基于 VLC 的熵编码，该二进制算术编码根据不同的数据类型和上下文来使用不同的自适应统计模型。
- **加权预测**。用于修改的全局权重(乘数和偏移量)可以为每个切片指定运动补偿预测样本，以预测照明变化和其他全局效果，如衰落。

3．扩展配置文件

扩展配置文件(或配置文件 X)是专为新的视频流应用而设计的。该配置文件允许非低延迟功能、位流切换功能、还有更多的错误恢复工具。它包括所有基线配置文件功能加上以下功能：

- B 片。
- 加权预测。
- **切片数据分割**。这将切片数据根据不同的重要性分为单独的序列(标题信息，残留信息)，以便可以在更可信的信道上发送更重要的数据。
- **SP(Switching P)和 SI(Switching I)切片类型**。这些是包含特殊时间预测模式的切片，允许由不同的解码器产生的位流的有效切换。它们也便于快进/快退和随机访问。

4．高配置文件

H.264/AVC 还具有四个高配置文件，用于满足更高视频质量(即高清(HD))的需求。

- High Profile 由蓝光光盘格式和 DVB HDTV 广播采用。对于没有太多细节的图像部分，它支持 8×8 整数变换；对于具有细节的部分，它支持 4×4 整数变换。它还允许 8×8 帧内预测以获得更好的编码效率，特别是对于更高分辨率的视频。它提供可调量化尺度矩阵，并为 Cb 和 Cr 分离量化参数。它还支持单色视频(4：0：0)。
- High 10 Profile 支持每个样本 9 或 10 位。
- High 4：2：2 Profile 支持 4：2：2 色度二次采样。
- High 4：4：4 Predictive Profile 最多支持 4：4：4 色度采样，最多可达每个样本 14 位、单独的颜色平面的编码以及有效的无损预测编码。

12.1.11　H.264 可伸缩视频编码

H.264/AVC 标准的可伸缩视频编码(SVC)扩展于 2007 年获得批准[10]。它提供位流可扩展性，对于可能具有不同带宽的各种网络的多媒体数据传输特别重要。

与 MPEG-2 和 MPEG-4 类似，H.264/AVC SVC 提供了时间可伸缩性、空间可伸缩性、质量可伸缩性以及其可能的组合。与以前的标准相比，编码效率大大提高。还提供了其他功能，例如，位率和功率适配，以及有损网络传输的平滑降级。

在第 11 章讨论 MPEG-2 时，我们详细介绍了时间可伸缩性、空间可伸缩性、质量(SNR)可伸缩性及其可能的组合。由于基本概念和方法非常相似，本章将不再详细讨论这一主题。有关 H.264/AVC SVC 的更多信息，读者可参考文献[10]和 H.264/AVC 标准的 "Annex G extension"。

12.1.12　H.264 多视点视频编码

多视点视频编码(MVC)是一个新兴的问题。它在一些新的领域有潜在的应用，如自由视点视频(FVV)，用户可以在其中指定其首选视图。Merkle 等[11]描述了一些可能的 MVC 预测结构。图 12.12 显示了一个小例子，其中只有四个视图。两个最重要的特点是：

- **视点间预测**。由于在多个视图中存在明显的冗余，所以 IPPP 结构可以用于所谓的关键图像(图中每个视图中的第一个和第九个图像)。这种视点间预测结构当然可以扩展到其他结构，例如 IBBP，当涉及更多的视图时，会更有利。 417
- **层次 B 图像**。对于每个视图中的时间预测，可以采用 B 图像的层次结构，例如类似于在 12.1.1 节讨论过的 B_1、B_2、B_3。这是可行的，因为 H.264/AVC 在支持图像/序列级别的各种预测方案上更加灵活。如前所述，通常可以在层次结构下应用越来越大的量化参数来控制压缩效率。

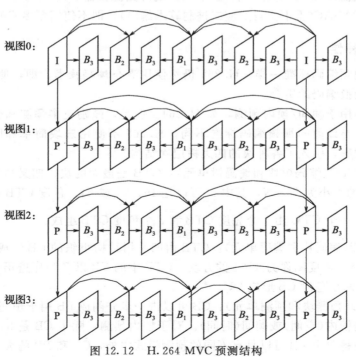

图 12.12　H.264 MVC 预测结构

12.2 H.265

HEVC(高效率视频编码)[12,13] 是由 ITU-T VCEG(视频编码专家组)和 ISO/IEC MPEG 组合的视频编码联合协作小组(JCT-VC)共同开发的最新标准。该标准的最终草案于 2013 年 1 月完成。在 ISO/IEC 中,HEVC 成为 MPEG-H 第二部分(ISO/IEC 23008-2)。它也称为 ITU-T H.265 建议书[14],这是我们将在本书中使用的术语。

这个新标准的发展主要是由两个因素决定的:由于不断增加的视频分辨率(例如,在 UHDTV 中高达 8k×4k),需要进一步提高编码效率;需要通过开发日益增长的并行处理设备和算法来加快更复杂的编码/解码方法。最初的目标是将 H.264 中压缩视频(具有相同的视觉质量)的尺寸进一步减少 50%,据报道目前已经超过了这个目标。H.264 和 H.265 凭借其优于 MPEG-2 的压缩性能,目前已成为许多潜在应用程序携带全系列视频内容的主要候选者。

此时,H.265 中彩色视频的默认格式为 YCbCr。主要配置文件中,色度二次采样为 4:2:0。

H.265 的主要特点是:

- 亮度图像从 4×4 到 64×64 的可变块大小的运动补偿。宏块结构被各种级别和大小的编码块的四叉树结构取代。
- 对并行处理进行了探索。
- 从 4×4、8×8、16×16 到 32×32 的各种尺寸的整数变换。
- 改进的运动向量四分之一像素精度的插值方法。
- 用于帧内编码的扩展方向空间预测(33 个角度方向)。
- 在亮度编码中可能使用 DST(离散正弦变换)。
- 包括去块滤波和 SAO(采样自适应偏移)的环路滤波器。
- 仅使用 CABAC(上下文自适应二进制算术编码),即不使用更多 CAVLC。

12.2.1 运动补偿

与以前的视频编码标准一样,H.265 仍然使用混合编码技术,即,使用帧间/帧内预测和残差二维变换编码的组合。

可变块大小用于帧间/帧内预测,如 H.264。但是,鼓励更多预测和变换块的分区以减少预测误差。与以前的视频编码标准不同,H.265 不使用**宏块**简单和固定的结构。相反,为了提高效率,引入了各种块的四叉树层次结构。

- CTB 和 CTU(编码树块和编码树单元):CTB 是最大的块,四叉树层次中的根。亮度 CTB 的大小为 $N×N$,其中 N 可以是 16、32 或 64。色度 CTB 是半尺寸的,即 $\frac{N}{2}×\frac{N}{2}$。一个 CTU 由 1 个亮度 CTB 和 2 个色度 CTB 组成。
- CB 和 CU(编码块和编码单元):CTB 由四叉树结构组织的 CB 组成。CB 是一个亮度为 8×8、色度图像为 4×4 的方块。CTB 中的 CB 以 Z 顺序遍历和编码。一个亮度 CB 和两个色度 CB 形成 CU。
- PB 和 PU(预测块和预测单元):CB 可以进一步分割成 PB 用于预测。CU 的预测模式可以是帧内(空间)或帧间(时间)。对于帧内预测,除了 CB 是 8×8,允许 PB 一分为四使得每个 PB 可以具有不同的预测模式之外,CB 和 PB 的大小通常相同。对于帧间预测，亮度或色度 CB 可以分割成一个、两个或四个 PB，即 PB 尽管总是矩形，但可能不是正方形。PU 包含亮度和色度 PB 及其预测语法。

- TB 和 TU（变换块和变换单元）：CB 可以进一步分割成 TB 用于残差的变换编码。这由相同的四叉树结构表示，因此它是非常有效的。TB 大小的范围从 32×32 降至 4×4。在 H.265 中，为了获得更高的编码效率，在互相预测的 CU 中允许 TB 横跨 PB 边界。TU 是由亮度和色度图像的 TB 组成的。

图 12.13 展示了 CTB 分割成 CB 的例子，然后进一步显示了四叉树结构的 TB。在这个例子中，原来的 CTB 是 64×64，最小 TB 为 4×4。

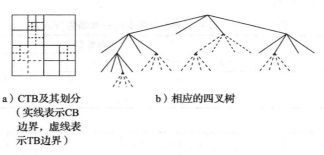

a）CTB 及其划分
（实线表示 CB
边界，虚线表
示 TB 边界）

b）相应的四叉树

图 12.13 CTB 的分区

1. 切片和窗口并联

如同在 H.264 中，H.265 支持由一系列 CTU 组成的任何长度的切片（见图 12.14a）。它们可以是 I 切片、P 切片或 B 切片。

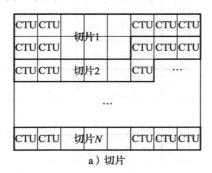

a）切片

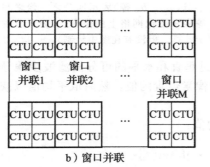

b）窗口并联

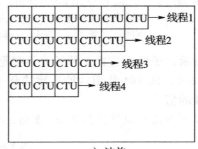

c）波前

图 12.14 H.265 中的切片、窗口并联和波前并行处理（WPP）

除了切片之外，还引入了窗口并联的概念以方便在多个窗口之间进行并行处理。窗口并联是由 CTU 构成的矩形结构(见图 12.14b),它也可能包含多个切片。

另外,还有一个特征是包括了波前并行处理(WPP)技术。CTU 的行通常可以并行处理,在多线程中以波前方式显示(见图 12.14c)。

目前,标准不允许混合使用窗口并联和波前。

2. 亮度图像中的四分之一像素精度

在亮度图像的画面间预测中,运动向量的精度再一次出现像 H.264 中一样的四分之一像素。子像素位置的值通过插值导出。如表 12.7 所示,八抽头滤波器 hfilter 用于半像素位置(例如,图 12.15 中的位置 b);七抽头滤波器 qfilter 用于四分之一像素位置(例如,图 12.15 中的位置 a 和 c)。

表 12.7　H.265 中 Luma 图像中的样本插值滤波器

滤波器	抽头数	数组索引							
		−3	−2	−1	0	1	2	3	4
hfilter	8	−1	4	−11	40	40	−11	4	−1
qfilter	7	−1	4	−10	58	17	−5	1	

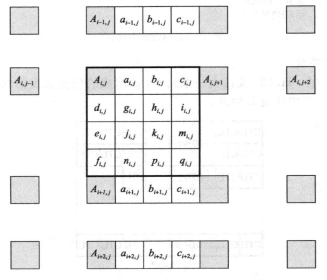

图 12.15　H.265 中分数样本的插值。小写字母($a_{i,j}$、$b_{i,j}$ 等)表示四分之一像素和半像素位置的像素。$A_{i,j}$、$A_{i,j+1}$ 等表示图像网格上的像素。(为了节省空间,尽管 $A_{i,j-2}$、$A_{i,j+3}$ 等将用于计算,但没有在图中绘制)

如下所示,子像素位置上的所有值都是通过垂直和水平的可分离滤波步骤导出的。这有别于 H.264,H.264 使用六抽头滤波获得半像素位置的值,然后取平均值以获得四分之一像素位置的值。

使用以下方法可以导出位置 a、b 和 c 上的值:

$$a_{i,j} = \sum_{t=-3}^{3} A_{i,j+1} \cdot \text{qfilter}[t] \tag{12.9}$$

$$b_{i,j} = \sum_{t=-3}^{4} A_{i,j+1} \cdot \text{hfilter}[t] \tag{12.10}$$

$$c_{i,j} = \sum_{t=-2}^{4} A_{i,j+1} \cdot \mathrm{qfilter}[1-t] \qquad (12.11)$$

数值上，

$$a_{i,j} = -A_{i,j-3} + 4 \cdot A_{i,j-2} - 10 \cdot A_{i,j-1} + 58 \cdot A_{i,j} + 17 \cdot A_{i,j+1} - 5 \cdot A_{i,j+2} + A_{i,j+3}$$

$$b_{i,j} = -A_{i,j-3} + 4 \cdot A_{i,j-2} - 11 \cdot A_{i,j-1} + 40 \cdot A_{i,j} + 40 \cdot A_{i,j+1} - 11 \cdot A_{i,j+2}$$
$$+ 4 \cdot A_{i,j+3} - A_{i,j+4}$$

$$c_{i,j} = A_{i,j-2} - 5 \cdot A_{i,j-1} + 17 \cdot A_{i,j} + 58 \cdot A_{i,j+1} - 10 \cdot A_{i,j+2} + 4 \cdot A_{i,j+3} - A_{i,j+4}$$

在上述计算之后实际执行涉及$(B-8)$位的右移，其中 $B \geqslant 8$ 是每个图像样本的位数。

很明显，八抽头滤波是对称的，所以它位于图像网格上像素中间的半像素位置，效果很好。七抽头滤波是非对称的，非常适合不在中间的四分之一像素位置。式(12.9)和式(12.11)中 a 和 c 微妙的不同处理反映了这种不对称操作的性质。基本上，$\mathrm{qfilter}[1-t]$ 是 $\mathrm{qfilter}[t]$ 的翻转版本。例如，$a_{i,j}$ 最接近于 $A_{i,j}$，它会从具有权重 58 的 $A_{i,j}$ 中抽取最多；而 $c_{i,j}$ 将从具有权重 58 的 $A_{i,j+1}$ 中抽取最多。

类似地，位置 d、e 和 f 处的值可以使用以下方法导出：

$$d_{i,j} = \sum_{t=-3}^{3} A_{i+1,j} \cdot \mathrm{qfilter}[t] \qquad (12.12)$$

$$e_{i,j} = \sum_{t=-3}^{4} A_{i+t,j} \cdot \mathrm{hfilter}[t] \qquad (12.13)$$

$$f_{i,j} = \sum_{t=-2}^{4} A_{i+t,j} \cdot \mathrm{hfilter}[1-t] \qquad (12.14)$$

其他子像素样本可以从垂直附近的 a、b 或 c 像素获得，如下所示。为了启用 16 位操作，引入了 6 位的右移。

$$g_{i,j} = \left(\sum_{t=-3}^{3} a_{i+t,j} \cdot \mathrm{qfilter}[t] \right) \gg 6$$

$$j_{i,j} = \left(\sum_{t=-3}^{4} a_{i+t,j} \cdot \mathrm{hfilter}[t] \right) \gg 6$$

$$n_{i,j} = \left(\sum_{t=-2}^{4} a_{i+t,j} \cdot \mathrm{qfilter}[1-t] \right) \gg 6$$

$$h_{i,j} = \left(\sum_{t=-3}^{3} b_{i+t,j} \cdot \mathrm{qfilter}[t] \right) \gg 6$$

$$k_{i,j} = \left(\sum_{t=-3}^{4} b_{i+t,j} \cdot \mathrm{hfilter}[t] \right) \gg 6$$

$$p_{i,j} = \left(\sum_{t=-2}^{4} b_{i+t,j} \cdot \mathrm{qfilter}[1-t] \right) \gg 6$$

$$i_{i,j} = \left(\sum_{t=-3}^{3} c_{i+t,j} \cdot \mathrm{qfilter}[t] \right) \gg 6$$

$$m_{i,j} = \left(\sum_{t=-3}^{4} c_{i+t,j} \cdot \mathrm{hfilter}[t] \right) \gg 6$$

$$q_{i,j} = \left(\sum_{t=-2}^{4} c_{i+t,j} \cdot \mathrm{qfilter}[1-t] \right) \gg 6$$

12.2.2　整数变换

与在 H.264 中一样，变换编码可应用于预测误差残差。该二维变换通过依次在垂直方向和水平方向上应用一维变换来实现。这是通过两个矩阵乘法来实现的：$F = H \times f \times H^T$，其中 f 是输入残差数据，F 是变换的数据。H 是近似 DCT 矩阵的整数变换矩阵。

变换编码支持 4×4、8×8、16×16 和 32×32 的变换块大小。在 H.265 中仅规定了一个整数变换矩阵，即 $H_{32\times 32}$。较小 TB 的其他矩阵是 $H_{32\times 32}$ 的子采样版本。例如，如下所示的 $H_{16\times 16}$ 为 16×16 TB。

$$
H_{16\times 16} =
\begin{bmatrix}
64 & 64 & 64 & 64 & 64 & 64 & 64 & 64 & 64 & 64 & 64 & 64 & 64 & 64 & 64 & 64 \\
90 & 87 & 80 & 70 & 57 & 43 & 25 & 9 & -9 & -25 & -43 & -57 & -70 & -80 & -87 & -90 \\
89 & 75 & 50 & 18 & -18 & -50 & -75 & -89 & -89 & -75 & -50 & -18 & 18 & 50 & 75 & 89 \\
87 & 57 & 9 & -43 & -80 & -90 & -70 & -25 & 25 & 70 & 90 & 80 & 43 & -9 & -57 & -87 \\
83 & 36 & -36 & -83 & -83 & -36 & 36 & 83 & 83 & 36 & -36 & -83 & -83 & -36 & 36 & 83 \\
80 & 9 & -70 & -87 & -25 & 57 & 90 & 43 & -43 & -90 & -57 & 25 & 87 & 70 & -9 & -80 \\
75 & -18 & -89 & -50 & 50 & 89 & 18 & -75 & -75 & 18 & 89 & 50 & -50 & -89 & -18 & 75 \\
70 & -43 & -87 & 9 & 90 & 25 & -80 & -57 & 57 & 80 & -25 & -90 & -9 & 43 & 70 \\
64 & -64 & -64 & 64 & 64 & -64 & -64 & 64 & 64 & -64 & -64 & 64 & 64 & -64 & -64 & 64 \\
57 & -80 & -25 & 90 & -9 & -87 & 43 & 70 & -70 & -43 & 87 & 9 & -90 & 25 & 80 & -57 \\
50 & -89 & 18 & 75 & -75 & -18 & 89 & -50 & -50 & 89 & -18 & -75 & 75 & 18 & -89 & 50 \\
43 & -90 & 57 & 25 & -87 & 70 & 9 & -80 & 80 & -9 & -70 & 87 & -25 & -57 & 90 & -43 \\
36 & -83 & 83 & -36 & -36 & 83 & -83 & 36 & 36 & -83 & 83 & -36 & -36 & 83 & -83 & 36 \\
25 & -70 & 90 & -80 & 43 & 9 & -57 & 87 & -87 & 57 & -9 & -43 & 80 & -90 & 70 & -25 \\
18 & -50 & 75 & -89 & 89 & -75 & 50 & -18 & -18 & 50 & -75 & 89 & -89 & 75 & -50 & 18 \\
9 & -25 & 43 & -57 & 70 & -80 & 87 & -90 & 90 & -87 & 80 & -70 & 57 & -43 & 25 & -9
\end{bmatrix}
\tag{12.15}
$$

$H_{8\times 8}$ 可以通过使用 $H_{16\times 16}$ 的第 0，2，4，6，…行的前 8 个条目来获得。对于 $H_{4\times 4}$，使用第 0、4、8 和 12 行的前 4 个条目即可。

$$
H_{4\times 4} =
\begin{bmatrix}
64 & 64 & 64 & 64 \\
83 & 36 & -36 & -83 \\
64 & -64 & -64 & 64 \\
36 & -83 & 83 & -36
\end{bmatrix}
\tag{12.16}
$$

与式(12.2)相比，$H_{4\times 4}$ 的条目显然有更大的量值。为了使用 16 位算术和 16 位存储器，必须通过引入 7 位右移和 16 位削波操作来减少来自第一矩阵乘法的中间结果的动态范围。

[424]

12.2.3　量化和缩放

与 H.264 式(12.2)中的 H 矩阵不同，H.265 整数变换矩阵中的数字(例如式(12.15))按比例非常接近 DCT 基函数的实际值。因此，不再需要表 12.1 和表 12.2 中内置的特别缩放因子。

对于量化，采用量化矩阵和与 H.264 中相同的参数 QP。QP 的范围是 $[0，51]$。类似地，当 QP 值增加 6 时，量化步长大小加倍。

12.2.4　帧内编码

　　如在 H. 264 中一样，空间预测用于 H. 265 中的帧内编码。来自当前块顶部和左侧的块的相邻边界样本用于预测。之后发送预测误差用于变换编码。在 H. 265 的帧内编码中，变换块（TB）的大小范围为 4×4 至 32×32。由于潜在的更大的 TB 大小和降低预测误差的作用，可能的预测模式的数量从 H. 264 中的 9 个增加到 H. 265 中的 35 个。如图 12.16a 所示，模式 2 至模式 34 是角内预测模式。注意，我们会有意地使模式之间的角度差异不均匀，例如，使其在水平或垂直方向附近更密集。角度预测所需的大多数样本将位于子像素位置。采用整数位置的两个最近像素的双线性插值，精度高达 1/32 像素。

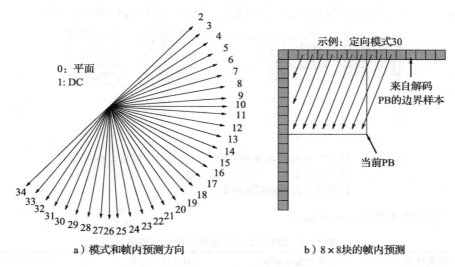

a）模式和帧内预测方向　　　　　　b）8×8块的帧内预测

图 12.16　H. 265 帧内预测

　　两种特殊预测模式是模式 0（Intra_Planar）和模式 1（Intra_DC）。它们与 H. 264 中的类似。Intra_DC 使用参考样本的平均值作为预测。与 H. 264 中的不同，Intra_Planar 将四个角都用于平面预测，即进行两个平面预测，并且将采用其平均值作为预测。

12.2.5　离散正弦变换

　　在 Intra_4×4 中，对于亮度残差块，HEVC 引入了基于离散正弦变换（DST）的一个变体（所谓的 DST-VII）的替代变换[15]。这是因为帧内预测是基于块顶部或左侧的相邻边界样本的。对于距离顶部或左侧相邻采样越远的块中的节点，预测误差越大。通常，在变换编码步骤中，DST 比 DCT 能更好地处理这种情况。

　　DST 的整数矩阵可以描述为：

$$H_{\mathrm{DST}[i,j]} = \mathrm{round}\left(128 \times \frac{2}{\sqrt{2N+1}} \sin\frac{(2i-1)j\pi}{2N+1} \right) \qquad (12.17)$$

其中 $i=1, \cdots, N$ 且 $j=1, \cdots, N$，分别为行和列索引，块大小为 $N \times N$。

　　当 $N=4$ 时，得到以下 H_{DST}：

$$H_{DST} = \begin{bmatrix} 29 & 55 & 74 & 84 \\ 74 & 74 & 0 & -74 \\ 84 & -29 & -74 & 55 \\ 55 & -84 & 74 & -29 \end{bmatrix} \qquad (12.18)$$

Saxena 和 Fernandes[16, 17]进一步研究了 DCT 和 DST 结合的优势，即允许在两个一维变换中进行 DCT 或 DST，因为 DST 和 DCT 在某些预测模式的垂直或水平方向上显示出更多优势。尽管在 H.265 中有 30 多个不同的帧内预测方向，但他们将预测模式分为：

- 类别 1——用于预测的样本全部来自当前块的左侧相邻块（图 12.17a），或全部来自当前块的顶部相邻块（图 12.17b）。
- 类别 2——用于预测的样本来自当前块的顶部和左侧相邻块（图 12.17c 和图 12.17d）。
- DC——一种特殊的预测模式，其中使用一组固定的相邻样本的平均值。

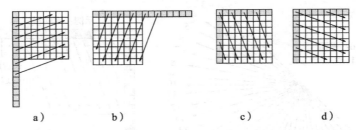

a)   b)   c)   d)

图 12.17   H.265 中的帧内预测方向。a) 类别 1，仅从左侧相邻块
预测；b) 类别 1，仅从顶部相邻块预测；c) 和 d) 类别 2，
从顶部和左侧相邻块预测

表 12.8 表明了他们的一些建议。

表 12.8   DCT 和 DST 组合进行帧内编码

帧内预测种类	使用的相邻样本	垂直(列)变换	水平(行)变换
类别 1	仅从左侧	DCT	DST
类别 1	仅从顶部	DST	DCT
类别 2	从左侧和顶部	DST	DST
DC	特殊(从固定集合)	DCT	DCT

12.2.6 环路滤波

与 H.264 类似，应用环路滤波处理以去除块状伪影。除了去块滤波之外，H.265 还引入了采样自适应偏移（SAO）过程。

1. 去块滤波

与 H.264 中对 4×4 块应用去块滤波不同，H.265 只应用于 8×8 图像网格上的边。这降低了计算复杂度，特别适用于并行处理，因为附近样本的级联变化的机会大大降低。视觉质量仍然很好，部分原因是下面描述的 SAO 过程。

首先将去块滤波应用于图像中的垂直边缘，然后应用于水平边缘，从而实现并行处理。或者，可以通过 CTB 应用于 CTB。

2. 采样自适应偏移（SAO）

可以在去块滤波后可选择地调用 SAO 过程。根据下面描述的某些条件，可将偏移值添加到每个样本。

为应用 SAO 定义了两种模式: 频带偏移模式和边缘偏移模式。

在频带偏移模式下, 采样幅度的范围分为 32 个频带。同时, 频带偏移可以添加到四个连续波段中的采样值。这有助于在平稳的地区减少"带状伪影"。在边缘偏移模式下, 首先分析梯度(边缘)信息。图 12.18 描绘了四个可能的梯度(边)方向: 水平、垂直和对角线。正、负偏移或零偏移可以根据以下内容添加到样本 p 中:

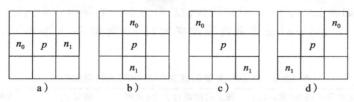

图 12.18 以 SAO 边缘偏移模式考虑的相邻样本

- 正数: p 是局部最小值 ($p<n_0 \& p<n_1$), 或 p 是边缘像素 ($p<n_0 \& p=n_1$ 或 $p=n_0 \& p<n_1$)。
- 负数: p 是局部最大值 ($p>n_0 \& p>n_1$), 或 p 是边缘像素 ($p>n_0 \& p=n_1$ 或 $p=n_0 \& p>n_1$)。
- 零: 上述都没有。

12.2.7 熵编码

H. 265 仅在熵编码中使用 CABAC, 即不再使用 CAVLC。由于新引入的编码树和变换树结构, 除了 H. 264/AVC 中的空间相邻上下文之外, 树深度现在也成为上下文建模的重要组成部分。结果, 上下文的数量减少, 熵编码效率进一步提高。

与以前的视频标准不同, 为读取变换系数, 定义了三种简单的扫描方法, 即右上对角线扫描、水平扫描和垂直扫描。目标仍然是最大化零运行的长度。无论 TB 大小如何, 扫描总是以 4×4 子块进行。右上对角线扫描用于所有帧间预测块和 16×16 或 32×32 帧内预测块。对于 4×4 或 8×8 的帧内预测块, 使用以下方式: 水平扫描(用于预测接近垂直方向的方向), 垂直扫描(用于预测靠近水平方向的方向), 右上对角线扫描(用于其他预测方向)。

在如何有效地对非零变换系数进行编码方面有很多改进[12,14]。此外, H. 265 中 CABAC 新实现的目标之一是简化其上下文表示, 从而增加其吞吐量。有关详细信息请参阅文献[18]。

428

12.2.8 特殊编码模式

H. 265 中定义了三种特殊的编码模式, 可以应用于 CU 或 TU 级别。

- I_PCM。与 H. 264 一样, 绕过预测、变换编码、量化和熵编码步骤, 直接发送 PCM 编码(固定长度)样本。当其他预测模式无法产生任何数据缩减时调用这种模式。
- 无损。将来自帧间/帧内预测的剩余误差直接发送到熵编码, 从而避免任何有损步骤, 特别是变换编码后的量化。
- 转换跳过。只绕过转换步骤, 适用于某些数据(例如, 计算机生成的图像或图形)。它只能应用于 4×4 TB。

12.2.9　H.265 配置文件

本节会定义三种配置文件：主配置文件、Main 10 配置文件和 Main Still Picture 配置文件，将来会有更多和更高的配置文件。

颜色的默认格式是 YCbCr。在所有主配置文件中，色度二次采样是 4：2：0。除了 Main 10 配置文件中有 10 位之外，每个样本都有 8 位。例如，主配置文件中各个级别支持的一些视频格式如表 12.9 所示，给定的级别总数为 13。它涵盖非常低分辨率的视频（例如 1 级的 QCIF（176×144））以及非常高分辨率的视频（例如 6、6.1 和 6.2 级的 UHDTV（8192×4320））。

429

表 12.9　H.265 主要配置文件支持的示例视频格式

级别	最大亮度图像(宽×高)	最大亮度图像大小(示例)	帧率(fps)	主层最大位率(Mb/s)
1	176×144	36 864	15	0.128
2	352×288	122 880	30	1.5
2.1	640×360	245 760	30	3.0
3	960×540	552 960	30	6.0
3.1	1280×720	983 040	30	10
4/4.1	2048×1080	222 8224	30/60	12/20
5/5.1/5.2	4096×2160	8 912 896	30/60/120	25/40/60
6/6.1/6.2	8192×4320	35 651 584	30/60/120	60/120/240

在计算最大亮度图像尺寸时，宽度和高度将向上舍入到 64 的最接近的倍数（作为实现要求）。例如，176×144 变为 192×192＝36 864。

如表 12.9 所示，目前 HDTV 在帧率为 30fps 和 60fps 时处于 4 级和 4.1 级。所谓主层的压缩视频的最大位率是 12Mb/s 和 20Mb/s。在高层，它们可以高出 2.5 倍。5 级及以上的 UHDTV 视频将需要高出更多的位率，这对于包括存储、数据传输和显示设备在内的所有方面依然是一个挑战。

12.3　视频编码效率的比较

当比较不同视频压缩方法的编码效率时，通常的做法是以相同的质量去比较编码的视频位流的位率。视频质量评估方法可以是客观或主观的：前者由计算机自动完成，后者需要人为判断。

12.3.1　客观评估

用于客观评估的最常用标准是峰值信噪比（PSNR），如 8.3 节所定义的。对于图像，它是：

$$PSNR = 10\log_{10} \frac{I_{max}^2}{MSE} \tag{12.19}$$

其中 I_{max} 是最大强度值，例如对于 8 位图像是 255，而 MSE 是原始图像 I 和压缩图像 $\hat{I}$ 之间的均方误差。对于视频，PSNR 通常是视频序列中图像 PSNR 的平均值。

欧姆等人[19] 报告了他们的许多实验结果。例如，表 12.10 列出了在相同 PSNR 下比较不同视频压缩方法时的平均位率的降低，在这种情况下，范围为 32～42dB。测试数据是通常具有更高质量和更高分辨率的娱乐视频。符号的含义是：MP 表示主配置文件（Main Profile），HP 表示高配置文件（High Profile），ASP 表示高级简单配置文件（Advanced Simple Profile）。例如，当 H. 265MP 与 H. 264/MPEG-4 AVC HP 进行比较时，降低了 35. 4%。

表 12. 10 同等 PSNR 下的平均位率降低

视频压缩方法	H. 264/MPEG-4 AVC HP(%)	MPEG-4 ASP(%)	MPEG-2/H. 262 MP(%)
H. 265 MP	35. 4	63. 7	70. 8
H. 264/MPEG-4 AVC HP	—	44. 5	55. 4
MPEG-4 ASP	—	—	19. 7

430

12. 3. 2 主观评估

PSNR 的主要优点是易于计算。然而，它不一定能反映出人类感觉到的质量，即视觉质量。一个明显的例子是将图像中所有像素的强度值加上(或减去)小而固定的量。在视觉(主观)上，我们可能不会注意到任何质量变化，但 PSNR 一定会受到影响。

ITU-R BT. 500 建议书详述了电视图像主观评估方法。其最新版本是 2012 年修订的 BT. 500-13[20]。

在欧姆等人的实验中[19]，将原始和压缩的视频剪辑是连续给人类受试者播放(所谓的双重刺激方法)，要求受试者按照质量进行评分，以此衡量不同视频压缩方法的主观质量。其中，0 表示最低分，10 表示最高分，平均意见得分(MOS)即分数的算术平均值。

报告称，在主观质量大致相同的情况下，与 H. 264/MPEG-4 AVCHP 相比，对于九个娱乐应用的测试视频，H. 265MP 的平均位率降低范围为 29. 8% 至 66. 6%，平均为 49. 3%。这非常接近最初减少 50% 的目标。

视频质量评估(VQA)是一个活跃的研究领域，致力于找到比 PSNR 等简单措施更好的指标，以便可以客观地(通过计算机)进行评估，实现与人类主观相当的结果。王等[21] 提出了结构相似性(SSIM)索引，可以捕获一些简单的图像结构信息(例如，亮度和对比度)，它在图像和视频质量评估中非常受欢迎。彭等[22]提出了关于 VQA 的简短调研和基于新颖的时空纹理表示的良好度量。

12. 4 练习

1. 用于 H. 264 和 H. 265 中的整数变换。
   (a) DCT 和整数变换之间的关系是什么？
   (b) 用整数变换取代 DCT 的主要优点是什么？
2. H. 264 和 H. 265 在运动补偿中使用四分之一像素精度。
   (a) 主张子像素(此处指四分之一像素)精度的主要原因是什么？
   (b) 如何区分 H. 264 和 H. 265 在四分之一像素位置上的差异？
3. 由式(12.15)推导出 H. 265 中的整数变换 $H_{8\times8}$。
4. H. 264 和 H. 265 支持环路去块滤波。
   (a) 为什么说去块是一个好主意？它的缺点是什么？

431

   (b) H. 264 和 H. 265 实现的主要区别是什么？
   (c) 除了去块滤波之外，H. 265 还采取了哪些方式来改善视觉效果质量？
5. 至少给出在 H. 265 中便于并行处理的三个特征。
6. 最少给出三个理由说明 PSNR 不一定是视频质量评估的好指标。

7. H.264 中的 P 帧编码使用整数变换。假设：

$$F(u,v) = \boldsymbol{H} \cdot f(i,j) \cdot \boldsymbol{H}^{\mathrm{T}}, \text{其中} \boldsymbol{H} = \begin{bmatrix} 1 & 1 & 1 & 1 \\ 2 & 1 & -1 & -2 \\ 1 & -1 & -1 & 1 \\ 1 & -2 & 2 & -1 \end{bmatrix}$$

(a) 使用整数变换的两个优点是什么？

(b) 假设下面的目标帧是 P 帧。简单起见，假设宏块大小为 4×4。对于目标帧中显示的宏块：

- 运动向量应该是什么？
- 在这种情况下，$f(i, j)$ 的值是多少？
- 显示 $F(u, v)$ 的所有值。

20	40	60	80	100	120	140	155		110	132	154	176	—	—	—
30	50	70	90	110	130	150	165		120	142	164	186	—	—	—
40	60	80	100	120	140	160	175		130	152	174	196	—	—	—
50	70	90	110	130	150	170	185		140	162	184	206	—	—	—
60	80	100	120	140	160	180	195		—	—	—	—	—	—	—
70	90	110	130	150	170	190	205		—	—	—	—	—	—	—
80	100	120	140	160	180	200	215		—	—	—	—	—	—	—
85	105	125	145	165	185	205	220		—	—	—	—	—	—	—

参考帧　　　　　　　　　　　　　　目标帧

8. 编写 k 阶 Exp-Golomb 编码器和解码器的程序。

(a) 无符号 $N = 110$ 的 EG_0 码字是什么？

(b) 给定一个 EG_0 码 000000011010011，解码的无符号 N 是什么？

(c) 无符号 $N = 110$ 的 EG_3 码字是什么？

9. 用运动补偿、变换编码和简化的 H.26* 编码器和解码器的量化编写一个程序实现视频压缩。

- 对色度二次采样使用 4：2：0。
- 选择一个与 MPEG-1、MPEG-2 类似的视频帧序列（I 帧、P 帧、B 帧），不隔行。
- 对于 I 帧，实现 H.264 Intra_4×4 预测编码。
- 对于 P 帧和 B 帧，仅使用 8×8 进行运动估计。使用对数搜索运动向量。之后，使用 H.264 中的 4×4 整数变换。
- 使用式(12.5)和式(12.7)中规定的量化和缩放矩阵。控制和显示各种级别的压缩和量化损失的影响。
- 不要实现熵编码部分。或者，可以使用任何公开的代码。

10. 编写程序以验证表 12.8 中的结果。例如，对于类别 2 的方向预测，显示 DST 将产生比 DCT 更短的代码。

参考文献

1. T. Wiegand, G.J. Sullivan, G. Bjøntegaard, A. Luthra, Overview of the H.264/AVC video coding standard. IEEE Trans. Circ. Syst. Video Technol. **13**(7), 560–576 (2003)

2. ITU-T H.264—ISO/IEC 14496–10. Advanced video coding for generic audio-visual services. ITU-T and ISO/IEC (2009)

3. ISO/IEC 14496, Part 10. *Information Technology: Coding of Audio-Visual Objects* (Part 10: Advanced Video Coding). ISO/IEC (2012)

4. I.E. Richardson, *The H.264 Advanced Video Compression Standard*, 2nd edn. (Wiley, 2010)

5. H.S. Malvar et al., Low-complexity transform and quantization in H.264/AVC. IEEE Trans. Circ. Syst. Video Technol. **13**(7), 598–603 (2003)

6. G. Bjontegaard, K. Lillevold, *Context-Adaptive VLC Coding of Coefficients*. JVT document JVT-C028 (2002)

7. I.E. Richardson, *H.264 and MPEG-4 Video Compression*. (Wiley, 2003)

8. D. Marpe, H. Schwarz, T. Wiegand, Context-based adaptive binary arithmetic coding in the H.264/AVC video compression standard. IEEE Trans. Circ. Syst. Video Technol. **13**(7), 620–636 (2003)

9. D. Marpe, T. Wiegand, The H.264/MPEG4 advanced video coding standard and its applications. IEEE Commun. Mag. **44**(8), 134–143 (2006)

10. H. Schwarz et al., Overview of scalable video coding extension of the H.264/AVC standard. IEEE Trans. Circ. Syst. Video Technol. **17**(9), 1103–1120 (2007)

11. P. Merkle et al., Efficient prediction structures for multiview video coding. IEEE Trans. Circ. Syst. Video Technol. **17**(11), 1461–1473 (2007)

12. G.J. Sullivan et al., Overview of the high efficiency video coding (HEVC) standard. IEEE Trans. Circ. Syst. Video Technol. **22**(12), 1649–1668 (2012)

13. J.R. Ohm, G.J. Sullivan, High efficiency video coding: the next frontier in video compression. IEEE Signal Process. Mag. **30**(1), 152–158 (2013)

14. ITU-T H.265—ISO/IEC 23008–2. H.265: high efficiency video coding. ITU-T and ISO/IEC (2013)

15. R.K. Chivukula, Y.A. Reznik, Fast computing of discrete cosine and sine transforms of types VI and VII. Proc. SPIE (Applications of digital image processing XXXIV) **8135**, 813505 (2011)

16. A. Saxena, F.C. Fernandes, Mode dependent DCT/DST for intra prediction in block-based image/video coding. IEEE Int. Conf. Image Process. pp. 1685–1688 (2011)

17. A. Saxena, F.C. Fernandes, DCT/DST based transform coding for intra prediction in image/video coding. IEEE Trans. Image Process. **22**(10), 3974–3981 (2013)

18. V. Sze, M. Budagavi, High throughput CABAC entropy coding in HEVC. IEEE Trans. Circ. Syst. Video Technol. **22**(12), 1778–1791 (2012)

19. J.R. Ohm et al., Comparison of the coding efficiency of video coding standards: including high efficiency video coding (HEVC). IEEE Trans. Circ. Syst. Video Technol. **22**(12), 1669–1684 (2012)

20. ITU-R Rec. BT.500-13. Methodology for the subjective assessment of the quality of television pictures. ITU-R (2012)

21. Z. Wang et al., Image quality assessment: from error visibility to structural similarity. IEEE Trans. Image Process. **13**(4), 600–612 (2004)

22. P. Peng, K. Cannons, Z.N. Li, in *ACM MM'13: Proceedings of the ACM International Conference on Multimedia*. Efficient video quality assessment based on spacetime texture representation (2013)

音频压缩技术基础

在多媒体系统中，音频信息的压缩较为特殊。有些技术是我们所熟悉的，而另外一些技术则比较新颖。在本章中，我们将简单介绍音频压缩的基本技术，它是一个历史悠久且内容宽泛的研究领域。可参考本章的参考文献获取更多的信息。

我们将在第 14 章介绍在运动图像专家组（MPEG）的支持下开发的一组音频压缩工具。由于多媒体领域的读者通常会对这一部分非常感兴趣，我们将对该主题进行详细的介绍。

首先，回顾第 6 章中关于多媒体数字音频的介绍，如用于扩展数字音频信号的 μ 律算法，这通常要和利用时间冗余的相关技术结合使用。在第 10 章中我们了解到，在视频压缩中，当前时间和过去时间之间的信号的差值可有效地减少信号值的大小，更重要的是，将像素值（现在是差值）的直方图聚集在一个相对较小的范围内。降低值间差异的结果是大大减少熵值，后续的赫夫曼编码就可以产生具有较高压缩率的位流。

此方法在这里同样适用。回顾一下，第 6 章中介绍过，量化后的采样输出称为脉冲编码调制（PCM），其差分版本称为 DPCM，自适应版本则称为 ADPCM。考虑语音性质的变体，也同样遵循以上定义。

在本章中，我们将介绍自适应差分脉冲编码调制（ADPCM）、声音合成器和更为通用的语音压缩（LPC、CELP、MBE 和 MELP）。

13.1 语音编码中的 ADPCM

13.1.1 ADPCM

ADPCM 构成 ITU 的语音压缩标准 G.721、G.723、G.726 和 G.727 的核心。这些标准的差别主要体现在码率和算法的细节上面。默认的输入是 μ 律编码的 PCM 16 位采样。ADPCM 可以让 32kbps 的语音质量仅次于标准的 64kbps PCM 传输，并且优于 DPCM。

图 13.1 显示了读单词 "audio" 时产生的一秒语音采样。在图 13.1a 中，语音信号保存为线性 PCM（和默认的 μ 律相对），每秒 8000 个采样且每个采样为 16 位。在使用 G.721 进行 ADPCM 压缩后，信号如图 13.1b 所示。图 13.1c 显示了实际的和重建的压缩信号之间的差异。尽管从技术角度来说，两者的区别很明显，但从感知的角度来说，原始信号和压缩信号是非常相似的。

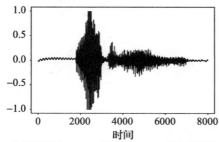 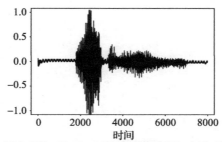

a）语音样本，8kHz的线性PCM，每个采样为16位　　b）语音采样，从G.721压缩的音频中还原，每个采样为4位

图 13.1　单词 "audio" 的波形

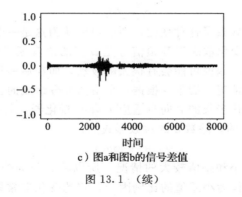

c）图a和图b的信号差值

图 13.1 （续）

436

13.2　G.726 ADPCM，G727-9

ITU 的 G.726 提供了另一个版本 G.711，这个版本中包括更低码率的扩展。G.726 可以将 13 位或 14 位的 PCM 采样、8 位的 A 律或 μ 律编码数据编码为 2～5 位的码字。它可以用于数字网络中的语音传输。

G.726 标准通过调整固定的量化器这种简单的方式来工作。不同长度的码字使用 16kbps、24kbPs、32kbps 或 40kbps 的码率。标准定义了一个常量乘数 α，它可以根据每一个不同的差值 e_n 改变，e_n 取决于当前信号的规模。按如下方式定义比例化的差值信号 f_n：

$$e_n = s_n - \hat{s}_n$$
$$f_n = e_n/\alpha \tag{13.1}$$

这里的 $\hat{s}_n$ 表示预测信号值，发送 f_n 到量化器进行量化。量化器如图 13.2 所示，输入值定义为差值和因子 α 之间的比。

通过改变 α 值，量化器可以在差值信号的范围内进行改变。由于量化器是非均匀的中宽型量化器，所以它包括零值，量化器是后向自适应的。

原则上，后向自适应的量化器会监视是否有太多的值被量化为远离零的值（当量化器的步长 f 太小）或有太多的值过于靠近零（当量化器的步长太大）。

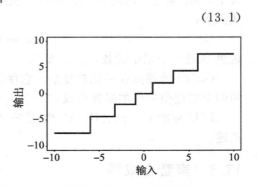

图 13.2　G.726 量化器

事实上，Jayant[1] 的算法允许我们在得到一次输出的结果后就调整后向量化器的步长。如果量化输入超出了量化范围，Jayant 量化器将增大步长，反之则缩小步长。

437

假设我们有一个均匀量化器，用于比较输入值的值域大小均为 Δ。例如，对于 3 位的量化器来说，一共有 $k = 0 \cdots 7$ 层。对于 3 位的 G.726，只用了 7 层，并在 0 附近聚集。

Jayant 量化器为每一层赋予乘法器数值 M_k，靠近零的层的值小于 1，而外层的值则大于 1。乘法器将下一个信号值与步长相乘。这样，外层值将会扩大步长，很可能会使下一个量化值回到可用层的中间位置。而位于中间层的量化值很可能会减小步长，并且会使下一个量化值更加接近外层。

所以，对于信号 f_n，量化器步长 Δ 将会根据下面的简单公式，随着前一个信号值 f_{n-1} 的量化值 k 变化：

$$\Delta \leftarrow M_k \Delta \tag{13.2}$$

由于信号的不同量化版本导致了这种变化,所以可以认为这是一个后向自适应的量化器。

在 G.726 中,α 如何变化取决于音频信号是真实的语音还是仅仅是语音频带的数据。在前一种情况下,采样间的差值可能会有很大的波动,而在后一种情况下的数据传送则略有不同。为了适应不同的情况,因子 α 根据一个由两部分组成的公式进行调整。

G.726 是使用固定量化步长的后向自适应 Jayant 量化器,其步长是通过基于输入信号差值 e_n 除以 α 的对数确定的。除数 α 的对数形式为:

$$\beta \equiv \log_2 \alpha \tag{13.3}$$

由于我们希望区分差值较小和差值较大的情况,所以将 α 分为锁定部分 α_L 和非锁定部分 α_U。原理是,把锁定部分作为小差值的比例因子,它的变化非常缓慢;而非锁定部分则用于大的差值。它们分别对应于对数 β_L 和 β_U。

对数值可以写成两部分值的和,如下所示:

$$\beta = A\beta_U + (1 - A)\beta_L \tag{13.4}$$

这里 A 可以变化,对于语音它的值约为 1,而对于声带数据,它的值则约为 0。它可以根据信号的方差计算得到,以反映过去的信号值。

非锁定部分根据下面的公式进行变化:

$$\alpha_U \leftarrow M_k \alpha_U$$
$$\beta_U \leftarrow \log_2 M_k + \beta_U \tag{13.5}$$

其中,M_k 是第 k 层的 Jayant 乘数。锁定部分通过对非锁定部分稍做修改得到,修改的公式如下:

$$\beta_L \leftarrow (1 - B)\beta_L + B\beta_U \tag{13.6}$$

这里 B 是一个很小的数,例如 2^{-6}。

G.726 的预测程序比较复杂:它使用 6 个量化的差值和从先前 6 个信号值 f_n 中得到的两个重建信号值的线性合成。

ITU 标准 G.728、G.729 使用码激励线性预测编码(CELP),这将在 13.3.5 节中论述。

13.3 声音合成器

到现在为止,我们所研究的编码器(编码/解码算法)可以应用于任何类型的信号,而不仅限于语音。声音合成器是专门的声音编码器。

声音合成器主要对语音建模,以便用尽可能少量的位去捕获最为显著的特征。它们可以使用语音波形时间的模型(线性预测编码(Linear Predictive Coding,LPC)声音合成),也可以将信号分解为频率分量后再进行建模(通道声音合成器和共振峰声音合成器)。

巧合的是,我们都知道声音合成器对声音进行模拟的效果并不理想——当图书馆通过电话进行逾期通知时,自动合成的语音会因为缺少语调而让人感觉非常怪异。

13.3.1 相位不敏感性

回顾 8.5 节,我们使用傅里叶分析的一种变体来进行分析,从而将信号分解为它的构成频率。原则上,我们也可以用上述方法得到的频率系数来还原信号。但事实上,从感知的角度来说,将语音波形完全还原是没有必要的,也就是说,只要保证在任意时刻的能量值基本正确，使得信号听起来基本正确就可以了。

"相位"是在时间函数内时间参数的一个偏移量。假设我们按下一个钢琴键，产生了类似于正弦曲线的声音 $\cos(\omega t)$，其中 $\omega = 2\pi f$，f 是频率。如果我们等待足够长的时间以产生一个相位偏移 $\pi/2$，然后按下另外一个键，产生声音 $\cos(\omega t + \pi/2)$，就得到了如图 13.3 中实线所示的波形。这个波形是 $\cos(\omega t) + \cos(2\omega t + \pi/2)$ 的和。

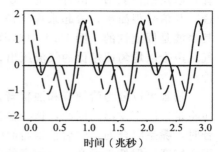

图 13.3　实线表示两端具有相位差的余弦曲线的叠加，虚线表示没有相位差的叠加。两者的波形不同，但听起来相似

如果我们没有等待而是直接按下第二个音符(1/4ms，在图 13.3 中)，那么得到的波形将会是 $\cos(\omega t) + \cos(2\omega t)$。然而从感知上来说，这两个音符听起来相同，尽管它们之间存在着相位的偏移。

因此，只要我们可以使得能量频谱分布正确(它决定我们听见的声音是响亮的还是轻微的)，那我们就无须担心波形的确切形式。

13.3.2　通道声音合成器

439

子带滤波指的是让模拟信号通过一排带通滤波器的过程，以便实现傅里叶分析中的频率分解。子带编码使用经过这个过程所得到的信息，以获得更好的压缩效果。

例如，一个较早的 ITU 标准 G.722 使用子带滤波将模拟信号分解为两个频带：50Hz～3.5kHz 和 3.5～7kHz 的声音频率。然后，低频信号通过 48kbps 发送，我们可以很容易地听出差异；而高频信号则通过 16kbps 发送。

声音合成器可以在较低的码率下工作(1～2kbps)。为此，通道声音合成器首先使用一组滤波器将信号分解为不同的频率分量，如图 13.4 所示。然而正如刚才所介绍的，只有能量是重要的，因此，首先将"波形"修正到它的绝对值。这组滤波器将为每个频率范围产生能量的相对强度。子带编码器不会对信号进行修正，且将使用更宽的频带。

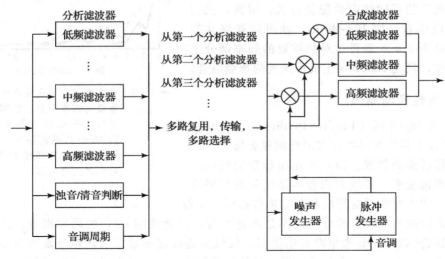

图 13.4　通道声音合成器

通道声音合成器会对信号进行分析，以决定语音总的音调(低(男低音)，或高(男高

音))以及语音激励。语音激励主要与发出的声音是浊音还是清音有关。若发出的声音是清音，其信号很简单，看起来像噪声，例如 s 和 f 就发清辅音。而元音 a、e、o 就发浊音，其声波是周期性的。图 13.1 中单词 audio 结尾的 o 就有明显的周期性。在一个元音中，空气从声带以均匀而短促的气流压出，男性的速率为 75～150 脉冲/秒，女性为 150～250 脉冲/秒。

辅音可以分为清辅音和浊辅音。对于字母 m 和 n 的鼻音，声带的震动使声音从鼻腔而不是口腔中发出。因此，这些辅音是浊辅音。而对于 b、d、g 它们也是浊辅音，开始发音时，嘴是闭合的，然后根据后面的元音打开，这个过程会持续几毫秒。浊辅音的能量高于清辅音，但低于元音。清辅音的例子包括 sh、th 和 h(当它们用于单词开头时)。

通道声音合成器应用声道转换模型来产生一个声音模型的激励参数向量。声音合成器也会推测声音是浊音还是清音，对于浊音还会估计其周期(也就是声音的音调)。图 13.4 显示解码器同样适用声道模型。

由于浊音可以通过正弦曲线来近似表示，一个周期性的脉冲发生器可以用来重现浊音。由于清音和噪音类似，因此一个伪噪声发生器可以用来重现清音。所有的值都通过由带通滤波器组得到的能量估值来进行比例协调。通道声音合成器可以使用 2400bps 得到一个智能的但同时是人工合成的语音。

13.3.3 共振峰声音合成器

在语音中，并非所有的频率都是等强度分布。事实上，只有某些频率非常强烈，其他部分则相对较弱。这就是语音形成方式的直接结果，它通过在嘴、喉、鼻等器官中的一些器室中共振得到。其中，重要的频峰称为共振峰[2]。

图 13.5 显示了上述结论是如何出现的：只有几个(通常为 4 个左右)处于某个频率的能量峰值。随着语音的继续，峰值的出现点也发生变化。例如，两个不同的元音会激活不同的共振峰——这反映了每个元音的不同的声道配置方式。通常，只需分析一小段语音，如 10～40ms，就可以找到共振峰。共振峰声音合成器通过对最重要的频率部分进行编码工作，只在 1000bps 生成可接受的智能语音。

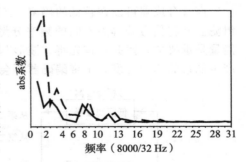

图 13.5 共振峰是在语音样本中出现的重要的频率分量。在图中，实线显示图 6.16 的语音样本中前 40ms 出现的频率；虚线显示了类似的频率在 1s 后出现，它们之间有位移

13.3.4 线性预测编码

线性预测编码(Linear Predictive Coding, LPC)声音合成器从波形中提取语音的显著特征，而不是将信号转换到频域。LPC 使用由给定的激励产生的时变声道模型。传输的内容不是实际的信号或差值，而是用来对声道的形状和激励进行建模的参数。

由于发送的是对声音的分析而不是声音本身，因此使用 LPC 的码率很低。这和使用简单的描述符(如 MIDI)来生成音乐类似：仅仅发送描述参数，来让声音发生器尽可能生成合适的音乐。不同之处在于除音调、时长和响度之外，还需发送声道激励参数。

在对一组片段(segment)或帧(frame)的数字化样本分析之后，由输出声道模型生成的语音信号将由当前语音输出加上先前模型的线性值的一个函数计算得出。这就是编码器中线性一词的由来。这个模型是自适应的，即编码器端会为每个新片段发送一组新的系数。

先前系数组的典型数量是 $N=10$（"模型阶数"是 10），这样一个 LPC-10[3] 系统通常使用 2.4kbps 的速率。模型系数 a_i 作为预测系数，同时乘上先前的语音输出样本值。

LPC 首先决定当前是清音还是浊音。对于清音，使用宽带噪声发生器来生成样本值 $f(n)$ 作为模拟信号的输入。对于浊音，使用脉冲发生器来产生 $f(n)$。模型的系数 a_i 则通过最小二乘方程组来计算，它将是实际语音和声道模型所产生的语音之间的最小差值。声道模型则通过捕获语音参数的噪声或脉冲串发生器来激励。

如果用 $s(n)$ 来表示输出值，那么对于输入值 $f(n)$，其输出取决于先前的输出样本值 p，如下所示：

$$s(n) = \sum_{i=1}^{p} a_i s(n-i) + Gf(n) \tag{13.7}$$

这里，G 表示增益系数。注意，系数 a_i 作为线性预测模型中的值。伪噪声发生器和脉冲发生器正如上面所述。图 13.4 则是关于通道声音合成器内容的描述。

442

语音编码器以逐块编码的方式工作。输入的数字语音信号被划分成定长的小段进行分析，每个小块称为语音帧。对于 LPC 语音编码，帧的长度通常为 22.5ms，即在 8kHz 采样数字语音中有 180 个采样点。语音编码器通过分析语音帧来获得各种参数，例如 LP 系数 $a_i(i=1\cdots p)$、增益系数 G、音调 P 以及清音浊音判定 U/V。

为了计算 LP 系数，需要求解下列关于 a_j 的极小值问题：

$$\min E\left\{\left[s(n) - \sum_{j=1}^{p} a_j s(n-j)\right]^2\right\} \tag{13.8}$$

取 a_j 的导数，并设其为 0，得到一个 p 个方程组成的方程组：

$$E\left\{\left[s(n) - \sum_{j=1}^{p} a_j s(n-j)\right]s(n-i)\right\} = 0, \quad i = 1\cdots p \tag{13.9}$$

设 $\phi(i,j) = E\{s(n-i)s(n-j)\}$，则：

$$\begin{bmatrix} \phi(1,1) & \phi(1,2) & \cdots & \phi(1,p) \\ \phi(2,1) & \phi(2,2) & \cdots & \phi(2,p) \\ \vdots & \vdots & \ddots & \vdots \\ \phi(p,1) & \phi(p,2) & \cdots & \phi(p,p) \end{bmatrix} \begin{bmatrix} a_1 \\ a_2 \\ \vdots \\ a_p \end{bmatrix} = \begin{bmatrix} \phi(0,1) \\ \phi(0,2) \\ \vdots \\ \phi(0,p) \end{bmatrix} \tag{13.10}$$

常常用自相关法来求解 LP 系数，其中：

$$\phi(i,j) = \frac{\sum_{n=p}^{N-1} s_w(n-i)s_w(n-j)}{\sum_{n=p}^{N-1} s_w^2(n)}, \quad i = 0\cdots p, \quad j = 1\cdots p \tag{13.11}$$

$s_w(n) = s(n+m)w(n)$ 是从时间 m 开始的加窗语音帧。因为 $\phi(i,j)$ 仅由 $|i-j|$ 决定，因此，可定义 $\phi(i,j) = R(|i-j|)$。因为 $R(0) \geqslant 0$，所以矩阵 $\{\phi(i,j)\}$ 是正对称的，因此，得到如下快速计算 LP 系数的方法。

程序 13.1　LPC 系数

$E(0) = R(0)$，$i = 1$

while $i \leqslant p$

$$k_i = \left[R(i) - \sum_{j=1}^{i-1} a_j^{i-1} R(i-j)\right]\Big/ E(i-1)$$

$a_i^i = k_i$

for $j=1$ to $i-1$

$\quad a_j^i = a_j^{i-1} - k_i a_{i-j}^{i-1}$

$E(i) = (1-k_i^2)E(i-1)$

$i \leftarrow i+1$

for $j=1$ to p

$\quad a_j = a_j^p$

443

求得 LP 系数后，增益 G 可由下式得出：

$$G = E\left\{ \left[s(n) - \sum_{j=1}^{p} a_j s(n-j) \right]^2 \right\}$$

$$= E\left\{ \left[s(n) - \sum_{j=1}^{p} a_j s(n-j) \right] s(n) \right\}$$

$$= \phi(0,0) - \sum_{j=1}^{p} a_j \phi(0,j) \tag{13.12}$$

在自相关方案中，$G = R(0) - \sum_{j=1}^{p} a_j R(j)$。阶数为 10 的 LP 分析完全能够满足语音编码的需要。

通过自相关法找到语音峰值的下标能够求出当前语音帧的音调 P：

$$v(i) = \frac{\sum_{n=m}^{N-1+m} s(n)s(n-i)}{\left[\sum_{n=m}^{N-1+m} s^2(n) \sum_{n=m}^{N-1+m} s^2(n-i) \right]^{\frac{1}{2}}}$$

$$i \in [P_{\min}, P_{\max}] \tag{13.13}$$

对于 8kHz 的语音采样，查找范围 $[P_{\min}, P_{\max}]$ 通常设成 $[12, 140]$。假设 P 是峰值延时。如果 $v(P)$ 小于某个阈值，则认为当前语音帧是浊语音帧，在接收端可以通过一个白噪声序列模拟来加以重构。否则，就认为当前语音帧是清音的，在重构阶段使用一个周期性的波形来模拟。在实际的 LPC 语音编码器中，音调估计和 U/V 判定一般基于动态编程方案，这样可以纠正经常出现的在单个语音帧中音调重叠或者分割的错误。

在 LPC-10 中，每个语音段有 180 个采样，即在 8kHz 的采样频率下以 22.5 毫秒为间隔采样。传输的语音参数主要是系数 a_k、G（增益因子）、清/浊音标志（1 位），以及浊音语音帧的音调周期。

13.3.5　码激励线性预测

CELP 是码激励线性预测（Code Excited Linear Prediction）的首字母简写，有时也称为码本激励（codebook excited）。它是一组更加复杂的编码器，它试图通过更加复杂的激励描述机制来弥补简单的 LPC 模型在语音质量上的缺陷。它使用一个完整的激励向量集合（一个码本）来和真实的语音匹配。把最佳匹配项的序号发送给接收者。这样做所导致的复杂性使得码率增加到 4800～9600bps。

在 CELP 中，因为所有的语音段使用的是同一个模板码本中的同一个模板集，所以最后的语音听起来比 LPC-10 编码器中使用双态激励机制得到的结果要好很多。CELP 所达到的声音质量可以满足音频会议的需要。

在 CLEP 中，使用两种预测方法来消除语音信号中的冗余，它们是长时预测（LTP）和短时预测（STP）。STP 是一种对采样点进行分析的技术，它希望通过前面已有的预测值来推测下一个采样值。在这里，产生冗余的主要原因是一个采样点相对前面几个采样点不会产生太大的变化。LTP 的主要思想是，对于语音（特别是浊音），在一段内或者在段与段之间，一个基本的周期或音调会使得同一个波形反复出现。我们可以通过找到语音音节的方法来消除这种冗余。

假设我们用 8kHz 来采样，使用 10ms 的帧，一共有 80 个采样点。我们希望的大致重复的长度是 12～140 个采样点（实际上每个音节比我们实际选择的帧长要长）。

STP 基于短时 LPC 分析，我们将在后面的小节中讨论。之所以称为"短时"是因为在预测过程中，只有一些采样点，而不涉及整个一帧或者几帧语音。STP 也要求整个语音帧中的残差最小，不过它仅仅体现了很短的一段语音之间的关联（在 10 阶 LPC 中是 10 个采样点）。

经过 STP 处理后，我们用原信号值减去预测值，就进入了差分编码的阶段。然而，即使是在误差值集合 $e(n)$ 中，序列中还存在基本的语音音节。这时候就要使用 LTP。LTP 主要是用来进一步消除浊音语音信号中的周期冗余。本质上讲，STP 能够提取短时语音频谱中的共振峰结构，而 LTP 能够恢复表示语音音节的语音信号中的长期关联。

因此我们通常使用两个操作步骤——首先是 STP，然后是 LTP。因为始终假设开始的误差值为 0，然后开始处理一个语音分量（如果我们使用闭循环，那么首先执行 STP）。接着使用 LTP 来处理整个语音帧，或者相当于 1/4 帧的语音子帧。图 13.6 展示了这两个步骤。

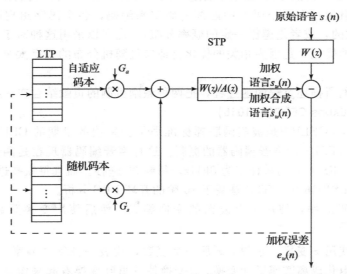

图 13.6 使用自适应随机码本的 CELP 分析模型

LTP 通常实现为自适应码本查找。自适应码本中的码字是一个移位语音残差段，通过一个对应于当前语音帧或当前子帧的延时值 τ 来标记它。方法是在波形码本中寻找能和当前的语音子帧匹配的码字。一般便用正规化的语音子帧在码本中寻找，所以当语音段能够匹配的时候，我们也获得了一个变换值（增益）。和码字相对应的增益值标记成 g_0。

有两种码字检索方法：开环和闭环。开环自适应码字查找试图使长时预测误差最小，但不能使感知上的重建语音误差最小。

$$E(\tau) = \sum_{n=0}^{L-1} \left[s(n) - g_0 s(n-\tau) \right]^2 \tag{13.14}$$

把 g_0 的偏导数设置为 0，即 $\dfrac{\partial E(\tau)}{\partial g_0} = 0$，能够得到

$$g_0 = \frac{\displaystyle\sum_{n=0}^{L-1} s(n) s(n-\tau)}{\displaystyle\sum_{n=0}^{L-1} s^2(n-\tau)} \tag{13.15}$$

因此，最小的求和误差值是：

$$E_{\min}(\tau) = \sum_{n=0}^{L-1} s^2(n) - \frac{\left[\displaystyle\sum_{n=0}^{L-1} s(n) s(n-\tau) \right]^2}{\displaystyle\sum_{n=0}^{L-1} s^2(n-\tau)} \tag{13.16}$$

需要注意的是，采样 $s(n-\tau)$ 可能在前一语音帧中。

现在，为了获得自适应码本的索引 τ，我们可以在一个音节确定的一小段范围内进行搜索。更多的时候，CELP 编码器使用闭环搜索。与仅仅考虑平方和不同，通过自适应的码本查找，使语音重构时所感觉到的误差最小。所以在闭环自适应码本查找中，在自适应码本查找中的最佳选择是使局部重构语音失真最小的码字。参数的选取是通过求源和重建语音之间的差值度量（通常是均方）最小化得到的。这意味着我们在分析语音段的同时也在做语音的合成，所以这种方法也称为合成分析法（Analysis-By-Synthesis，A-B-S）。

445
～
446

经过基于 LPC 分析的 STP 和基于自适应码本查找的 LTP 后，我们得到的残差信号类似于白噪声，并且通过在一个码本中匹配的码字来编码，各个码字出现的概率是随机的（可以是完全任意的，或者是遵循一定的概率分布）。之所以采用这种对于自适应码字和随机码字的序列化的优化，是因为相关的优化自适应且随机分布的码字太复杂，不可能满足实时的要求。

解码就是上面所描述过程的逆过程，把两种激励机制的贡献结合在一起进行工作。

* 1. DOD 4.8kbps CELP(FS1016)

DOD 4.8 kbps CELP[4] 是被美国联邦标准委员会采用的早期的 CELP 算法，它作为 2.4kbps LPC-10e(FS1015)声音编码器的更新。这种声音编码器现在是测试其他低码率声音编码器的基准。FS1016 的采样率为 8kHz，每帧 30 毫秒。而且每帧被进一步划分为 7.5 毫秒的子帧。在 FS1016 中，STP 是基于 10 阶的开环 LPC 分析。

为了提高编码效率，使用一个复杂的变换编码。然后使用变换系数来进行量化和压缩。

首先，一般使用 z 变换。这里，z 是一个复数，代表一种复"频率"。如果 $z = \mathrm{e}^{\frac{-2\pi i}{N}}$，那么离散 z 变换退化成离散傅里叶变换。z 变换使傅里叶变换看起来像是一个多项式。因此，可以把预测方程中的误差写成：

$$e(n) = s(n) - \sum_{i=1}^{p} a_i s(n-i) \tag{13.17}$$

在 z 域中，有：

$$E(z) = A(z) S(z) \tag{13.18}$$

其中 $E(z)$ 是 z 变换中的误差，$S(z)$ 是信号的变换。$A(z)$ 是 z 域中的传递函数，等价于：

$$A(z) = 1 - \sum_{i=1}^{p} a_i z^{-i} \tag{13.19}$$

这里系数 a_i 和式(13.7)中的系数 a_i 相同。重构语音则可通过下式完成：

$$S(z) = \frac{E(z)}{A(z)} \tag{13.20}$$

因此，$A(z)$ 通常写为 $\frac{1}{A(z)}$。

使用 z 变换的主要原因是想把 LP 系数变换成线谱对(Line Spectrum Pair，LSP)系数。在 LSP 空间中，量化操作有一些较好的性质。LSP 表示法现在已经成为标准，并且应用到最近的几乎所有基于 LPC 的语音编码器中，例如 G.723.1、G.729 以及 MELP。为了获得 LSP 系数，我们构建两个多项式：

$$P(z) = A(z) + z^{-(p+1)} A(z^{-1})$$
$$Q(z) = A(z) - z^{-(p+1)} A(z^{-1}) \tag{13.21}$$

其中 p 是 LPC 分析中的阶数，$A(z)$ 是 LP 滤波器的转换函数，z 是转换域的变量，z 变换和傅里叶变换非常相似，只不过它使用的是复"频率"。

上面两个多项式的根分布在 z 平面的单位圆附近，而且关于 x 轴对称。把 $P(z)$、$Q(z)$ 分布在 x 轴上方的根的相位角记成 $\theta_1 < \theta_2 < \cdots < \theta_{\frac{p}{2}}$ 以及 $\varphi_1 < \varphi_2 < \cdots < \varphi_{\frac{p}{2}}$，其中 p 是偶数。那么向量 $\{\cos(\theta_1), \cos(\varphi_1), \cos(\theta_2), \cos(\varphi_2), \cdots, \cos(\theta_{\frac{p}{2}}), \cos(\varphi_{\frac{p}{2}})\}$ 就是 LSP 系数向量。向量 $\{\theta_1, \varphi_1, \theta_2, \varphi_2, \cdots, \theta_{\frac{p}{2}}, \varphi_{\frac{p}{2}}\}$ 通常称作线谱频率(Line Spectrum Frequency)或者 LSF。因为 $A(z) = \dfrac{[P(z) + Q(z)]}{2}$，我们能够在解码端根据 LSP 或 LSP 系数重构 LP 系数。

FS1016 中的自适应码本查询是采用基于感知加权误差的闭环查找，和仅仅考虑均方差不同，这里的误差把人的感知纳入考虑范畴。根据 z 变换，可以发现以下乘法器能够发挥很好的作用：

$$W(z) = \frac{A(z)}{A\left(\dfrac{z}{\gamma}\right)} = \frac{1 - \sum\limits_{i=1}^{p} a_i z^{-i}}{1 - \sum\limits_{i=1}^{p} a_i \gamma^i z^{-i}}, \quad 0 < \gamma < 1 \tag{13.22}$$

参数 γ 是常数。

自适应码本中含有 256 个码字，其中 128 个是整数时延，128 个是非整数时延(带有 1/2 采样值步长，以提供更好的分辨率)。整数时延的范围是 20～147。为了降低查找复杂度，偶子帧在和前一个奇子帧相隔 1 个步长的范围内查找。差分值使用 6 位来编码。增益在 -1 和 2 之间，使用 5 位非均匀编码。

对一帧中的 4 个子帧都使用随机码本检索。把一个单位方差高斯分布随机序列的阈值限制在绝对值 1.2 内，然后把序列中的元素量化为 -1，0，1，这样就生成了 FS1016 中的随机码本。随机码本中有 512 个码字。码字之间是互相重叠的，每一个码字比前一个码字偏移 2。这种随机设计称为代数码本。它有多种变体，广泛用于最近的 CELP 编码器中。

把激励向量记成 $v^{(i)}$，我们在第一步获得周期分量 $v^{(0)}$。$v^{(1)}$ 是第二步随机分量查找的结果。在闭环查找中，重构语音可以写成

$$\hat{s} = \hat{s}_0 + (u + v^{(i)}) H \tag{13.23}$$

其中第一步中 u 为 0，在第二步中设置 $v^{(0)}$。$\hat{s}_0$ 是 LPC 重构滤波器的零响应。矩阵 H 是简化的 LPC 重构滤波器单位脉冲响应矩阵。

447

$$H = \begin{bmatrix} h_0 & h_1 & h_2 & \cdots & h_{L-1} \\ 0 & h_0 & h_1 & \cdots & h_{L-2} \\ 0 & 0 & h_0 & \cdots & h_{L-3} \\ \vdots & \vdots & \vdots & \ddots & \vdots \\ 0 & 0 & 0 & 0 & h_0 \end{bmatrix} \qquad (13.24)$$

其中 L 是子帧的长度(在这里代表了一个卷积)。类似地,定义 W 为感知加权滤波器的单位响应矩阵,那么重构语音的感知加权误差是:

$$e = (s - \hat{s})W = e_0 - v^{(i)}HW \qquad (13.25)$$

其中 $e_0 = (s - \hat{s}_0)W - uHW$。码本查找过程是要在码本中找到一个码字 $y^{(i)}$ 以及对应的 $a^{(i)}$ 使得 $v^{(i)} = a^{(i)}y^{(i)}$,并且取最小值 ee^{T}。为了使问题易于处理,使用顺序检索自适应码本和随机码本。用 $\tilde{a}^{(i)} = Q[\hat{a}]$ 代表量化后的值,这样自适应码本或随机码本中码字检索的判断标准是使得对所有的 $y^{(i)}$、ee^{T} 取得最小值。其中 $y^{(i)}$ 是关于 $\tilde{a}^{(i)}$、e_0、$y^{(i)}$ 的函数。

CELP 的解码器完成上述过程的逆过程。因为向量量化的复杂性是非对称的,解码端的复杂性要低很多。

*2. G.723.1

G.723.1[5] 是 ITU 颁布的标准,主要目的是为了实现多媒体通信。它能够和 H.324 协议结合,从而在视频会议系统中实现音频编码。G.723.1 是一个双数据率的 CELP 类型的语音编码器。它可以在码率 5.3kbps 和 6.3kbps 下工作。

G.723.1 中使用很多和 FS1016 类似的技术,这将在最后一节中讨论。输入的语音也是 8kHz,以 16 位的线性 PCM 格式采样。每帧 30 毫秒,也分为四个相同大小的子帧。每个子帧中采用 10 阶 LPC 系数。LP 系数进一步转换成 LSP 向量,并通过预测划分 VQ 算法进行量化。LP 系数也用来生成感知加权滤波器。

G.723.1 首先使用开环音节估值器来进行一次粗糙的音节估值。每个音节的长度为两个子帧。在每个子音节中都进行闭环音节查找,方法是在开环音节范围中寻找所要的数据。在经过 LP 滤波并且通过 LTP 消除语音中的谐音成分后,如果是 5.3kpb 的编码器,那么通过 MP-MLQ(Multipulse Maximum likelihood Quantization,多脉冲极大似然量化)对随机残差进行量化;如果是 6.3kpbs 的编码器,那么通过 ACELP(Algebraic Code Excited Linear Prediction,代数码激励线性预测)来对随机残差进行量化,这种方法能获得更好的语音质置。这两种量化方法可以在不同的长度为 30 毫秒的语音帧之间切换。

在 MP-MLQ 中,随机分量的贡献体现为一串脉冲:

$$v(n) = \sum_{i=1}^{M} g_i \delta(n - m_i) \qquad (13.26)$$

其中 M 是脉冲的数目,g_i 是脉冲在位置 m_i 处的增益,闭环查找要使得下式取得最小值:

$$e(n) = r(n) - \sum_{i=1}^{M} g_i h(n - m_i) \qquad (13.27)$$

其中 $r(n)$ 是感知加权和估计后消除了零响应分量和周期分量后余下的语音成分。使用上一节中类似的方法,可以逐步优化每一个脉冲的增益和位置。也就是说,首先假设只有一个脉冲,并且找到最佳的位置和增益,消除了这个脉冲的影响后,可以用同样的方法来优化下一个脉冲。这个操作可以递归地执行,直到我们优化了所有的 M 个脉冲为止。

ACELP 中随机码本的结构和 FS1016 中码本的结构不同。下表所示的就是一个 ACELP 激励码本。

符号	位置
±1	0，8，16，24，32，40，48，56
±1	2，10，18，26，34，42，50，58
±1	4，12，20，28，36，44，52，60
±1	6，14，22，30，38，46，54，62

$$(13.28)$$

一共只有 4 个脉冲，每个脉冲可以有 8 个位置，每个位置用 3 位进行编码。脉冲的符号占 1 位，另一个位用于把所有可能位置平移，使之为奇数。这样，码字的索引需要 17 位。因为代数码本的特殊结构，有一种高效的码字查找算法。

除了上面讨论的 CELP 编码外，还有一些其他的 CELP 类的编解码方法，它们主要用于无线通信系统。这些编码器的基本原理非常类似，只是在参数分析以及码本结构的实现细节上有所不同。

相关的例子有数据率为 12.2kbps 的 GSM EFR（Enhanced Full Rate，增强型全速率）代数 CELP 编解码器[6]，以及专门为北美的数字电话网 IS-136 TDMA 系统设计的 IS-641EFR[7]。G.728[8] 也是一种低延时的 CELP 语音编码器。G.729[9] 是基于 ITU 标准的 CELP，目标是收费质量的语音通信。

G.729 是一个 CS-ACELP（Conjugate-Structure Algebraic-Code-Excited-Linear-Prediction，共轭结构代数码激励线性预测）编解码标准。G.729 的语音分析帧的长度为 10 毫秒，所以比使用 30 毫秒语音帧的 G.723.1 延时小，G.729 还设置了一些保护措施来处理应用（例如 VoIP）中的丢包问题。

* 13.3.6 混合激励声音合成器

混合激励声音合成器是另外一类语音编码器。它们和 CELP 不同，在 CELP 中，激励体现为自适应和随机码字。相反，混合激励声音合成器使用基于模型的方法，引进了多模型激励的概念。

1. MBE

多频带激励（Multi-Band Excitation，MBE）[10] 声音合成器是由 MIT 的林肯实验室开发的。4.15kbp 的 IMBE 编解码器[11] 是 IMMSAT 的标准。MBE 是一种逐块编解码标准，用长度为 20～30 毫秒的语音帧作分析单元。在 MBE 编码器的分析阶段，首先对当前帧中加窗语音应用频谱分析，如一个 FFT 变换。短时语音频谱被进一步划分成更小的频带。带宽通常是基频（等于音节的倒数）的整数倍，将每个频带标记为"浊音"或者"清音"。

因此，MBE 编码器参数包括频谱包络、音调、不同频带的浊音/清音（U/V）判断。基于不同码率的要求，可以参数化或丢弃谱的相位。在语音解码的过程中，浊音频带和清音频带由不同的方法合成，生成最后的输出。

在参数估计阶段，MBE 使用合成分析技术。一些参数（例如基频、频谱包络以及子带 U/V 判定）都是通过闭环查找得到的。闭环优化的评价原则是使考虑感知加权的重构语音误差最小。重构语音误差在频域的表达式是：

$$\varepsilon = \frac{1}{2\pi}\int_{-\pi}^{+\pi} G(\omega)\,|\,S_\omega(\omega) - S_{\omega r}(\omega)\,|\,\mathrm{d}\omega \qquad (13.29)$$

其中 $S_\omega(\omega)$ 是原始语音的短时频谱，$S_{\omega r}(\omega)$ 是重构语音的短时频谱，$G(\omega)$ 是感知加权滤波器的频谱。

和 CELP 中的闭环查找类似，使用一个序列化的优化方法可以使问题变得简单。首先

450

假设所有频带都是浊音的，然后计算频谱的包络以及基频。根据所有的频带都是浊音的假设来重新计算频带误差，得到公式：

$$\check{\varepsilon} = \sum_{m=-M}^{M} \left[\frac{1}{2\pi} \int_{\alpha_m}^{\beta_m} G(\omega) \, | \, S_\omega(\omega) - A_m E_{\omega r}(\omega) \, |^2 \, \mathrm{d}\omega \right] \tag{13.30}$$

其中 M 是 $[0, \pi]$ 中的一个频带号，A_m 是频带 m 的频谱包络，$E_{\omega r}(\omega)$ 是短时窗口频谱，$\alpha_m = \left(m - \frac{1}{2} \right)\omega_0$，$\beta_m = \left(m + \frac{1}{2} \right)\omega_0$，设 $\frac{\partial \check{\varepsilon}}{\partial A_m} = 0$，则有

$$A_m = \frac{\int_{\alpha_m}^{\beta_m} G(\omega) S_\omega(\omega) E_{\omega r}^*(\omega) \, \mathrm{d}\omega}{\int_{\alpha_m}^{\beta_m} G(\omega) \, | \, E_{\omega r}(\omega) \, |^2 \, \mathrm{d}\omega} \tag{13.31}$$

在频带间隔中查找最小值 $\check{\varepsilon}$ 时，同时也可以获得基频。根据求得的频谱包络，使用一个自适应的阈值机制来测试每个频带的匹配程度。如果一个频带匹配程度很好，我们就称这个频带是浊音的。否则我们就称这个频带是清音的，同时测试清音频带的包络。

$$A_m = \frac{\int_{\alpha_m}^{\beta_m} G(\omega) \, | \, S_\omega(\omega) \, | \, \mathrm{d}\omega}{\int_{\alpha_m}^{\beta_m} G(\omega) \, \mathrm{d}\omega} \tag{13.32}$$

解码器基于浊音和清音的频带，使用不同的方法合成浊音和清音语音。然后把两种重构分量组合在一起，生成合成语音。最后一步是处理不同语音帧之间的重叠部分，然后得最终输出。

2. MELP

MELP（Muhiband Excitation Linear Predictive，多频带激励线性预测）语音编解码是新颁布的美国联邦标准，用来取代旧的 LPC-10（FS1015）标准，它主要应用于低码率的安全通信。当码率是 2.4kbps 时，MELP[12] 的声音质量可以与 4.8kbps 的 DOD-CELP（FS1016）媲美，同时 MELP 在噪声环境下有很好的健壮性。

MELP 也是基于 LPC 分析的。根据 LPG-10 中采用的硬性决策的浊音或者清音模型的不同，MELP 使用多频带软决策模型来处理激励信号。LP 残差是带通的，对每个频带计算一个语音强度。把激励通过 LPC 合成滤波器传递就可以获得重构语音。

和 MBE 不同的是，MELP 把激励划分成五个固定频带，它们是 0～500、500～1000，100～2000、2000～3000 以及 3000～4000Hz。使用语音信号的正则相关函数计算语音信号和平滑的非直流频段的校正信号来计算每个频带上的语音程度参数。假设 $s_k(n)$ 用来代表频带 k 上的语音信号，$u_k(n)$ 代表 $s_k(n)$ 的平滑的无直流分量的校正信号。相关函数可以写成

$$R_x(p) = \frac{\sum_{n=0}^{N-1} x(n) x(n+P)}{\left[\sum_{n=0}^{N-1} x^2(n) \sum_{n=0}^{N-1} x^2(n+P) \right]^{\frac{1}{2}}} \tag{13.33}$$

其中 P 是当前语音帧中的音节，N 是帧长，那么频带 k 的语音强度可以定义成 $\max(R_{s_k}(P), R_{u_k}(P))$。

在浊音语音段中，MELP 使用抖动有声状态来模拟浊音语音段的边缘，从而进一步取代了传统的 LPC-10 语音编码器中使用的方法。抖动状态使用一个非周期性的标志来标记。如果这个非周期性的标志出现在分析的末尾，那么接收器在短时脉冲激励中增加一个随机移位分量，这种移位最大可以达到 $\frac{P}{4}$。抖动状态由全波峰值矫正的 LP 残差 $e(n)$ 决定。

$$\text{峰值} = \frac{\left[\dfrac{1}{N}\sum\limits_{n=0}^{N-1} e(n)^2\right]^{\frac{1}{2}}}{\dfrac{1}{N}\sum\limits_{n=0}^{N-1}|e(n)|}\tag{13.34}$$

如果峰值高于一些阈值，那么就认为语音帧是抖动的。

　　为了更好地重构语音信号的短时频谱，和在 LPC-10 语音编码器中一样，我们假设残差信号的频谱不是均匀分布的，正则化 LP 残差信号后，MELP 保留了基频为 $\min\left(10,\dfrac{P}{4}\right)$ 的谐波所对应的幅值。过滤掉更高频的谐波。

452

　　10-d 幅值向量利用 8 位的向量来量化，使用感知加权距离作为评价标准。和最流行的 LPC 量化方案类似，MELP 也是首先将 LPC 参数转变成 LSF，然后使用四步向量量化方案。四个步骤中使用的位数分别是 7、6、6、6。除了使用和 LPC-10 中类似的整数音节估计外，MELP 还使用了一个分数音节精化过程，来提高音节估计的准确度。

　　在音频的重构过程中，MELP 没有使用周期脉冲来模拟周期激励信号，它使用离散的波形。为了使用离散的脉冲，在脉冲上使用了一个有限的脉冲响应（Finite lmpulse Response，FIR）滤波器。MELP 也使用感知加权滤波器对重构语音信号进行后滤波，这样可以降低量化噪声，提高语音质量。

13.4　练习

1. 我们在 13.3.1 节中讨论了相位不敏感性，请根据复合信号中单个频率分量解释术语"相位"的含义。

2. 通过 C 或者 MATLAB 来输入一个语音段，并证明共振峰的存在———一般任何语音段都有一部分重要的频率。同时证明随着检测的语音的时间长度的变化，共振峰也会随着改变。

　　要编写一个频率分析器，最简单的做法是使用 8.5 节中 DCT 编码的思想。一维 DCT 可以写作：

$$F(u) = \sqrt{\frac{2}{N}}C(u)\sum_{i=0}^{N-1}\cos\frac{(2i+1)u\pi}{2N}f(i)\tag{13.35}$$

其中 $i, u=0, 1, \cdots, N-1$，并且 $C(u)$ 是常数，它的表达式是：

$$C(u) = \begin{cases} \dfrac{\sqrt{2}}{2}, & u=0 \\ 1, & \text{其他} \end{cases}\tag{13.36}$$

如果我们使用图 6.16 中的语音采样，对开始（或者最后的）40 毫秒语音（即 32 个采样）做一维 DCT，就获得图 13.5 中的绝对频率分量。

3. 编写一段代码来读入一个 WAV 文件，你需要使用以下一些定义：一个 WAV 文件以 44 字节的文件头开始，数据类型是无符号字节。一些重要的参数信息编码如下：

　　　　　字节[22...23] 通道数目
　　　　　字节[24...27] 采样率
　　　　　字节[34...35] 采样位数
　　　　　字节[40...43] 数据长度

4. 编写一段程序，为一段音频文件（WAV 格式）添加渐强以及渐弱的效果。渐变效果的细节如下：算法中假设有一段线性包络；数据的最初 20% 的采样是渐强效果的作用范围，最后 20% 的采样是渐弱效果的作用范围。更进一步，你可以让你的代码不仅能够处理单声道 WAV 文件，还能够处理立体声 WAV 文件。如果需要的话，可以对输入文件的大小做一个限制，最大尺寸为 16MB。

5. 在本书中，我们研究 ADPCM 中的自适应量化机制，也使用自适应的预测机制，让我们来考察一个只有一步的预测，$\hat{s}(n) = a \cdot s(n-1)$。写出应该怎样在开环方法中计算参数 a，计算能够获得的 SNR 增益，并且和基于均匀量化的直接 PCM 方法作比较。

6. 线性预测分析能够检测短时频谱的包络的形状。已知 10 个 LP 系数 a_1，$\cdots$，a_{10}，如何求得共振峰的位置以及带宽？

7. 下载并且实现一个 CELP 编码器（参见本书的网站）。用你自己录制的声音数据测试这个编码器。

8. 在 G. 723.1 中量化 LSP 向量时，使用分裂向量量化：如果 LSP 是 10 维的，我们可以把这个向量分裂成 3 个子向量，分别是 3 维、3 维以及 4 维，然后对每个子向量分别使用向量量化。比较使用和不适用分裂向量量化的码本空间的复杂性。写出使用分列向量量化后码本查询时间复杂度的提高。

9. 讨论在 CELP 中使用代数码本的优点。

10. 在背景噪声很强的情况下，LPC-10 语音编码器的编码质量会严重下降。解释为什么 MELP 在同样的噪声背景下能够获得较好的结果。

11. 给出一个基于自相关函数的简单估计音节时域方法。如果这种方法仅基于语音帧，会遇到什么问题？如果我们有 3 个语音帧，包含一个"过去帧"以及一个"将来帧"，可以怎样改进估计结果？

12. 在接收端，语音一般是使用两个而非一个语音帧参数来生成的，以此来避免突变。给出两种能获得平滑转换的方法。使用 LPC 编解码来说明你的想法。

参考文献

1. N.S. Jayant, P. Noll, *Digital Coding of Waveforms* (Prentice-Hall, Upper Saddle River, 1984)
2. J.C. Bellamy, *Digital Telephony* (Wiley, Hoboken, 2000)
3. T.E. Tremain, The government standard linear predictive coding algorithm: LPC-10. Speech Technol. 1(**2**), 40–49 (1982)
4. J.P. Campbell Jr., T.E. Tremain, V.C. Welch, in *Advances in Speech Coding*, The DOD 4.8 kbps Standard (Proposed Federal Standard 1016), (Kluwer Academic Publishers, Boston, 1991)
5. Dual rate speech coder for multimedia communications transmitting at 5.3 and 6.3 kbit/s. ITU-T recommendation G.723.1 (1996), http://www.itu.int/rec/T-REC-G.723.1/e
6. GSM enhanced full rate (EFR) speech transcoding (GSM 06.60). European Telecommunications Standards Institute v.8.0.1 (1999)
7. TDMA Cellular/PCS radio interface-enhanced full rate speech codec standard. TIA/EIA/IS-641-A (1998), http://engineers.ihs.com/document/abstract/OVXADAAAAAAAAAAA
8. Coding of speech at 16 kbit/s using low-delay code excited linear programming. ITU-T Recommendation G.728 (1992), http://www.itu.int/rec/T-REC-G.728/e
9. Coding of speech at 8 kbit/s using conjugate-structure algebraic-code-excited linear-prediction (CS-ACELP). ITU-T Recommendation G.729 (1996), http://www.itu.int/rec/T-REC-G.729/e
10. D.W. Griffin, J.S. Lim, Multi-band excitation vocoder. IEEE Trans. ASSP **36**(8), 1223–1235 (1988)
11. M.S. Brandstein, P.A. Monta, J.C. Hardwick, J.S. Lim, A real-time implementation of the improved MBE speech coder. Int. Conf. on Acoustics, Speech, and Signal Proc. (1990), pp. 5–8
12. T.P. Barnwellm III, A.V. McCree, Mixed excitation LPC vocoder model for low bit rate speech coding. IEEE Trans. Speech Audio Proc. **3**(4), 242–250 (1995)

MPEG 音频压缩

你是否有过这样的经历：在参加一个舞会的时候，发现经过一段时间以后就听不到太多声音了？你正在经历一个典型的时间掩蔽（temporal masking）。

你是否注意到，舞会上负责控制音响的人基本听不到高频声音？很多技师都有这样的听觉损伤，为了听到这些高频声音，他们只能提高高频声音的音量。对于一个听力正常的人来说，听到这种音乐的时候会觉着太过刺耳。

此外，你会发现，当一个音调过高时，就很难听到这个频谱周围的其他音调了。例如，乐队主唱的声音会被主吉他手的声音淹没。这种现象称为频率掩蔽（frequency masking）。

MPEG 音频便是利用了上述感知现象，以将一段音频中听不到的声音去掉。依据人体听觉敏感度曲线，MPEG 编码器决定在何时、以何种程度使用时间掩蔽和频率掩蔽去掉音乐中的某些音。通过控制量化过程能够使得被删除的部分不会影响输出的效果。

前几章主要介绍了电话上的应用——将 LPC（线性预测编码）和 CELP（码激励线性预测）转化为语音参数。而本章将介绍一种通用的音频压缩方法，一般用于压缩音乐或是广播数字电视。这种方式不会进行音频建模，而是采用一种波形（waveform）编码的方式，这种方法可以使解压缩后的幅值-时间波形与输入信号尽可能相似。

可以通过心理声学模型来评价音频压缩质量，这种编码过程通常称为认知编码（perceptual coding）。

本章将围绕 MPEG 音频压缩标准，从以下几个方面展开介绍：

- 心理声学。
- MPEG-1 音频压缩。
- MPEG 音频发展：MPEG-2、MPEG-4、MPEG-7 及其他。

14.1 心理声学简介

前面提到过人类的听觉范围大约是从 20Hz 到 20kHz。频率更高的声音称为超声波（ultrasonic）。人类声音的频率范围大约为 500Hz 到 4kHz。人类能听到最大声音幅度和最小幅度之比大约处于 120dB 这个数量级。

回想一下，分贝数是指数轴上的强度之比。0dB 代表人类听觉的阈值——可以听到的最小声音，此时的声音频率记为 1kHz。从技术上说，这是一个刚能听到的声音，强度为每平方米 10^{-12} 瓦特（Watt/m²）。人类对强度的感知范围要大得多，1Watt/m² 的强度会让人耳朵感到疼痛。这两者的比值达到 10^{12}。

听觉范围事实上和频率相关。当频率为 2kHz 时，耳朵能感知到比此频率下最小感知声音强约 96dB 的声音，换句话说功率比达到 2^{32}。表 6.1 列出了一些常见声音对应的分贝数。

14.1.1 等响度关系

通常，两个具有相同幅值、不同频率的纯音（正弦声音波），其中一个音会比另一个音听起来更响。这是因为耳朵对高频或者低频声音的分辨能力不如对中频声音的分辨能力。在正常的音量水平下，耳朵对 1kHz 到 5kHz 的频率最敏感。

Fletcher-Munson 曲线

Fletcher-Munson 等响度曲线刻画了在不同频率下响度级（以方（phon）为单位）与给定的音量（声压级，以 dB 为单位）的关系。图 14.1 显示了耳朵对等响度级的感知特点。横坐标——x 轴（显示在半对数图中）表示频率，单位为 kHz。纵坐标是声压级——实验中真实的音色强度（即响度）。曲线显示了能被人们感知的音色响度。最下面一条曲线表示达到 10dB 的响度级时不同频率下原音应达到的声压级。

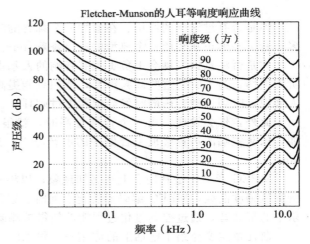

图 14.1   Fletcher-Munson 的人耳等响度响应曲线
（Robinson 和 Dadson 重新测量）

频率为 1kHz 时，响度级和纵轴的声压级总是相同。也就是说，在 1kHz 时，音量需要达到 10dB 才能达到 1 方的响度级。图 14.1 最下方的曲线上每个点音的响度级都和声压级为 10dB、频率为 1000Hz 的音相同。Robinson 和 Dadson [1]绘制的图要比 Fletcher 和 Munson [2]原图更加准确。

音在确定的频率和声压级下产生，人类对此感知到一定的响度级。图 14.1 最下面的一条曲线表明在 20Hz 到 15kHz 这个范围内，音的声压级为各点纵坐标对应的声压级时，人感受到的响度级为 10 方[1]。

举例来说，在频率为 5000Hz 处，当实际的声压级为 5dB 时，我们感知的响度级有 10 方。在频率为 4kHz 处，我们感知的响度级有 10 方时，实际上声压级仅为 2dB。在频率为 10kHz 时要感知到 10 方的响度级，需要一个声压级为 20dB 的声音产生。人耳对频率在 2～5kHz 的声音比较敏感，对 6kHz 及以上的声音不那么敏感。

在低频率上，如果声压级为 10dB，1kHz 的音的响度级为 10 方。当频率更低时，100Hz 的音的声压级要提高 20～30dB 才能赶上 1kHz 下音的响度级。由此可见，人耳对低频率不敏感。产生这种现象的原因是人耳对 2.5～4kHz 的音具有放大作用。

注意，随着响度级的增大，曲线变得平坦。声压级足够大时，我们对几百 Hz 那种较低的频率的声音敏感程度相近，相较于高频声音，我们更容易感知到低频声音。因此，在舞会上声音大的音乐要比声音小的音乐听得更清楚。因为我们实际上听到的净是些低频声音而不是高频声音（一些系统中响度的提高只是简单地提高低频音以及个别高频音的响度），当声压级高于 90dB 时，人耳就会不舒服。城市中地铁运行时的噪音大约是 100dB。

14.1.2   频率掩蔽

一种音色是如何干扰另一种音色的？在什么情况下，一种频率会盖过另一种频率？这些问题我们可以从掩蔽曲线中获得答案。同时，掩蔽曲线也回答了在听到音乐之前我们能容忍何种程度的噪声的问题。有损音频数据压缩算法（比如 MPEG 音频或者 Dolby 数字（AC-3）编码）在电影制作中应用广泛，其通过减少某些被掩蔽的声音来减少信息总量。

关于掩蔽，有以下几种情况较为常见：

- 低频音能有效地掩蔽(不能听到)高频音。
- 反之则不然,高频音不能较好地掩蔽低频音。某种频率的音可以掩蔽比它频率低的音,但不如其对比他频率高的音的掩蔽效果好。
- 掩蔽的音越强,它的影响就越广泛,它掩蔽音的频段也就越宽。
- 如果两个音在频率上相差较大,基本不会发生掩蔽。

1. 听觉阈值

图 14.2 显示了人类的对纯音的听觉阈值。图中曲线上的每个点通过以下方式产生,保持该点对应的声音频率不变,在一个安静的房间或者使用耳机先将音量(声压级)降为零,然后逐渐提高音量至刚好能听到声音,记录对应的声压级。

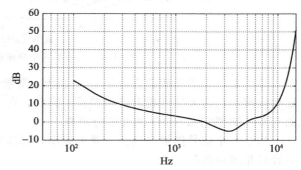

图 14.2　人类对纯音的听觉阈值

听觉阈值曲线上的点表明,若声音的音量比点的纵坐标大,例如比 6kHz 对应的点高 2dB,就能听见,比点纵坐标小时,就不能听到声音。也就是说,声音是 6kHz 时,音量从 0 开始提升到达曲线上 6kHz 对应的点的音量时,我们就能分辨出声音。

这条曲线的近似公式如下[3]:

$$\text{Threshold}(f) = 3.64\left(\frac{f}{1000}\right)^{-0.8} - 6.5e^{-0.6\left(\frac{f}{1000}-3.3\right)^2} + 10^{-3}\left(\frac{f}{1000}\right)^4 \quad (14.1)$$

阈值单位是 dB,考虑到 dB 单位是一个比值,我们需要选择一个频率作为原点(0,0)。在式(14.1)中,这个频率值是 2000Hz,即当 $f=2\text{kHz}$ 时,$\text{Threshold}(f)=0$。

2. 频率掩蔽曲线

我们通过产生一个高音量的纯音(比如 1kHz 的频率)来观察这个音对我们听临近频率音的影响。通过一个音量(声压级)为 60dB,频率为 1kHz 的掩蔽音色,升高其周围频率的音量,比如 1.1kHz,直到它能被听到,图 14.3 中显示了在 1kHz 音影响下其周围频率音的阈值。

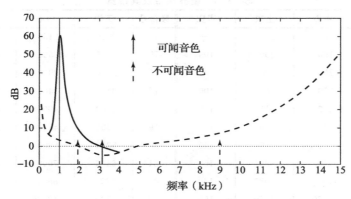

图 14.3　1kHz 掩蔽音色对人类听觉阈值的影响

注意,这条掩蔽曲线图只用于一种掩蔽音色的情况,如果有其他掩蔽音色,图形就会改变。图 14.4 说明了这一点,掩蔽音色的频率越高,它所波及的范围越广。

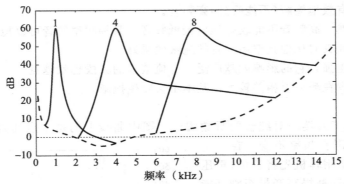

图 14.4　三种不同频率掩蔽音色的掩蔽效果

举例来说，假设我们在存在一个 4kHz 掩蔽音色的时候产生一个 6kHz 的掩蔽音色，那么掩蔽音色会大幅度提升阈值曲线。因此，在 6kHz 的临近频率上，我们必须增加 30dB 的音量才能把它和 6kHz 的音区分出来。

如果一个信号能被分解为一系列频率，那这些频率就会被部分掩盖，只用听到的部分设置量化噪声阈值。

3. 临界频带

当有其他声音存在时，人类听觉系统在一个临界频带（critical band）内不能很好地解析声音，由此人类听力范围被自然地划分为多个临界频带。根据文献[4]："对一个复杂的声音信号，临界频带与能分辨出两个泛音的最小频率差异相关……临界频带显示了人耳对同时发出的声音信号或泛音的分辨能力。"

在低频端，临界频带宽度小于 100Hz，在高频段时，宽度会大于 4kHz。这也是一种感知不一致的情况。

实验表明，当掩蔽频率低于 500Hz 时，临界频带的宽度基本保持恒定，大小约为 100Hz。掩蔽频率高于 500Hz 时，临界频带的宽度随着频率增加呈近似线性增长。

如表 14.1 所示，一般来说，听力的音频频率范围可以分为 24 个临界频带（编码应用通常是 25 个临界频带）。

表 14.1　临界频带及其带宽

频带号	下限	中心	上限	带宽	频带号	下限	中心	上限	带宽
1	—	50	100	—	14	2000	2150	2320	320
2	100	150	200	100	15	2320	2500	2700	380
3	200	250	300	100	16	2700	2900	3150	450
4	300	350	400	100	17	3150	3400	3700	550
5	400	450	510	110	18	3700	4000	4400	700
6	510	570	630	120	19	4400	4800	5300	900
7	630	700	770	140	20	5300	5800	6400	1100
8	770	840	920	150	21	6400	7000	7700	1300
9	920	1000	1080	160	22	7700	8500	9500	1800
10	1080	1170	1270	190	23	9500	10500	12000	2500
11	1270	1370	1480	210	24	12000	13500	15500	3500
12	1480	1600	1720	240	25	15500	18775	22050	6550
13	1720	1850	2000	280					

　　虽然对临界频带一般是如此定义的，实际上我们的听觉器官会调谐到一个确定的临界频带。考虑到听觉取决于内耳的物理结构，需要产生一个适用于此结构的最佳频率分段。频率掩蔽就是耳结构在掩蔽频率和相邻频率处达到饱和的结果。

　　因此，耳朵的工作原理与带通滤波器的工作原理相似。每个带通滤波器只允许限定范围的频率通过而阻截其他波段的频率。研究表明，当声音音量恒定时，跨越了两个临界频带的声音要比仅包含在一个临界频带的声音要响[5]。受掩蔽影响，人耳在一个临界频带内不能很好地区分声音。

4. Bark 单位

　　因为受掩蔽影响的频率范围随着频率的增高而增宽，所以定义一种新的频率单位是有意义的。这样在用新单位表示时，每一条掩蔽曲线（图 14.4 在阈值曲线之上的曲线部分）具有相同的带宽。

　　这种新单位称为 Bark，由声音科学家 Heinrich Barkhausen（1881—1956）命名。一个 Bark 单位对应任何掩蔽频率[6,7]下的一个临界频带的宽度。图 14.5 展示了以频率（Bark 为单位）为横坐标的临界频带。

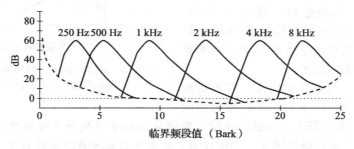

图 14.5　掩蔽音色效果，使用 Bark 单位表示

频率 f 与临界频带值 b（Bark 为单位）之间的转化关系如下：

461
～
463

$$\text{临界频带值(Bark)} = \begin{cases} \dfrac{f}{100}, & f < 500 \\ 9 + 4\log_2\left(\dfrac{f}{1000}\right), & f \geqslant 500 \end{cases} \tag{14.2}$$

　　使用这种新的频率单位度量时，当 $f = 500\text{Hz}$ 时，临界频带值 $b = 5$，当掩蔽频率加倍变为 1kHz 时，b 值为 9。另一个度量 b（以 Bark 为单位）的公式如下：

$$b = 13.0\arctan(0.76f) + 3.5\arctan\left(\frac{f^2}{56.25}\right) \tag{14.3}$$

其中 f 的单位为 kHz，b 以 Bark 为单位。公式逆推可以求出特定 Bark 值 b 的频率（以 kHz 为单位）：

$$f = \left[\left(\frac{\exp(0.219 \times b)}{352}\right) + 0.1\right] \times b - 0.032 \times \exp[-0.15 \times (b-5)^2] \tag{14.4}$$

　　通过整数 Bark 的值给出两个临界频带之间边界的频率。对于给定的中心频率 f，临界带宽 df 可以通过以下式子估计[8]：

$$df = 25 + 75 \times [1 + 1.4(f^2)]^{0.69} \tag{14.5}$$

其中 f 以 kHz 为单位，df 以 Hz 为单位。

　　设置 Bark 单位的目的是定义一种更均匀一致的频率单位，使得每个临界频带的宽度在使用 Bark 表示后大致相等。

14.1.3 时间掩蔽

回想一下，在舞会之后我们需要过一会才能恢复听力。一般来说，任何音量大的音色都会导致内耳内的听觉接收器（很小的类似头发的结构，称作 cilia）变饱和，它们需要一段时间才能恢复（很多感知系统也有这样的时间延缓方式——比如，眼睛中的接收器有类似的电容效应）。

为了量化这种行为，通过另一种掩蔽实验来度量听觉的时间敏感性。假设我们产生一个频率为 1kHz、音量为 60dB 的掩蔽音，以及和它相近的测试音，例如频率为 1.1kHz、音量为 40dB 的音。因为 1.1kHz 的音被掩蔽，所以我们不能听到它。当去掉掩蔽音时，过了一段时间，我们才能听到 1.1kHz 的音。实验通过关掉掩蔽音，间隔一段时间（比如 10 毫秒后），再关掉测试音的方法进行。

通过刚能分辨出测试音所用的最小时间作为延缓时间。通常情况下，测试音越响，去掉掩蔽音时听到测试音所需的时间越短。如图 14.6 所示，当掩蔽音音量为 60dB 时，去掉后 500ms 之后我们才能听到音量接近 0dB 的测试音。当然，这条曲线会随着掩蔽音频率的不同而发生变化。

测试音越接近掩蔽音的频率，它被掩蔽的概率就越高。因此，给定一个二维的时间

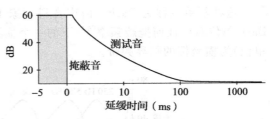

图 14.6   测试音越响，当掩蔽音被去掉时听到测试音所需的时间越短

掩蔽情形，如图 14.7 所示，测试音越接近掩蔽音的频率且掩蔽音停掉之后给定的时间越短，听不到测试音的可能性越大。图中显示了频率和时间掩蔽的整体效果。

饱和现象也和掩蔽音存在的时间长度有关。图 14.8 就显示了这一现象，当掩蔽音存在延长一段时间（比如从 100 毫秒变为 200 毫秒），听到测试音所需的时间就越长。

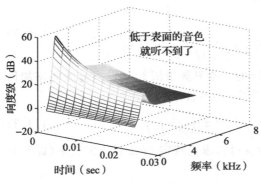

图 14.7   时间掩蔽的效果取决于时间以及频率临近的程度

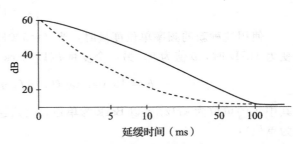

图 14.8   时间掩蔽的效果也和掩蔽音作用时间相关。实线是掩蔽音作用 200 毫秒的情况，虚线是掩蔽音作用 100 毫秒的情况

信号除了能够掩蔽在它后面出现的信号外（后掩蔽），也能掩蔽在它出现之前的信号（前掩蔽）。前掩蔽的有效时间间隔较短（2～5 毫秒），后掩蔽的有效时间间隔较长（通常是 50～200 毫秒）。

MPEG 音频压缩利用前面提到的因素建立一个庞大的多维查找表，通过这个表记录被频率掩蔽或者时间掩蔽的频率分量，以达到压缩目的。

14.2　MPEG 音频

MPEG 音频[9,10]首先通过一个滤波器组，将输入信号分解得到其频率分量。同时，对数据应用心理声学模型，这个模型在位分配模块中使用。根据位数分配情况来量化从滤波器组中获得的频率分量。通过量化实现压缩以及合理分配位数，来消除量化噪声。

14.2.1　MPEG 的层

MP3 是一种常见的音频压缩标准。数字"3"代表三层，"MP"代表 MPEG 标准。在第 11 章中我们曾经介绍过 MPEG 视频压缩算法。MPEG 标准可用于多媒体三个不同方向：音频、视频和系统。MP3 是 MPEG 中的音频部分，1992 年发布，并且为 1993 年发布的 ISO/IEC 1172-3 标准奠定了基础。

MPEG 音频提出三个向下兼容的音频压缩层。每一层均能兼容比它更低的层，拥有更复杂的心理声学模型，对特定级别的音频具备更优的压缩能力，但是随着复杂度的增加和压缩率的提高，时间复杂度也会增加。

MPEG 音频三层是兼容的，因为所有层使用相同的文件头信息。

若能提供一个相对较高的位率进行编码，第一层的压缩质量将相当可观。相较第二和第三层，第一层是 MPEG 音频的基础，仍被广泛支持，Ubuntu Linux 系统的音频包就使用这一层；第二层复杂度高些，通常用在数字音频广播中；第三层（MP3）复杂度最高，最初目标是想在 ISDN 线路上进行音频传输。每层使用不同的频率变换。

复杂度的提升主要体现在编码阶段而不是解码阶段，这也是 MP3 播放器流行的原因。第一层结合了最简单的心理声学模型，而第三层使用了最复杂的心理声学模型。其目标是在质量和位率之间取舍。"质量"是通过收听测试得分来定义的（通过心理学方法），质量度量的定义如下：

465 ～ 466

- 5.0＝"清晰的"——认为和原始信号没有差异；相当于使用 14～16 位 PCM 编码的 CD 质量的音频。
- 4.0＝感知到差异，但不会感到烦扰。
- 3.0＝稍微有点烦扰。
- 2.0＝感到烦扰。
- 1.0＝感觉非常烦扰。

（现在就很科学了！）在每个通道 64kbps 的传输率下，第二层的得分是 2.1～2.6 分之间，第三层的得分是 3.6～3.8 分。第三层取得了很大的进步，但是仍然不够完美。

14.2.2　MPEG 音频策略

压缩是肯定需要的，因为即使是音频也会占据相当大的带宽：CD 音频的采样频率是 44.1kHz，每通道 16 位，所以两个通道需要大约 1.4Mbps 的位率。MPEG-1 的目标大约为 1.5Mbps，其中 1.2Mbps 用于视频，256kbps 用于音频。对音频来说，压缩率会有 5.5：1（采样频率为 48kHz 时会有 6：1）。

MPEG 压缩方式和量化有关。当然，我们也能看出人类听觉系统在临界频带宽度内，在接受的响度和测试频率的清晰度两个方面，并不是准确的。编码器试用了一组滤波器，通过计算信号值窗口的频率变换，首先分析音频信号的频率（频谱）成分。滤波器组把信号分解成很多子带。第一层和第二层编/解码使用积分映射滤波方式，第三层编/解码增加了

DCT（离散余弦变换）。并在心理声学模型中试用了傅里叶变换。

　　然后就可以使用频率掩蔽了，通过使用心理声学模型来估计可以被察觉的噪音级别的临界值。在量化和编码阶段，通过去掉听不到的频率以及依照屏蔽之后的剩余的声音级别伸缩量化步长，编码器可平衡掩蔽行为和可用的位数。

　　复杂的模型会考虑到不同中心频率的临界频带的实际宽度。在临界频带之内，我们的听觉系统不能很好地分辨临近的频率而通常是把它们混合起来。之前提到过，参考听觉的临界频带，可分辨的频率通常分为 25 个主临界频带。

　　为了保持设计的简洁性，模型对频率分析滤波器组使用了统一的宽度[9,11]，将输入分为 32 个重叠子带。这意味着，在低频处，每一个频率分析子带覆盖了听觉系统的临界频带，而对高频部分并非如此，因为低频处临界频带的宽度小于 100Hz 而高频处临界频带的宽度要大于 4kHz。对每个频段，在掩蔽级别之上的声级表明必须分配多少位数来编码信号值，从而使得量化噪声能被控制在掩蔽级别之下而不被听到。

　　在第一层，心理声学模型只是用了频率掩蔽。位率范围从 32kbps（单声道）到 448kbps（立体声）。用 256~384kbps 的位率就可以得到近似 CD 的立体声音质。第二层加入时间掩蔽方法，收集更多的样本，并且分析当前样例块和其之前或者之后的样例块之间的时间掩蔽。其位率可达到 32~192kbps（单声道）和 64~384kbps（立体声）。立体声 CD 音频质量需要大约 192~256kbps 的位率。

　　就压缩而言，时间掩蔽并没有频率掩蔽重要，这也是当编码器复杂度受限时不考虑时间掩蔽的原因。第三层面向低位率应用，使用具有不同子带宽度更复杂的子带分析，添加了非均匀量化和熵编码，位率被标准化为 32~320kbps。

14.2.3　MPEG 音频压缩算法

1. 基本算法

　　图 14.9 显示了一个基本的 MPEG 音频压缩算法。其通过滤波器组，将输入分解为 32 个频率子带。这是一个线性的过程，以 32 个 PCM 样本为输入，按照时间顺序采样，输出

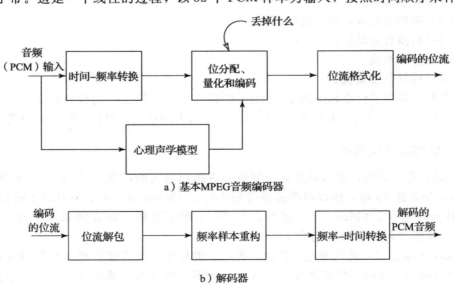

a）基本MPEG音频编码器

b）解码器

图 14.9　基本的 MPEG 音频压缩算法

32 个频率系数。如果采样频率是 f_s，令 $f_s = 48$ksps（每秒千样本数，即 48kHz），通过奈奎斯特采样定理可知，最高映射频率为 $\frac{f_s}{2}$，映射带宽被分为 32 个等宽的段，每段的宽度为 $\frac{f_s}{64}$（这些段可能会相互重叠）。

编码器的第一层中，32 个 PCM 值集合首先组成 12 组集合，每组 32 个。因此，编码器有固定的延时，其值等于聚集 384（12×32）个样本所需的时间。例如，如果采样是以 32kbps 的频率进行，那么延时将达到 12 毫秒，因为每传送 32 个样点需要 1 毫秒。12 组样本集合，每一个大小为 32，称为一个段。组合的关键在于，在频率分析完成后，同时分析在 32 个子带中 12 个值的集合，然后在 12 个数值的基础之上进行量化。

延时实际上比聚集 384 个样本的时间还要长一点，因为还需要头部信息以及辅助数据，比如多语言数据和环绕声数据。较高的层还可以分析比 384 更多的样本，因此子带样本(SBS)的格式也会加入，SBS 使用一种合成的数据帧，如图 14.10 所示。头部包含同步码(12 个 1——111111111111)、采样频率、位率和立体声信息。帧中也包含了辅助信息空间（实际上，MPEG-1 音频解码器至少可以部分解码一个 MPEG-2 音频位流，因为文件头以 MPEG-1 头信息开始，将 MPEG-2 数据流放在 MPEG-1 中存放辅助数据的地方）。

头部	SBS格式	SBS	辅助数据

图 14.10　MPEG 音频帧示例

MPEG 音频可以用于处理立体声或者单声道。一个特殊的联合立体声模式通过考虑两个立体声通道之间的冗余产生一个流。这是一个视频信号合成的音频版本。它也可以处理二重单频道——两个通道独立编码。这在并行处理音频的时候十分有用——比如，处理两个语音流（一个是英语，另一个是西班牙语）。

把 32×12 段视为一个 32×12 的矩阵。算法下一步要考虑比例，以便设置合理的量化级别。对每个子带，找到数组中各行对应的 12 个样本的最大振幅，作为该子带的缩放因子。随后将这个缩放因子和 SBS(子带样本)一起传递给算法的位分配块。位分配块的重点是确定如何为量化子带信号分配可用的编码位，从而使可听到的量化噪声降低到最低程度。

我们知道，心理声学模型比起一个查找表集合要复杂得多（实际上这种模型没有在规范中加以标准化——它是音频编码器的"艺术"部分，是各编码器之间的主要区别）。在第一层中，包含一个确定的阶跃来决定每个频带更像一个音色还是噪音。根据这个决定和缩放因子，计算各频段的掩蔽阈值，并将它和听觉阈值对比。

468
～
469

模型的输出由一组称作信号掩蔽比(Signal-to-Mask Ratio，SMR)的值组成，它们标记了幅度低于掩蔽级别的频率。SMR 是每一个频段中短时信号功率与子带最小掩蔽阈值之比。SMR 给了所需的振幅分辨率，决定分配给子带的量化位数。SMR 之后，通过制定缩放因子确定量化等级，使量化噪声低于掩蔽阈值。此举确保将更多的位分配给人敏感的声音。综上，编码器能在临界频带有效分配位数而不产生量化噪声。

首先将缩放因子量化至 6 位。然后，量化每个子带中的 12 个值，每个值用 4 位存储。通过迭代位分配算法，得到每个子带的位分配情况。最后，每个子带数据能分得合适的位数并传输。总之，数据是由量化缩放因子和子带样本格式(由 12 个码字组成)两部分组成。

在解码器端，对值进行逆量化，重建 32 个样本。它们要通过一个合成滤波器组，以重建 32 个 PCM 样本集合。注意，解码器端不需要使用心理声学模型。

图 14.11 显示了如果组织样本。第二层和第三层的帧中，每个子带聚集的样本数要多于 12 个，每一个帧包含了 1152 个样本，而非是 384(12×32) 个。

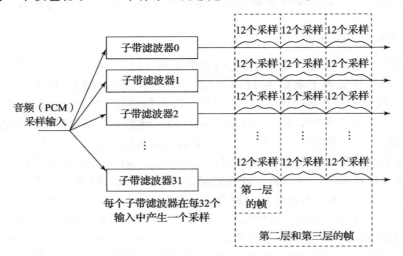

图 14.11   MPEG 音频帧的大小

2. 位的分配

位分配算法(第一层和第二层)以如下方式实现。它的目标是确保量化噪声在掩蔽阈值之下。建立心理声学模型是为了将有限的位数分配给最合适的频带。

算法 14.1   MPEG 音频压缩中位分配算法(第一层和第二层)

1) 根据心理声学模型，计算每个子带信号掩蔽比(SMR)，单位为 dB：

$$\text{SMR} = 20\log_{10}\frac{\text{Signal}}{\text{Minimum\_making\_threshold}}$$

- 这步决定了量化步长，也就是确定了所需要的最少位数。需要对听觉阈值(也就是 SMR)之上的信号值编码，低于阈值的将被舍弃。

2) 计算信号的信噪比(SNR)。

- 通过一张查找表给定对应量化级别下 SNR 的估计值。

3) 定义距离：掩蔽噪声比(MNR)，单位是 dB(见图 14.12)。

$$\text{MNR} = \text{SNR} - \text{SMR}$$

4) 迭代直至所有可用位均被分配完毕。

- 分配位给 MNR 值最低的子带。
- 对上一步涉及的子带重新估计 SNR 值并更新 MNR 值。

说明：

- 掩蔽效应意味着在强音附近我们可以提高量化噪声门槛。图 14.12 表明，调整子带的分配位数 m 可以让这个门槛上下浮动。
- 为了屏蔽掉所有的量化噪声(量化噪声低于掩蔽阈值)，使所有的 MNR 值均大于等于 0，我们需要一个最小位数。否则，SNR 值如果太小的话，会导致 MNR 值小于 0，最终会影响压缩音频的质量。
- 如果可用位数多于最小分配位数，分配方案最终要能增大 SNR 值。对每个多出来的位，我们得到 6dB 的 SNR。

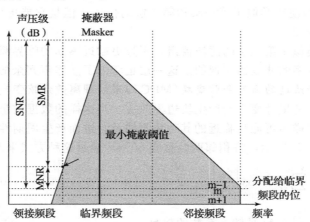

图 14.12 掩蔽噪声比和信号噪声比。一个定性的 SNR、
SMR 和 MNR 的图像，使用一个主要的掩蔽和
给定的临界频带分配 m 位的方法

掩蔽计算与子带滤波并行执行，如图 14.13 所示。计算掩蔽曲线需要对输入信号进行离散傅里叶变换（DFT）以得到准确的频率分解。通常通过 1024 点的快速傅里叶变换（FFT）计算得到频谱。

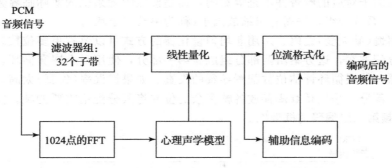

图 14.13 MPEG-1 音频的第一层和第二层

在第一层，我们预先计算 16 个均匀量化子，对每个子频带，采用失真最小的量化子。对每个子频带，量化子的编号用辅助信息中的 4 位表示。每个量化子的最大量化步长是 15 位。

471
～
472

3. 第二层

MPEG-1 视频编码器的第二层包含了一些小改进以减少位率并提高质量，其代价是增加了复杂度。第二层的主要特点就是每层取三组、每组 12 个样点一起编码，同时采用时间掩蔽和频率掩蔽。优点是如果三组的缩放因子相似，三组可共用一个缩放因子。在一个滤波器中处理三个帧（前中后），每个通道总共需要处理 1152 个样本，这段时间刚好可以用来分析时间掩蔽。

而且，如果使用更长的时间窗口，心理声学模型也适用于处理缓慢改变的声音。我们使用 36 个样本长度的窗而不是 12 个进行位分配，量化器分辨率也从 15 位上升到 16 位。为了确保精度提高不会影响压缩效果，对于高频子带，我们选择减少可选量化器的数目。

4. 第三层

第三层(即 MP3)使用类似于第一层和第二层的位率,但是它能提供更高的音频质量,不过具有较高的复杂度。

第三层也使用类似于第二层的滤波器组,不过更贴近感知的临界频带,这种黏着是通过使用一组不相等频率的滤波器实现的。这一层也考虑了立体声冗余的问题。使用改进的傅里叶变换:即用修改过的离散余弦变换(MDCT)来处理离散余弦变换(DCT)在窗口边界所存在的问题。离散傅里叶变换会产生块边界效应。当这样的数据被量化然后由频域转换到时域时,块中首尾样本可能与临近的其他块不协调,进而产生周期性噪声。

MDCT 如式(14.6)所示,将相邻两帧重叠 50%,通过这种方式来消除块边界效应。

$$F(u) = \sum_{i=0}^{N-1} f(i) \cos\left[\frac{2\pi}{N}\left(i + \frac{\frac{N}{2}+1}{2}\right)\left(u + \frac{1}{2}\right)\right], \quad u = 0, \cdots, \frac{N}{2} - 1 \qquad (14.6)$$

其中窗口长度为 $M = \dfrac{N}{2}$,M 是转换系数的数目。

MDCT 也为掩蔽和位分配提供了更佳的频率分解。另外,窗口大小可以从 36 个样本降低为 12 个样本。即便如此,因为窗口有 50% 重叠,一个 12 个样本的窗口仍然会包含 6 个多余样本。一个大小为 36 样本的窗口包含 18 个多余样本。考虑到低频处多是音色而非噪音,不需要仔细分析它们,因此我们可以使用一种混合的模式,对低频处两个子带使用 36 点的窗口,其他子带使用 12 点的窗口。

每个缩放因子对应的频带并不是等宽的,而是按照听觉系统的实际临界频带划分,并以此对 MDCT 系数分组,进而算出缩放因子(称为缩放因子段)。

通过使用熵(赫夫曼)编码、采用非均匀量化器的方式可以节省更多位数。由此产生了一种新的位分配方案,这方案由两部分组成。第一部分,使用一个嵌套循环。内层循环负责调整量化器,外层循环评估位数配置导致的失真。如果错误率(失真)太高,则增大缩放因子段。第二部分,采用位数池存放各帧多余的位并将其分配给需要的帧。图 14.14 显示了 MPEG 音频第三层编码的框架图。

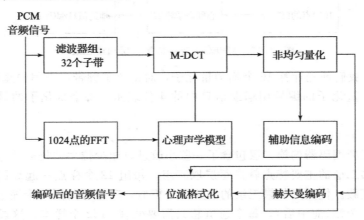

图 14.14   MPEG-1 的第三层

表 14.2 显示了多种已实现 MP3 的压缩率。需要注意的是,当采样频率为 44.1kHz,使用 16 位(双声道加倍)时,CD 音质的音频压缩率已达到 12∶1(即位率为 112kbps)。MP3 压缩性能对比如表 14.2 所示。

表 14.2　MP3 压缩性能

声音质量	位率(kbps)	模式	压缩率
电话	8	单声道	96：1
好于短波	16	单声道	48：1
好于 AM 广播	32	单声道	24：1
类似 FM 广播	56～64	多声道	26：1～24：1
接近 CD	96	多声道	16：1
CD	112～128	多声道	14：1～12：1

474

14.2.4　MPEG-2 高级音频编码

　　MPEG-2 标准被广泛使用，它是 DVD 的标准传输媒介，有音频成分。MPEG-2 高级音频编码(AAC)标准[2]初衷是使剧场的声音能清晰重建。它可以以 5 通道、320kbps 的位率传播，因此声音是从五个方向来：左、右、中间、左环绕和右环绕。所谓的 5.1 通道系统还包含低频增强(LFE)通道("低音炮")。另一方面，MPEG-2 ACC 还可以以低于 128kbps 的位率传输高质量立体声。它是一种用可录 DVD 音频(DVD-AR)格式的音频编码技术，已经在两个北美卫星广播服务之一的 XM Radio 上使用。AAC 的目标是将来在数字音频压缩编码模式上追赶 MP3。相同位率下，能得到比 MP3 更好的压缩质量[13]。AAC 目前是 YouTube、iPhone 和其他苹果产品如 iTunes、Nintendo 和 PlayStation 的默认音频格式，安卓手机也支持 AAC。

　　MPEG-2 音频最多支持 48 通道。采样率为 8～96kHz。每通道位率最高可达 576kbps。和 MPEG-1 一样，MPEG-2 支持三种不同的"模式"，但目的不同。三种模式分别是主(Main)模式、低复杂度(LC)模式和可伸缩采样率(SSR)模式。LC 模式需要的计算量少于 Main 模式，SSR 模式会分解信号使得不同的解码器可以用不同的位率和采样率。

　　这三种模式遵循的方案基本相同，只有少许修改。首先，在有 2048 个样本的长窗口或 256 个样本的短窗口中进行 MDCT。随后使用时域噪声整形(TNS)工具对 MDCT 系数进行滤波，目标是降低前掩蔽效果并获得具有稳定间距的编码信号。MDCT 系数随后被分成 49 个缩放因子段，这些段大致和人类听觉系统的临界频带一致。在进行频率变化的同时，使用 MPEG-1 中类似的心理声学模型求出掩蔽阈值。

　　LC 模式是 AAC 三种模式中使用最为广泛的，比 MP3 更高效，在质量和位率方面提升了 30%。较低的位率(单声道 80kbps，立体声 128kbps)输入就可以提供接近 CD 的音质(采样频率为 44.1kHz)。主要用于音乐、歌曲录制等方面。

　　Main 模式使用一个预测值，这个预测值基于前面两帧提出，MPEG-2 将从所有频率系数大于 16kHz 的值中减去这个预测值，此举可以减少失真。Main 模式的量化遵循两个规则：将失真控制在听觉阈值之下；通过位数池控制帧平均分配位数。量化中使用缩放因子(去扩大一些缩放因子段)和非均匀量化器。MPEG-2 AAC 对缩放因子和频率系数进行熵编码。

475

　　在实现时，位分配使用嵌套循环。内层循环采用非线性量化器，然后对量化数据进行熵编码。如果对当前帧来讲分配位不够，则增加量化步长以减少所需位数。外层循环判断每个缩放因子段内失真度是否在听觉阈值之下。如果缩放因子段导致了严重失真，将会提高段内 SNR 值，当然代价就是使用更多的位。

　　SSR 模式使用一组多相积分滤波器(Polyphase Quadrature Filter，PQF)。先将信号分

为 4 个等宽频带，然后进行 MDCT。第一步的重点是，如果必须降低位率的话，编码器可以决定忽略四个频率中的一部分。

14.2.5 MPEG-4 音频

MPEG-4 AAC 是 ISO/IEC 14496 中另一个音频压缩标准。MPEG-4 把多种音频成分整合成一种新标准：语音压缩、基于感知的编码器、文语转换、3D 声音定位和 MIDI。MPEG-4 可分为 MPEG-4 可扩展无损编码（HD AAC）[14] 和 MPEG-4（HE AAC）[14]。MPEG-4 HD（高清）ACC 为高清视频进行无损高质量音频压缩。MPEG-4 HE（高效）ACC 是低复杂度 MPEG-2 ACC 的扩展，多在低位率应用中使用，如流音频。MPEG-4 HE ACC 有两个版本：HE ACC v1 和 HE ACC v2，v1 仅使用频段复制（SBR，改善低位率情况下的音频），v2 使用 SBR 和参数化立体声（PS，提高低带宽输入的效率）。MPEG-4 HE ACC 也用于数字广播标准 DAB+——由标准化组织 WorldDMB（数字多媒体广播）于 2006 年发布，在数字调幅广播中，全国广播电台联盟旨在更好地利用目前用于调幅广播的频段，包括短波。

1. 感知编码器

MPEG-4 ACC 的一个改进是引入感知噪声置换模块，对 4kHz 以上的缩放因子段做出判断，判断它们像是音调还是噪声。类似噪声的缩放因子段本身不被传输，而只传输它的能量，对应的频率系数设为 0。解码器在相应的能量处添加噪声。

另一个改进是加入了位分片算术编码模块（BSAC）。这是一种用于提高位率可伸缩性的算法。它允许解码器端只使用 16kbps 基准输出（自最小端 1kbps 的步长）对 64kbps 的流解码。MPEG-4 音频包含的第二个感知音频编码器被称作变换域加权向量量化（TwinVQ）的向量量化方法。它针对低位率，允许解码器丢弃位流的一部分来实现位率和采样率的可调节性。MPEG-4 音频的基本策略是解码器使用的音频工具的数量要和带宽要求一致。

2. 结构化编码器

为了实现低位率传输，MPEG-4 采用了合成/自然混合编码（SNHC）的方法。目标是把"自然的"多媒体序列、音频、视频及其相关内容综合起来。在音频中，后者叫作"结构化音频"。对于低位率操作，我们只需传递指向所用音频模型的指针和音频模型的相关参数。

在视频中上，基于模型这样的方法可能涉及传递脸部动画数据而不是自然脸的视频帧。在音频上，我们可以传递正对英语建模的信息，然后在传递英语基本音的同时，传递指定了持续时间和音调相关参数的汇编码。

MPEG-4 通过工具箱方式，提供了很多类似的模型规范。例如，文语转换（Text-to-Speech，TTS）是一种极低位率的方法，对各种声音通用。假设我们可以从相当低位率的信息中派生出脸部动画参数，我们便可以实现一个相当低位率的视频会议系统。结构化音频的另一个工具是结构化音频命令语言（SAOL，发音为"sail"），它允许应用简单的音频分析规范，包括混响这种特殊效果。

总之，结构化音频利用了音乐中的冗余，大大压缩了音频描述。

14.3 其他音频编解码器

14.3.1 Ogg Vorbis

Vorbis 项目于 1993 年由 Xiph. org 基金会的 Chris Montgomery 发起，Ogg Vorbis[15]

（一种开源音频压缩格式）是该项目的一部分。Ogg Vorbis 初衷是取代现有的受专利保护的音频压缩格式，使用类似 MP3 编码的 VBR 编码。在位率和压缩质量相近时，Ogg Vorbis 音频文件更小。它的目标是对比 MP3 标准，在低位率时能高效压缩，在高位率时能高质量压缩。Ogg Vorbis 也采用 MDCT，确切地说，是一种自适应编码方案。Ogg Vorbis 标准的一个主要优点是它能被其他媒体容器包裹，例如较为流行的 Matroska 和 WebM。Ogg Vorbis 被多种媒体播放器支持，诸如 VLC、Mplayer、Audacity 音频编辑软件和大部分的 Linux 发行版，但在 Windows 系统和 Mac OS 系统中支持有限，不过已经开发了适用于多种应用的解码器。Ogg Vorbis 在游戏行业越来越受欢迎：Ubisoft 在最近的发行版中便使用 Ogg Vorbis 格式。很多主流浏览器（如 Firefox、Chrome 以及 Opera）都支持 Ogg Vorbis。表 14.3 比较了 MP3、AAC 和 Ogg Vorbis 标准。

477

表 14.3 MP3、MPEG-4、AAC 和 Ogg Vorbis 对比

	MP3	MPEG-4 AAC	Ogg vorbis
文件扩展名	.mp3	.aac, .mp4, .3gp	.ogg
原始名	MPEG-1 Audio Layer 3	Advanced Audio Coding	Ogg
开发者	CCETT，IRT，Fraun-hofer Society	Fraunhofer IIS，AT&T Bell Labs，Dolby，Sony Corp.，Nokia	Xiph.org 基金会
发行时间	1994	1997	2000 年 5 月份第一版
算法	有损压缩	有损压缩	有损压缩
压缩质量	比 ACC 和 Ogg 低	同位率时比 MP3 高	同位率时比 MP3 质量高文件小
应用	音频文件的默认标准	iTunes 提高了其知名度	开源平台

表 14.4 总结了现代常用音频编解码器的目标位率范围和主要特性。它们和 MPEG-2 音频编解码器有很多相似之处。Dolby 数码（AC-3）起源于 1992 年。HDTV 和 DVD-Video 中也使用 AC-3。AC-3 原是为编码 35mm 的电影胶卷的多通道音频信号设计，Dolby 数码声轨紧靠着光学模拟声轨。在 DVD-Video 和 HDTV 音频中也用到 AC-3。AC-3 是有 256 样本块长度的感知型编码。35mm 胶卷上压缩 5.1 声道环绕音的最大位率是 320kbps。（5.1 是指一个左前声道、一个右前声道、一个中心声道、两个环绕声道和一个超低音声道）。AC-3 的前身 Dolby AC-2 是一个基于变换的编解码器。

表 14.4 音频编码系统比较

编解码器	位率(kbps/channel)	复杂度	主要应用
Dolby AC-2	128-192	低（编码器/解码器）	点到点电缆
Dolby AC-3	32-640	低（解码器）	HDTV，电缆 DVD
Dolby 数码（增强 AC-3）	32-6144	低（解码器）	HDTV，DVD 电缆
DTS：数码环绕音	8-512	低（无损音频扩展）	DVD，娱乐，专业
WMA：Windows 媒体音频	128-768	低（低位率流）	应用广泛
MPEG SAOC	48	低（解码器/渲染）	应用广泛

Dolby 数码＋（E-AC-3，或者称为增强版 AC-3）支持 13.1 声道。它基于 AC-3，能较容易地从 E-AC-3 转化为 AC-3。DTS（或者相干声学）意在为剧院打造一套数字环绕音系统，它是蓝光音频标准的一部分。WMA 是微软开发的专有音频编码器。2010 年发行的 MPEG SAOC(Spatial Audio Object Coding，空间音频对象编码)[16]，它是 MPEG 环绕声

的拓展，能在基本的立体声数据上增加辅助的多声道信息。MPEG SAOC 处理的是对象信号而非声道信号，多声道所需的辅助信息并不很多。SAOC 目的是在交互式混音、歌厅、游戏以及耳机会议等创新应用上使用。

14.4 MPEG-7 音频及其他

回忆一下，MPEG-4 的目标是利用对象来压缩，具有诸多有趣特性，例如 3D 声音定位、MIDI 整合、文语转换、不同位率下的编解码器以及使用复杂的 MPEG-4 AAC 编解码器。新的 MPEG 标准的目的也是"查找"：假设多媒体是编码的对象，我们如何找到对象？

MPEG-7 旨在描述一种结构化音频模型[17]，以更方便地查找音频对象。它的官方名称为多媒体内容描述接口，提供了一种针对视听多媒体序列进行元数据标准化的方法，用于表述多媒体信息。

音频方面，目标是方便音频内容的表现以及通过音色或者其他描述符进行查找。因此，研究人员致力于开发一种能有效描述并且帮助在文件中查找特定音频的描述符。这些都需要人工或机器进行内容分析，不仅仅通过低层结构（诸如旋律）捕捉信息，还借助了结构和语义内容[18]。

MPEG-7 的一个应用实例是自动语音识别（ASR）系统。语言理解也是 MPEG-7 的一个目标。理论上，MPEG-7 允许检索语音和视觉事件："为我找到哈姆雷特在第几章时说过'生存还是毁灭'"。以上所述远非完整的 MPEG-7 音频结构模型。

然而低层特性有其重要性。文献[19, 20]中介绍了相关的描述子。

未来的 MPEG 标准系列主要不是为了音频压缩的标准化。例如，MPEG-DASH（HTTP 动态自适应流媒体）设计目的在于利用现有 HTTP 资源（如服务器和 CDN 等）连续播送多媒体，而不依赖于具体的视频和音频编解码方式。我们将在第 16 章详细介绍它。

14.5 进一步探索

文献[9, 10]中包含了对 MPEG 的详细回顾。在文献[21]中有关于 MPEG-4 中自然音频编码的全面介绍。文献[22]中介绍了结构化音频。文献[23, 24]收录了大量介绍 MPEG-4 中的自然音、合成音频以及 SNHC 音频的文章。

14.6 练习

1. (a) 根据式(14.1)，1000Hz 时的绝对掩蔽阈值是多少（回想一下，这个等式中频率为 2kHz 时得到的值为 0dB）。

   (b) 对式(14.1)求导并令其导数等于零以求出曲线最低点处的频率。我们对哪种频率最敏感？提示：需要计算才能得到答案。

2. 响度与振幅，60dB 下 1000Hz 的声音与 60dB 下 100Hz 的声音，哪个听起来更响？

3. 在图 14.1 中，对于 Fletcher-Munson 曲线（新版本），观察这些数据的方法是设定 y 轴值、声压级，然后估计人类的有效感知响度。给定一组观察值，我们如何做才能把它们转化为图中所示的感知响度曲线。

4. 两个音色同时产生。假设音色 1 已经确定，而音色 2 的频率可以变化。音色 1 的临界频带是音色 2 的频率范围，在此我们可以听到敲打声和一个粗糙的声音。敲打声是一种比两种相近音色频率更低的泛音；因两个音色的频率音色而起。临界带宽在一个频率范围内，超过这个范围，两个音色的声音就有不同的音调了。

(a) 粗略估计 220Hz 时临界带宽是多少？

(b) 说明如何设计一个实验来测量临界带宽。

5. 在 Web 上查找下列心理声学现象的定义：

(a) 虚拟音高(virtual pitch)

(b) 听觉场景分析(auditory scene analysis)

(c) 八度音程相关的复杂音色(octave-related complex tones)

(d) 三全音悖论(tri-tone paradox)

(e) 不和谐复杂音色(inharmonic complex tones)

6. 如果将采样频率为 48kHz、16 位存储的立体声音频降低为 256kbps 的位流，则该 MPEG 音频的压缩率是多少？

7. MPEG 多相滤波器中，若将 24kHz 分成 32 个等宽频率子带，

(a) 每个子带的大小是多少？

(b) 每个子带最多包含多少个临界频带？最少呢？

8. 如果在 MPEG 音频第一层的采样频率 $f_s = 32$ksps，那么 32 个子带中每个子带的频率宽度是多少？

9. 假定第 8 个频段的掩蔽音是 60dB，在它停止 10 毫秒后，第 9 个频段的掩蔽音是 25dB。

(a) 如果第 9 个频段的原始信号是 40dB，MP3 会如何做？

(b) 如果原始信号是 20dB 呢？

(c) 针对上述两种情况，应该给第 9 个频段分配多少位？

10. MP3 和 MPEG 音频第一层相比，时间掩蔽的应用有何不同？

11. 写几段话，为音频设备的销售人员介绍一下 MP3。

12. 对一个 36 采样信号进行 MDCT，并将结果与 DCT 对比。当声音频率较低时，哪种方式能更好地把能量集中到前面几个系数？

13. 把一段 CD 音频转化为 MP3。对比原始音频和压缩后版本的质量，你能听出区别么？（多数人不能。）

14. 对于两通道立体声，我们通常采用第二个通道和第一个通道并行的方式，利用第一个通道收集的信息压缩第二个通道。讨论你对实现过程的看法。

参考文献

1. D.W. Robinson, R.S. Dadson, A re-determination of the equal-loudness relations for pure tones. British Journal of Applied Physics **7**, 166–181 (1956)

2. H. Fletcher, W.A. Munson, Loudness, its definition, measurement and calculation. Journal of the Acoustical Society of America **5**, 82–107 (1933)

3. T. Painter, A. Spanias, Perceptual coding of digital audio. Proceedings of the IEEE **88**(4), 451–513 (2000)

4. B. Truax, *Handbook for Acoustic Ecology*, 2nd edn. (Street Publishing, Cambridge, 1999)

5. D. O'Shaughnessy, *Speech Communications: Human and Machine.* (IEEE Press, New York, 1999)

6. A.J.M. Houtsma, Psychophysics and modern digital audio technology. Philips J. Res. **47**, 3–14 (1992)

7. E. Zwicker, U. Tilmann, Psychoacoustics: matching signals to the final receiver. J. Audio Eng. Soc. **39**, 115–126 (1991)

8. D. Lubman, Objective metrics for characterizing automotive interior sound quality. in *Inter-Noise* '92, pp. 1067–1072, 1992

9. D. Pan, A tutorial on MPEG/Audio compression. IEEE Multimedia **2**(2), 60–74 (1995)
10. S. Shlien, Guide to MPEG-1 audio standard. IEEE Trans. Broadcast. **40**, 206–218 (1994)
11. P. Noll, Mpeg digital audio coding. IEEE Signal Process. Mag. **14**(5), 59–81 (1997)
12. International Standard: ISO/IEC 13818-7. Information technology—Generic coding of moving pictures and associted audio information. in *Part 7: Advanced Audio Coding (AAC)*, 1997
13. K. Brandenburg, MP3 and AAC explained. in *17th International Conference on High Quality Audio Coding*, pp. 1–12 (1999)
14. International Standard: ISO/IEC 14496-3. Information technology—Coding of audio-visual objects. in *Part 3: Audio*, 1998
15. Vorbis audio compression, (2013), http://xiph.org/vorbis/
16. J. Engdegård, B. Resch, C. Falch, O. Hellmuth, J. Hilpert, A. Hoelzer, L. Terentiev, J. Breebaart, J. Koppens, E. Schuijers, W. Oomen, Spatial Audio Object Coding (SAOC)—The Upcoming MPEG Standard on Parametric Object Based Audi Coding. In *Audio Engineering Society 124th Convention*, 2008
17. Information technology—Multimedia content description interface, Part 4: Audio. International Standard: ISO/IEC 15938-4, 2001
18. A.T. Lindsay, S. Srinivasan, J.P.A. Charlesworth, P.N. Garner, W. Kriechbaum, Representation and linking mechanisms for audio in MPEG-7. Signal Processing: Image Commun. **16**, 193–209 (2000)
19. P. Philippe, Low-level musical descriptors for MPEG-7. Signal Processing: Image Commun. **16**, 181–191 (2000)
20. M.I. Mandel, D.P.W. Ellis, Song-level features and support vector machines for music classification. In: *The 6th International Conference on Music Information Retrieval*
21. K. Brandenburg, O. Kunz, A. Sugiyama, MPEG-4 natural audio coding. Signal Processing: Image Commun. **15**, 423–444 (2000)
22. E.D. Scheirer, Structured audio and effects processing in the MPEG-4 multimedia standard. Multimedia Syst. **7**, 11–22 (1999)
23. J.D. Johnston, S.R. Quackenbush, J. Herre, B. Grill, in *Multimedia Systems, Standards, and Networks*, eds. by A. Puri and T. Chen. Review of MPEG-4 general audio coding, (Marcel Dekker Inc, New York, 2000), pp. 131–155
24. E.D. Scheirer, Y. Lee, J.-W. Yang, in *Multimedia Systems, Standards, and Networks* eds. by A. Puri & T. Chen. Synthetic audio and SNHC audio in MPEG-4, (Marcel Dekker Inc, New York, 2000), pp. 157–177

多媒体通信和网络

在过去的二十年中，由于网络带宽的发展、数字媒体压缩技术的进步和用户多样化需求的增多，多媒体通信和互联网内容分享已经成为主流应用，计算机网络和系统对多媒体技术提出了更多的要求。我们见证了传统电话网络和电视网络的没落，也目睹了互联网中大量多媒体应用（例如 Skype、YouTube）的蓬勃发展。

多媒体内容分发是领域内急需解决的巨大挑战，因为互联网最初并不是为了多媒体内容分发而设计的。多媒体内容一般是在整体下载完毕之前就开始播放，即流媒体模式。研究者们早期的研究点主要集中在流媒体协议，例如实时传输协议（Realtime Transport Protocol，RTP）和它的控制协议（Realtime Transport Control Protocol，RTCP）。为了实现大规模的多媒体内容分发，研究者们也在网络层中的组播技术和资源预留协议中投入了巨大的努力。

内容分发网络（Content Distribution Network，CDN）和点对点（Peer-to-Peer）媒体流广泛应用于直播和点播流媒体，是近二十年的研究热点之一。近年来，基于网络的 HTTP 视频流技术使得用户无须下载和安装播放软件就可以在 Web 浏览器中直接播放视频。

如今，无线网络和智能可携带设备的发展带来了又一次革新，随时随地进行多媒体通信和内容分享已经成为现实。

本部分探讨在计算机网络（特别是在有线网和无线移动网络）中实现高效的多媒体通信和内容分享所面临的挑战及其解决方案。在第 15 章中，我们回顾多媒体通信的基本网络服务模型和协议；在第 16 章中，我们继续讨论多媒体内容分发机制。在第 17 章中，我们简单介绍无线移动网络的基础以及一些与多媒体通信相关的问题。

多媒体通信的网络服务及协议

计算机网络对于现代计算环境而言是不可或缺的。多媒体通信网络面临与计算机通信网络相同的技术问题。在过去的二十年中，用户对各种新老多媒体应用持续增长的需求促进了互联网的变革，也使得多媒体通信和网络成为最热门的研究和发展领域之一。

本章将首先介绍现代计算机通信网络技术和一些互联网常用术语，然后介绍现代多媒体系统中的核心部分——网络服务和协议，同时将以网络电话为例介绍一个典型的交互式多媒体通信应用的设计和安装。

15.1 计算机通信网络的协议层

很早之前，人们已经认识到网络通信是一个牵涉多层协议[1-3]的复杂任务。每一个协议都为特定的通信任务定义了语法、语义和操作规范。国际标准化组织（ISO）于 1984 年提出了一个广泛使用的参考模型——开放系统互联（Open Systems Interconnection，OSI），它是多层次协议体系结构，最终标准化为 ISO 7498。OSI 参考模型的网络层如下所示[4]：

- **物理层**。该层定义了物理接口的电气和机械属性（例如信号强度、连接器的规范等）；还规定了物理接口电路的功能和过程时序。
- **数据链路层**。该层指定建立、维持和终止链路，例如数据帧的传输和同步、错误检测和纠正、访问物理层协议等。
- **网络层**。该层定义了使用电路交换或分组交换时，数据从一端到另一端的路由。提供诸如寻址、网际互联、差错处理、拥塞控制和数据包排序等服务。
- **传输层**。该层为终端系统提供端到端通信，以支持终端用户的应用和服务。同时支持面向连接和无连接的协议，提供差错修复和流量控制功能。
- **会话层**。该层协调不同主机用户的应用程序之间的交互、会话控制，例如完成长文件传输。
- **表示层**。该层处理传输数据的语法问题，例如，由于约定方式、压缩技术和加密方式的不同，需要将不同数据格式进行转换。
- **应用层**。支持各种应用程序和协议，例如文件分享（FTP）、远程登录（Telnet）、电子邮件（SMTP/MIME）、Web（HTTP）、网络管理（SNMP）等。

OSI 参考模型对现代计算机网络的发展意义重大。多媒体系统通常是在后三层上实现的，但依赖底层服务。然而 OSI 模型并未得到充分实现和应用，相反，更加实用的 TCP/IP 协议族已经成为主流，它也成为当下互联网传输层和网络层的核心协议。在数据链路层，众多的局域网（Local Area Network，LAN）技术已经取得重大发展，IEEE 802 系列标准（特别是以太网和 Wi-Fi）已经成为主流技术。

图 15.1 比较了 OSI 模型与采用 TCP/IP 作为核心协议族的互联网之间分层的不同。图 15.2 展示了一个典型的家庭/办公网络设置，通过接入网（ADSL 或者电缆调制解调器）

连接到互联网服务提供商(Internet Service Provider，ISP)。网络内的用户能够访问公共互联网中多种多媒体服务，防火墙可以保护他们免受恶意攻击。在接下来的章节中，我们将详细介绍用于多媒体通信的网络系统所涉及的不同层。

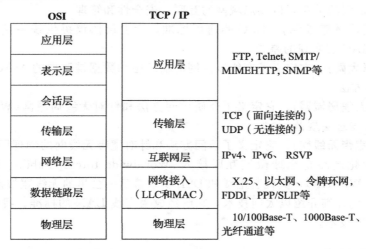

图 15.1　OSI 和 TCP/IP 协议的体系结构和示例协议的比较

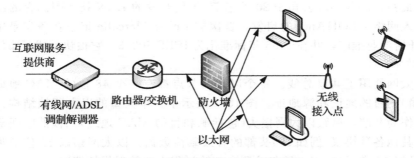

图 15.2　典型的家庭/办公网络配置

15.2　局域网和接入网

对于家庭或办公用户，通常直接使用 LAN，LAN 被限制在一个比较小的地理区域内，包含相对较少的站点。在 LAN 中连接终端系统和外部网络的物理链路称为接入网络(Access Network)，也称为交付网络服务的"最后一公里"。

在本节中，我们介绍 LAN 服务和以太网，其中以太网是有线 LAN 服务的代表技术。然后，介绍典型的网络接入技术，包括拨号上网、数字订阅线(Digital Subscribe Line，DSL)、电视网和光纤到户(Fiber-To-The-Home，FTTH)，以及它们对多媒体业务的支持。

15.2.1　局域网标准

IEEE 802 委员会针对局域网提出了 IEEE 802 参考模型，更加关注底层的物理层和数据链路层[5]。特别是增强了数据链路层的功能，这一层又被细分为两个子层：

- **介质访问控制(MAC)层**。该子层在发送或接收时封装或拆封帧，执行寻址和差错修复，以及管理共享物理介质的访问控制。
- **逻辑链路控制(LLC)层**。该子层执行流量控制、差错控制和 MAC 层的寻址，同时也作为更高层的接口。在层次结构中,逻辑链路控制层在 MAC 层的上面。

以下是一些重要的 IEEE 802 的小组委员会及其定义的领域:

- **802.1(高层局域网协议)**。它涉及整个 802 局域网架构、802.X 系列标准与广域网(WAN)之间的关系,以及局域网的互联、安全性和管理。
- **802.2(逻辑链路控制)**。LLC 的通用标准,为上层协议提供统一接口,隐藏各种 802.X MAC 层实现的差异。
- **802.3(以太网)**。它定义了有线以太网的物理层和数据链路层的 MAC,特别是 CSMA/CD 方法。
- **802.11(无线局域网)**。它定义了介质访问方法和针对无线局域网(WLAN,也称作 Wi-Fi)的物理层规范。
- **802.16(宽带无线网)**。它定义了访问方法和针对宽带无线网的物理层规范。其中的一个商业化产品是全球微波互联接入(Worldwide Interoperability for Microwave Access,WiMAX),其代替电缆和 DSL 实现最后一公里的无线宽带接入。

接下来,我们详细介绍以太网技术,它已经成为有线 LAN 的标准。我们还会在第 17 章介绍无线 LAN 技术。

15.2.2   以太网技术

以太网最初是由 Xerox 公司于 20 世纪 70 年代开发的 LAN 技术[6]。它的出现受到了早期随机接入网络 ALOHAnet 的启发,首次被 RobertMetcalfe 记录在备忘录中。以太网在 1980 年开始商业推广,并在 1985 年标准化为 IEEE 802.3。它很快就成了市场上主流的有线 LAN 技术。

标准以太网使用了共享总线。每个以太网节点都有一个 48 位的 MAC 地址,用于指定数据包(帧)的目的地址和源地址。图 15.3 展示了一个典型的以太网帧结构,以前导码和帧开始符作为开端,后跟以太网报头(包括源和目的 MAC 地址)。帧的中间部分包含了帧中携带的其他各种协议(例如 IP)头部的有效载荷数据。以太网帧以 32 位的循环冗余校验(CRC,见第 17 章)码结束,用与检测在传输过程中的数据损坏情况。

前导码 7字节	帧开始符1字节	目的MAC 地址6字节	源MAC 地址6字节	类型和 长度2字节	填充数据 46～1500字节	CRC 4字节

图 15.3   以太网的帧结构

发送帧时,将接收方的以太网地址附加到帧上,并在总线上进行广播。接收传输时,接收方通过目的地址来判断该传输信息是否与节点相关。只有指定的站能接收该帧,而被其他站忽略。注意,如果两个站同时发送帧,将会发生冲突。这个问题可以在 MAC 中用载波监听多路访问/碰撞检测(CSMA/CD)技术来解决,一个站想要发送帧必须首先侦听网络(即载波侦听),直到网络空闲才能发送帧。显然当多个站同时等待然后发送消息时,仍会导致冲突。在帧传输过程中,站通过比较接收到的信号和发送的信号是否相同以检测冲突(如果两个信号不同,则产生了冲突)。一旦检测到冲突,站将停止发送帧,并在随机延迟后重新发送。

对于多站点的 LAN,通常采用星形拓扑结构,将每一个站直接连接到集线器。集线器是有源设备,充当转发器。每当从一个站接收信号时,就会重复发送,使其他站也能收到。虽然从物理层面看上去是星形网络,但逻辑上还是总线结构。

早期以太网最大的数据速率为 10Mbps，采用非屏蔽双轴线。在其发展过程中，以太网的物理层经历了同轴线、双绞线和光纤物理介质接口，速度从 10 到 100Gbps。快速以太网(如 100BASE-TX)和后期的 1000BASE-T 的速率分别是 100Mbps 和 1Gbps。最新的以太网光纤变体拥有更高的数据传输性能、电气隔离和距离(一些版本能达到数十公里)。

链路层也在不断发展以满足新的带宽和市场需求。1989 年，以太网交换机问世，它与以太网集线器的工作方式不同，在丢掉或者进一步转发下一分段之前只检测输入分组的报头。这大大减小了转发延迟和处理负荷。由于带宽的优势、设备彼此之间更好的隔离和适应不同传输速度设备的能力，交换式以太网已经替代了非交换式以太网。

这些不同版本的以太网技术很大程度上保留了相同的网络协议栈和接口，因此能够实现互联和互操作。这也是以太网取得巨大成功的原因，而不像其他特定或不灵活的 LAN 技术。

15.2.3 接入网技术

接入网在家庭/办公环境与外部网络之间桥接了 LAN。为了降低新的网络线路铺设成本，经常使用家庭中现有的网络，特别是电话网和电视网。在新建筑里，直接光纤接入已成为当前流行的网络接入方式。

1. 拨号和综合业务数字网

自公共交换电话网(Public Switched Telephone Network，PSTN)广泛应用于住宅和办公室以后，早期的互联网接入通常使用电话线拨号连接到 ISP。注意，传统的电话线只能携带模拟语音信号。为了传输数字数据，调制解调器应运而生，它能够在计算机和电话插孔之间调节模拟载波信号以编码数字信息，同时还解调载波信号并对传输信息进行解码。

拨号需要时间来建立电话连接(根据位置最长可达几秒)，并在数据传输发生之前确认协议同步设置。在电话连接收费环境中，每次的连接都产生费用支出。如果呼叫连接按照时间计量，整个连接的过程也都会产生费用。

现代拨号调制解调器一般所具有的最大理论传输速度为 56kbps(千位每秒)(使用 V.90 或者 V.92 协议)，但是通常情况下传输速度是 40~50Kbps。该连接的延迟可达 300ms 或更长。电话线噪音以及调制解调器自身的质量等因素，会对连接速度和延迟产生很大影响。传输速率低和延迟较高使得拨号上网不能满足多媒体应用的需求。

为了克服这些限制，在 20 世纪 80 年代，国际电信联盟(ITU)开始发展综合业务数字网(ISDN)以满足各种数字服务的需求，能够传输数字数据、音频以及视频(例如视频会议)[7]。

早期的窄带 ISDN(N-ISDN)能够在上行方向和下行方向同时提供最大速率，通常为 128kbps。虽然高于拨号，但很难提供高质量的多媒体服务。国际电信联盟继续开发了宽带 ISDN(B-ISDN)。用户可以在两种类型接口中选择，这取决于数据和订阅率：

- **基本速率接口(BRI)** 提供了两个承载信道(B信道)来传输数据内容(每一个速率都是 64kbps)和一个数据信道(D信道)传输信令，速率为 16kbps。共有 144kbps(64 * 2 + 16)实现多路复用，并通过 192kbps 链路传输。
- **主速率接口(PRI)** 在北美和日本提供 23 个 B信道和 1 个 D信道，速率均为 64kbps；在欧洲提供 30 个 B信道和 2 个 D信道，速率均为 64kbps。23B 和 1D 接口方式可以很好地适应工业标准 T1 载体，因为 T1 有 24 个时隙，数据速率约等于 1544kbps(24slots×64kbps/slot)；然而 30B 和 2D 这种接口方式适应于标准 E1 载体，其含有 32 个时隙(用户频道中可利用的有 30 个)，数据速率是 2049kbps(32 * 64)。

2. 数字订阅线

DSL 是电话行业对最后一公里挑战的最新解决方案，再一次利用了已有的电话双绞线来传输调制的数字信号[8]。不同于传统的将 300～3400 Hz 基带信号(语音服务)调制到二进制码的拨号调制解调器,DSL 调制解调器利用正交幅度调制(QAM),能够调制 4000 Hz～1MHz(甚至达到 4MHz)的频率。DSL 采用高度复杂的数字信号处理算法克服了现有双绞线的内在局限性。直到 20 世纪 90 年代末,这种处理器的成本仍然高得惊人,但芯片设计和制造的后期进展使它们变得可承受。

一种重要的技术是离散多音(Discrete Multi-Tone,DMT),为了在潜在的噪声信道(下行或上行)中更好地传输,首先将测试信号发送到所有子信道。然后计算信噪比(SNR),以动态确定每个子信道中要发送的数据量。SNR 越高,发送的数据越多。理论上,256 个下行子信道,每个子信道的承载量超过 60kbps,将产生大于 15Mbps 的数据速率。实际上,当前 DMT 只能提供 1.5～9Mbps。

DSL 使用频分复用(Frequency Division Multiplexing,FDM)技术来复用三个信道:
- 位于高端频谱末端的高速(1.5～9Mbps)下行信道。
- 中速(16～640kbps)的双工信道。
- 位于频谱低端(0～4kHz),用于电话呼叫的语音信道。

这三个信道可以进一步划分为 4kHz 的子信道(例如 256 个子信道用于下行信道)。在这些子信道上的复用方案也是 FDM。即使使用 DMT,由于信号(特别是接近或为 1MHz 的高频信号)在双绞线中传输损耗很快,噪声随着线的长度增加而增加,信噪比会在经过一定的距离之后下降到一个不可接受的水平。因此在只使用普通双绞线时,DSL 有距离限制,如表 15.1 所示。

表 15.2 展示了各种数字用户线(xDSL)的演变。HDSL 是用于在低带宽(196kHz)条件下实现 T1(或者 E1)的数据速率。然而,它需要两条传输速率为 1.544Mbps 的双绞线,或者三条传输速率为 2.048Mbps 的双绞线。SDSL 提供与 HDSL 相同的服务,但是只需要一条双绞线。VDSL 是一个仍在积极发展的标准,预示着 xD-

表 15.1　DSL 所使用双绞线的最长传输距离

数据速率(Mbps)	线宽(mm)	距离(km)
1.544	0.5	5.5
1.544	0.4	4.6
6.1	0.5	3.7
6.1	0.4	2.7

SL 的未来。到目前为止,ADSL(Asymmetrical DSL,非对称数字用户线)得到了广泛的应用,它采用了更高的下行数据速率(从网络到用户)和较低的上行数据速率(从用户到网络)。这种不对称的上行和下行带宽共享很好地匹配了传统的基于客户端/服务器的应用程序的流量模式,例如网站,但是对于现代应用程序(如 BitTorrent 点对点文件共享、双向交互式语音或者视频)还存在一些问题。

表 15.2　不同类型的数字用户专线

名称	含义	速率	模式
HDSL	高数据率 数字用户专线	1.544Mbps 或 2.048Mbps	双工
SDSL	单线 数字用户专线	1.544Mbps 或 2.048Mbps	双工
ADSL	非对称 数字用户专线	1.5～9Mbps 16～640kbps	下行 上行
VDSL	超高数据率 数字用户专线	13～52Mbps 1.5～2.3Mbps	下行 上行

3. 混合光纤同轴电缆网络

除了电话线，另一种在家庭中普及的是有线电视网络。在这样的网络中，光纤将核心网络和附近的光网络单元（Optical Network Units，ONU）连接起来，每个光网络单元通过共享同轴电缆为数百个家庭服务。

电缆调制解调器能够通过射频通道在混合光纤同轴电缆（Hybrid Fiber-Coaxial，HFC）网中提供双向数据通信。它在家庭 LAN 和电缆网络之间桥接了以太网帧，这符合以太网的标准（存在一定的修改）。从技术上来讲，它调制数据使其通过有线网络传输，并从有线网络中解调以接收数据。

传统的模拟有线电视分配的频率范围在 50～500MHz，在北美为 NTSC TV 分配 6MHz 的频道，在欧洲为 8MHz 的频道。在 HFC 有线电视网络中，下行信道分配的频率范围是 450～750MHz，上行信道分配的频率范围是 5～42MHz。对于下行信道，电缆调制解调器充当调谐器捕获 QAM 调制的数字流。上行信道采用正交相移键控（Quadrature Phase-Shift Keying，QPSK）调制[2]，其在嘈杂和拥挤的频谱环境下更为鲁棒。

一个电缆调制解调器的连接速度峰值可以达到 30Mbps，这比大多数 10Mbps 的 DSL 接入速度要快。VDSL 能够达到这个性能，但是没有被 ISP 广泛地提供。然而值得注意的是，许多邻近的家庭共享有线互联网接入，而基于电话线的 DSL 是专用的。如果附近有很多人同时在上网，有线服务的速度就明显慢下来。因此，在实际应用中，有线相对于 DSL 的速度优势并不像理论数据预示的那么多。此外，无论是电缆调制解调器还是 DSL 的性能在下一分钟的变化都依赖于互联网的使用模式和流量，并且 DSL 和有线服务提供商经常实施所谓的"速度上限"来限制他们服务的带宽或者月度总流量。

在大多数地区，DSL 和有线接入都是可用的，尽管可能有一些地区只有一个选择。这两种技术在世界各地已经占据了家庭接入网络市场，并且占有相似的市场份额。竞争是残酷的，他们都尝试提供更好更丰富的服务，特别是为多媒体应用。例如，随着语音互联网协议（Voiceover Internet Protocol，VoIP）的出现，电缆调制解调器已经扩展到通过 Skype 甚至固定电话服务提供电话服务，允许购买有线电视服务的客户取消他们的普通老式电话服务。另一方面，许多电话公司也通过他们的网络提供数字电视服务。融合使得三网融合的业务模式成为可能，即通过单一宽带连接，提供两个带宽密集型服务、高速互联网接入和电视以及对延迟敏感的电话。

4. 光纤到户或者小区

光纤可以铺设到家里，直接把家庭网络和核心网连接起来。它取代了用于最后一公里访问的传统金属本地环路的全部或者部分，提供最高的带宽。例如，通过复用 622Mbps 的下行信道才实现 4 个家庭中每个家庭都能达到 155Mbps 的下行速率的服务，可以通过单根光纤轻松实现。

既然现有的家庭一般都只有双绞线或者同轴电缆，实现光纤到户的成本将会很高，但是许多高层建筑都已经内置光纤接入。或者，光纤可以先到达一个节点（Fiber-To-The-Node or Neighborhood，FTTN），附近的用户利用传统的同轴电缆或者双绞线接入该机柜。机柜所服务的区域通常不到 1 英里，可容纳数百名客户。

这种基于光纤的访问被认为是"永不过时的"，因为连接的数据速率只受限于终端设备而不是光纤，在光纤本身需要升级之前允许由于设备升级带来的长期的速度提升。它还为高质量的多媒体服务提供良好的支持。

例如，AT&T 在"U-verse"名称下提供了所有的光纤网络。不管是小区还是每个家庭的网络接口设备，都使用光纤连接到盒子。从一个邻居节点，利用 ADSL2＋或者 VD-SL 技术的高速 DSL 延伸到用户处。表 15.3 展示了 U-verse 的网络连接速度，它很大程度上消除了多媒体分发到家庭用户的最后一公里的瓶颈。

表 15.3　U-verse 的各种服务和连接速度

	高速++	高速+	高速	快速	普速
下行速率	24Mbps	18Mbps	12Mbps	6Mbps	3Mbps
	最优选择				
视频聊天	√				
在线游戏	√	√			
SD 视频流	√	√			
下载电影	√	√	√		
发送大文件	√	√	√		
观看视频片段	√	√	√	√	
在线会议	√	√	√	√	
音乐下载和流媒体	√	√	√	√	√
分享照片	√	√	√	√	√
社交网络	√	√	√	√	√
上网冲浪和收发电子邮件	√	√	√	√	√

另一个例子是 Google Fiber，为下载和上传提供高达 1Gbps 的网络连接，这将满足当下以及未来可预见的基于家庭应用的网络需求。与 U-verse 一样，Google Fiber 的高速连接也可以提供丰富的多媒体服务，这包括 1TB 的 Google Drive Service 和含有 2TB 硬盘录像机的电视服务，其中 2TB 硬盘录像机同时可以记录多达 8 个直播节目。

15.3　互联网技术和协议

通过接入网络，家庭和办公用户都能连接到外部广域网。TCP/IP 协议族在网络中起着关键的作用，连接着不同的底层网路并服务着不同的上层应用（见图 15.1）。因此，它也称为"细腰"的互联网。TCP/IP 在 OSI 之前已经被开发出来，并在互联网采用之后成为了实际的网络互联标准。

互联网工程任务组（Internet Engineering Task Force，IETF）和网络社会是互联网主要的技术发展和标准制定机构。他们发布了由网络工程师和科学家以备忘录的形式撰写的征求修正意见书（Request for Comments，RFC)，该备忘录描述了适用于互联网和网络系统的方法、行为、研究或创新。

15.3.1　网络层：IP

网络层提供了两种基础服务：包寻址和包转发。任何 LAN 中很容易实现点对点传输。实际上，LAN 通常支持广播。网络层利用路由器在不同 LAN 或者 WAN 之间传输网络层数据包，路由器是根据数据包目的地址接收和转发数据包的网络层设备。转发操作由路由表来引导，而路由表由路由器使用路由协议共同构建和更新。

常见的利用网络链路和路由器传输数据的方法有两种，即电路交换和包交换。

- **电路交换**。公共交换电话网络（Public Switched Telephone Network，PSTN）是电路交换的例子，在连接过程中必须建立端到端电路，用于保证持续连接时的带宽。尽管最初是为语音通信设计的，但是也用于早期的 ISDN 网络中传输数据。在传统的语音通信和恒定码率的视频通信中，当用户需要连接或者要求恒定数据速率时，电路交换是最好的选择。然而电路的建立和维护是昂贵的，对于一般可变（有时候突发）速率的数据传输来说是低效的。

- **包交换**。许多现代数据网络采用包交换，在这些网络中数据速率常常是变化甚至猝发的。在传输之前，数据被分成小数据包，通常是 1000 字节甚至更小。每一个包头包含必要的控制信息，例如目的地址。路由器会检查每一个包头，然后做出分发决定。

与电路交换相比，包交换的实现更为简单，网络利用率要高很多，因为资源（例如带宽）并不是独占而是由数据包共享的。但事实上也会带来成本。缺少了专用的电路，包交换网络中通常使用存储和转发传输，这意味着一个数据包在它分发到下一个节点之前必须被完全接收和检查。除了存储和转发延迟，如果有太多的数据包到达，它们在分发之前需要在路由器的缓冲区排队，造成排队时延。当链路严重拥塞时缓冲区溢出，此时会发生丢包。

对于包交换，有两种方法可以用来交换和转发数据包：数据报和虚电路。

- 在数据报中，每个数据包独立处理，没有预先确定特定的传输路由；因此，数据包可能在不知不觉中丢失或者不按照发送顺序到达目的站点。需要由接收站检测并恢复错误，重新安排数据包，这就是下一节我们将要讨论的传输层中的传输控制协议（TCP）。

- 在虚电路中，路由是通过路由上所有节点的请求和接收预先确定的。之所以称为电路，是因为路由是固定的。它还是"虚拟的"，因为"电路"只是逻辑的而不是专用的。在虚电路中对数据包进行排序要容易得多，并且也可以保留虚拟电路中的资源，从而提供有保证的服务。

虚电路的解决方案看似更加复杂，但被认为是能够保证质量的多媒体通信技术。虚电路网络的一个代表是异步传输模式（Asynchronous Transfer Mode，ATM），曾经一度被认为能够取代基于数据报的互联网，朝着更好的网络流量控制和传输方向发展，尤其对于多媒体内容。然而，它实现起来太复杂，特别是对于 WAN。网络协议（IP）（RFC 791，2460）仍然基于数据报，这意味着它在没有带宽、可靠性和延迟保证的情况下努力提供最好的服务。

IP 协议提供无连接的数据报服务，不提供端到端的控制。每一个数据包单独处理，可以无需接收数据包，也可以丢弃或者复制。当数据包需要通过仅能接受较小规模的网络时，会产生数据包分片。这种情况下，IP 数据包被分成符合要求的更小的数据包，通过网络发送到下一跳，然后重新组装并重新排序。

每个路由器维护一个路由表，为每个数据包标识下一跳。通过路由协议周期性地更新路由表，其中路由器之间交换网络拓扑信息。互联网是一个松散的分层网络，分为多个自制系统（Autonomous System，AS），每个 AS 都有一个或者多个网关用于与外部通信。AS 内典型的路由协议包括开放式最短路径优先（Open Shortest Path First，OSPF）和路由信息协议（Routing Information Protocol，RIP），并且在网关中，广泛使用边界网关协议（Border Gateway Protocol，BGP）。

IP 协议还提供跨所有互连网络的计算机的全局寻址，其中每一个联网设备都被分配了全局唯一的 IP 地址。应用层识别，即通过域名系统（Domain Name System，DNS）可以将服务器或者客户端的统一资源定位符（Uniform Resource Locator，URL）映射到服务器或者客户端的 IP

495

地址。在当前的 IPv4 版本(见图 15.4),IP 地址是 32 位数字,通常用点分十进制表示法指定。举一个例子,笔者单位的 Web 服务器的 URL 是 http://www.sfu.ca,IP 地址是 142.58.102.68 (二进制表示为 10001110 00111010 01100110 01000100)。

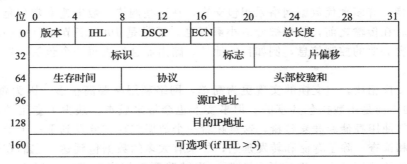

a) IPv4数据包格式

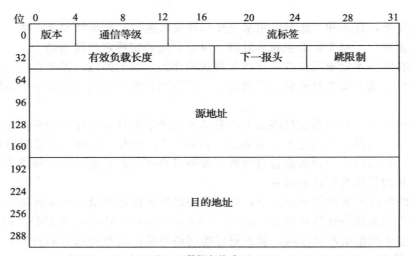

b) IPv6数据包格式

图 15.4　IPv4 和 IPv6 的数据包格式

15.3.2　传输层:传输控制协议和用户数据报协议

传输控制协议(TCP)和用户数据报协议(UDP)是互联网中用于主机之间(或端到端)通信的两个传输层协议。

1. 传输控制协议

TCP(RFC 675,793,1122,2581)为两台计算机之间传送和接收应用程序消息提供可靠的字节管道,与具体的应用类型无关。它依赖于 IP 层将数据传递到由其 IP 地址指定的目标计算机。

TCP 是面向连接的:连接必须在两个终端开始通信之前通过三次握手来建立。对于每个 TCP 连接,通信两端都分配窗口缓冲区来接收和发送数据。流控制只在通过发送窗口向目标发送数据,且没有溢出时才会建立。由于一台计算机中的多个应用进程可能使用 TCP/IP,且一个进程可能同时建立多个网络连接,因此,需要多路复用/多路分解利用端口号来识别连接。

数据偏移	保留	标志位	窗口大小	
校验和			紧急指针（如果UPG被设置）	
可选项（如果需要）				

图 15.5　TCP 数据包头格式

- 源端口和目的端口以及网络层中的源和目标 IP 地址用于源进程确定传递消息的位置以及目标进程确定回复消息的位置。这个 4 元组确保将数据包传递到在特定计算机中运行的唯一应用程序进程。端口号的范围为 0 到 65 535，还有一些典型的端口号，包括 Web(HTTP)的 80 端口、email(SMTP)的 25 端口和 FTP 的 20/21 端口等。
- 因为数据包通过 IP 网络传输，它们到达时可能是乱序的（由于经过不同的路径），或发生数据包丢失或重复。顺序号能够将到达的数据包重排并检测是否丢失。顺序号实际上是数据包的第一个数据字节的字节数，而不是整个数据包的序列号。
- 校验和用于确认数据包在到达时是否损坏，这种校验的确定度是很高的。如果计算出来的校验和与传输过来的校验和不一样，这个数据包将会被丢弃，并稍后调用重传。Internet 校验和计算的详情请见 17.3.1 节。
- 窗口字段指明当前目的端缓冲区中可以接收多少字节。它通常与确认包一同发送。
- 确认(ACK)包中有 ACK 号，指明在当前顺序上已经正确接收到的字节数（对应于第一个丢失的包的顺序号）。

498

源进程根据窗口数量向目的进程发送数据包，并在发送更多的数据之前等待确认。确认包会携带新的窗口数量信息到达，以明确目的缓冲区还可以接收多少数据。如果没有在重传超时(RTO)所规定的时间内接收到 ACK 包，源进程将从本地窗口缓冲区中重新发送相应的包。

TCP 同样实现了拥塞控制机制来应对网络拥塞，这种现象可以通过数据包丢失观察到。随着时间的推移，TCP 产生了不同方面的变化，特别是拥塞控制算法。Reno、new Reno 和 Sack 是常用的版本，所有的算法大都基于和式增加、积式减少(Additive Increase and Multiplicative Decrease, AIMD)机制，即发送速率通过滑动窗口控制，当没有拥塞发生时速率线性增加，当数据包丢失时呈指数递减，此时就意味着网络中存在潜在的拥塞。

事实证明，基于窗口的 AIMD 对于竞争网络资源的多个 TCP 流是公平、稳健和高效的。然而传输速率的变化可能非常高，导致锯齿效应。如图 15.6 所示，TCP 拥塞窗口在没有拥塞的情况下线性增加，例如随着时间推移从 20 字节增加到 100 字节，当发生丢包时，拥塞窗口会立刻减少到 50 字节（为原来拥塞窗口的一半大小），这样，传输速率也会相应减少。尽管对一般文件传输是可行的，但对于要求最小阈值的相对平滑的传输速率的

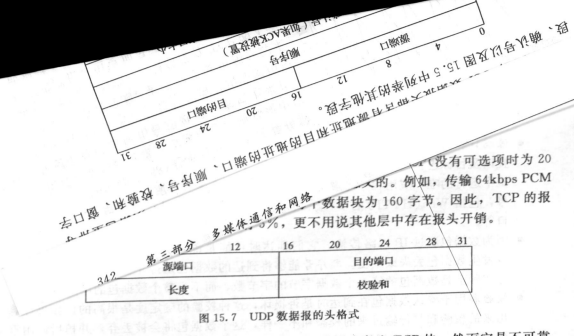

图 15.7　UDP 数据报的头格式

考虑到低报头开销和无连接设置，UDP 数据传输的速度比 TCP 快。然而它是不可靠的，尤其是在拥塞网络中。更高级别的协议可用于重传、流量控制和拥塞避免，并且必须探索更实际的错误隐藏技术以获得可接受的服务质量（Quality of Service，QoS）。

3. TCP 友好速率控制

注意，基于窗口的 TCP 拥塞控制的锯齿行为不适合媒体流，但不受控制的 UDP 流可能过于激进而干扰到其他流，并且容易使自适应 TCP 流竞争带宽。为了避免这些问题，引入了 TCP 友好速率控制（TCP-Friendly Rate Control，TFRC）（RFC 5348），确保 UDP 流在与 TCP 流竞争带宽时合理公平，其中"合理"意味着在相同条件下，它的传输速率不超过 TCP 流的传输速率的两倍，就好像 TCP 流是在同一个端到端路径上运行。

TFRC 通常通过使用发送方或接收方可观察的参数估计相同路径下等效 TCP 吞吐量来实现。RFC 5348 建议 X_{Bps} 的公式如下，TCP 的平均传输速率为（以每秒字节数为单位）：

$$X_{\mathrm{Bps}} = \frac{s}{R \times \sqrt{2 \times b \times \dfrac{p}{3}} + \left(t_{\mathrm{RTO}} \times \left(3 \times \sqrt{3 \times b \times \dfrac{p}{8}} \times p \times (1 + 32 \times p^2)\right)\right)}$$

其中 s 是以字节为单位的段大小（不包括 IP 和传输协议头），R 是以秒为单位的往返时间（RTT），p 是丢失事件率（在 0 和 1.0 之间），作为传输的数据包的一小部分，t_{RTO} 是以秒为单位的 TCP 重传超时值，b 是单个 TCP 确认的最大数据包数。其中，t_{RTO} 设为 $4R$，$b=1$。TCP 吞吐公式如下：

$$X_{\mathrm{Bps}} = \frac{s}{R \times \left(\sqrt{2 \times \frac{p}{3}} + 12 \times \sqrt{3 \times \frac{p}{8}} \times p \times (1 + 32 \times p^2) \right)}$$

以上这两个方程式中的参数都可以通过发送方得知，或者从接收方估计得出，然后反馈给发送方。发送方能够计算出等价的 TCP 吞吐量，并相应地控制 UDP 流的发送速率。TFRC 能与 TCP 和其他的 TFRC 流很好地共存，但与 TCP 相比，吞吐量随时间的变化要小得多，这使得它更适用于恒定编码速率的媒体数据，例如，音频或者 CBR 视频，其中相对平滑的发送速率是最佳选择。

15.3.3　网络地址转换和防火墙

32 位的 IPv4 地址原则上有 $2^{32} \approx 40$ 亿个地址，这似乎绰绰有余。然而，实际上，它已经快被耗尽了。在 1995 年 1 月，IETF 推荐 IPv6（IP 的第 6 个版本）为下一代 IP。图 15.4 比较了 IPv4 和 IPv6 的数据包格式。在对 IPv4 诸多改进中，IPv6 采取了 128 位地址，共有 $2^{128} \approx 3.4 \times 10^{38}$ 个地址。在很长一段时间内，IPv6 将能解决 IP 地址短缺的问题。

现在，我们仍在从 IPv4 到 IPv6 的过渡阶段。为了解决 IPv4 地址短缺的问题，一个实用的解决方案是网络地址转换（Network Address Translation，NAT）（RFC 4787）。NAT 设备位于本地专用网络和外部网络的后面，将本地主机与外部网络分开。为 LAN 中的每个主机分配一个内部 IP 地址，不能从外部网络访问。它们都共享由 NAT 设备提供的公共 IP 地址，NAT 设备维持一个动态的 NAT 表用于翻译地址。使用传输层的端口号识别 NAT 后的多个主机。

当一个本地主机发送一个包含内部地址和源端口号的 IP 数据包时，它通过 NAT 设备，将源 IP 地址改为 NAT 设备的公共 IP 地址并将源端口号改为新的与公共 IP 地址无关的端口号。这个记录由 NAT 表保存，外部主机只能看到公共 IP 地址和新的端口号。当一个回复 IP 包从外部主机返回来时，目的地址将会根据 NAT 表变回内部 IP 地址和原来的源端口号，然后将数据包转发给相应的主机。

图 15.8 展示了 NAT 的示例，NAT 设备后面的 LAN 中的 PC 内部 IP 地址为 192.168.1.XXX，而 NAT 设备拥有单独的公共 IP 地址 16.1.1.9。与外部主机通信时，需要用（公共地址：新端口号）来替代（内部 IP 地址：源端口号）。举个例子，用（16.1.1.9：65001）代替

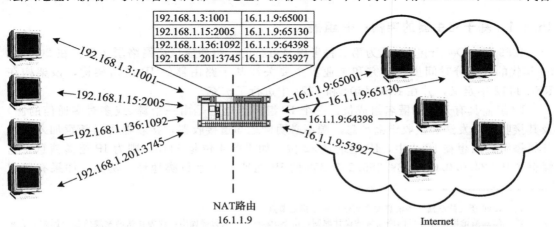

图 15.8　NAT 的示例。启用 NAT 的路由器（16.1.1.9）的单个 IP 地址被四台内部计算机（左侧）有效使用，通过重写端口号与外部互联网进行通信

(192.168.1.3：1001)，用(16.1.1.9：65130)代替(192.168.1.15：2005)，以此类推。这里的新端口号 65001，65130，…是从未被使用的端口号空间(与地址 16.1.1.9 相关联)中选择的。这种端口号空间通常很大，因此可以支持很多内部 IP 地址。

尽管 NAT 可以缓解 IP 地址的短缺问题，但它加大了对于节点成对连接的基本限制，还可能阻止节点与其他设备之间的直接通信。这是由于 NAT 不能保存主机的原始端口号。例如，Web 服务器的默认端口号是 80，然而这个端口号可以被 NAT 设备任意修改，使得位于 NAT 之后的 Web 服务器几乎不可能与外部主机通信。主机间是否能通信取决于多种因素，如传输协议(UDP 和 TCP)和主机是否位于相通的私有网络之上[10]。

防火墙也会发生类似的渗透问题[11]。防火墙是一款软件或基于硬件的网络安全系统，可以根据规则集控制传入和传出的网络流量。考虑到公共互联网中存在巨大的安全威胁，防火墙已经成为当今 PC 机和局域网安全运作不可或缺的一部分。然而，防火墙也可以阻塞正常的流量。例如，许多防火墙盲目阻止基于 UDP 的流量，使 UDP 上的多媒体完全失败。

当前互联网环境中，超过 50% 的节点位于 NAT 或者防火墙之后。连通性约束对于在互联网上的多媒体容量分发机制的可行性是一个重大挑战，特别是点对点分享。它也是基于 HTTP 流的关键动力之一，这种流只使用标准超文本传输协议(Hyper Text Transfer Protocol，HTTP)，能够遍历大多数通过标准 Web 流量的防火墙，我们将在下一章中介绍。

15.4　组播延伸

在网络术语中，广播(broadcast)消息是指消息被发送到域中的所有节点，单播(unicast)消息只是指消息被发送到一个节点，组播(multicast)消息是指消息被发送到一组指定的节点⊖。大量新兴应用(包括互联网电视、网络游戏和远程教育)需要支持广播或组播，即同时将内容发送给大量的接收器[12]。

TCP/IP 协议最初只支持一对一的单播通信。许多 LAN 和基于卫星的网络都可以随时获得广播服务，然而，由于它会导致数据风暴，所以在全球互联网中它是不可行的，此时应该使用组播。在网络环境中，组播的主要问题是要确定在哪一层实施。根据端到端的论证⊖(end-to-end argument)，该功能应该满足：尽可能在更高层实现，除非在低层实施具有显著的性能优势，值得付出额外的成本。对组播而言，这两个想法可能是相互冲突的。在过去的二十年中，研究者们一直努力协调它们，使组播在不同层中实现。

15.4.1　基于路由器的架构：IP 组播

1989 年，Deering[14]认为第二种考虑是可行的，组播应该在网络层实现。在 20 世纪 90 年代的大部分时间里，研究和工业界主要关注基于路由器的 IP 组播架构，该架构在 RFC 1112 中定义，并在 RFC 4604 和 5771 中进行了扩充。

IP 组播具有开放的匿名组成员。一个 IP 组播组地址是由一个源(或多对多通信的源)及其接收器来发送和接收组播消息。源不必明确地知道接收器，接收器可以随意加入或离开组播组。回想在 IPv4 中，IP 地址是 32 位。如果前 4 位是 1110，则为 IP 组播消息。它涵盖了从 224.0.0.0 到 239.255.255.255 的 IP 地址，称为 D 类地址。例如，如果有些内

⊖　IPv6 还支持泛播，将消息发送到任何一个指定节点。

⊖　端到端论证是计算机网络经典的设计原则，由 Saltzer[13]首次明确提出，成为互联网发展的核心原则。它声明特定的应用程序函数应该保留在网络的终端主机而不是中间网络节点(假设能在终端主机中完整和正确的实现这些函数)。这样确保网络核心简单、快速且可高度扩展。

容是与组 230.0.0.1 有关，那么源将数据包发送到 230.0.0.1。该内容的接收方将通知网络接收该数据包。

互联网组管理协议（Internet Group Management Protocol，IGMP）旨在帮助维护组播组。使用两种特殊类型的 IGMP 报文：查询和报告。查询消息由路由器组播到所有本地主机，以查询组成员资格。报告用于响应查询并加入组。路由器定期查询组成员，如果它们至少得到一个查询的响应，则声明自己为组成员；如果一段时间后没有响应发生，则声明自己是非成员。IGMP 的第 2 个版本进一步降低延迟，因此在所有成员离开后，成员关系会被更迅速地删除。

组播路由通常基于共享树：一旦接收器加入一个特定的 IP 组播组，就为该组建立一个组播分发树。例如，发送到组 230.0.0.1 的所有数据包会被分发到路由器，每个路由器至少有一个加入到 239.0.0.1 的接收器（即，每一个路由器至少有一个本地组成员），然后路由器将数据包进一步转发到其本地接收器。

IP 组播的首批试验之一在 1992 年 3 月进行，当时在互联网上播放了圣地亚哥的互联网工程任务组（Internet Engineering Task Force，IETF）会议（仅限音频）。从 20 世纪 90 年代开始，建立组播骨干网（Multicast Backbone，MBone）[15]，并用于互联网上的组播服务[16,17]。早期的应用（主要是基于多媒体的）包括用于音频会议的 vat、用于视频会议的 vic 和 nv。其他应用工具包括用于共享空间中的白板 wb 和用于维护多 MBone 会议目录的 sdr。

由于许多路由器不支持组播，因此 MBone 使用支持组播的路由器子网（mrouter）来转发组播数据包。如图 15.9 所示，路由器子网与隧道相连，每个路由器子网负责一个局部地区（或所谓的岛）。组播数据包被封装在常规的 IP 数据包中进行"隧道传输"，以便发送到目的地。

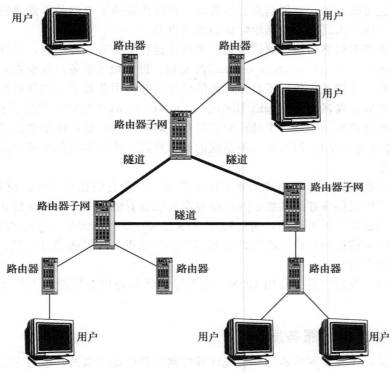

图 15.9　组播主干网中的 IP 组播隧道

IP 组播是一个松散耦合的模型，反映了互联网的基本设计原则。它保留了 IP 接口，并引入了开放和动态组的概念，这种思路极大地启发了后续的研究。鉴于网络层中的网络拓扑的广泛应用，该层中的组播路由也是最有效的。IP 组播仍然是尽最大努力交付的服务，并试图与在单播环境中运行良好的传统路由和传输分离相适应。然而，在组播中提供高级功能(如错误、流量和拥塞控制)比在单播的情况下更加困难。通常，UDP(非 TCP)与 IP 组播一起使用，以避免由 TCP 接收器产生的大量确认字。为了实现可靠的文件共享或复制，需要在 UDP 上实现可靠的组播传输协议[18,19]。对于连续的流媒体，应考虑网络和用户的异构性；对于视频点播(VoD)来说，应考虑订阅用户的异步请求。这些都不能在 IP 组播/UDP 中轻易解决，我们将在以下部分和下一章中介绍在传输层和应用层的解决方案。

15.4.2 非路由器的组播架构

如今 IP 组播部署仍然有限。IP 组播要求对基础设施(即网络路由器)进行更改。这就产生了高复杂性和严格的缩放约束。MBone 的平面拓扑大约有 10 000 个路由，一般是不可扩展的[20]，并且隧道管理能力也很差，因为隧道连接几乎没有最佳分配，有时在单个物理链路上创建多个隧道，从而造成拥塞。除了技术障碍之外，还存在经济和政治问题，特别是，网络运营商缺乏安装支持组播的路由器和传输组播流量的动力。

20 世纪 90 年代后期重新审视了组播功能的应用，研究人员开始提倡将组播功能从路由器转移到终端系统[21]。在这些方案中，假设只有单播 IP 服务，组播特征(如组成员资格、组播路由和数据包复制)都是在终端系统实现的。终端系统通过覆盖网络参与组播通信，意义在于它的每条边对应底层互联网中两个节点之间的单播路径。

组播功能转移到终端系统可以解决许多与 IP 组播相关的问题。因为所有的数据包都作为单播数据包传输，因此部署起来更加容易。通过借助易于理解的单播解决方案和特定应用的智能，可以大大简化支持高层特征的解决方案。

由于非路由器架构将功能推到网络边，实例化这种架构有几种选择。频谱的一端是一个以基础设施为中心(infrastructure-centric)的架构，提供增值服务的组织在互联网上的战略位置部署代理。终端系统依附于自己最近的代理，并使用普通的单播接收数据，这种方法通常也称为内容分发网络(Content Distribution Network，CDN)，并且已被 Akamai 等公司应用。在频谱的另一端是一个纯粹的应用程序端点架构，将功能推送到实际参与组播会话的用户(称为对等方)。对这种对等系统的操作管理、维护和责任分配给用户，而不是由单个实体处理。

虽然应用层解决方案有望实现无处不在的部署，但是它们往往涉及广泛的自主用户，这些用户可能无法提供良好的性能，并且很容易失败或者随意离开。完全防止多个覆盖边遍历相同的物理链路是不可能的，所以物理链路上的一些冗余流量是不可避免的。因此，应用终端架构的关键挑战是使用高度瞬态的用户群行使职责，扩展和自组织，而无需中央服务器和相关的管理开销。

在下一章中，我们将详细介绍 CDN、应用层组播和通用对等网络上的大规模多媒体内容分发机制。

15.5 多媒体通信的服务质量

从根本上说，多媒体网络通信和传统计算机网络通信是相似的，因为它们都处理数据通信。然而，由于音频/视频数据的一系列不同特征，使得多媒体网络通信更具挑战性：

- **数量庞大和连续性**。多媒体网络通信要求高数据速率，而且往往有一个较低的下限，以确保连续播放。通常，用户希望在完全下载之前开始播放音频/视频。由此，它们通常称为连续媒体或流媒体。

- **实时性和交互性**。它们要求低启动延迟和音视频之间的同步。如视频会议和多人在线游戏之类的交互式应用需要双向流量，这两种流量有相同的高需求。

- **速率波动性**。多媒体数据速率波动剧烈且有时具有突发性。在 VoD 和 VoIP 中，大多数时候是空闲的，但是存在突发性高容量。在可变位率（VBR）的视频中，平均速率和峰值速率可以明显不同，这取决于场景的复杂度。例如，图 15.10 显示了一个 MPEG-4 视频流的位率演变，其平均速率是 1Mbps，但最低速率和最大速率分别为 300kbps 和 2600kbps。

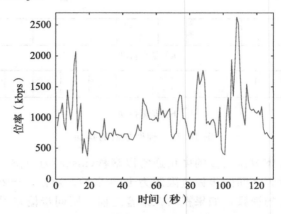

图 15.10   一段 MPEG-4 视频的位率（星际迷航，688×512 的帧尺寸）

15.5.1 服务质量

多媒体数据传输的服务质量（QoS）取决于很多参数。我们现在列出最重要的几个：

- **带宽**。数字链路或网络上传输速度的度量一般为千位每秒（Kbps）或兆位每秒（Mbps）[⊖]。如前所示，多媒体流的数据速率可以显著变化，因此在规划传输带宽时，应考虑平均速率和峰值速率。

- **延迟（最大帧/数据包延迟）**。从传输到接收所用的最长时间，通常以毫秒（msec 或 ms）为单位。例如在语音通信中，当往返延迟超过 50 毫秒时，会出现回声问题；当单向延迟超过 250 毫秒，讲话会发生重叠，因为每个来电者讲话时并不知道对方也在讲话。

- **包丢失或者错误**。用于度量分组数据传输丢失率或者错误率的（百分比）。数据包可能因网络拥塞而丢失，或者在物理链路上传输时出现乱码，也可能迟交或乱序。对于实时多媒体来说，重传往往是不可取的，因此使用其他替代方案，如前向纠错（Forward Error Correction，FEC）、交织或者容错编码。一般来讲，对于未压缩的音频/视频，理想的丢包率小于 10^{-2}（平均每一百个包丢失一个）。当达到 10% 的时候，结果就不可接受。对于压缩的多媒体数据来说，理想的丢包小于 $10^{-7} \sim 10^{-8}$。

⊖ 对于模拟信号，带宽的度量是赫兹。网络带宽和频率带宽可以通过 Hartley 定律[22]联系起来，该定律指出"可以传输的信息总量与传输的频率范围和传输时间成正比"。

[507]

现代有线通信链路中的错误率（特别是光纤）可以很低。例如，光纤通道的误码率（BER）的目标为10^{12}分之一（1 000 000 000 000 位分之一）。在 2Gbps 的速率中，这相当于每小时 7 个错误。然而，在无线链路中的误码率更差，这也是无线网络上多媒体传输的主要挑战。

- **抖动（或延迟抖动）**。音频/视频播放的平滑度（沿时间轴）的度量。从技术上讲，抖动与帧/数据包延迟的方差相关，图 15.11 展示了帧回放中的高抖动和低抖动的示例。可以使用大的缓冲区（抖动缓冲器）来保持足够的帧以允许具有最长延迟的帧到达，从而减少回放抖动。然而，这增加了延迟，在实时和互动应用中是不可取的。

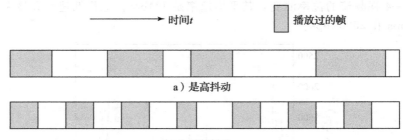

图 15.11　帧回放时的抖动

- **同步偏移**。多媒体数据同步的度量通常以毫秒（msec）为单位。为了获得良好的唇形同步，音频和视频之间同步偏差限制为±80 毫秒。通常，±200 毫秒仍然是可接受的。对于带语音的视频，如果视频在语音之前，则同步偏差限制为 120 毫秒，如果语音在视频之前，则为 20 毫秒。这种差异是因为我们习惯在远处声音滞后于图像。

1. 多媒体服务等级

与具有统一需求的传统文件共享和下载应用程序不同，多媒体数据（从音频到图像到视频，从音频/视频的低质量到中等质量和高质量）和应用程序（单向或双向的，互动的或非交互的，实时的或非实时的，等等）是广泛存在的。我们现在列出一组具有不同 QoS 要求的典型的多媒体应用：

- 双向通信，低延迟和抖动，可能具有优先交付需求，例如语音电话和视频电话。
- 双向流量，低损耗和低延迟，具有优先交付，如电子商务应用。
- 适度的延迟和抖动，严格的排序和同步。单向流量，如视频流或双向互动流量；或双向互动流量，如网络浏览和在线游戏。
- 没有实时的要求，如下载或传输大文件（电影），无传输保证。

表 15.4 列出了典型的多媒体应用的一般总带宽/位率的要求。表 15.5 列出了不同

表 15.4　网络带宽/位率的要求

应用	速度要求
电话	16kbps
音频会议	32kbps
CD 质量的音频	128～192kbps
数字音乐（QoS）	64～640kbps
H.261	64～2Mbps
H.263	<64kbps
H.264	1～12Mbps
MPEG-1 视频	1.2～1.5Mbps
MPEG-2 视频	4～60Mbps
MPEG-3 视频	1～20Mbps
HDTV（压缩）	>20Mbps
HDTV（未压缩）	>1Gbps
MPEG-4 视频点播（QoS）	250～750kbps
视频会议（QoS）	384kbps～2Mbps

质量的数字音频和视频中延迟和抖动容忍度的一些规范。可以看出，多媒体应用的 QoS 要求有很大的差别，因此，在协议和系统的设计和部署中必须考虑具体的应用需求。

表 15.5　数字音频和视频中的延迟容忍度和抖动容忍度

应用	平均延迟容忍度（毫秒）	平均抖动容忍度（毫秒）
低端视频会议（64kbps）	300	130
压缩的视频（16kbps）	30	130
MPEG NTSC 视频（1.5Mbps）	5	7
MPEG 音频（256kbps）	7	9
HDTV 视频（20Mbps）	0.8	1

2. 用户感知服务质量

尽管通常用上述技术参数衡量 QoS，但正如国际电信联盟（ITU）定义的，它本身就是一个"服务绩效的集体效应，决定了该服务用户的满意度"。换句话说，QoS 与用户如何感知它密切相关，特别是涉及多媒体及其交互的服务。

结合我们在前面的章节中研究的感知非均匀性，可以利用许多感知问题来实现网络多媒体中最佳的感知 QoS。例如，在实时多媒体中，规律性比延迟更重要（即抖动和质量波动比稍长的等待更令人讨厌），并且时间的正确性比声音和图像质量更重要（即音频和视频的顺序和同步是最重要的）。在同一时间人们往往集中在一个主题上，用户的焦点通常位于屏幕的中心，重新聚焦需要时间，尤其是在场景变化之后。

15.5.2　互联网的服务质量

QoS 策略和技术能够通过向不同的数据包、流或应用程序提供不同级别的服务来控制延迟、数据包丢失和抖动。传统的 IP 仅仅提供了"尽最大努力交付"的服务，它不区分应用程序。因此，除了扩展带宽之外，很难确保 QoS。遗憾的是，在一个复杂庞大的网络中，带宽不可能在任何地方都可用（实际上，许多 IP 网络通常超额使用）。即使随处可用，由于流量的突然高峰，带宽也无法解决问题，并且总有新的网络应用要求越来越高的带宽，如高清视频和 3D/多视图视频。

509
～
510

为了更好的数据网络或保证 QoS，已经做出了巨大的努力。具有代表性的是我们之前提到的 ATM 网络，它试图统一电信和计算机网络，为包括数据、语音和视频在内的所有用户流量提供服务。它采用异步时分复用，将数据编码为小的固定大小的单元，这与互联网中可变大小的数据包不同。面向连接的虚电路用于为各种数据和多媒体通信应用提供保证或半保证服务。20 世纪 90 年代，ATM 在电话公司和许多计算机制造商中流行起来。然而，基于 IP 的网络已经显示出更好的价格和资源利用率（尽管没有保证），并在过去的十年中一直占市场的主导地位。因此后续主要致力于提高互联网的 QoS[23]。

有两种常见的方法保证 QoS。综合服务（IntServ）是一种体系结构，它在细粒度上为每个流指定元素以保证 QoS。这个想法是，网络中的每个路由器实现 IntServ，并且每个需要某种保证的应用程序都必须提前进行单独预定。与 IntServ 不同，差分服务（DiffServ）指定一种简单的、可扩展的、粗粒度的基于类的机制来分类管理聚合网络流量，并且针对不同类别的流量提供特定的 QoS。

1. 综合服务和资源预留协议

在综合服务中，流量规格描述一个流的资源预留是什么，而资源预留协议（Resource ReSerVation Protocol，RSVP）[24] 作为底层机制，通过网络发信号。

　　流量规格包括两部分。首先，流量是什么？这在流量规格说明书中定义，也称为 TSPEC。第二，它需要什么保证？这在服务请求的规格说明书中定义，也称为 RSPEC。

　　RSVP 是网络资源预留的设置协议，是针对一般多媒体应用的组播设置（典型的是建立在 IP 组播上，单播可以看作是组播的一种特殊情况）。RSVP 支持通用通信模型，由 m 个发送方和 n 个接收方组成，可能在不同的组播组（如图 15.12a 所示，$m=2$，$n=3$，并且用箭头、实线和虚线分别描述两个组播组树）。在单源广播的特殊情况下，$m=1$，而在音频或视频会议中，每个主机作为在会话中的发送方和接收方，即 $m=n$。

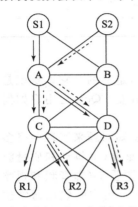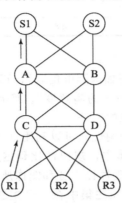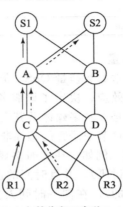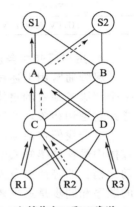

a）发送方S1和S2发送它们的 Path消息到接收方R1、R2和R3　　b）接收方R1发送Resv 消息到S1　　c）接收方R2发送 Resv消息到S2　　d）接收方R1和R2发送 Resv消息到S1

图 15.12　使用 RSVP 的网络资源预留的一种方案

　　RSVP 的主要挑战是许多发送方和接收方可能会争夺有限的网络带宽，接收方在要求具有不同 QoS 的不同内容时可以是异构的，可以在任何时候加入或退出组播组。为了应对这些挑战，RSVP 引入了 Path 和 Resv 消息。Path 消息由发送方发起，发送到组播（或单播）目的地址。它包含发送方和 Path 信息（例如，之前的 RSVP 跳），以便接收方可以找到发送方的反向路径进行资源预留。Resv 消息由需要预约的接收方发送。

- **RSVP 是接收方发起的**。接收方（组播树中的一个叶子节点）发起预留请求 Resv，然后这个请求传回发送方，但不一定总是这样。当一个预留信息与处于同一个会话中的其他接收方产生的预留信息在路由器中相遇时，它们就会被合并。合并的预留信息将满足所有合并请求中的最高带宽要求。用户发起的方案具有高度可扩展性，可满足用户的异构需求。

- **RSVP 只创建软状态**。接收方主机必须通过定期地发送 Resv 消息维护软状态，否则，该状态就会超时。初始消息和任何随后刷新的消息之间没有差别。如果预留中有更改，状态将根据刷新消息中新的保留参数自动更新。因此，RSVP 方案是高度动态的。

　　图 15.12 描述了一个简单的网络，该网络有两个发送方（S1 和 S2），三个接收方（R1、R2 和 R3）和四个路由器（A、B、C、D）。图 15.12a 显示 S1 和 S2 沿其路径向 R1、R2 和 R3 发送 Path 消息。在图 15.12b 和图 15.12c 中，R1 和 R2 分别向 S1 和 S2 发送 Resv 消息，对 S1 和 S2 的资源进行预留。从 C 到 A，必须保留两个独立的通道，因为 R1 和 R2 要求不同的数据流。在图 15.12d 中，R2 和 R3 将 Resv 消息发送到 S1，以发出其他请求。

R3 的请求与 R1 先前的请求在 A 中合并，R2 的请求和 R1 的请求在 C 中合并。

需要更高带宽的 QoS 的任何可能变化可以通过修改预留状态参数进行处理。

2. 差分服务

与综合服务(IntServ)相反，差分服务(DiffServ)基于流量聚合和分类的原理运行，其中数据包放在有限的流量类别中，而不是基于各个流的要求来区分网络流量。对每个流量类别可以进行不同的管理，以确保优先处理网络上更高优先级的流量。

在 DiffServ 中，网络路由器实现逐跳(Per-Hop Behavior，PHB)，它定义了与一类流量分类相关的分组转发属性。实际上，在 IPv4 数据包中的服务类型八位字节和 IPv6 数据包中的流量类型八位字节可以作为差分服务代码(DiffServ Code，DS)，以对数据包分类，实现差异化处理(见图 15.4)。

DS 字段包含一个 6 位的差分服务代码点(Differentiated Services Code Point，DSCP)值。理论上，使用不同的 DSCP，网络最多可有 64 个(即 2^6 个)不同的流量类型。这为网络运营商定义流量类型时提供了极大的灵活性。可以定义不同的 PHB 为多媒体数据提供比文件传输更低的丢失率或延迟，或提供比视频更好的音频服务，甚至提供多媒体应用数据内的不同服务。

(1) 未压缩音频

PCM 音频位流根据优先级可以分割为包含 n 个样本的组，并发送 n 组中的 k 组($k \leqslant n$)，如果需要则要求接收方插入缺失的组。例如，如果 4 组中丢失了 2 组，有效采样频率为 22.05kHz，而不是 44.1kHz。将损失视为采样率而不是丢失率的变化。

(2) JPEG 图像

对渐进式 JPEG 的不同扫描和分层 JPEG 的不同分辨率可以提供不同的服务。例如，对扫描的 DC 和前几个 AC 系数提供最佳服务，对分层 JPEG 图像中的较低分辨率组件提供更好的服务。

(3) 压缩视频

为了尽量减少播放延迟和抖动，可以为 I 帧的接收和 B 帧的最低优先级提供最佳服务。在使用分层编码的可缩放视频中，可以为基础层提高比增强层更好的服务。

513

在实际中，大多数网络通常使用以下 PHB：

- **默认的 PHB**，是典型的"尽最大努力交付"服务。
- **快速转发(EF)**，主要用于低损耗、低延迟流量。它适用于高级语音、视频和其他实时服务，并且通常优先于所有其他流量类别。
- **保证转发(AF)**，在规定的条件下实现了传送担保。如果发生拥塞，超过订阅率的流量面临更高的丢失率。
- **类选择器 PHB**，维持后向兼容性，没有差分服务。

值得注意的是，各个 DiffServ 路由器如何处理 DS 字段(即 PHB)的细节是特定于配置的。例如，一种实现将 AF 中的网络流量划分到以下类别，并且相应地分配带宽：

- **金**：对这个类别的流量分配 50% 的带宽。
- **银**：对这个类别的流量分配 30% 的带宽。
- **铜**：对这个类别的流量分配 20% 的带宽。

另一种实现有不同的配置或者甚至可以完全忽略它们的差别。

与 IntSev 相比，DiffServ 的细节控制更为简略(在聚合类中，而不是单个流)，因而更容易扩展。然而，它们彼此不一定是独立的。在实际部署中，IntSev 和 DiffServ 可以一起工作，并以合理的成本实现 QoS 目标。特别地，RSVP 可以应用于网络边缘内的各个本地流，然后这些流量与 QoS 感知边缘设备添加的 DS 进行聚合。在核心网络中，没有流分离，每个特定类的所有分组由 PHB 均等地处理。换句话说，RSVP 在核心中进行隧道传输，只有在聚合流量到达目的地的边缘设备时才能看到并容纳。由于 IntSev 目前被限制在网络边缘内，因此可以大大降低维持每个流状态的成本，从而给高速核心网络带来最小的开销。

15.5.3　速率控制和缓冲区管理

IntServ 和 DiffServ 功能目前已经在很多 Internet 路由器中实现；然而，它们在广域网中的使用仍然非常有限。首先，在大型动态网络中维护这些服务的复杂性可能非常高，特别于基于流的 RSVP；其次，互联网终端和路由器的规模与异构性难以保证完整的端到端的 QoS，服务差异化也是如此。在到达目的地之前，很难预测跨越多个域的数据包的端到端行为，因为它是由所有的服务提供商和路径中的路由器来决定的，以确保其策略以适当的方式对待数据包。

因此，在大多数情况下，一个网络化的多媒体应用仍然必须假定底层的网络是尽最大努力交付的服务（或至少是没有保证的 QoS），并采用自适应传输和控制[25]。

一个关键问题是多媒体数据的速率波动。音频编码通常在通话期间具有恒定的位率（Constant Bit Rate，CBR），例如，64kbps 的位率（8kHz 的采样频率，每个采样 8 位）。对于视频来说，CBR 编码需要在源端保持一个恒定的位率。然而由于帧之间场景的不同，会产生失真。CBR 编码比可变位率编码（Variable Bit Rate，VBR）的效率低，为了得到类似的编码媒体质量，CBR 位率通常比 VBR 视频的位率的平均值高 15%～30%。

因此，通常使用 VBR 编码。一般来说，活动越多（视频中的动作），需要的位率就越高。在这种情况下，典型的 MPEG-1（1.5Mbps）和 MPEG-4 的位率（4Mbps）是平均值，实际流在某一点可以有低位率，在另一点有高位率（如图 15.10 所示）。如果视频在通过网络之前无任何平滑处理，那么所需的网络吞吐率要高于不间断播放视频的峰值位率。

为了应对可变位率和网络负载波动，通常在发送方和接收方使用缓冲区[26]。可以在客户端加入预缓冲区来平滑传输速率（减小峰值速率）。如果帧 t 的大小为 $d(t)$，缓冲区大小是 B，此时（到播放至第 t 帧）接收到的数据的字节数为 $A(t)$，对于所有的 $t \in 1, 2, \cdots, N$，需要保证

$$\sum_{i=1}^{t} d(i) \leqslant A(t) \leqslant \sum_{i=1}^{t-1} d(i) + B \tag{15.1}$$

如果 $A(t) < \sum_{i=1}^{t} d(i)$，网络吞吐量就会不足，由此缓冲区下溢（或饥饿）。反之，当 $A(t) > \sum_{i=1}^{t-1} d(i) + B$ 时，网络吞吐量就会超出，缓冲区溢出。这两种情况都对平滑和连续播放不利。缓冲区下溢时，没有可供播放的数据，缓冲区溢出时，媒体数据包将被丢弃。

图 15.13 阐明了媒体播放（消耗）的数据速率和缓冲数据速率的限制。传输速率是曲线的斜率。在任何时候，数据必须在缓冲区中，以便顺利播放，并且所传输的数据必须大于所消耗的数据。如果可用的带宽是图中的线 II，在播放过程中的某个点上，要消耗的数据将大于可以发送的数据。此时缓冲区下溢，播放中断。此外，在任何一点上，传输的数据总量不得超过总消耗量加上缓冲区的大小。

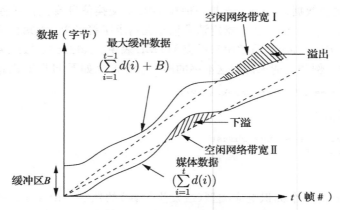

图 15.13　当媒体速率超过可用的网络带宽时，客户端可以在缓
冲区中存储的数据有助于媒体的流畅播放

如果网络可用带宽是图中的线Ⅰ，并且媒体被尽可能快地发送而不考虑缓冲区（如正常的文件下载），则在视频结束时，接收到的数据大于缓冲区可以存储的数据，缓冲区溢出并丢弃额外的数据包。服务器将重发丢弃的数据包，否则这些数据包会丢失。这就增加了带宽需求（由此可能造成下溢）。在很多情况下（如组播），无反向信道可用。

为了解决这个问题，我们需要预取视频数据填满缓冲区并尝试以平均视频位率进行传输，或保持缓冲区充满而不超过可用带宽（可被估计为如前所述的友好型 TCP 带宽）。无论在哪种情况下，对于要求带宽高于可用带宽的视频部分，缓冲区中已有的数据和可用的网络带宽能够在没有缓冲区下溢的情况下顺利播放。对于存储在服务器的多媒体来说，如果预先知道数据速率特性，在网络中则可以更有效地利用预取缓冲区。媒体服务器可以提前计划传输速率，以实现在最小的带宽下不间断地观看媒体[27]。

15.6　多媒体传输和交互协议

我们现在回顾多媒体通信协议。这些协议建立在 UDP 或 TCP 之上，利用 Internet 或 IntServ 或 DiffServ 来提供高质量的多媒体数据传输，特别是在流模式中，支持媒体服务和客户之间的各种交互。

15.6.1　超文本传输协议

HTTP 最初是用于传输网页内容的协议，但也支持多种文件类型的传输。HTTP 标准开发由 IETF 和万维网联盟（W3C）共同监控，最终发布了一系列的 RFC，其中最著名的是 RFC 2616（1999 年 6 月），定义了 HTTP/1.1，即 HTTP 的通用版本。

HTTP 是无状态请求/响应协议，客户端打开与 HTTP 服务器的连接，请求信息，服务器响应，然后终止连接，在这个过程中不会将信息传递给下一个请求。

基本的请求格式如下：

```
Method URI Version
Additional-Headers

Message-body
```

统一资源标识符（Uniform Resource Identifier，URI）识别所访问的资源，例如主机名称，总是以令牌"http://"或者"https://"开头。它可以是一个 URL，也可以包含查询字符

515
～
516

串(某些交互需要提交数据)。Method 是一种在 URI 上交换信息或执行任务的方法。两种流行的 Method 是 GET 和 POST。GET 指定请求信息在请求字符串中，POST 指定指向 URI 的资源应该考虑到消息主体。POST 通常用来提交 HTML 表单。Additional-Headers 指定有关客户端的其他参数。例如，请求访问这本书的网站就会产生如下 HTTP 消息：

```
GET http://www.cs.sfu.ca/mm.book/HTTP/1.1
```

基本的回复格式是：

```
Version Status-Code Status-Phrase
Additional-Headers

Message-body
```

Status-Code 是一个标识响应类型(或发生错误)的数字，Status-Phrase 是对它的文本描述，Status-Phrase 是它的一个原文描述。成功处理请求时，显示 200OK，当 URI 不存在时，则显示 404 Not Found。例如，对于这本书的 URL 的请求，网页服务器将有如下回复：

```
HTTP/1.1 200 OK Server:
[No-plugs-here-please] Date: Wed, 25 July 2013
20:04:30 GMT
Content-Length: 1045 Content-Type: text/html

<HTML> ... </HTML>
```

HTTP 建立在 TCP 之上以确保可靠的数据传输，最初并不是为了多媒体内容分发而设计的，更不用说流媒体了。然而，由于智能流分割策略和可用于 HTTP 数据传输的丰富 Web 服务器资源，基于 HTTP 的流媒体变得流行，我们将在下一章中讨论。

15.6.2　实时传输协议

实时传输协议(Real-Time Transport Protocol，RTP)由 RFC 3550 定义，是为了实时数据传输设计的，例如音频流和视频流。我们已经知道，网络多媒体应用有不同的特征和需求。网络和媒体之间有着紧密的互动。因此，RTP 的设计遵循两个关键原则：应用层组帧，即媒体数据的组帧应由应用层正确执行，以及集成层处理，例如将多个层集成成一个以实现高效协作[28]。这些将 RTP 与其他传统应用层协议(例如用于 Web 事务的 HTTP 和用于文件传输的 FTP，每个都针对一个明确定义的应用程序)区分开来。相反，RTP 处在传输层和应用层之间，并将它们桥接以进行实时多媒体传输。

RTP 通常在 UDP 之上运行，提供一种有效(尽管不太可靠)的无连接传输服务。使用 UDP 代替 TCP 有三个主要原因。首先，TCP 是面向连接的传输协议，很难在组播环境下扩展。RTP 从最初就针对组播流，单播仅仅是一个特例。其次，TCP 通过重传丢失的数据包来实现其可靠性。正如之前所提到的，多媒体数据传输具有容错性，不需要完美的可靠性。重传数据延迟到达在实时应用中是不可行的，并且持续重传甚至会阻塞数据流，这对于连续流来说是不可取的。最后，TCP 中剧烈的速率波动(锯齿行为)通常不适用于连续媒体。

TCP 不提供时序信息，这对连续媒体至关重要。由于 UDP 既没有时序信息，也不能保证数据包按原始顺序到达(更不用说多个源同步)，RTP 必须创建自己的时间戳和排序机制来保证顺序。RTP 在每个数据包的头部引入了如下的附加参数：

- **负载类型**指明媒体数据类型和它的编码方式(例如，PCM 音频、MPEG 1/2/4、H.263/264/265 音频/视频等)，以便接收方了解如何解码。

- **时间戳**是 RPT 最重要的机制。时间戳记录了数据包的第一个八位字节被采样的时刻，该时刻由发送方设置。利用时间戳，接收方可以适当的时序播放视频或者音频，并在必要时同步多个流（例如音频和视频）。
- **顺序号**用于补充时间戳的功能。每传送一个 RTP 数据包，顺序号就会增加 1，以确保数据包可以被接收方按照顺序重建。这是很有必要的，因为一个视频中的所有帧都可以设置成相同的时间戳，这样单独的时间戳就变得不足。
- **同步源（SSRC）ID** 用于识别多媒体数据来源（例如，视频和音频）。如果数据来自同一个来源（例如，翻译器或者混频器），它们将会有相同的 SSRC ID，以便进行同步。
- **贡献源（CSRC）ID** 用于确定贡献者的来源，比如在一个音频会议中所有的讲话者。

图 15.14 展示了 RTP 的头部格式。前 12 个字节为固定格式，后面 32 位为可选的贡献源 ID。第 0 位和第 1 位为 RTP 的版本，第 2 位（p）代表信号的有效载荷，第 3 位（X）代表信号的扩展头，第 4～7 位为 4 位的 CSRC 计数，指明头部固定部分后面的 CSRC ID 数。

图 15.14　RTP 数据包头

第 8 位（M）表示音频帧的第一个数据包或者视频帧的最后一个数据包，因为音频帧可以在接收到第一个数据包时播放，然而视频帧只有在接收到最后一个数据包时才能播放。第 9～15 位表示负载类型，第 16～32 位是序列号，之后是 32 位时间戳和 32 位同步源（SSRC）ID。

15.6.3　RTP 控制协议

RTP 控制协议（RTCP）也由 RFC 3550 定义，是 RTP 的伙伴协议。它监视 QoS，向源反馈数据传输质量，并传达组播会话参与者的信息。RTCP 还为音频和视频的同步提供必要的信息，即使它们是通过不同数据包流发送的。

RTCP 提供一系列典型的报告，并且是可扩展的，允许特定应用程序的 RTCP 报告：

- **接收方报告（RR）**提供质量反馈（最后接收的数据包的序号、丢失数据包的数量、抖动和计算往返延迟的时间戳）。
- **发送方报告（SR）**提供关于 RR 的接收信息、数据包/字节发送数量等。
- **源描述（SDES）**提供关于源的信息（邮件地址、电话号码、参与者全名）。
- **再会**指示参与的结束。
- **特定应用程序的功能（APP）**提供新功能的未来扩展。

RTP 和 RTCP 数据包被发送到相同 IP 地址（组播或者单播）的不同端口。RTCP 报告被所有的参与者发送，即使是在涉及数千名发送方和接收方的组播会话中。此类流量将与参与者数量成比例增加。因此，为了避免网络拥塞，协议必须包括会话带宽管理，这通过动态控制报告传输的频率来实现。RTCP 带宽的使用一般不超过总会话带宽的 5%。此外，25%的 RTCP 带宽应该始终为媒体源保留，以便在一个庞大的会话中，新的参与者可以及时识别发送者。

值得注意的是，尽管 RTCP 提供 QoS 反馈，但是并没有指出如何使用这些反馈，而是将操作留给应用层。原因是多媒体应用具有高度多样化的需求（带宽、延迟、数据包丢失等），因此没有一组操作可以满足这些需求。相反，每个应用应该根据反馈自行定制操作以提高 QoS。这与 TCP 大大不同，TCP 为一系列具有同类 QoS 要求的数据应用提供统一的接口，即对延迟或者带宽不敏感，并且相当可靠。在接下来的章节中，我们将看到更多使用 RTCP QoS 反馈的示例。

15.6.4　实时流协议

实时流协议（Real-Time Streaming Protocol，RTSP）由 RFC 2326 定义，是用于控制流媒体服务器的信令协议。该协议用于建立和控制终端之间的媒体会话。媒体服务器的客户端发出类似 VCR 命令，例如播放、随机搜索和暂停，以便实时控制服务器中媒体文件的播放。流数据本身的传输不是 RTSP 协议的任务。尽管专有传输协议也可以实现，但大多数 RTSP 服务器将 RTP 与 RTCP 结合使用以进行媒体流传输。

520　　图 15.15 说明了 4 种典型 RTSP 操作的可能情况：

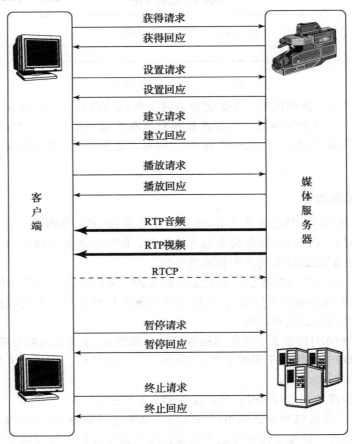

图 15.15　RTSP 操作的一种方案

- **请求报告描述**。客户端向媒体服务器发送 DESCRIBE 请求，以从服务器中获得报告描述，例如媒体类型（音频、视频和图像等）、帧率、分辨率和编解码器等。
- **会话建立**。客户端发出 SETUP 命令通知服务器目的 IP 地址、端口号、协议和 TTL（针对组播）。当服务器返回一个会话 ID 时，这个会话就建立成功了。
- **请求和接收媒体**。接收到 PLAY 命令后，服务器用 RTP 传送视频流或音频流数据。接下来是 RECORD 或者 PAUSE 命令。还支持其他的 VCR 命令，如 FAST-FORWARD 和 REWIND。在会话中，客户端定期地向服务器发送 RTCP 数据包，提供关于接收到的 QoS 反馈信息（详见 15.6.3 节）。
- **会话终止**。TEARDOWN 关闭会话。

521

15.7　案例研究：网络电话

现在以网络电话为例来帮助我们理解前面提到的协议的作用，并介绍用于多媒体通信的其他重要指令和协议。

随着台式机/笔记本电脑和互联网的普及，越来越多的语音和数据通信变得数字化，"数据网络语音"（特别是 VoIP）开始引起研究者和用户社区的极大兴趣。随着网络带宽的不断增加以及多媒体数据压缩质量的不断提高，网络电话[29]已成为现实。

与普通老式电话服务（POTS）相比，网络电话的主要优点如下（不包括语音邮件、呼叫等待和呼叫转移等新功能）：

- 它提供极大的灵活性和可扩展性以适应新的服务，如语音、视频对话、实时文本消息等。
- 它采用分组交换，而不是电路交换。因此，网络使用效率更高（语音通信是突发的并且是 VBR 编码的）。
- 通过组播或多点通信技术，多方通话并不比双方通话难得多。
- 借助先进的多媒体数据压缩技术，可以根据网络流量支持和动态调整各种程度的 QoS，这是对 POTS 中"全有或全无"服务的改进。
- 可以开发更丰富的图形用户界面来显示可用的功能和服务、监视呼叫状态和进度等。

如图 15.16 所示，RTP（及其控制协议 RTCP）支持网络电话中实时音频（和视频）的传输，如 15.6.2 节所述。流媒体由 RTSP 处理，如果可用的话，互联网资源预留由 RSVP 处理。最近，新一代的网络电话（尤其是 Skype）也使用点对点技术来实现更好的可扩展性。

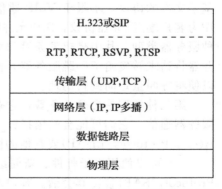

H.323或SIP
RTP, RTCP, RSVP, RTSP
传输层（UDP,TCP）
网络层（IP, IP多播）
数据链路层
物理层

图 15.16　用于网络电话的网络协议结构

522

15.7.1　信令协议：H.323 和会话发起协议

流媒体服务器可以很容易通过 URL 识别，而通过网络电话接受呼叫取决于被叫方当前的位置、能力、可用性和通信需求，这就需要先进的信令协议。

以下是来自 ITU 的 H.323 标准的简要描述以及最常用的 IETF 标准之一——会话发起协议（Session Initiation Protocol，SIP）。

1. H.323 标准

H.323[30,31]是针对基于分组的多媒体通信服务的 ITU 标准。它规定了信令协议并描述了终端、多点控制单元(用于会议),以及用于将网络电话和通用交换电话网(GeneralSwitched Telephone Network,GSTN)数据终端集成的网关。H.323 信令过程分为两个阶段:

- **呼叫建立**。呼叫者向网守(Gate Keeper,GK)发送注册、准入和状态(RAS)准入请求(ARQ)消息,其中包含姓名和被叫方的电话号码。GK 可以授予许可或拒绝请求,其原因包括"安全违规"和"带宽不足"。
- **能力交换**。将建立 H.245 控制信道,其第一步是交换呼叫者和被呼叫者的功能,例如是音频、视频还是数据、压缩和加密等。

H.323 为音频提供了强制支持,为数据和视频提供可选支持。它与一系列软件标准相关,处理网络电话的呼叫控制和数据压缩。

(1) 信令和控制

- **H.225**:呼叫控制协议,包括信令、注册、许可、分组化和媒体流的同步。
- **H.245**:多媒体通信控制协议,例如,开放和关闭流媒体通道,获取 GSTN 和网络电话之间的网关。
- **H.235**:H.323 和其他基于 H.245 多媒体终端的安全和加密。

(2) 音频编解码

- **G.711**:通过 48、56 或 64kbps 信道对 3.1kHz 音频编解码。G.711 描述了普通电话的 PCM。
- **G.722**:通过 48、56 或者 64 信道对 7kHz 音频编解码。

2. 会话发起协议

SIP 由 IETF 提议(RFC 3261)用于建立和终止网络电话会话。与 H.323 不同,SIP 是基于文本的协议,不限于 VoIP 通信,它支持多媒体会议和一般多媒体内容分发的会话。作为客户端/服务器协议,SIP 允许呼叫者(客户端)发起服务器处理和响应的请求。有三种服务器类型,其中代理服务器和重定向服务器转发呼叫请求,两者之间的区别是代理服务器将请求转发给下一跳服务器,而重定向服务器将下一跳服务器的地址返回给客户端,以便将呼叫重定向到目的地。

第三种类型是定位服务器,它查找用户的当前位置。定位服务器通常与重定向或代理服务器通信。它们可能会使用指针、程序名、轻量级目录访问协议(Lightweight Directory Access Protocol,LDAP)或其他的协议来确定用户的地址。

SIP 可以使用电子邮件、新闻组、网页、目录或会话通告协议(Session Announcement Protocol,SAP)宣传其会话。客户端调用的方法(命令)是:

- INVITE——邀请被呼叫者参与通话。
- ACK——确认邀请。
- OPTIONS——询问没有接通的媒体功能。
- CANCEL——终止邀请。
- BYE——终止通话
- REGISTER——将用户的位置信息发送给注册商(或者 SIP 服务器)。

图 15.17 展示了呼叫者发起 SIP 会话时的一个可能场景:

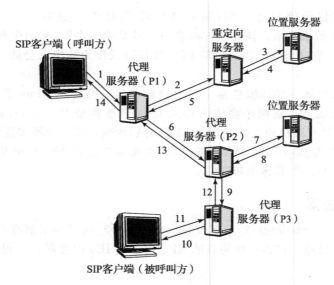

图 15.17　一种可能的 SIP 会话初始化的方案

步骤 1：调用者向本地代理服务器 P1 发出 INVITE john@home.ca。

步骤 2：这个代理服务器使用域名服务（Domain Name Service，DNS）来定位 john@home.ca 的服务器并将请求发送给它。

步骤 3～4：john@home.ca 没有登录服务器。请求被发送到附近的定位服务器。John 的当前地址为 john@work.ca。

步骤 5：由于服务器是个一重定向服务器，它将地址 john@work.ca 返回给代理服务器 P1。

步骤 6：为 john@work.ca 尝试下一个服务器 P2。

步骤 7～8：P2 咨询其定位服务器并获取 John 的本地地址 john_doe@my.work.ca。

步骤 9～10：连接下一跳代理服务器 P3，并将邀请转发到被呼叫者所在的位置。

步骤 11～14：John 在当前的位置接受呼叫，并将确认信息返回给呼叫者。

SIP 用会话描述协议（Session Description Protocol，SDP）（RFC 4566）来收集关于用户媒体功能的信息。顾名思义，SDP 用于描述多媒体会话。SDP 描述的是纯文本格式。它们包括媒体流的数量和类型（音频、视频、白板会议等）、每个流的目的地址（单播或者组播）、发送和接收的端口号和媒体格式（有效载荷类型）。当发起呼叫时，呼叫者在 INVITE 消息中加入 SDP 信息。被呼叫者根据其能力响应，有时会修改 SDP 信息。下面我们展示一个由 RFC 4566 改编的会话描述的例子。

```
v=0
o=jdoe 2890844526 2890842807 IN IP4 10.47.16.5
s=SDP Seminar
i=A Seminar on the session description protocol
u=http://www.example.com/seminars/sdp.pdf
e=j.doe@example.com (Jane Doe)
c=IN IP4 224.2.17.12/127
t=2873397496 2873404696
a=recvonly
m=audio 49170 RTP/AVP 0
m=video 51372 RTP/AVP 99
a=rtpmap:99 h263-1998/90000
```

524
~
525

该会话描述提议给接收客户端(具有用户名"jdoe"),该客户端正在从 IPv4 地址 10.47.16.5 的主机请求会话。该会话被命名为"SDP 研讨会",它的全称是"关于会话描述协议的研讨会"。它还包含网络托管的 PDF 文件以及作为此提议会话一部分的一个音频和一个视频的描述。

媒体内容可以在同一媒体服务器主机上获取,其主机名为"Jane Doe",可通过其指定的电子邮件地址访问。这两个媒体流将从 IPv4 组播地址 224.2.17.12(生存时间高达 127 跳)由基本 RTP 音频视频文件(RTP/AVP)分别传输,其中音频和视频的 UDP 端口为 49170 和 51372。音频具有 RTP/AVP 格式 0,视频具有格式 99,SDP 服务器也定义并映射为"video/h263-1998"媒体编解码器。

15.8 进一步探索

Tanenbaum[1]、Stallings[2]和 Kurose and Ross[3]这三本书都有关于计算机网络和数据通信的一般性讨论。许多网络协议的 RFC 可以在 IETF(互联网工程任务组)的网站上找到。

15.9 练习

1. OSI 参考模型和 TCP/IP 参考模型的主要区别是什么? 描述 OSI 模型每一层的功能以及每层与多媒体通信的联系。

2. 判断正误:
    (a) ADSL 使用电缆调制解调器进行数据传输。
    (b) TCP 采用流控制机制来避免网络崩溃。
    (c) TCP 流控制和拥塞控制都是基于窗口的。
    (d) 虚电路中不会发生乱序传递。
    (e) UDP 的头开销比 TCP 的低。
    (f) 数据报网络在传输之前需要呼叫建立。
    (g) 目前的 Internet 不能提供有保证的服务。
    (h) CBR 视频比 VBR 视频更易于实现网络流量工程。

3. 考虑多路复用/多路分解,这是传输层的基本功能之一。
    (a) 列出 TCP 用于多路分解的 4 元组。对于 4 元组中的每个参数,通过一个情景展示来说明参数的必要性。
    (b) 注意,UDP 在多路分解中只使用了目的端口号。描述一个场景,这个场景更适用于 UDP 的体制。提示:这个场景在多媒体应用程序中很常见。

4. 查找你的笔记本或者智能手机/平板电脑的 IP 地址。这个地址是真实物理地址还是 NAT 之后的内网地址?

526

5. 考虑一个使用 NAT 的家庭网络。
    (a) 两个不同的本地客户端能够同时访问一个外部 Web 服务器吗?
    (b) 我们能够通过在网络中建立两个 Web 服务器(都使用 80 端口),使得外部计算机通过基本的 NAT 设置得以访问吗?
    (c) 如果我们想要在这个网络中只建立一个 Web 服务器(使用 80 端口),请提出一种方案并讨论这个方案存在的问题。

6. IPv6 和 IPv4 关键的区别是什么? 为什么 IPv6 中的这些变化都是必要的? 注意到 IPv6

的部署目前仍然受限。说明 IPv6 部署面临的挑战，并列举出两个临时的解决方案，这两个方案可以在 IPv6 部署完毕之前延长 IPv4 的使用期。

7. 讨论在网络层或者应用层中实现组播的利弊。能在其他任意层中实现组播吗？怎么实现？

8. 延时和抖动之间的关系是什么？描述一种能够减缓抖动的机制。

9. 讨论至少两种可供选择的方法，用于在基于任何多媒体分组指定的 QoS 等级上启动分组交换网络的 QoS 路由。

10. 考虑 ATM 网络和互联网。

    (a) 两种网络之间关键的区别是什么？为什么互联网成为现如今的主导网络？

    (b) 互联网上多媒体的主要挑战是什么？

11. 考虑 TCP 中的 AIMD 拥塞控制机制。

    (a) 证明 AIMD 能确保 TCP 流在争夺瓶颈带宽时的公平和有效共享。为了方便讨论，你可以考虑最简单的情况：两个 TCP 用户竞争一个瓶颈带宽。在图 15.18 中，X 轴和 Y 轴分别表示两个用户的吞吐量。当总的吞吐量超过瓶颈带宽 R，将发生拥塞（在图中的右上部分），但是在短暂的延迟之后将被检测到，因为 TCP 使用分组丢失作为拥塞指示符。

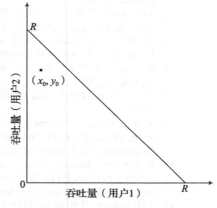

图 15.18　两个 TCP 用户共享一个瓶颈时的吞吐量

527

    给定两个用户初始吞吐量，如 x_0 和 y_0，其中 $x_0 < y_0$。你可以使用 AIMD 跟踪两者的吞吐量变化，来说明最终它们会收敛到公平且有效共享的瓶颈带宽。提示：只存在一个这样的点。

    (b) 说明 AIMD 是否适用于多媒体流应用。

    (c) 说明 AIMD 和 TFRC 的联系。

12. TCP 通过重传实现了可靠数据传输。

    (a) 讨论重传中存在的开销。

    (b) 列举两种需要重传的应用。

    (c) 列举两种不需要或不能重传的应用，给出你的理由。

13. 说明为什么 RTP 没有内置的拥塞控制机制，而 TCP 有。还注意到 RTSP 在流控制上是独立于 RTP 的，即 RTSP 使用单独的通道。这也称为带外，因为数据通道和控制通道是分离的。将两者合并到一个通道中有哪些优势和缺点？

14. 考虑图 15.12 所示的 RSVP，在图 15.12d 中，接收端 R3 决定向 S1 发送一个 RSVP Resv 消息。假设图中指定了网络的完整状态，那么保留的路径对于最大化未来的网络吞吐量是否是最优的？如果不是，那最佳的路径是什么？在不修改 RSVP 协议的情况下，提出一种能被网络节点找到和选择这种路径的方案。

15. 考虑一个典型的数据速率为 64kbp、采样频率为 8kHz 的互联网电话系统。

    (a) 如果每 20ms 产生一个数据块，那么每个数据块中有多少数据样本？每个数据块多大？

    (b) 当一个数据块被压入 RTP/UDP/IP 协议栈中，头部开销多大？

    (c) 假设只有一个呼叫者和一个被呼叫者，分配给 RTCP 的带宽有多大？

16. 指出图 15.13 中可行的视频传输方案的特点。最佳的传输方案是什么？

参考文献

1. D.J. Wetherall, A.S. Tanenbaum, *Computer Networks*, 5th edn. (Prentice Hall PTR, Upper Saddle River, New Jersey, 2012)
2. W. Stallings, *Data and Computer Communications*, 10th edn. (Prentice Hall,Upper Saddle River, New Jersey, 2013)
3. J.F. Kurose, K.W. Ross, *Computer Networking: A Top-Down Approach*, 6th edn. (Pearson, New York, 2012)
4. H. Zimmermann, OSI reference model-the ISO model of architecture for open systems inter-connection. IEEE Trans. Commun. **28**(4), 425–432 (1980)
5. IEEE Standards for Local and Metropolitan Area Networks: Overview and Architecture. *IEEE Std 802–1990* (1990)
6. J.F. Shoch, Y.K. Dalal, D.D. Redell, R.C. Crane, Evolution of the ethernet local computer network. Computer **15**(8), 10–27 (1982)
7. M. Decina, E. Scace, CCITT recommendations on the ISDN: a review. IEEE J. Sel. Areas Commun. **4**(3), 320–325 (1986)
8. B. Jennie, B. Dave, *DSL: A Wiley Tech Brief (Technology Briefs Series)*, 1st edn. (Wiley, Hoboken, 2002)
9. U. D. Black, *ATM, Volume III: Internetworking with ATM*, 1st edn. (Prentice Hall PTR, Toronto, 1998)
10. J. Rosenberg, J. Weinberger, C. Huitema, R. Mahy, Stun–Simple Traversal of User Data-gram Protocol (UDP) Through Network Address Translators (NATs), RFC 3489, Internet Engineering Task Force, March 2003
11. R. Oppliger, Internet security: firewalls and beyond. Commun. ACM **40**(5), 92–102 (1997)
12. J. Liu, S.G. Rao, Bo Li, H. Zhang, Opportunities and challenges of peer-to-peer internet video broadcast. Proc. of the IEEE **96**(1), 11–24 (2008)
13. J.H. Saltzer, D.P. Reed, D.D. Clark, End-to-end arguments in system design. ACM Trans. Comput. Syst. **2**(4), 277–288 (1984)
14. S. Deering, D. Cheriton, Multicast routing in datagram internetworks and extended LANs. ACM Trans. Comput. Syst. **8**(2), 85–110 (1990)
15. H. Eriksson, MBONE: the multicast backbone. Commun. ACM **37**(8), 54–60 (1994)
16. M.R. Macedonia, D.P. Brutzman, MBone provides audio and video across the Internet. IEEE Comput. **27**(4), 30–36 (1994)
17. V. Kumar, *MBone: Interactive Multimedia on the Internet* (New Riders, Indianapolis, 1995)
18. S. Paul et al., Reliable Multicast Transport Protocol (RMTP). IEEE J. Sel. Areas Commun. **15**(3), 407–421 (1997)
19. B. Whetten, G. Taskale, An overview of Reliable Multicast Transport Protocol II. IEEE Network **14**, 37–47 (2000)
20. K.C. Almeroth, The evolution of multicast: from the MBone to interdomain multicast to Inter-net2 deployment. IEEE Network **14**, 10–20 (2000)
21. Y.-H. Chu, S.G. Rao, H. Zhang, A case for end system multicast. IEEE J. Sel. A. Commun. **20**(8), 1456–1471 (2006)
22. R.V.L. Hartley, Transmission of information. Bell Syst. Tech. J. **7**, 535–563 (1928)
23. X. Xiao, L. M. Ni, Internet QOS: a big picture. Netwrk. Mag. of Global Internetwkg. **13**(2), 8–18 (1999)
24. L. Zhang et al., RSVP: a new Resource ReSerVation Protocol. IEEE Netw. Mag. **7**(5), 8–19 (1993)
25. C. Liu, in *Multimedia over IP: RSVP, RTP, RTCP, RTSP*, ed. by R. Osso, Handbook of Emerging Communications Technologies: The Next Decade (CRC Press, Boca Raton, 2000), pp. 29–46
26. M. Krunz, Bandwidth allocation strategies for transporting variable-bit-ratevideo traffic. IEEE Commun. Mag. **35**(1), 40–46 (1999)
27. J.D. Salehi, Z.L. Zhang, J.F. Kurose, D. Towsley, Supporting stored video: reducing rate vari-ability and end-to-endresource requirements through optimal smoothing. ACM SIGMETRICS **24**(1), 222–231 (1996)

28. D.D. Clark, D.L. Tennenhouse, Architectural considerations for a new generation of protocols. SIGCOMM Comput. Commun. Rev. **20**(4), 200–208 (1990)
29. H. Schulzrinne, J. Rosenberg, The IETF internet telephony architecture and protocols. IEEE Network **13**, 18–23 (1999)
30. Packet-based Multimedia Communications Systems. ITU-T Recommendation H.323, November 2000 (earlier version September 1999)
31. J. Toga, J. Ott, ITU-T standardization activities for interactive multimedia communications on packet-based networks: H.323 and related recommunications. Comput. Netw. **31**(3), 205–223 (1999)

529
~
530

Internet 多媒体内容分发

在前面的章节中，我们已经介绍了用于实时多媒体服务的互联网基础设施和协议。这些协议族已被来自互联网媒体服务器的客户端媒体播放器接收流合并。多媒体数据传输的主要功能是由实时传输协议(RTP)定义的，包括载荷识别、序列编号的丢失检测和用于控制播放的时间戳。在 UDP 上运行，RTP 并不能保证服务质量(QoS)，而是依赖于其配套的实时传输控制协议(RTCP)来监视网络状态，并为应用层自适应提供反馈。实时流协议(RTSP)协调媒体对象的传送，并为交互式播放启用丰富的控件集。

图 16.1 展示了使用实时协议族的基于客户端/服务器的基本多媒体媒体流系统。它适用于通过互联网进行的小规模媒体内容分发，其中视频等媒体对象可由单个服务器提供给这些用户。当网上拥有更多的媒体内容，并且更多的用户使用网络和多媒体时，这种架构就变得不可行。

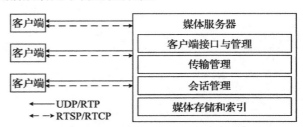

图 16.1　一个基本的基于客户端/服务器的媒体流系统

在互联网中针对大量的用户进行有效的内容分发是研究热点之一。大多数的研究都是优化用于传送传统的 Web 对象(例如，HTML 页面或小图像)或文件下载。然而，流媒体带来了一系列新的挑战[1-3]：

- **巨大的尺寸**。传统的静态网页对象通常约为 1～100K 字节。与此相反，媒体对象具有高的数据速率和较长的播放时间，由此产生了巨大的数据量。例如，一小时标准 MPEG-1 视频大小约 675MB。后来的标准已成功提高了压缩效率，但即使用最新的 H.265 压缩，视频对象仍然很大，更不用说高清(HD)和 3D 视频。

- **密集带宽使用**。传送的流媒体性质需要大容量的磁盘 I/O 和网络带宽，并且需要长时间维持。

- **丰富的交互性**。流媒体对象的长时间播放也能引起多种客户端/服务器的交互。例如，现有的研究发现，将近 90% 的媒体播放会被客户过早终止[4]。此外，在播放的过程中，客户往往希望具有类似于 VCR 的操作，如快进和倒带。这意味着对于流的不同部分，访问速率可能不同。

对于许多新兴的应用(如互联网电视和直播活动)，大量的观众要求实时多媒体流服务，很容易使服务器崩溃，对多媒体内容分发也是巨大挑战。为了达到 1 亿观众，用 MPEG-4(1.5Mbps)编码的电视质量视频的传输可能需要 1.5Tbps 的总容量。举例说明，考虑两个大型互联网视频广播：2006 年 3 月举行的 NCAA 锦标赛的 CBS 广播，最高峰时有 268 000 观众同时观看；2012 年 7 月伦敦夏季奥运会的开幕式，高峰时有 2710 万观众，其中 920 万是通过 BBC 的移动网站，230 万使用平板电脑。即使在 400kbps 的低带宽网络视频，CBS/NCAA 广播也需要超过 100Gbps 的服务器和网络带宽。在伦敦奥运会最繁忙的一天，BBC 的网站提供 2.8PB 的数据，峰值流量为 700Gbps。这几乎不能由任何单一的服务器处理。

　　本章讨论了支持高度可扩展多媒体内容流的内容分发机制，包括代理缓存、组播、内容分发网络、P2P 和 HTTP 流。

16.1　代理缓存

　　为了减少客户端感知的访问延迟以及服务器/网络负载，一种有效的方法是在靠近客户端的代理上缓存常用数据，同时还增强了对象的可用性并减少数据包丢失，因为本地传输通常比远程传输更可靠。因此，代理缓存已成为几乎所有 Web 系统中的重要组件之一[5]。特别是预先存储的流媒体，利用代理缓存，其性能也有明显提升，因为它们的内容是静态的，并且有高度本地化的访问。

　　然而，媒体缓存与传统的 Web 缓存的侧重点不同[6]。一方面，需要花费大量传统的网页缓存以确保原服务器和代理的副本是一致的。由于音频/视频对象的内容很少更新，这样的管理问题在媒体缓存中是不重要的。另一方面，考虑到较高的资源需求，很难实现在代理处缓存每个媒体对象。在缓存空间、磁盘 I/O 和网络 I/O 的限制下，确定需要缓存的对象以及缓存对象的哪一部分是很必要的，因此，缓存带来的优势超过了在代理和服务器中同步视频流的开销。代理缓存辅助媒体流的通用系统图如图 16.2 所示。

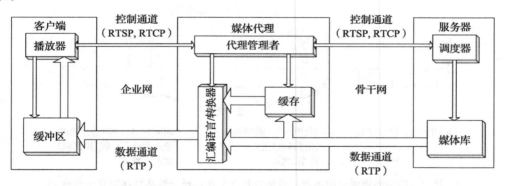

图 16.2　一个通用的采用 RTP/RTCP/RTSP 的图代理辅助流媒体系统

　　代理必须回应客户的 PLAY 请求并发送 RTP 和 RTCP 消息到客户端以获取缓存部分，同时向服务器请求没有被缓存的部分。这种读取方式可以通过 RTSP Range request 指定播放点来实现，如图 16.3 所示。如果需要，Range request 还允许客户端从多个服务器或代理中检索媒体对象的不同部分。

　　根据选择的需要缓存的部分，我们可以将现有的算法分为四类：滑动间隔缓存、前缀缓存、分段缓存和速率分割缓存。

16.1.1　滑动间隔缓存

　　该算法高速缓存一个媒体对象的滑动间隔，以便连续访问[7,8]。为了更好地说明，对同一个对象发出两个连续请求，第一个请求可以从服务器访问对象，并逐步将其存储到代理缓存；第二个请求可以访问缓存部分，并在访问后释放它。如果两个请求到达时间相近，则只需要在任何时间实例中缓存媒体对象的一小部分，然而代理可以完全满足第二个请求，如图 16.4 所示。

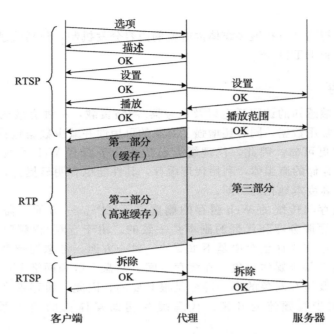

图 16.3　用于部分缓存的流的操作

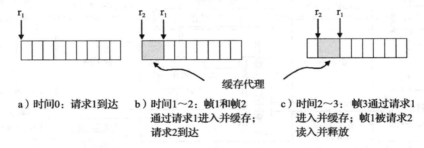

a）时间0：请求1到达　　b）时间1～2：帧1和帧2　　c）时间2～3：帧3通过请求1
　　　　　　　　　　　　　　通过请求1进入并缓存；　　　进入并缓存；帧1被请求2
　　　　　　　　　　　　　　请求2到达　　　　　　　　　读入并释放

图 16.4　滑动间隔缓存的示例。目标包括 9 个帧，每一帧从代理缓存端传送到
　　　　　客户端都需要一个单位时间，请求 1 和请求 2 的到达时间分别是 0 和
　　　　　2。为了服务请求 2，在任何时间只需缓存两个帧

　　通常，如果一个对象的多个请求在短时间内到达，一组相邻的时间间隔可以分组以形成一个运行，只有在满足最后一个请求之后才会释放缓存部分。

　　滑动间隔缓存可以显著降低后续访问的网络带宽消耗和启动延迟。然而，由于缓存部分通过播放动态更新的，滑动间隔缓存要求较高的磁盘带宽。在最坏的情况下，由于并发读/写操作，它会使磁盘 I/O 加倍。为了有效利用可用的缓存资源，根据每个对象的空间和带宽要求，可以将缓存策略建模为双约束背包问题[7]，利用启发式算法来动态选择缓存粒度，即运行长度，以平衡带宽和空间使用。鉴于目前的内存空间很大，也可以分配内存缓冲区容纳媒体数据，从而避免了密集的磁盘读/写[8]。

　　随着访问间隔的增加，滑动间隔缓存的有效性降低。如果对同一对象的访问间隔比播放时间长，算法就无法负担全部对象缓存。为了解决这个问题，最好在相对较长的时间段内保留缓存的内容。本节其余部分讨论的大多数缓存算法都属于此类。

16.1.2　前缀缓存和分段缓存

该算法在代理端缓存媒体对象的初始化部分，称为前缀[9]。在接收客户端请求时，代理端立即将前缀传到客户端，同时把原始服务器中的剩余部分，即后缀，传递给客户端（见图 16.5）。由于代理通常比原始服务器更接近客户端，因此可以显著减少播放的启动延迟。

分段缓存通过将媒体对象划分为一系列段，区分它们各自的作用并相应地做出缓存决策来概括前缀缓存范例（见图 16.6）。分段缓存的一个显著特点是其支持预览和类似 VCR 的操作，如随机访问、快进和倒带。例如，可以缓存由内容提供者标识的媒体对象（热点）的一些关键片段[10]。当客户端请求对象时，代理首先提供这些热点，以提供流的概述，客户端可以决定是否播放整个流或快速跳转到由热点推荐的某个特定部分。此外，在快进和倒带操作的过程中，只传送和显示相应的热点，而跳过其他部分。因此，服务器和骨干网的负载可以大大减少，但客户端不会错过媒体对象中的任何重要分段。

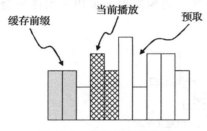

图 16.5　前缀缓存的快照

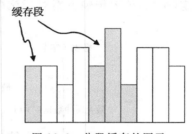

图 16.6　分段缓存的图示

所有分段长度不需要一致或进行预定义。一种分段方法是将媒体对象的帧划分为长度不等的组，长度随着与媒体流开始的距离呈指数增加，即分段的大小为 2^{i-1}，包含帧数为 2^{i-1}，$2^{i-1}+1$，$\cdots$，2^i-1[11]。分段的效用为分段参考频率与其距起始段的距离的比率，这有利于缓存起始段以及那些具有较高访问频率的段。代理还可以通过根据需要丢弃大块来快速适应缓存对象不断变化的访问模式。如果事先不知道访问频率，则应尽可能延迟分段（称为延迟分割），从而使代理收集足够数量的访问统计信息，以提高缓存效率[4]。

16.1.3　速率分割缓存和工作提前平滑

虽然上述的所有缓存算法沿时间轴划分媒体对象，但速率分割缓存（也称为视频暂存）[12]沿速率轴划分媒体对象：上半部分将缓存在代理服务器上，而下半部分将保留在原始服务器上（见图 16.7）。这种分区类型适用于 VBR 流，因为只有几乎恒定速率的较低部分必须通过骨干网传送。对于具有资源预留的 QoS 网络，如果基于流的峰值速率保留带宽，则在代理缓存上部会显著降低速率变化，这又提高了骨干带宽的利用率。

如果客户端有缓冲能力（见 15.5.3 节），则可以将提前平滑[13]合并到视频分段中以进一步减少骨干带宽要求。

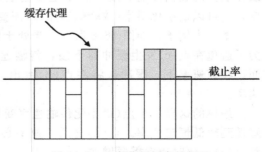

图 16.7　速率分割缓存的图示

定义帧 t 的大小为 $d(t)$，其中 $t\in 1$，2，$\cdots$，N，并且 N 是视频中帧的总数。同样，将 $a(t)$ 定义为视频服务器在帧 t 的播放时间内传输的数据量（简称时间 t）。令 $D(t)$、$A(t)$

分别为时间 t 消耗和发送的总数据，则

536

$$D(t) = \sum_{i=1}^{t} d(i) \qquad (16.1)$$

$$A(t) = \sum_{i=1}^{t} a(i) \qquad (16.2)$$

令缓冲区大小为 B。在 $1, \cdots, t$（t 为任意时间）期间，在不发生缓冲区溢出的情况下所接收的最大数据量为 $W(t) = D(t-1) + B$。很容易说明在不发生缓冲区上溢或下溢时，服务器传输速率的条件为：

$$D(t) \leqslant A(t) \leqslant W(t) \qquad (16.3)$$

为了避免整个视频期间发生缓冲区上溢或下溢，式(16.3)必须满足所有的 $t \in 1, 2, \cdots, N$。定义服务器传输调度（或计划）为 S，即 $S = a(1), a(2), \cdots, a(N)$。如果所有的 t、S 都满足式(16.3)，那么 S 称为可行的传输调度。图 16.8 显示了边界曲线 $D(T)$ 和 $W(T)$，并表明恒定（平均）位率传输方案对于该视频是不可行的，因为简单地采用平均位率会导致下溢。

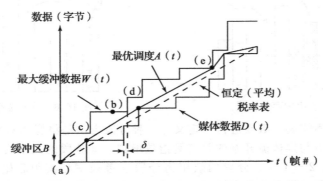

图 16.8　针对特定视频和缓冲区大小的最佳平滑计划。在这种情况下，
采用恒定（平均）数据速率传输是不可行的

537

如果在传输时间之前已知所有的 t 帧的大小 $d(t)$，那么服务器会提前生成一个可行的最佳传输计划，以最大限度地降低峰值传输速率[13]。此外，该计划最大限度地减少调度方差，尽可能尝试平滑传输。

我们可以将这种技术看作从 $D(1)$ 到 $D(n)$ 拉伸一个橡皮筋，由 $D(t)$ 和 $W(t)$ 定义的曲线界定。总数据传输曲线的斜率是传输数据速率。直观地看，如果传输数据速率必须改变，则可以最小化斜率（或峰值速率），需要在传输计划中尽早这样做。

举一个例子，如图 16.8 所示，当处于预取缓冲区状态(a)时，服务器开始传输数据。为了避免在点(c)发生缓冲器下溢，传输速率必须足够高，使得点(c)有足够的数据。然而，在该速率下，缓冲区将在点(b)溢出。因此，有必要减少(c)和(b)两点之间的传输速率。

最早的这样一个点（最小化传输速率变化）是点(c)。点(d)（缓冲区是空的）之前，速率降低到较低恒定位率。点(d)之后，速率必须进一步降低（低于平均位率）以避免溢出，直到点(e)，此时速率需要增加。

考虑任意区间 $[p, q]$，$B(t)$ 表示在时间 t 时缓冲区中的数据量。在不发生缓冲区溢出时达到的最大恒定数据率 R_{max} 为：

$$R_{max} = \min_{p+1 \leqslant t \leqslant q} \frac{W(t) - (D(p) + B(p))}{t - p} \tag{16.4}$$

R_{min} 给出了在相同间隔内必须使用的最小数据速率以避免下溢：

$$R_{min} = \max_{p+1 \leqslant t \leqslant q} \frac{D(t) - (D(p) + B(p))}{t - p} \tag{16.5}$$

当然，要求 $R_{max} \geqslant R_{min}$，否则可行区间 $[p, q]$ 上不能进行恒定位率传输。构建最优传输计划的算法从区间 $[p, q=p+1]$ 开始并保持递增 q，每次重新计算 R_{max} 和 R_{min}。如果增加 R_{max}，则在区间 $[p, q_{max}]$ 上创建速率 R_{max} 的速率段，其中 q_{max} 是缓冲区填满时的最新点（位于区间 $[p, q]$）。

同理，如果减小 R_{min}，则在区间 $[p, q_{min}]$ 上以速率 R_{min} 创建速率段，其中 q_{min} 是缓冲区为空时的最新点。

计划传输速率考虑了允许的最大网络抖动。假设接收速率没有延迟。在时间 t，已接收到 $A(t)$ 字节的数据，这些数据不超过 $W(t)$。假设最糟糕的网络延迟为最大延迟 δ 秒，视频解码将延迟 δ 秒，所以预取缓冲器将不会被释放。因此，$D(t)$ 曲线需改为 $D(t-\delta)$ 曲线，如图 16.8 所示。对于给定的最大延迟抖动，这可以防止上溢或下溢。

我们可以先进行平滑处理，然后选择视频暂存的截止率；或选择截止率后进行平滑。经验评估表明，利用相当小的缓存空间可以显著减少带宽[12]。

538

16.1.4　总结与比较

表 16.1 总结了上面介绍的缓存算法。虽然这些功能和指标为算法选择提供了一般准则，但是特定的流媒体系统的选择在很大程度上取决于许多实际问题，特别是实施的复杂性。其中的很多算法已在商业系统中展示了它们的可行性和优越性。这些算法不一定是相互排斥的，它们的组合可能会产生更好的性能。例如，分段缓存结合前缀缓存可以减少来自任何关键段的类似 VCR 随机播放的启动延迟。如果缓存空间充足，代理也可以投入一定的空间来协助 VBR 媒体的工作提前平滑[9]。通过这种平滑缓存，代理可以在每个突发之前预取多帧，以消除服务器到代理的延迟抖动和带宽波动。预取延迟可以通过前缀缓存隐藏。类似于滑动间隔缓存，平滑缓存的内容通过播放动态更新。然而，目的是不同的：前者是为了提高后续请求的缓存命中，而后者是为了便于工作提前平滑。

表 16.1　代理缓存算法的比较

缓存部分		滑动间隔缓存	前缀缓存	分段缓存	速率分割缓存
		滑动间隔	前缀	分段	较高速率的部分
类似 VCR 支持		否	否	是	是
资源需求	磁盘输入/输出	高	中等	中等	中等
	硬盘空间	低	中等	高	高
	同步开销	低	中等	高	高
性能改善	带宽损耗	高*	中等	中等	中等
	启动延迟减少	高*	高	高**	中等

* 对第一次运行请求来说没有减少。

** 假设初始段被缓存。

16.2　内容分发网络

只有当用户读取一个对象时，该对象才被缓存到代理端，在这个意义上，缓存一般是被动的。换言之，代理需要时间来填充它的缓存空间，对第一个访问对象的用户来说没有直接的好处。一个更好的解决方案是内容传递网络（Content Delivery Network，CDN）或者内容分发网络（Content Distribution Network，CDN），这是部署在互联网数据中心的一个大型地理分布式服务器系统。这些服务器从原始服务器复制内容，将它们推到接近终端用户的网络边缘，从而尽可能避免中间瓶颈（见图 16.9）。这项技术最初是为了加快网络访问，随后迅速发展，不仅仅是促进静态 Web 内容交付。当今，CDN 服务于互联网数据分布的很大一部分，包括传统的 Web 访问和文件下载，以及新一代的应用，如直播媒体流、点播流媒体和在线社交网络。

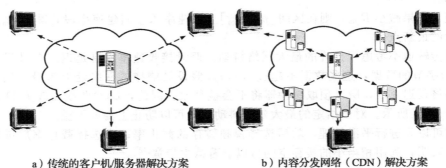

a) 传统的客户机/服务器解决方案 　　　　　 b) 内容分发网络（CDN）解决方案

图 16.9　传统的单服务器和 CDN 的比较

CDN 提供商托管来自内容提供商（即 CDN 客户）的内容，并将内容传送给感兴趣的用户。这是通过对备份服务器上的内容镜像并相应地构建映射系统来完成的。当用户在浏览器中输入 URL 时，URL 的域名被映射系统映射到存储内容副本的 CDN 服务器的 IP 地址，然后用户被重定向到 CDN 服务器以获取内容。这个过程对用户来说是透明的。图 16.10 提供了在 CDN 环境下请求路由的高级视图，交互流程如下：

步骤 1：用户通过在 Web 浏览器中指定 URL 向内容提供者请求内容，并且请求被定向到其源服务器。

步骤 2：当源服务器接收到请求时，它决定只提供基本内容（如网站的索引页面），而将其他内容留给 CDN 处理。

步骤 3：为了服务于高带宽要求和频繁询问的内容（例如，嵌入对象新鲜内容、导航栏、横幅广告等），源服务器将用户的请求重定向到 CDN 提供商。

步骤 4：CDN 提供商使用映射算法选择备份服务器。

步骤 5：所选服务器通过提供请求对象的副本为用户服务。

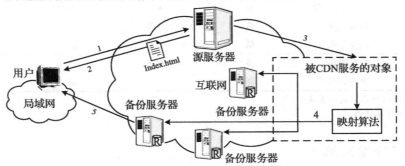

图 16.10　CDN 路由请求的高级视图

给用户分配最好的 CDN 服务器是依据映射系统对大量关于全球网络和服务器条件的历史和实时数据的收集和处理。对于性能优化，选择最少跳数或高可用性服务器的位置。对于成本优化，可以选择成本最低的服务器。在现实世界中，这两个目标往往是一致的，因为靠近用户的备份服务器可能具有性能和成本优势。例如，我们使用 Traceroute 工具（MS Windows tracert）来跟踪机构与主要视频流服务提供商 Hulu 之间的路径。路径跟踪结果如下所示：

```
tracert www.hulu.com
Tracing route to a1700.g.akamai.net [142.231.1.173]
over a maximum of 30 hops:

  1    1 ms    2 ms    1 ms   199.60.1.254
  2    3 ms    2 ms    1 ms   142.58.45.70
  3    1 ms   <1 ms   <1 ms   142.58.45.46
  4    1 ms   <1 ms   <1 ms   van-hcc1360-x-1-bby-sh1125-
                              x-1.net.sfu.ca
                              [142.58.29.10]
  5    1 ms    1 ms    1 ms   ORAN-SFU-cr1.vantx1.BC.net
                              [142.231.1.45]
  6    2 ms    1 ms    1 ms   207.23.240.70
  7    1 ms    1 ms    1 ms   a142-231-1-173.deploy.ak
                              amaitechnologies.com
                              [142.231.1.173]
Trace complete.
```

可以看出，Hulu 的 Web 服务器位于靠近我们校园的 BCNet 网络，而不是在加利福尼亚 Hulu 的总部网络。这表明，Hulu 正在使用世界上最大的 CDN 提供商之一 Akamai 提供的 CDN 服务，并且提供给我们最近的特定服务器，由于我们的校园网络与 BCNet 密切相关，因此成本也很低。

CDN 提供商向内容提供商（即其客户）收取费用，反过来又向 ISP、运营商和网络运营商支付费用，以便在他们的数据中心托管自己的服务器并使用其网络资源。CDN 提供商管理的服务器数量是非常大的。例如，Akamai 维护着一个在全世界 80 个国家运行的 250 000 个服务器网络。这种大型服务器覆盖网络有效地降低了带宽成本和内容访问延迟，并提高了内容的全球可用性。它可以节省大量的资本和运营费用，因为 CDN 客户不再需要建立自己的大型基础架构，这些基础架构不仅价格昂贵，而且在大多数情况下也未充分利用（除非在热门活动期间）。此外，CDN 给内容提供商提供更好的保护以免受恶意攻击，因为他们的大型分布式服务器架构能有效吸收大部分的攻击流量。

16.2.1　Akamai 的流媒体 CDN

对于带宽密集型流媒体来说，CDN 通过靠近终端用户的服务器在最后一英里传输内容来提供更好的可扩展性。来自大型 CDN 的几乎无限的资源降低了内容提供商的压力，使供应商可以准确预测容量需求，并很好地处理爆发式用户需求。这也是云计算成功的关键原因之一，云计算是一种更为一般的 CDN 形式，我们将在第 19 章讨论。

对于像 Akamai 这样的大型且全面的 CDN 运营商，服务平台可以包括多个传送网络，每个传送网络被定制为特定类型的内容，例如静态 Web 内容、动态新闻更新或流媒体等。从较高层面来看，这些交付网络共享一个类似的架构，但每个系统组件的基础技术和实现不同，以便更好适应特定类型的内容。

现在来看看 Akamai 的流媒体 CDN，它已经被苹果、微软和 BBC 等公司广泛应用于视频服务[14]。在这个流媒体 CDN 中，一旦捕获和编码直播媒体流，该流就会被发送到

Akamai 服务器，称为入口点。为了避免单个入口点的单点故障，流的多个副本可以发送到其他的入口点。如果任何入口点发生故障，可以使用其他副本进行恢复，然后，流的数据包从入口点传输到接近终端用户的边缘服务器的子集。

需要注意的是传输系统必须同时将数千个实时流从其各自的入口点分发到对流感兴趣的边缘服务器子集。为了以可扩展的方式执行此任务，使用反射器作为中间服务器层。每个反射器位于入口点和边缘服务器之间，可以从入口点接收一个或多个流，然后将这些流送到一个或多个边缘服务器集群。这能够将流快速复制到大量的边缘集群。入口点（源）、反射器和边缘服务器之间的概念关系如图 16.11 所示。

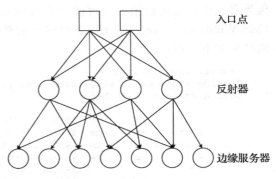

图 16.11　Akamai 的流媒体 CDN 中，入口点、反射器和边缘服务器之间的概念关系

反射器的使用也使得内容分布更加健壮，因为在入口点和边缘服务器之间存在多条备用路径。如果入口点和边缘服务器之间没有可用的单一高质量路径，该系统就会使用以反射器为中介的多条不相交路径（见图 16.11）。边缘服务器通过沿多条路径转发的数据，可以恢复在各个路径中丢失的数据包，并向终端用户转发最佳组合结果。

位于全球 2000 多个网络中的 Akamai 服务器还实时监控互联网，收集有关分发网络中的流量、拥塞和故障点的信息。用户代理还将通过重复播放流和测试其质量来不断模拟用户，然后得出数据流的多个质量度量，以反映用户最终的感知。这些度量包括启动时间、终端用户的有效带宽、流的可用性、用于测量用户无故障播放流的频率以及播放期间中断的频率和持续时间。Akamai 使用这些信息来优化路由并动态复制数据以传输流，为终端用户提供高质量的体验。

16.3　视频点播中的广播与组播

代理缓存和 CDN 都可以发掘用户对媒体对象感兴趣的时间和地理位置。这样的地理位置也可以通过广播或组播服务探索，以同时向大量并发用户提供相同的内容。它适用于实时媒体流。对于媒体点播服务，用户的请求是异步的，因此，即使是针对相同的音频/视频，单个广播/组播信道也不能服务于不同时间到达的请求。在这一节中，我们将介绍用于媒体点播这类异步请求的可扩展的广播/组播解决方案。

需要注意的是，就像在前面的章节中所描述的，广播和组播之间有微妙的差异：前者是针对所有的目的地址，而后者仅仅是针对一组目的地址。虽然广播可以在无线网络、有线网络或局域网中传输，但它无法在全球互联网中传输。尽管如此，如果内容清晰，我们就不区分它们，将这两者都称为广播。

16.3.1　智能电视和机顶盒

在所有可能的媒体点播服务中，最受欢迎的可能是订阅视频：通过高速网络，客户可以指定他们想要的电影或电视节目，以及他们希望看到这些节目的时间。这将实现支持越来越多活动的交互式电视（ITV）或智能电视，这些活动有：

- 电视（基本、订阅、按次付费）。

- 视频点播（VoD）。
- 信息服务（新闻、天气、杂志、体育赛事等）。
- 互动娱乐（网络游戏等）。
- 电子商务（网上购物、股票交易等）。
- 数字图书馆与远程教育（电子学习等）。

智能电视和传统有线电视之间的主要区别是：智能电视邀请用户互动，因此，需要双向流量的下游（内容提供商向用户）和上游（用户到内容提供商）；智能电视具有丰富的信息和多媒体服务。随着数字视频广播（Digital Video Broadcasting，DVB）的渗透，上面提到的所有活动都已出现在今天的多媒体家庭平台（Multimedia Home Platform，DVB-MHP）。

传统的电视机需要通过网络计算机或机顶盒（Set-Top Box，STB）实现上述功能，一般有以下几个部分组成，如图 16.12 所示：

- **网络接口和通信单元**，包括数字调谐器、安全设备以及用于 Web 和数字图书馆的基本导航、服务和维护的通信信道。
- **处理单元**，包括 CPU、内存和 STB 的专用操作系统。
- **音频/视频单元**，包括音频和视频解码器、数字信号处理器（DSP）、缓冲器和 D/A 转换器。
- **图形单元**，支持动画和游戏的实时图形。
- **外设控制单元**，包括磁盘的控制器、音频和视频 I/O 设备（例如，数字摄像机）、外部存储卡读写器等。

544

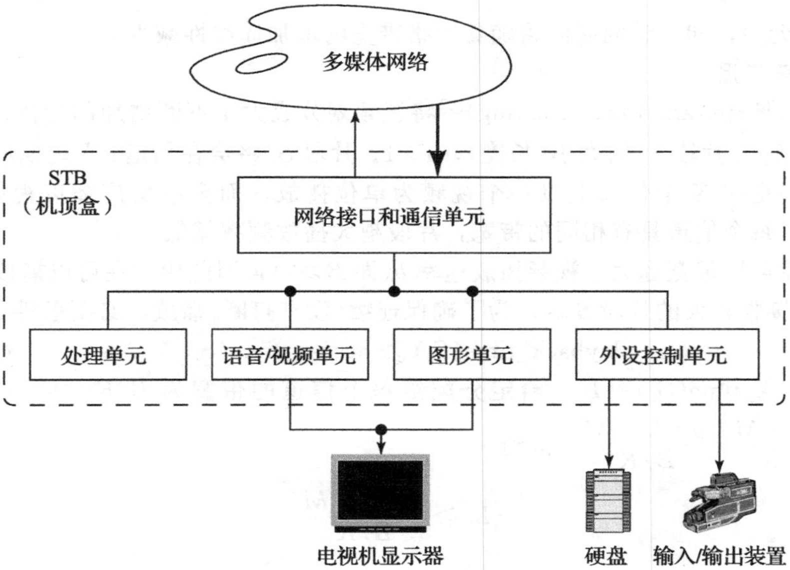

图 16.12　机顶盒的通用架构

16.3.2　可扩展组播/广播视频点播

现有的统计表明，大多数的需求通常集中在少数（10～20）流行的电影或电视节目（例如，新版本和本季的前十个电影/节目）。当单个组播或广播信道不能满足在不同时间到达的所有用户请求时，可以智能地组播或广播这些视频，这样就可以根据请求将多个用户放入不同的组中[15]。

早期的解决方案是批量处理，就像滑动间隔缓存，使用单一的广播及时为先后到达的用户提供服务。延迟是衡量这类广播视频点播服务的一个重要度量。我们将访问时间定义为请求视频的时间和实际消耗的时间之间的上限。显然，随着客户端请求聚合的增加，批量访问时间也随之增加。

545利用现有宽带网络潜在的高带宽和本地存储的低成本，视频可以在比其播放时间相对更短的时间内馈送到客户端。这促进了一系列定期广播的 VoD 解决方案的发展。

1. 交错广播

为了便于理解，我们假设所有的视频都采用 CBR 进行编码，长度 L（以时间为单位）相同，且从开始到结束没有中断地顺序播放。可用的最高带宽 W 被播放速率 b 划分以生成带宽比 B。服务器的带宽通常被划分成 K 个逻辑信道（$K \geq 1$）。

假设服务器最多广播 M 个视频（$M \geq 1$），这些视频都可以在所有的信道上定期广播，每个视频的开始时间都是错开的，这称为交错广播（staggered broadcasting）。图 16.13 展示了交错广播的例子，其中 $M=8$，$K=6$。

对于交错广播，如果全部 K 个逻辑信道中带宽的划分都是相等的，则任意视频的访问时间都是 $\delta = \dfrac{M \cdot L}{B}$。注意，访问时间实际

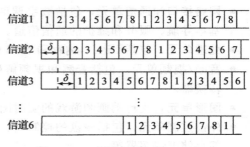

图 16.13　交错广播：$M=8$，$K=6$

上与 K 的值无关，即，访问时间将随着网络带宽的增加而线性减少

2. 金字塔广播

金字塔广播（pyramid broadcasting）[6]将视频划分成大小不断增加的片段。即，$L_{i+1} = \alpha \cdot L_i$，其中 L_i 是片段 S_i 的大小（长度），$\alpha > 1$。片段 S_i 将会在信道 i 上定期广播。换句话说，交错广播是在 K 个信道上以一个视频为单位播放，而金字塔广播以视频段为单位，视频不交错。每个信道具有相同的带宽，片段越大播放频率越低。

由于假设可用带宽远大于视频播放速率 b（即 $B \gg 1$），因此用户在可以播放一个较小片段 S_i 的同时接收较大的片段 S_{i+1}。为了确保连续（没有打断）播放，必要条件是

546
$$\text{playback\_time}(S_i) \geqslant \text{access\_time}(S_{i+1}) \qquad (16.6)$$

其中，$\text{playback\_time}(S_i) = L_i$。给定分配给每个信道的带宽为 $B/K \cdot b$，则 $\text{acess\_time}(S_{i+1}) = \dfrac{L_{i+1} \cdot M}{B/K} = \dfrac{\alpha \cdot L_i \cdot M}{B/K}$，得到

$$L_i \geqslant \frac{\alpha \cdot L_i \cdot M}{B/K} \qquad (16.7)$$

因此，

$$\alpha \leqslant \frac{B}{M \cdot K} \qquad (16.8)$$

S_1 的大小决定了金字塔广播的访问时间。默认情况下，$\alpha = \dfrac{B}{M \cdot K}$ 产生最短的访问时间。因为 α 的线性增加，所以，随着总体带宽 B 的增加，时间呈指数下降。

上述方案的主要缺陷是在客户端需要大的存储空间，因为最后两个段通常为视频大小的 75%～80%。摩天大楼式广播（skyscraper broadcasting）利用{1，2，2，5，5，12，12，

25，25，52，52，…}作为一系列分段的大小，以减轻对大的缓冲区的需求。

图 16.14 展示了一个 7 段摩天大楼式广播的例子。如图所示，分别以时间间隔(1，2)和(16，17)发出请求的两个客户端具有它们各自的传输时间表。在任何给定时刻，客户端最多接收两个段。

3. 谐波广播

谐波广播[8]采用了与上述不同的策略。所有段的大小相同，而信道 i 的带宽为 $B_i = \frac{b}{i}$，b 是视频的播放速率。即，信道带宽依次为 b，$\frac{b}{2}$，$\frac{b}{3}$，…，$\frac{b}{K}$。对于用于传输视频的总带宽分配如下：

$$B = \sum_{i=1}^{K} \frac{b}{i} = H_K \cdot b \quad (16.9)$$

其中 K 是分段总数，$H_K = \sum_{i=1}^{K} \frac{1}{i}$ 是 K 的谐波系数。

图 16.15 展示了谐波广播的示例。请求视频之后，允许用户从信道 1 下载和播放第一次出现的片段 S_1。同时，用户将会从它们各自的信道中下载所有其他的段。

以 S_2 为例：它包含两部分，S_{21} 和 S_{22}。由于带宽 B_2 仅为 $\frac{b}{2}$，在 S_1 播放期间，S_2 的一半(也就是 S_{21})将被下载(预取)。用 S_2 整个播放时间下载另一半(也就是 S_{22})，就像 S_2 正在完成播放一样。同样，此时，S_3 的 $\frac{2}{3}$ 已经被预取，因此剩余的 $\frac{1}{3}$ 可以从信道 3 下载，信道 3 的带宽仅为 $\frac{b}{3}$，以此类推。

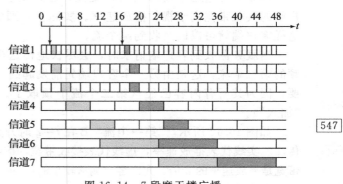

图 16.14　7 段摩天楼广播

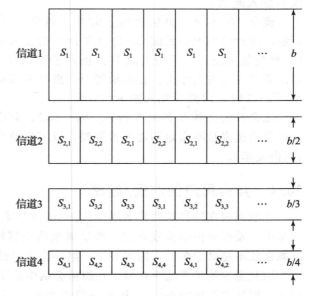

图 16.15　谐波广播

谐波广播的优点是谐波数随 K 缓慢增长。例如，当 $K = 30$，$H_k \approx 4$。如果视频长 120 分钟，会产生长为 4 分钟(120/30)的小片段。因此，谐波广播的访问时间通常比金字塔广播的访问时间短，并且对总带宽的需求适度。它要求客户端的缓冲区容量为整个视频的 37%[18]，这也比原始的金字塔广播方案更有优势。

然而，上述谐波广播方案并不总是有效的。例如图 16.15 中，如果用户在 S_1 的第 2 个实例开始下载，然后当完成 S_1 时，只有 S_2 的后半部分，即 S_{22} 被预取。用户将不能从信道 2 同时下载和播放 S_{21}，因为可用带宽仅为播放速率一半。对上述问题的一个有效的

547

548

解决方法是要求客户端将 S_1 的播放延迟一段时间，尽管它会使访问时间加倍。

4. 流合并

上述广播方案在有限的用户交互时是最有效的，即一旦发出请求，用户并不做任何动作而是让服务器选择调度策略并等待视频播放完毕。

流合并更适用于动态的用户交互，通过动态组合组播会话来实现[19]。它仍然假设客户端的接收带宽高于视频播放速率。实际上，通常假设接收带宽至少是播放速率的 2 倍，这样客户端就可以同时收到两个流。

当服务器收到客户端请求时，会尽快地传送视频流。同时，客户端也会接收到同一视频的第二个流，这是由另一个客户端先前发起的。从某种程度上来说，第一个流已经不必要，因为其所有内容已经从第二个流中预取了。此时，第一个流将与第二个流合并（或"加入"）。

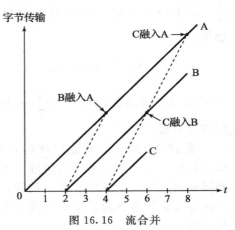

字节传输

图 16.16　流合并

如图 16.16 所示，"第一个流"B 在 $t=2$ 时开始传输。实线代表播放速率，虚线代表接收带宽，接收带宽是播放速率的 2 倍。允许客户端从较早的（"第二个"）流 A 中预取，该流在 $t=0$ 时发起。当 $t=4$ 时，流 B 加入流 A。

流合并技术可以分层次地应用[19]。如图 16.16 所示，在 $t=4$ 时开始的流 C，将会在 $t=6$ 时加入流 B，然后加入流 A。原始的流 B 在加入了流 A（$t=4$）之后本应该失去作用。在本示例中，流 B 必须保留到 $t=6$ 时，即流 C 加入流 A。

流合并的变体是搭便车（piggybacking），其中流的播放速率被轻微地和动态地调整，以实现流合并（搭便车）。

16.4　异构用户的广播/组播

互联网内在的异构性给多媒体广播/组播带来了另一个挑战。在传统的端到端的适应方案中，发送方根据接收方的一些反馈来调整其传输速率。在一个广播/组播环境中，该方案往往不是最理想的，因为对于一组异构用户没有单一的目标速率。

因此需要使用多速率组播，在组播会话中的用户可以根据各自的带宽或处理能力以不同的速率接收媒体数据[20]。从媒体资源的角度来看，有两种方法可以产生多速率流。第一种是信息复制，发送方为相同的媒体内容生成复制流，但速率不同。第二种是信息分解。一种常用的分解方案是累积分层，将原始媒体序列压缩成不重叠流或层。如果只解码一个层，则重建的质量很低，但可以通过解码更多层进行修正。从媒体压缩的角度来看，复制和分解可分别通过转码和可扩展的音频/视频编码来实现（见 10.5.3 节）。剩下的问题是使用互联网组播基础设施将多速率视频流有效地传输给大量异构用户。

16.4.1　流复制

流复制可以视为一个单速率组播和多个点对点连接之间的权衡。在典型的组播环境中，其可行性是合理的，该环境中接收器的带宽通常遵循一些集群分布。这是因为它们使用标准的访问接口（例如，1.5Mbps 的 ADSL、15Mbps 的 VDSL 和 100Mbps 的光纤接

550

入），或可能共享一些瓶颈链路，因而遇到相同的瓶颈带宽。因此，可以使用有限数量的流来匹配这些集群以实现良好的公平性。流复制的代表是目标集合分组（Destination Set Grouping，DSG）协议[21]。在 DSG 中，一个源为相同的视频内容维护少量的媒体流（比如3 个），但速率不同。每个用户订阅与其带宽最佳匹配的流。它会定期监控视频接收电平并将其报告给发送方。然后在用户组规定的限制内对流进行反馈控制。具体来说，如果拥塞用户的百分位数高于某个阈值，则降低流的带宽；如果所有的用户都没有包丢失，则增加带宽。当用户的可用带宽显著变化时，用户也可以跨组移动。

　　由于流复制实现简单，已经应用于许多商业视频流产品，例如 RelaNetworks 的 Real-System 所提供的 SureStream 机制。对于 YouTube，它最初只提供一个质量级别的视频，使用 Sorenson Spark 编解码器（H.263 的一种变体）以 320×240 像素的分辨率显示，并带有单声道 MP3 音频。后来，增加了手机的 3GP 格式和 480×360 像素的高质量模式。如今，YouTube 视频提供各种质量级别，如表 16.2 所示，可满足高度异构的互联网和移动用户的需求。标准质量（SQ）、高质量（HQ）和高清晰度（HD）的旧名称已被代表视频垂直分辨率的数值所取代。默认的视频流采用 H.264/MPEG-4 AVC 编码格式，并具有 AAC音频。

表 16.2　YouTube 媒体编码选择的比较

itag 值	默认容器	视频分辨率	视频编码	视频配置	视频位率（Mbit/s）	音频编码	音频位率（kbit/s）
5	FLV	240p	Sorenson H.263	N/A	0.25	MP3	64
6	FLV	270p	Sorenson H.263	N/A	0.8	MP3	64
13	3GP	N/A	MPEG-4 Visual	N/A	0.5	AAC	N/A
17	3GP	144p	MPEG-4 Visual	Simple	0.05	AAC	24
18	MP4	270p/360p	H.264	Baseline	0.5	AAC	96
22	MP4	720p	H.264	High	2～2.9	AAC	192
34	FLV	360p	H.264	Main	0.5	AAC	128
35	FLV	480p	H.264	Main	0.8～1	AAC	128
36	3GP	240p	MPEG-4 Visual	Simple	0.17	AAC	38
37	MP4	1080p	H.264	High	3～5.9	AAC	192
38	MP4	3072p	H.264	High	3.5～5	AAC	192
43	WebM	360p	VP8	N/A	0.5	Vorbis	128
44	WebM	480p	VP8	N/A	1	Vorbis	128
45	WebM	720p	VP8	N/A	2	Vorbis	192
46	WebM	1080p	VP8	N/A	N/A	Vorbis	192
82	MP4	360p	H.264	3D	0.5	AAC	96
83	MP4	240p	H.264	3D	0.5	AAC	96
84	MP4	720p	H.264	3D	2-2.9	AAC	152
85	FLV	520p	H.264	3D	2-2.9	AAC	152
100	WebM	360p	VP8	3D	N/A	Vorbis	128
101	WebM	360p	VP8	3D	N/A	Vorbis	192
102	WebM	720p	VP8	3D	N/A	Vorbis	192
120	FLV	720p	AVC	Main@L3.1	2	AAC	128

16.4.2   分层组播

接收方驱动的分层组播（Receiver-driven Layered Multicast，RLM）[22]利用了 IP 组播模型中的动态组概念，广泛应用于累积分层视频（或可伸缩的视频）。RLM 发送方通过单独的组播组发送每个视频层，其中层数和速率是预先确定的，只需要在用户端通过探测进行改编。用户通过定期加入更高层组来探索可用带宽。如果在加入实验后包丢失超过了容忍阈值（例如发生拥塞时），用户应该丢弃组，否则它会进入新的订阅层。

图 16.17 展示了接收方的层加入/离开行为的示例。它从第一层（基础层）开始，逐步加入到增强层 2、3 和 4，因为没有拥塞。然而，加入第四层后，拥塞发生使它必须离开这个最高层。一段时间后，它观察到没有拥塞，重新加入第四层。这再次引发了拥塞，接收方不得不再次离开，观察网络情况并规划下一次加入实验。注意，下一次加入实验的等待时间比前一次更长，这种指数退避确保接收方在加入新层时不会过于激进并导致频繁拥塞。

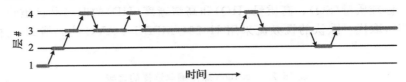

图 16.17   接收方驱动的分层组播示例

551
～
552

这种基于探索方案的一个缺点是用户的加入实验会引起其他共享相同瓶颈链路的用户的分组丢失。例如，图 16.17 中的接收方在后来的时间里从第三层掉到第二层，这并不是由它自己的加入实验引起的，而是由于其他用户的实验造成的拥塞——在当前互联网中没有数据包分类以及优先级，当拥塞发生时，任何层都会发生数据包丢失。

如果所有用户都执行不协调的加入实验，会频繁发生数据包丢失。RLM 通过加入共享学习机制来解决这个问题。在共享学习下，用户会通知其他所有用户它将执行加入实验，同时其他用户会相应地避免执行自己的实验，从而避免了对拥塞的误解，但会降低 RLM 的可扩展性并显著增加其收敛时间。

协调加入和离开时产生的问题促进了接收方驱动的分层拥塞控制（Receiver-driven Layered Congestion Control，RLC）协议[23]。RLC 利用接收方的加入和离开行为模仿 TCP 拥塞控制的行为，即和式增加、积式减少（AIMD）。接收方之间的加入实验是同步的，并且每层的速率被设置为下一层速率的两倍。这导致在发生丢失时，消耗的带宽成指数减少（类似 TCP）。

然而，TCP 的目标与视频传输协议的目标有很大不同。尽管这个解决方案可以更好地与 TCP 交互，但它可能会出现与 TCP 流相同的锯齿行为，导致不稳定的视频质量。因此，正如 TCP 友好速率控制（TFRC）协议一样，比起模仿 TCP 行为，对于视频流应该有一个更合理的目标，即实现具有平滑控制速率的 TCP 流量的长期公平共享。在组播的情况下，每个用户可以从发送方估计通过相同路径运行的 TCP 连接的等效吞吐量，并根据估计的带宽执行加入和离开操作。

正如 15.3.2 节所述，一个 TCP 吞吐量模型通常取决于数据包大小、丢失率和往返时间（RTT）。前两个可以很容易地被接收方估计，但是发送方和接收方的 RTT 估计需要反馈数据包，这可能会导致大型组播会话中的反馈内爆问题。也就是说，来自大量接收方的太多反馈使发送方不堪重负。由此，已开发出智能轻量级反馈回路来解决这个问题。例如，基于组播增强丢失-延迟的自适应（Multicast Enhanced Loss-Delay based Adaptation，MLDA）协议采用开环 RTT 估计方法作为闭环（基于反馈）方法的补充。它跟踪从发送方到接收方的单向行程时间，并将其转换为往返时间的估计值。链路不对称性可以通过低频闭环估计进行补偿。

16.5　应用层组播

目前 IP 组播的适用范围与实现仍然有限，由于各种安全和经济问题[25]，许多 ISP 只是限制和禁用 IP 组播。使用应用层进行组播数据转发的想法很久之前就已经提出[26,27]。虽然应用层组播和 IP 组播都需要网络拓扑结构的中间节点来支持数据包的复制，但与互联网核心中的交换机和路由器相比，应用层中的实现对终端主机的要求要低得多[28]。

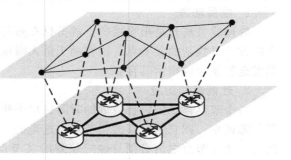

553

图 16.18　应用层组播网

图 16.18 描述了覆盖底层 Internet 路由器的应用层组播网络的示例。当组织终端主机进行覆盖以传播视频流时，必须考虑一系列重要标准来进行覆盖构建和维护[29]。

- **覆盖效率**。从网络和应用程序的角度来看，覆盖的构建必须是高效的。对于组播视频，同时需要高带宽和低延迟。但是，对于实时但不是交互式的应用程序，可以容忍几秒钟的启动延迟。
- **可扩展性和负载平衡**。由于组播会话可以扩展到成千上万的接收方，所以覆盖必须扩展以支持这么大的会话，即使在大规模扩展下，开销也必须是合理的。
- **自我组织**。覆盖结构应以分布式方式进行，并且必须对组成员资格的动态变化具有鲁棒性。此外，覆盖必须适应互联网路径特性（比如带宽和延迟）的长期变化，同时适应不准确性。系统必须是自我完善的，因为随着更多信息的可用，覆盖层应逐渐演变为更好的结构。
- **节点约束**。由于系统依赖于用户提供的带宽，因此确保用户需要贡献的总带宽不超过其固有的接入带宽容量是很重要的。同时，大量的用户可能会留在 NAT 和防火墙之后，这些用户所形成的连接限制可能会严重限制覆盖容量。

针对应用层组播（也叫覆盖组播、终端系统组播等）已经提出很多建议[29]。虽然它们在很多方面存在差异，但早期的提案主要是基于推送的，其中终端节点被组织成结构体（通常为树）用于传输数据，每个数据包使用相同的结构进行传播。在结构上的节点有明确的定义关系，比如树的"父子"关系。因为所有的数据包遵循这个结构，因此确保结构优化以向所有接收方提供良好性能变得至关重要。此外，当节点随意地加入和离开组时，必须保持结构，特别是如果一个节点崩溃或者停止运行，则树中的所有后代将停止接收分组，并且必须修复树。最后，当构建树结构时，还需要避免循环。

554

16.5.1　终端系统组播

ESM 系统[30]采用树型覆盖的协议，它是分布式的、自我组织和性能感知的。以源为根的树主要针对带宽进行优化，其次是延迟优化。

1. 分组管理

每一个 ESM 节点都维护有关成员的小型随机子集的信息，以及有关从源到自身的路径信息。一个新的节点通过联系源并检索在当前组中的随机成员列表来加入组播会话。然后选择其中一个成员作为父节点。每一个节点 A 也会定期随机挑选一个成员 B，并向 B 发送 A 知道的组成员的子集，以及它听到的每个成员的最后时间戳。当 B 接收一个成员信息时，将会更新其已知的列表成员。最后，如果成员的状态在一定时间内没有更新，将会被删除。

2. 成员动态

处理成员离开是很直接的：成员仍在短时间内转发数据，而其子女利用以下选择父节点的方法寻找新的父节点。这有助于最大限度地减少对覆盖层的干扰。成员还向其子女定期发送控制包以指示其存在。

3. 性能感知适应

每个节点都维护它在最近的时间窗口中接收的应用程序级吞吐量。如果其吞吐量明显低于源速率，则它选择新的父节点。这里的一个关键参数是检测时间，它指示节点在切换到另一个父节点之前必须与性能较差的父节点保持多长时间。ESM 系统采用默认的检测时间为 5s。这个值的选择受到拥塞控制协议在数据路径（TCP 或 TFRC）上运行的影响，因此切换到新的父节点需要经历一个慢启动阶段，可能需要 1～2s 才能获得完整的源速率。因为节点可能无法接收完整的源速率，在系统中可能没有好的和可获得的父节点的选择，或者节点可能在靠近它们的链路上经历间歇性网络拥塞，所以协议自适应地调整检测时间。

4. 父节点的选择

当节点（A）加入到组播覆盖中，或者需要改变父节点时，该节点会探测其已知的节点的随机子集。探测偏向于未被探测或者延迟较低的成员。发出响应的每个节点 B 提供了以下信息：1）目前接收的吞吐量以及来自信源的延迟；2）是否是程度饱和；3）是否为 A 的后代。探测还使 A 能够确定到 B 的往返时间（RTT）。A 的等待超时时间为 1 秒的响应，有足够大的 RTT 值，以便最大化成员的响应数。从 A 收到的响应中，消除了它的后代和饱和成员。

对于尚未消除的每个节点 B，如果选择 B 作为父节点，则 A 评估它期望接收的性能（吞吐量和延迟）。即，如果估计可用，则预期的应用吞吐量是 B 当前看到的吞吐量的最小值，以及 B 和 A 之间路径的可用带宽。过去的性能表现是如果 A 之前已经选择 B 作为父节点，那么它已经评估了与 B 之间路径的带宽。如果节点的带宽未知，则 A 基于延迟选择父节点。A 确认节点 B 可以最好地提高性能以后，如果估计的应用程序吞吐量足够高以使 A 接收更高质量的流，或者如果 B 保持与 A 的当前父节点相同的带宽级别，则切换到父节点 B，但是也增大了延迟。后一种启发式方法有助于通过聚类附近的节点来提高树效率。

16.5.2 多树结构

基于树的设计是最自然的方法。它们的一个问题是节点故障，尤其是靠近根节点的节点，可能会中断数据传输给大量用户，导致很差的瞬态性能。此外，大多数节点是结构中的叶子节点，并且没有利用它们的输出带宽。因此引入了更具弹性的结构，例如多树[31,32]。

在多树中，源编码将流编码成子流并沿着特定的覆盖树分布每个子流。接收方收到的质量依赖于其接收的子流数量。多树解决方案有两个主要优点。首先，系统的整体弹性改善，因为节点不会因单个树上的祖先故障而完全不可用。其次，只要每个节点不是至少一棵树上的叶子节点，就可以利用所有节点的潜在带宽。

图 16.19 说明了组播内容是如何利用两棵树在多树方式下传送的。源为每棵树分配的流速率是 $S/2$，其中 S 是信源速率。C 从树中接收到的流速率为 $S/2$，并存在不同父节点来重建原始内容。节点 A 和 B 分别贡献 $S/2$ 带宽，分配到树 2 和树 1 中。在单树方法中，很难利用来自这些节点的贡献。可以看出，我们早期检查过的 Akamai 的流 CDN 也采用了多树的解决方案，尽管节点是作为专用备份服务器。

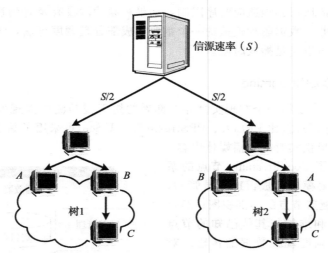

图 16.19　两棵树的多级应用层组播。树 1 和树 2 中的节点 A
是物理上相同的点，节点 B 或节点 C 也是如此

16.6　点对点视频流网格覆盖

点对点（P2P）通过利用组播组中参与的终端主机或对等体贡献其上行链路带宽的能力，进一步扩展了应用层组播范例。Napster（1998）和 Gnutella（2001）的出现首次引起了人们的关注。后来，高度流行的 BitTorrent 软件的设计理念与应用层组播的学术解决方案融合，并在随机网状拓扑上出现了新一代数据驱动的点对点流协议[29]。

数据驱动或者网格覆盖的设计与基于树的应用层组播形成了鲜明的对比，因为它们没有建立和维护用于传输数据的显示结构。基本观点是，我们可以使用数据的可用性来指导数据流，而不是在高度动态的点对点环境中不断修复结构。相比之下，基于树的应用层组播采用更加严格的设计[33,34]，因为当对等体加入和离开会话时，需要主动管理每棵树的结构。

在没有明确维护结构的情况下分发数据的简单方法是使用 gossip 算法[35]。在一个典型的 gossip 算法中，节点将新生成的消息发送给一组随机选择的节点，这些节点在下一轮中的表现类似，其他的节点也是如此，直到信息传播到所有节点处。随机选择的 gossip 目标可以增加随机故障的弹性，并实现分散操作。然而，gossip 不能直接应用于视频内容分布，因为随机推动可能导致高带宽视频的显著冗余。没有明确的结构支持，启动和传输延迟也变得很重要。

为了解决这一问题，网格覆盖采用一个拉动式技术进行数据传播。更明确地，每个节点维护一组合作伙伴，并且定期与合作伙伴交换可用数据信息。节点可以从一个或多个合作伙伴中检索出不可用数据，或者为合作伙伴提供可用数据。这样可以避免冗余，因此节点仅在尚未拥有数据时才会提取数据。由于任何数据段可能在多个合作伙伴处可用，因此覆盖对于故障具有鲁棒性，节点的离开仅意味着其合作伙伴将使用其他合作伙伴来接收数据段。最后，随机伙伴关系意味着可以充分利用对等体之间可用的潜在带宽。因此，拉动式协议设计起来要简单得多，而且更容易实现。它有可能随着群体规模而扩展，因为更大的需求也会产生更多的资源。

点对点文件共享与视频流都存在相同的问题，例如，上传/下载定价和版权保护。关键的区别在于流媒体协议必须适应时序限制：如果视频片段没有及时到达，则在播放时它们就不起作用。因此，数据驱动覆盖的一个重要组成部分是调度算法，该算法致力于调度从各个伙伴下载的段以满足播放时限。

16.6.1 典型：CoolStreaming

CoolStreaming[36]是第一个在现实世界中部署的用于视频流的大规模数据驱动的点对点系统。其他成功的公司（比 PPLive、PPStream 和 UUSee）也采用了基于网格的拉动式技术，为数百万用户提供实时或点播媒体内容。

图 16.20 描述了 CoolStreaming 节点的系统图，它由三个主要模块构成：1）成员管理，帮助节点维护其他覆盖节点的局部视图；2）合作伙伴管理、建立和维护与其他已知的节点关系；3）调度器，调度视频数据的传输。对于每个视频流段，CoolStreaming 节点可以是接收方或供应商，或者两者兼有，动态地取决于该段的可用信息，该信息在节点和它的伙伴之间定期交换。视频源是一个例外，它作为原始节点，始终是供应商。它可以是专用视频服务器，或者只是具有要分发的实时视频节目的覆盖节点。

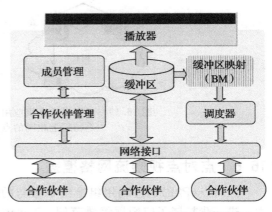

图 16.20　CoolStreaming 节点的通用系统图

1. 成员和合作伙伴管理

每个 CoolStreaming 节点都有唯一标识符，如 IP 地址，并维护一个成员缓存（membership Cache，mCache），其中包含覆盖中活动节点标识符的部分列表。在基本的节点加入算法中，新加入的节点首先联系源节点，该源节点从其 mCache 中随机选择一个代理节点并将新节点重定向到代理。新节点可以从代理处获得伙伴候选者列表，并联系这些候选者以在覆盖中建立其伙伴。

由于源节点在流的生命周期内持续存在，并且其标识符/地址是已知的，所以基本节点加入算法可行。重定向为新加入的节点提供了更均衡的伙伴选择，大大减少源节点的负载。

一个关键的实际问题是如何创建和更新 mCache。为了适应覆盖动态性，每个节点定期生成一个成员消息来宣布它的存在。每条消息是一个 4 元组＜seq_num, id, num_partner, time_to_live＞，seq_num 是消息的序列号，id 是节点的标识符，num_partner 是它当前合作伙伴的总数量，time_to_live 记录了消息的剩余有效时间。在接收到新 seq_num 的消息后，节点更新其 mCache 条目以获取节点 id，或者如果不存在则创建该条目。该条目是 5 元组＜seq_num，id，num_partner，time_to_live，last_update_time＞，前四个组件从接收到的成员消息中复制，第五个是最后一次更新该条目的本地时间。

以下两个事件也会触发 mCache 条目的更新：1)通过 gossiping 将成员信息转发给其他节点；2)节点充当代理且条目存在于伙伴候选列表中。在任何一种情况下，time_to_live 通过 current_local_time－last_update_time 减少。如果新值小于或等于 0，该条目将被删除；否则，num_partner 将增加 1。

2. 缓冲区映射表示和交换

覆盖中的伙伴关系示例如图 16.21 所示。如上所述，伙伴关系和数据传输方向都不是固定的。更明确地，视频流被分成均匀长度的片段，节点缓冲区中片段的可用性可由缓冲区映射(BM)表示。每个节点不断地与它的合作伙伴交换 BM，然后相应地调度从哪个合作伙伴中获取哪个分段。

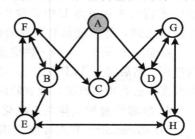

图 16.21　在 CoolStreaming 中伙伴关系示例。其中 A 是源节点。除了 A 节点(作为供应商)，关系都是双向的。例如，节点 F 是节点 B、C、E 的合作伙伴，节点 E 是节点 B、H、F 的合作伙伴

及时和连续的分段交付对于媒体流是至关重要的，但对文件下载不是。在 BitTorrent 中，对等体的下载阶段是不同步的，并且文件中任何位置的新段都是可接受的。在 CoolStreaming 中，对等体的播放过程大致同步，任何在播放时间之后下载的片段都是无用的。因此滑动窗口代表有效缓冲部分，如图 16.22 所示。

根据实验结果，CoolStreaming 采用 120 段的滑动窗口，每段 1 秒视频。因此，BM 由 120 位的位串组成，每个位串指示相应段的可用性。滑动窗口中第一个段的序列号由另外两个字节记录，可以回滚超长视频节目(＞24h)。

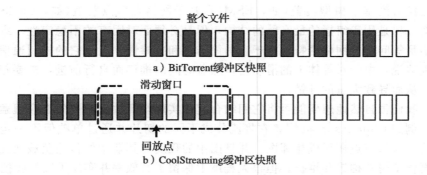

a）BitTorrent缓冲区快照

滑动窗口

回放点

b）CoolStreaming缓冲区快照

图 16.22　BitTorrent 和 CoolStreaming 的缓冲区快照，其中阴影段在缓冲区中可用

3. 调度算法

给定节点及其合作伙伴的 BM，然后生成用于从合作伙伴获取预期段的调度。对于同构和静态网络，简单的循环调度程序会取得良好效果，但对于动态和异构网络，需要更智能的调度程序。具体而言，调度算法需要满足两个约束：每个段的播放截止时间以及来自伙伴的异构流带宽。如果不能满足第一个约束条件，则应该将错过播放期限的片段数量保持在最小值，以便保持连续回放。这个问题是并行机调度的一种变体，是 NP 难题。因

此，找到最佳解决方案并不容易，特别是考虑到算法必须快速适应高度动态的网络条件。CoolStreaming 采用简单的启发式快速响应时间。

启发式算法首先计算每个段的潜在供应商的数量（即，在缓冲区中已包含或即将包含该段的合作伙伴）。由于拥有较少的潜在供应商的片段很难满足最后期限的限制，该算法确定每个段的供应商，从只有一个潜在供应商的片段开始，然后是两个，直至多个。在多个潜在供应商中，选择具有最高带宽和足够可用时间的供应商。

以图 16.21 节点 F 为例，它有伙伴 B、C 和 E。假设缓冲区映射只包含 4 个片段，为 0010、0011、0101 和 0101，分别对应节点 F、B、C 和 E。也就是说，节点 F 在其本地缓冲区中只有片段 1 可用，缺少片段 2、3 和 4。在 3 个缺失的片段中，片段 2 只有一个供应商（节点 E），片段 3 和片段 4 各有两个供应商（片段 3 为 B、C，片段 4 为 C、E）。因此，节点 F 将首先从节点 E 中获取片段 2，然后获取片段 3 和片段 4。获取片段 3 时，在节点 B 和 C 之间，将调度具有更高的带宽的供应商。同样的策略适用于片段 4。

给定一个调度，从同一供应商提取的片段标记为类似 BM 的位序列，该序列被发送给该供应商，然后通过 TCP 友好速率控制（TFRC）协议按顺序传送这些段。CoolStreaming 中的基本调度算法有很多改进，现有的研究也表明使用高级网络编码可以实现最佳调度[37,38]。

4. 故障恢复和伙伴关系细化

CoolStreaming 节点可能会因为意外故障正常或突然离开。在任何一种情况下，在 TFRC 或者 BM 信息交换期间，很容易地检测到离开，受影响的节点会快速做出反应，利用其余伙伴的 BM 信息重新进行调度。除了这种内置的恢复机制，CoolStreaming 也允许每个节点定期从它的当地成员列表中随机选择节点，进而建立新的伙伴关系。这个操作有两个目的：第一，它有助于每个节点在节点离开时保持稳定数量的伙伴；第二，它帮助每个节点探索更高质量的合作伙伴，即那些不断拥有更高上传带宽和更多的可用段的节点。

16.6.2   混合树和网格覆盖

我们已经看到基于树型覆盖（如，ESM）和基于网格点对点覆盖（如，CoolStreaming）的解决方案。树是用于组播的最有效的结构，但是必须面对固有的不稳定性、维护开销和带宽利用不足等问题。网格的特点在于它的简洁性和鲁棒性，然而它的控制通信开销不容忽视。直观地说，由于对等体上的滑动窗口随着时间的推移而自行前进，需要频繁交换缓冲区映射，从而导致大量的开销。

因此，我们很自然地想到能否将它们结合起来实现既高效又稳健的混合覆盖。有多种实现方法。例如 Chunkyspread[39]，它将流分成不同的切片并通过单独但不一定不相交的树进行传输。参与节点还形成相邻图，并且图中的程度与其期望的传输负载成比例。这种混合设计简化了树的构造和维护，但很大程度上保留了其效率并实现了细粒度控制。

另一个解决方案是基于树骨干的方法[40]。现有的跟踪研究表明，大多数通过数据拉动式网格覆盖进行传输的数据片段基本上遵循特定的树结构或一小组树。树的相似性（定义为它们的共同链接部分）可高达 70%。因此，覆盖性能紧密依赖于一组公共内部节点及其组织。这表明，虽然为所有节点维护先前的拓扑结构是昂贵的，但是为核心子集优化组织是值得考虑的。特别是，如果这样的子集由稳定节点构成，我们可以同时期望高效率、低开销和低延迟。图 16.23 显示了一个主要由稳定节点构成的树骨干的例子，其他不稳定节点附着到骨干边缘。大多数数据流将通过骨干推送，最终到达边缘。为了提高骨干的弹性和效率，可以将节点进一步组织成网格覆盖，如图中虚线所示。在此辅助网格中，节点不会像在纯网格中那样主动调度以从相邻节点中提取数据块，相反，只有在主干数据中断时才会调用。

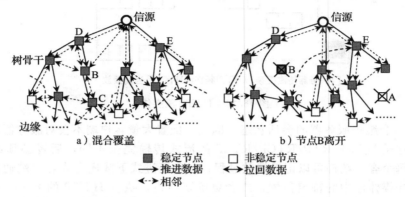

图 16.23　混合树和网格设计示例。为了使图看起来更清楚，忽略边缘的一些不稳定节点

当不稳定的节点（如节点 A）发生故障或者离开时，不会影响骨干推送数据。另一方面，骨干节点稳定，很少离开，即使离开了，也会在网格覆盖的帮助下减轻其影响。如图 16.23b 所示，当节点 B 离开时，虽然节点 C 受到影响，但它可以在重新连接到骨干之前轻松地从其网格相邻节点中提取丢失的数据。

16.7　基于 HTTP 的流媒体

尽管已证明点对点在视频传输中具有高度可扩展性，但内容提供商在部署点对点系统时存在以下主要问题：

1）易于使用。在点对点流中，用户通常需要安装自定义客户端软件或插件才能缓存观看的视频内容并与其他用户交换内容，这不是用户友好的，因为用户已经非常熟练地通过 Web 浏览器直接使用互联网内容。

2）版权。在对等流式传输系统中，用户之间可以自主交换内容，导致非法的文件共享，使得内容提供商很难控制视频流中的版权。

点对点也依赖于同行对系统的贡献。在现实世界中，有很多人并不想贡献自己的资源。即使愿意贡献，考虑到诸如 ADSL 之类的接入网络的不对称性，上传带宽也经常受到限制。此外，对等体之间交换数据需要通过开放端口在两个方向上穿过 NAT，正如我们在前面的章节中讨论过的，这是很困难的。它们也面临安全威胁，常常被防火墙阻止。

16.7.1　用于流式传输的 HTTP

作为 Web 事务的基础协议，超文本传输协议（HTTP）通常是防火墙友好的，因为几乎所有防火墙都配置为支持 Web 事务的连接。HTTP 服务器资源也是广泛使用的产品，因此使用现有的 Web 基础结构支持大规模受众的 HTTP 流传输是具有成本效益的。

HTTP 最初不是为流媒体应用设计的。它没有为交互式流控制提供信令机制，其底层传输协议 TCP 最初也不是为连续媒体设计的。支持 HTTP 与流媒体的关键是将整个流媒体分解为一系列小的基于 HTTP 的文件下载，每个下载包括流的一小部分。使用 HTTP 一系列的 GET 命令，用户可以在播放已经下载的小文件的同时逐步下载其他小文件。任何损坏或延迟的文件只会产生有限的影响，从而确保连续播放。这个过程如图 16.24 所示。

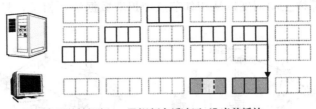

□服务器传输视频   ■视频在缓冲区   ▤当前播放

图 16.24   HTTP 流媒体

HTTP 不会维护服务器的会话状态。因此，配置大量客户端不会对服务器资源产生较高的成本。这是与基于 RTP/RTCP/RTSP 的流式传输完全不同，后者必须维持会话状态。然而，每个客户端都可以记录播放过程，并且渐进式下载还允许客户端通过下载相应的文件来寻找媒体流中的特定位置，或者更确切地说，执行 HTTP 的 byte range 请求文件，来实现 RTSP 提供的类似功能。

HTTP 流式传输已经在商业产品中实现。如今，代表性的在线视频供应商（如 Netflix、YouTube、Hulu 等）都使用 HTTP 将视频流传输给用户。除了我们前面提到的优势外，HTTP 流媒体还受益于当今 CDN 的快速扩张能力和价格下降。因此，这种基于广告的商业模式的出现提高了视频质量的重要性，因为视频质量和用户参与之间有着重要的相互作用。因此，内容提供商的目标是产生更多收入，他们更关心的是流媒体服务的视觉质量和稳定性，以最大化用户参与度。由于当前的 CDN 主要是为了提供 Web 内容而设计和优化的[41]，HTTP 流传输能够利用现有的基础设施，以低成本、高稳定性、安全性以及更简单的接口提供高质量的媒体。

16.7.2   HTTP 上的动态自适应流传输

不同的基于 HTTP 的实现使用不同的列表和片段格式。因此，为了从每个服务器接收内容，设备必须支持其相应的专有客户端协议。这需要标准化，以便不同的设备之间可以相互操作。异构网络和设备还要求流媒体具有动态性和自适应性。为此，MPEG 组已经开发了 HTTP 上的动态自适应流传输（Dynamic Adaptive Streaming Over HTTP，DASH）标准。DASH 工作在 2010 开始，于 2011 年 11 月成为国际标准，并于 2012 年 4 月正式发布为 ISO/IEC 23009-1：2012[42]。

DASH 定义了一系列服务器、用户和描述文件实现协议。在 DASH 中，视频被编码并分成多个段，包括初始化片段和媒体片段。前者包含用于初始化媒体解码器的所需信息，后者包括以下数据：1)媒体数据；2)流接入点，用于指示客户端解码器可以播放的位置。用户可以使用 HTTP 的 partial GETS 命令下载子片段，该命令包括 Range 头部字段，请求仅传输部分实体。

媒体呈现描述（Media Presentation Description，MPD）描述了片段之间的关系以及它们如何呈现视频，这有利于获取片段以进行连续播放。一个简单地 MPD 文件如下所示。

```
<MPD>
<BaseURL>http://www.baseurl_1.com</BaseURL>//Destination URL(s)
<Period>
  <AdaptationSet>//Video Set
    <Representation bandwidth="4190760" height="1080" width="1920">
      <SegmentInfo>... </SegmentInfo>//Quality_1
```

```
      </Representation>
      <Representation bandwidth="2073921" height="720" width="1280">
        <SegmentInfo>... </SegmentInfo>//Quality_2
      </Representation>
    </AdaptationSet>
    <AdaptationSet>//Audio Set
      <Representation bandwidth="127234" sampleRate="44100">
        <SegmentInfo>... </SegmentInfo>//Quality_1
      </Representation>
    </AdaptationSet>
  </Period>
</MPD>
```

所有的 BaseURL 都显示在 MPD 文件的开头。客户端可以分析这部分来获取目标 URL，然后从服务器中提取流数据。在这个简单的 MPD 文件中，只有一个周期，包括视频和音频适配集。有两个具有不同分辨率和位率的视频序列，允许客户端根据本地和网络条件进行选择。视频流只有一个音轨(44.1kHz 的采样频率)。在一个更复杂的场景中，音频集可能还有几个具有不同语言和位率的音轨。

图 16.25 展示了具有两个视频电平和一个音频电平的基于 DASH 的流媒体。用户可以使用适应算法来选择合适的音频和视频电平。在播放期间，适应算法将会监控本地和网络状态，以达到最佳 QoS。例如，当网络带宽较低时请求较低质量的段，如果有足够的带宽则请求较高质量的段。

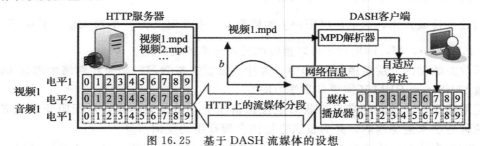

图 16.25　基于 DASH 流媒体的设想

作为一个新的并且开放的标准，还有许多问题值得进一步调查：

- **速率适应元件**。DASH 只定义了分段和文件描述，并为客户端或服务器实现速率适配。客户端可以利用多路径和多服务器来接收视频片段[43]。这种在应用层中采用的接收方驱动方法具有高度灵活性和可扩展性。另一方面，服务器还可以基于对客户端下载速度和服务器负载的感知，自适应地改变其客户端的位率。

- **速率适应策略**。速率适应策略确定客户端如何接收不同版本的片段，以实现流的稳定性、公平性和高质量等目标。已经表明，流行商业产品中现有的实现要么过于激进，要么过于保守，需要同时考虑效率、公平性和稳定性来制定更好的策略[44]。

DASH 也是编解码器不可知的，尽管它的主要容器是 MPEG-4。它允许无缝采用改进的 HEVC 视频编码器(即 H.265)。随着兼容客户端的出现，它有望在各种设备中得到广泛使用。在表 16.3 中，我们列出了行业中流行的用于实现 HTTP/DASH 的服务器和客户端配置。

表 16.3　HTTP 流媒体典型的服务器/客户端配置

类型	服务器	客户端
Adobe 自适应流媒体	Flash 媒体服务器	Flash 媒体服务器
Apple HTTP 直播媒体流	一般的 HTTP 服务器	Quick Time/iOS 播放器
Microsoft 实时平滑流媒体	互联网信息服务器(IIS)	Silverlight 播放器

16.8 练习

1. 考虑前缀高速缓存，其总代理的高速缓存大小为 S，用户接入 N 个视频的概率分别是 r_1，r_2，$\cdots$，r_N，假设每个视频的高速缓存效用由函数 $U(l_i)$ 给出，其中 l_i 是视频 i 的预缓存长度。开发一种算法来优化代理的总效用。你可以从简单的情况考虑，如 $U(l_i)=l_i \cdot r_i$。

2. 对于最优的工作提前平滑技术，如何通过算法确定在哪个点改变计划传输速率？什么是传输速率？

3. 再次考虑最优的工作提前平滑技术。有人建议，只考虑在统计学上不同的压缩视频片段的开始帧，而不是使用每个视频帧。你将如何修改算法（或视频信息）来支持它？

4. 讨论代理缓存和 CDN 之间的相似点和不同点。在一个系统中同时使用它们有什么好处吗？

5. 讨论 Web 内容分发和多媒体流的 CDN 的相似点和不同点。反射器在 Akamai 流媒体的 CDN 中的作用是什么？

6. 对于交错广播，如果在所有 K 个逻辑通道（$K \geqslant 1$）上划分相同的带宽，证明该访问时间是 K 个独立的值。

7. 为每个用户分配可用带宽 b_1，b_2，$\cdots$，b_N，在 N 个用户的组播会话中，复制的视频流总数为 M，提出一种方法为每个流分配位率 B_i，$i=1$，2，$\cdots$，M，使得接收方之间的平均公平性最大化。这里，将用户 j 的接收方公平性定义为 $\frac{B_k}{b_j}$ 的最大值，其中 $B_k \leqslant b_j$，$K=1$，2，$\cdots$，M，即用户 j 可以接收的最高速率的视频流。

8. 在接收方驱动的分层组播（RLM）中，为什么需要共享学习？如果在网络中部署 IntServ 或者 DiffServ，RLM 还需要共享学习吗？

9. 在组播情况下，过多的来自接收方的反馈信息会导致反馈内爆，从而阻止发送者。推荐两种方法来避免内爆，并为发送方提供合理有用的反馈信息。

10. 实现 TCP 的友好速率控制（TFRC），必须估计发送方和接收方之间的往返时间（RTT）（参见 15.3.2 节）。在单播 TFRC 中，发送方通常估计 RTT，然后以此估计 TCP 友好吞吐量，并相应地控制发送速率。在组播中，谁应该负责这一部分以及怎么做？解释你的答案。

11. 在这个问题上，我们探讨对等网络可扩展性。假设有一台服务器和 N 个用户。服务器的上传带宽为 S bps，而用户的下载带宽为 D_i bps，$i=1$，2，$\cdots$，N。从服务器向所有用户分发一个大小为 M 位的文件。

    （a）考虑客户端/服务器结构。每个用户是一个直接由服务器提供服务的客户端。计算文件分发到所有用户的时间。

    （b）现在考虑点对点结构。每一个用户都是对等的，可以直接从服务器或其他对等体下载。假设用户 i 的上传带宽为 $U_i$bps，$i=1$，2，$\cdots$，N。计算文件分发到所有用户的时间。

    （c）通过结果说明在什么条件下点对点网络比客户端/服务器的可扩展性（有更多的用户）更好。这些条件都能在互联网中得到满足吗？

12. 讨论点对点文件共享和点对点直播的相似点和不同点。这些差异将如何影响点对点直播的实施？又将如何影响上一个问题中的计算结果？

13. 考虑对等流传输的树形覆盖和网格覆盖。

（a）讨论它们的优点和缺点。

（b）为什么在网格覆盖中使用 pull 操作？

（c）提出一个解决方案（除了书中介绍的），将它们结合形成混合覆盖。你可以针对不同的应用场景，例如，用于最小化延迟或用于多频道电视广播，其中一些用户可能经常改变频道。

14. 考虑 Skype，一种使用点对点通信的流行的 IP 语音（VoIP）应用程序。Skype 中的对等体被组织成分层覆盖网络，并分为超级对等体或普通对等体，如图 16.26 所示。当两个 Skype 用户（主叫方和被叫方）需要建立呼叫时，普通对等体和超级对等体都可以作为中继。

（a）Skype 通常将 UDP 用于音频流，但 TCP 用于控制消息。Skype 的对等体之间需要什么样的控制消息，为什么使用 TCP？

（b）解释区分超级对等体和普通对等体的好处？

（c）除了一对一通话，Skype 还支持多方会议。如果每个用户需要将其流副本发送给所有其他用户，那么在 N 个用户会议中将传输多少个音频流副本？

（d）注意，传输的音频流副本数量可能会很高。Skype 通过要求每个用户将数据流发送给会议发起方来减少该数量，谁将所有流合并成一个流，然后转发到其他用户？此时，整个会议中转发的数据流的数量是多少？讨论此解决方案的利弊，并提出改进。

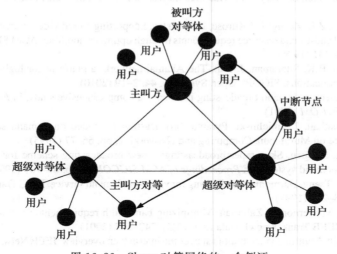

图 16.26　Skype 对等网络的一个例证

568
∼
569

15. 传统上 HTTP 没有用于媒体流的一个重要原因是，底层的 TCP 具有高度波动的传输速率（锯齿行为），在严重拥塞或信道错误期间，它可能会持续阻塞数据管道。解释 DASH 如何解决这些问题。同时讨论在基本 HTTP 中缺少但在 DASH 中提供的流的其他支持。

参考文献

1. B. Li, Z. Wang, J. Liu, W. Zhu, Two decades of internet video streaming: a retrospective view. ACM Trans. Multimedia Comput. Commun. Appl. **9**(1s):1–33 (2013)
2. D. Wu, Y.T. Hou, W. Zhu, Y.-Q. Zhang, J.M. Peha, Streaming video over the internet: approaches and directions. IEEE Trans. Circuits Syst. Video Technol. **11**(3):282–300 (2001)

3. D. Wu, Y.T. Hou, Y.-Q. Zhang, Transporting real-time video over the internet: challenges and approaches. Proc. IEEE **88**(12):1855–1877 (2000)

4. S. Chen, B. Shen, S. Wee, X. Zhang, Designs of high quality streaming proxy systems. Twenty-third Annual Joint Conference of the IEEE Computer and Communications Societies, INFO-COM, vol. 3, pp. 1512–1521 (2004)

5. X. Jianliang, J. Liu, B. Li, X. Jia, Caching and prefetching for web content distribution. IEEE Comput. Sci. Eng. **6**(4), 54–59 (2004)

6. J. Liu, X. Jianliang, Proxy caching for media streaming over the internet. IEEE Commun. Mag. **42**(8), 88–94 (2004)

7. R. Tewari, H.M. Vin, A. Dany, Y.D. Sitaramy, Resource-based caching for web servers, in *Proceedings of SPIE/ACM Conference on Multimedia Computing and Networking*, pp. 191–204 (1998)

8. S. Chen, B. Shen, Y. Yan, S. Basu, X. Zhang, SRB: shared running buffers in proxy to exploit memory locality of multiple streaming media sessions, in *Proceedings of 24th International Conference on Distributed Computing Systems*, pp. 787–794 (2004)

9. S. Sen, J. Rexford, D. Towsley, Proxy prefix caching for multimedia streams, in *Proceedings of IEEE INFOCOM'99*, vol. 3, pp. 1310–1319 (1999)

10. H. Fabmi, M. Latif, S. Sedigh-Ali, A. Ghafoor, P. Liu, L.H. Hsu, Proxy servers for scalable interactive video support. Computer **34**(9), 54–60 (2001)

11. K.-L. Wu, P.S. Yu, J.L. Wolf, Segment-based proxy caching of multimedia streams, in *Proceedings of the 10th International Conference on World Wide Web*, ACM, pp. 36–44 (2001)

12. Z.-L. Zhang, Y. Wang, D.H.C. Du, D. Shu, Video staging: a proxy-server-based approach to end-to-end video delivery over wide-area networks. IEEE/ACM Trans. Netw. **8**(4), 429–442 (2000)

13. J.D. Salehi, Z.L. Zhang, J.F. Kurose, D. Towsley, Supporting stored video: reducing rate variability and end-to-end resource requirements through optimal smoothing. ACM SIGMETRICS **24**(1):222–231 (1996)

14. E. Nygren, R.K. Sitaraman, J. Sun, The Akamai network: a platform for high-performance internet applications. SIGOPS Oper. Syst. Rev. **44**, 2–19 (2010)

15. A. Hu, Video-on-demand broadcasting protocols: a compreshensive study, in *Proceedings of IEEE INFOCOM* (2001)

16. S. Viswanathan, T. Imielinski, Pyramid broadcasting for video on demand service. IEEE Conference on Multimedia Computing and Networking, pp. 66–77 (1995)

17. K.A. Hua, S. Sheu, Skyscraper broadcasting: a new broadcasting scheme for metropolitan video-on-demand systems, in *Proceedings of ACM SIGCOMM*, pp. 89–100 (1997)

18. L. Juhn, L. Tseng, Harmonic broadcasting for video-on-demand service. IEEE Trans. Broadcast **43**(3), 268–271 (1997)

19. D. Eager, M. Vernon, J. Zahorjan, Minimizing bandwidth requirements for on-demand data delivery. IEEE Trans. Knowl. Data Eng. **13**(5), 742–757 (2001)

20. B. Li, J. Liu, Multirate video multicast over the internet: an overview. IEEE Netw. **17**(1), 24–29 (2003)

21. S.Y. Cheung, M.H. Ammar, Using destination set grouping to improve the performance of window-controlled multipoint connections, in *Proceedinf of Fourth International Conference on Computer Communications and Networks* (1995), pp. 388–395

22. S. McCanne, V. Jacobson, M. Vetterli, Receiver-driven layered multicast, In *Conference Proceeding on Applications, Technologies, Architectures, and Protocols for Computer Communications, SIGCOMM '96* (1996), pp. 117–130

23. L. Vicisano, J. Crowcroft, L. Rizzo, Tcp-like congestion control for layered multicast data transfer, in *Proceedings of IEEE INFOCOM'98*, vol. 3 (1998), pp. 996–1003

24. D. Sisalem, A. Wolisz, Mlda: a tcp-friendly congestion control framework for heterogeneous multicast environments, in *2000 Eighth International Workshop on Quality of Service, IWQOS*, pp. 65–74, 2000

25. C. Diot, B.N. Levine, B. Lyles, H. Kassem, D. Balensiefen, Deployment issues for the ip multicast service and architecture. IEEE Netw. **14**(1), 78–88 (2000)

26. S. Sheu, K.A. Hua, W. Tavanapong, Chaining: a generalized batching technique for video-on-demand systems, in *Proceeding of IEEE International Conference on Multimedia Computing and Systems* (1997)

27. Y.-H. Chu, S.G. Rao, H. Zhang, A case for end system multicast, in *Proceeding of ACM SIGMETRICS* (2000)

28. M. Hosseini, D.T. Ahmed, S. Shirmohammadi, N.D. Georganas, A survey of application-layer multicast protocols. IEEE Commun. Surv. Tutorials **9**(3), 58–74 (2007)

29. J. Liu, S.G. Rao, B. Li, H. Zhang, Opportunities and challenges of peer-to-peer internet video broadcast. Proc. of the IEEE **96**(1), 11–24 (2008)

30. Y.-H. Chu, S.G. Rao, H. Zhang, A case for end system multicast. IEEE J. Sel. A. Commun. **20**(8), 1456–1471 (2006)

31. V.N. Padmanabhan, H.J. Wang, P.A. Chou, K. Sripanidkulchai, Distributing streaming media content using cooperative networking, in *Proceeding of the 12th International workshop on Network and Operating Systems Support for Sigital Audio and Video*, NOSSDAV '02, ACM, New York (2000), pp. 177–186

32. M. Castro, P. Druschel, A.-M. Kermarrec, A. Nandi, A. Rowstron, A. Singh, Splitstream: high-bandwidth multicast in cooperative environments, in *Proceeding of the Nineteenth ACM Symposium on Operating Systems Principles*, SOSP '03, ACM, New York (2003), pp. 298–313

33. V. Venkataraman, K. Yoshida, P. Francis, Chunkyspread: heterogeneous unstructured tree-based peer-to-peer multicast, in *Proceeding of 5th International Workshop on Peer-to-Peer Systems (IPTPS)* (2006), pp. 2–11

34. N. Magharei, R. Rejaie, Y. Guo, Mesh or multiple-tree: a comparative study of live P2P streaming approaaches, in *Proceeding of IEEE INFOCOM* (2007)

35. P.T. Eugster, R. Guerraoui, A.M. Kermarrec, L. Massoulié, From epidemics to distributed computing. IEEE Comput. **37**, 60–67 (2004)

36. X. Zhang, J. Liu, B. Li, T.P. Yum, Coolstreaming/donet: a data-driven overlay network for peer-to-peer live media streaming, in *Proceedings of IEEE INFOCOM*, vol. 3 (2005), pp. 2102–2111

37. Z. Liu, C. Wu, B. Li, S. Zhao, UUSee: large-scale operational on-demand streaming with random network coding, in *Proceeding of IEEE INFOCOM* (2010)

38. M. Wang, B. Li, R^2: random push with random network coding in live peer-to-peer streaming. IEEE J. Sel. Areas Commun. **25**, 1678–1694 (2007)

39. V. Venkataraman, K. Yoshida, P. Francis, Chunkyspread: heterogeneous unstructured tree-based peer-to-peer multicast, in *Proceeding of the 14th IEEE International Conference on Network Protocols, ICNP '06* (2006), pp 2–11

40. F. Wang, Y. Xiong, J. Liu, Mtreebone: a collaborative tree-mesh overlay network for multicast video streaming. IEEE Trans. Parallel Distrib. Syst. **21**(3), 379–392 (2010)

41. G. Pallis, A. Vakali, Insight and perspectives for content delivery networks. Commun. ACM **49**(1), 101–106 (2006)

42. ISO/IEC JTC 1/SC 29/WG 11 (MPEG). Dynamic adaptive streaming over HTTP (2010)

43. S. Gouache, G. Bichot, A. Bsila, C. Howson, Distributed and adaptive HTTP streaming, in *Proceeding of IEEE ICME* (2011)

44. S. Akhshabi, A.C. Begen, C. Dovrolis, An experimental evaluation of rate-adaptation algorithms in adaptive streaming over HTTP, in *Proceeding of ACM MMSys* (2011)

无线和移动网络中的多媒体

计算机和通信技术的快速发展使得普适计算成为可能。从早期的无绳电话到后来的移动电话，无线移动通信成为随时随地进行信息访问和共享的核心技术。新一代智能移动设备进一步推动了无线通信技术的变革。无线移动网络中的多媒体与有线互联网中的多媒体有许多类似之处，然而无线信道的独特性质和用户的频繁移动也为无线移动通信技术带来了新的挑战。

17.1　无线信道的特征

无线广播传输信道比有线通信信道更容易出错。在本章中，我们将简要介绍最常见的无线信道模型，以了解出错起因，并且对错误类型、数量和模式进行分类。更详细的内容参考文献[1，27，28]。

在接收器端有多种因素导致无线信号劣化。这些影响可以分为短程影响和远程影响。相应地，路径损耗模型用于远程大气衰减信道，衰落模型用于短程退化。

17.1.1　路径损耗

对于远程通信来说，信号丢失取决于大气衰减。根据频率，无线电波可以穿透电离层（>3GHz），并建立视距（line-of-sight，LOS）通信，低频经过电离层和地面反射，或者沿着电离层到达接收方。超过 3GHz 的频率（卫星传输必须穿透电离层）经过大气吸收衰减，主要受氧气和水（水蒸气或者雨水）的影响。

LOS 传输的自由空间衰减模型与距离的平方（d^2）成反比，Friis 辐射方程给出了定义：

$$S_r = \frac{S_t G_t G_r \lambda^2}{(4\pi^2)d^2 L} \tag{17.1}$$

S_r 和 S_t 分别是接收信号功率和传输信号功率，G_t 和 G_r 是天线增益因子，λ 是信号波长，L 是接收器损耗。可以看出，如果我们假设地面反射，衰减与 d^4 成比例增加。

另一个流行的中等规模（城市规模）模型是 Hata 模型，Hata 模型是在东京 Okumura 路径损耗数据的基础上得到的。以 dB 为单位的路径损耗公式的基本形式如下：

$$L = A + B \cdot \log_{10}(d) + C \tag{17.2}$$

式中，A 是频率和天线高度的函数，B 是环境函数，C 是载波频率的函数。此外，d 是发射器和接收器之间的距离。

卫星通信主要受到雨的影响，气象降雨量密度图可用于计算该区域通信。衰减由给定日期该地区的降雨量计算得到。

17.1.2　多径衰落

衰落是无线通信（尤其是移动通信）中常见的现象，接收信号功率会突然下降[1]。信号衰落的原因有反射、折射、散射和衍射（主要来自于移动物体），如图 17.1 所示。当信号经过多条路径（有些是建筑物、山和其他物体的反射）到达接收器时，会发生多径衰落。因为它们在不同的时期和阶段到达，多个信号彼此抵消，引起信号或连接丢失。数据速率越高，这种问题越严重。

对于室内信道，无线信号功率一般比较低，并且小区域内的移动物体更多。因此，多径衰落是信号退化的主要因素。在室外环境中，大部分来自于地面和建筑物的反射、折射和散射是信号退化的主要原因。

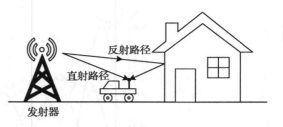

图 17.1 多路径示例

多路径模型概率上表明了接收信号幅度，根据在接收端叠加的信号是相互抵消还是相互促进而变化。信号的多普勒扩展被定义为信号功率在频谱上的分布（信号在特定频率带宽处调制）。当信号的多普勒扩展足够小，信号是相干的，也就是说在接收端只有一个信号是可区分的。这通常发生在窄频信号。当信号是宽频时，不同频率的信号有不同的衰落路径，在接收端可以观察到多个不同的分时信号路径。

对于窄频信号来说，最常用的模型是瑞利衰落（Rayleigh fading）和莱斯衰落（Rician fading）。瑞利衰落模型假设到接收器端有无穷多的无视距信号路径，接收信号振幅 r 的概率密度函数 P_r 如下：

$$P_r(r) = \frac{r}{\sigma^2} \cdot \mathrm{e}^{\frac{-r^2}{2\sigma^2}} \tag{17.3}$$

其中 σ 是概率密度函数的标准差。尽管信号路径数量通常不是太大，但当路径数超过 5 时，瑞利模型能够提供良好的近似。

瑞利衰落信道可以使用有限状态的马尔可夫过程来近似，这称为有限状态马尔可夫信道（Finite State Markov Channel）[2]。最简单的形式是只有两种状态的 Gilbert-Elliott (GE)信道模型[3]，分别代表信道情况的好和坏，如图 17.2 所示，状态 0 表示正确，状态 1 表示错误，并且无线信道条件在它们之间

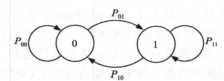

图 17.2 Gilbert-Elliott 两状态马尔可夫链模型。状态 0：好；状态 1：坏

以 P_{00} 到 P_{11} 的概率切换。它捕捉到无线错误的短期突发性质，并已广泛用于模拟。

一个更加通用的假设无视距模型是莱斯模型。它定义 K 系数为信号强度和散射强度之比——也就是说，K 是 LOS 信号比其他路径强的倍数，莱斯概率密度函数 P_c 如下：

$$P_c(r) = \frac{r}{\sigma^2} \cdot \mathrm{e}^{\frac{-r^2}{2\sigma^2} - K} \cdot I_0\left(\frac{r}{\sigma} \sqrt{2K}\right), \quad 其中 K = \frac{s^2}{2\sigma^2} \tag{17.4}$$

同上，r 和 σ 分别是信号振幅和标准差，s 是 LOS 信号强度。I_0 是修正的 0 阶第一类贝塞尔函数。注意，当 $s=0(K=0)$ 时，无 LOS，该模型退变为瑞利分布。当 $K=\infty$ 时，模型反映出加性高斯白噪声（Additive White Gaussian Noise，AWGN）状况。图 17.3 展示了在标准差 $\sigma=0.1$，系数 K 为 0、1、3、5、10、20 时的莱斯概率密度函数。

对于宽频信号，衰落路径更是通过经验获得的。一种方法是将振幅建模为所有路径上的总和，每个路径随机衰落。在闭室环境（6 面墙和 LOS）下，路径数目可以是 7，在其他环境下，路径数量可以更大。另一种信道衰落建模技术是测量信道脉冲响应。

瑞克接收器（rake receiver）中采用相似技术，将多个无线电接收器调谐到具有不同相位和振幅的信号，以重新组合被分成不同可区分路径的传输。每个瑞克接收器的信号相

加，以实现更好的信噪比。为了将瑞克接收器调谐到适当的衰落路径，特殊导频信道发送一个导频信号，并调整瑞克接收器以识别每个衰落路径上的符号。

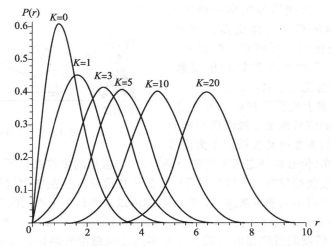

图 17.3　系数 $K = 0$，1，3，5，10，20 时的莱斯分布概率密度函数

17.2　无线网络技术

与有线网络一样，有大量的无线网络使用不同的技术来抵抗衰落和路径损耗，并且覆盖到大小不同的地理区域。在广域蜂窝网中，一个域由若干蜂窝组成。蜂窝中的每个移动终端与它的接入点（Access Point，AP）或基站（Base Station，BS）联系，充当网络的网关。AP 之间通过高速有线链路、无线网络或形成骨干网络的卫星相互连接。当移动用户走出当前 AP 范围时，需要切换来维持通信。在城市中，蜂窝的大小通常为 1000 米，但是可以根据用户的位置和密度变得更大（宏单元）或更小（微单元）。整个网络中的蜂窝共同覆盖一个城市或国家甚至更广的区域，以确保连接无处不在。

另一方面，无线局域网（Wireless Local Area Network，WLAN）覆盖一个相对小的区域，通常 100 米以内。鉴于距离短，带宽可能会很高，而访问代价和能量功耗很低，使得它成为住宅或者办公楼内使用的理想选择。许多现代家庭娱乐系统都是围绕 WLAN 构建的。许多机场、商场、餐厅，甚至是整个城市都会提供公共 WLAN。

在本节，我们概述不同代的无线蜂窝网和无线局域网。

17.2.1　1G 蜂窝模拟无线网络

最早的无线通信网络主要用于音频通信，例如电话和语音邮件。第一代（first-generation，1G）移动电话采用的是频分多址（Frequency Division Multiple Access，FDMA）技术，通信时，为每个用户分配一个单独的频道。它的标准是北美的 AMPS（Advanced Mobile Phone System）、欧洲的 TACS（Total Access Communication System）和亚洲的 NMT（Nordic Mobile Telephony）。数字数据传输用户需要使用调制解调器来接入网络，数据传输率一般为 9600 bps。

例如，AMPS 在 800～900MHz 的频段内工作，为双向通信的每个方向分配 25MHz，移动站传输（Mobile Station transmit，MS transmit）使用 824～849MHz 的频段，而基站传输使用 869～894MHz 的频段。每个 25MHz 的频段又分为两个 12.5MHz 的操作频段——

A 和 B。FDMA 又将每个 12.5MHz 频段分成 416 个信道，每个信道占用 30kHz 带宽。在通信中，MS 传输信道的频率总要比相应的 BS 传输信道频率低 45MHz。

类似地，TACS 使用 900MHz 的频段。它最多支持 1320 个全双工信道，每个信道的频率宽度为 25kHz。

图 17.4 展示了一个用于 FDMA 蜂窝系统的简单几何布局。覆盖的移动区域为含有 7 个六边形蜂窝的蜂窝集群。只要为这个集群中的每个蜂窝分配一组唯一的频率信道，它们之间就不会产生干扰。为清楚起见，加粗了第一个集群的蜂窝的边框。

同样的频率信道组合（如图 17.4 中的 f_1 到 f_7）会在每个集群中按照均衡模式被重新使用一次。重复使用系数 $K=7$。例如在 AMPS 系统中，每个蜂窝可以使用的信道数目为 $\frac{416}{K}=\frac{416}{7}\approx59$。

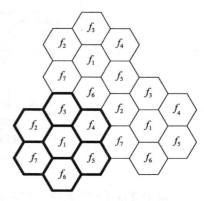

图 17.4　集群大小为 7 个六边形蜂窝的 FDMA 蜂窝系统几何布局示意图

在这种配置下，可以保证两个不同集群中使用相同频率 f_n 的用户在地理上至少间隔 D，其中 D 是六边形蜂窝的直径。在真空中，电磁辐射距离 D 之间以 D^{-2} 的速度衰减。在真实的物理空间中，衰减速度可达到 $D^{-3.5}\sim D^{-5}$。这样就可以避免来自于其他组的相同频段的用户的干扰。

17.2.2　2G 蜂窝网络：GSM 和窄频 CDMA

除了音频，数字数据在文本消息、音频流以及电子出版等应用中的传输量也不断增加。从第二代（second-generation，2G）无线网络开始，数字技术取代了模拟技术。自 1993 年开始，数字蜂窝网络采用两种相互竞争的技术：时分多址（Time Division Multiple Access，TDMA）和码分多址（Code Division Multiple Access，CDMA）。在全球范围内使用最广泛的是基于 TDMA 的全球移动通信系统（Global System for Mobile communications，GSM）[4]。

1. TDMA 和 GSM

顾名思义，TDMA 在多个时间段中创建多信道，并允许它们共享相同的载波频率。实际上，TDMA 通常与 FDMA 结合使用，也就是 FDMA 把可分配的全部频谱先分成多个载波频率信道，再由 TDMA 在时间维度上继续划分每个频率信道。

GSM 由欧洲邮电管理委员会（European Conference of Postal and Telecommunications Administrations，CEPT）于 1982 年建立的，目标是为能够处理数百万移动用户的同时提供漫游整个欧洲服务的移动通信网络建立一个标准。它的频率范围为 900MHz，因此叫 GSM 900。在欧洲也支持 GSM 1800，是通过将原始的 GSM 标准的频率范围修改为 1.8GHz 得到的。

在北美，GSM 使用的频率为 1.9GHz（GSM 1900）。如图 17.5 所示，GSM 900 的上行链路（移动台到基站）使用 890～915MHz 的频段，下行链路（基站到移动台）使用 935～960MHz 的频段。也就是说，每个链路分配到 25MHz 的带宽。GSM 的频分继而将每个 25MHz 划分为 124 个载波频率，每个频段为 200kHz。GSM 的时分将每个载波频率划分成 TDMA 帧；26 个 TDMA 帧组成一个 120 毫秒的业务信道（Traffic Channel，TCH）用于音频和数据的载波传播。

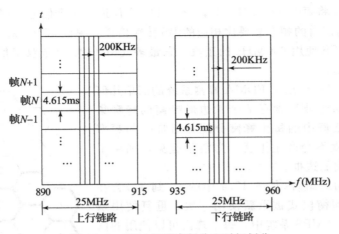

图 17.5   GSM 的频率划分和时间划分

每个 TDMA 帧大约 4.615ms 即 $\left(\dfrac{120}{26}\text{ms}\right)$，由 8 个长为 $\dfrac{4.615}{8}\approx 0.577$ms 时间段组成。在发送和接收数据时，给每个移动台分配一个专用的时间段。发送和接收数据不在同一时间段内发生，被 3 个时间段分隔开。

GSM 提供多种数据服务。GSM 用户可以与 POTS、ISDN、包交换或电路交换公共数据网络中的用户进行数据交换。GSM 同时支持短信息服务（Short Message Service，SMS）。在 SMS 中，每个文本信息最多有 160 个字符，可以通过移动电话进行传播。另一个特点就是采用了用户识别模块（Subscriber Identity Module，SIM），SIM 是一个携带移动用户电话号码以及访问各种 GSM 服务的智能卡。在随后的移动网络中也都采用了 SIM，事实上所有的移动电话上都使用了 SIM。

通常情况下，GSM 网络是电路交换的，它的极限数据速率为 9.6kbps，这对一般的数据服务（尤其是多媒体数据）几乎是没有用的。1999 发展起来的通用分组无线业务（General Packet Radio Service，GPRS）支持在 GSM 无线连接上进行包交换，所以用户处于"一直连接"状态。它也称为 2.5G（介于第二代和第三代之间）服务。GPRS 理论上的最高速度是 171.2kbps，这是在 8 个 TDMA 时间段都被一个用户独占的情况下实现的。在实际操作中，2001 年单用户吞吐量达到 56kbps。显然，当网络被多个用户共享时，每个 GPRS 用户的最大数据速率就会下降。

GPRS 通过多媒体信息服务（Multimedia Messaging Service，MMS）支持多媒体内容交换。它扩展了 GSM 中的 SMS，SMS 允许用户交换的文本信息最多为 160 字符。发送多媒体内容时，发送设备首先将其编码成 MMS 信息包格式。编码后的信息被转发到传送端的 MMS 存储器和转发服务器，称为多媒体信息服务中心（Multimedia Messaging Service Centre，MMSC）。一旦 MMS 接收到消息，首先确认接收方的手机是否具有 MMS 功能。如果有，提取消息内容并发送到具有 HTTP 前端的临时存储服务器。然后将包含消息内容的 URL 的 SMS 控制信息发送到接收方的手机，以触发接收方的浏览器从嵌入的 URL 中打开和接收内容。考虑到 GPRS 数据速率的限制，多媒体内容通常下载完成之后再进行播放，而不是直播媒体流。

2. 码分多址

码分多址（Code Division Multiple Access，CDMA）[5]是无线通信的突破性发展。这是

一种扩频技术，在传输之前对信号的带宽加以扩展。从表面上看，扩频的信号可能会与背景噪声融合到一起而不容易分辨，所以它在安全性和稳健性方面具有明显优势，可以避免故意的信号干扰。扩展频谱既适用于数字信号也适用于模拟信号，因为这两种信号均可以被调制和"扩展"。比如，早期的无绳电话和移动电话使用的就是模拟信号。然而，使这项技术在多种无线数据网络中更受欢迎的应用是数字信号的应用，尤其是 CDMA。

CDMA 的基础是直接序列（Direct Sequence，DS）扩频。不同于 FDMA，支持用户在任何时候占用唯一的频段，多个 CDMA 用户可以在整个传输过程中使用共享宽频信道的相同（和全部）带宽。公共频带也可以分配给所有蜂窝中的多个用户，也就是说，重用因子 $K=1$。只要可以控制用户间的干扰，就能大大增加用户的最大数量。

如图 17.6 所示，对于每个 CDMA 发射器，给 DS 扩频器分配唯一的扩频码。扩频码（也称为芯片码）由位宽度为 T_r 的窄脉冲流（称为芯片）组成，其带宽 B_r 约为 $\frac{1}{T_r}$。

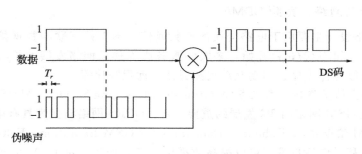

图 17.6 直接序列扩频

DS 扩频器将扩频码与输入数据相乘。当数据位是 1 的时候，输出 DS 码与扩频码相同；当数据位是 0（由 -1 表示）时，输出 DS 码是反向扩频码。因此，扩展了原始窄频数据的频谱，DS 信号的带宽为：

$$B_{DS} = B_r \tag{17.5}$$

解扩过程包括获取 DS 码和扩展序列的乘积。只要使用与扩展器中相同的序列，结果信号就与原始数据相同，见图 17.7。

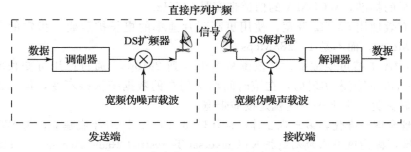

图 17.7 直接扩展频谱的发射端和接收端

可以使用正交码分离用于多址的接收器，即 CDMA。例如，考虑到两个接收器的扩频码：$(1，-1，-1，1)$ 和 $(-1，1，1，-1)$，两个扩频码彼此正交（实际上，码长度会更长），即两个码的内积为 0。假设接收器 1 和接收器 2 的数据位分别是 x 和 y。接收器 1 输出的 DS 码是 $x \cdot (1，-1，-1，1)$，接收器 2 输出的 DS 码是 $y \cdot (-1，1，1，-1)$。发送器将它们组合到一起，发送 $x \cdot (1，-1，-1，1) + y \cdot (-1，1，1，-1)$。接收器 1

和接收器 2 使用各自的码, 得到的解码结果如下:

$$(x \cdot (1,-1,-1,1) + y \cdot (-1,1,1,-1)) \cdot (1,-1,-1,1) = 4x(接收器 1)$$
$$(x \cdot (1,-1,-1,1) + y \cdot (-1,1,1,-1)) \cdot (-1,1,1,-1) = 4y(接收器 2)$$

在使用扩频码的长度 4 进行归一化之后, 接收器 1 和 2 解码结果分别是 x 和 y, 也就是说彼此之间没有干扰。

由于 T_r 较小, B_s 比窄频信号 B_b 的带宽更宽。实际上, 为了支持更多的用户并实现更好的频谱利用。基于在一个蜂窝内并不是所有的用户都处于活跃状态的现象, 可以将非正交伪随机噪声 (PN) 序列作为码使用。由于有效噪声是其他所有用户信号的总和, 只要"平均情况"干扰维持在合理水平, 就能保证 CDMA 的接收质量。这种软容量使得 CDMA 比只具有硬容量的 TDMA 或 FDMA 更加灵活, 在必要时容纳更多用户, 并在达到容量上限时减轻正在进行的呼叫的丢失。

17.2.3　3G 蜂窝网络: 宽频 CDMA

2G 蜂窝网络设计主要用于电路交换的音频通信, 不支持互联网数据接入, 更不用说多媒体服务了。从第三代 (3G) 开始, 多媒体服务成为移动网络发展的核心问题。多媒体服务应用包括连续媒体点播、移动互动视频通话、远程医疗等。

GPRS 开始支持多媒体信息服务 (Multimedia Messaging Service, MMS), 尽管操作比较繁琐, 但这是 GSM 网络向 3G 发展的重要一步。GPRS 网络演变为具有增强调制的增强型数据速率 GSM 演进技术 (Enhanced Data rates for GSM Evolution, EDGE)。它是一种向后兼容的数字移动电话技术, 可以提高数据传输率, 作为标准 GSM 的扩展版本, 称为 2.75G。但它对多媒体的支持仍然非常有限。

3G 的标准化过程开始于 1998 年, 国际电信联盟 (ITU) 为国际移动通信—2000 提出无线传输技术 (RTT) 提案。自此, 这个项目称为 3G 或者通用移动通信系统 (Universal Mobile Telecommunications System, UMTS)。

582

尽管大量的 2G 无线网络使用 TDMA/GSM, 部分使用 CDMA, 但是 3G 无线网络主要使用宽频 CDMA (WCDMA)。WCDMA 空中接口和窄频 CDMA 空中接口的主要不同之处在于:

- 为了支持高达 2Mbps 的位率, 分配更宽的信道带宽。相对 IS-95 的 1.25MHz 和其他更早的标准, WCDMA 的信道带宽是 5MHz。
- 为了有效使用 5MHz 带宽, 使用更高码片速率的更长扩展码。指定的码片速率为 3.84Mcps, 而不是 1.2288Mcps。
- WCDMA 支持可变位率, 其范围从 8kbps 到 2Mbps。通过使用可变长的扩展码和 10ms 的时间帧来实现的, 在该时间帧上用户的数据率保持不变, 但可以从一个时间帧转到另一个上——这就是按需带宽。

为了实现全球标准化, 第三代合作伙伴计划 (3GPP) 于 1998 年底建立, 为 WCDMA 技术制定国际标准, 称为通用地面无线接入 (Universal Terrestrial Radio Access, UTRA)。同时, 在大型企业的支持下, 美国通信工业协会 (TIA) 为国际电信联盟 (ITU) 制定了 cdma2000 空中接口提案。亚洲也进行了类似的工作, 例如 3GPP。标准组织决定组建第二个论坛, 称为第三代合作伙伴计划 2 (Third Generation Partnership Project 2, 3GPP2)。

尽管 3GPP 和 3GPP2 论坛在 WCDMA 空中接口提案上有一些相似之处, 但仍然提出了竞争标准。为了制定国际标准, 两个论坛彼此监督着进展, 并支持运营商协调小组的提议。统一后的标准称为全球 3G (G3G), 有三种模式: 直接扩频 (Direct Spread, DS)、多载波(Multi-Carrier，MC)、时分双工(Time Division Duplex，TDD)。其中 DS 和 TDD 模式由 3GPP 小组在 WCDMA 中指定，MC 模式由 3GPP2 指定。所有模式的空中接口都可以与两个核心网络一起使用。

　　从支持电路交换信道上数字通信的 2G 无线网络到同时支持电路交换和包交换信道上高速率数字通信的 3G 网络移植(或进化)的路径已被指定。进化的路径中有一个简单且实现成本较低(网络内部结构的改变较小)的中介步骤，它具有增强数据速率和数据包服务(也就是在 2G 网络中增加了包交换)。表 17.1 总结了 2G、2.5G、使用 IS-41 核心网络(北美)和 GSM MAP 核心网络(欧洲)开发的 3G 标准。

表 17.1　从 2G 到 3G 无线网络的发展

		峰值数据率 R	载波频段 W (MHz)
	IS-41 核心网络		
2G	cdmaOne (IS-95A)	14.4 kbps	1.25
2.5G	cdmaOne (IS-95B)	115 kbps	1.25
3G	cdma2000 1X	307 kbps	1.25
3G	cdma2000 1xEV-DO	2.4 Mbps	1.25
3G	cdma2000 1xEV-DV	4.8 Mbps	1.25
3G	cdma2000 3X	>2 Mbps	5
	GSM MAP 核心网络		
2G	GSM (TDMA)	14.4 kbps	1.25
2.5G	GPRS (TDMA)	170 kbps	1.25
3G	EDGE (TDMA)	384 kbps	1.25
3G	WCDMA	2 Mbps	5

　　3G 网络带宽使得手机用户可以使用以前无法使用的应用。包括在线地图、联机游戏、手机电视、即时照片/视频共享。这些 3G 无线服务的多媒体特性同样需要新一代的移动设备快速发展，以支持高质量视频、更好的软件和用户界面，以及更长的电池寿命。这些智能手机和平板电脑极大地改变了人们使用移动设备的方式，甚至改变了人们的社交行为。 583

17.2.4　4G 蜂窝网络及其前景

　　不断改进的半导体和计算技术使得无线通信产业和消费者自然而然地被 4G 无线网络吸引[6]。采用了许多新的无线技术，来实现比 3G 网络更高的速率和更低的延迟。这些新的无线技术包括多输入/多输出的空分复用(Space Division Multiplexing via Multiple Input/Multiple Output，MIMO)、使用高阶调制和编码的空时编码(Space Time Coding，STC)、复杂波束成形和波束方向性控制以及区间干扰抑制技术等。其中，MIMO 和波束成形是先进的天线技术。MIMO 使用多个发送和接收天线，创建了多个信道来传送用户信息，从而提高容量，减轻干扰影响。图 17.8 展示了典型的 2×2 MIMO 系统。波束成形技术暂时提高了增益并提供更高的容量。为用户调整或定制波束的特性以在有限的持续时间内达到该容量。STC 提高了可用带宽上每 Hz 传输的位数。这些技术共同作用，满足了先进网络所需要的更高容量[7]。

　　除此之外，减少干扰技术的使用进一步促进了容量，最值得注意的是正交频分复用技术(Orthogonal Frequency Division Multi-

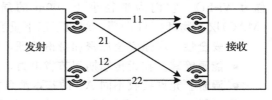

图 17.8　2×2 的 MIMO 天线系统 584

plexing，OFDM)。尽管 CDMA 适用于语音，但 OFDM 是更好的多媒体数据传输机制。技术的组合实现了后向兼容。

考虑到 4G 所涵盖的技术范围，关于 4G 的定义仍然存在争议。由 ITU 定义的高级国际移动通信 IMT 升级版被普遍认为是 4G 标准指南[8]。IMT 升级版移动系统必须满足以下要求：

- 基于全 IP 的分组交换网络。
- 高迁移率的峰值数据率达到 100Mbps，局部无线接入达到 1Gbps。
- 在每个蜂窝内动态共享和使用网络资源以支持更多的并发用户。
- 异构网络间的平滑切换。
- 为下一代多媒体支持提供高质量服务。

在 4G 之前，3GPP 长期演进技术(Long-Term Evolution ，LTE)通常称为 4G-LTE。最初 LTE 版本的下行和上行链路的理论容量分别可达 100Mbps 和 50Mbps，目前仍然不符合 IMT 升级版要求。

在 2009 年 9 月，一些提案作为候选 4G 提交给国际电联，主要基于两种技术：

- 3GPP 标准化的 LTE 升级版。
- IEEE 标准化的 802.16m(即 WiMAX)。

这两个候选系统已被商业化应用：2006 年韩国第一次出现移动无线网络(WiMAX)，2009年奥斯陆、挪威和斯德哥尔摩首次出现 LTE 网络。如今 LTE 升级版基本取代了 WiMAX，被认为是 4G 标准[9]。

3GPP LTE 升级版的目标是通过改进当前的 LTE 网络达到并超越 ITU 要求。这种升级途径使供应商更具成本效益。LTE 升级版利用额外的频谱和多路复用技术来实现更高的数据速率。它实现了高达 299.6Mbps 的峰值下载速率和高达 75.4Mbps 的上传速率，具体取决于用户设备类别(例如，使用频率为 20MHz 的 4×4MIMO 天线)。

从语音中心类到支持峰值数据速率的高级终端，我们定义了五种不同的终端类型。与之前的无线接入技术相比，它具有更低的传输数据延迟(小数据包延迟小于 5ms)，以及更少的切换和建立连接延迟。同样也改善了移动性支持。根据频段，它允许终端设备以高达 350km/h(220mph)或 500km/h(310mph)的速度移动。更重要的是，通过宏分集(也称为组协作中继)，可以在大部分蜂窝中实现高位率，尤其是处于多个 BS 之间的用户。所有这些都能实现具有无缝移动性的高质量多媒体服务，即使在高速列车这样的极端情况下也是如此。

585

17.2.5　无线局域网

随着像笔记本电脑和平板电脑等移动计算设备的日益普及，激发了人们对于无线 LAN(WLAN)的强烈兴趣，与广域移动无线网相比，它的成本更低而提供更高的吞吐量。近年来普适计算[10]的出现进一步引起了对 WLAN 和其他短程通信技术的研究兴趣。

现今，大多数的 WAN 都是基于由 IEEE 802.11 工作小组提出的 802.11 系列标准(也称为 Wi-Fi)。它们为半径小于 100m 的局部区域中的无线连接指定了媒介访问控制(MAC)层和物理(PHY)层，解决了以下重要问题：

- **安全性**。增强安全加密和身份认证，因为无线广播极易受到入侵。
- **能源管理**。在无传输期间节省电力，并处理睡眠和唤醒。
- **漫游**。允许接收不同 AP 的基本消息格式。

最初的 802.11 标准使用 2.4GHz 的短程无线电频段，该频段在全球范围内的工业、科学和医疗(ISM)上都是未经许可的。因此，会受到自身用户和其他无线系统(如无绳电话)的干扰。

与以太网一样，802.11 的基本信道访问方法是载波侦听多路访问(Carrier Sense Multiple Access，CSMA)，没有采用以太网的碰撞检测(Collision Detection，CD)。这是由于无线连接独特的隐藏终端问题。如图 17.9 所示，无线终端 S1 和 S3 在 AP(S2)范围的边缘。与有线信号不同，无线信号强度随着距离增加而快速衰减，并且只有当信号的强度高于某个阈值时，接收器才能侦听到信号。因此，即使 S1 和 S3 都"暴露"给 APS2，即可以侦听到 S2(反之亦然)，但在长距离的情况下，它们不一定会侦听到彼此。因此，这两个终端彼此"隐藏"——如果它们同时发送数据包，则这两个数据包会在 S2 发生碰撞，但是 S1 和 S3 无法检测到碰撞。

为了解决隐藏终端问题，802.11 使用了碰撞避免 (Collision Avoidance，CA)；也就是说，在载波侦听时，如果侦听到其他节点的传输，则当前节点应该等待一段时间，直到传输完成，再次侦听空闲通信信道。通过交换发送方发出的 RTS 数据包请求和目标接收方发出的 CTS 数据包清除，选择性地对 CSMA/CA 补充。这改变了发送方或接收方或者两者范围内的节点在预期的传输时期内停止传输。例如，在给 S2 发送消息之前，S1 首先发送 RTS 请求，S2 收到后广播 S1 的 CTS，S1 和 S3 都会侦听到该广播。然后 S1 发送信息，S3 暂时不发送，从而避免了碰撞。

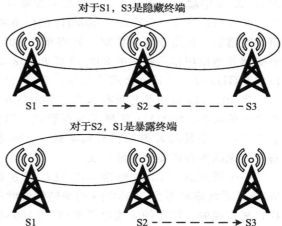

图 17.9　隐藏终端示例。S2 是 AP；由于距离较远，S1 和 S3 彼此"隐藏"，但它们会在 S2 处引起干扰

586

1. IEEE 802.11b/g

IEEE 802.11b 是对 802.11 的增强。它使用 DS 扩频，在 2.4GHz 的频段上工作。在新的技术(特别是补码键控(CCK)调制技术)的帮助下，除了原始的 1Mbps 和 2Mbps，还支持 5.5Mbps 和 11Mbps，并且功能可与以太网相提并论。

在北美，为 802.11b 分配的频谱为 2.400～2.4835GHz。不考虑数据速率(1Mbps、2Mbps、5.5Mbps 或 11Mbps)，DS 扩频信道的带宽都是 20MHz。可以同时使用 3 个非重叠 DS 信道，在局部区域最多允许 3 个接入点(AP)。

IEEE 802.11g 是 802.11b 的扩展，尝试将数据速率提升到 54Mbps。它向下兼容 802.11b，因此仍使用 2.4GHz 频段，但用 OFDM 替代了 DS 扩频。IEEE 802.11b/g 已经获得了公众认可，并且出现在各地的 WLAN 中，包括大学校园、机场、会议中心等。

2. IEEE 802.11a

IEEE 802.11a 在 5GHz 频段上工作，支持数据率范围为 6～54Mbps。它同样使用 OFDM 而不是 DS 扩频，并允许 12 个非重叠信道，因此一个局部区域最多可以有 12 个接入点。

587

由于 802.11a 工作在高频段(5GHz)，与 802.11 和 802.11b 相比，面临的无线电干扰更少(例如来自于无绳电话的干扰)。再加上更高的数据率，使得它在局域网环境内可以很好地支持各种各样的多媒体应用。

802.11a 产品起步晚，并且由于工作在 5GHz 的组件制造难度太大而落后于 802.11b

产品。由于比较便宜的 802.11b 已经占据市场，因此在消费领域没有被广泛采用。随着早期相对低廉的 802.11g 产品出现在市场中，这些产品向后兼容 802.11b，并且拥有 5G 带宽优势，进一步减少了 802.11a 在消费市场中的占有率。然而，它确实渗入需要在只有 802.11b/g 的网络中增加容量和可靠性的企业网络环境中。可自动处理 802.11a 和 802.11b/g 的双频或双模 AP 和网络接口卡现在在所有市场中都很常见，而且价格与只有 802.11b/g 的设备非常接近。

3. IEEE 802.11n 和 802.11ac

最新的 WLAN 标准 802.11n 改善了所有过去 802.11 标准的网络性能，在 40MHz 的信道中使用 4 个空间流，将最大网络数据率提高到 600Mbps[11]。它在之前的 802.11 标准的 MAC 层中增加了多输入、多输出和帧聚合。

802.11n 的另一个特征是 40MHz 的信道带宽；将之前的 802.11 PHY 的 20MHz 的信道带宽增加一倍用于传输数据，并将单个 20MHz 信道上的 PHY 层数据率增加一倍。在不受到其他使用相同频率的 802.11 或非 802.11 系统（如无绳电话）干扰的情况下，它也可以在 5 GHz 或 2.4GHz 模式下工作。

当 802.11g 发布并与现有 802.11b 设备共享频段时，它提供了多种方法以保证新旧设备之间的共存。802.11n 扩展了共存管理，以保护其传输免受传统设备（包括 802.11a/b/g)的影响，使其部署更加容易和顺畅。近年来，它正在迅速取代现有的 802.11a/b/g 设备，为无线多媒体提供更好的支持。

一个更新的 WLAN 标准 802.11ac 正在积极开发中，它将提供至少 1Gbps 的多站 WLAN 吞吐率和至少 500Mbps 的单链路吞吐率。这是通过进一步增强 802.11n 中的空中接口来实现的：更宽的无线电带宽（高达 160MHz)、更多的 MIMO 流（高达 8 个)、多用户 MIMO 和高密度调制。

17.2.6　蓝牙和短距离传输技术

众所周知，基于距离的服务占据了移动数据流量的一大部分，使地理上位置相近的用户可以直接交换数据。蓝牙（以十世纪丹麦国王的绰号 Harold Bluetooth 命名）是一种短距离（称为微微网）无线通信协议[12]。

蓝牙采用了跳频（Frequency Hopping，FH)。跳频是一种用于 2.4GHz ISM 短程无线电频段数据传输的扩频技术。802.11 WLAN 中使用了类似的技术。蓝牙还采用了主-从结构，在一个微微网中，一个主设备可以和七个从设备通信，所有的设备共享主设备的时钟。分组交换基于主设备定义的基础时钟。

蓝牙提供了一种安全、低成本的方式，实现诸如传真、手机、笔记本电脑、打印机、GPS 接收器、数码相机和视频游戏机等设备之间的连接和信息交换。蓝牙是一种低带宽技术。然而，它允许数码相机或移动电话以超过 700kbps 的速度在 10 米的距离内发送移动或静止图像。近年来，一些其他的短距离无线通信技术也发展起来，用于移动设备之间的直接数据交换，包括近场通信（Near Field Communication，NFC)和 Wi-Fi 直连（Wi-Fi Direct)等。高端技术如超带宽（Ultra Wide Band，UWB)和认知无线电（cognitive radio)也在积极开发中。

17.3　无线信道上的多媒体

我们研究了 2G 网络到 3G/4G 和无线局域网的演变。新一代高速无线网络快速发展的主要驱动力来自于无线网络的多媒体通信。多媒体应用包括流媒体视频、视频会议、在线游戏、协同工作、幻灯片演示、提高道路救援能力和为司机提供在线地图导航等。

当设计基于无线多媒体传输特别是视频传输时，要考虑无线手持设备的特性。首先，手持设备的大小和电池时长限制了设备的处理能力和内存容量。因此，编码和解码的复杂度必须相对较低。另一方面，较小的设备的一个优点是可以接受低分辨率的视频，有助于减少处理时间。然而，现在移动设备变得越来越倾向于采用高分辨率的屏幕。

其次，由于内存的限制和无线设备的使用，以及计费程序，所以需要实时通信。看到视频之前有长时间的延迟是让用户无法接受的。

最后，无线信道比有线信道的干扰更大，根据通信环境状况有不同的数据丢失现象。即使采用 3G 或者 4G，无线信道的位率也非常有限。这意味着即便应用大量的位保护，但也必须考虑编码效率。错误恢复编码也很重要。

3G 标准规定，视频应该是标准兼容的。不仅如此，大多数公司会使用标准来开发产品，这保证移动设备和网络之间的互操作性。适合无线网络的视频标准是 MPEG-4 和 H.263/264/265 及其变体，因为它们所需的码率较低。3GPP/3GPP2 组为无线视频会议服务定义了如下 QoS 参数[13,14]。

- **同步**。视频和音频应在 20ms 内保持同步。
- **吞吐量**。最小视频位率为 32kbps，也支持 128kbps、384kbps 及更高的速率。
- **延迟**。端到端传输的最大延迟为 400ms。
- **抖动**。最大的延迟抖动(平均延迟和 95％的延迟分布之间的最大差值)为 200ms。
- **错误率**。能够容忍的帧错误率为 10^{-2} 或位错误率为 10^{-3}。

在本节中，我们主要关注无线信道如何鲁棒地传输多媒体数据，尤其是视频通信，也扩展到了语音通信。我们将介绍无线网络中的错误检测、错误校正、错误恢复熵编码以及错误隐藏的解决方案，这些技术同样适用于其他类型的网络。

17.3.1　错误检测

错误检测是指在发送方到接收方的传输过程中，识别由于噪声或者其他故障导致的错误。常用的错误检测工具包括奇偶校验、校验和以及循环冗余校验(CRC)[15,16]。

1. 奇偶校验

对于二进制数据来说，位翻转会导致错误。奇偶校验在源位串中增加了一位奇偶校验位，以确保结果的位数(例如值为 1 的位)为偶数(称为偶校验)或奇数(称为奇校验)。例如，在偶校验中，字符串 10101000 应该加上一位 1，字符串 10101100 应该加上一位 0。

这是一种非常简单的方案，可以在接收方检测出单个或奇数个错误，然而却无法检测偶数个位翻转错误。

2. 校验和

校验和是将输入消息的传输位数累加，并附在消息中一起发送到接收方。接收方执行同样的操作来检查是否存在错误。它已经在许多网络协议中实现，从数据链路层和网络层到传输层和应用层。校验和算法的工作原理如下(更多细节请参考 RFC 1071)：

1) 将输入数据的字节对形成 16 位整数。如果有奇数个字节，就在末尾附加一个 0 字节。

2) 计算这些 16 位整数 1 的补码和。相加过程中产生的溢出包裹在最低位。

3) 结果存入校验和字段，附加到 16 位整数上。

4）在接收方末端，在收到 16 位整数后计算 1 的补码和，包括校验和字段。如果所有位都是 1，则接收到的数据就是正确的。

为了说明这一点，假设输入数据为 D_1，D_2，D_3，D_4，$\cdots$，D_N 的字节序列。用符号 $[a，b]$ 表示 16 位的整数 $a \cdot 256 + b$，其中 a 和 b 都是字节。那么这些字节的 16 位关于 1 的补码和由以下式子给出（这里 $+'$ 表示关于 1 的补码和）：

$$[D_1，D_2] +' [D_3，D_4] +' \cdots +' [D_{N-1}，D_N]（N 是偶数；不追加）$$
$$[D_1，D_2] +' [D_3，D_4] +' \cdots +' [D_N，0]（N 是奇数；追加 0）$$

举个例子，假如我们有 4 个字节的输入数据：10111011、10110101、10001111 和 00001100。它们将被分成 1011101110110101 和 1000111100001100。这两个 16 位整数的和为：

$$
\begin{array}{r}
1011101110110101 \\
+ \ 1000111100001100 \\
\hline
0100101011000010
\end{array}
$$

这个加法计算有溢出，它已经被包裹到最低位。通过将所有的 0 转化为 1 以及将所有的 1 转化为 0，得到关于 1 的补码。所以上述两个 16 位整数的和，关于 1 的补码变成 1011010100111101，将这个补码作为校验和。

接收方接收到字节后执行相同的分组求和操作，也添加接收到的校验和。很容易看出，如果没有错误，那么结果应该是 1111111111111111。否则，如果任何一位为 0，表明在传输过程中发生了错误。

3. 循环冗余校验

循环冗余校验（CRC）的基本思想是把二进制输入数据除以一个发送方和接收方都已知的关键值 K。得到的余数 R 作为校验字附到原始数据后面。发送方同时发送输入数据和校验字，接收方可以进行同样的运算来验证余数是不是 R。很显然，为了保证校验字 R 固定为 r 位（不足 r 位，可以在高位填充 0），关键值 K 应该是 $r+1$ 位的。

CRC 采用了简单的除法算法，即计算 GF(2)（伽罗瓦域，只有两个元素）中模 2 的余数，也就是

$$0 - 0 = 0 + 0 = 0$$
$$1 - 0 = 1 + 0 = 1$$
$$0 - 1 = 0 + 1 = 1$$
$$1 - 1 = 1 + 1 = 0$$

即，在这种运算方式中，加法和减法是相同的，都等价于异或（XOR，$\oplus$）。乘法和除法也与常规的以 2 为基数的算法相同，除了通过 XOR 运算，任何加法或减法目前都没有进位或借位。所有这些使得硬件实现更加简单和快速。

给定消息字段 M 和关键字 K，我们可以用模 2 运算中常规的除法手动计算出余数 R。在运算之前对 M 追加 r 个 0，这样会使后面的验证更容易。例如，对于 $M = 10111$，$K = 101$，我们有

$$
\begin{array}{r}
10011 \\
101 \overline{)\ 1011100} \\
\underline{101} \\
110 \\
\underline{101} \\
110 \\
\underline{101} \\
11
\end{array}
$$

因此，$R=11$ 作为校验字添加到消息字段中。

不难发现，在这种情况下 $M \cdot 2^r \oplus R$ 可以被 K 整除（这里留作练习）。因此，在接收方可以不计算余数，而是简单地用 K 除以 $M \cdot 2^r \oplus R$，并检查余数是否为 0。如果是 0，说明没有错误；否则就检测到错误。

关键字 K 来自于一个生成多项式，其系数是 K 的二进制位。例如，$K=100101$（二进制形式），它的多项式表达为 x^5+x^2+1。所以，关键字也称为生成器。选择好的生成器是一项非常重要的工作，已经做了很多研究[16]。它通常有两个特性（更多详见文献[16]）：

- 如果生成多项式包括两项甚至更多项，则能检测出所有的单个错误。
- 一个 r 位的 CRC 可以检测到所有长度不超过 r 的突发错误。这里突发是指第一位和最后一位发生错误，中间的位有可能发生错误也有可能没有错误。

8 位、12 位、16 位和 32 位的标准生成器已经被定义为国际标准。例如，以下 32 位生成器已用于许多链路层的 IEEE 协议，特别是自 1975 年以来的互联网：

$$G_{\mathrm{CRC-32}} = 100000100110000010001110110110111$$

注意，它是 33 位的（所以余数是 32 位）。正是因为 MPEG-2 中使用了 CRC，才会导致损坏的 DVD 在无法被磁盘播放器读取时经常出现 "CRC failed!" 错误。

17.3.2　错误校正

一旦检测到错误，就会采用重传机制来恢复错误（与 TCP 相同）。然而，反向信道并不总是可用的（例如卫星传输），并且创建反向信道的成本很高（例如在广播或者组播的情况下）。对于实时多媒体流，重传的延迟可能太长，导致重传的数据包无用。

因此对于实时多媒体，经常使用前向纠错（Forward Error Correction，FEC），在位串中增加冗余数据以恢复一些随机的位错误[16]。可以把它看作奇偶校验从一维到二维的简单扩展[17]。我们不仅计算每个 M 位串的奇偶校验位，还要对每个 M 位串组合以形成矩阵并计算矩阵每列的奇偶校验位。

用这种二维奇偶校验方法，我们可以检测并纠正错误！这是因为一位错误，会同时导致行和列的奇偶校验失败，该行列奇偶校验在唯一的位置交叉——错误位串中的翻转位，如图 17.10 所示。

这是一种非常简单的 FEC 方案。它成倍增加奇偶校验的位数，但其错误纠正的能力却十分有限。例如，如果一行里面有两个位发生错误，就无法检测出来。

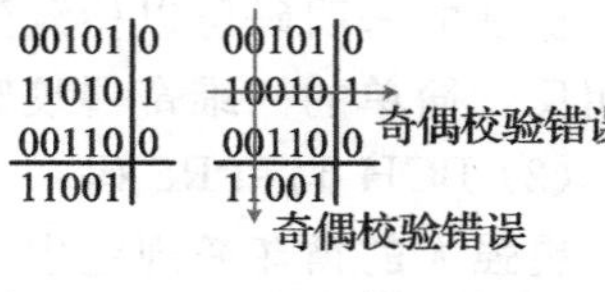

有两种比较实用的纠错码：块编码和卷积编码[15,16]。块编码同时应用到一组二进制位以立即生成冗余。卷积编码则一次应用于一串位上并拥有内存以存储之前的位。

图 17.10　二维奇偶校验的一个例子，左边的没有错误，右边的发生了一位错误并被修正

1. 块编码

块编码将 k 位的输入数据追加 $r=n-k$ 位的 FEC 数据，得到一个 n 位的串，用符号 (n,k) 表示。例如，基本的 ASCII 码是 7 位；奇偶校验时对任意一位 ASCII 码加上一位（$r=1$），就形成（8，7）的块编码，表示一共有 8 位，其中 7 位原始数据。码率为 $\frac{k}{n}$，在奇偶校验的情况下是 $\frac{7}{8}$。

(1) 海明码

理查德·海明（Richard Hamming）观察到，纠错码可以通过在有效源位串之间加入间

隔来起作用。这种间隔可以使用海明距离来测量，定义为任意的编码串之间的最小位数，这些串都需要改变为与第二个串一样。

要检测 r 个错误，海明距离至少为 $r+1$；否则损坏的串可能再次有效。然而，这不足以纠正 r 个错误，因为有效编码之间没有足够的距离以选择更好的校正方式。要想校正这 r 个错误，汉明距离至少为 $2r+1$。

1950 年发明了第一个块编码——海明（7，4）码。它在生成矩阵 G 的基础上添加 3 位奇偶校验位将 4 个数据位编码为 7 位，即：

$$G = \begin{bmatrix} 1 & 1 & 0 & 1 \\ 1 & 0 & 1 & 1 \\ 1 & 0 & 0 & 0 \\ 0 & 1 & 1 & 1 \\ 0 & 1 & 0 & 0 \\ 0 & 0 & 1 & 0 \\ 0 & 0 & 0 & 1 \end{bmatrix}$$

给定输入数据 p（四维向量），通过对 $G \cdot p$ 的乘积进行模 2 运算得到输出码 x。举例说明，对于 1001，输入向量是 $p=(1, 0, 0, 1)^T$；$G \cdot p$ 的结果是向量 $(2, 2, 1, 1, 0, 0, 1)^T$，模 2 运算之后的输出码 x 为向量 $(0, 0, 1, 1, 0, 0, 1)^T$，或者表示成一个 7 位的数据块 0011001。

海明（7，4）码可以检测和纠正单个位错误。要做到这一点，需要用到奇偶校验矩阵 H：

$$H = \begin{bmatrix} 1 & 0 & 1 & 0 & 1 & 0 & 1 \\ 0 & 1 & 1 & 0 & 0 & 1 & 1 \\ 0 & 0 & 0 & 1 & 1 & 1 & 1 \end{bmatrix}$$

类似于编码过程，对 $H \cdot x$ 的乘积进行模 2 运算，产生长度为 3 的向量 z。我们可以将 z 看成 3 位的二进制数。如果它为 0，表明没有错误；否则，表示发生错误的位置（通过检查 H 中的相应列）。例如，对于 $x=0011001$，我们有 $z=0$，没有错误；对于 $x'=0111001$，有 $z=010$，对应到 H 中的第二列，表明第二个位发生错误。

扩展的海明码可以检测到 2 位错误或者纠正 1 位错误，不包括未纠正错误的检测。与之相反，简单的一维奇偶校验码只能检测奇数个位错误，不能纠正错误。

（2）BCH 码和 RS 码

更强大的循环码规定生成多项式的最高次数就等于源码的位数。源码的位数就是多项式的系数，冗余是与另一个多项式相乘得出的。这种码是循环的，因为取模操作实际上移位了多项式的系数。我们之前所说的 CRC 就属于这一类，虽然它主要用于错误检测。循环纠错码的一种广泛应用是博斯-乔达利-奥昆冈（Bose-Chaudhuri-Hocquenghem，BCH）码。BCH 的生成多项式也是定义在 GF（Galois Field，伽罗瓦域）上的，并且是以 α^i 为根的最小次数的多项式，其中 α 是该域的一个基本元素，并且 i 的范围为 1 到我们期望纠正的位数的两倍。

BCH 码通过整数运算可以快速地编解码。H.261 和 H.263 采用 BCH，允许每 493 位源码产生 18 位的冗余位。不幸的是，18 位冗余位最多只能纠正两位错误。因此，数据包仍然容易出现突发位错误或单包错误。

BCH 码的一个重要的子类是里所（Reed-Solomon，RS）码，适用于多数据包。RS 码的生成多项式定义在 $GF(2^m)$ 上，其中 m 是数据包的大小（位数）。RS 码将 k 个源数据包组织起来，输出 n 个数据包，其中添加了 $r=n-k$ 个冗余数据包。如果我们知道擦除点⊖，就能从 n 个已编码的数据包中恢复出最多 r 个丢失的数据包。否则，正如所有的 FEC 码那样，只能恢复一半的包，因为还需要进行错误点检测。

在 RS 码中，只有 $\frac{r}{2}$ 个数据包能够恢复。幸运的是，在分组 FEC 方案中，包的头部往往包含序列号、校验和或 CRC。在大多数情况下，错误的包会被丢弃，并且可以根据丢失的序列号判断丢包的位置。

RS 码对于网络上的存储和传输都很有用。当出现突发数据包丢失时，它可以检测出接收错误的包并利用冗余来恢复它们。如果视频是可扩展的，可以在基础层上施加足够的 FEC 保护以更好地利用分配的带宽，包括运动向量和将视频解码为最小 QoS 所需的所有头部信息。增强层可以接收到较少的保护或者根本不接收任何保护，只依靠弹性编码和错误隐藏。无论哪种方式，已经实现最小 QoS。

块编码的一个缺点是不能选择性地应用于特定位。很难通过更多的冗余位保护更高协议层头部，比如 DCT 系数，除非它们明确通过不同的数据包发送。另一方面，卷积编码可以做到这一点，这使数据的不对等保护更有效，比如视频。

2. 卷积编码

卷积 FEC 码也是通过生成多项式[15]定义的。通过将 k 个位移位到编码器中，与生成多项式做卷积来生成 n 位卷积 FEC 码。编码的速率为 $\frac{k}{n}$。移位是必需的，因为编码是通过移位存储寄存器实现的。在多于 k 个寄存器的情况下，之前的位也会对冗余码的生成产生影响。

生成 n 位输出之后，可以删除一些冗余位，以减少 n 的大小，提高码率。这样的 FEC 方法称为速率兼容的收缩卷积（Rate Compatible Punctured Convolutional，RCPC）码。随着码率的增加，位保护会降低，而位率的开销也随之减小。尽管 Turbo 码越来越受欢迎，我们还是使用一种软判决的 Viterbi 算法解码已编码的位流。

考虑到有限的网络带宽，最小化冗余非常重要，因为它是以可用于源编码的位率为代价。同时，还需要维持足够的冗余使视频能够在当前信道发生错误时维持所需的 QoS。此外，压缩媒体流中的数据具有不同的重要性。一些数据对于正确解码是非常重要的。例如，一些数据的丢失或者不准确估计（如图像编码模式、量化级别或视频标准协议栈中的高层数据）会导致视频解码失败。其他的如 DCT 系数丢失等可以被估计或在视觉上可以减轻其影响。因此，在一定的信道条件下，可以使用不同数量的 FEC 来提供不同程度的保护，这就是不等错误保护（Unequal Error Protection，UEP）。

在奇偶校验信息生成以后，RCPC 会从校验序列中删除一些校验位，称为删余（puncturing）。在了解了源码的位数对视频质量的重要性之后，我们利用不同程度的删余来提高 UEP。对无线电台模型的研究和模拟表明，与使用 RS 码对每一位分配相同的位率相比，根据数据位重要程度的不同使用 RCPC 不对等保护获得了更好的视频质量（提高 2 分贝）。

简单地说，视频协议中的图像层更应该得到保护，更加本地化的宏模块层不需要太多的保护，块层中的 DCT 系数基本没有得到保护。这可能会以相似的方式扩展到可扩展视

⊖ 错误也称为擦除，因为错误的包可能是无用的，并且必须被"擦除"。

频中。

3G 网络也包含数据类型的具体规定和识别传输的视频标准；它们可以在所要求的信道条件和 QoS 下自适应地应用有足够的不相等冗余的视频流的传输编码。

3. 包交错法

同样可以使用包交错法来增加突发数据包丢失时的恢复能力。图 17.11 显示了在 k 个源视频包基础上，把数据分为 h 行并为每一行生成 RS 码。传输时并不是按照源数据的顺序传输，而是采用列顺序，所以 h 行中每一行的第一个包最先传输，然后是第二个，以此类推。这种交错法可以有效地将突发丢包转化为原始行上一系列较小的均匀丢包，这样就更容易根据冗余进行处理。换句话说，通过错误纠正和错误隐藏，可以容忍超过 r 个丢包。

更值得关注的是，交错法并不增加带宽开销，只是引入了额外的延迟。

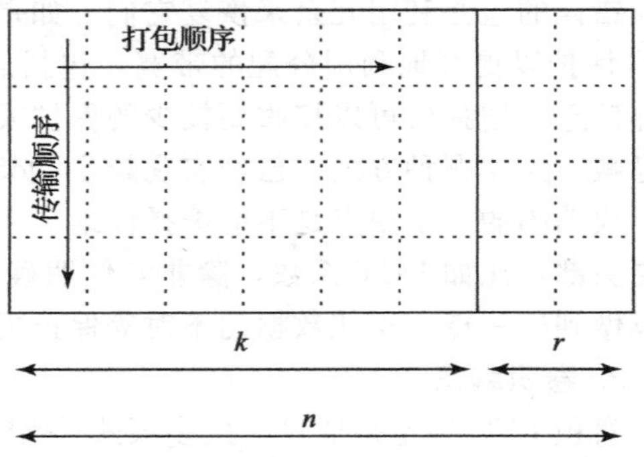

17.3.3 容错编码

视频流既可以在分组交换通道进行分组传输，也可以作为连续的位流在电路交换通道进行传输。在任何一种情况下，丢包或者位错误都会明显降低视频质量。如果位丢失或数据包丢失只出现在视频空间和时间的一个局部区域，则这种丢失是可接受的，因为一帧的播放时间很短，并且小的错误不会引起注意。

图 17.11 交错法计算冗余码。数据包或位存储在行中，在最后 r 列中产生冗余码。发送顺序是按照列的顺序，从上往下，从左往右

然而，数字视频编码技术包括变长编码，是帧按照不同的预测和量化级进行编码的。遗憾的是，当包含变长数据（比如 DCT 系数）的数据包被损坏，如果不加以限制，它将在整个流中传播。这种现象叫作解码同步丢失。即使解码器能够通过无效的编码符号或系数超出范围检测到错误，它仍然不能找到下一个开始解码的位置[19]。

正如在第 10 章中所学到的，采用标准协议层编码的视频不会发生整个位流丢失。图像层和块组（GOB）层或片段的头部有同步标记使解码器重新同步。例如，H.263 位流有四层——图像层、GOB 层、宏块层和块层。图像层从唯一的 22 位图像起始码（PSC）开始。最长的熵编码符号为 13 位，所以 PSC 可作为一个同步标记。GOB 层用于几个块而不是整个帧之后的同步。GOB 层的起始码（GBSC）有 17 位，同样也作为同步标记⊖。宏块层和块层不包括唯一的起始码，因为认为它会产生较大的开销。

1. 切片模式

H.261 之后的 ITU 标准（即 H.263 到 265），支持切片结构模式而不是 GOB 模式（H.263 Annex K），其中切片会根据块的编码长度而不是块的数量将块聚合起来。目的是用已知的距离将切片的头部隔开。这样，当一个位流错误看起来像同步标记，但不是片段头部应该出现的位置，就会被丢弃，从而避免发生重同步。

由于切片需要将一定数量的宏块组合在一起，而宏块是利用 VLC 编码的，因此要让所有的切片大小一致是不可能的。不过，这里存在一个最小距离，在这个距离之后，下一个被

⊖ 同步标记的位数总是大于所需的最小值，以防一些非同步标记位发生错误从而与同步标记相同。

扫描的块将添加到新的切片中。我们知道宏块和运动向量的 DC 系数采用差分编码。因此，即使一个宏块损坏，且解码器定位到下一个同步标记，这仍然无法对视频流进行解码。

为了缓解这个问题，切片也重置了空间预测参数；不允许使用跨越切片边界的差分编码。在 ISO MPEG 标准（还有 H.264）中规定切片长度不一定相近，这样也无法避免出现错误的标记。

598

除了同步丢失，我们应该注意到，预测参考帧中的错误比不用预测的帧中的错误引起的信号质量损失更多。也就是说，I 帧中的错误对视频流质量的损害要大于 P 帧和 B 帧中的错误。类似地，如果视频是可扩展的，基础层中的错误对视频流质量的损害要大于增强层中的错误。

2. 可逆变长编码

另一个处理解码器同步丢失的工具是可逆变长编码（Reversible Variable-Length Code，RVLC）[20,21]。RVLC 使前向和后向的即时解码都成为可能。传统的 VLC，一位错误会在数据重建时导致一连串的错误，即便后面没有错误发生。换句话说，剩余的正确位所携带的信息也没有用了。如果我们可以从反方向解码，那么这些信息就能恢复。RVLC 另一个潜在的应用是码流的随机获取。要达到与标准单向 VLC 相同的平均搜索时间，RVLC 需要通过在两个方向上的解码和搜索能力使索引开销量减半。

然而，RVLC 必须满足瞬时正向解码的前缀条件（如我们在第 7 章中所见）以及瞬时反向解码的后缀条件。也就是说，每个码字不得与较长码字的任何后缀重合。传统的 VLC（例如赫夫曼编码）只满足前缀条件，所以只能从左向右解码。举个例子，给定表 17.2 中的符号分布。输入 ACDBC，根据赫夫曼编码（表 17.2 中的 C_1 码），位流是 10010011101，但不能进行反向瞬时解码（从右到左），因为最后两位 10 可能是 "C"，也可能是 "D" 的后缀。

表 17.2 赫夫曼编码(C_1)、对称 RVLC(C_2)和非对称 RVLC(C_3)

符号	概率	C_1	C_2	C_3
A	0.32	10	00	11
B	0.32	11	11	10
C	0.15	01	101	01
D	0.13	001	010	000
E	0.08	000	0110	00100

为了保证前缀条件和后缀条件，我们可以使用完全由对称码字组成的 VLC，例如，表 17.2 中的第二行(C_2)。每个对称码显然是可逆的，则它们组成的位流也是可逆的。举个例子，ACDBC 会被编码成 00101010111101，在两个方向上都是唯一可解码的。与赫夫曼编码（平均码长 2.21）相比，这种对称的 RVLC 的平均码长稍长（2.44）。也可以构建更有效的非对称 RVLC（表 17.2 中的 C_3），平均码长为 2.37。尽管它仍然高于赫夫曼编码，但与双向解码的潜在益处相比，这些开销是可以接受的。

RVLC 已经在 MPEG-4 的第三部分使用。为了进一步帮助同步，MPEG-4 中使用了数据划分方案，将头信息、运动向量和 DCT 系数分到不同的包中，并在它们之间添加同步信息。这种方法也有利于不对等保护。

另外，还可以使用帧内自适应刷新模式，每个宏块基于其运动独立地编码为帧间或帧内的块，以有助于错误隐藏。块移动得越快，刷新频率就越高。也就是说，通常按照帧内模式编码。同步标记很容易被识别，特别适合处理能力有限的设备，比如手机和移动设备。

对于交互式应用程序，如果编码器可以使用反向信道，就可以根据反馈信息使用一些额外的错误控制技术。例如，根据实时带宽，接收方可以要求发送方降低或提高视频位率，这样可以处理因为拥塞造成的丢包。如果流是可扩展的，则它也可以控制增强层。H.263＋的 Annex N 规定接收方能够注意到参考帧中的错误，并请求编码器使用其他参考帧来预测——解码器已经正确重建的参考帧。遗憾的是，许多实时的流媒体应用程序有严格的延迟约束，或者在组播/广播的情况下，反向信道不一定可用。

3. 错误恢复熵编码

GOB、切片和同步标记的主要目的都是在解码端检测到错误后尽快重新建立同步。在H.263＋的 Annex K 中，切片的修复效果更好，因为它进一步限制了视频流可以在哪里进行同步。错误恢复熵编码（EREC），进一步实现了在每一个块之后进行同步，并且在切片头部或块组头部不会产生开销。这种错误恢复方式采用熵编码、变长宏块和重排机制。另外，它可以适度的降低级别。

EREC 采用几个块的编码位流并对它们进行重新排列，使所有块的开始都是固定的距离。尽管块可以是任意大小，也可以是我们期望同步的任意媒体，接下来的描述涉及视频中的宏块。算法过程如图 17.12 所示。

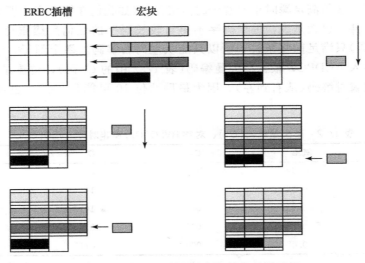

图 17.12 使用 EREC 进行宏块编码的示例

最初，固定长度的 ECRC 插槽（行）分配到的总位长等于（或者超过）所有宏块的总位长。插槽的个数等于宏块的数目，只是宏块的长度可变而插槽长度固定不变（大约等于所有宏块的平均位长）。如图 17.12 所示，如果总位数不是根据插槽的数量来均匀划分的，最后一个插槽（行）会比较短。

设 k 是宏块数，与插槽数目相等，l 是所有宏块的总位长，mbs[]是宏块，slots[]是EREC 插槽，则宏块编码过程如下所示。

程序 17.1　使用 EREC 的块编码

BEGIN
$\quad j=0;$

```
Repeat until l = 0
{
    for i = 0 to k-1
    {
        m = (i+j) mod k;
        // m 是对应于插槽 i 的宏块数;
        将尽可能多的数据位从 mbs[i] 移至 slots[m] (无溢出);
        sb = 成功移至 slots[m] 的位数 (无溢出);
        l = l-sb;
    }
    j = j+1;          // 向下对宏块移位
}
END
```

601

宏块移位到相应的插槽，直到宏块所有的位都已经分配好或者剩下的位装不进槽中为止。然后宏块下移，过程重复执行。

解码端工作过程则相反，它需要检测宏块何时读满。当所有的 DCT 系数都已被解码时，它通过检测宏块的结束（或者一个宏块的结束码）来实现这个功能。图 17.13 展示了对宏块进行解码的过程。

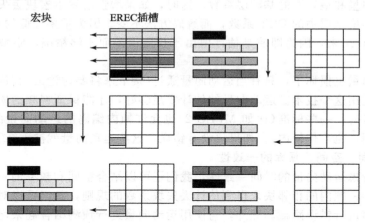

图 17.13　使用 EREC 对宏块解码的示例

插槽中的数据传输顺序是以行为主，也就是说，插槽 0 的数据首先被传输，然后是插槽 1，从左往右，依次类推。很容易看出这种技术对错误具有恢复能力。无论在什么地方出现损坏，即便在宏块的起始部分，我们仍然可以知道下一个宏块从何处开始，因为块与块之间有一个固定的距离。这种情况下，不需要同步标记，因此也不需要 GOB 层或切片（尽管我们仍然希望限制错误的空间传播）。

若宏块使用数据划分技术（如之前介绍的 MPEG-4 中使用的技术）和位平面划分技术进行编码，当接收有效数据时，位流中的错误对有效数据产生的破坏相对较小。显然，插槽末端的位发生错误传播的可能性要大于起始端的位。一般情况下，这也会减少非划分编码方式的视觉退化。这在错误严重的情况下，能够取得较好的降级效果。

602

17.3.4 错误隐藏

尽管做的所有的努力都是为了减少错误的发生并降低错误的影响，即使采用持续重传机制，错误还是会发生，然而这对于有延迟约束的媒体来说是不可行的。残留的错误会对视觉或听觉产生干扰。因此引入错误隐藏技术来估计解码端损失的数据，以便于减弱对视频和音频的负面影响。

错误隐藏技术应用于时间、空间、频域或者它们的结合。对于视频来说，这项技术使用时域上相邻的帧或空间上相邻的宏块。传输流编码器将视频包交织起来，以便在突发丢包的情况下，错误不会集中在一个地方，丢失的数据包也可以根据邻近数据包估计出来。

错误隐藏对于无线音频/视频通信来说很有必要，因为无线传输比有线传输的错误率要高，甚至比添加适当位保护的传输错误率还要高。此外，根据不同的移动性和天气状况，错误率的波动更加频繁。由于丢包或接收数据出错而引起的解码错误，在分辨率有限和屏幕较小的设备上更容易被发现。如果宏块比较大，以便于在低的无线位率下达到较高的编码效率，这种情况会特别明显。这里，我们总结了一些视频中常见的错误隐藏技术[22]。

1. 处理丢失的宏块

这种简单有效的技术可以用在 DCT 块损坏但是运动向量被正确接收的情况下。假设没有预测误差，丢失的块系数可以从参考帧中估计出来。这种假设是合理的，因为运动补偿视频的目的就是最小化预测误差。这样丢失的块就可以使用参考帧中的块来临时替代。

如果视频可扩展，那么效果会更好。在这种情况下，我们假设基础层已正确接收到，并且包含运动向量和最重要的基础层系数。这时，如果增强层发生宏块丢失，利用基础层的运动向量替换增强层中的 DCT 系数，而解码方法不变。因为重要性低的系数（如较高频率系数）已经估计出来，因为即使是估计值由于预测误差而不够精确，隐藏效果仍然比非扩展情况更好。

如果运动向量也损坏了，只有当运动向量通过（接下来将要讨论的）其他隐藏技术估计出来时，才能使用这个技术。运动向量的估计要足够好，才能保证视频的质量。为了在帧内使用这种技术时，一些标准（比如 MPEG-2）也允许帧内编码的运动向量的获取（即，既把它们当作帧间，也当作帧内）。如果块没有错误，这些运动向量就被丢弃了。

2. 结合时间、空间、频率的一致性

除了仅仅考虑运动向量的时间一致性，我们还可以结合空间和频率的一致性。通过接收到的系数和同一帧内的相邻块来得到估计丢失块系数的规则，我们可以对帧内和运动向量已经损坏的帧进行错误隐藏。此外，与使用运动向量进行预测结合起来可以让我们更好地估计预测错误块。

通过最小化块与相邻块的平滑函数的错误，我们可以从空间上预测丢失的块系数。简单起见，平滑函数定义为块中相邻像素对的平方差的和。函数的未知量就是缺失的系数。在运动向量信息可用的情况下，预测的光滑度也加入到目标函数中，以最小化函数值，并赋予期望权重。

上述这种简单的平滑方法也有问题，即把边缘也平滑了。我们可以尝试通过增加平滑标准的阶数（从线性到二次或者三次）来达到更好的效果。这样就有可能增加边界重建和边界方向上平滑的可能性。在更大的计算消耗下，我们可以采用一种边界适应的平滑方法，最先确定块内的边界，并禁止穿越边界的平滑。

3. 高频系数的频率平滑

虽说人类视觉系统对于低频更敏感，但在不该出现的地方看到棋盘格图形也是难以接

受的。这种现象发生在高频系数被赋予过高值的时候。如果高频系数被损坏，最简单的补救办法就是将高频系数设置为 0。

如果相邻块的频率是相关的，就可以在频率域中估计丢失的系数。我们通过相邻四个块的相同频率系数作为插值来估计块中丢失的频率系数。只有当图像是规则模式时，这种方法才对高频有效。遗憾的是，这通常不适用于自然图像，所以大部分情况都是将高频系数设置为 0。时间预测错误块在所有频率下的相关度甚至都更小更低，因此这种方法只能适用于帧内。

4. 运动向量丢失的估计

运动向量丢失会使整个预测块的解码无法完成，因此估计运动向量也是很重要的。最简单的估计丢失运动向量的方法就是将其设置为 0。这种方法只在运动很小的情况下效果较好。一个更好的方法是检查参考宏块和相邻宏块的运动向量。假定运动是一致的，可以将参考帧中相关宏块的运动向量作为被损坏块的运动向量。

同样，假设持续运动的对象包含有多个宏块，则损坏宏块的运动向量就可以由接收正确的相邻块的运动向量的插值得到。典型的简单插值方案有加权平均和中位数。同样，运动向量的空间估计可以与使用加权和的参考帧估计结合使用。

17.4 移动性管理

移动性是无线便携设备的另一个显著特征。传统的 TCP/UDP/IP 网络最初设计适用于固定端之间的通信。因此移动性设备的支持问题一直都是互联网领域的研究热点，特别是近年来移动终端设备的数量急剧增加[23,23]。在图 17.14 中展示了设备和用户移动的范围和速度。

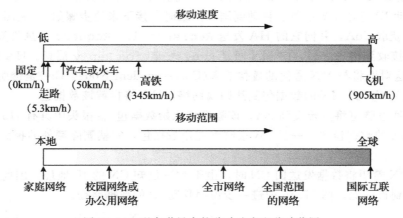

图 17.14 现实世界中的移动速度和移动范围

现代无线接入的广泛普及使得在生活中任何时候任何地点都可以进行网络连接。这促使网络运营商部署移动性管理协议，以实现无处不在的访问。从一个网络运营商/管理员的视角来看，网络通常覆盖由多个子网络组成的大型地理区域（或管理区域）。网络中用户的移动性大致分为以下三类：

- 微移动（子网内的移动），在子网内移动。
- 宏移动（域内移动），在不同的子网之间移动。
- 全局移动（域间移动），在不同的地理区域间移动。

域间移动意味着更长的时间尺度，其目的就是在移动后保证移动设备重新建立通信而不是保持之前的连接。早期的移动 IP 研究已经解决了简单的域间移动问题，如计算机从一个网络中拔出，转移到另一个网络后可以重新插入。在现代无线移动网络的支持下，如 3G/4G 和 WLAN，使得移动性更加频繁和复杂。因此，保证子网内和域内移动期间的持续连续和无缝连接，以及安全的身份验证、授权和准确计费是非常重要的。短的时间尺度需要多层的共同努力。对于希望在移动过程中不间断数据传输的流媒体应用，这就更复杂了。

为了避免通信中断，就需要切换管理，即，当移动终端从一个网络接入点移动到另一个接入点时要能够保持其有效连接。支持移动性的另一个重要功能就是位置管理，即跟踪移动终端的位置，并提供基于位置的服务，如搜索用户附近相关的媒体内容等。

17.4.1　网络层移动 IP

我们从网络层支持域间移动性，开始讨论移动性管理。基于此目的应用最广泛的协议就是移动 IP，其最初的版本是由 IETF 于 1996 年发布的。随后 IETF 又分别在 2002 和 2004 年发布了移动 IPv4（RFC 3220）和移动 IPv6（RFC 3775）标准。这两个标准在细节上有一定的差异，但整体架构和高层的设计是几乎相同的。

移动 IP 提供的关键支持是给一个移动主机分配两个 IP 地址：本地地址（Home Address，HoA）表示移动节点（Mobile Node，MN）的固定地址；转交地址（Care-of-Address，CoA）随着 MN 当前连接的 IP 子网而变化。每个移动节点在其归属网络中都有归属代理（Home Agent，HA）。在移动 IPv4 协议中，MN 当前所连接的国外网络应该具有国外代理（Foreign Agent，FA），在 IPv6 中替换为接入路由器（Access Router，AR）。移动节点从它当前 FA 或者 AR 获得 CoA。

当一个移动节点 MN 在其归属网络中时，它就像该网络中其他固定节点一样，没有其他特殊的移动 IP 特点。当该节点移动到国外网络时，接下来的步骤如下（见图 17.15）：

1）MN 获取 CoA，并向它的 HA 发送 Registration Request 消息告知新地址。

2）HA 接收到消息之后，向 MN 回复 Registration Reply 消息。HA 保留 MN 的绑定记录，这对即将与 MN 通信的通信节点（Correspondent Node，CN）是透明的。

3）一旦从 CN 到 MN 的数据包到达归属网络，HA 将拦截该数据包。

4）HA 通过隧道将其转发到 FA，该隧道将原始数据包（在报头中具有 HoA）封装到报头中具有 CoA 的数据包中。一旦 FA 接收到隧道数据包，它就删除额外的报头并将其传递给 MN。

5）当 MN 希望将数据发送回 CN 时，由于 MN 已知 CN 的 IP 地址，因此数据包直接从 MN 发送到目的地。图 17.16 中进一步说明移动 IP 的数据路径。

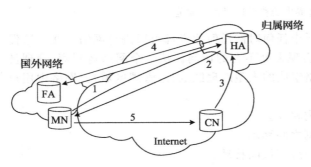

图 17.15　移动 IP 中的操作

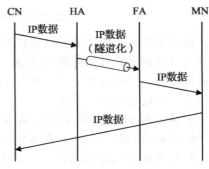

图 17.16　移动 IP 中的数据路径

这样实现很简单，由 MN、HA 和 CN 组成一个三角路由，MN 与 CN 之间的通信需要经过 HA 的隧道。当 MN 和 CN 很近时就会非常高效。极端情况下，当 HA 很远时，MN 和 CN 也可以在同一个网络。为了减轻三角路由，CN 也可以保持着与移动的 HoA 和 CoA 匹配，从而可以不经过 HA 直接将数据包发送给移动端，在这种情况下，就要求移动节点能够向它的 CN 实时更新 CoA。

即使使用路由优化，当 MN 频繁改变网络接入点或者 MN 的数量急剧增加时，移动 IP 仍会产生延迟增加、包丢失和信令等明显的网络开销。分层移动 IP（Hierarchical MobileIP，HMIP）（RFC 4140）是移动 IP 的一个简单扩展，通过使用移动锚点（Mobility Anchor Point，MAP）来处理 MN 在本区内的移动从而提高性能。MN（如果支持 HMIP）获得区域 CoA（Regional CoA，RCoA）后，将其注册到 HA 作为当前的 CoA；RCoA 则是移动 IP 中移动设备的定位器，也是 HMIP 中使用的区域标识。与此同时，MN 从它所连的子网络获取本地 CoA（Local CoA，LCoA），当该 MN 在区域中移动时，只通过其 RCoA 和 LCoA 之间的映射更新 MAP。这样，通过减少更新频率来减轻 HA 的负担。MN 与 MAP 之间更短的延迟也缩短了响应时间。

17.4.2 链路层切换管理

当移动设备改变其无线电信道以最小化在相同 AP 或 BS 下的干扰（称为蜂窝内切换）或当其移动到相邻蜂窝（称为蜂窝间切换）时，发生链路层切换。在 GSM 通信中，如果存在强干扰，可以为移动设备改变频率或时隙，以保持其链接到相同的 BS 收发器。针对蜂窝间的切换，有两种实现类型，即软切换和硬切换。

1. 硬切换

如图 17.17 所示，当移出蜂窝的 MN 在连接到新的 BS 之前感知到现有 BS 的信号强度低于阈值时触发硬切换。MN 一次只占用一个信道：只有当目标蜂窝的信道被占用时才会释放源蜂窝中的信道。因此，在与目标蜂窝建立连接之前或与目标建立连接时，中断终端与源蜂窝的连接。由此，硬切换也称为先断后合。为了降低该事件的影响，操作时间必须很短，几乎不会引起用户可察觉的会话中断。在早期的模拟系统中，切换时可以听见一个点击声或非常短暂的响声，在现代的数字系统中通常不会被注意到。

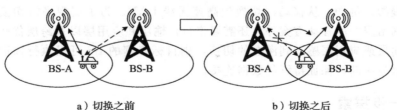

a）切换之前　　　　　　　　b）切换之后

图 17.17　硬切换示例，在切换之前，移动节点连接到 BS-A，当朝着 BS-B 移动时，信号强度变弱。在某一个特定的时间，当 BS-B 的信号强度变强且超过一个阈值（BS-A 变得非常弱）时，硬切换会做出决策，即，中断与 BS-A 的连接，然后建立与 BS-B 的连接

硬切换的实现相对比较简单，因为硬件不需要同时接收两个或者多个并行信道。在 GSM 系统中，移动终端向 BS 报告信号强度，BS 则做出相应的决定。通过信息交换，BS 也可以知道附近蜂窝中有哪些可以使用的信道。当网络决定移动终端需要切换时，它就给移动终端分配新的信道和时隙并告知 BS 和移动终端。

然而，如果硬切换失败，正在进行的会话也会受到临时干扰。重信建立连接时，用户就会感知到，并且有时重建失败，会导致该会话异常终止。当移动终端停留在两个 BS 之间时，会来回反弹，导致 ping-pong 现象。

2. 软切换

在软切换中，源蜂窝中的信道被保留并与目标蜂窝中的信道并行使用一段时间。在这种情况下，在中断与源蜂窝的连接之前就与目标建立连接。这种间隙（并行使用两种连接）是短暂而有用的。因此，软切换也称为先合后断，网络工程师将其视为一种通话状态而不是硬切换中的即时事件。

软切换的一个优点就是只有当与目标蜂窝建立稳定可靠的连接后才会中断与源蜂窝的连接，这就大大降低了因硬切换失败导致会话异常中断的概率。一个软切换可能会与两个或者多个蜂窝同时产生连接，其中最好的信道可以在给定时刻用于呼叫，或者所有的信号可以组合以产生更清晰的信号副本。因为不同信道的衰减和干扰不是必然相关的，在同一时间所有信道都发生同样事件的概率很低，因此连接的可靠性就变高了。

软切换允许平滑切换，这对于连续媒体数据流是至关重要的。该优点以设备中更复杂的硬件为代价，使其能够并行地接收并处理多个信道。在 CDMA 或 WCDMA 中，可以通过在不同的物理信道上使用不同的传输码来实现。

3. 垂直切换

在不同类型网络之间存在一种更有趣更复杂的切换，即垂直切换[25]。一个典型的例子就是在 Wi-Fi 和移动网络之间，前者快并且更便宜，后者覆盖范围更广泛。因此可以结合它们的优势[26]实现切换。

一个典型的垂直切换包括三步：系统发现（system discovery）、切换决策（handoff decision）和切换执行（handoff execution）。在发现阶段，移动终端决定哪些网络可以使用。这些网络会告知所支持的数据速率和 QoS 参数。在决策阶段，终端决定是继续保持与当前网络的连接还是切换到目标网络。决策取决于不同的参数或指标，包括应用的类型（会话或者单向流）、应用程序要求的最小带宽和延迟、传输功率和用户偏好等。在执行阶段，移动终端的连接以无缝的方式从当前网络切换到目标网络。

3G 网络支持多媒体传输，其位率范围为 384 kbps（用于快速移动）到 2Mbps（用于缓慢移动），4G 网络可以实现 100Mbps 的更高速率。它还允许在多个具有垂直切换的网络之间进行全局漫游。例如，从移动网切换到高速无线 LAN。为了实现平滑切换，除了在数据链路层和网络层中的移动方案外，还需要来自传输层和应用层以及跨层优化的支持。例如，如果传输层或应用层感知到潜在的切换，则目标蜂窝的 BS 可以执行预取，这样可以避免潜在的服务中断，保证持续的数据连接。

17.5　进一步探索

Rappaport [1]、Goldsmith [27]、Tse 和 Viswanath [28]提供了更复杂深入的无线通信基础教程。Viterbi [5]提供了关于扩频的分析以及 CDMA 的基础。Wang 等[29]对视频通信中的错误控制问题进行了深入讨论。

17.6　练习

1. 在 TDMA 系统的实现中（如 GSM），仍然使用将分配的载波频谱划分成更小的信道的 FDMA 技术。为什么这是必要的？
2. 回看图 17.4 中移动网络的几何布局，图中假设蜂窝是六边形，平面是对称的（即在不同蜂窝上分割频谱的方案是一致的），重用因子为 $K = 7$。根据蜂窝的大小和无线电的干扰，重用因子可能不一样。如果依然采用六边形蜂窝，所有可能的重用因子能得到一个对称的平面吗？哪些能够得到？你能推导出一个关于可能的重用因子的公式吗？

3. 考虑当移动终端在不同蜂窝之间移动时发生的硬切换和软切换：

　　(a) 为什么 CDMA 可以软切换，有可能在 TDMA 或者 FDMA 中实现吗？

　　(b) 在多媒体数据流中，哪种切换更好？

4. 本章中所讨论的信道分配方案大部分是固定的信道分配方案。设计一种动态分配方案来提高蜂窝网络的性能，请提出这样一种动态分配方案。

5. 如图 17.2 所示，Gilbert-Elliott 的两状态马尔可夫模型已被广泛应用于模拟无线错误。

　　(a) 给定 p_{00}、p_{11}、p_{10} 和 p_{01} 的状态转换概率，分别计算出无限信道在状态 0 和状态 1 时的稳态概率 P_0 和 P_1。

　　(b) 写一个简单的程序模拟该进程，并运行足够长的时间，计算误差脉冲串的平均长度。讨论它如何影响多媒体数据传输。

6. 假设有一个信号不会急剧衰减的无线网络，即在该网络覆盖范围内，信号是足够强的。然而该信号可以被物理障碍阻挡。这个网络会有隐藏终端问题吗？简要解释你的答案。

7. 在现代网络中，传输层和链路层都实现了错误检测机制，为什么在传输层协议（即 TCP）假设网络的较低层不可靠并且试图通过错误检测和重传来保证可靠的数据传输的情况下，仍然需要链路层的错误检测？提示：考虑性能提升。

8. 讨论二维奇偶校验的错误检测和校正能力。

9. 计算下列信息的网络校验和：10101101 01100001 10001000 11000001。

10. 考虑循环冗余校验：

　　(a) 假设关键字 K 是 1001，消息 M 是 10101110。什么是 CRC 宽度（位）R？R 的值是多少？给出详细计算过程。

　　(b) 证明 $M \cdot 2^r \oplus R$ 能被 K 完全整除，并用 M、K 和 R 的值进行验证。

611

11. 讨论为什么交叉会增加解码延迟？如果损失是均匀分布的，交叉是否有效？

12. H.263+ 和 MPEG-4 采用 RVLC，哪一个允许从同步标记的前后两个方向来解码？

　　(a) 为什么首选双向解码？

　　(b) 为什么更有利于无线信道传输？

　　(c) 可逆解码需要什么条件？以下两组码是否可逆：(00, 01, 11, 1010, 10010)，(00, 01, 11, 1010, 10010)？

　　(d) 为什么 RVLC 通常应用于运动向量？

13. 给出两种针对无线信道上音频流的错误隐藏方法。

14. 如图 17.14 所示，用户和设备移动在范围和速度上具有广泛性。讨论不同移动情景下面临的挑战和可能的解决方案。

15. 为了缓解三角路由，CN 也可以保持 HoA 和 CoA 之间的映射，并相应地将数据包封装直接发给移动端，而不需要经过 HA。

　　(a) 在什么情况下，直接路由效果最好？

　　(b) 讨论直接路由方案可能存在的问题。

　　(c) 提出一种新的方案来解决三角路由问题。讨论其优点和缺点。

参考文献

1. T.S, Rappaport, *Wireless Communications: Principles and Practice*, 2nd edn. (Pearson Education, Upper Saddle River, 2010)
2. H.-S. Wang, N. Moayeri, Finite-state markov channel-a useful model for radio communication channels. IEEE Trans. Veh. Technol **44**(1), 163–171 (1995)
3. E.N. Gilbert, Capacity of a burst-noise channel. Bell Syst. Tech. J. **29**, 147 (1960)
4. M. Rahnema, Overview of GSM system and protocol architecture. IEEE Commun. Mag. **31**(4), 92–100 (1993)
5. A.J. Viterbi, *CDMA: Principles of Spread Spectrum Communication* (Addison Wesley Longman, Redwood City, 1995)
6. M. Baker, From LTE-advanced to the future. IEEE Commun. Mag. **50**(2), 116–120 (2012)
7. C. Zhang, S.L. Ariyavisitakul, M. Tao, LTE-advanced and 4g wireless communications. IEEE Commun. Mag. **50**, 102–103 (2012)
8. M.2134 - requirements related to technical performance for IMT-advanced radio interface(s). Technical report, ITU-R (2008)
9. Agilent Technologies, M. Rumney, *LTE and the Evolution to 4G Wireless: Design and Measurement Challenges* (Wiley, 2013)
10. J. Burkhardt et al., *Pervasive Computing: Technology and Architecture of Mobile Internet Applications* (Addison Wesley Professional, 2002)
11. E. Perahia, R. Stacey, *Next Generation Wireless LANs: 802.11n and 802.11ac* (Cambridge University Press, New York, 2013)
12. L. Harte, *Introduction to Bluetooth*, 2nd edn. (Althos, 2009)
13. Third Generation Partnership Project 2 (3GPP2). Video conferencing services - stage 1. *3GGP2 Specifications*, S.R0022 (2000)
14. Third Generation Partnership Project (3GPP). QoS for speech and multimedia codec. *3GPP Specifications*, TR-26.912 (2000)
15. A. Houghton, *Error Coding for Engineers* (Kluwer Academic Publishers, Boston, 2001)
16. T.K. Moon, *Error Correction Coding: Mathematical Methods and Algorithms* (Wiley-Interscience, 2005)
17. J.F. Kurose, K.W. Ross. *Computer Networking: A Top-Down Approach*, 6th edn. (Pearson, New York, 2012)
18. E.K. Wesel, *Wireless Multimedia Communications: Networking Video, Voice, and Data* (Addison-Wesley, Reading city, 1998)
19. K.N. Ngan, C.W. Yap, K.T. Tan, *Video Coding For Wireless Communication Systems* (Marcel Dekker Inc, New York, 2001)
20. Y. Takishima, M. Wada, H. Murakami, Reversible variable length codes. IEEE Trans. Commun. **43**(2–4), 158–162 (1995)
21. C.W. Tsai, J.L. Wu, On constructing the Huffman-code-based reversible variable-length codes. IEEE Trans. Commun. **49**(9), 1506–1509 (2001)
22. Y. Wang, Q.F. Zhu, Error control and concealment for video communication: a review. Proc. IEEE **86**(5), 974–997 (1998)
23. D. Le, X. Fu, A review of mobility support paradigms for the Internet. IEEE Commun. Surv. Tutorials **8**(1), 38–51 (2006)
24. D. Saha, A. Mukherjee, I.S. Misra, M. Chakraborty, Mobility support in ip: a survey of related protocols. IEEE Netw. **18**(6), 34–40 (2004)
25. J. McNair, F. Zhu, Vertical handoffs in fourth-generation multinetwork environments. IEEE Wireless Commun. **11**(3), 8–15 (2004)
26. J. Sommers, P. Barford. Cell vs. wifi: on the performance of metro area mobile connections. In Proceedings of the 2012 ACM Conference on Internet Measurement Conference (IMC '12), pp. 301–314, New York, 2012
27. A. Goldsmith, *Wireless Communications*. (Cambridge University Press, 2005)
28. D. Tse, P, Viswanath, *Fundamentals of Wireless Communication* (Cambridge University Press, New York, 2005)
29. Y. Wang, J. Ostermann, Y.Q. Zhang, *Video Processing and Communications* (Prentice Hall, Upper Saddle River, 2002)

第四部分

Fundamentals of Multimedia，Second Edition

多媒体信息共享和检索

　　2004 年末，Web2.0 正式推出。在过去的十年中，许多新兴技术为其发展做出了重要贡献。Web2.0 提供的高级交互功能可以使用户创作和分享内容，相对于仅仅只能获取信息的 Web1.0 来说是巨大的变革和进步。如今，像 YouTube、Facebook 和 Twitter 这样基于 Web2.0 的社交媒体网站已经彻底改变了内容分发的格局，融入了人们的日常生活。

　　与此同时，数据中心和机器虚拟化的出现推动了云计算的普及。受云中丰富的资源和按需"即付即用"的模式的吸引，越来越多的多媒体服务托管到了云计算的平台上。例如，著名的视频服务提供商 Netflix 使用亚马逊的云服务；索尼公司新推出的 PlayStation 游戏机也由云计算提供技术支持，可以处理许多计算密集型的多媒体处理任务，如向远程服务器进行 3D 渲染、解除本地控制台固有的硬件和软件限制。

　　自动分析和检索大量的由社交媒体和云计算支持的用户生成的多媒体数据，获取语法和语义上有意义的内容，也是近年的研究热点之一。在传统的基于文本的搜索的基础上进一步寻求解决方案，识别出冗余内容甚至是盗版内容，是内容分享网站媒体管理的关键问题之一。在本部分中，我们主要探讨 Web2.0 时代的多媒体信息共享和检索服务的挑战和解决方案。在第 18 章中，我们介绍社交媒体的特征及其影响。在第 19 章中，我们介绍云辅助的多媒体计算和内容共享。在第 20 章中，我们介绍多媒体内容检索。

社交媒体分享

社交媒体指一系列以 Web2.0 的思想和技术为核心的基于互联网的应用，允许用户创建和交换自己创作的内容[1]。这些社交媒体服务将丰富的图形用户界面（GUI）和多媒体内容相结合，使得内容的创作、分享和可扩展通信顺利进行。与传统媒体相比，社交媒体在组织方式、社区构成和沟通方式等方面有着翻天覆地的变化。总的来说，新一代社交媒体的成功得益于 Web2.0 的两个显著特点：

- **用户自创内容**。社交媒体中的内容都是由网络中的普通用户创作的，大量的用户成为内容发布者，使得网络内容不断丰富和多样。
- **用户活跃互动**。用户之间彼此联系，使得沟通和互动稳步增长。在此基础上建立的社交网络保障了用户的直接联系，促进了内容的快速传播。

近年来，不同类型的社交媒体服务大量涌现，包括用户创作内容分享（YouTube）、在线社交网络（Facebook）、问答社区（Ask）或协同编辑式百科（Wikipedia）等。在这些社交网络中，内容之间、用户之间彼此互联，信息以资源、博客、图片和视频等形式快速分享。

随着无线移动网络的普及和智能移动设备以及相关市场应用的发展，人们可以随时随地浏览和创作社交媒体内容。根据 YouTube 发布的统计数据，每天大约有六百万次（占总人数比约 40％）的视频由移动终端播放。这种包括创作、配置和传播各个环节在内的新兴社交媒体正在取代传统媒体并成为主流，家喻户晓的网络明星比比皆是，而这一切无时无刻不在改变着我们的日常生活。

在本章，我们将介绍这些迅猛发展的新兴技术，特别是分享多媒体内容的社交媒体服务。首先，我们列举两种重要的社交媒体服务：用户创作内容分享和在线社交网络，并以 YouTube 为例分析其特点。然后，我们对社交媒体中的内容传播现象展开讨论。最后，我们分析特性并讨论如何优化网络中的分享行为。

18.1 典型的社交媒体服务

在这里，我们首先对两种重要的社交媒体服务和它们各自的典型特征做简单的介绍。

18.1.1 用户创作内容分享

在如今的社交媒体中，用户创作内容（user-generated content，UGC）是不可或缺的关键服务。这些作品以文本、音频、图片、视频等多媒体的形式存在，依托免费软件、灵活授权以及相关许可等开放资源，进一步降低了用户协作、技能培养和内容探索的门槛。在诸多类型的媒体形式中，视频由于其数据量更大、播放时间更长、带宽要求更高，所以有相对较高的创作要求和传播难度。

在传统的视频点播和直播服务中，视频由发行商提供并保存在服务器中，之后再传输给用户。而对于新兴的分享式社交媒体（如 YouTube），通过集成 Web2.0 中添加和分享的功能，用户可以自己创作视频并直接供其他用户观看。

YouTube 创建于 2005 年，是迄今为止最成功的视频分享网站。其注册用户可以自己上传视频，并且能够方便地观看、分享他人的视频。作为发展最为迅猛的社交媒体之一，早在 2006 年，YouTube 每天要处理超过 1 亿部视频。截至 2013 年 12 月，其月度访问用户高达 10 亿，而月度视频播放总时长超过了 60 亿小时，这相当于地球上每个人都观看了 1 小时的视频。此外，其用户遍布 61 个国家，使用 61 种语言，其中近八成为非美国本土用户。大量同样类型的网站（如 Vimeo、Youku 和 Tudou）也获得了极大的成功，这进一步说明了大众市场对于用户创作式的视频分享网站有浓厚的兴趣。

18.1.2　在线社交网络

在线社交网络提供了一个基于互联网的社交平台，人们通过这个平台与真实世界中的朋友、同学、同事或有共同兴趣的人进行社交互动。

创建于 2004 年的 Facebook 就是这样一个主流的在线社交网站。截至 2013 年 11 月，Facebook 在全世界范围内总计有 11.9 亿活跃用户，其中日活跃用户达到了 7.28 亿。在 Facebook 上，人们以更新状态、上传照片、评论或点赞等方式来进行社交互动。每天，Facebook 能够产生 45 亿个赞或评论、有近 3 亿张图片被上传。同时开发者们基于 Facebook 提供的 API 推出了大量的游戏与应用，使社交互动更添乐趣。

Twitter 代表另一种社交媒体类型微博，即博客的精简而快捷的版本。在这里，用户可以发布不超过 140 字的文本消息，称为 tweet，并允许链接图片或视频等更丰富的媒体内容。通过关注朋友或感兴趣的账号（如新闻机构、明星、品牌或各种组织），用户能够获取实时的消息通知，并且通过转发机制来进一步扩散。Twitter 同样开放了 API 供开发者使用，大量的特别是针对移动用户的应用推出，使人们可以更加方便地发布和浏览消息。

Twitter 和 Facebook 的一个重要的共同点就是，他们都支持诸如图片、音频或视频等形式的媒体对象在用户间传播。无论这些信息是否存储在其服务器中，多媒体对象的传播都可以进行。目前，Twitter 已经对移动用户提供 Vine 服务，使他们可以在移动设备上创作和发布视频作品。Vine 用户可以通过应用相机来创建一个至少六秒的短视频，并允许用户将其发布在各个社交网络上。

18.2　用户创作式的媒体内容分享

用户创作式的社交媒体彻底改变了传统媒体的内容生成与访问机制，但同时也对服务器和网络管理带来了前所未有的挑战。了解这种社交媒体的特征对于网站流量管理和服务器的可持续发展至关重要。下面我们以 YouTube 为例来分析用户创作内容式社交网络的典型特征。

18.2.1　YouTube 视频格式与元数据

YouTube 视频播放技术基于 Adobe's Flash Player，这使其视频质量能够不低于现今主流的视频播放技术（如 Windows Media Player、QuickTime 或 Realplayer）。用户可上传多种格式的视频文件，YouTube 可以将上传视频统一转换成 .FLV 格式。事实上，使用统一的且易于播放的数据格式是 YouTube 成功的关键因素之一。YouTube 早期使用的是 H.263 视频编码器，在 2008 年年底开始使用 H.264 编码器并引入高清模式，使视频具有更好的观看体验。在第 16 章的图 16.2 中罗列了所有 YouTube 使用过的音频/视频格式。

对于每个视频，YouTube 都分配了由 0～9、a～z、A～Z、一和 _ 字符组成的 11 位的唯一编号。此外，每个视频都包含固定格式的元数据信息，包含视频编号、上传者用户名、上传日期、视频类型、视频长度、观看人数、评分数量、评论数量和相关视频列表。

相关视频列表的选择是由当前视频的上传者决定的。通常，YouTube 会根据视频上传者添加的标题、描述和标签等信息，为上传者列出具有相近含义的视频，并按照相关程度排序。YouTube 每页最多显示 20 部相关视频，当向下滚动时则会显示更多。视频上传者可以从 YouTube 推荐列表中为自己上传的视频选择相关视频列表。表 18.1 列举了某部视频的元数据形式与其每部分所代表的意义。

18.2.2　YouTube 视频特点

目前已有大量针对传统媒体服务器负载的研究，例如根据视频流行程度和访问地点[2,4,5]来布置视频在服务器中的存储。然而，这些策略在 YouTube 式的社交媒体中却并不适用，这是因为大部分 You-Tube 中的视频与传统媒体中的视频有着完全不同的特点，例如视频时长和用户访问方式等。造成这种不同的原因是，传统媒体中的视频通常为影视作品或电视节目——既非普通用户所创作，也不是通过社交关系来传播。下面对用户创作式社交媒体与传统媒体中视频的特点进行分析。

表 18.1　YouTube 视频元数据及含义举例

编号	YiQu4gpoa6k
上传者用户名	New AgeEnlightenment
上传日期	August 08，2008
视频类型	Sports
视频长度	270s
观看人数	924 691
评分数量	1039
评论数量	212
相关视频	Rilh2_jrVjU，0JdQlaQpOuU，…

1. 视频种类

在 YouTube 中，用户在上传视频时需要为其选择分类信息。表 18.2 罗列了 YouTube 所提供的 15 种视频内容种类以及数量比例统计。表中的数据统计来自一个包含 500 万部 YouTube 视频、时间跨度为 1.5 年的数据集[3]。各类型视频的分布从所占比例上来看极不均匀，例如排名第一的娱乐类视频占总数的 25.4%，音乐类以 24.8% 紧随其后。而这两类的视频就占据了总视频数量的一半，这表明 YouTube 是一个以娱乐性为主的网站。表中的不可用类指的是由于隐私或不适当内容等原因无法获得元数据的视频；已移除类则指的是已被上传者或管理员删除，但仍保留链接的视频。

表 18.2　YouTube 视频种类

排名	视频种类	数量	百分比
1	娱乐	1 304 724	25.4
2	音乐	1 274 825	24.8
3	喜剧	449 652	8.7
4	人物传记	447 581	8.7
5	电影和动画	442 109	8.6
6	体育	390 619	7.6
7	新闻和政治	186 753	3.6
8	车辆	169 883	3.3
9	常识	124 885	2.4
10	动物	86 444	1.7
11	旅行	82 068	1.6
12	教育	54 133	1.1
13	科学	50 925	1.0
14	不可用	42 928	0.8
15	公益	16 925	0.3
16	游戏	10 182	0.2
17	已移除	9131	0.2

2. 视频时长

视频的时长是 YouTube 视频与传统视频的最典型区别。传统媒体中视频多为影视作品或电视节目，例如 HPLabs Media Server[4] 和 OnlineTVRecoder[5] 中的视频时长大多为 1 到 2 小时。然而，YouTube 中大多为较短的剪辑视频，时长小于 1 分钟的视频数量约占总数量的 98%。虽然 YouTube 已经将时长上限从一开始的 10 分钟提高到了现在的 15 分钟，并取消了对某些用户上传视频的时长限制，但短视频依然是 YouTube 视频的主要组成部分。

图 18.1 使用直方图和累积分布函数（CDF）来描述 YouTube 中不同时长（700 秒内）视频的数量分布。图中总计出现了三个峰值。第一个峰值出现在时长 1 分钟的区间，约 20.0%，证明 YouTube 是一个以短视频为主的网站；第二个峰值介于 3～4 分钟，大约包含了 17.4% 的视频。而通过图 18.2 可得知该时长内的视频主要由音乐类视频构成，即 YouTube 中的第二大类。第三个峰值趋近 10 分钟，这是因为 You-Tube 早期视频时长上限为 10 分钟。

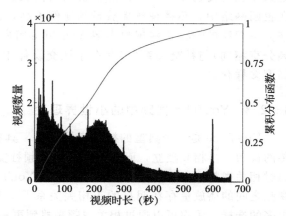

图 18.1　YouTube 视频时长的直方图与累积分布函数

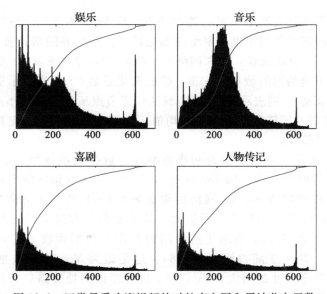

图 18.2　四类最受欢迎视频的时长直方图和累计分布函数

图 18.2 分别统计了四类最流行视频的时长。其中，娱乐类在分布上基本与图 18.1 相同，而音乐类视频则在 3 至 4 分钟呈现峰值（约占该类视频的 29.1%）。至于喜剧类和人物传记类，2 分钟左右的视频占据了大部分（分别占 53.1% 和 41.7%），这可能是与精彩片段式剪辑相对应。

621
～
622

3. 访问模式

用户创作式视频在时长上要远远短于传统影视作品。也正因如此，YouTube 的视频能够以较少的投入获得较快的产出[6]。同时人们发现，前10％的视频拉动了80％的观看量，表明 YouTube 视频观看量已经高度偏向流行视频。由于仅有少量的流行视频被频繁访问，意味着 YouTube 代理缓存有较高的命中率。

然而大多数用户并不会完整观看整部视频，约60％的视频平均播放20％的时长，这种现象在移动设备用户中尤为突出[7]；同时仍有10％的视频会被人们反复观看[8]。在进一步的研究中，YouTube 视频被分为热播、版权和随机视频，其中版权视频的播放量大多在上传初期获得，而热播视频的播放量则会在某段时间突然爆发式增长[9,10]。但在校园网络中，热播视频播放量的比例不高，这大概是因为用户是基于密切的社交关系来分享视频的[8]。这些现象表明 YouTube 用户的观看行为受到视频质量（这点与传统视频分享相同）与社交关系（仅存在于社交媒体中）两方面因素的影响，并且观看模式呈现高度多样化。

18.2.3　YouTube 视频中的小世界理论

YouTube 是一个典型的社交媒体网络，具有庞大的社区和完善的组织结构，使得上传的视频不再相互独立，而这是新兴的视频社交媒体所独有的特点。除了借助搜索引擎，通过相关视频来发现更多的视频已经成为 YouTube 类 UGC 网站最重要的播放来源，相关视频之间的播放量存在明显的正相关关系[10]。同时，这种发现视频的方式为用户提供了更多的选择，用户可以通过相关视频来找到更多感兴趣的视频，而不仅仅是通过首页热门视频来发现视频。

小世界网络现象是社交网络中最有趣的特点。从1967年 Milgram[11] 提出著名的六度分离理论起，人们即开始了对小世界网络的理论研究。小世界网络具备随机网络⊖和规则网络⊖的双重特点[13]。具体来说，定义网络 $G=(V, E)$，聚集系数 C_i 表示节点 $i \in V$ 存在的边的数量与所有可能的边的数量的比值，G 的聚集系数 $C(G)$ 则表示所有节点的平均聚集系数。特征路径长度 d_i 则表示节点 $i \in V$ 到达任意节点所需要的最小步数的平均值。同理，$D(G)$ 表示所有节点特征路径长度的平均值。作为小世界网络，应具备较大的聚集系数和较小的特征路径长度。

对于 YouTube 来说，将视频作为网络的节点，数据集中视频与相关视频的关系则可看作两个节点之间的有向边。图18.3a 展示了 YouTube 视频网络中聚集系数与数据规模的映射关系。可以看出 YouTube 网络的聚集系数（0.2到0.3之间）远高于随机网络（几乎为0）。另外，随着数据集的不断扩大，聚集系数呈缓慢下降趋势，这也是小世界网络应有的现象[14]。图18.3b 展示了特征路径长度与数据规模的关系。图中 YouTube 网络的直径（10～15）略大于随机网络（4～8），这是因为 YouTube 数据集有较大的聚集系数。此外，随着图形尺寸的增大，YouTube 视频图形的特征路径长度减小，但是具有相同节点数和平均节点度的随机图形却增加了。该现象进一步证明了 YouTube 视频网络是一个小世界网络。

在网络拓扑图中可以更加直观地观察到小世界网络特性。图18.4 分别为1000和4000个节点的两种 YouTube 视频网络的拓扑图。图中可以明显地看到聚集现象，聚集在一起

⊖　基于某些概率分布生成随机图。根据 Erdös－Rényi(ER) 模型构建的纯随机图表现出一个小的特征路径长度（通常以节点数的对数变化）和小的聚类系数[12]。

⊖　规则图是每个顶点具有相同度数的图。

的视频往往存在相似的标题、描述与标签，进而彼此互为相关视频。该结果在其他的用户创作式网络中依然存在，但是其网络参数可能大不相同。例如，由 URL 链接形成的网页网络的特征路径长度更长，约为 $18.59^{[15]}$，这是因为网络拥有更多的节点（$8×10^8$）。从这个角度来说，YouTube 网络中的节点社区内的联系更加紧密。

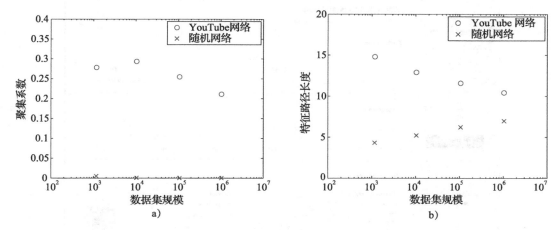

图 18.3 YouTube 视频网络的小世界特性

624

图 18.4 两类 YouTube 视频网络拓扑图

18.2.4 合作者眼中的 YouTube

YouTube 通过在网页中播放广告来实现盈利，这已经成为 YouTube 主要的收益来源。除了用户创作的作品外，诸如艺电（Electronic Arts）、ESPN、华纳兄弟（Warner Brothers）等企业级用户也在 YouTube 上发布优质视频作品。为迎合这些享有版权和热播频道的内容发布者，YouTube 推出 YouTube 合作者计划。该计划不仅使 YouTube 的视频质量大幅提高，同时也增加了利润。

625

视频的统计数据对于 YouTube 的合作者有巨大的价值。例如，统计数据可以分析出哪种类型的视频更受欢迎，或哪些外部站点带来了更多的播放量等。合作者可以权衡这些统计数据并调整其内容企划和用户导向政策。为了帮助合作者达到这个目的，YouTube 推出 Insight Analytics 工具来提供针对视频和频道各方面的统计数据。图 18.5 展示了基于网页的 Insight Analytics 的截图。

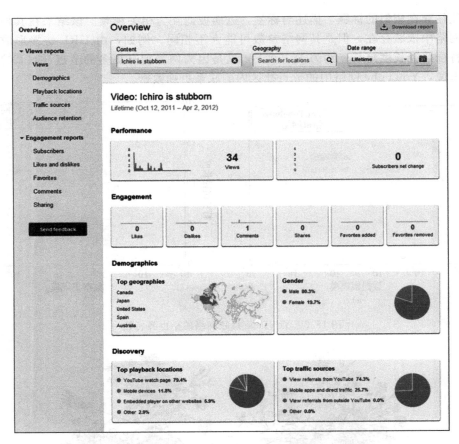

图 18.5   YouTube Insight 面板

如上所述，YouTube 用户有多种途径来发现视频。图 18.5 中最下方的统计 Top traffic sources 就是对于用户转介来源的统计。对于 YouTube 的合作伙伴来说，在制定用户导向决策之前，有必要深入了解转介模式。首先我们将转介来源分为如下五个类别[16]：

1）推荐转介：由 YouTube 推荐的相关视频链接跳转。

2）搜索转介：由搜索引擎（如 Google 或 YouTube 自身搜索）的搜索结果跳转。

3）站内转介：从 YouTube 内部跳转，但并非相关推荐链接，其中包括备注链接、频道页面、用户链接，有偿/无偿推广等。

4）社交转介：由分享的 YouTube 链接或嵌入在外部网页中的视频转介。

5）直接跳转：YouTube 的分析中并不能识别转介源，说明观看者直接访问视频，比如在浏览器地址栏中复制粘贴 URL 链接。

图 18.6 列出了五组不同频道采样数据的详细情况。显然，上述分类在不同的频道中是千差万别的。例如，频道 A 中的视频播放量有 $\frac{1}{3}$ 来自推荐转介，$\frac{1}{3}$ 来自视频搜索，频道 B、D 与频道 A 类似；在频道 C 中，社交转介方式产生的播放量只占极小的比例，但频道 E 中视频搜索转介占超过半数的播放量。

同时，该结果也证明视频搜索和内容推荐是视频播放量的主要来源。虽然社交转介并非主要的转介来源，但其对播放量的影响不容小觑。对于社交转介的播放量，很可能会为推荐转介带来更多的后续播放量。换句话说，社交转介可以被视为一种初步的转介。

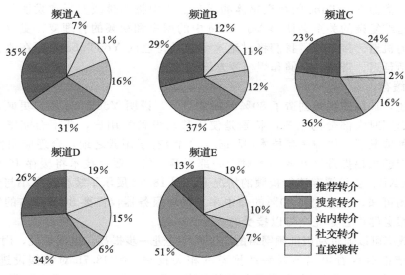

图 18.6 五类转介源的进一步细分

627

　　表 18.3 列出了每个频道前五位的外部转介站点。除一些知名网站（如 Facebook、Twitter 和 Reddit）外，表中使用通用描述来描述其他网站。该表说明转介来源的构成是与频道相关的，不同频道的转介来源构成可能截然不同。对于频道 A，没有占主导地位的转介来源，较小的百分比说明该频道有着多而广的转介渠道；而在频道 E 中，超过 60%的转介来自 Facebook，是其第二位转介来源的 20 多倍；同样以 Facebook 作为主导的是频道 B，但是比例并没有频道 E 中高；Facebook 同时还在频道 C 和 D 中排名第二，但与第一名的差距明显。总的来说，YouTube 视频在不同的门户网站中被广泛分享，我们将在之后的研究中进一步分析在线社交网络的传播结构。

表 18.3　外部转介来源排名

	频道 A	频道 B	频道 C
1	9.0%下载站点	16.2% Facebook	31.9%游戏百科
2	4.4% Facebook	2.2% N/A	7.6% Facebook
3	2.6%论坛	1.5%下载站点 1	5.4%游戏博客
4	1.7%游戏站点 1	1.2% N/A	5.1%游戏站点
5	1.5%游戏站点 2	0.9%下站站点 2	3.7 %视频站点

	频道 D	频道 E
1	41.2% Reddit	62.4% Facebook
2	9.9% Facebook	2.4%音乐站点
3	4.7% Twitter	2.0%音乐博客 1
4	2.0%博客	2.0% Twitter
5	1.7%娱乐站点	1.6%音乐博客 2

18.2.5　加强用户创作内容式视频的分享

　　YouTube 视频要比传统的视频小得多，前者大多小于 25MB，而典型的 MEPG 格式的影视作品约为 700MB。然而用户创作内容式视频的（数十亿计）数量远超过传统视频（例如 HPLabs' Media Server[4]上仅有 412 部），并且随新用户的不断涌现仍在快速增长。在这种情况下，类似 YouTube 的社交媒体的服务器所面临的挑战变得愈发明显。虽然海量的数据与其错综复杂的关系会使得 YouTube 中的用户和视频的管理变得更复杂，但同时也创造了新的机遇。接下来，我们将讨论这些独具特色的 YouTube 视频在改善体验方面的启发，包括延迟、带宽、存储和规模等方面。

1. 代理缓存

如上所述，10% 的视频创造了 80% 的播放量[6]，说明 YouTube 用户更倾向于观看流行的视频。而同时大部分的用户，特别是使用移动设备的用户，并不会完整观看整部视频[7]。在这种情况下，代理缓存技术（见 16.1.2 节）有了用武之地，合理应用代理缓存[17]技术的特点能够大幅提升网站效率。对于一部视频，代理缓存技术将缓存 10 秒前缀，其大小约为 400KB。在只缓存流行视频的情况下，图 18.7a 展示了缓存总大小与命中率的映射关系。由图可知，要想达到 80% 的命中率，代理服务器仅需要 8GB 左右的空间，这对如今的代理服务器而言是完全可以接受的。

缓存的效率可以通过利用视频网络的小世界特性进一步提高。也就是说，用户很可能会在当前视频结束后观看由当前视频所推荐的相关视频。图 18.7b 对该假设进行了验证。图 18.7b 展示了视频与其相关视频的播放量的分布，显示出明显相关（相关系数约为 0.749）。因此，一旦播放当前视频，那么在缓存空间允许的情况下，当前视频所推荐的相关视频的前缀将被预取和缓存。

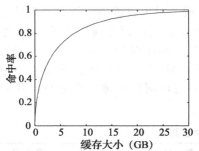
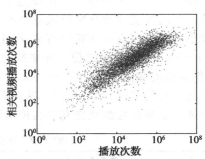

a) 前缀缓存的命中率与缓存数据大小的关系　　　b) 视频观看次数与其相关视频观看次数的关系

图 18.7　YouTube 视频的代理缓存情况

2. 内容分发网络的存储

当获取了庞大的用户创作内容数据和兴趣区域之后，将用户创作内容式的视频存储至内容分发网络（Content Distribution Networks，CDN）时，有必要将全部数据分布地存储在不同地区的 CDN 服务器。不同于传统的网页内容或孤立的电影，社交媒体内容彼此之间存在联系，将数据分布存储也并非易事。

直观上，在划分数据时应尽可能少地割裂彼此的拓扑关系，因为存在联系的视频往往会在某段时间内被频繁观看。将彼此相关的内容放置在不同的服务器中会极大地增加查询时间和通信开销[18]，但同时也应当充分考虑由这种用户访问模式所带来的服务器负载问题。

YouTube 的视频网络是一个由视频彼此之间连接所构成的有向图。图 18.8 表明了视频受欢迎程度与该视频被推荐次数的关系。显然，被推荐次数越多，视频的观看量也就越多。此外，由于视频与推荐视频的播放量之间存在强正相关（如图 18.7b 所示），大多数的视频和其相关视频有着不相上下的播放量。

总之，一部受欢迎的视频的相关推荐视频也多为受欢迎视频，而且很可能基于其相关的内容而聚在一起。这样，如果只按照割裂最少拓扑关系的方式来分布存储数据，那么往往会造成服务器负载的不均衡。也就是说，一些存储受欢迎视频的服务器将会持续高负荷甚至过载地工作，而另一些服务器则几乎闲置。

图 18.9 中，一个网络由 8 个节点组成，每个节点都由一个权重系数来表示其受欢迎程度。将该网络如图划分成两个部分：图 18.9a 中被割裂的边的数量为 2，但服务器负载的标准差达到了 348；图 18.9b 考虑了视频热门与否的因素，虽然被割裂的边的数量增加到 4，但负载的标准差降低到了 23，这使得两部分的访问频率更加均匀。

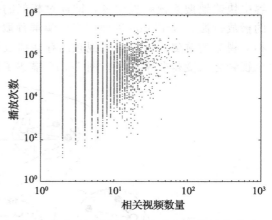

图 18.8　视频流行程度与相关视频数量的关系

630

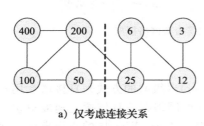
a) 仅考虑连接关系

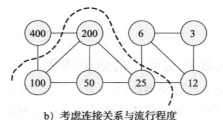
b) 考虑连接关系与流行程度

图 18.9　按照不同方法分布存储视频示例

3. P2P 分享

转换为 P2P 模式也同样可以克服数据规模的挑战。但由于 YouTube 中多为短视频，随着频繁的连接和断开，P2P 覆盖网络会变得极不稳定。另一方面，网络连接关系可再次用于用户协作和对等节点的搜索。NetTube[19] 就是一个利用兴趣相关来实现 P2P 辅助视频传播分享的典型例子。

在 NetTube 中，服务器存储了所有的视频并将其提供给用户。人们通过 P2P 通信的方式来分享视频，每个用户都会缓存之前播放的视频，以用于视频资源的再次传输。这样一来，对于一个对某部特定视频感兴趣的用户，与所有下载过和正在下载该视频的用户共同组成该视频的覆盖网络。

NetTube 中的每部视频形成了基于网格的覆盖网络，用户则通过基于滑动窗口的调度算法从其他用户处抓取预期数据。然而对于短视频来说，人们对于启动和播放延迟的感知会被放大，即人们对于短视频更缺乏耐心。这样一来则会产生更多连接和断开的尝试，从而导致更高的波动率。为了解决这些问题，研究者提出了一个专门为短视频定制的延时感知调度算法：它在下载缓冲时能够知道用户节点是否即将遇到延时。如果是，那么它将会使用更高级的响应策略去传输数据，从而缩短延时。也就是说，发送方将会优先响应这类数据请求，即使会暂停一些其他的传输任务。

由于是短视频分享，人们通常会观看一系列的视频，那么就有必要快速地寻找下一个视频潜在的对等节点，以确保平稳地过渡。对此，NetTube 引入了一个在独立视频的覆盖网络之上的上层覆盖网络。该上层网络中的邻域关系由包含该节点的所有下层覆盖网络构成。这个邻域关系仅为概念上的关系，并不用于数据的传输；相反，它能够在社交网络内容中快速地搜索视频提供者，即通过相似的兴趣对使用者进行聚类。为了达到快速和平稳的播放过渡，NetTube 进而提出了集群预取，即在播放当前视频的同时，系统预取下一个相关视频的前缀。由于相似视频间存在播放量的正相关，预取的命中率在使用者播放了多个视频之后变得非常之高。图 18.10 描述了这种双层的覆盖网络结构。

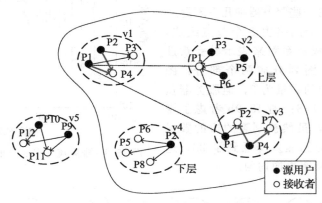

图 18.10　NetTube 双层覆盖网络框架

18.3　在线社交网络的媒体传播

新兴的在线社交网络（如 Facebook 或 Twitter）以级联的方式来直接联系用户。相比传统的门户网站、新闻媒体或邮件网络，这种形式的网络在信息传播上速度更快，范围也更广[20]。例如，Twitter 要比 CNN 提前 30 分钟报道 Tiger Woods 的车祸事件，而博客等文字媒体要比主流的新闻报道还要慢上 2.5 个小时[21]。

随着宽带的普及和数据压缩技术的进步，视频已经成为社交网络中重要的信息传播媒介，甚至超越了文字和图片[20,22]。作为更丰富的媒体内容载体，视频有着截然不同的特点。视频文件往往比其他形式的媒体文件更大，因此大多数的视频由诸如 YouTube 的外部托管站点提供，并以 URL 链接的形式进行传播（除视频本身，标题和缩略图也随视频传播）。事实上，如今的视频分享网络和社交网络已经高度捆绑。YouTube 的内容能够直接发布到 Facebook 和 Twitter 上，而人们也能在社交网络的页面中分享感兴趣的视频。YouTube 的统计数据表明在 Facebook 每天播放的视频总长度超过 500 年，并且每分钟有超过 700 部 YouTube 视频被分享到 Twitter 上。

从社交的角度上看，文本和图片经常包含个人信息，而视频通常更加公开。通过发布短链接，视频通常比文本和图像传播的范围更广。相比其他类型的媒介，视频在传播中的数据量更大，覆盖范围更广，观看持续时间更长。这也为视频的传播带来了重大的挑战。这些挑战不仅体现在社交媒体管理中，同样也体现在网络流量管理和外部视频网站的资源配置之中。

18.3.1　个体用户的分享模式

由于视频的分享包括在社交网络中的传播和访问外部视频站点两个方面，那么就产生两个关键的问题：

- 用户多久会分享一次视频？
- 从得到一部新视频起，用户在多久后会将其分享给他人？

每个发布者触发视频的第一次分享。在时间跨度为一周的数据集中发现，总计产生了 1280 万次分享，1150 万次观看，且其中有 82.7 万次是视频第一次被分享[23]。虽然数字不小，但是仅占总分享次数的 6.5%。这个数据的确反映了视频在社交网络中传播的普遍性和影响力。

图 18.11a 绘制了视频首次分享的数量与用户分享排名的分布关系。由图可知，大量视频的首次分享是由少量活跃的用户所完成的。事实上，最活跃的用户在一周内能够完成超过 2000 部视频的首次分享。

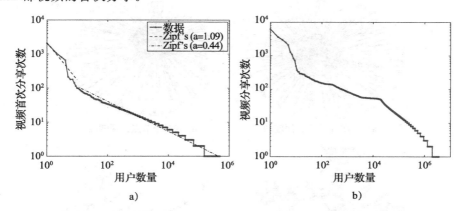

图 18.11 用户分享次数排名与：a) 首次发布视频数量；b) 视频分享次数的分布关系

Zipf 定律[24]通常用于描述非均匀数据的分布，在对数坐标系下是一条直线。然而图 18.11a 中的数据并不能简单地拟合为 Zipf 分布：首次分享次数排名前 10 的用户之后的数据呈现直线，但前 10 的数据明显与其余的不同。而且他们分别被两种 Zipf 分布大致拟合，即说明有两种不同的首次分享行为：1）大多数的视频首次分享用户仅仅分享了少量的视频；2）一部分活跃用户有大量的朋友并且发布了大量的视频。图中的转折非常明显，表示在两种发布者中存在明显的区别。这些活跃的发布者作为整个网络的枢纽节点，能够获得比普通用户多得多的关注，应当在系统优化中得到足够的重视。

图 18.11b 展示了用户的分享数量的分布，同样说明一些非常活跃的用户分享视频的次数非常多，而大部分的用户仅仅分享次数总量的很小一部分。但同时也存在一些观看了大量视频但没有任何分享的用户，而这些用户可以被理解为 P2P 系统中的顺风车型（free-riders）用户。

上述现象说明用户有不同的活跃度，而我们将其大致分为以下三种类型。

- 传播型用户（SU），发布了大量视频的少量用户，具有较丰富的社交关系，以枢纽节点的身份存在于网络之中。实际中，一些传播型用户并非由个人运营，其主要行为是收集和传播有趣的内容，包括视频；同时一部分传播型用户是机器人管理的，以垃圾邮件的形式对视频进行传播。
- 顺风车型用户（FU），指观看大量视频却从不分享的用户，明显地阻碍了视频的传播。
- 普通型用户（OU），指偶尔发布几部视频，观看一些被分享的视频，并二次分享视频于他人的用户。

18.3.2 视频传播结构和模型

图 18.12 为两种典型传播方式的结构示意图。一种具有中等深度却宽度有限，大多数

的分支与枢纽直接相连却没有进一步的分支，如图 18.12a 和图 18.12b 所示。另一种结构中，不同层级的节点进一步分叉，一些节点与枢纽间的特征路径长度很大，如图 18.12c 和图 18.12d 所示（为了更好地理解，根节点被放大）。表 18.4 进一步列出了详细描述。可以看出，视频传播路径和覆盖区域是高度多样化的，这主要取决于视频本身的内容和用户的观看分享行为。

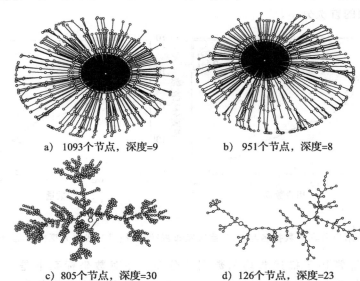

　　a）1093个节点，深度=9　　　　　　b）951个节点，深度=8

　　c）805个节点，深度=30　　　　　　d）126个节点，深度=23

图 18.12　流行视频的传播树示意图

表 18.4　四个视频传播树的统计与描述（见图 18.12）

节点数	深度	观看次数	时长(s)	类别	描述
1093	9	34 531	123	新闻	父亲开直升飞机送女儿上学
951	8	14 281	60	广告	推广地球一小时
805	30	12 658	306	音乐	由中国明星演唱的慈善单曲 "Children"
126	23	1431	235	喜剧	搞笑对口型表演

　　关于在线社交网络中信息分享的传播结构和模型有大量的研究[20,25]。一个广泛使用的模型是传染模型，即通过个体来描述传染病的传播模式[26]。该模型不仅适用于流行病学的研究，同时在病毒感染和诸如新闻、谣言等信息传播领域也有广泛的应用[27]。

　　SIR(Susceptible Infectious Recovered) 模型是经典的传染病模型，由 Kermack 和 McKendrick 首次提出[28]。该模型将固定人群分成三个部分，即易感人群（S）、感染人群（I）和复健人群（R），其中 S 表示尚未感染疾病的人群，I 表示已经感染并可能对 S 类人群传染的人群，而 R 代表曾经感染过但现已痊愈的人群。在 t 时刻，三类人群的数量分别表示为 $S(t)$、$I(t)$ 和 $R(t)$。假设 S 转化为 I 的概率为 β，I 转化为 R 的概率为 γ，那么可得

$$\frac{\mathrm{d}S}{\mathrm{d}t} = -\beta SI, \quad \frac{\mathrm{d}I}{\mathrm{d}t} = \beta SI - \gamma I, \quad \frac{\mathrm{d}R}{\mathrm{d}t} = \gamma I$$

　　社交网络中的传统对象与 SIR 模型有着自然的对应关系。对于一般的社交网络情形，一开始网络中的每个用户都被认为是易感人群 S；在某一时刻，访问了传播对象的用户则变成了感染人群 I，表明他们可以通过分享传播对象来感染他人。如果 I 中的用户不再分享传播对象，那么就认为其转变为了复健人群 R。然而对于视频传播的情况来说，这种对

应并不完善:

- 一个用户可以选择不观看被分享的视频，而且还可能不参与传播。为与 R 类用户区别，我们为这些用户新建一个类别，即免疫人群（Immune），记为 Im。
- 经典的 SIR 模型中，不同人群的演化是基于时间的，也就是说在任何时间内都有可能演化至下一阶段。但是对于社交网络中的视频传播来说，人群的演化是基于某一时间段内的决定。例如，用户会自主选择是否观看和分享。对此我们引入了两个表示用户决策的参数 $D1$ 和 $D2$ 来解决上述问题。
- 对于在观看后选择分享与否的两类用户，不应简单地将其归入 I 类，而是有必要对二者做出区分。因此，我们引入了一个新的类，即稳定感染人群（Permanent，记为 P）来表明此类中的用户会分享视频，并把不会分享该视频的用户归入复健人群（R）。

我们将改进后的模型记为 SI²RP（易感-免疫-感染-复健-稳定）模型，其基本关系框图由图 18.13 表示。对于每个视频传播过程的初始阶段，将首次传播视频的用户作为感染人群对待。

将由 S 演变为 $D1$ 的传播速度设为 β，因此易感人群将会以单位时间内 $\frac{1}{\beta}$ 的速度与朋友分享被传播的视频对象。而这些用户进而选择是否会观看视频。如果用户对该视频不感兴趣并选择不观看或不分享，那么将该用户归入免疫类。在此将用户选择观看或直接分享视频的概率记为 p_v。

若用户选择观看视频，那么将其归入感染人群。由 I 演变为 $D2$ 的速度为 γ，也就是说用户将花费 $\frac{1}{\gamma}$ 的时间完成视频的观看。随即用户将做出第二个决定，即是否分享视频。如果用户决定不分享，那么将其归入复健类，否则归入稳定类。此处将用户做出分享选择的概率记为 p_s。

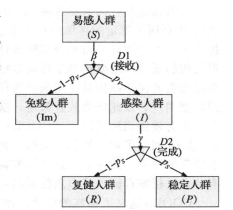

图 18.13　适用于 YouTube 视频网络的传播模型

在上述模型中，演变速率 β 和 γ 可由测量结果推测得到，而 p_v 和 p_s 也可以通过统计数据估计得到。而这四个参数的概率分布在不同类型的用户中是大不相同的，根据之前的讨论，大致有三种用户类型，即传播型用户（SU）、普通型用户（OU）和顺风车型用户（FU）。根据各类型用户的特点，可得出以下三条结论。

1）发布者只能从 SU 中产生。

2）参数 p_v 是由被用户分享的比例决定的。

3）参数 p_s 是由 SU 或 OU 的分享率决定的。

18.3.3　视频的观看和分享行为

在社交网络中，相比于陌生人，用户更倾向于与朋友产生分享关系，更愿意浏览朋友上传的内容。同时，对大多数的用户来说，浏览主页是比留言更活跃的社交互动，这样使得潜在的关系网要比呈现出的关系网有更大的覆盖范围[29]。更重要的是，大多数的用户更愿意通过共享资源来帮助朋友，这也会产生协助传递[30]。

与文本或图片这种即刻阅读的信息不同，发布的视频在内容接收者点击链接之前都不算作观看。在被分享后，被分享对象有三种选择:

- 立即观看视频。对于这种情况，应当保障播放的质量，诸如启动延迟、播放连续性。
- 并不立即观看，而是先下载并在稍后观看。
- 对视频不感兴趣。如果用户不想观看视频，那么他可能也不会将其分享给其他朋友。

上述选择的共存使得系统的设计更加复杂。更具体来说，我们将对视频感兴趣的用户分为播放型用户和存储型用户。前者期望即刻观看视频，而后者则希望下载后在其他时间观看。

即使来自朋友的分享，播放型用户也会在观看后发现不感兴趣并停止观看。如果此类用户正在作为其他用户的数据中继站点，那么这样的动态模式将会对数据的传送造成影响。另一方面，对于存储型用户来说，除非开始观看视频，否则他们不会了解自己是否对视频感兴趣，或是播放质量如何。因此我们认为此类用户相对稳定。

18.3.4　实时播放和在线存储的协调

实时播放和存储共享协调（Coordinated Live Streaming and Storage Sharing，COOLS）系统[30]利用了稳定的存储型用户来改进社交视频分享中播放型用户的服务质量。COOLS提出了一种为视频发布和分享所设计的 P2P 树形覆盖网络。众所周知，基于推送数据的树形结构的覆盖网络要比基于拉取数据的网格结构的覆盖网络有着更高的效率，但是维持有节点流失的树形结构是一项艰巨的任务。幸运的是，存储型用户的流失节点要远小于直接播放型用户，以此作为放置策略，就能有效地提高树形覆盖网络的鲁棒性。

为有效协调两类用户，COOLS 应用了一种在覆盖网络中封装了节点位置的标签树。图 18.14 列举了带标签的二叉树，其源节点所连接的两个子节点的标签分别是 0 和 1。对于给定的节点，其左子节点的标签附加前缀 0，而右子节点的标签附加前缀 1。如此，所有节点的标签都嵌入了节点位置信息，而标签的长度则表示树结构的深度。

COOLS 定义了标签的顺序：如果两个标签具有相同的长度，那么有着更大数值的标签较大（例如 010 要大于 001）；而对于不同长度的标签，则认为长度更长的标签更大（例如 000 要大于 11）。

除顺序之外，COOLS 还定义了标签的进位运算：如果标签的所有位不全是 1，那么对其数值增加 1；否则，为标签增加前缀 1 并将其余所有位置零。这可以得到节点的下一个标签值。同理，退位运算是通过相反的操作得到的。

由于存储型节点相对稳定，那么它们就应当放置在更靠近根节点（源节点）的位置。换句话说，当树结构稳定以后，存储型节点的标签数值应当小于播放型节点。图 18.14 说明了两类节点在树形覆盖网络中的组织结构。

对于播放型节点，需要保证其具有较短的启动时间，这也需要它们尽可能靠近源节点。由于存储型节点可以接受启动延迟，那么只需要在起始阶段优先提升播放型节点的位置，这个问题就迎刃而解。

具体来说，COOLS 首先创建了两个树形结构网络，其中一个包含了所有的播放型节

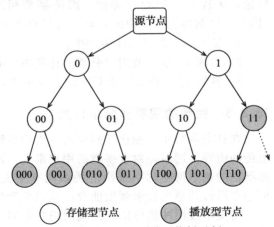

图 18.14　标签覆盖网络树示例

点，称为播放树；而另一个则包含了所有存储型节点，称为存储树。在一开始，源节点只在播放树上传送数据；在播放树的节点中缓存了足以不中断传输的数据之后，两棵树将会合并成一个最终的树形覆盖网络。

　　源节点记录了每个树结构中标签的最大值。为构建这两棵树，根节点将节点依次加入相应的树结构中。新加入的节点将会被分配一个标签，而该标签是当前树中最大标签值的下一个值。如果根节点有足够的子节点(此处情形为2)，那么新节点将会被加入标签前缀相同的子节点，并且根节点会为相应的子节点提供一个位置。也就是说，该步骤将确定新的节点加入哪个分支。如果根节点还没有用完所有的子节点，那么新节点将作为根节点的另一个子节点加入网络。

　　图 18.15 展示了合并两棵树的过程。将存储树中当前最大的标签的下一个值作为第一个标签，即该值将作为播放树中第一个节点的标签，并将该标签的下一个值作为播放树中右子节点的标签。源节点依然记录当前最大的标签值作为最终标签的数值，例如图 18.15 中的最终标签应当是 0000。源节点将通过树形结构传播最终标签。

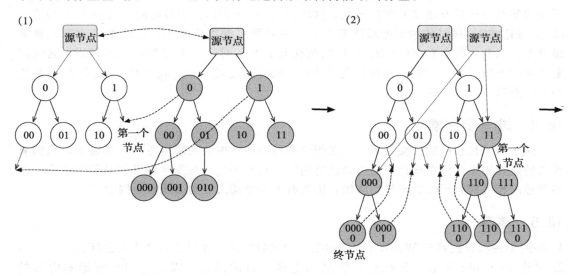

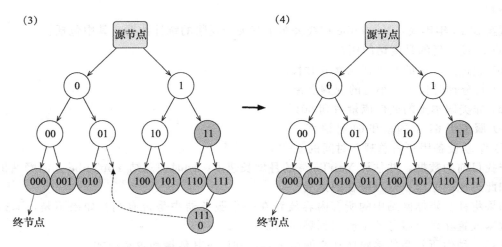

图 18.15　COOLS 覆盖网络构建示例：创建、合并和优化

在两个树结构合并完成后，由于一些播放树中的节点位置比预期的更深，导致整个覆盖网络可能并不完整。在图 18.15 的第二步中，节点 0000、0001、1100、1101 和 1110 处于不稳定状态。同样，如果一些存储树中的节点本应有子节点但是在新网络中没有，那么这些节点也处于不稳定状态，如节点 00、01 和 10。而这些非稳态的节点位置应当被进一步优化。

这些非稳态的节点对根节点发送控制信息。如果该节点的标签值不小于最终标签值，那么它将发送提升信息来提升其网络位置；如果节点潜在的子节点的标签值小于最终标签的数值且没有任何子节点，那么该节点就会发送子节点请求信息。一个收到了这样信息的汇聚节点(不一定是源节点)将对相应节点进行匹配，并令发送节点相互联系。举例来说，图 18.15 中，节点 00 将其自身与节点 0000 进行匹配，节点 0 将节点 01 和 0001 匹配，节点 1 将节点 10 与 1100 和 1101 匹配，另外，源节点匹配了节点 01 和 1110。

分别假设初始的两个树形网络为 H_s 和 H_t。在进行合并和优化时，极端的情形下，所有的提升信息和子节点请求信息都是由根节点进行匹配的。进而在每一轮优化合并中，最低层的节点发送提升请求并获得匹配，这将花费 $(H_s + H_t')$ 的单位时间，其中 H_t' 的初值为 H_t 且每轮减 1。树结构的深度最终变为 H，并且所有深度位于 H_s 至 H 的节点都是播放型节点。因此，将会有 $(H_t + H_s - H)$ 轮优化与合并。对于一个完整的树形网络，其时间复杂度的上限为 $O(\log N)$，而在优化后的总时间复杂度则为 $O((\log N)^2)$，其中 N 为系统中的节点数量。

18.4   进一步探索

对于人类社会中的社交关系、社交图论和传染病学中的疾病传播[26,28]等领域，人们有长久的研究历史。但在线社交媒体和社交网络才刚刚兴起，并发生着日新月异的变化。这些领域的相关研究仍然处于早期阶段，依然有大量激动人心的课题需要探索[31]。

18.5   练习

1. 各列举一项分别基于 Web1.0 和 Web2.0 的典型应用，并讨论两者主要的区别。
2. 讨论 YouTube 视频、传统影视作品和电视节目的区别，以及它们如何影响内容的分布。
3. 截至 2013 年年底，YouTube 在线公布了其关于视频的统计数据，其中包括：

   (a) 超过十亿的月度访问用户。

   (b) 超过六十亿的月度视频播放时长。

   (c) 每分钟时长 100 小时的视频上传。

   (d) 非美国本土的通信流量占到 80%。

   (e) 服务于 61 个国家和 61 种语言。

   (f) 移动设备用户占总观看时间的 40%。

   查找目前的数据，并估计 YouTube 的月增长速度。同时，总结 YouTube 式的网站扩张如此迅速的原因，以及潜在的挑战。
4. 如果将社交媒体网站中的所有内容放置在一个服务器中是否有利？如果不是，那么将数据放置在多个服务器中会遇到哪些困难？
5. 选择一种你所熟悉的多媒体社交网络工具，并讨论其传播和盈利模式。
6. 给定正整数 n 和一个概率值 p，$0 \leqslant p \leqslant 1$，可以生成一个有 n 个节点的 ER 随机网络，且每个节点与其他任意节点间存在边的概率为 p。这是随机网络中最重要的一类。

(a) 写一个简单的程序生成 ER 随机网络，并计算其特征路径长度和聚集系数。然后将其与我们之前讨论的 YouTube 网络参数比较。

(b) 讨论由在线社交网络形成的图结构（如由 Facebook 用户组成的网络）是否是一个随机网络。提示：考虑边生成的方式。

7. gossip 是一个简单的信息传播模型。在该模型中，一个网络节点将接收到的信息以概率 p 随机地传播至其邻域节点。

(a) 写一个简单的程序，在随机生成的网络中仿真 gossip 算法。假定节点在传播信息时可能存在 t 时间的延迟，讨论参数 p 和 t 对信息传播时间和覆盖范围的影响。

(b) 如果每个节点有不同的参数 p，那么这是否会对信息的传播有利？如果有利的话，请说明依据什么来为每个节点选择 p。

(c) gossip 是否适合对如 Facebook 等社交网络中图片的传播过程建模？对于视频是否适合？

8. 在一个在线的社交网络中，顺风车型用户只消费视频而不分享视频。同样，这些用户在 P2P 文件分享中只是从他人处下载数据而从不上传。BitTorrent 使用了针对性的策略来解决这类问题，即只有通过上传，才能够获取下载权限。如图 18.16 所示，用户 A、B 和 C 互相下载了不同的视频片段，这形成了一个反馈环路。例如，A 向 B 上传片段 2，而 C 又向 A 上传了片段 3，这种激励机制使得 A 更愿意与他人共享资源。

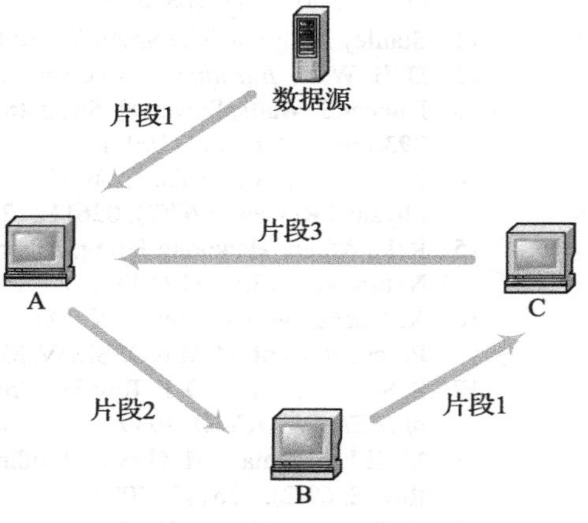

图 18.16 BitTorrent 策略示例

(a) 讨论这种激励策略是否对视频传播中的顺风车型用户起作用？

(b) 对于有着延迟时间约束的直接播放型用户来说，这种激励策略是否有效？

9. 在 COOLS 中的二叉树可以很深。例如当有 1000 个节点时，树结构的深度可以轻易地达到 10。

(a) 高树结构的隐患是什么？

(b) 通常，解决高树问题的一个简单方法是增加节点的子节点数量。这种方法对于 COOLS 是否有效？

(c) 提出一种实际有效的方法，并分析其有效性。

参考文献

1. A. M. Kaplan, M. Haenlein, Users of the world, unite! the challenges and opportunities of social media. Bus. Horiz. **53**(1), 59–68, (2010)
2. S. Acharya, B. Smith, P. Parnes, Characterizing user access to videos on the World Wide Web. In *Proceedings of ACM/SPIE Multimedia Computing and Networking (MMCN)*, 2000
3. X. Cheng, J. Liu, C. Dale, Understanding the characteristics of internet short video sharing: a YouTube-based measurement study. IEEE Trans. on. Multimedia. **15**(5), 1184–1194 (2013)
4. W. Tang, F. Yun, L. Cherkasova, Amin Vahdat, *Long-term Streaming Media Server Workload Analysis and Modeling* (Technical report, HP Labs, 2003)

5. T. Hoßfeld K. Leibnitz, A qualitative measurement survey of popular internet-based IPTV systems. In *Proceedings of International Conference on Communications and Electronics (ICCE)*, June 2008, pp. 156–161

6. M. Cha, H. Kwak, P. Rodriguez, Y-Y Ahn, S. Moon. I Tube, You Tube, Everybody Tubes: analyzing the world's largest user generated content video system. In *Proceedings of the 7th ACM SIGCOMM Conference on Internet Measurement (IMC '07)*, October 2007, pp. 1–14

7. A. Finamore, M. Mellia, M. M. Munafò, R. Torres, S. G. Rao, YouTube Everywhere: impact of device and infrastructure synergies on user experience. In *Proceedings of the 2011 ACM SIGCOMM conference on Internet measurement (IMC '11)*, November 2011, pp. 345–360

8. P. Gill, M. Arlitt, Z. Li, A. Mahanti, YouTube Traffic Characterization: a view from the edge. In *Proceedings of the 7th ACM SIGCOMM Conference on Internet Measurement (IMC '07)*, October 2007, pp. 15–28

9. F. Figueiredo, B. Fabrício, J. M. Almeida, The tube over time: characterizing popularity growth of YouTube videos. In *Proceedings of the fourth ACM International Conference on Web Search and Data Mining (WSDM '11)*, February 2011, pp. 745–754

10. R. Zhou, S. Khemmarat, L. Gao, The impact of YouTube recommendation system on video views. In *Proceedings of the 10th Annual Conference on Internet Measurement (IMC '10)*, October 2010, pp. 404–410

11. Stanley Milgram, The Small World Problem. Psychol. Today **2**(1), 60–67 (1967)

12. D. B. West, *Introduction to Graph Theory*, (2nd Edition). (Oxford University Press, 2001)

13. Duncan J. Watts, Steven H. Strogatz, Collective dynamics of "Small-World" networks. Nature **393**(6684), 440–442 (1998)

14. Erzsébet Ravasz, Albert-László Barabási, Hierarchical organization in complex networks. Physical Review E **67**(2), 026112 (2003)

15. Réka Albert, Hawoong Jeong, Albert-László Barabási, The diameter of the World Wide Web. Nature **401**, 130–131 (1999)

16. X. Cheng, M. Fatourechi, X. Ma, J. Liu, Insight data of YouTube: from a partner's view. In Proceedings of ACM NOSSDAV, March 2014

17. S. Sen, J. Rexford, D. F. Towsley, Proxy prefix caching for multimedia streams. In *Proceedings of IEEE INFOCOM*, 1999

18. M. E.J. Newman, M. Girvan, Finding and evaluating community structure in networks. Phy. Rev. E, **69**(2), 026113 (2004)

19. X. Cheng and J. Liu. NetTube: exploring social networks for peer-to-peer short video sharing. In *Proceedings of IEEE INFOCOM*, April 2009, pp. 1152–1160

20. D. Wang, Z. Wen, H. Tong, C. -Y Lin, C. Song, A. -L Barabasi, Information spreading in context. In *Proceedings of the 20th International Conference on World Wide Web (WWW '11)*, April 2011, pp. 735–744,

21. J. Leskovec, L. Backstrom, J. Kleinberg Meme-tracking and the dynamics of the news cycle. In *Proceedings of the 15th ACM SIGKDD International Conference on Knowledge Discovery and Data Mining*, June 2009, pp. 497–506

22. K. Dyagilev, S. Mannor, Y-T. Elad, Generative models for rapid information propagation. In *Proceedings of the First Workshop on Social Media Analytics (SOMA '10)*, July 2010, pp. 35–43

23. X. Cheng, H. Li, J. Liu, Video sharing propagation in social networks: measurement, modeling, and analysis. In *Proceedings of IEEE INFOCOM Mini-Conference*, April 2013

24. G. K. Zipf, Human Behavior and the Principle of Least Effort. (Addison-Wesley, Boston, 1949)

25. H. Kwak, C. Lee, H. Park, S. Moon, What is twitter, a social network or a news media? In *Proceedings of the 19th International World Wide Web Conference (WWW '10)*, April 2010, pp. 591–600

26. J. D. Daley, J. Gani, J. M. Gani, Epidemic modelling: an introduction. Cambridge Studies in Mathematical Biology. (Cambridge University Press, Cambridge, 2001)

27. Z. Liu, Y. -C. Lai, N. Ye, Propagation and immunization of infection on general networks with both homogeneous and heterogeneous components. Phy. Rev. E **67**(1), 031911 (2003)

28. W. O. Kermack, A. G. McKendrick, A Contribution to the mathematical theory of epidemics. Proc. R. Soc. Lond. Series A, 115(772), 700–721, (1927)

29. J. Jiang, C. Wilson, X. Wang, P. Huang, W. Sha, Y. Dai, B. Y. Zhao, Understanding latent interactions in online social networks. In *Proceedings of the 10th Annual Conference on Internet measurement (IMC '10)*, November 2010, pp. 369–382

30. Xu Cheng and Jiangchuan Liu. Tweeting videos: Coordinate live streaming and storage sharing. In *Proceedings of the 20th International Workshop on Network and Operating Systems Support for Digital Audio and Video, NOSSDAV '10*, pp. 15–20, 2010

31. C. Kadushin, *Understanding Social Networks: Theories, Concepts, and Findings.* (Oxford University Press, New York, 2012)

643
～
644

云计算多媒体服务

云计算[1]的出现极大改变了现代计算机应用的服务模型。利用强大数据中心的弹性资源，通过长期的租赁合同或者及时付费的方式，使得终端用户能够方便地访问由远程云服务商（例如，亚马逊、谷歌或者微软）提供的计算基础设施、平台和软件。新一代的计算模式能够提供稳定的、有效的和高性价比的资源，能够显著地减少企业在建设和维护自己的计算、存储和网络基础设施上的开销。无论是新的还是现有的应用来说，云计算为它们提供无数的机遇。

从内容分享和文件同步到流媒体，现有的应用利用云计算平台，在系统效率和可用性方面经历了质的飞跃。这些优势主要是来源于利用云的巨大资源，这些资源具有弹性配置和弹性定价，并且具有智能计算卸载的能力。

另一方面，新兴的公司在初始阶段可以用最小的投入就可轻松地把他们的新想法转化为产品，并且在未来扩大规模时也无需花费很大精力。Dropbox 就是一个典型的代表，它是一个典型的云存储和文件同步的服务供应商。在这个公司刚起步的时候，它依靠的是亚马逊的 S3 云服务器来提供文件存储服务，利用亚马逊的 EC2 云实例来提供类似于多用户的同步和协作这样的关键功能。我们同样也目睹了已经在服务市场中出现的新一代多媒体服务，比如视频点播和游戏等。在不远的将来，这些多媒体服务甚至有可能会改变整个商业模式。一个突出的例子就是 Netflix。Netflix 作为一个主要的互联网视频流的供应商，在 2010 年将它的基础设施迁移到亚马逊的云平台上，并从此之后成为了最重要的云用户之一。总的来说，Netflix 在亚马逊的云上存储了超过了 1PB 的数据。它根据数据所占的带宽和存储空间来付费，这使得它的长期成本要远低于相比于拥有自己的服务器所带来的花费。另一个例子是 Cloudcoder，该公司提供自适应视频转码服务，能够有效地减少云端处理。Cloudcoder 依托于微软的 Azure 云平台，可以支持大量转码的同时进行，并且在转码需求突增时，能够自动扩大并发转码规模。

在本章中，我们对云计算进行了概述，并着重叙述了云计算对多媒体服务的影响。接着我们又对云存储上多媒体内容共享以及多媒体的云计算进行了讨论。通过云游戏的例子，我们还阐述了云在新一代交互式多媒体服务中的重要性。

19.1 云计算概览

就像电网一样，云计算依靠资源共享来提高范围内的连贯性和经济性。如图 19.1 所示，云用户可以在由云服务商提供的服务器集群上运行他们所需的应用，而这些应用所需的软件和系统已经在云内部署。这能够有效地减少用户来自软件安装和不断的升级所带来的负担。云用户还可以把他们的数据存放在云上，以便随时访问数据。

云计算的基础是广义上的资源虚拟化和资源共享。为了能够最大化提高物理资源的效用，多个动态用户的云资源之间是共享的。例如，某个云可以在某个时间段正在服务欧洲的用户，而在另一个时间段，该云就有可能正在为北美的用户服务。但是每个用户都只能看到自己专用的虚拟空间。

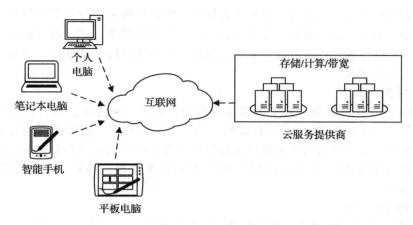

图 19.1　云计算概览

云服务既可以是私有的也可以是公共的。在公共云（public cloud）上，云服务及其基础设施通过互联网在异地提供，它能实现高效的资源共享，但是安全性却比私有云（private cloud）低很多。与公共云不同的是，私有云服务及其基础设施均在一个私有的网络上。尽管私有云需要公司购买服务和维护软件与基础设施，但它可以提供最高级别的安全性和控制。无论哪种类型，云计算都必须要有以下特征，这些特征由 NIST 制定[2]：

- **自主服务。**当有需要的时候，用户可以单方面提供计算能力（例如服务时间和网络存储），无需与每个服务商交互。
- **资源共享和快速弹性。**服务商的资源整合在一起向多个用户服务。根据用户需求动态分配和重新分配不同的物理资源和虚拟资源。对于云用户来说，可用于供应的资源通常是无限的，并且可以随时以任何数量占用。
- **测量服务。**云系统具有大致测量不同服务类型（例如存储、处理、带宽和活动用户数量等）的需求量的能力。利用这个能力，云系统可以自动控制资源分配并使资源最大化利用。并且能够监视、控制和报告资源的使用情况，使得资源使用情况在用户和服务商之间透明。
- **广泛的网络接入。**提供持久和高效的网络访问以适应异构的用户平台（例如手机、笔记本电脑、工作站以及平板）。

市场上的云服务通常是由具有强大服务器集群的数据中心提供，而服务器集群通常存在于以下三个基础服务（如图 19.2 所示）中：设施服务（IaaS）、平台服务（PaaS）和软件服务（SaaS）。IaaS 是最基础的，每个高级的模型都是从低级模型的内容中提取出来的。网络服务（NaaS）和通信服务（CaaS）是最近才加入基础云计算模型中的，并产生了以电信为中心的云生态系统。

1. 设施服务（IaaS）

IaaS 是最基础也是最重要的云服务。最为人所知的基础设施服务商包括亚马逊弹性计算云（EC2）和亚马逊的简单存储服务（S3）。其中，EC2 允许用户租用虚拟机来运行应用，S3 则允许用户通过网络随时随地存储和检索数据。

通常来说，一个设施服务提供的是资源的整合，包括物理机，更为常见的是虚拟机以及一切其他形式的资源，例如，虚拟机磁盘映像库、数据块、基于文件的存储、防火墙、负载均衡器、IP 地址、本地虚拟网络和软件包等。对于广域连接，用户则可以利用公共网络或者私有的 VPN。

为了部署他们的应用，云用户需要在云设施上安装操作系统和所需的软件。利用虚拟机，IaaS 云服务商可以通过软硬件集群为大量的用户提供服务，并且可以根据用户需求的变换来改变服务的规模。云服务商一般通过效用计算基准，这种基准能够通过消费折射出资源分配和消耗的数量。

2. 平台服务（PaaS）

PaaS 提供开发环境服务，典型的服务包括操作系统、编程语言执行环境、数据库和网络服务器等。应用可以在 PaaS 提供商的设施上安装和执行，然后再通过互联网传给终端用户。这样可以大大降低购买和管理底层的硬件和软件层的花销和复杂度。另外，还可以根据应用的需求来自动匹配底层的计算和存储资源规模。谷歌的应用引擎就是一个 PaaS 的典型例子。

3. 软件服务（SaaS）

SaaS 可能是最广泛使用的云服务模式，它允许用户在云平台或者云设施上运行应用，而不是在本地的软硬件上运行。这样，用户就不需要在搭建自己的服务器、软件和许可证等方面花费大量的时间。SaaS 通常是根据用户的需求或者是按照年或月来收取固定的费用。并且价格会根据用户的增加或减少而变化。

SaaS 能有效地减少 IT 运营、软硬件维护和提供云服务的成本。这样就能够重新分配成本，使得资金使用在其他重要目标上。除了能够减少开销、简化用户的维护和支持外，云应用还具有卓越的扩展性。云应用通过克隆任务到多个运行虚拟机来实现扩展性以满足不断变化的工作需求。负载均衡器可以为不同的虚拟机分配工作。但是对于用户来说，用户只能够看到自己所使用的虚拟机。谷歌应用和微软的 Office 365 就是典型 SaaS 的例子。

图 19.2 说明了不同云服务模型之间的关系，特别是在抽象、控制和灵活性方面。

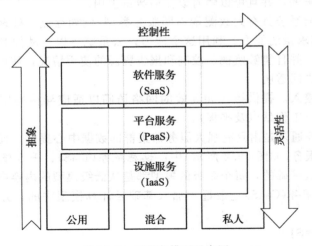

图 19.2　云服务模型示意图

从 2000 年以来，亚马逊通过对数据中心进行现代化改造，使得他们在云计算发展当中发挥了主导作用。在 2006 年，亚马逊开始了一项为外部客户提供云计算的新产品的开发，并推出了亚马逊网络服务（AWS）。如今 AWS 已经成为一个最广泛使用的云计算平台。接下来我们介绍两个由亚马逊 AWS 提供的具有代表性的服务：用于存储的 S3 和用于计算的 EC2。如今这两个服务均已经广泛地应用在多媒体服务上。

19.1.1 代表性存储服务：亚马逊 S3

云存储的优势在于随时可用，用户无论从什么设备都可以访问他们的文件，并且可以随时分享他们的文件给其他人。不光在文件管理方面，相比于本地存储，云存储还能提供更高的稳定性，并且成本也比较低。上述的优点对于媒体的共享来说都是十分重要的，而媒体共享则是云存储服务的主要需求。

亚马逊 S3 提供了一个 Web 服务接口，利用这个接口，用户可以随时随地通过 Web 对数据进行检索和存储。亚马逊还让开发者可以扩展、高效、可靠、安全、快速和廉价地使用亚马逊来运行自己网站的设施。该服务的目的就是最大限度地提高规模效益，并将这些好处提供给开发者和用户。为此，S3 通过一个简单操作的最小特征集来构建。

S3 的用户能够读、写和删除 5TB 大小以内的数据。每个数据都存储在一个容器中，并且可以通过一个开发者分配的独特的索引来检索。该容器可以存储在多个存储区域中的一个。而 S3 的用户可以自行选择存储区域以便使开销和延迟最小化，并且能够满足用户的监管要求。S3 现在在很多地方都有售，包括美国的中部、西部（俄勒冈、北加利福尼亚），欧洲（爱尔兰），亚太地区（新加坡、东京、悉尼），南美（圣保罗），也有开通 GovClovd（美国）。存储在 S3 中的数据只能够被转移出去，永远不会消失。并且，就像 CDN 路由一样，S3 用一个网络映射来路由数据需求。图 19.3 显示了数据存储在美国西部（俄勒冈）区域的例子。

649

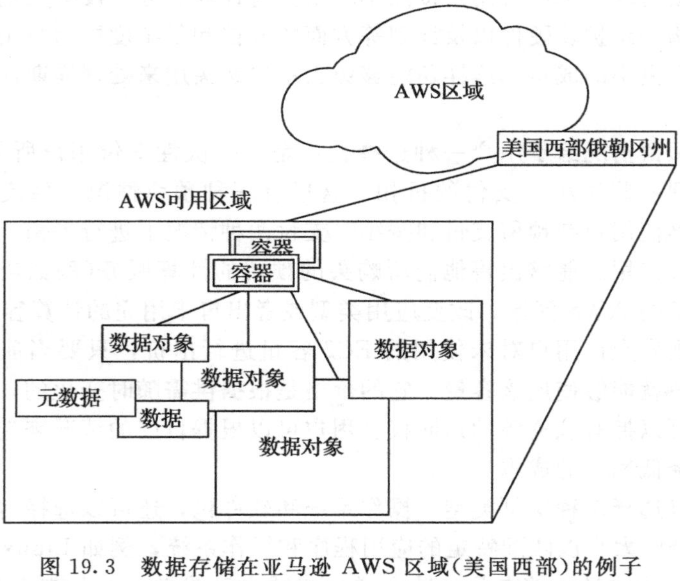

图 19.3 数据存储在亚马逊 AWS 区域（美国西部）的例子

S3 非常灵活，以便能够轻松地添加协议或者功能层。默认的下载协议是 HTTP，并且还为减少大规模分布式系统的开销提供 Bit Tornent 协议接口。

存储在 S3 的数据默认是安全的。只有创建数据容器的用户才能够访问该数据。当我们存储或者检索数据时，为了增加持久性，它通过多个设备同时存储数据，并且通过计算网络拥塞的校验和来检测数据包的损害。不像传统的存储系统那样需要费力地进行数据验证和手动修复，S3 会对数据进行定期的数据完整性检查并会自动修复数据。并且 S3 还会自动对用户数据进行归档，为用户提供低存储选项或者删除重复内容等来减少用户的开销。用户能够通过 S3 的 API 或管理平台对这些开销进行检测和控制。表 19.1 展示了当前 S3 服务的价格。

表 19.1 美国标准地区的存储价格

	标准存储(每 GB)	减少冗余存储(每 GB)	亚马逊冰川存储(每 GB)
1 TB 以内/月	$ 0.095	$ 0.076	$ 0.010
1~50 TB/月	$ 0.080	$ 0.064	$ 0.010
50~500 TB/月	$ 0.070	$ 0.056	$ 0.010
500~1000 TB/月	$ 0.065	$ 0.052	$ 0.010
1000~5000 TB/月	$ 0.060	$ 0.048	$ 0.010
5000~10 000 TB/月	$ 0.055	$ 0.037	$ 0.010

19.1.2 代表性计算服务：亚马逊 EC2

亚马逊的 EC2 是一个 Web 服务，它能够根据用户的需求调整云端的计算能力。它能够为用户提供虚拟的计算环境，使得用户可以在 EC2 上开展不同操作系统下的试验，也能够让用户载入他们定制的应用环境并管理网络访问权限。可以根据用户不同的需求提供不同的实例配置计划：

- **按需求**。按需求实例使得用户按照小时来支付计算服务，没有长期的要求。这使得用户在采购和维护软硬件以及计划等方面的开销和复杂度更为自由，并可以将大成本变为多个更小的成本。这样还能够免去用户购买用来处理周期性拥塞的安全网容量的需求。
- **按预留**。预留情况给予用户一种选择权：是否一次性支付用户所需的。作为回报，用户会得到一些按小时支付的折扣。这里有三种预留情况：轻度、中等和重度预留。这能够使用户在预留支付和按小时支付两种情况下进行平衡。另外还提供预留市场，这使得用户能够出售他们所购买的预留的计算服务(例如当用户把自己的应用转移到新的 AWS 区域，改变应用类型或者出售未用完的计算容量)。
- **按现卖**。现卖允许用户对未使用的 EC2 容量进行出价，只要当前没有高于该出价的时候用户就能够使用该容量。它的价格是根据供需随时变化的，只要用户出价高于标价就可以拥有该资源的访问权。用户可以根据自己的情况来选择试验，这样能够显著地降低用户的成本。

EC2 用户可以选择多种实例类型、操作系统和软件包，还可以选择内存、CPU、实际存储和最佳启动分区大小以匹配特定的应用程序和操作系统，例如 Linux 发行版或者微软 Windows 服务器。用户还能够在几分钟内增加或减少容量并完全控制具有 root 访问权限的实例。此外，为了实现可靠性，可以快速且可预测地调试替换实例。对于每个区域，目前的服务水平协议保证了 99.95％ 的可用性。

如图 19.4 所示，创造一个实例以及一个实例的配置均可以通过一个简单的网络服务接口完成。用户首先选择一个预先配置好的 AMI 模版来启动和运行(步骤 1)，或者可以创建一个包含用户应用、库、数据和相关配置的 AMI。然后用户选择一个所需的实例类型(步骤 2 和步骤 3)，并附上存储、网络设置、安全需求、启动和终止以及监视实例所用的网络服务接口或是管理工具。安全性和网络接入同样可以在实例中配置。

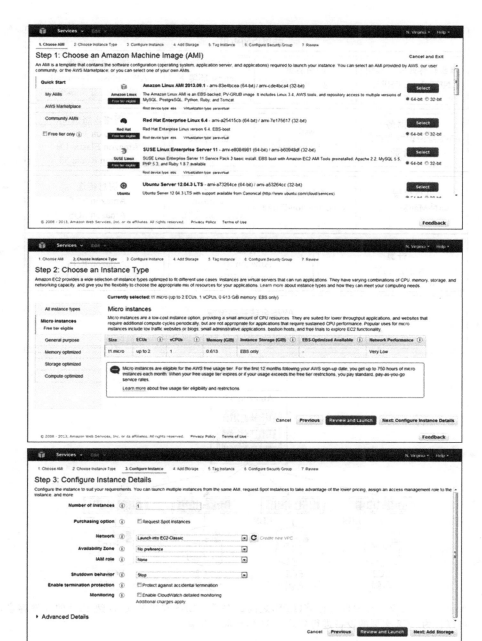

图 19.4 生成亚马逊 EC2 实例的关键步骤

为了能够使用其他的 AWS 模块，EC2 工作时，与亚马逊 S3 以及其他的亚马逊服务（例如，RDS、SimpleDB 和 SQS)无缝连接。这样就能为计算、队列处理和大规模应用的存储提供完整的解决方案，如图 19.5 所示。

尤其，一个 EC2 实例还可以与亚马逊 EBS 的存储相连，EBS 能够提供从 1GB 到 1TB 的块级存储容量。EBS 能够即时检测存储的容量并将其长期存储在 S3 中，如图 19.6 所示。

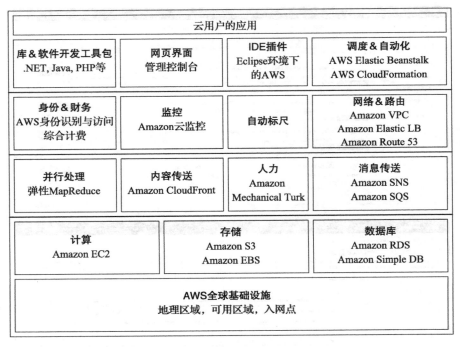

图 19.5　亚马逊网络服务不同部分之间的联系

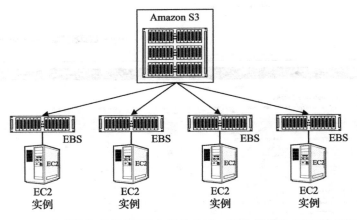

图 19.6　Amazon S3、EC2 和弹性块存储（EBS）之间的关系。EBS 提供从 1GB 到 1TB 的存储容量，EBS 可以作为 EC2 实例的设备进行安装，S3 具有永久存储

19.2　多媒体云计算

互联网中的多媒体应用服务了数百万的终端用户，这需要相当规模的存储和计算需求，因此云计算在多媒体应用方面有着强烈的需求。在这个新的多媒体云计算模式中[3]，用户可以在云端利用分布式来存储和处理他们的多媒体数据，这免去了用户在本地装置上安装多媒体软件的必要。

多媒体云计算和通用云计算之间有着很多的共同点，然而多媒体服务是高度异构的，其中包括多种类型媒体以及相关的服务，例如 IP 语音、视频会议、照片共享和编辑、图片搜索和图像渲染等；因此，多媒体云需要支持多种类型媒体及其相应的服务以便同时为大量用户服务提供基础。除了类型异构，不同的终端（例如 PC 和电视等）具有不同的多媒体处理能力。不同终端设备的 CPU 和 GPU、显示、内存和存储都是不同的，因此云服务需要能够适应不同终端设备。

多媒体云还应该提供 QoS 配置以满足不同用户的 QoS 需求。对于 QoS 配置有两种方法：一是在云计算设置上添加 QoS，另一个则是在基础设施和多媒体应用之间添加 QoS 中间件。前者的目标是在云设施的设计和提升上。后者则是期望在中间层来提高 QoS，例如在传输层提高 QoS 以及在云设施和媒体层之间添加 QoS 映射。

总之，多媒体数据的访问、处理和传输的强力需求成了通用云的一个瓶颈。如今的云计算通过 Utilitylike 机制，着力解决在计算分配和资源存储方面的问题，而在包括带宽、延迟和抖动的 QoS 方面的要求还没有解决。为了实现多媒体云计算，云计算和多媒体之间的协作十分必要。即，在多媒体云计算中提供增强 QoS 保证，在基于云的多媒体中通过合理优化资源配置来提高内容存储、处理和渲染[3]，如图 19.7 所示。

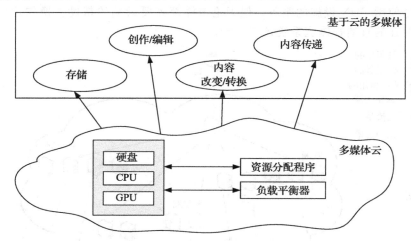

图 19.7　多媒体云计算中的模块及其关系

19.3　云辅助媒体共享

我们首先考虑云计算在媒体共享服务上的应用。由之前的章节可知，代表性的媒体共享服务（例如 YouTube 等）正在经历快速的发展。通常来讲，预测一个新服务的发展和影响是十分困难的。因此，资源配置是一个巨大的挑战，因为任何具有新理念的服务、先进的技术和聪明的营销策略的服务都有可能变成和 YouTube 一样的规模。然而这些服务也很容易失败、亏损甚至是关闭。

在媒体共享服务的早期阶段，开发者面临着两难的境地。一方面，在一开始的时候就提供大量资源是有风险的，并且代价非常高。如果服务没有受到预期的欢迎，开发者就得不到回报，之前的资源也就浪费了。另一方面，如果我们从一开始就以小规模发展，则对该服务的拓展带来了问题。一些新的功能和增长的用户都会对最初的服务设施带来巨大的压力，这会影响用户的体验。

云计算可以为用户提供可靠的、弹性以及节约成本的服务。这为媒体共享服务面临的进退两难的境地提供很好的解决方案，利用云计算，开发者既可以在初始阶段无需创造很大的规模，并且在未来能够很容易地扩大自己的规模。除了从云端开启服务之外，对于现有的媒体服务的规模扩展问题来说，把媒体内容移动到云中也是大有裨益的。

652
～
655

　　共享是云服务的一个完整的部分。如今多媒体内容占据很大一部分云存储空间、主要源于多媒体的简单和可扩展的需求。永久在线和集中化的数据中心使得一对多共享变得十分高效并且允许异构，即上传的数据能够轻松及时地分享给很多人。通常当和数据中心的链接状态为优良的时候，通过云共享还能够更好地保证 QoS，更不用说在 P2P 的共享中防火墙和网络地址转换带来的更多的传输问题的时候。

　　图 19.8 展示了一个直播媒体流服务迁移至云的解决方案的一个通用框架。它可以分为两个层：一个是云层，另一个是用户层。云层由直播媒体源和动态租用的云服务器组成。当接收到用户的订阅请求时，云层将用户定向到一个正确的云服务器上。然而，对于用户来说这样的重定向是透明的，即，从用户的角度来看，将整个云层当作一个单一源的服务器。当用户的需求随着时间和位置变化时，云层也将相应地调整租用服务器的数量和位置。直观来说，当用户的需求增加时就会增加租用的服务器，反之则会减少租用的服务器。用户层的实现是十分灵活的。它可以是纯粹依赖云层的个人用户，可以是点对点的服务，也可以是使用 CDN 设施的服务，但无论怎样都需要云端的帮助。换句话说就是它可以顺利地将存在的直播媒体流系统迁移至云。

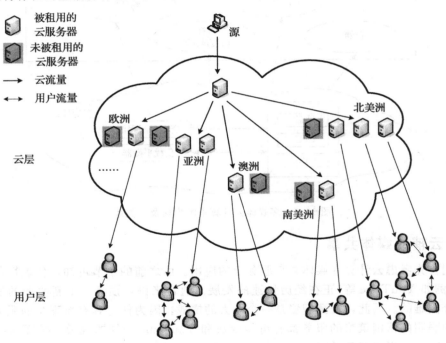

图 19.8　将直播媒体流服务转移至云的一个通用框架

　　然而在这个通用的框架下，还需要解决一些关键的理论和实际问题。尽管云服务得到改善，但在现有的软硬件和网络的条件下，延迟问题仍然存在。例如，在亚马逊的 EC2 上启动或者终止一个虚拟机需要几分钟的时间。虽然这种延迟随着云设计的改进而逐渐减少，但很难消除。因此，系统必须很好地预测何时租用新服务器以满足不断变化的需求，以及何时终止服务器以最小化租用成本。这可以通过云用户的需求预测算法来完成[4]。

19.3.1　全球化的影响

　　更大规模、动态和非单一的客户群体进一步加剧了问题。更糟的是，如今的媒体共享服务已经高度全球化。这样的全球化使得不同用户的表现和需求差异更加明显更加变化。考虑到 PPTV 的用户分布需求，流行的直播媒体流系统拥有数百万的用户[5,6]。

图 19.9 展示了两个代表性的频道(CCTV3 和 DragonBall)一天的用户分布。我们很容易发现全球有好多用户都会收看这两个频道。并且由于时区的不同，不同地区的收视高峰也不尽相同。例如，在北美，CCTV3 频道的收视高峰在晚 8 点，而亚洲的用户这时候正处于早 8 点的时候。在 12 点至 20 点这段时间，亚洲用户对于 CCTV3 的需求很低，然而欧洲的用户则在此时需求最高，北美的观众的需求也是中等的。虽然 DragonBall 频道和CCTV3 频道播放的内容大相径庭，但上述情况也存在于 DragonBall 频道。

657

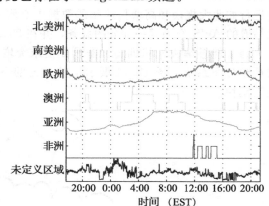

a) CCTV3　　　　　　　　b) DragonBall

图 19.9　一个流行的直播媒体流系统(PPTV)的两个典型频道(CCTV3 和 DragonBall)在一天之中的用户需求分布和变化示意图。为了便于比较，用户需求已经通过每天相关最大需求归一化。x 轴时间使用美国东部标准时间(EST)

在这种情况下，我们需要将云与 CDN 相结合，以便使用地理分布式服务器为用户服务。这也是当前云开发中除了高度集中的数据中心之外的一般趋势。例如亚马逊的 Cloud-Front，它将基于云的 CDN 整合在了 AWS 中，利用全球网络的边缘位置，CloudFront 缓存贴近该地区用户观看内容的静态副本，以降低延迟并且为用户提供稳定高速的数据下载速率。对动态内容的请求可以通过优化的网络路径传送回在 AWS 中运行的源服务器(如S3)，如图 19.10 所示。亚马逊不断监控这些网络路径，并且可以重复使用从 CloudFront边缘位置到原点的连接，以便以最佳性能提供动态内容。

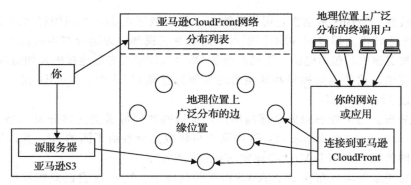

图 19.10　CloudFront 服务示意图。在该服务中，边缘服务器广泛分布
在各个地理位置，并为临近的云用户服务

19.3.2   案例研究：Netflix

Netflix 是将媒体共享服务迁移至云的最成功的案例之一，它在高峰时段占据了美国互联网下载流量的三分之一。Netflix 创立于 1997 年，于 2007 年初通过互联网引入视频点播，开始摆脱其最初的邮件 DVD 核心业务模式。即通过互联网向有需求的用户发送 DVD。最初的 Netflix 数字视频分布基于一些带有 Java 前端的大型 Oracle 服务器，DVD 订阅是主要业务。在 2008 年之后，它饱受由数据存储崩溃引起的服务中断问题。在它早期建立服务器集群的时候，Netflix 很难想象到其业务规模会扩大得如此之快。并且它的人力和技术也都很难达到运行如此大规模和高增长速率的数据中心服务器的能力。从 2009 年以来，Netflix 开始将亚马逊的 AWS 作为其一部分的服务，并在 2012 年将全部技术设施转移至 AWS 中。

为了能够解决网络拥塞和非预期需求突增，Netflix 开始开发利用 AWS 云的一个全球的视频分布系统。图 19.11 展示了基于云的 Netflix 系统的结构示意图，包括如下的几个关键模块：

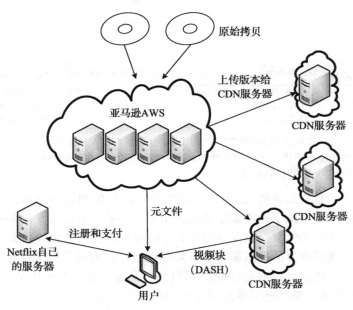

图 19.11   基于云的 Netflix 架构

- **内容转换**。Netflix 从电影公司那里购买了许多数字电影，并利用强大的 EC2 云，将这些电影转换为超过 50 种不同版本不同质量的视频，为运行在不同设备的客户端视频播放器播放，包括电脑、手机甚至是 DVD 播放器或者是连接电视的游戏平台。
- **内容存储**。这些电影视频和转换后的视频都存储在 S3 中。Netflix 在亚马逊中存储了超过 1PB 的数据。
- **内容分布**。为了能够服务全球的用户，将这些数据传送给内容分发网络（包括 Akamai、Limelight 和 Level 3），这些网络再将数据分发给不同的 IP，并以不同的格式和不同的位率利用 DASH 将流发送给终端用户。

所有的这些服务均分布在 3 个 AWS 可用的区域上。Netflix 自己只需维护一个用于用户等级和支付的硬件设施。图 19.12 展示了 Netflix 中不同功能模块，以及它们与 CDN 和云的关系。

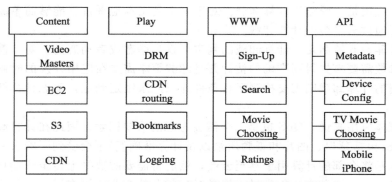

图 19.12 Netflix 中的各个服务以及它们的云模块

利用亚马逊的云和 CDN，Netflix 可以更好更快地应对用户任意规模的增长需求。它根据带宽、计算能力和存储资源来支付费用，相比于拥有自己的服务器，这样能够大幅度减少开销。如果没有云，这样的开销对于服务商来说可能会特别高。

19.4 多媒体服务的计算卸载

除了存储资源，计算资源也是云提供的一个重要的资源。许多需要很大计算量的任务现在都可以转移至云平台，并且用户无需去维护昂贵的高性能服务器和服务器集群，仅只需以按需支付的方式来支付费用。

这样的计算卸载能够有效拓展超过本地设备物理极限的可用性，尤其是对于移动终端来说[7-9]。如今作为通信和娱乐的方便有效的工具，手机和平板越来越渗透到人们的日常生活中。相比于 PC，移动端的触摸屏和传感器都为用户带来了更丰富的体验。尽管一些关键部件（包括 CPU、GPU、内存和无线接入技术）正在快速地发展，手持设备和 PC 越来越统一化，但是人们仍普遍认为在不久的将来移动端并不能够完全取代笔记本和台式电脑。受移动端有限的计算能力、特殊的操作系统和硬件架构的影响，将 PC 软件或者其替代软件移植到移动端仍有局限性。更糟糕的是，手机电池作为移动端的唯一电源，在过去 10 年的发展相对较慢，这也成了为用户提供可靠和复杂移动应用的一个主要障碍。

将云的优势和移动终端的便利性结合起来成了一种有效的途径。苹果公司的 Siri 就是一个例子。Siri 首先通过 iPhone 采集用户的声音命令，再通过本地识别器识别语音并决定是否将其发送给云端来做出一个合适的回应。其他的例子则包括 MAUI[10] 和 CloneCloud[11]。前者根据能量的消耗来判断是否将移动命令发送给云端。在人脸识别、象棋和视频游戏中，它分别能使能量消耗减少 90%、45% 和 27%，在应用性能加速方面能达到 9.5 倍、1.5 倍和 2.5 倍。CloneCloud 利用功能输入和运行时消耗的脱机模式动态地将应用分布在设备和云之间。在扫描病毒、图像搜索和行为分析方面分别能达到 14.05 倍、21.2 倍和 12.43 倍的加速。

19.4.1 计算卸载的需求

将本地资源和云资源有机地结合起来，使得计算卸载要做到对用户透明，仍需要很大的努力[8,9]。

第一，计算卸载的动机。在最初，计算卸载主要是为了减少本地的资源消耗或是提高计算性能，也许两者都有。这也为高层的设计提供了指导。

第二，计算卸载的收获。为了更好地理解计算卸载的好处，我们应该将一个应用分步

660

剖析来看看该应用是否受益于计算卸载。对于一个利用本地平台就能够简单高效解决的问题就没有必要通过云平台的计算卸载。

第三，计算卸载的判定。计算卸载的判定可设为静态或者动态的。对于静态的计算卸载，相关的参数需要事先得到准确的估计并且卸载策略需要在应用开发的时候就已经制定好。对于动态的计算卸载则需要检测运行条件并以此来制定判定，动态计算卸载也需要更高的开销。

661

对于多媒体应用来说，QoS 也是一个需要考虑的重要因素。因此在计算卸载时需要保证用户的 QoS(包括延迟、图片和视频质量以及计算准确度)不会受到影响。一个简单的计算卸载方法就是将全部的计算引擎移至云端，然后将需要的数据上传至云端再将计算后的结果下载下来。虽然这种方法很常见，但是对于复杂的企业应用来说，它的应用通常由多个服务组件，因此不能将该应用一起或同时上传至云。

这对于移动终端中的无线通信场景来说更为复杂。相比于有线应用，无线终端通常来说受到更多的资源限制，特别是无线通信的容量和电池容量的限制[12,13]。能量的消耗很大程度上取决于工作负载、数据通信模式和使用的技术[14]。这些方面的能量消耗问题都需要认真地去解决。这么来看，当数据量大的时候，我们没有必要将应用中全部的计算模块移至云，当然这样也并不是一种有效的做法。对于高速的有线网络用户来说，这也许不是一个严重的问题，但对于移动用户来说影响很大。

19.4.2　视频编码的服务划分

视频编码(压缩)是移动宽带多媒体应用的一项重要任务。用户希望通过自己的无线设备实时采集视频并对视频编码，然后实时发送给其他人。直接上传没有编码过的原始视频必然导致高带宽消耗和高能量传输消耗。另一方面，视频编码经常需要大量计算，同样也会导致大量的能量消耗。举例来说，利用 H.264 编码器来编码一个 5 秒的视频(每秒 30 帧，每帧大小为 176×144，其中的每个像素深度为 8 位)总共需要 1×10^{10} 次 CPU 循环[15]，平均每秒需要 2×10^9 次 CPU 循环，这就意味着需要一个 2GHz 的 CPU 来进行实时处理。考虑到如今的手机和平板都配备高清摄像头，CPU 的负载甚至能达到上述例子的 5～10 倍。

然而，把所有视频压缩工作都放在云端处理是不现实的，因为它与直接上传原始视频数据是一样的。对于无线传输来说，这样更需要很大的开销，甚至由于带宽的限制是不可能实现的。众所周知，运动估计模块需要的计算量是最大的，几乎占了全部计算的 90%。这样的模块才应该是计算卸载的重点。

然而从其他给定编码的数据依赖关系中来解出运动估计并不简单。即，一帧的运动估计取决于上一个参考帧的数据。移动终端需要上传当前帧和上一个参考帧至云端，然后将估计的运动向量(MV)从云端下载并完成剩下的视频编码步骤(例如 DCT 和熵编码)。虽然 MV 很小，但是上传当前帧与上传原始视频相比基本没有区别。

662

19.4.3　案例研究：云计算辅助运动估计

保证上传到云上的数据量最小(不是所有的参考帧数据)但是仍然保证精确估计是很有必要的。云计算辅助运动估计(CAME)[16]使用基于网格的运动估计方法解决这个问题，这种方法把帧划分为粗粒度的网格图，并为每个网格节点估计一个平均值[17]。

常规的三角形或矩形网格[18]因为其简易性而被普遍使用，编码器和解码器也预先在网格结构上统一。不像标准的基于网格的运动估计(详见文献[17])，CAME 运用一个反向的网格节点选择和运动估计,其中,在 P 帧上对网格节点进行采样,然后通过网格节点和参考帧计算出平均值(MV)。如图 19.13 所示,在宏块(MB)的 P 帧上采样一组规则网格节点,仅将采样的网格节点和参考帧上载到云,然后在云上计算 MV,得到的结果是一组描述网格节点运动的 MV,这些结果需要发送回移动终端。使用这种设计,基于网格的运动估计中计算密集度最高的部分被卸载到云中,而网格中各个宏块的局部运动估计将变得更加简单。与标准的基于网格的运动估计相比,CAME 失去了在连续的 P 帧上跟踪同一组网格节点的优势。但是,它可以减少更多的数据传输。

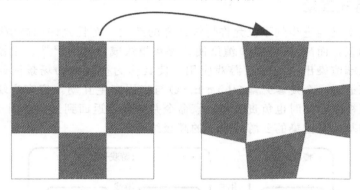

图 19.13 两帧之间基于网格的运动估计,该图使用规则网格预测帧

图 19.14a 比较了 CAME 和其他两个基准方法应用于三个标准视频段(Foreman、Mother 和 Flower)的传输数据总量。这两个基准方法是:AoM(Allon Mobile),它在移动终端完成所有的视频编码;原始上传(raw uploading),它只是把所有数据上传到云用于压缩。为了公平比较,把传输能量转变为等价 CPU 周期。即使"Flower"原始视频的尺寸最小,但与其他两个视频相比,AoM 和 CAME 方法都产生了最高的传输代价,这是因为"Flower"有更高的空间细节。并不奇怪的是,AoM 的传输代价是三个方法中最低的,原始上传的代价最高。与 AoM 相比,CAME 产生了更多的传输,这是因为网格节点上传和网格运动向量下载产生了额外的数据传输。另一方面,对比原始上传,CAME 方法节约了数据传输总量的 60%。

尽管 CAME 比 AoM 消耗了更多的传输能量,但是它通过从云服务器中卸载计算集中的工作、运动估计节省了能量消耗总量。它的能量花费要比 AoM 少近 40%。此外,图 19.14b 证实了预期:与 AoM 相比,在视频编码和传输部分,CAME 可以节约多达 30% 的能量。

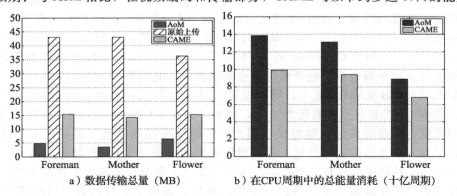

a)数据传输总量(MB)　　　　　b)在CPU周期中的总能量消耗(十亿周期)

图 19.14 仿真结果

　　总之，尽管在云上利用更便宜更有利的资源是非常诱人和有前景的，但移动终端和云之间的相互作用需要更仔细地检查以避免过度产生传输消耗。因此，如运动估计的例子所呈现的那样，一般期望分割以适应具体应用。可以在很多其他应用中发现计算和传输中的能量，这些应用依赖从云端卸载计算以扩大电池寿命。

　　远距离云的闭环设计也在移动用户和云端间产生了额外延迟。正如我们在下节所见到的，在实践中这种额外的延迟一般可以接受，甚至对于交互应用也可以接受。

664

19.5　云端游戏互动

　　最近，云技术已经进步到不仅允许传统计算的卸载，而且允许像高清晰度 3D 渲染这样复杂工作的卸载，而高清晰度 3D 渲染使云游戏想法成为现实[19,20]。云游戏最简单的形式是，在远程云端渲染出一种交互游戏应用，使其作为视频流的场景流回网络端的玩家外。云游戏玩家通过一个瘦客户端（thinc lient）与应用产生互动，瘦客户端主要负责从云渲染服务器呈现视频，同时也负责收集玩家命令并把交互返回到云端。图 19.15 展示了一个有瘦客户端和基于云渲染的云游戏系统的高级结构图。

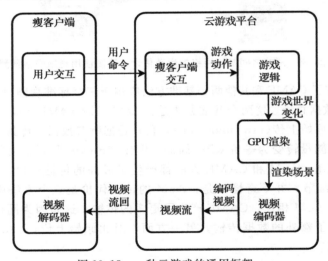

图 19.15　一种云游戏的通用框架

　　云游戏可以通过扩大使用"只支持瘦客户端的性能较低设备"的用户基础以带来大量收益，特别是手机和平板电脑。这样，不用本地呈现计算密集的图像渲染，移动用户就可以享受高质量的视频游戏。例如，《战地风云 3》游戏（一个很受欢迎的第一视角射击游戏）推荐的系统配置是四核 CPU、4GB RAM、20GB 内存空间，至少 1GB RAM 的显卡（例如，NVIDIA GEFORCE GTX 560 或 ATI RADEON6950），显卡的单独花费就超过 500 美元。即使最新的平板电脑也很难满足最小系统需求，它需要超过 2.4GHz 的双核 CPU、2GB RAM、512MB RAM 的显卡，更别说硬件被尺寸和温控所限制的智能手机。此外，移动设备有着与 PC 机区别的软硬件结构，例如，与 x86 CPU 相比，ARM 具有更低的记忆频率和带宽，以及有限的电池容量。因此，传统电视游戏模型不总是适合于这样的设备，而这反过来成为云游戏的目标。它也利用标准网站开发工具（比如 HTML5、Flash 和 JavaScript）使不同操作系统间出现差异。由于计算硬件完全在云端游戏提供者的完全控制下，所以它更进一步地减少了用户支持费用；并且它提供了更好的数字版权管理（Digital Rights Management，DRM），因为代码不在用户的当地设备上直接执行。

665

19.5.1　云游戏的问题和挑战

如图 19.15 所示，在云游戏中，玩家的命令必须由其客户端通过互联网传给云游戏平台。一旦命令到达远程云端，这些命令就会转换为游戏世界中相应的动作。游戏世界的变化则是由云系统的 GPU 进行场景渲染。渲染之后的场景经由视频编码器进行压缩发送给一个视频流模块，并最终到达客户端。而客户端对视频流进行解码并最终得到玩家在游戏中行为的视频。

为了保证互动性，所有的这一系列的操作必须在毫秒之内完成。直观上来说，完成这一些列操作的时间称之为交互延迟，交互延迟需要尽可能的小以为云游戏玩家提供丰富的体验。然而，玩家对交互延迟的要求越高，则需要系统对场景渲染和视频压缩的时间越少。同样，延迟的阈值越小，则网络延迟对玩家造成的负面的交互体验就越小。

1. 交互延迟容忍度

对传统游戏的研究表明不同类型的游戏具有不同延迟容忍度[21]。表 19.2 总结了不同类型游戏在不影响游戏体验(QoE)[19]的最大延迟容忍度。作为一个一般规则，我们发现第一视角的游戏(例如反恐精英)在延迟 100 毫秒左右时游戏体验就会变差。第一视角游戏是基于玩家的行为操作的，因此高延迟对玩家是不利。因此这类游戏最大延迟容忍度非常低[22]。特别是在 FPS 游戏中，改变游戏结果的操作对于延迟的要求非常高，比如谁先扣动扳机会对游戏的结果产生十分重要的影响。

第三人称视角游戏(比如 RPG 游戏和以魔兽世界为代表的大型多人游戏)对于游戏延迟的容忍度更高一些，可以到 500 毫秒。这是由于玩家的命令都是由玩家在游戏中的角色完成的，包括使

表 19.2　传统游戏中的延迟容忍度

游戏类型举例	视角	延迟阈值(ms)
第一人称射击类游戏(FPS)	第一人称视角	100
角色扮演类游戏(RPG)	第三人称视角	500
即时战略类游戏(RTS)	全知视角	1000

用物品、施放魔法或者治疗等。这些操作一般都会有一个引导动作，因此玩家不会期望动作是瞬时的，比如法术施放前的吟唱。但是这些动作仍然需要及时完成。如果由于延迟对玩家造成了不好的结果则会使玩家的游戏体验变差，比如一个玩家在遭受敌人攻击之前已经施放了治疗法术，但由于延迟的原因使得治疗没有及时完成导致玩家死亡。

最后一类游戏则是上帝视角的游戏，例如在从上往下看能够观察自己控制单位的视角的游戏。这类游戏包括以模拟人生和星际争霸为代表的 RTS 游戏。在这类游戏中，玩家一般会控制大量单位执行大量命令，这需要好多秒甚至分钟来完成玩家的命令，这也使得这类游戏的延迟容忍度更高，在 1000 毫秒左右。在 RTS 游戏中，建造一个单位的命令完成时通常需要 1 分钟，这使得 1000 毫秒左右的延迟很难被玩家察觉到。

尽管在延迟容忍度方面，云游戏和传统游戏之间有很多相似的地方。但是它们之间也有区别。首先，传统上，交互延迟仅存在于多用户在线游戏中，在单人游戏中一般不考虑。而云游戏则不同，现在所有的游戏都在远程完成然后再返回到玩家的客户端。因此，在云游中，即使是单人游戏，我们也需要关注交互延迟。此外，在传统的在线游戏中，游戏中的操作都是在发送给游戏服务器之前先在本地客户端完成，通过这种方式来隐藏交互延迟的影响。举例来说，比如玩家控制一个角色移动时，在移动这个命令到达服务器之前，在本机游戏当中移动的操作已经完成了。而在云游戏中，云游戏的游戏效果往往都在云端完成，应此客户端不再具有隐藏交互延迟的能力。比如鼠标移动这样的事件在传统游戏中，延迟达到 1000 毫秒用户都不会受到影响，而在云游戏中，这么高的延迟是不可行

的。所有的云游戏的延迟不能够超过 200 毫秒。而对于其他游戏，特别是这种基于操作的第一视角的 FPS 游戏的延迟则不能够超过 100 毫秒，否则将会影响玩家的游戏体验。

2. 视频流和编码

云游戏的视频流需求与直播视频流非常相似。无论是云游戏还是直播的视频流都需要快速地解码和压缩传输的视频，并分发给用户。在这两种情况中，只有一小部分最新的视频帧是重要的，因此编码必须在很少的帧中完成。

然而传统的直播视频流与云游戏有着非常重要的差别。首先，相比于直播视频流，云游戏几乎不可能在客户端缓冲视频帧。这是因为当玩家发出一个命令时，这个命令通过本地的客户端，再通过互联网到达云端，在云端按照游戏逻辑进行处理，通过处理单元进行渲染，通过视频编码器进行压缩然后再返回到客户端。而这些操作都需要在 100～200 毫秒内完成，没有余地来进行缓冲。而直播视频流则可以缓冲上百毫秒甚至几秒钟，因为这些缓冲的时间对于用户的体验是没有影响的。

对于任何一个云游戏供应商来说，由于高效快速的编码需求，如何选取视频编码器成了重中之重。现如今，主流的云游戏供应商均采用 H.264/MPEG-4 AVC 编码器，比如Gaikai 和 Onlive。Gaikai 使用的是基于软件的编码方法，而 Onlive 则使用的是专用的硬件来对云游戏的视频流进行压缩。无论哪种情况，都会选择 H.264/MPEG-4 AVC 编码器。因为 H.264/MPEG-4 AVC 编码器不但具有较高的压缩比，同时在严格的实时条件下该解码器也能工作得非常良好。

19.5.2   真实世界实现

Onlive 和 Gaikai 是云游戏界的先锋。它们使那些原本只能用高端电脑和高端终端才能玩的游戏对于有限资源用户来说成为可能，它们已经有了数百万用户的基础，取得了巨大的成功。索尼公司最新的 PS4 平台也都在用 Gaikai 的云平台。

Gaikai 利用两个公共的云来部署工作，包括 EC2 和 Limelight。图 19.16 向我们展示了 Gaikai 的工作流程。当玩家选择了 Gaikai 上的一个游戏(如图 19.16 中步骤 1 所示)，EC2 虚拟机首先会向用户发送 Gaikai 的游戏客户端(步骤 2)。其次在把游戏代理已经准备好的 IP 地址发送给玩家(步骤 3)。接着玩家会选择一个游戏代理来运行游戏(步骤 4)。再接下来游戏代理则会运行游戏并把游戏的内容通过 UDP 发送给用户(步骤 5 和步骤 6)。对于多人在线游戏，这些游戏代理还会把用户的操作上传到游戏服务器(通常部署在游戏公司)并向用户进行反馈。

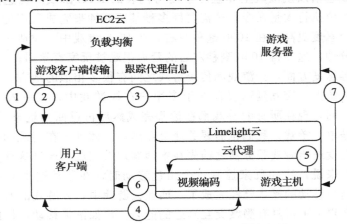

图 19.16   Gaikai 云游戏平台的工作流程图

　　Onlive 的工作流程十分相似，不同的则是 Onlive 是在一个私有的云环境下完成的。利用公有云可以降低成本和提高规模，然而私有云则能够提供更好的性能，并充分发挥云的游戏潜能。

　　《蝙蝠侠之阿卡姆疯人院》是个广受欢迎的游戏，传送的视频帧为 1280 * 720 像素（720p）。对于这个游戏，表 19.3 说明了 Onlive 压缩开放序列其中的单一帧的效果。与本地的游戏平台处理所得的图片质量相比，压缩效果是明显的，尤其是当可用带宽降低时。尽管当带宽为 10Mbps 时所得的图片质量已经比较好，鉴于如今有限的带宽，云游戏效果的上限仍然能够提高。

　　视频帧是通过两个经典的指标进行分析的，一个是峰值信噪比（PSNR），另一个则是结构相似度（SSIM）[23]。SSIM 方法计算两帧之间图像结构（特征）的相似度。我们可以看到，本地游戏平台可以获得一个非常高的 PSNR 和 SSIM；然而这并不是完美的，在记录的视频和主文件之间存在着差异。这些差异大部分可能是由于蝙蝠侠游戏引擎所使用的视频播放器在明亮度和颜色设置上有些许差异。将本地游戏获取的视频与 Onlive 平台进行比较，我们发现二者间还是有很明显的差距。这个差距代表着在图像质量方面有着明显的下降，虽然 Onlive 平台所得的结果并不是根据带宽呈线性关系。通常来讲，PSNR 大于等于 30dB 代表非常好的图像质量。然而，25dB 以上的 PSNR 对于移动视频流的图像质量来说也是可以接受的。在可用带宽降低时，图像质量也会得到明显的降低。

表 19.3　图像质量比较

度量	PSNR(dB)	SSIM
原始图像	n/a	n/a
本地平台	33.85	0.97
Onlive（10Mbps）	26.58	0.94
Onlive（6Mbps）	26.53	0.92
Onlive（3Mbps）	26.03	0.89

　　图 19.17 展示了 Onlive 带来的额外延迟。例如，Onlive 平台（＋20 毫秒）代表着由于网络延迟所带来的额外延迟，因此总的延迟是 50 毫秒。本地平台所造成的平均交互延迟为 37 毫秒，而对于 Onlive 平台所造成的延迟将达到 167 毫秒，大约是本地平台交互延迟的 4 倍。正如我们所预料的，更高网络延迟将使得交互延迟增加。但值得注意的是，在我们的多次测试中，Onlive 系统都能够保持交互延迟低于 200 毫秒。这代表着 Onlive 平台能够为许多类型游戏提供可以接受的延迟。然而，当网络延迟高于 50 毫秒时，交互延迟有可能就会影响用户的游戏体验。即使当基准延迟只有 30 毫秒时，Onlive 平台也不可能为用户提供低于 100 毫秒的延迟，这已经超过了 FPS 游戏延迟的阈值。

　　表 19.4 进一步给出了交互处理和云开销的分解步骤。处理时间即为包括游戏逻辑、GPU 渲染、视频解码等造成的

668
～
669

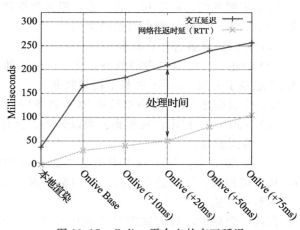

图 19.17　Onlive 平台上的交互延迟

表 19.4　处理时间和云花费

度量	处理时间(ms)	云消耗(ms)
本地渲染	36.7	n/a
Onlive（无延迟）	136.7	100.0
Onlive（＋10ms）	143.3	106.7
Onlive（＋20ms）	160.0	123.3
Onlive（＋50ms）	160.0	123.3
Onlive（＋75ms）	151.7	115.0

交互延迟，也就是说这里并没有包括网络延迟造成的交互延迟。云端消耗的时间并不是由游戏逻辑和网络延迟造成的，它主要是由于 Onlive 系统的视频编码和视频流系统造成的交互延迟。

我们可以看到，在 Onlive 系统中，云处理所带来的延迟时间增加到了 $100 \sim 120$ 毫秒。但是这个延迟已经优于之前[24]中展示的大概为 200 毫秒的延迟。这也代表着云游戏的发展是非常迅速的。另一方面，本地游戏平台渲染需要少于 37 毫秒，这意味着云游戏虽然在通常情况下已经很强大了，但是现在延迟方面还有待提高。为了能够达到最优的交互延迟的要求，云游戏中的游戏逻辑、视频编码和视频流软件系统需要进一步完善。

在大型多用户的游戏中，各地的用户都是由不同的云数据中心服务的，交互路径可以进一步延长。然而云提供商经常是为那些具有更好的网络连接（例如，接近主网络或者拥有更高带宽），甚至具有专用的高速网络的用户服务。如果云服务商能够灵活地分配自己的服务给用户，那么延迟可能并不会有明显的变化，对用户来说也是可接受的。

云游戏是一个快速发展的科技，它具有很多令人惊讶的潜在可能性。除了软件系统和服务提供商，硬件制造厂商也对云游戏产生了极大的兴趣，并开始着力于专用的硬件解决方案来解决云游戏中涉及的突出问题，包括游戏场景的并发渲染和编码等问题[25]。

19.6　进一步探索

云计算对于工业界和学术界来说仍然是一个新的领域。许多由谷歌、亚马逊和微软这样的云计算商得到相关材料都可以当作白皮书教材。

19.7　练习

1. 讨论下列系统的联系和区别：云，服务器群集，内容分布网络（CDN），数据中心。
2. 仔细思考云视频流和点对点视频流。
   (a) 它们二者各有什么利弊？
   (b) 讨论一个结合二者的解决方法，讨论这种混合设计的优点和潜在问题。
3. 考虑基于云的 Netflix 的基于视频服务。
   (a) 分别描述 Netflix 中亚马逊 EC2 和 S3 的作用。
   (b) Netflix 上传用户视频到云端以转码。为什么 Netflix 不在本地转码视频再把它们上传到云端？
   (c) 在 S3 之外，Netflix 为什么还需要一个 CDN 服务？
4. 从云端卸载计算总是有利的吗？列举出两个不划算的卸载计算应用场景，并提出可能的解决办法。
5. 在这个问题中，我们试图量化使用云服务节约的成本。没有云时，一个用户购买了他的 PC 机，价格是 X 美元。机器的价值以每月 $p\%$ 的速度贬值，当价值低于 $V\%$ 时，机器被认为是过时的，用户需要购置一台新电脑。而使用云，用户就不需要买自己的电脑，但是要向云服务商支付每月 C 美元的费用。
   (a) 为了使云服务划算，云服务提供商需要设定每月多少的使用费用？
   (b) 在这个模型中还有其他的与本地机器或云联系的现实费用吗？
6. 考虑一项在移动终端进行本地计算、从云中卸载的任务的能量消耗。我们假设任务需要 C 个 CPU 周期，M 和 S 是分别是移动终端和云在每秒 CPU 周期的计算速度。在移动终端的本地计算有 P_M 瓦特的能量消耗，在无线接口没有数据交换。对于从云端卸载，D 字节的数据在无线接口交换。我们假设网络带宽是 B bps，接收和传送时空中接口的能量消耗是 P_T 瓦特。

(a) 假设当闲置时移动终端的 CPU 和无线接口都没有消耗能量。如果任务在本地执行，移动终端的能量消耗是什么？从云端卸载的能量消耗呢？注意，我们没有考虑云中的能量消耗，因为这里的能量瓶颈在于移动终端。

(b) 在什么条件下，从云中卸载节省能量？

(c) 卸载计算的其他潜在好处是什么？在什么条件下？

7. 与构造和维持一个本地架构相比，除了节省或消耗能量，列举两个其他使用云技术时的优点，再列举出两个缺点。

8. 考虑云游戏，其中，游戏场景在云端渲染，然后再流回瘦客户端。

(a) 云游戏的优点？

(b) 哪一类游戏最适合云端？

(c) 讨论视频直播媒体流的要求和云游戏的要求。它们是否相似？云游戏的什么需求更困难？

(d) 提出一些可以使云游戏减少延迟的建议。

672

参考文献

1. M. Armbrust, A. Fox, R. Griffith, A.D. Joseph, R. Katz, A. Konwinski, G. Lee, D. Patterson, A. Rabkin, I. Stoica, M. Zaharia, A view of cloud computing. Commun. ACM **53**(4), 50–58 (2010)

2. P. Mell, T. Grance, The nist definition of cloud computing. Technical Report Special Publication 800–145, National Institute of Standards and Technology (NIST) (2011)

3. W. Zhu, C. Luo, J. Wang, S. Li, Multimedia cloud computing. IEEE Signal Process. Mag. **28**(3), 59–69 (2011)

4. D. Niu, Z. Liu, B. Li, S. Zhao, Demand forecast and performance prediction in peer-assisted on-demand streaming systems. In *Proceedings of the IEEE INFOCOM Mini-Conference*, 2011

5. Y. Huang, T. Fu, D. Chiu, J. Lui, C. Huang, Challenges, design and analysis of a large-scale P2P-VoD system. In *Proceedings of the ACM SIGCOMM*, 2008

6. K. Xu, H. Li, J. Liu, W. Zhu, W. Wang, PPVA: a universal and transparent peer-to-peer accelerator for interactive online video sharing. In *Proceedings of the IEEE IWQoS*, 2010

7. F. Liu, P. Shu, H. Jin, L. Ding, D. Niu, B. Li, Gearing resource-poor mobile devices with powerful clouds: architectures, challenges, and applications. IEEE Wirel. Commun. **20**(3), 14–22 (2013)

8. X. Ma, Y. Zhao, L. Zhang, H. Wang, L. Peng, When mobile terminals meet the cloud: computation offloading as the bridge. IEEE Network **27**(5), 28–33 (2013)

9. K. Kumar, Y.-H. Lu, Cloud computing for mobile users: can offloading computation save energy? IEEE Comput **43**(4), 51–56 (2010)

10. E. Cuervo, A. Balasubramanian, D.-k. Cho, A. Wolman, S. Saroiu, R. Chandra, P. Bahl, Maui: making smartphones last longer with code offload. In *Proceedings of the 8th international conference on Mobile systems, applications, and services, MobiSys '10*, (ACM, New York, NY, USA, 2010), pp. 49–62

11. B.-G. Chun, S. Ihm, P. Maniatis, M. Naik, A. Patti, Clonecloud: elastic execution between mobile device and cloud. In *Proceedings of the sixth conference on Computer Systems, EuroSys '11*, (ACM, New York, NY, USA, 2011), pp. 301–314

12. K. Kumar, J. Liu, Y.-H. Lu , B. Bhargava, A survey of computation offloading for mobile systems. Mob. Networks Appl. **18**(1), 129–140 (2013)

13. H.T. Dinh, C. Lee, D. Niyato, P. Wang, A survey of mobile cloud computing: architecture, applications, and approaches. Wirel. Commun. Mob. Comput (in press)

14. A.P. Miettinen, J.K. Nurminen, Energy efficiency of mobile clients in cloud computing. In

Proceedings of the 2nd USENIX conference on Hot Topics in Cloud Computing, HotCloud'10, (USENIX Association, Berkeley, CA, USA, 2010), pp. 4–4

15. N. Imran, B.-C. Seet, A.C.M. Fong, A comparative analysis of video codecs for multihop wireless video sensor networks. Multimedia Syst. **18**(5), 373–389, (2012)

16. Y. Zhao, L. Zhang, X. Ma, J. Liu, H. Jiang, CAME: cloud-assisted motion estimation for mobile video compression and transmission. In *Proceedings of the 22nd international workshop on Network and Operating System Support for Digital Audio and Video, NOSSDAV '12*, (ACM, New York, NY, USA, 2012), pp. 95–100

17. Y. Wang, J. Ostermann, Y.-Q. Zhang, *Video Processing and Communications*, vol. 5 (Prentice Hall, Upper Saddle River, 2002)

18. M. Sayed, W. Badawy, A novel motion estimation method for mesh-based video motion tracking. In *IEEE International Conference on Acoustics, Speech, and Signal Processing, 2004 Proceedings (ICASSP'04)*, (IEEE, vol. 3, 2004), pp. iii–337

19. M. Jarschel, D. Schlosser, S. Scheuring, T. Hossfeld, An evaluation of qoe in cloud gaming based on subjective tests. In *Fifth International Conference on Innovative Mobile and Internet Services in Ubiquitous Computing (IMIS)*, pp. 330–335, 2011

20. R. Shea, J. Liu, E.C.-H. Ngai, Y. Cui, Cloud gaming: architecture and performance. IEEE Network **27**(4), 16–21 (2013)

21. M. Claypool, K. Claypool, Latency and player actions in online games. Commun. ACM **49**(11), 40–45 (2006)

22. M. Claypool, K. Claypool, Latency can kill: precision and deadline in online games. In *Proceedings of the First Annual ACM SIGMM Conference on Multimedia Systems, MMSys'10*, (ACM, New York, NY, USA, 2010), pp. 215–222

23. Z. Wang et al., Image quality assessment: from error visibility to structural similarity. IEEE Trans. Image Process. **13**(4), 600–612 (2004)

24. K.-T. Chen, Y.-C. Chang, P.-H. Tseng, C.-Y. Huang, C.-L. Lei, Measuring the latency of cloud gaming systems. In *Proceedings of the 19th ACM International Conference on Multimedia, MM '11*, pp. 1269–1272, 2011

25. Z. Zhao, K. Hwang, J. Villeta, Game cloud design with virtualized cpu/gpu servers and initial performance results. In *Proceedings of the 3rd Workshop on Scientific Cloud Computing Date, ScienceCloud '12*, (ACM, New York, NY, USA, 2012), pp. 23–30

数字图书馆中基于内容的检索

20.1 如何检索图像

图 20.1 是名画"享乐的花园"（The Garden of Delights）的一部分，它由荷兰画家希罗尼穆斯·波希（Hieronymus Bosch，1453—1516）创作，现收藏于西班牙马德里的普拉多博物馆。我们很难从这幅著名的画中理解画家的真实意图，所以当我们要设计一种图像自动检索方法时，提取图像中蕴含的语义信息是一个非常艰巨的挑战。对于一幅图像来说，一方面，这幅图像的合适的标注应该包含关于"人"的描述；另一方面，这幅图像应该被用于过滤含有裸体信息的系统——"网络保姆"（Net Nanny）软件过滤掉吗（详见文献[1]）？

图 20.1　如何最大程度地理解一幅图像的内容信息（见彩插）

与基于文本的检索相比，大多数的浏览器都会设置一个用于多媒体内容（通常是图像，或在 YouTube 和类似网站上的视频）检索的按钮。当我们想要找到波希的画时，用基于文本的搜索就会产生很好的效果；然而，当我们进行比较模糊的搜索，比如搜索一幅包含蓝天落日的图像，通过预先计算一些存储在数据库中的关于图像的基本统计数据，我们通常能够找到具有上述特征的场景。

起初，数字图书馆检索借鉴了一些传统信息检索[2]的规则，这条研究思路一直延续着[3]。例如在文献[4]中，利用基本信息检索技术，将图像分为室内与室外两类。对于一个包含图像和其标题的训练集，每个单词在某个文档中出现的次数会除以每个单词在一个类的全部文档中出现的次数。一个相似的度量方式是从图像片段中获取内容统计描述，并将这两个信息检索特征联合来进行有效的分类。

然而，更多的多媒体检索方法越来越倾向于直接关注多媒体内容本身，而不是依赖于那些附加在多媒体上的文本信息。这个就是众所周知的基于内容的图像检索（Content-Based Image Retrieval，CBIR）。最近，人们将注意力再一次放到了提取图像内容信息这一更深层的问题，其中包括如何用文本进行辅助（在归档时插入到多媒体）。如果数据包含图像目标和图像相关文本构建的统计特征，那么每种模态（文本与图像）将会提供彼此互补的语义内容。例如，一幅红玫瑰的图像通常不会有人工标注的关键词"红色"。因此，图像特征和关联的文字能够消除彼此的歧义[5]。

　　本章仅仅关注那些只利用图像特征本身而不是文本从数据库或互联网中检索图像的技术和系统。常用的图像特征一般都是统计性的，如颜色直方图。想象一幅彩色图像，上面画着一个圣诞老人拉着雪橇，使用亮红色、肉色和棕色作为图像特征，足以让我们在图像数据库（比如关于圣诞晚会的数据库）中找到这样一幅图像。

　　回顾一下，一个典型的颜色直方图是一个三维数组，记录红、绿、蓝三种通道取值的像素数量。这种结构的优点是它不会受图像方向影响（因为我们只是简单统计像素值，而不是它们的方向），而且它不会受到目标遮挡的影响。一篇关注该课题的重要论文[6]引起了研究者对这种低层次特征的关注。

　　其他常用于描述图像特征的还有颜色布局，即在一个覆盖整幅图像的"棋盘格"上描绘蓝天和落日的位置。另一种常用的特征是纹理，即一些基于图像边缘的特征描述，由图像的偏导数构成，并通过间距和方向的相似程度来进行区分，或使用图像纹理的直方图来表示图像内容。纹理布局同样可以作为特征使用，基于这些特征的搜索引擎是基于内容的，即检索是通过度量图像内容统计信息的相似度实现的。

　　通常，我们可能会想要找到和我们当前关心的图像（如前面提到的圣诞老人的图像）相似的图像。一个更加趋向工业级的应用是检索邮票中某一个特定的图像。与图像数据库检索相关的行业和学科领域包含艺术廊、博物馆、时装、室内设计、遥感、地理信息系统、气象学、商标数据库、犯罪学以及其他领域。

　　一个更困难的搜索是在图像中搜索一个特定的目标，我们将这种搜索叫作"目标搜索"模型（search-by-object model），涉及更完善的图像内容编目和更困难的目标。通常，用户会使用关联搜索（search by association）[7]，即先进行一次初始搜索，随后对搜索结果根据相似度逐步求精。对于期望图像的常规描述，目录检索（category search）会返回请求集的一个元素，例如标识数据集中的一个或多个商标。相对地，查询可能是基于一个特定的图像，例如一件特定的艺术品，这就变成了目标检索（target search）。最近，还有检索三维形状或目标对象的工作[8,9]。

　　另一个在理解现有检索系统时需要考虑的核心问题是，搜索范围是狭隘的，例如仅仅在商标数据库检索；还是广泛的，例如在一个商业图片集中搜索。

　　对于任何系统，我们要面对的是那些当期望用机器系统替代人力时自然产生的基本难题。其中主要的困难在文献[7]中总结为两个术语：感官鸿沟（sensory gap）和语义鸿沟（semantic gap）：

- 感官鸿沟是真实世界中的目标和从场景记录中的（机器）描述之间的鸿沟。
- 语义鸿沟是人们从视觉数据中得到的信息和相同数据在不同场景下的解释之间缺少的一致性。

　　图像特征记录的是图像的特性，但是图像本身可能不具有描述性。即使我们能够用语言描述图像，图像中的信息、图像包含的语义通常机器也很难捕获。这样就造成了CBIR系统设计的困难。

20.2　早期CBIR系统概述

　　接下来，我们介绍一些早期CBIR系统的例子，虽然信息并不完整。尽管大多数引擎是实验性的，但是包含了一些很有趣的内容。文献[7]中对早期的 CBIR 做了很好的总结。

1. QBIC

QBIC(Query by Image Content，按图像内容查询)系统是由 Niblack 和他在位于圣何塞(San Jose)的 IBM 阿尔马登研究中心(IBM's Almaden Research Center)的同事[10]共同开发的，是早期搜索引擎中最著名的一个。

QBIC 中一个突出的特点是它用于表明颜色直方图差异的度量方法。直方图差异的基本度量是直方图交叉核(histogram intersection)，它基于 L1 范数。有别于简单的直方图交叉核，QBIC 认为相似颜色(比如红色和橙色)应该不会有零相交。因此，它使用一个颜色距离矩阵 A，其中每一个元素是：

$$a_{ij} = \left(1 - \frac{d_{ij}}{d_{\max}}\right) \tag{20.1}$$

其中，d_{ij} 是三维颜色差异(欧氏距离，或者其他距离，例如绝对值的和)。

直方图差异 D^2 定义如下[11]：

$$D^2 = z^T A z \tag{20.2}$$

向量 z 是直方图差异向量(向量化的直方图)。举个例子，如果我们比较二维 16×16 色度直方图，那么直方图差异向量 z 的长度是 256。

2. Chabot

Chabot 是来自加利福尼亚大学伯克利分校(UC-Berkeley)的早期系统，包含 500 000 幅超分辨率数字图像。Chabot 使用关联数据库管理系统 POSTGRES 来访问这些图像和它们的文本数据。这个系统存储文本和颜色直方图数据。除了颜色百分比查询，"大部分是红色"这样的简单的文本查询也是可以的。

3. Blobworld

Blobworld[12]也是由加利福尼亚大学伯克利分校开发的。它借鉴目标检索的思想，将图像分割成单元。为了获得不错的分割结果，它使用期望最大化(Expectation Maximization，EM)算法在特征空间中获得一个最优聚类的最大似然度(maximum likelihood)。Blobworld 同时允许基于文本和内容的查询。并且系统有一定程度的反馈：它显示提交的图像和查询结果的中间表示，因此用户可以更好地指导算法。

678

4. WebSEEk

哥伦比亚大学(Columbia University)的一个团队专门研究并开发了一些搜索引擎，其中 WebSEEk 是其中最为知名的。它从网络中收集图像(和文本)数据。需要强调的是，它制作了一个可搜索的目录，主题包括动物、建筑学、艺术、天文学、猫等。它通过缩略图和运动图标的形式提供相关反馈。对于视频，一个较好的反馈形式是提供一个短小的视频序列，例如动态 GIF 文件。

5. Photobook 和 FourEyes

Photobook[13]是一个早期的 CBIR 系统，由 MIT 媒体实验室开发。它用三种机制搜索三种不同类型的图像内容(脸、二维形状和纹理图像)。对前两种类型，它创建了一个特征函数空间，即一些"特征图"的集合。之后，新的图像用空间基的坐标进行表示。对于纹理，一幅图像可当作由分解的三个正交分量的和构成，这种特征叫作 Wold 特征[14]。

通过添加相关反馈，Photobook 衍变成 FourEyes[15]。这个系统不仅为图像分配正负的权重变化，并且当给定一个它已经完成过的类似查询，它能进行更快的检索。

6. Informedia

卡内基梅隆大学的 Informedia(和之后的 Informedia-Ⅱ)数字视频图书馆工程的目标是

"视频挖掘"，并受到了政府和企业的资助。它联合了语音识别、图像理解和自然语言处理技术。它的特性包括视频和语音索引、导航、视频摘要和可视化以及视频媒体检索。

7. UC Santa Barbara 搜索引擎

亚历山大数字图书馆（Alexandria Digital Library，ADL）是一个成熟的图像搜索引擎，由加利福尼亚大学圣巴巴拉校区开发。ADL 关注的是地理数据，即在互联网上的空间数据。用户可以与地图交互并对其自由缩放，之后可以根据选中的地图区域来检索对应的图像。这种方法可以缓冲存储长字节数据，一个例子是 LANDSAT 卫星图像所遇到的此类问题。ADL 采用了一种多分辨率方法，利用缩略图来对图像进行快速访问。多分辨率图像是指可以选择一幅图像中的特定区域并且对其进行缩放。

8. MARS

多媒体分析与检索系统（Multimedia Analysis and Retrieval System，MARS）[16] 由伊利诺伊大学厄巴纳-香槟分校开发。它的想法是构建一套特征表达的动态系统，以适用于不同的应用和用户。相关反馈即由用户指导更改权重是其主要使用的工具。

9. Virage

视觉信息检索（Visual Information Retrieval，VIR）图像搜索引擎[17] 是对图像中的目标进行操作。图像索引是在一些预处理操作之后进行，例如平滑和对比度增强。它使用的特征向量的细节并没有公开。但是，据了解每一个特征的计算使用了多种方法，每个复合特征向量由多种特征串联而成。

20.3 案例研究：C-BIRD

现在我们来分析图像查询中的一些细节问题。为了使讨论的内容更加具体，我们用由本书作者开发的一个图像数据库搜索引擎[18]来帮助我们理解。这个系统叫作数字图书馆中基于内容的图像检索（Content-Based Image Retrieval from Digital libraries，C-BIRD），CBIR 是基于内容的图像检索首字母缩写词。

C-BIRD 图像数据库包含大约 5000 幅图像，它们之中很多都是视频的关键帧。这个数据库可以选择多种工具来进行搜索：文本标注、颜色直方图、光照不变的颜色直方图、颜色密度、颜色布局、纹理布局和基于模板的搜索。

尽管这个系统开发时间较早，但它仍然是一个展示在 CBIR 中基于图像相似度的一些通用技术的良好示例。此外，它还具备一些特点，例如利用光照不变性搜索、特征定位以及利用目标模板搜索。

下面我们开始逐一介绍。

20.3.1 颜色直方图

在 C-BIRD 系统中，数据库中每幅图像的特征是预先计算好的。在图像数据库检索中，最常用的特征是颜色直方图[6]。它是图像的一种全局性的特性，即这是一种平等对待图像每个区域的处理方式，而不是将图像分割成一块一块地对待。

颜色直方图统计每个像素的红、绿、蓝三色值。例如，在下面的伪代码中，对于一幅用 8 位来表示 R、G、B 值的图片，可以得到一个有 256^3 个单元的直方图：

```
int hist[256][256][256];  // 置为0
//图像是具有红、绿、蓝字节字段的适当结构

for i=0..(MAX_Y-1)
  for j=0..(MAX_X-1)
```

```
{
 R = image[i][j].red;
 G = image[i][j].green;
 B = image[i][j].blue;
 hist[R][G][B]++;
}
```

通常，我们不会使用占用那么多单元的直方图，一方面是因为较少的单元能够消除有相似性的不同图像之间的差异，另一方面我们也希望减少存储空间。

图像查找就将样本图像的特征向量（在这里就是颜色直方图）与数据库中的每个图像（或者说是部分图像）的特征向量进行匹配的过程。

C-BIRD 在预处理阶段计算好每个目标图像的颜色直方图，然后在用户查询图像时引用它们。直方图定义得较为粗略，我们为每个单元分配 8 位，其中红、绿通道各占 3 位、蓝色通道占 2 位。

例如，图 20.2 展示的是用户选择了一幅图像，图像中有红色的花朵。从拥有 5000 幅图像的数据库中检索到了 60 幅匹配图像。大多数 CBIR 系统要么返回与查询要求最相近的几个结果，要么返回达到设定的相似度阈值的一组对象。C-BIRD 使用的是后面的一种方法，所以可能出现查询结果为 0 的情况。

图 20.2　颜色直方图的查找结果（其中一些小图片来自 Corel gallery，
Corel 拥有其版权；版权所有，翻版必究）

在实际中，匹配如何进行取决于我们应用的是哪种相似性度量。一种标准的颜色直方图度量方式叫作相交直方图（histogram intersection）。首先，我们计算好每幅图像 i 的颜色直方图 H_i。我们通常将颜色直方图看作一个三维的数组，但是机器会认为它是一个长向量，也就是这种度量常用的术语"特征向量"。

接着，将这些颜色直方图直归一化（normalized），使得它的和（不是 double 类型）为 1。这个归一化步骤是十分有趣的：它有效地消除了图像的大小信息。例如，图像的分辨率是

640×480，那么直方图项的和将会是307 200；但是，如果图像只有四分之一的大小即320×240，那么和将会是76 800。除以像素总和会消除这种差别。实际上，归一化后的直方图可以当作概率密度函数(probability density function，pdf)。之后，直方图会存储到数据库中。

现在，假设我们选择了一幅样本图像——这幅新图像将用于和数据库中所有可能目标进行匹配。它的直方图 H_m 要与数据库中的所有图像的直方图 H_i 进行求交运算，其公式如下[6]：

$$交集 = \sum_{j=1}^{n} \min(H_i^j, H_m^j) \tag{20.3}$$

其中 j 表示直方图的第 j 个单元，每个直方图都有 n 个单元。计算结果越接近1，则图像匹配得越好。这个计算速度是很快的，但是我们要注意的是这个求交的值对颜色量化的程度十分敏感。

20.3.2   颜色密度和颜色分布

为了用颜色的密度来表示图像特性，用户可以通过一个颜色拾取器和滑动条来选择图像中某种或者某些颜色所占的比例。我们可以通过"与"(AND)或者"或"(OR)操作中来选择一个简单的颜色百分比。这是一个较为粗略的检索方法。

用户也可以用颜色粗块来定义颜色在图像中分布的草图。用户有四种可供选择的栅格大小：1×1、2×2、4×4 和 8×8。可以指定在其中一种栅格上查找，这些栅格可以填充任何 RGB 颜色值(或者不填充任何值，表示这些栅格是不需要考虑的)。数据库中每幅图像需要分割成一些小的窗口，对每种窗口尺寸均需分割一次，也就是说每幅图像需要做 4 次这样的分割。对每个窗口计算聚类颜色直方图，并在数据库中存储出现频率最高的 5 种颜色，每个查询方格的位置和大小同图像窗口的位置和大小相对应，图 20.3 展示了这种布局方案的使用方法。

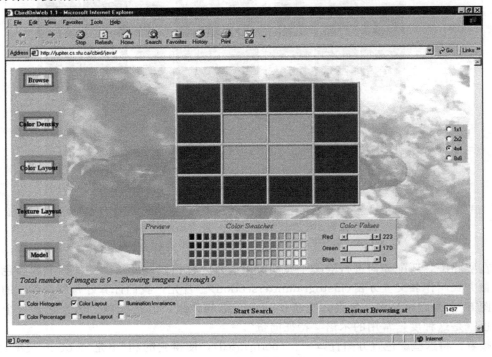

图 20.3   颜色分布网格

681
～
682

20.3.3　纹理分布

与颜色分布查找相似，在该方式下，用户可以通过绘制一个期望的纹理分布来进行查询。用户可以选择 0 密度纹理、4 个方向（0°，45°，90°，135°）的中密度边缘纹理及这 4 个方向的组合纹理、4 个方向（0°，45°，90°，135°）的高密度纹理及这 4 个方向的组合纹理。纹理匹配是根据纹理的方向和密度将纹理进行分类，并计算分类后的纹理与用户选择的纹理分布的相关性。图 20.4 展示了这种方案的使用方法。

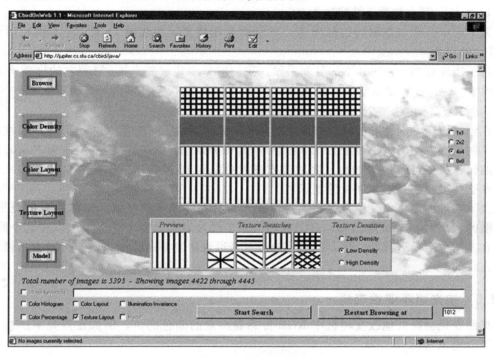

图 20.4　纹理分布网格

20.3.4　纹理分析细节

可以思考一下用于图像搜索的基于纹理的图像内容分析的一些细节问题。这些细节可以让你了解在实际场景中工作系统中的基本技术。

首先，我们创建一个纹理直方图。一个用于理解纹理含义的常用索引结构是 Tamura 索引[19]。人类感知的研究成果表明："重复性""方向性"和"颗粒度"是在纹理识别中最相关和最具有判别性的因素[20]。这里，我们用一个基于方向 ϕ 和边缘分割 ξ 的二维纹理直方图，边缘分割 ξ 与"重复性"紧密相关。ϕ 度量的是边缘的朝向，而 ξ 度量的是两个平行边缘之间的距离。

为了提取边缘图像，首先需要将图像转化为用亮度 Y 表示，其中 $Y = 0.299R + 0.587G + 0.114B$。然后利用 Sobel 边缘操作[21]对图像进行抽边操作，即将下面的 3×3 的加权矩阵（卷积模板（convolutionmask））在整幅图上移动并作卷积：

$$d_x : \begin{array}{|c|c|c|} \hline -1 & 0 & 1 \\ \hline -2 & 0 & 2 \\ \hline -1 & 0 & 1 \\ \hline \end{array} \qquad d_y : \begin{array}{|c|c|c|} \hline 1 & 2 & 1 \\ \hline 0 & 0 & 0 \\ \hline -1 & -2 & -1 \\ \hline \end{array} \qquad (20.4)$$

如果我们对每个像素都按照上面的矩阵加权求和，我们会得到所需要的结果的一个近似值。

边缘幅度 D 和边缘斜率 ϕ 的计算公式是：

$$D = \sqrt{d_x^2 + d_y^2}, \quad \phi = \arctan\frac{d_y}{d_x} \tag{20.5}$$

接下来，我们通过删除所有非最大值的边来压缩边缘图像。如果一个像素 i 有边缘梯度 ϕ_i 和边缘幅度 D_i，并且它拥有一个近邻像素 j 沿着方向 ϕ_i 并且拥有梯度 $\phi_j\approx\phi_i$ 和边缘幅度 $D_j\approx D_i$，那么像素 i 被抑制为 0。

为了产生一个二进制的边缘图像，对于所有的像素，当它的 D 大于一个阈值时设为 1，其他的设为 0。

对于边缘分割 ξ 采用如下的处理手段：我们对每个边缘像素 i，沿着它的梯度 ϕ_i 求到最近像素 j 之间的距离，像素 j 的边缘斜率必须在 15°的误差范围内并且满足 $\phi_j\approx\phi_i$。如果这样的像素 j 不存在，那么认为分割是无穷大的。

在创建边缘方向性和边缘分割图之后，C-BIRD 创建了一个有关 ξ 和 ϕ 的二维纹理直方图。初始直方图的大小设定为 193×180，其中分割值 $\xi=193$，这个值作为表示间隔无穷大的保留值（当任意 $\xi>192$）。之后直方图大小降到 65×60，分别是各个维度的三分之一，在这个过程中，对相连接的项求和。

接下来，通过将每个像素值替换为该像素与其相邻像素的加权和来使直方图更平滑。直方图的大小再一次降到 7×8，这时我们将值 7 视为表示无穷大的保留值。在这个阶段，纹理直方图也需要进行归一化，归一化的过程是通过将直方图除以该图像分割中的像素数目而实现的。

20.3.5　按光照不变性查找

光照变化会极大地改变相机中 RGB 传感器测量的颜色的值，例如在强光下的粉色在弱光下会变成紫色。

为了处理从查询图像到数据库中相应图像的光照变化的情况，每个图像的每个颜色通道首先被归一化，之后压缩成一个 36 维的向量[22]。要避免光照变化所带来的颜色变化，将每幅图像的 R、G、B 带宽都归一化不失为一种简单而有效的办法。接下来，我们用色度来创建一个二维的颜色直方图，它是一个带宽比值为 $\dfrac{\{R, G\}}{(R+G+B)}$ 的集合。这里所说的色度与视频中的色差有几位相似，但是视频中的色度只捕捉颜色信息，而不包含照明度（或称亮度）的信息。

接下来，我们得到的一幅 128×128 的二维颜色直方图可以当作一幅图像，并且使用基于小波变换的压缩方法将其压缩[23]。为了进一步减少在特征向量中向量分量的数目，我们计算出更小的直方图的 DCT 系数，并按照 Z 字排列，通过这些变换我们就得到了只有 36 个分量的结果。

匹配在压缩的空间上进行，通过比较两个经过 DCT 压缩的具有 36 个分量的特征向量之间的距离来决定匹配的程度（这里的按光源不变性查找方案和下面将要介绍的按对象模型查找都是 C-BIRD 所独有的）。图 20.5 显示了这种查询的返回结果。

一些上面类型的搜索可以通过选择多个复选框来一次性完成。返回的结果是一个经过简化的图像列表，这个列表由单独使用各种查找方式所得到的结果关联而成。

图 20.5　按光源不变性查找(其中一些小图片来自 Corel gallery,
Corel 拥有其版权; 版权所有, 翻版必究)

20.3.6　按对象模型查找

在 C-BIRD 支持的查找方式中, 最重要的就是基于对象模型的查找。用户可以选择一幅样本图像并在该图中选取一个特定区域来进行按对象模型的查找。在不同场景条件下拍摄的对象也能够有效地进行匹配。使用这个查找方式的时候, 用户先选择一个较小的区域, 然后点击 Model 按钮进入 ObjectSelect 模式。接着通过交互手段选择出一个对象作为查询图像的一部分。下面我们将举例说明按对象检索的各组成部分。

图 20.6 展示了对象样本的选择过程。我们可以利用一些基本形状(如矩形、椭圆)来选择图像区域, 还可以利用基于种子的扩散算法实现的魔术棒、激活轮廓模型(图上的"snake")或者是画刷。所有选择出的区域可以通过并、交、差等布尔运算进行组合。

一旦用户根据需要选择出了对象区域, 它们可被拖至右边的面板, 在该面板中显示当前选择的所有对象。可以将多个对象区域拖至选择面板, 但选择面板中只有当前活动的对象能够作为检索的依据。用户可以控制扩散阈值、画刷宽度、主动寻找轮廓曲率等参数。

按对象模型查找的详细实现机制在文献[23]中有详细介绍, 我们接下来也用一个系统来说明一下。图 20.7 展示了它的算法流程图。首先, 对用户选择的图像进行处理以找到其中的特征(详细说明见文献[18])。然后, 我们使用在之前章节介绍过的对颜色直方图进行相交完成第一次筛选。接下来, 我们需要估计对象在目标图像中的位置(通过缩放、平移或旋转)。紧接着通过对纹理直方图求交来进行验证, 最后使用一个有效的通用霍夫变换(Generalized Hough Transform, GHT)来进行形状验证。

686

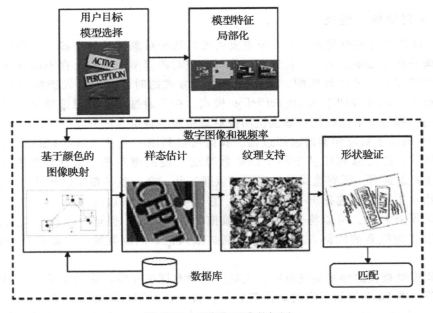

图 20.6 C-BIRD 界面，显示使用基本的椭圆进行对象选择（图像来自 Corel gallery，Corel 拥有其版权；版权所有，翻版必究）

687

图 20.7 对象匹配步骤框图

　图 20.8 展示了一幅用户选择的图像和一幅在数据库中存放的目标图像。显然，图 20.8b 应该是图 20.8a 检索的结果，尽管图 20.8b 的拍摄背景很暗。图 20.9 展示了在 C-BIRD 中查找粉红色书的一些结果。

尽管 C-BIRD 是一个实验性的系统，它却提供了一些原则上的证明，即证明了按对象模型查找这一困难的任务是可以实现的。

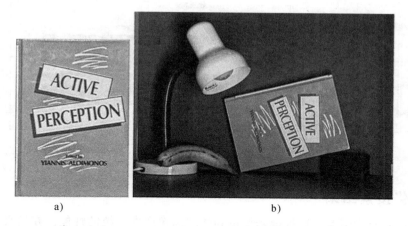

a) b)

图 20.8 模型和目标图像：a) 模型图像示例；b) 示例数据库图像，
其中包含模型书（封面致敬 Lawrence Erlbaum 联合公司）

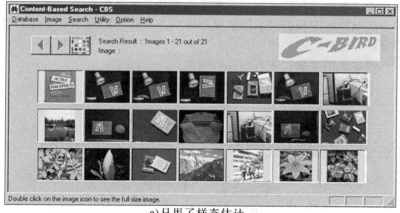

a) 只用了样态估计

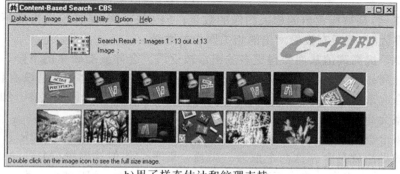

b) 用了样态估计和纹理支持

图 20.9 在光照变化下粉色书本的搜索结果（一些小图片来自于 Corel gallery，Corel 拥有其版权；版权所有，翻版必究）

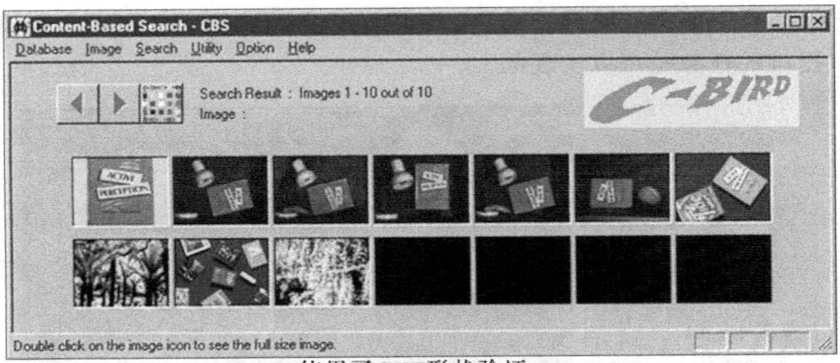

c)使用了GHT形状验证

图 20.9 （续）

20.4 量化搜索结果

通常来说，我们需要一些标准来衡量和体现图像搜索系统的性能。在信息检索中，将准确率(precision)定义为被检索出来的所有文档中，相关的文档占总文档数的百分比；将
688~689 “召回率(recall)”定义为被检索出的相关文档数和文档库中所有的相关文档数的比值。同样地，召回率和准确率也被广泛地应用于衡量图像检索系统的性能。然而这些测量准则会被数据库的大小或数据库中相似信息的数量所影响，并且它们也没有考虑到模糊匹配或者是搜索结果排序。

用等式形式表示这两个量，如式(20.6)所示：

$$
\begin{aligned}
\text{准确率} &= \frac{\text{被检索出的相关图像}}{\text{所有被检索出的图像}} \\
\text{召回率} &= \frac{\text{被检索出的相关图像}}{\text{所有被检索出的相关图像}}
\end{aligned}
\tag{20.6}
$$

等价地，它们也可以写成如下形式：

$$
\begin{aligned}
\text{准确率} &= \frac{TP}{TP+FP} \\
\text{召回率} &= \frac{TP}{TP+FN}
\end{aligned}
\tag{20.7}
$$

其中 TP(真正例)是被检索出的相关图像的数量；FP(假正例)是被检索出的不相关图像的数量；FN(假负例)是没有被检索出的相关图像的数量。

总的来说，提高阈值从而使得更多的图像被返回，会导致准确率的下降，而召回率却会升高，反之同样成立。显然，单独讨论准确率或是召回率中的一个是没有什么意义的，它们可以结合起来以提供一个更优的评价结果。比如说，测量召回率为 50%时的准确率，或者是准确率为 90%时的召回率等。

当涉及多个查询时，准确率和召回率又会提升。为了评价一个 CBIR 系统的总体性能，最常用的做法就是合并这两个值为一个值，即平均均值准确率(Mean Average Precision，MAP)。单个查询 q 的均值准确率(Average Precision，AP)被定义为：

$$
AP(q) = \frac{1}{N_R}\sum_{n=1}^{N_R} \text{Precision}(n) \tag{20.8}
$$

其中 Precision(n)是第 n 幅相关图像被检索出之后的准确率，N_R 就是数据库中所有的相关图像。MAP 就是所有查询的 AP 的平均值：

$$\mathrm{MAP} = \frac{1}{N_Q} \sum_{q \in Q} \mathrm{AP}(q) \tag{20.9}$$

其中 Q 是查询图像集合，N_Q 是其大小。MAP 拥有准确率和召回率所拥有的特点，并且对整个输出结果的排名敏感[24]。

在之前对于准确率和召回率的定义中，遗漏了一个重要属性：TN（真反例）的值。在 CBIR 的环境中，如果我们正在搜索狗的图像，而数据集中包含 100 幅与狗相关的图像，那么数据库到底包含 100 幅还是 1 000 000 幅与狗不相关的图像，即 TN＝100 或 TN＝1 000 000，这个属性是很重要的，因为一个大的 TN 值可能会引入更多的噪声。 690

还设计了许多适用于 CBIR 系统性能的评价准则，其中一个比较流行的就是 ROC（Receiver Operating Characteristic，受试者工作特征）。给出一个包含 100 幅相关图像（比如说马）和 1000 幅其他图像（即和马无关的图像）的数据集，如果一个 CBIR 系统正确地检索出了 70 幅和马相关的图像，并错误地检索出了 300 幅和马不相关的图像，于是真阳率（True Positive Rate，TPR）＝70％，假阳率（False Positive Rate，FPR）＝30％。显然，这里的 TPR 就相当于式（20.7）定义的召回率，而 FPR＝1－TNR，其中 TNR（True Negative Rate，真阳率）为正确地识别出的非马图像的比率（70％）。图 20.10 描述了一个表示了 TPR 和 FPR 的形象的 ROC 空间。

图 20.10 中的 45 度对角线表示随机判定的性能。在上面的例子中，如果我们使用一个均匀的硬币，通过随机投掷正反面去判定一个输出，那么它将会返回 50 幅正确的和马相关的图片，以及 500 幅和马不相关的图片，即 TPR＝50％，FPR＝50％，图中的 A 点（0.5，0.5）就展示了这样一个结果。一个不均匀的、更偏向于判决为正例的硬币输出的结果可能如 B（0.8，0.8）所示。相反的情况下，可能会产生 C 点（0.25，0.25）的结果。

当然，我们希望一个 CBIR 系统会产出一个比投硬币更好的结果。也就是说，它们的性能应该在对角线之上，点 D（0.1，0.8）就是一个性能十分优秀的样例。通常来说，

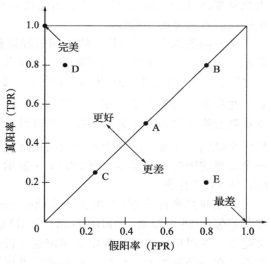

图 20.10　ROC 空间

我们希望结果能够尽可能接近最完美的点（0，1.0）。另外点 E（0.8，0.2）表示的是一个性能很差的系统输出结果。显然（1.0，0）是最差的。

如果我们用多个 TPR（或 FPR）值来评价 CBIR 系统，就能产生一条 ROC 曲线，它能够更加综合地分析出这个系统的行为。最完美的 ROC 曲线由两条线段组成，一条为通过 691 （0，0）和（0，1.0）的垂直线，另一条为通过（0，1.0）和（1.0，1.0）的水平线，它意味着没有任何假正例和假反例出现。一条普通的 ROC 曲线会处于这条完美曲线和对角线所夹的三角区域之间。

ROC 是一个普适的统计测量方法，适用于多分类问题。它在多门学科中都有应用，比如说心理学、物理学、药学，并且正在机器学习和数据挖掘领域中兴起。

20.5   现代 CBIR 系统中的关键技术

当前，CBIR 领域正在飞速地发展和进步。不像早期的时候，现在的人们不再满足于得到包含"蓝天"的场景，或者是一个包含可能是有红色斑点的花的场景。大家更加关注于寻找物体、人或者是搜寻人类的行为。Lew 等人[25]和 Datta 等人[26]给出了 CBIR 领域的综述文章。

在本节中，我们将会简单地介绍一些对于现在和将来的 CBIR 领域发展至关重要的技术和问题。

20.5.1   鲁棒的图像特征及表征

现如今，越来越多的特征描述子被提出，超越了 MPEG-7 中给出的特征描述子。这里我们只讨论 SIFT 特征和视觉单词(visual word)。

1. SIFT

除了颜色特征或纹理直方图等全局特征以外，以 SIFT(Scale Invariant Feature Transform，尺度不变特征变换)为代表的局部特征正在如火如荼地发展，因为它们更适合于搜索视觉强调目标。SIFT 特征对于图像噪声有一定的鲁棒性，并且对于旋转、平移和缩放变换等有着高度的不变性。

从一幅图像中提取 SIFT 特征的过程以建立一个多分辨率尺度空间开始，如图 20.11 所示。在每一个尺度中，利用高斯平滑操作生成一个图像堆。每一个图像堆(所谓的"子八度")有 $s+3$ 幅图像，在图 20.11 中 $s = 2$。堆中的高斯滤波器的标准差受因子 $2^{1/s}$ 所影响。在样例的第一个子八度中分别是 σ、$\sqrt{2}\sigma$、2σ、$2\sqrt{2}\sigma$ 和 4σ。从堆顶部往下数的第 3 幅图像经过降采样为原来分辨率的一半以后被用作下一个堆的底部图像。同样的高斯滤波操作将会继续，于是下一个子八度的高斯滤波器将会有标准差 2σ、$2\sqrt{2}\sigma$、4σ、$4\sqrt{2}\sigma$ 和 8σ。一个简单的图像差分操作在图 20.11 中显示了，它生成了高斯差分(Difference Of Gaussian，DOG)图像集合。

下面我们将讨论 SIFT 的关键点(key point)。在 DOG 图中，如果一个像素的 DOG 值在其相邻的 26 个像素中(如图 20.11 所示)是最小的或者是最大的，那么它就可能是一个关键点。在以后的映射过程中会确定这是否是一个明确的关键点，比如说它分布在角落中而不是在一条长边上。然后，分析关键点周围的边缘(梯度)方向直方图，就会产生一个关于此关键点的主导方向 θ(所谓的规范方向(canonical orientation))。

现在对一个以关键点为中心的、16×16 的局部像素块进行检查，用于产生一个 128 维的 SIFT 描述子：将这个像素块分解为若干 4×4 的子窗口，在每一个子窗口中导出一个边缘(梯度)方向直方图。由于每 45 度量化一个维度，于是每个子窗口中的直方图产生一个 8 维的向量。总的来说，我们获得了 4×4×8＝128 维的 SIFT 描述子。现在，每个边缘方向都相对于规范方向 θ 计算，所以增强了旋转的不变性。

2. 视觉单词

词袋(Bag of Words，BoW)最初用于文档分类和文本检索。顾名思义，可以从查询语句中提取混合词袋并用于查询。通常使用单词的词干，比如 talking、talk、talked 等的词干都是 talk。这种方式忽略了单词的细节(如时态和单复数形式)、单词顺序和句子的语法，但对任何形式的文本变化都具有较好的鲁棒性。

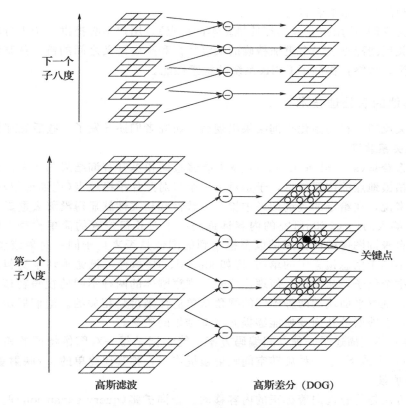

下一个
子八度

第一个
子八度

关键点

高斯滤波 　　　　　　高斯差分（DOG）

图 20.11 尺度空间和 SIFT 关键点

　　类似地，能够从图像中提取出视觉单词以表示图像的特征。Fei-Fei 和 Perona[28]提出了一个计算机视觉中的早期工作，其中词袋用于表示图像中的多种纹理特征。

　　在 CBIR 中，生成视觉词的常用方法是使用 SIFT，因为它具有上面讨论的良好属性。这可以是基于对象或基于视频帧的。如果搜索基于给定的对象模型，则其 SIFT 特征的聚类可以用作描述对象的视觉单词。通常，第 8 章中提到的向量量化方法可用于将这些视觉单词转换为码本中的码字。如果搜索旨在从视频或电影中查找类似的帧，则所查询视频帧中的所有 SIFT 特征都可用于生成视觉单词。此外，Sivic 和 Zisserman[29]将视频帧划分为多个区域，每个区域将产生一个平均 SIFT 描述子($\bar{x}_i$)并用作视觉单词。已经证明，大量 SIFT 描述子的聚类和匹配在计算复杂度上具有挑战性。

　　视觉单词很好地封装了本质视觉特征。然而对比单词和文本，视觉单词是模棱两可的。通常来说，一个小尺寸的码本仅拥有有限的判决能力，并不能很好地工作于 CBIR 的大规模图像视频数据库中。另一方面，一个大码本也拥有着自身的问题，因为同一个特征被不同的噪声污染以后会被轻易量化为两个不同的码字。

20.5.2　相关反馈

　　相关反馈(一个来自信息检索的著名技术)应用于 CBIR 系统[16]。简单来说，其思想就是让用户人为地介入一个迭代，将检索出来的图像应用于新一轮的迭代，直至返回值收敛。通常，用户确定一些返回的图像为好的图像、坏的图像和不关心的图像，然后带权系统就根据用户的判断来更新自身。

利用相关反馈（让用户介入循环的最基本的优点），用户不必提供一个十分精确的初始化查询。相关反馈建立了一个更加精确的低级特征和高层语义之间的链，从某种程度上拉近了语义鸿沟。最终，提高了 CBIR 系统的检索性能。

20.5.3 其他的后处理技术

除了相关反馈，在初始化查询结果出现后，研究者们还开发了一些后处理技术。

1. 空间关系验证

空间关系验证（spatial verification）技术能够验证和提升查询结果的质量。现代照相机大多能提供拍摄地点的位置信息，于是对于一个只对照片拍摄地点（比如说罗马或巴黎）感兴趣的用户来说，在给定的查询结果中检查一致性和相关性就显得没那么重要了。

Philbin 等人的论文[30]研究的内容远远超出了对几何位置的简单检查，他们的目的在于验证来自查询图像的图像区域以及检索到的图像是否来自于同一对象或者场景区域。他们主张：不同于信息检索中的单词（比如 animal、flower），视觉单词本身包含了更多的空间信息。举个例子，从图像几何理论可知，观察刚体的两种不同的视角在核面几何学上是有关系的，观察平面块的两种不同的视角从单应性来讲是相关的。他们展示了通过空间重排，验证基于映射的几何变换能够提升查询结果的质量。

Zhou 等人[31]描述了一种空间编码方案，能够记录每一对图像特征的相关空间信息（比如左或右，上或下）。一种旋转空间映射被提出来，称其比简单的 xy 映射更加有效。

2. 查询扩张

另一种方法是将查询向着标正的内容移动。查询扩张（query expansion）就是这样一种方法，由 Chum 等人[32]提出。它是在信息检索领域中非常出名的算法，某些高阶相关的文档组合能够表示成一个新的查询，以促进检索的性能。这里所谓的"组合"可以是简单的被返回文档的特征描述子的均值。问题是，如果其中一个高阶文档是一个假正例，那么它会立刻对新查询的性能产生负面影响。某些鲁棒的统计方法或者甚至是简单的用中值替代平均值能够减轻这种影响。

如上所述，用于 CBIR 的视觉单词经常包含了有用的空间信息，因此被检出的高阶图像能够在用于形成一个新的查询之前验证。Chum 等人[32]利用了递归均值查询扩张，它能够根据所有空间性地验证了的返回图像，递归地生成新查询图像。

3. QA 范式

提问-解答（Question-Answering，QA）尝试普适地替代某个查询返回的大规模的图像或者多媒体内容。它利用了媒体内容、搜索域以及语言学分析的知识，返回基于用户的自然语言问题的回答。由于传统的 QA 是专注于文本的，将这个技术桥接至多媒体内容的行为被定义为 MMQA[33]。通常来说，MMQA 尝试结合传统 QA，基于文本元数据，利用面向多媒体的方法来解决可能存在的、需要更多感知性答案的用户问题。

20.5.4 视觉概念搜索

概念搜索是另一种拉近语义鸿沟的主流方法。其特点是：在局部特征转化为单词之后，单词将转变成语义信息以帮助机器学习算法的执行。

Wang 等人[34]通过利用直方图交叉的支持向量机（SVM）分类器，从英特网上的 103 个 Flickr 图像集中学习到了图像相似度。这个图像集包含目标图像（如 Aquarium、Boat、

Car 和 Penguin)、场景图像(如 Sunset 和 Urban)以及概念图像(如 Christmas 和 Smile)。他们展示了他们的系统要比直接利用简单低阶视觉特征(如颜色、纹理等)度量图像相似度的方法更加优越。

为了有助于优化和测试这些系统,研究者和从业者们提出了许多多媒体数据库和度量基准。其中最有名的大概是 TREC 视频检索评估基准(TRECVID)。TRECVID 创建于2003 年,最初源于 TREC(Text REtrieval Conference,文本检索会议),然后被 NIST(National Institute of Standards and Technology,美国国家标准与技术研究院)和美国国防部门所赞助。起先,TRECVID 提供专业资源中得到的视频数据(比如广播新闻、电视节目和监控系统等),所以仅含有有限的风格和内容。比如,对一个新闻人物的镜头特写,多样化室内场景的俯视图等。最近几年,度量基准依据测量数据和宗旨被扩张了。比如,TRECVID 2013 评估了以下几点任务:

- 语义索引。
- 交互监控事件检测。
- 实例搜索。
- 多媒体事件检测。
- 多媒体事件重叙述。

Myers 等人[35]发表了他们的项目 SESAME 在多媒体事件检测上的优越性能。起初,依据单类数据类型(比如说低阶视觉特征、运动特征、音频特征等)以及 Birthday-party、Making-a-sandwich 等高阶视觉(语义)概念中获得的单词,设计了多个事件分类器。之后测试了多种融合方法(算术平均、几何平均、加权 MAP、加权平均根、条件混合模型、稀疏混合模型等)。他们展示了如算术平均的某些混合方法,其性能等同于甚至超过某些复杂的混合方法。

696

20.5.5　用户在交互式 CBIR 系统中的作用

除了相关反馈等机制,还有人认为用户应该在 CBIR 系统中发挥更积极的作用。在2012 ICMR(International Conference on Multimedia Retrieval,多媒体检索国际会议)中,某专家组(同样也是文献[3]的作者)再次提出了这样一个问题:用户在多媒体检索中处于何种地位? 他们指出了广泛用于评估(如 TRECVID)的 MAP 的统治地位可能会牵制更加有效的多媒体检索系统的发展。虽然 MAP 拥有客观性和可复制性的优点,但是区区一个数字不太可能满足大多数用户的需求,这些用户往往会考虑到一些不同的和动态的任务。

一种理解人类如何观察图片是否相似的方法,就是去研究利用组成图像相似度的基础感知的用户群落[36]。这种方法属于"感知相似度度量",它通过寻找最优特征集合(颜色、纹理等)来学习,目的是捕获通过已鉴定的类似图像群落来定义"相似度"。

另一种理解用户的方法就是和他们聊天,并仔细分析他们的搜索模式。换句话说,除了基于内容以外,我们还需要基于情景,因为用户对于内容的解释经常受到情景的影响,甚至就是由情景决定的。

20.6　视频查询

视频索引主要利用动作作为实时变化的图像序列的显著特征,进而实现视频的各种各样的查询。在这里我们不对视频索引给出任何细节,但是建议读者阅读文献[25, 26]这两篇优秀的综述。

简单来说，由于瞬时性是视频和图像序列之间最主要的差别，所以对时间分量的处理就成为在索引、浏览、搜索、视频内容检索工作中的首要任务。QBIC研究组[37]致力于对视频自动理解继而产生情节串联图版——所谓的"逆好莱坞"（inverseHollywood）问题。即在视频制作过程中，编剧和导演从一段对剧情发展的详细描述开始。而从视频理解的角度来看，我们希望能够重构出这个详细的剧情描述来作为"理解"视频的开始。

首先我们需要将视频分成一些连续的镜头（shot），这些连续镜头大致包括在点击和释放"记录"按钮这段时间里记录的视频帧。视频转变（如渐现、渐隐、溶解、擦除等）往往在这些连续的镜头之间发生，所以，对于连续镜头边界的检测不会像检测"突变"那样简单。

一般来说，由于我们处理的是数字视频，我们想尽可能地避免处理解压缩的MPEG文件以提高吞吐量。因此，研究者们一直研究压缩视频。一种简单的方法是部分解压缩直到能够还原DC项即可，这样就产生一个只相当于完全解压缩得到的文件$\frac{1}{64}$大小的对象。由于我们需要考虑P帧、B帧和I帧，所以就算是生成最佳DC图的一个较好的近似，也是一个复杂的问题。

一旦从整个视频获得了DC帧（或者更好地，快速地获得了DC帧），那么之后就可以用各种方法来寻找镜头边界。这些方法常用的典型特征有颜色、纹理和运动向量（虽然这些概念在物理轨迹研究中也经常使用[38]）。

我们可以对连续镜头进一步进行归类，组成一系列场景（scene）。一个场景就是时间上多个连续镜头的集合。在所谓的电影语法（film grammar）中甚至会包含更高级的语义[39]。这样，诸如剧情的基本元素之类的语义信息就变得可获取了。从大概的框架来说，这些语义信息包括剧情的介绍、评论、高潮和结局。

音频信息对于场景聚合很重要。在一个典型的场景中，音频信息是整体的、没有断点的，即使该场景包含许多连续镜头。在电影创作的过程中，一般的定时信息也会包括在音频中。

利用目前可用的闭路字幕信息，文本也可以成为描述镜头和场景的最有利的工具。然而，仅仅依赖文本是不可靠的，因为它未必总是存在，对于遗留视频而言更是如此。

为了更合理、更简洁地组织和展示情节串联图板，目前已经有许多不同的方案被陆续提出。最直接简单的方法就是只演示一段关键帧的二维数组。但仅仅有关如何建立一个好的关键帧的问题仍是业内激烈争论的问题。另一个方法就是每隔几秒就输出一帧。这种方法的问题就是不会顾及在两个较长时间的非活动剧情之间是否有发生活动剧情的趋势。因此，可以使用某种聚类方法来代表一段较长的时间，类似于一个关键帧中的一个瞬时时间。

有些研究者建议使用基于图形的方法。假设有一个视频包含两个谈话的人，分别是访问者和被访问者。一种合理的表示方法就是用一个有向图来表示谈话者到另一个谈话者的转变。用这种方法，我们可以获得许多关于视频结构的信息，而且能够形成图形剪除和管理的工具库。

另外，人们还使用了"代理"来表示场景和连续镜头。一个关键帧集合的组合可能比一个简单的关键帧序列的表达能力更强，就像关键帧的大小可变一样。如果要合理地理解视频，那么我们需要对每个"快速掠过"（skimmed）视频关键帧集合的文本和声音加上注解。

如果对于一系列帧进行特征匹配，那么帧可以结合起来形成更大的帧，这种多帧镶嵌（mosaic）的方法是很有用的。上述方法产生的更大的关键帧或许更加有代表性。

一个更加极端的视频表示方法是选择（或创建）一个能够完全代表整个影片的帧。该帧的选择可以是基于帧中的人物、动作等。在文献[40]中，Dufaux提出了一种算法，这种算法基于动作测量(利用帧间差异)、空间活动(通过像素值分布的熵)、肤色像素、人脸检测来选择连续镜头和关键帧的算法。

如果考虑肤色和面容,该算法将大大增加那些包括人物和肖像的关键帧的相似度,比如,利用特写镜头就是一个很好的例子。可以使用已标记的图像样例来对肤色进行"学习",而脸部的检测可以使用神经网络来完成。

图 20.12a 展示了一个从海滨活动视频中提取的关键帧[41]。在图 20.12b 中的关键帧主要是基于颜色信息选择出来的(但是要注意关于光照条件改变所引起的变化)。

a) 一段数字视频的帧

b) 选出的关键帧

图 20.12　数字视频"beach"和其关键帧

当镜头之间切换平滑,并且总体颜色十分相似的时候,将会出现一个更加困难的问题(如图 20.13a 所示)。20.13b 中的关键帧充分显示了整个视频序列的演变过程。

699

a) 一段数字视频的帧

b) 选出的关键帧

图 20.13　花园视频

其他方法都试图从人这个更有意义的角度来处理视频，而不是使用较低层次的视觉或者音频特征。许多工作都是致力于应用数据挖掘或者基于知识的技术来把视频分类（比如，运动、新闻等），然后再进一步划分成子目录（比如划分为足球、篮球等目录）。

20.7   基于人类行为的视频查询

通过闭路电视的摄像机、网络摄像机、广播摄像机等设备，每天有成千上万的视频被捕获下来。然而许多值得关注的行为（比如一个足球运动员射门进球了）从空间和时间来看只发生在一个视频的一个特定的相对较小的范围中。在这种场景下，高效地搜寻拥有特定行为且被大规模视频包含的视频小片段就成为了一项重要的技术手段。

Lan 等人[42]的工作灵感来源于在广播运动视频中搜索感兴趣的行为。例如图 20.14 展现的场景，从用户的角度有许多问题可以提出来：谁是进攻者？右下角的运动员在干什么？多少人在跑动着？哪些运动员正在防御对方阵营的队员？总的战况如何？注意一个隐含的重点：这些问题总是会涉及社会角色，比如说"攻方""守方"或者"盯防人员"等。Lan 等人[42]提出了一个关于这类问题的模型。

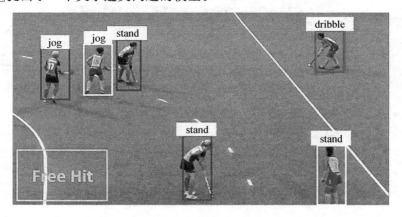

图 20.14   现实生活中人类行为的场景示例。在普通的场景中的活动描述（比如自由击打）之上，我们可以从多个层次的细节来描述这个场景（基础活动，如站立和奔跑等；中级社会角色，如攻方和守方等）。不同社会角色用不用颜色的框来标示。在这个例子中，我们使用了洋红、蓝色和白色分别表示攻方、盯防人员以及和攻方同一队伍的队员（见彩插）

表示人类行为是一个开放且具有挑战性的问题。许多研究工作致力于识别单个人的基础活动[43]。Lan 等人依据低阶特征方法表征结果来预测单个人的行为，在其基础上构建了高阶模型。根据问题关注点的不同，多层次的细节和标签类别的需求是不同的这个观点是有待讨论的，因为一个能够捕获多层次细节的统一模型已经出现了。除了对基础行为（站立或奔跑等）和高级事件（进攻和罚角球等）建模，我们还对社会角色进行建模。社会角色牵扯到了人员的内部关联，而且典型地应用于行为识别的基础动作的互补表示。举个例子，一个运动员的社会角色是"盯防人员"，那么他的周围很可能存在一个"敌方人员"。更广地看，基础运动、社会角色、高级事件等概念很自然地需要一种上下文的有关表示——一个场景中的所有人员的行为和社会角色是互相依赖的，并且和高级事件的发生有着关联。这个模型提出了这样一种关系，允许对一个场景中的社会角色和他们的附属元素进行灵活推论。

20.7.1   对人类行为结构建模

这里我们对文献[42]中的模型进行介绍。为了描述方便，这里使用一个比较适合建模的曲棍球视频作为示例。

我们首先描述标签。假设一幅图片经过了预处理，即图中的目标和人员已经定位。我们根据运动员的颜色直方图，将他们划分为两个队伍。每个人员关联两个标签：行为和社会角色。令 $h_i \in \mathcal{H}$，$r_i \in \mathcal{R}$ 分别为人员 i 的行为和社会角色，其中 $\mathcal{H}$、$\mathcal{R}$ 分别为所有可能的行为标签集合和社会角色标签集合。每个视频帧都和一个事件标签 $y \in \mathcal{Y}$ 相关联，其中 $\mathcal{Y}$ 是所有可能的事件标签集合。

这个模型是分层的，并且包含了多层次的细节：低层次运动、中层次社会角色和高层次的事件。这些层次之间的关系和交互也包含在了这个模型中。我们利用层次事件来定义解释视频一帧的分数 I，表示如下：

$$F_w(\boldsymbol{x},y,\boldsymbol{r},\boldsymbol{h},I) = w^\mathrm{T}\Phi(\boldsymbol{x},y,\boldsymbol{r},\boldsymbol{h},I) = \sum_j w_1^\mathrm{T}\phi_1(x_j,h_j) + \sum_j w_2^\mathrm{T}\phi_2(h_j,r_j) + \sum_{j,k} w_3^\mathrm{T}\phi_3(y,r_j,r_k)$$

(20.10)

下面用图 20.15 来解释一下模型公式。首先式（20.10）最右边的第一个表达式表示标准线性模型，这个模型用于预测场景中人员的行为标签（在图 20.15 中用蓝线表示）。第二个表达式捕获行为标签和社会角色之间的依赖关系（在图 20.15 中用绿线表示）。第三个表达式根据人员之间在某一事件 y（洋红色和暗蓝色线条）下的社会角色建模交互行为，以获取上下文信息。社会角色自然包含重要的交互信息，比如说第一后卫趋向于出现在一个进攻者的周围，盯防人员出现在敌方运动员周围等。

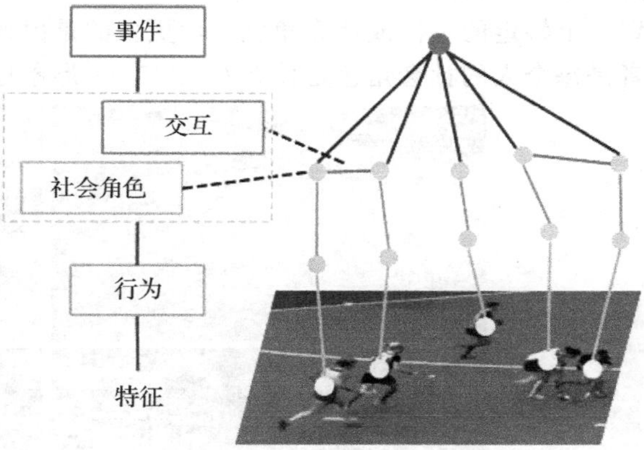

模型参数 w 通过一个结构化 SVM 框架[44]进行学习；更多细节请读者参阅文献[42]。

图 20.15　模型图示。不同类型通过不同颜色的线条来表示，方程的细节包含在式（20.10）中（见彩插）

结论

在一个包含丰富问题的测试视频中，使用我们的层级模型，提问者可以使用任何各层级中的独立变量来规划查询。比如，可以查询场景的总体事件标签，或者一个特定人物的社会角色标签。图 20.16 概述了测试的阶段流程。

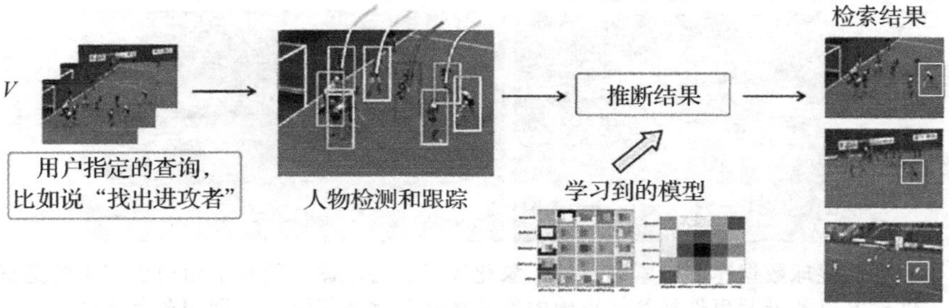

图 20.16　测试阶段概述。给定视频和查询，首先我们进行预先处理后的人物检测和追踪程序来提取每个人物所在位置的区域；然后将区域特征传入预测框架中；最后基于式（20.10）计算的推断分数，获得查询结果（见彩插）

对于一个给定的视频和查询变量 q，预测问题就是在 q 合理且固定的情况下找到最优的层级事件表示，使得计分方程 $F_w(x, y, r, h, I)$ 结果最大化。举例说明，如果 q 询问一个人物的行为（某个 h_i），我们希望在适合 q 的所有行为中，计算出计分方程 F_w 的最大值。我们定义这个优化问题为：

$$\max_{y, h, r \backslash q} F_w(x, y, r, h, I) = \max_{y, h, r \backslash q} w^\mathrm{T} \Phi(x, y, r, h, I) \tag{20.11}$$

随后得出的分数用于表示查询和实例（如视频帧）的相关度。一个行为检索系统的目标就是根据相关度将数据排序，然后返回排名最高的一个或几个实例。

20.7.2   实验结果

曲棍球数据库[42]包含了从摄像机中捕获的运动行为，用于演示上述模型的高效性。这个模型可以根据用户的提问进行不同的推断。这个模型可以直接适用于多层次的人类行为识别，其目的就是预测事件、每个人的社会角色或行为。在这种情况下，查询并没有指定一个特定的事件或社会角色，而更多的是由普适问题组成，比如说比赛的赛况如何？或者是每个人的社会角色是什么？图 20.17 形象地展示了推断出来的事件和社会角色。

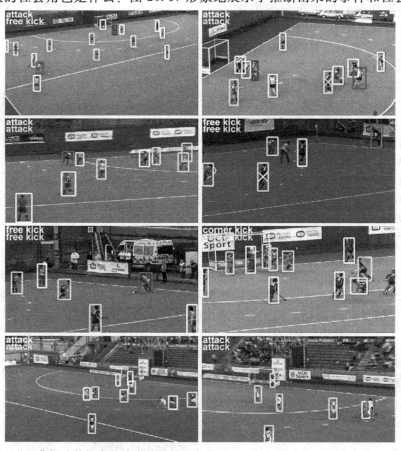

图 20.17   对于曲棍球数据库的检索结果的形象化展示。每幅图片的左上角白色字指的是真实事件标签以及推断事件标签，正确的推断用蓝色字体表示，否则用黄色字体表示。每个限位框也有不同的颜色，表示不同的社会角色。我们使用洋红色、黄色、绿色、蓝色和白色来分别表示进攻者、第一后卫、空位、盯防后卫以及其他人等社会角色。限位框中间的叉号表示错误的预测，其真实的社会角色用叉号的颜色来表示（见彩插）

20.8　质量感知的移动视觉搜索

随着移动电话和平板电脑的普及，移动视觉搜索吸引了越来越多基于内容的图像检索领域研究者们的注意。本节将会介绍一个由 Peng 等人[45]提出的新颖的用于可移动的 CBIR 质量感知框架。在移动客户端，一幅查询图像将会被压缩到一个固定的质量水平以适应网络状况，然后再将图像及其质量水平作为边信息上传到服务器。在服务器端，一组查询图像的特征将会被提取出来然后与数据库中的图像特征做比较。由于特征的表示能力随着查询质量的改变而改变，每个质量水平有特定的相似性函数，我们利用查询质量的边信息来选择与查询质量相应的相似性函数，这些函数是由支持向量机(SVM)在离线阶段学习得到的。

移动视觉搜索使得人们可以从一个可拍照手机的搜索需求开始，在线寻找视觉相似的产品、电影及 CD 的信息。根据移动设备上的视觉搜索，可以给出下列几种可能的客户端–服务器架构[46]：

- 将一幅查询图像传送到服务器，之后在服务器中进行图像特征提取和检索。
- 移动客户端提取一些查询图像特征之后将这些特征上传到服务器，在服务器上进行检索。
- 移动客户端构建数据库图像的缓存，使得检索过程可以在客户端本地进行。只有在缓存中找不到匹配的图像时，客户端才会把查询发送到服务器。

在上述三种架构中，系统的性能都受限于带宽、计算能力、内存以及移动设备的功率。近年来，众多工作都聚焦在设计紧凑的用于视觉搜索的图像特征。一个代表性的工作是 Chandrasekhar 等人[47]提出的压缩方向梯度直方图(CHoG)描述子。这种描述子可以在低位率时表现出很强的区分能力。除此之外，从 2011 年开始，还有一些 MPEG 委员会主持的探索性的研究，旨在为视觉搜索应用设定一个标准。这个标准化计划称为"视觉搜索的紧凑描述子"(CDVS)[48]。很显然，低位率的描述子可以产生更短的传送延迟、更小的内存负载和更快的匹配。因此，上述三种移动视觉搜索客户端–服务器架构都可以从紧凑描述子技术的进步中获益。除了大量致力于设计视觉描述子的研究工作，融合方法也吸引了众多基于内容的图像检索(CBIR)团体的注意。考虑到一个描述子包含了图像的一组特性，比如颜色、形状和纹理，融合技术显示出它在减小基于特征相似度图像检索的语义鸿沟的有效性。

在这里，我们简要地介绍一下使用了客户端–服务器架构的移动视觉搜索系统的框架[45]。具体而言，一幅查询图像在客户端被压缩到特定的质量水平，之后上传到服务器，同时它的质量水平作为边信息传递。一个基于多特征融合的查询质量依赖检索算法将在服务器中执行。提出这种框架的动机如下：

- 虽然移动设备终端的计算能力越来越强大，但是在服务器端提取特征仍然有众多优势。这种框架消除了在计算资源有限的移动设备上计算描述子的等待时间。更重要的是，考虑到服务器端丰富的计算资源，这种框架极大地放松了对描述子的复杂度和内存使用的严格限制，使得融合方法在计算上变得可行。
- 由于带宽也是无线网络上视觉搜索的重要方面，这种框架允许客户端把查询图像压缩到特定的位率来适应网络状况。
- 因为特定描述子对于不同质量水平的图像的重要性不同，这些关于质量水平的边信息可以用来提高融合方法的检索性能。

20.8.1　相关工作

Chatzichristofis 等人研究了一些紧凑合成描述子的表现，生成方式包括前融合（根据多种现存描述子构造的新描述子）、后融合（将不同描述子的检索结果融合从而构成最终的结果列表）和分布式图像检索[49]。实验结果显示这些融合方法可以得到比单一描述子更好的结果。Singh 和 Pooja 提出了一种使用基于特征的全局角放射变换系数和局部极性霍夫变换的融合图像检索方法[50]。Chen 等人利用遗传算法，提出了基于颜色和纹理特征的相似性分数融合的图像检索方法[51]。所有的这些方法执行查询独立的融合。因为特殊的特征在反映不同图像的内容时有不同的重要性，Huang 等人基于一个单类 SVM 方法，为医学图像检索提出了查询依赖的特征融合方法[52]。Zhang 等人提出了一个基于图的查询特定方法，该方法合并了多种检索集合并且通过在融合后的图中进行链接分析来重排序[53]。值得一提的是，这些方法都没有把查询图像的质量考虑在内。

还有一些方法解决了查询图像失真的问题。举例来讲，Liao 和 Chen 提出了基于多种特征融合的互补检索方法来抵抗多种类型的图像处理带来的影响，比如几何变换、压缩、光照变化和噪声干扰。在他们的方法中，假设查询图像的失真类型是未知的。他们通过补充分析来确定每幅查询图像的失真种类，然后根据预测出来的失真类型选择可以抵抗该类型失真的特征，进而恢复原始图像[54]。不同于那些着重考虑查询图像的质量水平的工作，他们的方法把重点放在了失真类型上，主要为了解决拷贝检测的问题而不是一般的视觉搜索问题。此外，Singh 等人联合颜色和形状特征，使用不完整或者失真的查询来检索图像[55]。在他们的研究中，将查询图像分为两类，分别是"完整的"和"不完整的"。同样的融合方法可用于所有的不完整的查询。

20.8.2　质量感知方法

我们概述了用来进行移动视觉搜索的查询图像质量依赖的融合方法。需要明确的是，这些方法以五种常见的图像特征融合为基础[56]。

- **微小图像**：这是最不重要的一种描述子。大幅度降低图像的维度，然后直接在颜色空间进行比较。
- **颜色直方图**：将 RGB 颜色空间的每个颜色通道划分成 16 个区间，总共有 48 维。
- **GIST**：这种描述子计算了 24 个 Gabor 滤波器调整到在四个尺度的八个方向上的输出。之后每个滤波器的方形输出平分到 4x4 的网格。
- **纹理基元直方图**：使用通用的 512 条目的纹理基元词典，为每幅图像建立一个 512 维的直方图。
- **SSIM**：这种自相似性的描述子被 k 均值方法量化到 300 个视觉单词。不同于之前提到的方法，SSIM 提供了对于相似的场景布置的补充描述。

之后将采用一个基于五种描述子的查询图像质量依赖方法，步骤如下：

1）根据查询图像的边信息，将图像分成不同的质量水平[⊖]。

2）对于每个"查询图像返回图像"对，根据上述的五种描述子，计算 5 维的相似性分数向量 $\vec{x}$。采取 C-SVM 方法来学习权重 $\vec{\omega_k}$，从而将 $\vec{x}$ 映射到最终的分数 $s_f = \vec{\omega_k} \cdot \vec{x}$。特别地，选择一组正例（相关的）图像对 P 和一组负例（不相关的）图像对 N。对于每个图像

⊖　例如，JPEG 标准使用标量来调整一组定义良好的量化表。

对 $p_i \in P \cup N$，计算出向量 $\vec{x_i}$，并且为 $\vec{x_i}$ 分配标签 y_i（当 $p_i \in P$ 时，$y_i = 1$；当 $p_i \in N$ 时，$y_i = -1$）。权重 $\vec{\omega}$ 可以通过求解下面的最优化问题来学习：

$$\min_{\vec{\omega},b,\xi} \frac{1}{2} \vec{\omega}^{\mathrm{T}} + C \sum_{i=1}^{l} \xi_i$$
$$\text{s. t. } y_i(\vec{\omega}^{\mathrm{T}} \phi(\vec{x_i}) + b) \geq 1 - \xi_i \tag{20.12}$$
$$\xi_i \geq 0$$

通过使用相应质量的查询数据库，每个质量水平 k 都会学习到一个 $\vec{\omega_k}$。

3）在测试阶段，学习到的权重向量 $\vec{\omega_k}$ 会被用来计算每个"查询图像返回图像"对最终的相似性分数。检索到的图像将会根据最终的相似性分数按照降序排序。

20.8.3 实验结果

1. 数据库

Wang 图像数据库[58]包括 10 类图像总共 1000 幅图像（每类 100 幅）。属于同一类的图像被认为是相似的。在此基础上，构造十个不同质量水平的 Wang 图像数据库的拷贝。特别地，图像压缩使用质量因数为 $k \in \{100, 75, 50, 30, 20, 15, 10, 8, 5, 3\}$ 的 JPEG 压缩方法。D_k 表示包含质量水平为 k 的图像数据库。D_{100} 相当于原始的 Wang 数据库，D_3 包含质量最低的图像。图像压缩后的文件大小范围列在表 20.1 中。

表 20.1 压缩成不同质量水平的 Wang 数据库图像（386x256）文件大小范围

质量因数	100	75	50	30	20	15	10	8	5	3
大小范围(Kb)	7-56	6-38	4-24	4-18	3-14	3-12	3-9	3-8	3-6	3-5

在实验中，查询图像可以来自任何质量水平但返回的图像总是来自于 D_{100}。为了学习到质量水平 k 的权重 $\vec{\omega_k}$，我们从 D_k 选择了 500 幅查询图像（每类选择 50 幅），然后把它们和对应的来自 D_{100} 的图像配对。$(q_{k,i}, r_j)$ 表示一个配对，其中 $q_{k,i} \in D_k$，$r_j \in D_{100}$。$c(\cdot)$ 表示一幅图像所属的类别。当 $c(q_{k,i}) = c(r_j)$ 时，将配对 $(q_{k,i}, r_j)$ 标记为正例或者"1"。否则标记为负例或者"-1"。由于每幅查询图像有九个负例类别和一个正例类别，为了在训练阶段平衡正例和负例样本，我们随机地选择九分之一的负例对。每个 D_k 中剩下的 500 幅图像将用于测试。在实现中，我们使用 SUN 数据库的图像来构建词典用于计算描述子[56]。我们基于直方图相交距离来衡量描述子两两之间的相似程度并且使用基于线性核的 SVM 的质量感知融合方法。

2. 检索度量标准

$s_f(q, r_n)$ 表示一幅查询图像 q 和数据库图像 r_n 之间最终的相似性分数。之后把数据库图像 r_n 根据 $s_f(q, r_n) \geq s_f(q, r_{n+1})$ 分类。

由于查询图像和返回图像的数目不同，得到的准确率和召回率也不同。所以我们采用平均均值准确率（MAP）作为度量标准，如式（20.9）中定义的。

3. 结果

Wang 数据库上十种不同质量水平的 MAP 结果在表 20.2 和图 20.18 中显示。我们可以看到颜色直方图、微小图像和 GIST 在图像质量下降时都不能大幅度地发生改变。相反，纹理基元直方图和 SSIM 描述子在接近质量范围的较高端（水平 100、75 和 50）时达到了最好的性能，而在质量范围的较低端(水平 5 和 3)时性能不佳。在这些质量水平，这种质量感知融合方法相比于基于均值的融合方法可以达到更好的检索性能。这表明在融合不同的描述子时，通过 SVM 方法学习到的质量依赖权重比统一权重更好。对于中等的质量水平，基于均值的融合比质量感知的融合略微好一点，但是它们之间没有明显的性能差距。这表明对于中等质量水平，统一的权重比学习到的质量依赖的权重更接近于最优的权重。考虑到五种描述子之间相对较小的性能差距，这种结果并不令人惊讶。然而，很显然这也给质量感知融合方法留下了更大的提升空间，这可以通过探索更好地估计最优组合权重的方法来实现。

表 20.2　不同质量水平的 MAP 结果

查询质量	100	75	50	30	20	15	10	8	5	3
颜色直方图	0.3874	0.3874	0.3831	0.3835	0.3800	0.3775	0.3746	0.3752	0.3672	0.3626
微小图像	0.3054	0.3052	0.3052	0.3047	0.3046	0.3043	0.3044	0.3038	0.3021	0.3021
GIST	0.3292	0.3276	0.3279	0.3264	0.3247	0.3228	0.3174	0.3125	0.2990	0.2824
纹理基元直方图	0.4260	0.4171	0.4256	0.4206	0.4135	0.4056	0.3843	0.3597	0.3119	0.2694
SSIM	0.4804	0.4805	0.4154	0.3656	0.3463	0.3202	0.2949	0.2777	0.2456	0.2178
质量感知融合	**0.5730**	**0.5726**	**0.5462**	**0.5330**	**0.5259**	**0.5168**	**0.5081**	**0.4975**	**0.4808**	**0.4701**

同样，我们可以观察到在每一个质量水平上，融合方法都可以得到比单一描述子更高的 MAP 分数。显然，质量感知融合算法对于低质量水平的查询图像的性能与性能最好的单一描述子 SSIM 对于高质量水平的性能，两者表现是不相上下的。这说明在视觉搜索中融合多种描述子是具有优势的。

以上的讨论展示了一个以依赖查询质量的融合方法为基础的用于移动视觉搜索的质量感知框架。实验结果证明了把查询图像的质量考虑在内的方法在提高融合图像检索性能方法中有巨大的潜能。

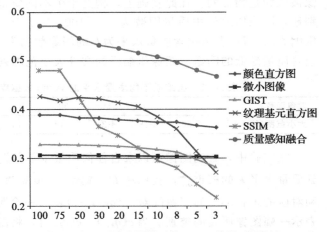

图 20.18　不同质量水平的 MAP 结果(见彩插)

当前先进的编码技术允许移动客户端上传位流，这可以不断地改善重建的查询图像。在这种情况下，服务器可以使用质量下降的查询图像来进行图像检索，之后随着查询图像质量的不断提升更新查询结果。

20.9　练习

1. 为图像描述设计一个文本注释分类，请使用 Yahoo! 分类集合来进行你的分类。

2. 调查一些网页图像描述。说明在识别图像内容时本文数据提示的重要性。(搜索系统使用词干法来消除单词的时态、语态和数量，使单词变成词干)。

3. 假设有一个被定义的粗糙的颜色直方图，红色和绿色量化成 3 位，蓝色量化成 2 位，总共 8 位表示。为这样一个直方图建立一个适当的结构，然后用一些你看过的图来填充。在 sampleCcode.zip 中的 "Sample Code" 下读取图像的 C++ 代码模板。

4. 尝试创造一个 20.3.4 节中描述的纹理直方图。为了便于可视化，你可以使用 MAT-

LAB 根据给出的步骤尝试一幅小图像。

5. 描述你如何在一幅数据库图像中发现图像中包含一些两维的"砌砖式码堆",假设"砖块"的颜色是黄色,"砖缝"的颜色是蓝色。(确保你讨论了你的方法的局限性和可能的改进。)

(a) 仅使用颜色。

(b) 仅使用基于边的纹理测量。

(c) 使用颜色、纹理和形状。

6. 静止图像和视频最主要的不同是后者运动的可用性。视频中 CBR 的一个重要部分是运动估计(例如对于任意运动的方向和速度)。以汽车为例,描述你如何估计视频中一个物体的运动,假设使用 MPEG(而不是非压缩)视频。

7. 正如牛顿指出的,颜色是三通道的。通常我们利用几种不同的颜色空间,这些空间都有一些亮度轴和两条固有的颜色轴。使用如式(4.7)定义的色度两维空间。我们仅仅使用前两维 $\{r, g\}$。为一些图像设计一个两维的颜色直方图,然后找到它们的直方图相交。在不同的颜色分辨率比较这种情况下的相似性测量和使用三通道颜色直方图的相似性测量。阐述一般情况下是否需要保持使用全部的三个通道。

8. 至少从三个方面提出如何使用语音分析来帮助视频检索系统相关任务的建议。

9. 使用低阶图像特征(例如颜色直方图、颜色矩和纹理)实现一个图像搜索引擎。建立一个包含至少 10 个类别、至少 500 幅图像的数据库。分别使用单一的低阶特征和特征的组合完成检索任务。根据准确率和召回率观察哪种特征组合能够得到最好的检索结果,以及是否适用于所有类别的图像。

10. 另一种组合准确率和召回率的方法是 F 分数测量。F 分数是准确率 P 和召回率 R 的调和平均数。它由下式定义:$F = 2\dfrac{(P * R)}{(P + R)}$。通过实验来确定 F 是如何随着 P 和 R 的变化来改变的。

参考文献

1. M.M. Fleck, D.A. Forsyth, C. Bregler, in *Finding Naked People*, European Congress on Computer Vision, vol 2 (1996), pp. 593–602

2. C.C. Chang, S.Y. Lee, Retrieval of similar pictures on pictorial databases. Pattern Recognit. **24**, 675–680 (1991)

3. M. Worring, P. Sajda, S. Santini, D. Shamma, A.F. Smeaton, Q. Yang, Where is the user in multimedia retrieval? IEEE Multimedia **19**(4), 6–10 (2012)

4. S. Paek, C.L. Sable, V. Hatzivassiloglou, A. Jaimes, B.H. Schiffman, S.-F. Chang, K.R. McKeown, in *Integration of visual and text based approaches for the content labeling and classification of photographs*, ACM SIGIR'99 Workshop on Multimedia Indexing and Retrieval, (1991), pp. 423–444

5. K. Barnard, D.A. Forsyth, in *Learning the semantics of words and pictures*, Proceedings of International Conference on Computer Vision, vol 2 (2001), p. 408–415

6. M.J. Swain, D.H. Ballard, Color indexing. Int. J. Comput. Vision **7**, 11–32 (1991)

7. A.W.M. Smeulders, M. Worring, S. Santini, A. Gupta, R. Jain, in *Content-based image retrieval at the end of the early years*, IEEE Transactions on Pattern Analysis and Machine Intelligence, vol 22 (2000), pp. 1349–1380

8. J.W.H. Tangelder, R.C. Veltkamp, A survey of content based 3d shape retrieval methods. Multimedia Tools Appl. **39**, 441–471 (2008)

9. P. Huang, A. Hilton, J. Starck, Shape similarity for 3d video sequences of people. Int. J. Comput. Vision **89**(2–3), 362–381 (2010)

10. M. Flickner et al., Query by image and video content: the qbic system. IEEE Comput. **28**(9), 23–32 (1995)

11. J. Hafner, H.S. Sawhney, W. Equitz, M. Flickner, W. Niblack, in *Efficient color histogram indexing for quadratic form distance functions*, IEEE Transactions on Pattern Analysis and Machine Intelligence, vol 17 (1995), pp. 729–736

12. C. Carson, S. Belongie, H. Greenspan, and J. Malik. Blobworld: image segmentation using expectation-maximization and its application to image querying. IEEE Trans. Pattern Anal. Mach. Intell. **24**(8), 1026–1038 (2002)

13. A. Pentland, R. Picard, S. Sclaroff, in *System One, Photobook: tools for content-based manipulation of image databases*, Proceedings of SPIE, Storage and Retrieval for Image and Video Databases, vol 2185 (1994), pp. 34–47

14. F. Liu, R.W. Picard, Periodicity, directionality, and randomness: wold features for image modeling and retrieval. IEEE Trans. Pattern Anal. Mach. Intell. **18**, 722–733 (1996)

15. R.W. Picard, T.P. Minka, M. Szummer, Modeling user subjectivity in image libraries. IEEE Int. Conf. Im. Proc. **2**, 777–780 (1996)

16. Y. Rui, T.S. Huang, M. Ortega, S. Mehrotra, Relevance feedback: a power tool for interactive content-based image retrieval. IEEE Trans. Circ. Sys. Video Tech. **8**(5), 644–655 (1998)

17. A. Hampapur, A. Gupta, B. Horowitz, C.F. Shu, in *The Virage Image Search Engine: an open framework for image management*, Proceedings of SPIE, Storage and Retrieval for Image and Video Databases, vol 3022 (1997), pp. 188–198

18. Z.N. Li, O.R. Zaïane, Z. Tauber, Illumination invariance and object model in content-based image and video retrieval. J. Vis. Commun. Image Rep. **10**, 219–244 (1999)

19. H. Tamura, S. Mori, T. Yamawaki, Texture features corresponding to visual perception. IEEE Trans. Syst. Man Cybern. **8**(6), 460–473 (1978)

20. A.R. Rao, G.L. Lohse, in *Towards a Texture Naming System: identifying relevant dimensions of texture*, IEEE Conference Visualization, (1993), pp. 220–227

21. R. Jain, R. Kasturi, B.G. Schunck, *Machine Vision* (McGraw-Hill Inc, New York, 1995), p. 549

22. M.S. Drew, J. Wei, Z.N. Li, Illumination-invariant image retrieval and video segmentation. Pattern Recognit. **32**, 1369–1388 (1999)

23. M.S. Drew, Z.N. Li, Z. Tauber, Illumination color covariant locale-based visual object retrieval. Pattern Recognit. **35**(8), 1687–1704 (2002)

24. T. Deselaers, D. Keysers, H. Ney, Features for image retrieval: an experimental comparison. Inf. Retrieval **11**(2), 77–107 (2008)

25. M.S. Lew, N. Sebe, C. Djeraba, R. Jain, Content-based multimedia information retrieval: state of the art and challenges. ACM Trans. Multimedia Comput. Commun. Appl. **2**(1), 1–19 (2006)

26. R. Datta, D. Joshi, J. Li, J.Z. Wang, Image retrieval: ideas, influences, and trends of the new age. ACM Comput. Surveys, **40**(2), 5:1–5:60 (2008)

27. D. Lowe, Distinctive image features form scale-invariant keypoints. Int. J. Comput. Vision **20**(2), 91–110 (2004)

28. L. Fei-Fei, P. Perona, in *A Bayesian Hierarchical Model for Learning Natural Scene Categories*, Proceedings of IEEE Conference on Computer Vision and Pattern Recognition, (2005)

29. J. Sivic, A. Zisserman, in *Video Google: a text retrieval approach to object matching in videos*, Proceedings of International Conference on Computer Vision (2003)

30. J. Philbin, O. Chum, M. Isard, J. Sivic, A. Zisserman, in *Object Retrieval with Large Vocabularies and Fast Spatial Matching*, Proceedings of IEEE Conference on Computer Vision and Pattern Recognition (2007)

31. W. Zhou, Y. Lu, H. Li, Y. Song, Q. Tian, in *Spatial Coding for Large Scale Partial-duplicate Web Image Search*, Proceedings of ACM Conference on Multimedia (ACM Multimedia) (2010)

32. O. Chum, J. Philbin, J. Sivic, M. Isard, A. Zisserman, *Total Recall: automatic query expansion with a generative feature model for object retrieval*, Proceedings of International Conference on Computer Vision (2007)

33. T.-S. Chua, R. Hong, G. Li, J. Tang, in *From Text Question-Answering to Multimedia QA on Web-scale Media Resources*, Proceedings of the First ACM Workshop on Large-scale Multimedia Retrieval and Mining (2009), pp. 51–58

34. G. Wang, D. Hoiem, D. Forsyth, Learning image similarity from flickr group using fast kernel machines. IEEE Trans. Pattern Anal. Mach. Intell. **34**(11)2, 177–2188 (2012)

35. G.K. Meyers et al., Evaluating multimedia features and fusion for example-based event detec-

tion. Mach. Vis. Appl. 25(1), 17–32 (2014)

36. B. Li, E. Chang, C.-T. Wu, in *DPF: A perceptual distance function for image retrieval*, IEEE International Conference on Image Processing, (2002), pp. 597–600

37. W. Niblack, X. Zhu, J.L. Hafner, T. Breuel, D. Ponceleon, D. Petkovic, M.D. Flickner, E. Upfal, S.I. Nin, S. Sull, B. Dom, B.-. Yeo, A. Srinivasan, D. Zivkovic, M. Penner, in *Updates to the QBIC System*, Proceedings of SPIE Storage and Retrieval for Image and Video Databases VI, vol. 3312 (1998), pp. 150–161

38. S.F. Chang et al., Videoq: an automated content based video search system using visual cues. Proc. ACM Multimedia **97**, 313–324 (1997)

39. D. Bordwell, K. Thompson, *Film Art: An Introduction*, 9th edn. (McGraw-Hill, New york, 2009)

40. F. Dufaux, in *Key Frame Selection to Represent a Video*, International Conference on Image Processing (2000), pp. 275–278

41. M.S. Drew, J. Au, Video keyframe production by efficient clustering of compressed chromaticity signatures. ACM Multimedia **2000**, 365–368 (2000)

42. T. Lan, L. Sigal, G. Mori, in *Social Roles in Hierarchical Models for Human Activity Recognition*, Proceedings of the IEEE Conference on Computer Vision and Pattern Recognition (2012)

43. C. Schuldt, I. Laptev, B. Caputo, in *Recognizing Human Actions: a local SVM approach*, Proceedings of the International Conference on Pattern Recognition (2004)

44. T. Joachims, in *Training Linear SVMs in Linear Time*, Proceedings of ACM International Conference on Knowledge Discovery and Data Mining (2006)

45. P. Peng, J. Li, Z.N. Li, in *Quality-Aware Mobile Visual Search*, The 3rd International Conference on Integrated Information (2013)

46. B. Girod, V. Chandrasekhar, D.M. Chen, N.M. Cheung, R. Grzeszczuk, Y. Reznik, G. Takacs, S.S. Tsai, R. Vedantham, Mobile visual search. IEEE Signal Process. Mag. **28**(4), 61–76 (2011)

47. V. Chandrasekhar, G. Takacs, D.M. Chen, S.S. Tsai, Y. Reznik, R. Grzeszczuk, B. Girod, Compressed histogram of gradients: a low-bitrate descriptor. Int. J. Comput. Vision **96**(3), 384–399 (2012)

48. Y.A. Reznik, in *On MPEG Work Towards a Standard for Visual Search*, Proceedings of SPIE Applications of Digital Image Processing XXXIV, vol. 8135 (2011)

49. S.A. Chatzichristofis, A. Arampatzis, Y.S. Boutalis, Investigating the behavior of compact composite descriptors in early fusion, late fusion, and distributed image retrieval. Radioengineering **19**(4), 725–733 (2010)

50. C. Singh et al., An effective image retrieval using the fusion of global and local transforms based features. Opt. Laser Technol. **44**(7), 2249–2259 (2012)

51. M. Chen, P. Fu, Y. Sun, H. Zhang, in *Image Retrieval Based on Multi-Feature Similarity Score Fusion Using Genetic Algorithm*, 2nd International Conference on Computer and Automation Engineering, vol 2 (2010) pp. 45–49

52. Y. Huang, D. Ma, J. Zhang, Y. Zhao, S. Yi, A new query dependent feature fusion approach for medical image retrieval based on one-class svm. J. Comput. Inform. Syst. **7**(3), 654–665 (2011)

53. S. Zhang, M. Yang, T. Cour, K. Yu, D.N. Metaxas, in *Query Specific Fusion for Image Retrieval*, European Conference on Computer Vision, (Springer, 2012) pp. 660–673

54. C.J. Liao, S.Y. Chen, Complementary retrieval for distorted images. Pattern Recogn. **35**(8), 1705–1722 (2002)

55. B.K. Singh, A.S. Thoke, K. Verma, A. Chandrakar, Image information retrieval from incomplete queries using color and shape features. Signal Image Process. **2**(4), 213 (2011)

56. J. Xiao, J. Hays, K.A. Ehinger, A. Oliva, A. Torralba, in *Sun Database: large-scale scene recognition from abbey to zoo*, IEEE Conference on Computer Vision and Pattern Recognition (2010), pp. 3485–3492

57. Z. Wang et al., Image quality assessment: from error visibility to structural similarity. IEEE Trans. Image Process. **13**(4), 600–612 (2004)

58. J.Z. Wang, J. Li, G. Wiederhold, Simplicity: semantics-sensitive integrated matching for picture libraries. IEEE Trans. Pattern Anal. Mach. Intell. **23**(9), 947–963 (2001)

索 引

索引中的页码为英文原书页码，与书中页边标注的页码一致。

推荐阅读

永恒的图灵：20位科学家对图灵思想的解构与超越

作者：[英]S. 巴里·库珀（S. Barry Cooper） 安德鲁·霍奇斯（Andrew Hodges） 等

译者:堵丁柱 高晓沨 等 ISBN: 978-7-111-59641-7 定价: 119.00元

今天，世人知晓图灵，因为他是"计算机科学之父"和"人工智能之父"，但我们理解那些遥遥领先于时代的天才思想到底意味着什么吗？

本书云集20位当代科学巨擘，共同探讨图灵计算思想的滥觞，特别是其对未来的重要影响。这些内容不仅涵盖我们熟知的计算机科学和人工智能领域，还涉及理论生物学等并非广为人知的图灵研究领域，最终形成各具学术锋芒的15章。如果你想追上甚至超越这位谜一般的天才，欢迎阅读本书，重温历史，开启未来。

精彩导读

- 罗宾·甘地是图灵唯一的学生，他们是站在数学金字塔尖的一对师徒。然而在功成名就前，甘地受图灵的影响之深几乎被人遗忘，特别是关于逻辑学和类型论。翻开第2章，重新发现一段科学与传承的历史。

- 写就奇书《哥德尔、艾舍尔、巴赫——集异璧之大成》的侯世达，继续着高超的思维博弈。当迟钝呆板的人类遇见顶级机器翻译家，"模仿游戏"究竟是头脑的骗局还是真正的智能？翻开第8章，进入一场十四行诗的文字交锋。

- 万物皆计算，生命的算法尤其令人着迷。在计算技术起步之初，图灵就富有预见性地展开了关于生物理论的研究，他提出的"逆向工程"仍然挑战着当代的研究者。翻开第10章，一窥图灵是如何计算生命的。

- 量子力学、时间箭头、奇点主义、自由意志、不可克隆定理、奈特不确定性、玻尔兹曼大脑……这些统统融于最神秘的一章中，延续着图灵未竟的思考。翻开第12章，准备好捕捉量子图灵机中的幽灵。

- 罗杰·彭罗斯，他的《皇帝新脑》，他的宇宙法则，他的神奇阶梯，他与霍金的时空大辩论，他屡屡拷问现代科学的语出惊人……翻开第15章，看他如何回应图灵，尝试为人类的数学思维建模。

推荐阅读

计算机图形学原理及实践（原书第3版）（基础篇）

作者：[美] 约翰·F. 休斯　安德里斯·范·达姆　摩根·麦奎尔　戴维·F. 斯克拉
詹姆斯·D. 福利　史蒂文·K. 费纳　科特·埃克里　译者：彭群生　刘新国　苗兰芳　吴鸿智 等
ISBN：978-7-111-61180-6

计算机图形学原理及实践（原书第3版）（进阶篇）

作者：[美] 约翰·F. 休斯　安德里斯·范·达姆　摩根·麦奎尔　戴维·F. 斯克拉
詹姆斯·D. 福利　史蒂文·K. 费纳　科特·埃克里　译者：彭群生　吴鸿智　王锐　刘新国 等
ISBN：978-7-111-67008-7

本书是计算机图形学领域久负盛名的经典教材，被国内外众多高校选作教材。第3版全面升级，新增17章，从形式到内容都有极大的变化，与时俱进地对图形学的关键概念、算法、技术及应用进行了细致的阐释。为便于教学，中文版分为基础篇和进阶篇两册。

主要特点：

◎ 首先介绍预备数学知识，然后对不同的图形学主题展开讨论，并在需要时补充新的数学知识，从而搭建起易于理解的学习路径，实现理论与实践的相互促进。

◎ 更新并添加三角形网格面、图像处理等当代图形学的热点内容，摒弃了传统的线画图形内容，同时关注经典思想和技术的发展脉络，培养解决问题的能力。

◎ 基于WPF和G3D展开应用实践，用大量伪代码展示算法的整体思路而略去细节，从而聚焦于基础性原则，在读者具备一定的编程经验后便能够做到举一反三。